[2017年大事记]

•1月15日，常务副理事长曾泽民一行赴美国、新加坡交流考察。积极宣传、推介2017北京音乐生活展和上海国际乐器展，取得丰硕成果。

•1月19日,2017 NAMM展在美国加州阿纳海姆举办，展会吸引来自世界各地1779家展商参展。

•2月13日，中国乐器协会、日本KAWAI钢琴调律联盟师资首期“调律注册教师培训班”在北京劲松职业高中举行开班仪式。

•3月3日，中华全国手工业合作总社副主任、中国乐器协会理事长王世成，在上海市轻工业协会会长吕永杰等领导的陪同下考察调研上海民族乐器一厂。

•4月5日，2017法兰克福国际乐器展览会在德国法兰克福展览中心举办。共有来自55个国家和地区的1922家展商参展。

•4月11日，由中国乐器协会、中央音乐学院继续教育学院共同主办的童声训练师资培训班在青岛幼儿师范学校成功举办。

•4月27日，中国乐器协会电鸣分会工作会在温州乐清召开。来自全国各地的24 家电鸣乐器企业出席了会议。

•5月4日，七届三次理事（扩大）会议在京举行。王世成提出“六个持续强调”工作精神，为行业新的一年运营发展提供宏观思维导向。

•5月4日，2016年中国技能大赛——全国钢琴调律职业技能竞赛表彰活动在京举行。

•5月5日，全国音乐教育服务联盟合作平台发起的“6•21国际乐器演奏日”启动仪式在京举办。

•5月5日，全国音乐教育服务联盟合作平台《北京宣言》正式发布。这是“联盟”首次以宣言的形式明确了“联盟”的历史使命及奋斗目标。

•5月5日，由中国乐器协会、上海国际展览中心有限公司联合主办的第三届北京音乐生活展在北京展览馆开幕。

•6月17日，由全国音乐教育服务联盟合作平台等单位联合发起的2017中国“6•21国际乐器演奏日”活动在中国园林博物馆拉开帷幕。

•6月20日，“智慧轻工”高峰论坛暨中国轻工业百强企业颁奖盛典在京举行。乐器行业的珠江钢琴和吟飞科技分别获得表彰。

•7月11日，第二十届国际钢琴制造技师调律师年会(IAPBT)在美国圣路易斯市召开。来自中国、澳大利亚等钢琴技师协会(TPTA)的54人参加此次会议。

•9月7日，王松美副理事长率团考察了爱沙尼亚钢琴公司及俄罗斯乐器展。王松美副理事长一行受到了中国驻爱沙尼亚大使曲喆的接见。

•9月12日，文化部部长雒树刚到柏斯音乐集团旗下立式钢琴生产基地。雒树刚表示，“长江”钢琴作为中国民族品牌，品质好、影响大，发展前景广阔。

•9月13日，全国音乐教育服务联盟（红棉艺术教育）示范基地评审认证会在位于广东省河源市的红棉乐器新产业基地举行。

• 10月10日，中国乐器协会与欧洲音乐产业联盟第11次会谈在上海举行。双方围绕《国际濒危物种保护公约》、社区音乐教育普及进行热烈探讨。

• 10月11日，由中国乐器协会、上海展览公司、法兰克福展览公司主办的中国（上海）国际乐器展在沪举办，展览面积达125,000m^2，2124家企业参展。

• 10月12日，王世成理事长与美国国际音乐制品协会(NAMM)主席罗宾•瓦伦塔、总裁兼首席执行官拉蒙德及国际事务部主任石碧天进行会晤。

• 10月12日，“NAMM CMIA行业高峰论坛”在上海召开。论坛紧紧围绕“音乐在我身边，论社区乐器演奏和音乐教育普及” 深入研讨。

• 11月6日，口琴专业委员会六届三次会议在南京召开。充分讨论了口琴专业委员会发展规划、专项活动开展进程以及优秀项目推介等内容。

• 11月8日，钢琴分会2017年年会在海滨之城烟台隆重召开。近40名代表莅临出席会议。会议由钢琴分会副会长单位烟台博斯纳钢琴公司承办。

•11月28日，理事长王世成前往北京罗兰数字音乐教育集团总部考察，参观了公司研发部、运营中心、服务中心及著名音乐家卞留念的工作室。

•12月3日，理事长王世成前往森鹤乐器调研，先后对击弦机、键盘、音源、恒温恒湿车间、五金配件、木料加工和物料仓储库进行了实地考察调研。

•12月4日，中国乐器协会在宁波召开七届五次常务理事（扩大）会暨科技会。会议包括专题讲座、深度对话、项目交流，突出跨界融合，坚持市场导向。

•12月10日，第八届施坦威全国青少年钢琴比赛总决赛暨第81届施坦威国际青少年钢琴比赛中国区总决赛在北京落下帷幕。

•12月11日，全国乐器标准化技术委员会年度工作会在青岛即墨召开，来自全国的委员和代表47人出席。

•12月27日，材料配件专业委员会2017年会在福州市西湖宾馆召开。全国乐器材料配件专业委员会会员单位、国内钢琴企业代表共20余人出席会议。

四代传承
激情如一

SCHIMMEL钢琴创办人
Wilhelm Schimmel先生和工厂员工
合影于第一间SCHIMMEL钢琴厂房门前
莱比锡 | 德国 | 1896

公司第四代管理者
Hannes Schimmel-Vogel先生和公司员工
合影于如今的工厂门前
布伦瑞克 | 德国

SCHIMMEL始创于1885年，是德国百年钢琴世家，历经家族四代传承，秉持传统工匠精神，恪守德式严谨工艺，悉心打造具有艺术情感的钢琴精品；致力于让所有的音乐人都能从德国SCHIMMEL钢琴享受到演奏的快乐。

PEARL RIVER PIANO
珠江钢琴
AMASON
珠江艾茉森
AMASON
珠江艾茉森成立10周年
因世界而鸣 与世界共鸣
Resound for the world
Resonant with the world
想与所有的人们分享演奏音乐的欢乐
Education
教育
Expert
专业
Enjoy
娱乐
广州珠江艾茉森数码乐器股份有限公司

上海民族乐器一厂
成立60周年庆典音乐会

柏斯音樂集團
PARSONS MUSIC CORPORATION
音樂就是生活
Music is life
長江
Yangtze River
柏斯琴行
零售
100分店
遍佈各地
乐器生产
坐拥九大
生产基地
教育
推动文化
培育专才
世界七大樂器零售商
www.parsonsmusic.com
柏斯音乐集团官方微信

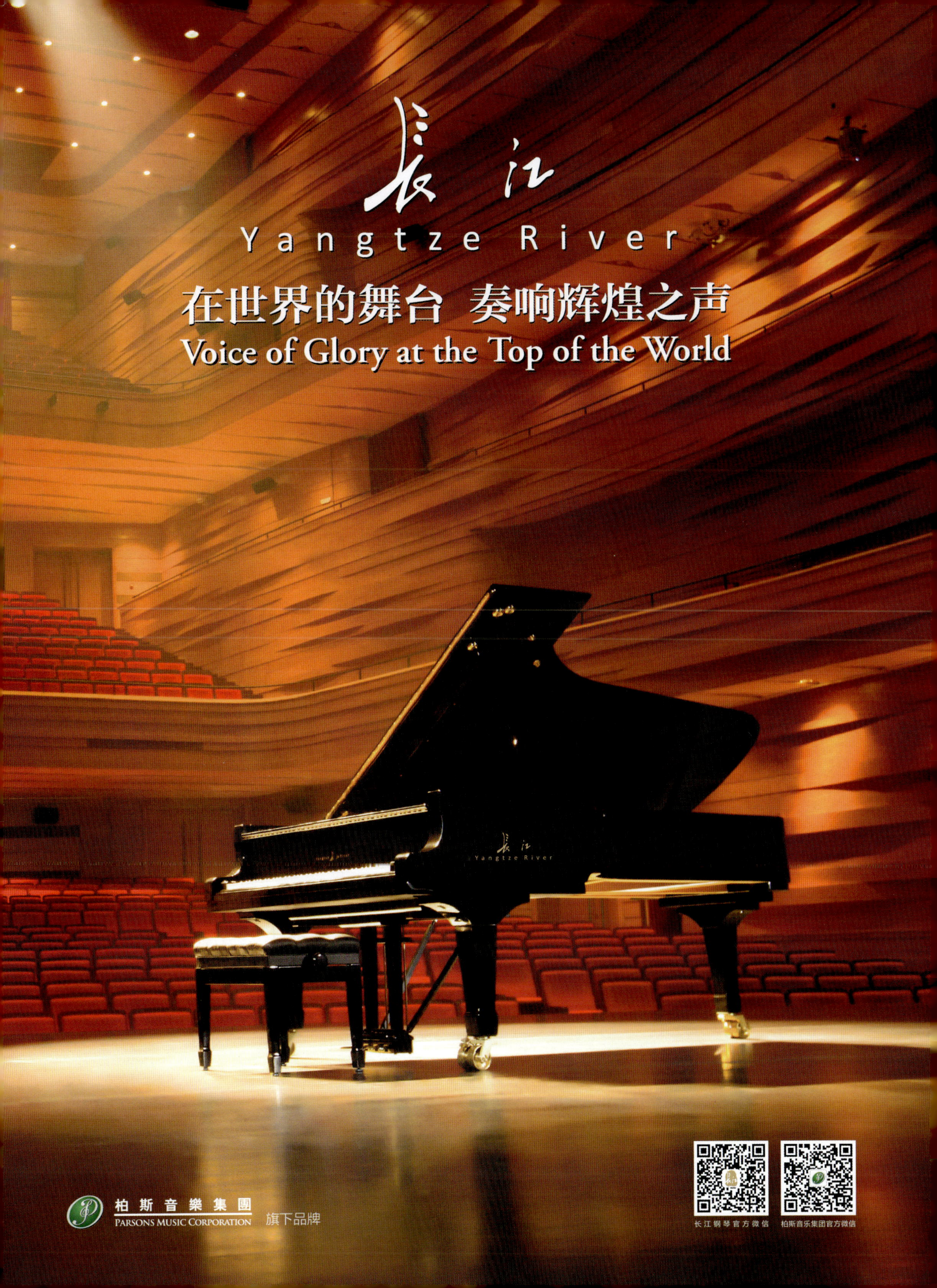

長江
Yangtze River
在世界的舞台 奏响辉煌之声
Voice of Glory at the Top of the World
柏斯音樂集團
PARSONS MUSIC CORPORATION
旗下品牌
长江钢琴官方微信
柏斯音乐集团官方微信

中国著名品牌
凤 灵
中国著名品牌
凤灵乐器一
展位号：E3D52
新
微生物处理新材料科技小提琴
竹制小提琴
竹制大提琴
凤灵钢琴
二〇一八是凤灵打造新常态创新发展的健康狗年，乐器皇帝：凤灵钢琴
科技创新
健康发展

集 团
音质感动世界
态
吉他
竹制电子小提琴
科技材料小提琴，新材料竹制提琴投放国际、国内市场，广受欢迎！

凤灵集团

快乐·自信·合作·创造
4-6岁儿童音乐启蒙推荐课程
KHS 功学社音乐教学系统™
KHS MUSIC SCHOOL
课程启航 诚邀加盟
咨询电话
022-24023892
ESP
音乐世界
music school

2019津宝第五届国际音乐节
——音所致 悦人生
敬请期待
2018津宝第四届国际音乐节暨
第三届中国国际圆号艺术节
JINBAO
2018 Jinbao Fourth International Music Festival & The Third China International Horn Festival
2018/8
中国. 天津. 宝坻
主办单位：天津市宝坻区人民政府 天津市文化广播影视局 天津市教育委员会
中国乐器协会 中国艺术职业教育学会管弦乐专业委员会
承办单位：天津市宝坻区文化广播电视局 天津市宝坻区教育局 天津市宝坻区体育局
天津市宝坻区旅游局 天津市津宝乐器有限公司 天津市津宝文化艺术培训学校
中国乐器协会打击乐专业委员会 津宝蓝魔文化传媒公司
支持单位：天津市工商联 天津市外经贸委 天津市商务委 中国演艺设备技术协会
北京演艺集团 美国蓝色系统行进艺术教育集团 中华管乐网 北京歌剧舞剧院
中央电视台中学生频道 北京力帆文化艺术中心 中国网音乐中国
北京珠江钢琴制造有限公司 天津市宝坻区音乐家协会
天津市九拍教育科技有限公司 天津市宝地文化传播有限公司
赞助单位：中国银行天津宝坻支行 中国工商银行天津宝坻支行
地 址：天津市宝坻区迎熏路1-2号津宝乐器有限公司 邮编：301800
网 址：www.jinbaomusic.com 培训学校：022-59211731

JINY

MU

JINYIN MUS

河北金

金音集团创始于1989年，
司在职职工2300多名。在过去的
创新的企业精神，从无到有，
集团主要生产木管、铜管、提琴
基本涵盖了管弦乐器的所有品

Kapok
云杉+沙比利+玫瑰木
民谣吉他41寸
哑光缺角面单吉他
FOLK GUITAR 41 INCHES
THE ROUNDED SINGLE BOARD FACE AND THE GUITAR
天生艺术家
TALENTED ARTISTS
Kapok

XINGHAI
星海
XINGHAI

1949年6月1日，创建中国第一家乐器工厂。

1950年，自主研制了新中国第一架立式钢琴。

1956年，具有民族精神的“星海”商标开始使用。

1959年，为人民大会堂特制了世界最大的15英尺的卧式钢琴。

1985年，举办 第一届“星海杯”全国少年儿童钢琴比赛。

1989年，率先引进国外智力，聘请德国钢琴制造专家劳瑟·切尔先生到厂任职，从而打破了中国固有的传统钢琴生产模式。

1990年，中国第一家钢琴合资企业——北京海资曼钢琴有限公司成立。

2003年，星海牌钢琴率先荣获"中国名牌"荣誉称号。

2004年，成立北京星海钢琴集团有限公司，星海工业园区全面投入生产运营。

2006年，“星海”系列钢琴产品再获“中国名牌”“中国驰名商标”荣誉。

2008年，星海AG-286型三角钢琴通过严格筛选，入驻中国最高音乐殿堂“国家大剧院”作为演奏用琴，成为比肩世界顶级钢琴的唯一国产品牌。

2008年，星海钢琴作为唯一指定用琴、现场演奏用琴，为2008北京奥运会、残奥会开闭幕式增辉，为中国钢琴业争光。

2009年，星海迎来60华诞，同年11月22日星海为北京奥运会开幕式特制的9尺水晶钢琴以2200万元拍出，成为中国历史上天价成交钢琴。

2011年，星海钢琴被中华人民共和国商务部确定为“中华老字号”。

2012年—2014年，星海钢琴连续两次成为了中国中央电视台钢琴小提琴大赛指定用琴。

2014年，第十五届“星海杯”全国少年儿童钢琴比赛成功举办，“星海杯”走过30年光辉岁月。

2015年9月，1700台星海钢琴入选中央政府庆祝新疆自治区成立60周年贺礼。

2015年，星海钢琴通过国家轻工业乐器质量监督检测中心检测，成为国内首家通过中国环保产品认证的乐器企业。

2016年，第十六届“星海杯”全国少年儿童钢琴比赛圆满举办。

2017年，星海钢琴被北京老字号认定工作领导小组确定为“北京老字号”。

2018年，第十七届“星海杯”全国钢琴比赛圆满举办。来自全国45个分赛区，以及海外近35000人参赛。

RDEC
罗兰数字音乐教育
互动智能电吉他课程
数字吉他 | 精准识别 | 智能交互 | 立判对错
吉他平台
乐理知识
智能互动课件
视频伴奏
互动智能乐队课程
精准识别 | 立判对错 | 智能合奏 | 易教e学
乐队课程教学平台
教学分类
智能互动课件
总谱分谱
评价分析
RDEC官方订阅号
4007-888-010
www.rdec.com.cn

JH2011-D

GH1808HC 串键系列

JH2008-D

JH2012-B

JH2017

GH1812 坤琴系列 18mm MINI

GOLDENCUP
琴声愿与，
共沐春秋
1 回声系列 Cassotto 2
Gelander
GELANDER
50 回声系列 Cassotto 2
6 小提琴系列
nfo@chinagoldencup.com
GOLDENCUP
accordion
Gelander
accordion
GELANDER
STRINGS
JIANGYIN GOLDENCUP ANGELS
MUSICAL INSTRUMENTS CO.LTD
en un acto y tres cuadros
Letra de
D. RICARDO DE LA VEGA
Música del Mtro
TOMÁS BRETÓN
PRELUDIO
Allegro
Tutti
京东旗舰店
微信公众号

乐海乐器
THE OCEAN OF MUSIC
徐阳阮族
艺术 / 工艺 / 品质 / 中国
阮辗转两千年，阮的称谓也不断随着文化的变迁而改变从秦琵琶、汉琵琶、阮咸琵琶、阮咸转变为今天的「阮」。
乐海微信资讯平台
乐海乐器有限公司
Yuehai Musical Instrument Co., Ltd
地址：河北省肃宁县德善街 1 号
客服电话：400-006-1985
网址：www.hbyhyq.com

PERZINA

SCHWERIN SEIT 1871

▲烟台博斯纳钢琴制造有限公司厂区一角

▲烟台博斯纳钢琴制造公司立式钢琴总装车间

▲烟台博斯纳钢琴制造公司三角钢琴总装车间一角

二十五年
匠心
成就国琴
标杆
Starsun

ORIGINALITY
艺不从古 匠心独运
时代 锤炼匠心 匠心 塑造时代
匠心
用品质铸就未来！

德国国宝博兰斯勒
让世界听见 让世界看见
博兰斯勒
Blüthner 德国国宝
165周年荣誉巨献
飞跃巅峰
Better Music 音乐让生活更美好
Better Life

在著名电影《阿凡达》拍摄地之一、世界著名自然遗产张家界武陵源风景区天子山巅，全国几十家电视台与媒体共同见证一架特别定制的博兰斯勒家族红色欧米勒三角钢琴由直升机成功吊抵天子山御笔台山顶。

2018黄龙音乐季在100平方公里的巨大舞台上，总价值高达2000万的118架博兰斯勒家族钢琴与交响乐团、合唱团、舞蹈团共同上演千人世纪钢琴交响。为几万名海内外游客及选手带来前所未有的视听盛宴。

170年德国
传统工艺
追求完美 成就经典
SEILER

盛夏 惠阳精彩上演“吉他荔枝嘉年华”

本土乐队原创歌曲轮番登台

惠阳继去年先后举办第一届广东省吉他（惠阳）邀请赛暨惠阳吉他文化艺术节、第八届镇隆荔枝文化节后，今年两项品牌文化活动一起发力，打造“吉他+荔枝”文化新名片。

嘉年华活动从2018年6月6日持续至8月2日，包括“乐动吉他小镇”音乐会、碧桂园“新时代·新农村”吉他音乐会、荔枝树下吉他音乐会、2018年中国（惠阳）吉他产业高峰论坛、2018年中国（惠阳）吉他与流行音乐论坛等20多项活动，既满足人们品尝鲜美荔枝的愿望，又满足音乐爱好者的视听需求。

在音乐会上，所有节目都是本地歌手或演员自编自演，他们弹奏的吉他也是产自惠阳，舞台上展示了惠阳上百个品牌的吉他产品。当晚演出的12个节目中，《荔枝已红透》《我的吉他》《客家好姑娘》是当地原创歌曲，其中《荔枝已红透》《我的吉他》由惠阳知名音乐人潘海兵作曲，著名词作家杨湘粤填词。演出阵容上，惠阳本地乐队五名指乐队、PALA乐队、惠阳庸人乐队、惠阳半岛学校尤克里里队等轮番登台，镇隆黄洞村村民管媛红、刘思蓓等也上台伴舞。

晚会的压轴节目，惠阳区教育局吉他师资班学员和惠阳区公安分局吉他队上演百人吉他弹奏，这首本地原创歌曲《我的吉他》将整个音乐会推向了高潮，气氛十分热烈。

表演：中国十大吉他名家 殷飙

惠阳吉他行业协会

企业品牌

力争打造世界级吉他产业聚集地

吉他是惠阳具有代表性的特色产业。惠阳秋长每年生产吉他和尤克里里约900万把，占全国产量的60%，全球的1/4，尤克里里占全球销量的80%，产值约40亿元。

接下来，惠阳将依托吉他特色产业基础，统筹整合各种资源力量，通过引导培育、专业设计和包装宣传，融合农业、文化、旅游等元素，大力提高惠阳吉他的附加值和影响力，打造集吃、住、行、游、购、玩、产、销、研为一体的“国际化吉他文化中心”，成为千万吉他爱好者的“朝圣地”，力争打造世界级吉他产业聚集地。

惠阳区与华侨城文化集团签订“秋长街道吉他小镇开发合作框架协议”

流行音乐“大咖”齐聚淡水联手“把脉”惠阳吉他文化艺术与产业融合发展

淡水河畔论道！中国吉他产业高峰论坛在惠阳开幕

2018惠阳吉他弹奏提升班

YAMAHA
YAMAHA
雅马哈乐器音响(中国)投资有限公司
地址:上海市静安区新闸路1818号云和大厦1-3楼
热线电话:4000-051-7700
https://www.yamaha.com.cn/

Beauty & Power
“The Evolution of Excellence.”
CFX

www.petrofchina.cn

奇美 QIMEI
国家五部委联合授予国家文化出口重点项目
国家五部委联合授予国家文化出口重点企业
国家工商行政管理总局公示为守合同重信用企业
2017-2018年度
国家文化出口重点项目
智能化技术升级改造提升文化出口项目
江苏奇美乐器有限公司
二〇一八年二月
2017-2018年度
国家文化出口重点企业
江苏奇美乐器有限公司
二〇一八年二月
"守合同重信用"企业公示证明
江苏奇美乐器有限公司获得国家工商行政管理总局2014-2015年度"守合同重信用"企业公示资格，已在国家工商行政管理总局网站（www.saic.gov.cn）公示。
2016年7月
工商行政管理部门对"守合同重信用"公示企业实施动态监管，对存在失信行为的企业将撤销其公示资格。"守合同重信用"企业公示情况以国家工商行政管理总局网站实时公示信息为准。
江苏奇美乐器有限公司 JIANGSU QI MEI MUSICAL INSTRUMENT CO.,LTD.
公司地址：江苏省靖江市经济开发区德裕路3号
公司电话：0523-84613888
公司传真：0523-84612666
公司网站：Http://www.china-qimei.com
公司E-mail:jsqm@vip.163.com
奇美公司视频宣传片
奇美公司官方网址
奇美公司服务号
奇美公司旗舰店

江苏东方乐器有限公司
EastTop
JIANGSU EAST MUSICAL INSTRUMENT CO.,LTD

天津华韵乐器有限公司

本公司位于天津市静海经济技术开发区与中旺镇工业园区，创办于 1996 年 5 月，建筑面积 36000 平方米，员工 360 人。

我们是国内外驰名的鹦鹉牌手风琴生产基地，具有深厚的历史和文化底蕴。公司全体员工始终发扬“团结、拼搏、创新、超越”的团队精神，坚持“以质量求生存，以创新谋发展”的经营理念，使公司规模不断壮大。目前，注册资金 1400 万元，总资产 1.7 亿元，其中高级工程师 18 名，专业技师 48 名，技术力量雄厚，设备配套齐全。公司质量体系完整，分别在 1999 年、2003 年通过了 ISO-9001、ISO-9002 国际质量体系认证，先后多次被评为“天津市著名商标”“天津市名牌产品”。2006 年，被国家商务部认定为第一批“中华老字号”企业；2010 年 12 月，被天津市委宣传部、天津市文化广播影视局命名为“天津市文化产业示范基地”；2011 年，鹦鹉牌手风琴被国家工商行政总局商标局认定为“中国驰名商标”。2013 年 12 月，被天津市科委、市财政局、市国税局、地税局批准为“高新技术企业”；2014 年 3 月，本公司产品被中国产品质量协会评选为“AAA 质量信用等级”；2015 年，被中国乐器协会再次评选为“常务理事单位”，并被中国演艺设备技术协会再次推选为“理事单位”。

公司产品不仅畅销祖国的大江南北，而且远销美国、德国、意大利等许多国家，深受国内外广大客户的亲睐与好评。据中国乐器协会调查统计，鹦鹉牌手风琴在国内同行业中始终保持“生产规模、产品质量、技术创新、市场占有率”四个领先的优势。

多年来，本公司始终坚持“在传承中发展，在发展中创新”的工作思路，组建了由工程师和专业技师组成的手风琴技术研发、推广与服务中心。技术人员研制开发的 21 项专利均获得了国家知识产权局颁发的专利证书，其中发明专利 4 项，实用新型专利 9 项，外观设计专利 8 项。公司生产的鹦鹉牌手风琴“工艺精湛、造形美观、音质优美、质量上乘”，多次获得国家质量金奖和国际博览会金奖。

目前，本企业技术研发团队实力雄厚，拥有国内外领先的专用设备，具有完善的工艺与技术措施，能够保证高端手风琴制造的要求，在手风琴自由低音领域有着出色的发挥。现已组建了“华韵中意手风琴技术推广中心”，建立起面向全球进行产品推广的服务平台，推动新技术、新工艺、新产品在乐器制造领域的使用与传播。经过不断的努力和发展，2016 年天津华韵乐器有限公司成功的并购了全球知名意大利手风琴制造商“布格里 -BUGARI”公司，面向全球市场建立了重点研发、电子手风琴推广、高端手风琴的海外技术研发及推广中心。并与意大利布格里合作研发生产的新品牌“罗尼 -RONNIE”手风琴在音色和制造工艺方面有了大幅提升。与意大利合作研发的 72BS 小型电子手风琴预计 2018 年正式投产，使得我公司在各级别市场都占有一席之地，

近年来，本企业继续坚持“质量第一、客户至上”的经营理念，以不断提高客户满意度为目标，将搞好售后服务视为长足发展之本，在全国 200 多个营销网点实行全天候亲情服务。由于每位售后服务人员都能坚持做到“想客户之所想，帮客户之所需”，赢得了国内外广大客户的一致好评。每年都积极踊跃参加中国演艺设备技术协会、中国教育装备协会在北京和上海等大城市举办的乐器及技术展览会，以及在美国与德国举办的国际乐器博览会，积极宣传自己的产品，提高品牌的知名度，扩大市场占有份额。目前，公司产品仍处于产销两旺，继续保持市场占有率领先水平。

雅特乐器
终无悔的选择
3
大优势
1
雅特产品不贬值
2
终生免费维修保养
3
享 受
"升级 补差 置换"政策
财富热线：400-6767-980

佛山市小钟琴文化传播有限公司
FOSHAN CARILLON CULTURE COMMUNICATION CO.,LTD.

小钟琴简介

“小钟琴”是一种有音高的打击乐器，有16个音，音色优美，携带方便，简单易学，演奏方式丰富灵巧等特点。他是针对少年儿童音乐启蒙教育开发的一款获得国家专利的乐器,适合3至10岁的少年儿童学习使用，在多年实践教学、舞台展示中获得了音乐教育界极高的评价，被认定为适合小学低年级及幼儿园全园普及之旋律乐器。学习小钟琴能锻炼及培养少儿以下能力：

一、锻炼少儿的视觉能力；	二、锻炼少儿的听觉能力；
三、锻炼少儿的记忆能力；	四、培养少儿的专注能力；
五、培养少儿的左右协调能力；	六、培养少儿团队合作能力。

小钟琴音乐课室产品

（叮铛小钟琴X5型号）

（叮铛非洲鼓）

（叮铛小钟琴琴架）

（叮铛音乐包）

手机APP

多媒体课件

（教师用书）

（学生用书）

小钟琴课程简介

小钟琴课程是根据幼儿园音乐课堂乐器开发的一款幼儿音乐启蒙课程，以《3~6岁儿童学习与发展指南》为大纲，尊重幼儿生理与心理的发育特点，集“趣味性、音乐性、知识性、技能性”为一体，通过学习演奏小钟琴不仅可以培养孩子的音乐兴趣，而且能掌握音乐基础知识，如音准、节奏、识谱等能力；演奏过程也可以培养孩子的手眼协调能力，同时帮助孩子增长记忆力，开发智能，让孩子在音乐的熏陶下健康成长。

小钟琴协会
CARILLON ASSOCIATION
音乐启蒙 小钟琴行

广东省佛山市禅城区南庄商业广场4座808室
电话：0757-82521081 热线：400-113-6680
http://www.gjxzq.com
香港地址：香港九龙旺角道33号凯途发展大夏7楼04室

2018 中国乐器年鉴

中国乐器协会 ▼ 编

人民音乐出版社 · 北京

中国乐器年鉴 (2018)
CHINA MUSICAL INSTRUMENT YEARBOOK

主办单位： 中国乐器协会

协办单位： 广州珠江钢琴集团股份有限公司

支持单位：

上海民族乐器一厂
宜昌金宝乐器制造有限公司
功学社（天津）商贸有限公司
河北金音乐器集团有限公司
北京星海钢琴集团有限公司
江阴金杯安琪乐器有限公司
烟台博斯纳钢琴制造有限公司
河北华声乐器制造有限公司
赛乐尔三益乐器（上海）有限公司
雅马哈乐器音响（中国）投资有限公司
江苏奇美乐器有限公司
天津华韵乐器有限公司
佛山市小钟琴文化传播有限公司
海伦钢琴股份有限公司
江苏凤灵乐器集团
天津市津宝乐器有限公司
广东红棉乐器股份有限公司
上海乐兰电子有限公司
乐海乐器有限公司
广东声凯乐器有限公司
德国博兰斯勒钢琴（中国）有限公司
惠州市惠阳区吉他行业协会
捷克佩卓夫公司
江苏东方乐器有限公司
昌乐县雅特乐器股份有限公司

地　　址： 北京市丰台区顺三条 21 号嘉业大厦二期 1 号楼 706 室
电　　话： 010–67665718
传　　真： 010–67666220
邮　　编： 100079
网　　址： www.cmia.com.cn
电子邮箱： zgyq@vip.sina.com

《中国乐器年鉴》编辑委员会

编 辑 说 明

一、《中国乐器年鉴》由中国乐器协会主办，中国乐器协会信息部编撰的综合性、公报性年刊，每年出版1卷。本书以汇总乐器行业年度经济运行主要指标数据、发展特点、大事记及趋势预测为主，囊括当年度全行业管理、生产、经营、进出口等主要方面发展的基本情况，国内各省市乐器制造业及市场信息、国外乐器发展动态等重要内容，翔实、全面、系统地反映上年度我国乐器行业的发展脉络，是一本为乐器行业及社会相关部门和单位提供最新资讯服务的大型权威性行业工具书。

《中国乐器年鉴》(2018) 版是继《中国乐器年鉴》(2017) 版之后第十二次出版发行。年鉴编辑部以乐器行业发展为主线，按时间顺序，力求客观真实记载展现年度乐器行业发展脉络和特点， 配合方便查阅的分类设置，尽可能详尽的数据图表展示， 希望能在编辑的内容和形式上有所突破，突出特色，编出新意，以更好地满足读者不断提升的要求。

二、《中国乐器年鉴》(2018) 在内容框架方面不断完善，设有“行业篇”“指标数据篇”“协会工作篇”“科技篇”“海外资讯篇”5个栏目，各篇框架体系逐步充实。

三、中国乐器制造行业是一个历史悠久、门类繁多、与音乐文化教育密切相关内涵丰富的行业，同时又处在高速发展和调整升级关键期，由于时间仓促、能力所限、经验不足，不可能将乐器行业一年来所有的重要事件和相关信息全部收集到本年鉴中，今后我们将加强信息汇集工作，不断提高年鉴的编辑质量和水平。我们真诚希望社会各界继续对年鉴的编辑出版工作给予关心和支持，对它的不足之处，敬请提出批评和改进意见，使之日臻完善。

四、《中国乐器年鉴》(2018) 在组稿、编辑、出版过程中得到乐器生产企业、经营单位、音乐艺术教育单位以及我国台湾、香港、澳门地区的同人、朋友们的大力支持和帮助，在此谨表示衷心感谢！

《中国乐器年鉴》编辑部
2018年9月

目录

行业篇

指标数据篇

协会工作篇

工作要点

协会活动

科技篇

海外资讯篇

Contents

Industry

Statistical Data

Tasks of Association

Work Minutes

Activities of CMIA

Science &Technology

Overseas Information

Overseas Information Chapter 2: US Musical Instrument Market

Overseas Information Chapter 3: Japan Musical Instrument Market

Overseas Information Chapter 4: Musical Instrument Markets across globe

2018 中国乐器年鉴

CHINA MUSICAL INSTRUMENT YEARBOOK

新闻综述

2017年度中国乐器行业新闻综述

1月

1. 国家统计局发布，2017年我国乐器行业257家规模以上生产企业主要经济指标继续保持平稳增长态势。共计实现主营业务收入374.94亿元，同比增长3.64%；行业累计出口额15.48亿美元，同比下降1.48%。

2. 国家海关总署公布，2017年我国乐器行业累计出口额15.48亿美元，同比下降1.48%；进口额4.03亿美元，同比增长7.21%；进出口贸易总额19.51亿美元，与同期基本持平；贸易顺差11.45亿美元，顺差比值为3.84：1；顺差比值较2015年缩小0.36个百分点。

3. 1月15日至22日，中国乐器协会常务副理事长曾泽民一行赴美国、新加坡交流考察。考察团紧密结合协会“社会音乐教育”和“乐器科技创新”两大工作重点，参加了NAMM国际乐器联盟会议、NAMM国际乐器展览会，与NAMM举行专题座谈、与美国MIDI协会举行专题会议、参观洛杉矶音乐学院、参观西雅图音乐教育项目、拜会新加坡华乐团，积极宣传、推介2017北京音乐生活展和上海国际乐器展，取得丰硕成果。

4. 1月16日，福建省旅游集团权属企业福州和声钢琴股份有限公司通过全国股转系统审核，获准在新三板市场开市交易,成为省旅游集团系统成立以来首家新三板挂牌企业、福建省首家乐器制造新三板挂牌企业。公司挂牌后证券简称“和声钢琴”，证券代码：870772。

5. 2017 NAMM展于1月19日至22日在美国加州阿纳海姆举办。展会吸引来自世界各地1779家展商参展，美国国内外共106,928名观众参观，其中来自125个国家和地区的国际观众17,964名，较2016年增加13%。

6. 1月23日，全国音乐教育服务联盟合作平台联席会议在中国乐器协会举行，会议回顾了联盟合作平台成立以来的主要工作，并介绍了北京音乐生活展配套活动、“6•21国际乐器演奏日”等9项联盟2017年重点项目。

7. 1月，工业和信息化部与中国工业经济联合会正式发布了《关于公布第一批制造业单项冠军示范（培育）企业名单的通告》，全国仅有54家企业最终入选第一批制造业单项冠军示范企业,珠江钢琴荣列其中，是中国乐器行业唯一一家获得此殊荣的企业。

2月

8. 2月13日，中国乐器协会、日本KAWAI钢琴调律联盟师资首期“调律注册教师培训班”在北京劲松职业高中举行开班仪式。为期一周的培训将从10名学员中选拔出4到5名，在五月份赴日本进行为期一个月的深入培训，最后合格者在经过短期教学专项培训后，就可以成为联盟调律注册师资，为联盟合作项目面向社会开展的调律培训中担当师资重任。

3月

9. 3月3日，中华全国手工业合作总社副主任、中国乐器协会理事长王世成，在上海市轻工业协会会长吕永杰等领导的陪同下来到上海民族乐器一厂考察并指导工作。王世成副主任一行人参观了民族乐器陈列馆和生产车间，并进行了座谈。

10. 3月4日，江苏省文化艺术科学技术协会乐器技术专业委员会2017年常务理事（扩大）会在常州会议中心举办。与会代表就2017年主要工作，行业发展趋势等话题发表了意见和建议，特别重视与教育、科研单位的联合开发，加快音乐进课堂的推动，加快高附加值产品的研发，促进乐器产品的工业化设计发展，通过全产业链共进，来推动产业发展。

11. 由昌乐县鄌郚镇人民政府、昌乐县雅特乐器主办的“吉他小镇 魅力鄌郚——‘产学研’一体化”全国高峰论坛于3月15至17日在上东举办，希望借论坛契机，加大校企联合的步伐与力度，通过定制吉他产品精准对接学校器材配置，加强师资培训提升人才资源储备，积极普及吉他文化艺术，打造区域文化名片。

12. 3月17日，法兰西共和国驻华大使顾山先生与法国普雷耶（中国）公司总经理罗建峰先生，在北京法国大使馆签订多项文化音乐项目合作协议。包括确立普雷耶（中国）与“中法文化之春”成为战略合作伙伴、普雷耶（中国）与“雅各宾钢琴艺术节”成为战略合作伙伴、普雷耶钢琴作为法兰西共和国驻华使领馆官方活动指定用琴的协议等。

13. 3月17日，“深耕二十载 筑梦新未来——上海知音音乐文化股份有限公司二十周年盛典”在龙之梦万丽酒店隆重举办。创业二十年来，知音琴行以求新求变的创业精神，完成了从乐器营销到艺术教育，再到资本驱动消费升级的转型升级。

14. 罗兰数字音乐教育携手86岁高龄的“MIDI之父”梯郁太郎先生，于3月19日及21日分别在上海、北京两地隆重召开了ATV乐器及RDEC自主产品的新品发布会。上海乐兰电子有限公司、日本ATV乐器公司的高层领导，与来自全国多省市的ATV&RDEC经销商、音教领域的优秀教师及研发人员，以及数十家相关媒体一同亲临现场，共同了解并见证了ATV品牌的强势登陆，以及RDEC自主教育产品的问世。

15. 3月22日至23日，中国乐器协会常务副理事长曾泽民、秘书长陈晋武及提琴制作师分会会长郑荃教授等一行赴河北武强、饶阳及肃宁进行实地考察调研。两天时间先后走访了河北金音、饶阳成乐、乐之洋、饶阳北方及河北乐海5家乐器制造企业，就当前河北乐器行业科技创新能力进行实地考察调研。

16. 3月23日，上海市轻工行业协会三届三次会员大会暨三届四次理事会会议在上海举行。上海民族乐器一厂厂长王国振荣获“保增长、促发展”活动先进及“上海轻工振兴奖”荣誉称号两项殊荣。

4月

17. 4月1日至6日，中国乐器协会理事长王世成率团赴德国和捷克考察。在此期间，王世成一行考察了法兰克福乐器展览会，走访了施坦威钢琴公司（德国汉堡工厂）、德国舒密尔钢琴公司、捷克佩卓夫钢琴公司；与德国法兰克福展览公司副总裁高思峰、部门展览总监毕万高及法兰克福香港公司的有关负责人进行了专题座谈，就展会发展、专业化程度提升以及展会合作项目等事项交换看法、探讨深度合作，取得丰硕成果。

18. 4月5日至8日，2017法兰克福国际乐器展览会在德国法兰克福展览中心举办。据主办方德国法兰克福展览公司公布数据，展会共有来自55个国家和地区的1922家展商参展，展会吸引来自世界144个国家和地区的近10万名观众。

19. 4月11日至13日，由中国乐器协会、中央音乐学院继续教育学院共同主办的童声训练师资培训班在青岛幼儿师范学校成功举办。来自全国22个省市和地区的共120名在基层从事儿童声乐培训的老师参加培训。培训班旨在通过系统的讲解，使培训学员快速理解开展音乐普及教育的积极意义，掌握“童声训练”教学的基本方法，帮助学员理解建设更有趣的童声训练课程，共同致力于普及音乐教育、扩大音乐人口的行动中来。

20. 4月22日，2017巴松研讨会在天津宝坻举办。

本次研讨会由天津津宝乐器有限公司承办，来自全国20多个省市百余位巴松演奏、教育嘉宾及40多名巴松专业学生参与研讨。研讨会汇集顶级专业巴松演奏家、教育家，全国巴松大师齐聚研讨会，积极为弘扬巴松艺术及大管人才培养出谋划策。

21. 4月27至28日，中国乐器协会电鸣分会工作会在温州乐清召开。来自全国各地的24家电鸣乐器企业出席了会议。电鸣分会会长盛子斐做工作报告，会议重点研究了"音乐教育服务"和"职工技能培训教材"等课题，听取了会议承办方浙江韵乐电子公司实施企业转移的经验，并组织了广泛的交流。

22. 4月29日至30日，"中华号角——2017上海之春国际音乐节管乐艺术节暨'中华杯'中国第十一届非职业优秀管乐团队展演"在上海举行。艺术节涵盖开幕式暨中外行进管乐表演晚会、管乐嘉年华、"军乐嘹亮"主题活动、优秀管乐团队展演、闭幕式暨管乐专场音乐会、管乐进高校等6大版块20余项活动，共有来自中国及亚、美、欧洲等141支团队将精彩演出。

5月

23. 5月4日，中国乐器协会七届三次理事（扩大）会议在北京国谊宾馆隆重举行。会议议程涵盖2016年全国钢琴职业调律技能竞赛颁奖，理事会2016年工作报告，分支机构创建与工作推进、社会音乐教育主题论坛。王世成做重点总结发言，提出"六个持续强调"工作精神，为行业新的一年运营发展提供宏观思维导向。

24. 5月4日上午，2016年中国技能大赛——全国钢琴调律职业技能竞赛表彰活动在京举行。中国乐器协会理事长王世成、中国财贸轻纺烟草工会轻工工作部部长严红、中国轻工业联合会人事教育部主任徐祥楠等领导到会并为获奖选手颁奖。

25. 全国音乐教育服务联盟合作平台发起的"6•21国际乐器演奏日"启动仪式于5月5日上午在京举办。中国教育学会音乐教育分会副会长兼秘书长莫蕴慧宣读全国音乐教育联盟合作平台关于开展"6•21国际乐器演奏日"活动的倡议书，倡议社会各界音乐爱好者及相关工作者积极参与"国际乐器演奏日"活动。用大众参与的乐器演奏行动，直接提高各类和不同层次人群学乐器、玩乐器的兴趣，提升百姓生活幸福指数。

26. 5月5日，全国音乐教育服务联盟合作平台《北京宣言》正式发布。本次《北京宣言》的发布，是"联盟"首次以宣言的形式明确了"联盟"的历史使命及奋斗目标。对于中国音乐教育事业乃至中国社会文化的发展来说，《北京宣言》的发布具有重要的战略意义。

27. 由中国乐器协会、上海国展展览中心有限公司联合主办的第三届北京音乐生活展于5月5日至7日在北京展览馆隆重开幕。该展立足乐器产业前沿，拓宽乐器全产业链，探索创新音乐文化市场消费增量，从产销思维向文化服务经济转型，重塑乐器品牌的文化和商业价值。共计54,819名参展观众汇聚Music&Life Show，共享盛大音乐嘉年华、时尚跨界音乐文化盛宴。

28. 英国籍世界提琴鉴定大师、国际提琴行业研究瓜奈利家族的专家彼得·毕多夫专著"《朱塞佩·瓜奈利·德尔·杰苏》中文版"首发式5月5日在英国驻华大使馆举行。该书作者、古意大利提琴学者、提琴鉴定专家彼得·毕达尔夫先生，以及多位世界级提琴演奏、制作大师出席了在英国驻华大使官邸举行的*Giuseppe Guarneri Del Gesu*中文版首发式和音乐沙龙，共同研讨提琴之美。

29. 由中国乐器协会民族管弦乐学会乐器改革制作专业委员会和江苏省音乐家协会主办，苏州民族乐器一厂承办的"乐改先驱张子锐先生百岁寿辰与民族乐器改良贡献研讨会暨苏州民族乐器博物馆揭幕仪式"于5月9日在苏州民族乐器一厂有限公司隆重举行。

30. 5月18日，由世界华商投资基金会主办，世界华人协会合办，香港《文汇报》、香港《镜报》、世界杰出华人会协办的“第十五届世界杰出华人奖”颁奖典礼于香港会展中心隆重举行。柏斯音乐集团总裁吴天延先生因其对推动中国乐器行业发展和中国音乐文化繁荣而做出的卓越贡献，荣获“世界杰出华人奖”。

31. 5月24日，由北京市科学技术协会主办，北京科学技术进修学院、北京乐器学会承办的2017全国科技工作者日系列活动暨北京科技创新乐器成果演奏会在北京举办。这是一次科技创新乐器成果汇报演出，演奏所用的乐器大多数是经过改造的创新乐器，用艺术的手法弘扬创新精神，通过艺术形式呈现科技创新的奇妙，共享科技创新的快乐。

6月

32. 6月3日，上海市乐器行业协会四届七次理事会在浙江广德顺利召开。会议通过了三项聘任决定并由王国振会长为受聘者颁发聘书：聘任陈海伦为上海市乐器行业协会名誉会长；刘卫国当选为上海市乐器行业协会副会长；孔文忠当选为上海市乐器行业协会理事。

33. 6月17日，由全国音乐教育服务联盟合作平台（中国乐器协会、中央音乐学院、中国教育学会音乐教育分会、中国音乐家协会管乐学会）、北京乐器学会、消费日报社等战略合作单位联合发起的2017中国“6•21国际乐器演奏日”活动在中国园林博物馆清音台正式拉开帷幕。活动受到全国乐器厂家、琴行、培训机构、学校、社区，以及广大音乐爱好者的热烈响应，各地参与热情十分高涨。全国共计84个城市2000多场活动，直接参与演出人数近10万人，受众人数超过100万人。

34. 6月20日，“智慧轻工”高峰论坛暨中国轻工业百强企业颁奖盛典在京举行。中国轻工业联合会会长张崇和出席盛典并发表主旨演讲。会社领导王世成、杜同和、陶小年、何烨、贾志忍出席会议。在研发能力和电商能力方面，乐器行业的珠江钢琴和吟飞科技分别获得表彰。

35. 6月23日，为响应国家“一带一路”的战略号召，更好地促进西部地区音乐教育的发展，进一步倡导社会各界积极关注和帮助贫困地区中小学音乐教育，中国乐器协会根据新疆乌鲁木齐两区教育局的申请，组织了江苏凤灵、天津津宝、得理乐器、河北乐海、金杯安琪、东方乐器、北京珠江、廊坊韵笛和宗沛乐器等九家单位，共同向乌鲁木齐市高新区（新市区）第六十三小学及天山区第一百二十六小学捐赠乐器。

7月

36. 7月6日，全国轻工业特色区域和产业集群发展工作会议在安徽滁州召开。会议对5年来全国轻工业特色区域和产业集群发展工作进行总结，并提出进一步提升轻工特色区域和产业集群建设服务工作的任务和措施。乐器行业的“中国提琴产业之都”被评为中国轻工业特色区域和产业集群管理与服务先进单位，江苏凤灵李书、扬州琴筝协会熊立群和平谷区东高村镇张秋燕被评为中国轻工业特色区域和产业集群管理与服务先进个人。

37. 7月11日至15日，第20届国际钢琴制造技师调律师年会(IAPBT)在美国圣路易斯市隆重召开。来自澳大利亚钢琴调律师技师协会(APTTA)，中国乐器协会钢琴调律师分会(CPTA)，欧洲钢琴技师协会(EUROPiano)，日本钢琴技师协会(JPTA)，韩国钢琴技师协会(KPTA)，中国台湾钢琴技师协会(TPTA)的34名代表，加上美国钢琴技师协会(PTG)的20名参会代表，共54人参加此次会议。

38. 7月21日，由宝坻区人民政府主办与中国乐器协会打击乐器专业委员会主办，宝坻区文广局、宝坻区体育局、天津市津宝乐器有限公司等单位承办的2017津宝第三届国际音乐节暨第二届行进艺术大奖赛在天津市宝坻区开幕。音乐节包括2017津宝第二届行进艺术大奖赛、第二届长号大奖赛暨第六届长号大号艺术节、第一届小号大奖赛、第三届打击乐大奖赛四大音乐赛程，为期18天，吸引了国内外2500多名知名音乐专家、演奏家和参赛选手参加。

39. 面对传统乐器制造业转型升级，京津冀制造经济一体化的产业背景，7月25日，中国乐器协会常务副理事长曾泽民一行赴天津英昌乐器（中国）有限公司进行考察。对英昌乐器的钢琴木材储备、音板、击弦机、铁板、背架、键盘以及总装车间等综合配套生产线进行实地考察调研，并就英昌乐器未来产业布局进行座谈交流。

8月

40. 由中国大众音乐协会口琴专业委员会主办、广州市口琴艺术促进会、江苏东方乐器有限公司、广州记者乡村俱乐部共同承办的第二届华夏口琴艺术节于8月4日至7日在广州举行。希望通过口琴艺术节的形式，普及口琴艺术，不断加强口琴的系统化、正规化、专业化建设，推进口琴进入社会、进入学校、走向更大的舞台，弘扬口琴文化，推动中国口琴事业发展。

9月

41. 9月7日至14日，应美国国际音乐制品协会（NAMM）和爱沙尼亚钢琴公司邀请，中国乐器协会副理事长王松美率团赴爱沙尼亚和俄罗斯，先后考察了爱沙尼亚钢琴公司及俄罗斯国际乐器展。在爱沙尼亚期间，王松美副理事长一行受到了中国驻爱沙尼亚大使曲喆的接见。

42. 9月12日，文化部部长雒树刚一行来到柏斯音乐集团旗下立式钢琴生产基地。雒树刚部长详细了解了柏斯音乐集团发展历程及在乐器研发、生产、销售、教育培训、音乐文化推广等方面的规划和建设情况。雒树刚部长表示，“长江”钢琴作为中国民族品牌，多年来深耕国内外市场，品质好、影响大，发展前景广阔。同时雒树刚部长也对企业提出进一步加大力度开拓市场，打造一流文化品牌，做强做大产业的指导意见。

43. 9月13日至14日，全国音乐教育服务联盟（红棉艺术教育）示范基地评审认证会在位于广东省河源市的红棉乐器新产业基地举行。评审组实地考察了红棉乐器技术中心、大师工作室、世界乐器博物馆、红小宝艺术中心、音乐教育培训基地等。专家组在全面了解“红棉乐器”在乐器制造产业，特别是音乐艺术教育项目等情况基础上，同意广东红棉乐器股份有限公司成为“全国音乐教育服务联盟（红棉艺术教育）示范基地”，并报合作平台联席会审核。

44. 9月21日，随着“第七届长江钢琴音乐节闭幕音乐会”的完美谢幕，由中国音乐家协会、宜昌市人民政府主办，中国音乐家协会钢琴学会、柏斯音乐集团承办，以“音乐惠民”为宗旨，规模盛大、轰动国际的“第七届长江钢琴音乐节”正式落下帷幕。来自全国各地的数百位名家大师、专家学者，数千位嘉宾朋友、音乐爱好者在“中国钢琴之城”——宜昌共同见证了音乐文化的繁荣昌盛。

10月

45. 10月10日，中国乐器协会与欧洲音乐产业联盟第11次会谈在上海新国际博览中心举行。双方就近期共同关心的议题广泛交换看法，围绕《国际濒危物种保护公约》、社区音乐教育普及进行热烈探讨。捷克、意大利等欧方代表对中方倡议的2018国民音乐教育大会予以肯定，并考虑以适当形式积极参与。

46. 10月11至14日，由中国乐器协会、上海国展展览中心有限公司、法兰克福展览（香港）有限公司共同主办的2017中国（上海）国际乐器展览会在沪隆重举办，本届展会横跨新国际展览中心十一个展馆，规模再创新高，展览面积达125,000平方米，全球共计30个国家和地区的逾2124家中外企业携创意新品，器乐演奏与教育名家加盟助阵，与超过130,000人次的观众共筑金秋盛世华章。

47. 10月12日，中国乐器协会与美国国际音乐制品协会（NAMM）在上海举行双边座谈会。协会王世成理事长会见了国际音乐制品协会（NAMM）新任主席罗宾·瓦伦塔女士、NAMM总裁兼首席执行官拉蒙德及国际事务部主任石碧天。会谈中，协会领导着重向美方介绍了2018中国国民音乐教育大会筹备方案并与NAMM初步达成合作共识。

48. 10月12日，CMIA KAWAI钢琴调律联盟标准培训认证项目发布会在上海召开。中国乐器协会理事长王世成、常务副理事长曾泽民，日本河合乐器制作所株式会社社长河合弘隆、统扩部部长西尾正由纪等领导出席。王世成理事长与河合弘隆社长共同为首批通过认证的十名教师颁发证书。中国乐器协会常务副理事长曾泽民、中央音乐学院鼓浪屿钢琴学校校长杨鸣共同在培训基地协议上签字。

49. 10月13日，第二届行业科技创新产品评选颁奖仪式在上海召开。评委全方位多角度地对参选产品进行综合评分，最终评选出“最佳创新奖——合成器类”：ArturiaMatrixBrute；“最佳创新奖——效果器类”：HEADRUSH Pedalboard；“最佳创新奖——电子鼓类”：友鼓G1智能架子鼓；“最佳创新奖——耳机类”：qdc双子座（Gemini）动铁耳机；“最佳创新奖——麦克风类”：AT5047变压器耦合、心形电容式话筒5个产品。

50. 10月12日，由中国乐器协会（CMIA）和美国国际音乐制品协会（NAMM）中美两大行业协会合力打造NAMM CMIA行业高峰论坛在上海召开。论坛紧紧围绕“音乐在我身边，论社区乐器演奏和音乐教育普及”深入研讨，并结合各自体会分享了做大音教市场、拓展音乐人口的先进理念。

11月

51. 11月6日至7日，中国乐器协会口琴专业委员会六届三次会议在南京召开。参加本次会议的代表充分讨论了口琴专业委员会发展规划、专项活动开展进程以及优秀项目推介等内容。

52. 11月8日，中国乐器协会钢琴分会2017年年会在海滨之城烟台隆重召开。中国乐器协会常务副理事长曾泽民，钢琴分会会长、珠江钢琴集团董事长李建宁，以及骨干企业领导近40名代表莅临出席会议。会议由钢琴分会副会长单位烟台博斯纳钢琴公司承办。曾泽民做《分析行业近期特点与发展形势》专题发言，烟台大学法律专家做知识产权专题讲座，与会代表同期参观了烟台钢琴博物馆和博斯纳钢琴公司。

53. 首期CMIA KAWAI钢琴调律联盟标准高级钢琴调律师培训班于11月13日至29日在厦门中央音乐学院鼓浪屿钢琴学校举办。高级培训班采取小班集中培训的方法，有12名调律师参加。此次培训班，开始了钢琴调律行业由国家认证向国际联盟标准认证转变。

54. 11月28日，中国轻工业联合会党委副书记、中国乐器协会理事长王世成一行前往北京罗兰数字音乐教育集团总部考察，参观了公司研发部、运营中心和服务中心，认为此次参观是“不虚此行”，并表述了五点直观感受。王世成理事长一行还参观了位于同一座办公楼内的著名音乐家卞留念的工作室，并对其提出的“音乐疗法”理念，以及五行与五音的对应关系图、音乐治疗处方等表示浓厚兴趣。对卞留念先生在传统乐器电声化以及中国文化走向世界方面做出的努力表示赞赏。

12月

55. 12月3日，中国轻工业联合会党委副书记、中国乐器协会理事长王世成一行前往森鹤乐器股份有限公司进行考察调研，先后对森鹤乐器的击弦机、键盘、音源、恒温恒湿车间、五金配件加工、木料加工和物料仓储库进行了实地考察调研，对于森鹤乐器在不同配套工艺环节执行的5S精细化企业管理，以现代数控流水线提升产品加工的标准化和精细化程度，有效化解成本压力等创新举措，得到王世成理事长的肯定。

56. 12月4日至5日，中国乐器协会在宁波召开了七届五次常务理事（扩大）会暨科技会。中国轻工业联合会党委副书记、中国乐器协会理事长王世成，中央音乐学院副院长周海宏，以及理事单位领导共计130余人出席了本次会议。本次会议内容丰实，采取三位一体的立体化会议模式，常务理事会内容基本采取书面发言形式，科技会内容采取专题讲座、深度对话、项目交流，突出了跨界融合，坚持市场导向。

57. 第八届施坦威全国青少年钢琴比赛总决赛暨第81届施坦威国际青少年钢琴比赛中国区总决赛于12月10日在北京落下帷幕，比赛为期三天，49位专业组选手和113位业余组选手中最终决出54位获胜者，分获专业和业余两大组别的各个奖项。

58. 12月11至13日，全国乐标委年度工作会在青岛即墨召开，来自全国的乐标委委员和代表47人出席。会议学习了《中华人民共和国标准法》，宣贯了“全国专业标准化技术委员会管理办法”；向丰元凯等6位新委员颁发了乐标委委员证书；审议了副主任委员变更申请，因珠江钢琴集团副总经理梁志伟副主任退休，由珠江钢琴集团总经理肖巍接替副主任职务；审议通过协会提琴分会提出的“组建提琴标准化工作组的议案”。

59. 12月27至29日，中国乐器协会材料配件专业委员会2017年会在福州市西湖宾馆召开。全国乐器材料配件专业委员会会员单位、国内钢琴企业代表共20余人出席会议。会长罗建峰代表大会作主题为“标准、专业、融合”的2017年度工作报告。

60. 美国《音乐贸易》杂志2017年第12期公布了2016年全球乐器与音响制品行业225强榜单。全年225强销售收入210亿美元，再次创下十年新高，员工总数共计12.07万人。225强榜单中包括中国台湾和中国香港在内的中国企业共有42家，其中中国大陆32家，中国香港3家，中国台湾7家。

年度报告

2017年中国乐器行业年度报告

综合篇

综观2017年我国乐器产业发展格局，由于受环保新政、成本上涨、出口受抑，以及移动互联经济+智能制造多重因素影响，促成乐器制造工业规模化和标准化水平进一步提升，产业链主动向音教、演艺文化市场延伸拓展。透过结构转型、渠道创新，产业要素跨界融合，创造乐器市场消费增量，勾勒出2017年乐器产业发展的宏观特征。

一、2017年度乐器产业宏观运行数据

据中国轻工业经济运行及预测预警系统显示，2017年1—12月，规模以上乐器企业257家，比上一年同期增加16家。1—12月累计完成主营业务收入374.94亿元，同比增长3.64%；工业增加值增速为7%，近年首次低于全轻工行业同期平均水平8.2%；主营业务收入利润率为6.69%,基本与同期全轻工行业6.65%的平均水平持平；累计利润总额25.09亿元，同比增长3.99%，增速放缓。1—12月，我国乐器行业累计出口额15.48亿美元，同比下降1.48%；进口额4.03亿美元，同比增长7.21%。2017年，我国乐器行业对“一带一路”沿线国家出口总额达2.79亿美元，同比增长3.40%，高于同期大多数其他贸易组织。

盘点乐器分支行业的盈利水平，中国乐器和西洋乐器利润总额仍保持12.43%和13.90%两位数增长；电子乐器与其他乐器及零件呈下降态势，分别下降7.01%和7.30%，而其他乐器及零件制造累计主营业务收入利润率为5.65%，同比增长8.15%。数据一降一升，直接反映其他乐器和零配件产业体量有所收缩，单品附加值增幅明显，产业转型升级成效显著。产研数据显示，2017年，我国乐器产业规模继续拓展，市场发展水平基本稳定，乐器企业面对环保、成本上升的压力，生产经营压力增大。大型企业的规模化发展和中小企业的中高端品牌个性化塑造，促成乐器产业结构趋向两极化方向发展。

二、2017年度乐器行业总体运行分析

（一）2017年度乐器行业运行特征概述

1. 环保严管与成本要素增长抑制行业发展增速。2017年，乐器行业发展首要面对的是环保整顿和成本继续增高的现实问题。企业的材料和人工成本，以及物流仓储和能源成本提高，新增环境整治投入加大，没有参加环境评价的中小企业停产整顿，产业发展进入转型升级的关键期。从行业发展趋势看，乐器行业跳出早前传统运营思维，探索新经济下的现代制造业创新发展模式势在必行。

2. 产业结构趋向中高端，阔叶黄檀限制出口冲击吉他制造业。2017年，国内市场仍然稳中有升，中高端市场明显出现供应不足，批量化普及乐器市场有所饱和，企业产品结构调整、品牌质量提升压力增大。面对市场机遇与挑战，各乐器企业在成本控制、质量提升和产业链延伸拓展上谋求突破，市场销售稳步提升。2017年，由于国际濒危物种保护公约组织将阔叶黄檀类木材列入限制目录，直接冲击我国吉他制造业。对于吉他玫瑰木指板材料的应用与替代转型，尽管制造企业和行业协会采取积极应对措施，但还是对企业成本控制和产品出口形成不利影响。

3. 社会音教市场线上线下协同发展，音乐文化消费潜力得以释放。综观近年乐器消费市场，乐器产销与音乐教育消费扩展迅猛。2017年，北京音乐生活展和上海国际乐器展音乐教育展区面积和展商数量呈现几何增速，社会音乐教育市场或迎来投资热潮。在国家文化产业政策扶持下，社会音乐文

化消费潜力得以释放。过去一年，行业骨干企业立足产业链的延伸与拓展，积极参与社会音教项目活动创建。同时，移动互联App多媒体音乐互动教学社区相继浮出市场水面，乐器消费和音乐教育市场黏合度明显提升，乐器行业市场活跃度得到生动体现。

（二）产业结构转型升级促企业标准化程度提升

2017年，面对环保新政与成本增长抑制因素，全球经济回暖依旧乏力，北美和欧洲市场对中国乐器进口产品总量递减1.48%，而国内乐器进口市场反而活跃，增长7.21%。直接反映外资品牌市场敏感度高，紧跟内地文化市场创建步伐，加大国内市场品牌布局力度，内外资品牌同场竞技，乐器市场竞争加剧，企业转型升级和标准化程度提升压力加大。

1. 产品结构升级换代，中高端转型助力品牌拓展。面对新经济形势下的市场变局，行业骨干企业通过拓建现代工业流水线，提升产品量化制造标准，化解环保成本压力，产业向中高端市场有序转型。2017年，珠江凯撒堡钢琴、敦煌民乐等产品频频亮相国家重要活动现场，APEC、G20、“一带一路”、金砖厦门会晤等多次主场外交，美轮美奂“最忆是杭州”和“千年之约”等文艺晚会，在社会文化大市场中彰显民族乐器品牌的艺术魅力。面对产业结构升级，珠江钢琴深入融合互联网+、智能制造等新兴技术，拓展产业服务链，关联发展音乐文化产业。以智能钢琴为教育入口，构建“智能硬件+线上教育平台+线下钢琴教室+音乐教育大数据”为一体的钢琴教育生态，成为珠江钢琴统筹市场全局的创新战略，为乐器制造企业的中高端市场拓展提供案例示范与借鉴经验。

2. 传统制造业标准化升级，现代数控设备提升核心竞争力。2017年，乐器制造业进入第二或第三轮技术改造，标准化、自动化程度明显提升，以现代数控设备的产能规模化优势化解环保与成本压力，提升企业核心竞争力。举例来说，敦煌民乐在生产力的建设上，加大机械化、自动化设备投入和使用，有效降低生产技术难度，提高产品标准化水平。凤灵乐器加强两化融合推进工作，推进ERP、大数据管控，促进技术融合、制造融合和经营融合。2017年企业购置智能化设备五百多万元，解决人工匮乏和生产效率提高现实问题。来自材料配件专业委员会的观点，“标准、专业、融合”成为当前制造业的基本工作思路，加强企业和产品的标准化建设，加强主机与配件厂家的技术对接，集中优化自身资源，走专业化发展道路，是培育和形成企业文化和核心竞争力的必由之路。

3. 环保新政促产业集群转移，地方集群打造乐器文化名片。面对环保新政，以及京津冀区域产业结构调整，我国乐器制造业迫于成本和环境压力，出现集群式转移。贵州正安吉他产业集群的出现，成为2017年度广东吉他产业集群迁徙发展的现实写照。同时，依托国家文化小镇的创建扶持政策，地方乐器产业从产研制造到文化市场培育，谋求全产业链闭合循环发展，取得显著社会业绩。7月6日，全国轻工业特色区域和产业集群发展工作会议在安徽滁州召开，乐器行业“中国提琴产业之都”被评为中国轻工业特色区域和产业集群管理与服务先进单位，江苏凤灵李书、扬州琴筝协会熊立群和平谷区东高村镇张秋燕被评为中国轻工业特色区域和产业集群管理与服务先进个人。9月，广东红棉乐器股份有限公司获评“全国音乐教育服务联盟（红棉艺术教育）示范基地”依托红棉乐器技术中心、大师工作室、世界乐器博物馆、红小宝艺术中心、音乐教育培训基地等项目，打造一体化音乐教育服务和产品销售平台，向行业和市场递交区域乐器文化名片。

（三）市场跨界融合资本+文化创意布局市场

2017年，面对移动互联新经济，乐器企业主动进驻移动互联消费市场，展开品牌和渠道创新布局，通过文化创意制造品牌文化营销亮点，有序提升用户的品牌认知度。值得关注的是，随着内地市场竞争加剧，行业维权案例浮出市场水面。中国乐器协会立足维护行业会员权益，继续展开二手钢琴进口限制申请议案、并针对烟台博斯纳、普雷耶钢琴维权进行声明发布，维护行业正气，促市场良性竞争环境。

1. 人工智能产品与文化娱乐需求跨界融合。2017年，面对乐器电商渠道分流和音教市场投融资风潮升温，社会音乐教育产业借助移动互联技术和风投资本，形成线上多媒体App音乐互动社区和线下实体培训机构并行发展的格局。为此，2017年4月，来自全国各地的24家电鸣乐器企业领导、专家齐聚温州乐清，重点研究“音乐教育服务”和“职工技能培训教材”等现实课题。同年，珠江钢琴集团顺应时代需求，创建91琴趣云端课堂，为延伸数字音乐产品产业链条。为拓宽延伸产业链，星海公司遵循“钢琴+互联网+教育+娱乐”产业链拓展思维导向，探索人工智能、前瞻数码技术与传统乐器的结合，随着星海FIND智能钢琴产品成功问世，标志着星海从传统钢琴制造企业向研发、制作智能化乐器产品领域有序转型。

2. 风投资本助力产业发展，投资风险尚需理性对待。综观2017年乐器市场发展，资本运作为规模企业的市场拓展和渠道创新注入内生活力。在国产民营钢琴企业的资本化运作进程中，海伦立足传统钢琴和资本优势，购买迪斯尼版权形象后，为儿童群体专项开发迪斯尼系列钢琴，产品销售利润同比增加20%。在风投资本热度升温之时，2017年，星空琴行由于资本盲目扩张，导致资金链断裂所致，线下60多家实体琴行宣布同时关停，成为本年度社会音乐教育市场的首例黑天鹅事件。来自行业人士的建议，以资本力量成功对接市场，加速消费升级与服务升级，期间优势固然可见，但音乐的个性化色彩导致课程设计标准化和模式化复制存在相应难度。总而言之，音教市场投资风险尚存，进驻者需保持相应理性。

3. 品牌+文化创新扩展内地消费市场。2017年，面对内外资平台同台竞技的市场格局，大型企业立足传统品牌文化沉淀优势，在社会文化市场主动进行品牌移植与介入，以多样化的音乐文化创意活动，提升品牌与终端用户的黏合度。2017年，上海民族乐器一厂携敦煌精品亮相台北乐器展，《敦煌遗韵》首演，“敦煌国乐”刘德海琵琶研修班成功举办，各项国乐文化活动有序展开。柏斯集团音乐集团旗下6台“长江钢琴”齐奏家国之声，共庆香港回归20周年，为民族钢琴增色添彩。6月23日，为响应国家“一带一路”的战略号召，更好地促进西部地区音乐教育的发展，中国乐器协会根据新疆乌鲁木齐两区教育局的申请，组织了江苏凤灵、天津津宝、得理乐器、河北乐海、金杯安琪、东方乐器、北京珠江、廊坊韵笛和宗沛乐器等九家单位，共同向乌鲁木齐市高新区（新市区）第六十三小学及天山区第一百二十六小学捐赠乐器。在国内乐器企业主办的各项杯赛以及社会文化艺术创建活动中，各行业机构和骨干企业在经济效益与社会效益上兼收并蓄，各地乐器文化市场呈现繁荣发展喜人景象。

（四）科技创新依托校企联合国际合作造势科研环境

1. 行业标准化+校企联合带动企业产品结构转型升级。2017年，面对乐器产业的结构转型与瓶颈突破，5月4日，王世成理事长中国乐器协会七届三次理事（扩大）会议提出“六个持续强调”的工作精神，继续强调深化乐器产业的科技与音教双轮驱动发展导向。2017年底，全国乐标委年度工作会在青岛即墨召开，来自全国的乐标委委员和代表47人出席。会议学习了《中华人民共和国标准法》，宣贯了“全国专业标准化技术委员会管理办法”，审议通过协会提琴分会提出“组建提琴标准化工作组的议案”，制造标准化提升到行业发展高度。

面对校企联合科技成果转化，促进生产力水平的提升。2017年，上民一与上海应用技术大学合作，对琴弦进行优化处理。同时，与上海交通大学力学实验室合作，将“古筝声学测试系统”应用到实践中来，提高乐器质量检查的科学性、系统性。凤灵乐器加强产学研联合，继续攻关“以竹代木”国家科技创新项目。2017年，在吉他行业遭遇“玫瑰木”事件后，红棉乐器作为行业的领军企业，团结同业积极应对，并依托全国通用吉他技术研发基地展开技术攻关，通过加大新材料、新产品的研发力度，成功实现转型。各骨干企业在校企合作项目中，都成功地促进了科技成果的转化，全行业全年专利申报1317项，其中发明专利423项。

2. 国际MIDI交流论坛，科技创新评奖营造行业科研环境。借力展会平台加强国际MIDI领域合作，2017上海MIDI国际论坛取得圆满成功。美国MIDI制造商协会主席汤姆·怀特、英国Roli技术公司MIDI产品高级研发专家赛巴特，以及中国乐器协会MIDI

工作专业委员会各位领导齐聚一堂，共同分享当前MIDI技术最新发展趋势。围绕各类MIDI技术、发展趋势及应用方向的观点碰撞层出不穷。为鼓励并推动行业新技术、新产品的研发与创新，10月13日，与MIDI论坛同期举行的第二届行业科技创新产品评选颁奖仪式在上海国际乐器展举行，新增电子鼓、耳机、麦克风三大品类，与合成器、效果器两类构成2017年度行业创新评选的五大类别。通过企业展示、行业媒体、资深用户、专业院校、观众群体的共同参与，评选出最佳创新奖及最具人气奖，展现出行业力求引入国际MIDI资源，通过国际评比交流活动展示科技创新产品研发新成果，着力带动中国MIDI行业的科技水平。协会电鸣分会加强与美国国籍MIDI协会交流合作，首次推荐代表当选国籍MIDI协会技术委员会委员。

（五）互联音乐教育创造市场增量文化创意拉近大众器乐文化距离

1. “6•21国际乐器演奏日”拉近产业与消费终端距离。2017年，作为全国音乐教育服务联盟合作平台发起的“6•21国际乐器演奏日”特色大众器乐文化活动成功举办，旨在用大众参与的乐器演奏行动，直接提高各类和不同层次人群学乐器、玩乐器的兴趣，提升百姓生活幸福指数。6月17日，2017中国“6•21国际乐器演奏日”活动在中国园林博物馆清音台正式拉开帷幕，活动受到全国乐器厂家、琴行、培训机构、学校、社区，以及广大音乐爱好者的热烈响应，各地参与热情十分高涨。全国共计84个城市2000多场活动，直接参与演出人数近10万人，受众人数超过100万人。由于活动的低门槛、亲民性、广泛性，“6•21国际乐器演奏日”特色器乐文化活动有效拉近乐器与大众的文化距离。

2. 互联网艺术教育创造市场增量，引发制造业产业链拓展延伸。2017年，在“互联网+”大爆发的时代背景下，音乐教育行业已发生了翻天覆地的改变！音乐教育行业的数字化时代已迅猛而至。数字音乐教育的出现，印证科技对于人们各方面生活习惯的改变，同时也证明数字音乐的市场潜力。例如：在社会音乐教育资源开发上，上民一注重与用户互动，加强线上课程研发。一方面，在企业官方网站敦煌国乐网、官方微信平台、敦煌国乐微信群内开设线上课程，上线古筝、二胡等乐器的教学视频；另一方面与线上教学平台FINGER合作开发《古筝基础教程》和《敦煌国乐・古筝保养秘籍》，两套课程累计观看人数超过14万人次。在互联网概念提出后，行业人士认为，“互联网+”只是我们的辅助工具，做教育本质还是在于“育人”。

三、2018年乐器产业展望

盘点2017年我国乐器产业总体发展格局，面对新经济形势下的市场变局，市场竞争要素日趋错综复杂，乐器制造行业工业增速和盈利水平因结构调整受到不同程度的抑制。行业骨干企业通过拓建现代工业流水线，立足中高端产品研发与推广，化解环保成本压力，产业向中高端市场有序转型升级；其次，面对移动互联新经济，乐器制造企业从被动线上营销，开始主动进驻移动互联消费市场，主动与消费终端建立文化消费对话平台机制，通过创意策划品牌文化创建活动，制造品牌文化营销的亮点，为2018年乐器产业文化创新持续注入生机活力。展望2018，面对压力与变局，行业骨干企业依旧在品牌科研与文化创新领域精耕细作，但正如中国乐器协会王世成理事长在行业科技会中强调，当前，我国乐器行业还需面对：一是技术水平不平衡，科技创新能力不够强；二是产业链协调欠缺，专业化合作滞后；三是加工技术要求高，行业科技人才匮乏等不利因素。在变局中谋求创新增量，在新经济形态下探索现代乐器制造产业的生存模式，乐器产业科技创新跃升、追赶世界先进水平任重道远。

钢琴篇

2017年，当我国的经济发展步入新常态，经济增速从高速增长转向中高速增长，经济结构不断优化升级，产业发展从要素驱动、投资驱动转向创新驱动的市场背景下，钢琴行业发展在环境、成本增长不利因素中，积极拥抱移动互联新经济与传统键盘乐器的数字化浪潮。在素质教育和大众钢琴娱乐消费市场谋求增量，在压力与机遇并行的变局中，谋求产业结构升级，加速中高端产品研发迭代，企业发展形成对内修炼规模化、标准化内功，对外在消费终端创意讲述品牌故事，形成在制造工业和文化创意市场协同发展的产业格局，钢琴产业结构、投资结构调整明显，中高端产品阶段性供不应求，市场运行稳定。

一、2017我国钢琴行业总体运营数据

据中国轻工业经济运行及预测预警系统显示，2017年1—12月，规模以上乐器企业257家，比上一年同期增加16家。1—12月累计完成主营业务收入374.94亿元，同比增长3.64%；工业增加值增速为7.0%，低于同期全轻工行业平均水平(8.2%)；主营业务收入利润率为6.69%,基本与同期全轻工行业6.65%的平均水平持平。数据显示，乐器分支行业呈现两极分化：中国乐器和西洋乐器利润总额仍保持两位数增长，其中，西洋乐器累计利润总额11.70亿元(占55.44%)，同比增长12.43%。

国家海关总署公布，2017年我国乐器行业累计出口额15.48亿美元，同比下降1.48%，钢琴出口不容乐观，三角琴单价下滑明显。在出口22类乐器中，立式钢琴出口量及出口额双线下行。而大钢琴出口量增长37.95%，出口额仍下降18.59%，出口单价下降明显。

2017年中国出口立式钢琴19,250架，同比下降6.46%，出口额2907.80万美元，同比下降7.61%，平均单价1510.54美元，同比下降1.23%。中国立式钢琴主要出口国和地区是美国、中国香港地区、德国、伊朗、新加坡，中国总计向上述五国出口立式钢琴8580架，占中国立式钢琴总出口量的44.57%。中国立式钢琴出口到91个国家和地区，比上年增加13个，其中31个国家和地区的出口量同比增加。

2017年中国三角钢琴共计出口5947架，同比增长了37.95%，出口总额2065.67万美元，同比下降18.59%，平均单价3473.47美元，同比下降40.99%，创近年新低。2017年，我国三角钢琴分别出口到世界上79个国家和地区，美国、澳大利亚、德国、韩国、捷克名列前五，总计出口2780架，占中国三角钢琴总出口量的46.74%。

2017年，进口到中国的立式钢琴数量165,185架，继续保持较快增长，同比增长14.28%。其中，约有12万架为二手钢琴。进口立式钢琴平均单价是820.24美元，同比下降6.68%。其中，我国从日本进口立式钢琴69,695架，金额为6703.24万美元，平均单价是962美元。从韩国进口立式钢琴75371架，金额2532.65万美元，平均单价仅有334美元。2017年，进口到中国的三角钢琴7193架，同比增长24.42%，金额6169.53美元，其中，从日本进口三角钢琴4386架，金额2188.45万美元，单价4990美元；其次是德国，进口477架，金额2187.29万美元，单价45,855美元。

二、2017年我国钢琴行业总体运行特征

（一）2017我国钢琴行业发展概述

盘点2017我国钢琴行业总体运行特征，钢琴分会会长、珠江钢琴集团董事长李建宁在2017钢琴行业分会工作报告中表示，回顾过去一年，虽然全球经济逐步复苏，但世界政治、经济、安全不稳定因素依然存在，国际金融市场风险加剧。钢琴行业面临供需错配，环保新政倒逼产业升级，制造与人工成本优势逐步丧失，二手钢琴继续增长危害国内钢琴行业发展，新的经济模式，新的技术打破传统行业壁垒，产业链延伸拓展既是机遇，其中也隐藏着发展的市场风险。面对错综复杂的市场要素，钢琴企业只有积极响应和贯彻党和国家提出的三品战略，提升行业核心竞争力，群策群力，众筹行业智慧，改善行业环境，审慎探索关联产业，建设产业链上下游健康生态环境，方能谋划钢琴产业未来创新发展。

分析钢琴行业近期特点与发展形势，梳理欧美和日韩钢琴产业规律性的历史迁徙与转移，中国乐器协会常务副理事长曾泽民对2017年钢琴行业总体特征做出逻辑归纳：1. 产品向中高端发力,更新换代明显加快；2. 与音乐教育市场结合,传统钢琴向智能化拓展；3. 成本与环保压力,促进企业间生产技术合作；4. 企业运行资金压力加大；5. 钢琴品牌国际化加速；6. 三、四线城市钢琴市场快速发展,市场分工布局调整；7. 钢琴音乐教育市场方兴未艾,产业链向

培训和服务延伸等7大特点。认为中国钢琴产业近期的走势仍会继续保持年30—35万架产销量高位运行；钢琴品牌国际化会更加明显，中高端产品呈上升趋势，技术改造和科技创新更加活跃，产业链合作加强，钢琴产业与音乐教育和技术服务结合会更加紧密。

（二）成本控制和结构调整化解市场压力，结构升级布局中高端市场

2017年，面对原材料价格上涨等不利因素，成本控制与设备升级成为企业对抗成本与市场波动的战略举措，规模化、标准化程度提升，产业结构趋向中高端，成为钢琴企业在市场变局中生存写照。作为行业龙头的珠江钢琴集团，通过强化企业的内部管理，包括产、供、销、人、财、物的管理，设备的更新升级、生产线的合理布局、单位成本的控制等，积极进行内部挖潜，加强过程管控，注意应收款的管理考核，消除浪费，降低成本，提升效率，规避市场风险。通过加强内部管理、技术创新、工艺改造、自动化智能化设备的投入，促进产品不断高端化、智能化、个性化发展。继续秉承创新、绿色、环保的发展理念，致力实现“造世界最好的钢琴、做世界最强的乐器企业”的战略目标。

面对产品结构升级换代，中高端转型助力品牌拓展。2017年，珠江凯撒堡钢琴、敦煌民乐等产品频频亮相国家重要活动现场，APEC、G20、“一带一路”、金砖厦门会晤等多次主场外交，美轮美奂“最忆是杭州”和“千年之约”等文艺晚会，在社会文化大市场中彰显民族乐器品牌的艺术魅力。2017年初，珠江钢琴入选工业和信息化部与中国工业经济联合会联合颁布的第一批制造业单项冠军示范企业，海伦钢琴在北美消费者评选中获声学钢琴大奖；在2017年“第四届深圳国际钢琴协奏曲音乐周”上经与施坦威钢琴现场比对，中外演奏者选择了长江钢琴，展示了中国制造的自信与实力。综合评估全年骨干企业的文化业绩，民族钢琴品牌在制造和文化创意产业都获得显著的社会业绩。

其次，面对国家环保新政，特别是京津冀制造经济一体化的产业背景，星海公司在国家“十三五”规划明确出台，主动契合首都“文化中心”定位，按照《关于深化国有企业改革的指导意见》精神，星海集团引入社会资本，创立星海钢琴（河北）有限公司，标志着星海公司集团化发展转型升级战略迈出关键步伐。遵循绿色循环经济，在结构升级中布局创新业态市场，成为我国钢琴行业未来发展的主流趋势。

（三）产业链有序延伸拓展，智能钢琴创新业态初显

面对人工智能产品与文化娱乐消费需求，国内钢琴制造业立足传统钢琴制造工业基础，近年在传统钢琴的数字化转型浪潮中，依托移动互联技术，智能钢琴的线上线下协同发展创新业态初步形成，智能钢琴的低价、静音、音色多样化、乐谱可视化的诸多优势，使其和传统钢琴的市场占比处于奇虎相当的战略地位。

2017年，珠江钢琴深入融合互联网+、智能制造等新兴技术，拓展产业服务链，关联发展音乐文化产业。以智能钢琴为教育入口，构建“智能硬件+线上教育平台+线下钢琴教室+音乐教育大数据”为一体的钢琴教育生态，创建91琴趣云端课堂，成为珠江钢琴统筹市场全局的创新战略，为乐器制造企业的中高端市场拓展提供案例示范与借鉴经验。为拓宽延伸产业链，星海公司遵循“钢琴+互联网+教育+娱乐”产业链拓展思维导向，探索人工智能、前瞻数码技术与传统乐器的结合，随着星海FIND智能钢琴产品成功问世，标志着星海从传统钢琴制造企业向研发、制作智能化乐器产品领域有序转型。

不仅在文化消费娱乐市场呈现如此特征，在中高端三角钢琴消费市场，施坦威钢琴同样瞄准智能钢琴消费市场，施坦威•SPIRIO新悦高解析度自动演奏钢琴的问世，无论产品的高解析度演奏特性，再到先进的自动演奏系统，产品定位在酒店系统和中高端消费娱乐市场，显示出智能钢琴未来开阔的市场前景。

（四）二手钢琴成行业关注焦点，行业积极寻求政策支持

2017年，面对日韩二手钢琴进口总量继续攀升，危害国内钢琴制造行业的有序发展，中国乐器协会继续跟踪进口二手钢琴技术和贸易保护措施，继2016年国家质检总局受国办委托，研究落实有关技术保护措施后。协会再次撰写专题报告，经中轻联转商务部、国家海关总署中国乐器协会七届五次常务理事（扩大）会暨科技会会议文件之一和质检总局，提出建议一，参照“重点旧机电产品进口管理办法”，将限制进口旧钢琴纳入《重点旧机电产品进口目录》和《进口许可证管理货物目录》。请商务部会同国家海关总署、质检总局针对旧钢琴进口的问题，修改现有“目录”，调整相关政策规定。

建议二，将旧钢琴进口纳入《进口废旧物品卫生检疫管理规程》和《进口废旧物卫生处理规程》，等同废物中“旧家具”“旧地毯”一样，加强进口检验检疫。由于政策落实涉及海关目录和税号，希望经过相关主管部门会商，在“钢琴”下边增加“旧钢琴”目录和税号。同时，进一步研究对韩国反倾销调查立项。由于政策落实涉及海关目录和税号，希望经过相关主管部门会商，在“钢琴”下边增加“旧钢琴”目录和税号。同时，进一步研究对韩国反倾销调查立项。目前还在努力推进之中。

（五）弘扬大国工匠精神，创建职业技能人才培训平台

2017年，面对行业职业技能培训体系的创建，在国家政策过渡期间，中国乐器协会有序组织钢琴调律师职业技能培训与鉴定工作，共计486名钢琴调律师获得相应级别的培训鉴定资质。钢琴调律联盟标准培训认证，钢琴调律师分会参与的联盟标准制修订和专业培训，各项人才培育与储备工作扎实推进。同时，为在钢琴行业弘扬新时代工匠精神，在2017年度中国乐器协会七届三次理事（扩大）会议期间，针对2016年全国钢琴职业调律技能竞赛技术人才进行隆重颁奖，中国乐器协会理事长王世成、中国财贸轻纺烟草工会轻工工作部部长严红、中国轻工业联合会人事教育部主任徐祥楠等领导到会并为获奖选手颁奖。

10月12日，CMIA KAWAI钢琴调律联盟标准培训认证项目发布会在上海召开。中国乐器协会理事长王世成、常务副理事长曾泽民，日本河合乐器制作所株式会社社长河合弘隆、统扩部部长西尾正由纪等领导出席。王世成理事长与河合弘隆社长共同为首批通过认证的十名教师颁发证书。中国乐器协会常务副理事长曾泽民、中央音乐学院鼓浪屿钢琴学校校长杨鸣共同在培训基地协议上签字。首期CMIA KAWAI钢琴调律联盟标准高级钢琴调律师培训班于11月13日至29日在厦门中央音乐学院鼓浪屿钢琴学校举办。高级培训班采取小班集中培训的方法，有12名调律师参加。此次培训班，开始了钢琴调律行业由国家认证向国际联盟标准认证转变。

（六）音乐教育拓展产业链产业要素跨界融合

面对移动互联经济+乐器互联网音乐生态的构建，珠江钢琴集团积极拥抱互联网，深化音乐教育布局，深入开展全国文化艺术教育中心建设项目，持续研发升级珠江埃诺智能乐器和数字艺术教育课程产品，拓展珠江钢琴艺术教室线下加盟，荣获了2017年家长信赖儿童教育品牌荣誉称号，文化教育版图迅速扩张，品牌影响力持续提升。互联网音乐生态方面，子公司琴趣科技公司于2017年底发布钢琴云学堂产品，首次利用AI人工智能技术来帮助孩子们提升钢琴学习效率，受到市场的欢迎和好评。

为拓宽延伸乐器全产业链，促进制造与教育产业资源跨界联合，创建启蒙艺术教育新生态。睿卡音乐、海伦钢琴展开跨界创意合作，双方将在海伦中国艺术教育布局中做出积极的贡献。海伦钢琴作为优质乐器产品和线上App教学平台的制造企业，与睿卡音乐的教材和教学体系研发资源进行跨界整合，实现制造与社会教育产业资源的联合与优势互补。同时，海伦睿卡音乐启蒙教育研究院的成立，将聚集国内外著名专家、学者及音乐教育一线工作者，聚焦音乐启蒙教育理论、教学、体验、交流等热点焦点议题，集中展现当今中国音乐启蒙教育各方面成果。

赛乐尔三益乐器将加强对电商渠道的管理，大力发展网络营销，积极拥抱互联网，并在2017年成立“天天陪练”教育部门。结合网络平台打造更适合现代社会的教育理念，积极与第三方平台合作，进行资源整合，开启真正的寓教于乐模式，协助家长、陪伴孩子提高学习音乐的兴趣及效率。运用现有的市场资源，再加上优质的教学品质、良好的师资，提升消费者对钢琴品牌的体验感受，进而提升行业高品质的品牌形象。

三、2018年钢琴行业展望

综观2017年钢琴行业面临科技进步、品牌建设、中高端提升、抵制进口二手钢琴等一系列热点和复杂问题, 要有序通过供给侧结构性改革倒逼行业转型升级；要以丰富的品种、过硬的品质、知名的品牌减少中高端消费品购买力外流；要处理好钢琴产业发展中几个关系,推进行业整体上水平上档次。成为钢琴行业同仁的发展共识。中国乐器协会理事长王世成在总体分析钢琴产业现行发展格局时强调，未来钢琴产业发展需要观照好如下关键议题：1. 注意解决产品结构不适应市场需求变化的矛盾，处理好规模生产和中高端突破的关系；2. 注意解决制造成本增高与生产方式转变的矛盾，处理好整体规划和阶段性技术改造的关系；3. 注意解决好生产链不顺畅的矛盾，处理好主机厂与配套厂协调发展的关系；4. 注意市场快速扩展与资金链流动性减弱的矛盾，处理好品牌企业与经销商利益共同体的关系,变博弈为共进退。要努力加大直接融资比重,主动做好风险防控；5. 注意研究解决钢琴产销与音乐教育、音乐生活分离的矛盾，处理好企业投入和借力发力、跨界合作的关系；6. 注意市场掌控能力和投资规模的矛盾,处理好投资规模、节奏与企业发展战略的关系。

民族乐器篇

2017年1月25日，中共中央办公厅、国务院办公厅发布了《关于实施中华优秀传统文化传承发展工程的意见》，中华文化源远流长、灿烂辉煌。随着我国经济社会深刻变革、对外开放日益扩大、互联网技术和新媒体快速发展，各种思想文化交流交融交锋更加频繁，迫切需要深化对中华优秀传统文化重要性的认识，进一步增强文化自觉和文化自信；迫切需要深入挖掘中华优秀传统文化价值内涵，进一步激发中华优秀传统文化的生机与活力；实施中华优秀传统文化传承发展工程，是建设社会主义文化强国的重大战略任务，对于传承中华文脉、全面提升人民群众文化素养、维护国家文化安全、增强国家文化软实力、推进国家治理体系和治理能力现代化，具有重要意义。

中国音乐产业发展报告于2017年11月发布，报告说，2016年中国音乐产业总规模达3253.22亿元，在国家、省市一系列产业政策规范、引导、扶持下，2016年音乐产业也实现了稳定的快速增长。产业结构、服务体系进一步优化，版权环境的持续改善激发原创音乐活力，技术升级、用户需求不断推动音乐产业链的重构与商业模式创新，“音乐+”融合业态成为发展新动能，“整合、重构、新生”构成了中国音乐产业发展的主旋律。

我国民族乐器产业属于中华优秀传统文化的重要组成部分，也是音乐产业的一部分。2017年我国民族乐器产业有如下几个特点：

一、2017年民族乐器行业数据分析

据国家统计局公布的2017年乐器行业规模以上生产企业主要经济指标完成情况，2017年我国乐器行业规模以上企业257家（规模以上企业是指注册资金在2000万元以上的企业），主营业务收入374.94亿元人民币，同比增长3.64%，其中民族乐器行业规模以上企业37家，较上年增加4家，主营业务收入实现50.79亿元，同比增长7.81%；出口交货值21.60亿元，同比增长24.77%；利润总额3.47亿元，同比增长13.90%；总资产24.83亿元，同比增长10.05%。总体来说，2017年民族乐器行业主要经济指标均好于其他各个类别。

二、2016年民族乐器行业运营特点

（一）民族乐器专利与展览比翼齐飞

2017年民族乐器专利发布共计421项，同比增长1.69%，其中，发明专利102项，增长88.89%，占全部专利的24.22%；实用新型专利190项，增长28.38%，占比45.13%；外观设计专利129项，同比下降39.15%，占比30.64%。

按民族乐器各类别划分，吹管乐器专利83项，同比下降40.28%；弹拨乐器专利234项，同比增长21.87%；拉弦乐器专利73项，同比增长1.38%；打击乐器7项，比去年下降36.36%。弹拨乐器专利发布数量列居首位，单件乐器，古筝专利数量最多，二胡、古琴、葫芦丝、琵琶次之。

2017年国内乐器展继续保持着上海、北京、广州三大乐器展览会强大优势，各省市得到当地政府的支持，青岛、济南、厦门、武汉、西安、沈阳等地都在陆续举办乐器展览会。这些乐器展虽然规模不大，但还是显示出各地区对乐器产业，尤其是民族乐器的关注。

2017年上海国际乐器展上，民族乐器在E6馆和露天的大棚内，总展览面积为13500平方米，比去年增加了17.4%，参展商共计352家，比去年增长了22.64%，这两个数字都创了历史新高。民乐参展商中，有5家来自其他国家和地区，其中，日本2家、韩国1家、中国香港1家、中国台湾1家，其他均为中国大陆参展商，他们分别来自国内21个省、直辖市，其中，江苏115家、河南42家、浙江42家、河北32家。按产品分类划分，弹拨乐器111家、拉弦乐器89家、打击乐器8家、吹管乐器69家、乐器配件75家。2017年民族乐器各类别参展商数量，最多是弹拨乐器类和拉弦乐器。增长幅度最大的是乐器配件，与上年相比增长了1.27倍。吹管乐器较上年有所减少。

（二）各地民族音乐活动如火如荼

各民族乐器生产企业在2017年举行的民族音乐文化活动层出不穷，光彩夺目。2017年上海民族乐器一厂进一步加强与民乐教育、演艺资源的融合，借力名家效应、活动效应，扩大敦煌品牌的影响力。5月，参加北京音乐生活展，以“细品乐•漫生活”为主题向观众展演中国民族乐器文化，举办了2场乐器制作和使用专题讲座、4场精彩的室内乐演出，并邀请青年民乐演奏家杨雪、李佳、杨雨桐、程皓如为观众带来了4场乐器演奏专题讲座。6月，在北京联合开启了大型国乐文化访谈交流项目“中国民乐•敦煌文化大讲堂”，以视频、网络传播的形式重点采访民乐界有代表性的老中青三代名家，致力于为中国民族音乐留下一部可观的、烙有历史印记的珍贵口述史资料。8月，主办敦煌琵琶新声音乐会暨刘德海师生音乐会，企业特制的“刘德海·高占春八十寿诞限量版琵琶”为唯一演奏用琴；同月，第三届“敦煌杯”中国琵琶艺术精英展演在上海举行，来自国内一级一类院校和著名艺术乐团的40余位琵琶演奏家、教育家、作曲家担任评委，700余名选手进入复赛，还有1场名家音乐会、5场讲座、3场颁奖音乐会，打造成了精彩的沪上“琵琶艺术节”。8月，参与主办了首届澳门国际古筝音乐节，开幕式上，2520人用“敦煌牌”古筝合奏《渔舟唱晚》《七子之歌》，成功创下了吉尼斯世界纪录，CCTV新闻频道、上海电视台、《新民晚报》等媒体对此进行了报道。上海民族乐器一厂还与媒体单位合作，大力拓展传播渠道。2017年，企业与上海东方卫视中心艺术人文频道联合开设的《纵横经典之敦煌国风》栏目，邀请行业内名家学者共话中国民乐，不仅向大众普及推广了民乐知识，也有效提高了企业的品牌知名度。企业投资拍摄的大型纪录片《中国乐器》得到了社会各界高度认可，平均每天收看人数达255万人，“古琴”篇收视排名更是达到省级卫视同时段第一，进一步扩大了对传统音乐文化和“敦煌牌”民族乐器的宣传。10月，企业参展上海国际乐器展，向公众展示了50余件新品乐器，并举办了新品乐器、巨型箜篌发布仪式，《神笛天籁——陆春龄艺术生涯九十周年纪念（影集）》首发式，民族乐器产品环保认证发布会。97岁高龄的笛界宗师陆春龄、箜篌演奏家吴琳等参加了发布活动。

苏州民族乐器一厂2017年积极参与青少年社会实践活动，建立青少年活动基地，2017年被授牌为苏州唯一的“苏州民族乐器传习基地”，在2017年间赞助、参办了2017西湖国际青少年艺术节、2017年传媒大学音乐大赛。同时与地方企业紧密联系，为东吴集团艺术大赛提供乐器赞助。

扬州民族乐器研制厂为弘扬琴艺寻觅知音，飞泉琴社于2017年4月在仪征枣林湾举行了田泉古琴学员集体拜师仪式。来自上海、苏州、青岛、福州、珠海等各地的学员20多人正式拜师。2017年12月18日至25日由龙凤乐器协办的“全国古筝专业教学高级师资第一期评价课程进修班”在北京举行，数十位来自全国各地的古筝老师齐聚一堂，此外还举办了古筝教育发展论坛。

河北乐海乐器有限公司在2017年开展了“乐海杯”系列乐器声学品质教学研讨会，先后举办了第三届“乐海杯”徐阳阮族乐器声学品质教学研讨会、第四届 “乐海杯”琵琶声学品质教学研讨会、第五届“乐海杯”二胡制作技能比赛，都邀请了专业的演奏家与技师进一步针对产品音质进行沟通探讨，使乐器从品质到音质都得到了质的飞跃。2017年研发了“海之尊系列凤鸣高音扬琴、虎啸中音扬琴、龙吟低音扬琴、云莺便携式扬琴”，并成为中央音乐学院演奏家王玉珏的扬琴音乐会全国巡演指定用琴。

扬州市琴筝协会在2017年农历正月初七，承办“扬州之春”艺术周——琴筝艺术传承人演奏会，2017年4月8日晚于扬州市音乐厅承办“高山流水——菲・泉古琴音乐会”；“中国梦・翔声梦”古琴专场音乐会；“九德雅乐琴动扬州”古琴雅集交流活动；扬州和敬琴邑文化交流有限公司琴筝雅集活动；扬州市民音乐开放日；扬州天韵琴筝有限公司汇报演出；扬州古筝亮相非遗专场演出；扬州琴筝联合高校共同举办琴筝专场音乐会，以及无弦堂古琴名家雅集等多场交流活动。8月11日至15日中国扬州第三届青少年国际古筝邀请赛在扬州举行，来自全国各地的680名学筝少年们参加了大赛角逐。2017年10月31日至11月3日由扬州市政府与中国音协主办，扬州市琴筝协会协办的第八届中国古筝艺术学术交流会在江苏省扬州市成功举行。到会代表和专家共1000余人。

杭州余杭铜音竹笛专业合作社在2017年8月2日至5日在杭州举办了第三届铜岭竹音中国竹笛艺术展演暨首届“铜音杯”全国邀请赛。活动吸引了全国各省市、港澳和海外等地的600多名海内外笛友。

（三）2017年民族乐器产销两旺，喜上眉梢

2017年民族乐器生产经营形势继续以较快的速度发展，各企业产品大多处于供不应求的状况。2017年，上海民族乐器一厂虽然面临的发展大环境和经济形势依旧复杂严峻，但是企业坚持“文化”和“创新”不动摇，以“创造知识资本，布局共享经济”为战略思想布局品牌建设、销售运营、生产研发等关键领域，在创新中拥抱市场环境的改变，在跨界融合中创造增值服务，主要经济数据均实现了两位数增长。2017年，销售收入突破了3个亿，利润总额突破了5千万，古筝产销量均突破了9万台。无论是经济效益还是品牌效益均实现了稳健增长，取得了可持续性发展。

河北乐海乐器有限公司在2017年产品研发不断推出新品，琴弦创立独特的品牌——“一弦一品”，首期推出扬琴、琵琶、二胡、阮系列高端品牌琴弦。2017年随着产品声学品质的提升，乐海乐器的琵琶和阮呈现出了供不应求的局面，在全国市场生产量和销售量也是最大的，阮每年销售2万把。公司内的乐器销售产值与2016年对比翻一番。

2017年龙凤古筝有限公司在品牌多元思想指导下，企业组建创新产品研制室，不断推出科技新品，有古琴框式试音器，这是田步高三十年前发明使用的，目前所有制琴工匠都用它来查沙音，听音色。另外挖掘名贵木材为制作高端精品古筝占领市场，2017年隆重推出瘿瘤纹紫檀、黄金檀双箱专利极品演奏筝，蛇纹木双箱极品专利演奏筝，满足高端客户的需求。企业还将巴西苏木、蛇纹木制成筝码申报专利，特供演奏家使用。

苏州民族乐器一厂有限公司2017年产量、销售量较2016年同期均增长50%左右，产销均创历史新高。2017年研制出“孙文明无千斤二胡”并由上海音乐学院二胡教授汝艺老师进行演奏，2017年5月“民族乐器博物馆”正式开馆，展馆陈列几十种，百余件民族乐器产品，并对外免费开放。博物馆的开馆在行业内影响重大，中央电视台、苏州电视台先后采访播出。博物馆开馆后更是受到多方关注，谭盾老师前来参观指导。博物馆的成立为民族乐器的发扬、民族音乐的普及做出贡献，吸引更多著名艺术家、学者来厂指导交流。2017年虎丘牌产品登上央视舞台——央视狗年元宵晚会中，评弹表演艺术家盛小云女士使用苏州虎丘琵琶演奏。

三、2018年民族乐器行业展望

2018年是党的十九大开局之年，习近平新时代中国特色社会主义思想成为我们的指导思想。党中央加大了对传统优秀文化的支持传承力度，为民

族乐器产业增添了巨大的动力。在新的一年已经到来时，企业要认真学习和贯彻党的十九大精神，紧跟国家相关政策，以传承、弘扬和发展中华优秀文化为主线，发挥品牌新优势，链接社会新资源，创造发展新动力，营建企业新格局，努力实现跨越式发展。对此，企业要加强与民乐名家、著名民乐团体的合作，加强民族乐器在高端演出市场的品牌渗透率；加强与有专业度的社会单位、文化机构等合作，开展丰富多彩的系列音乐会、讲座、比赛等活动；加强民族乐器在专业化演出市场和大众市场的品牌渗透率；加强与新闻媒体单位的合作，让宣传报道形成系列化、规模化。

电鸣乐器篇

2017年，面对成本增长和环保升级，以及进出口市场贸易壁垒频现的不利因素，电鸣乐器行业获得全年稳定发展的市场格局着实不易。行业规上企业对内化解成本要素，锐意科研创新，在数码钢琴与数码电鼓内外部市场创造新的增量空间。同时，面对移动互联科技的创新发展，规上企业进驻移动互联教育市场，创建移动互联艺术教育生态圈，在延伸产业链和拓展市场影响力上获得协同发展的良性格局。

一、2017电鸣乐器行业宏观运行数据

2017年，我国电鸣乐器行业主营业务收入74.96亿元(占19.99%)，同比下降0.1%；主营业务收入利润率为6.69%，同比增长0.02%。电鸣乐器制造累计主营业务收入利润率为9.99%，同比下降0.74%。

过去一年，我国乐器行业各子行业出口均呈下降态势，电鸣乐器制造累计完成出口交货值28.19亿元(占29.8%)，同比下降7.39%。电鸣乐器累计完成出口额5.16亿美元(占33.35%)，同比下降0.9%。2017年全国乐器行业累计完成进口额40.31亿美元，同比增长7.21%。电鸣乐器累计完成进口额0.48亿美元(占11.95%)，同比增长24.61%。全年进出口业务震荡前行。

二、2017电声乐器行业总体运行特征

（一）2017电鸣乐器行业发展概述

2017年，电鸣乐器行业全年发展基本维稳。受成本要素和环保治理要素影响，各企业在技术改造和环保设备资金投入增幅明显。首先，面对成本要素，行业骨干企业通过技术改造，加大数控自动化设备投入，实现减员增效；其次，面对国家环保新政，企业的环保设备投资加大。以数码钢琴为例，包括钢琴外壳加工的粉尘处理和空气净化，以及钢琴外壳的油漆喷涂和污水处理，都促成企业累计资产同步增长。

综观2017年电鸣乐器市场的产品消费结构，数码钢琴、数码电鼓、双排键电子琴和电子琴成为主线结构产品，电子合成器、吉他和贝斯效果器、音箱、监听耳机、电子节拍器和校音器等具有一定专业技术含量的产品为辅线结构产品。其中数码钢琴增幅呈现几何增速，年产能已突破60万架，已超过传统钢琴的生产总量。

针对电鸣乐器行业发展的新需求，中国乐器协会电鸣分会年初召开工作会，来自全国各地的24家电鸣乐器企业代表列席会议，会议重点研究新时期“产业与音教服务的跨界融合”和“职工技能培训教材”课题，旨在延伸产业链的同时，强化提升行业人才队伍建设。同时，为深化推进行业科研创新工作，在2017上海国际乐器展期间，中国乐器协会电鸣分会和MIDI技术专委会与美国MIDI协会合作，组织国际MIDI技术交流。经多方努力，中国乐器行业代表张光中当选国际MIDI技术委员会委员，实现中国乐器行业在国际技术组织话语权零的突破。10月13日，第二届行业科技创新产品评选颁奖仪式在上海同步召开，最终评选出合成器、效果器、电子鼓、耳机和麦克风五项创新科技奖项，助推行业科研技术成果转化。

面对市场不利要素，行业骨干企业深化企业内部管理，积极进行技术改造和环保转型。如吟飞科技立足管理体系建设，着力推进ISO9001质量管理体系和6S生产现场管理规程，通过渐进式改善，在生产管控和效率提升方面成效显著。在创品牌方面，公司在全球26个国家和地区注册了“吟飞”商标，

对吟飞品牌进行保护。面对国家环保整治大势，吟飞科技积极进行设备合规性改造，选用环保材料和新的生产工艺。进行技术攻关，设计符合能源之星标准的节能型产品，推进废弃乐器回收利用标准制订，促进行业可持续发展。

（二）2017电鸣乐器市场消费结构分析

综观2017年电鸣乐器市场消费特征，数码钢琴和数码电鼓依旧领跑市场前沿，特别数码钢琴年产能已突破60万架，成为电鸣乐器市场的黑马。分析数码钢琴市场增量的背后因素，电鸣乐器分会会长盛子斐认为：1. 来自学院派教师的教学思维引导，使儿童家长形成学习数码钢琴相对专业的教育思维；2. 数码钢琴与智能化在线音乐教育联结，推动社会音乐教育和家庭音乐娱乐消费需求，激发数码钢琴市场的消费活力。在上海国际乐器展音乐教育展区，数码钢琴教育服务商的激增成为鲜活的例证；3. 从产业要素分析，数码钢琴上游零配件制造商配套供应齐全，促成下游数码钢琴组装企业数量迅速增长；4. 相对售价超过万元的传统钢琴，数码钢琴几千元的消费价格，促成家长从教育投资、产品性价比，以及产品的静音和教学娱乐功能多重角度，在乐器消费上趋向数码钢琴。

深圳蔚科电子表示，从2016年至2017年，数码钢琴和数码电鼓消费总量在内销市场增幅显著。早前，电鸣乐器企业以电子节拍器和校音器为主导，在智能手机App软件技术的冲击下，倒逼产业结构调整与扩容，转向音箱和效果器产品研发制造，但由于产品技术应用领域的专业性，导致产品消费总量有限。在社会文化娱乐消费需求逐年增长的趋势下，蔚科电子在原有产品结构基础上，成功开发数码电鼓和数码钢琴产品，并在欧洲和美洲市场获得销售份额。蔚科电子表示，由于数码钢琴和电鼓进驻门槛相对较高，产业竞争力度目前并不激烈，企业市场利润空间相对稳健。

值得关注的是，在数码钢琴和数码电鼓消费增长同时，双排键电子琴市场也有新的拓展。究其原因，系我国高等音乐艺术院校相继设立双排键电子琴专业，国内音乐艺术高校师资配置相对完备。院校人才走向社会后，从职业规划和教育课程拓展角度看，也是促成社会音乐教育领域双排键电子琴教育和消费稳健发展现实因素。但盛子斐表示，鉴于双排键电子琴的专业化发展导向，市场需求出现快速激增的概率不高。

（三）环保贸易壁垒促企业出口成本增长

综观2017年电鸣乐器行业进出口市场，多数企业反映内外销市场需求基本维稳，外销出口依旧占据企业营销的主导。以深圳美得理电子为例，产品外销出口比例达到75%，内销比例占25%。

蔚科电子表示，2017年，面对成本增长和环保新政出台，导致多数电鸣乐器企业运营成本大幅提升。早前，蔚科电子产品出口外部市场，只需完成CE认证（安全完整性等级认证）即可。而今，海外客户不仅要求产品出具CE认证，还要出具有害物质限量各项环保证明，仅蔚科电子各项环保认证年费就达到100万。随着出口市场欧美贸易壁垒频现，企业在外部供货商的选择上更加谨慎，企业出口成本增幅明显。蔚科电子表示，早前，电鸣乐器企业出口与内销比例为7:3，但随着内地文化消费需求快速增加，我国已成为全球第二大消费市场，蔚科电子内销比例也增至60%。

来自深圳卓乐电子的市场反馈信息，在效果器和音箱消费市场，面对无线音频技术的风行，卓乐电子成功开发2.4G无线音频传输系统，产品用于吉他、贝斯、键盘乐器应用领域。随着内销文化市场活跃增长，卓乐电子的产品内销比例增至60%，外销比例为40%，产品行销形成内外同步的良性发展格局。产品出口至欧洲、北美、亚洲和非洲市场，消费人群结构主要是初学者、学生和乐手。

（四）成本与知识产权束缚核心技术突破

当前，面对核心芯片和音源采样技术的瓶颈突破，鉴于音色采样与模拟技术的成本投入，我国电鸣乐器行业的芯片制造和音源采样、模拟技术依然没有实质性进展。迄今，只有少数骨干企业具有自主知识产权芯片与音源研发技术。多数企业新品研发选择从第三方购买音色模板为主，以降低研发成本投入；其次，鉴于电鸣乐器行业知识产权保护问题，离职技术人才导致企业专利技术的外泄，也不同程度限制了企业的研发投入。盛子斐表示，目前，北京乐器研究所搭载国家“一带一路”的政策快车，启动“一带一路”沿线国家民族乐器音色的采集工作，相信会对我国电鸣乐器音源技术的研发与推进起到积极的促进作用。

当前，蔚科电子产品研发以数码电钢和数码电鼓为主导，研发投入比例占销售利润的10%左右，产品研发结构趋向中高端，产品设计更加注重用户的消费体验。为获得市场话语权，蔚科电子加大自主知识产权的音源技术和效果器产品的底层数据开发，已在部分型号电鼓产品上使用自主知识产权的音源，谋求数码电钢与电鼓的核心技术突破。

2017年，面对市场不利要素，吟飞电子立足于管理体系建设，公司与专业院校建立了长期的产学研合作关系，通过合作，双方联合进行技术攻关、培养创新型人才；在各大音乐院校创建了吟飞电子键盘教学中心，以进一步促进科技成果转化；与乐器行业相关企业创建战略联盟，联合开展共性、关键技术的协作攻关，推动行业标准、国家标准修制定工作，促进行业规范发展。

（五）移动互联教育拓宽延伸产业链

2017年，在国家素质教育政策扶持下，社会音乐教育市场蓬勃发展，家长对儿童素质教育认知的提升，促成国内音乐艺术消费市场版图继续扩展。面向未来，随着移动互联艺术教育的风生水起，国内电鸣乐器企业顺势而为，在产业链延伸与拓展上谋篇布局。像美得理电子开发的线上“友鼓”社区，由集团的专项团队负责App程序设计和硬件的研发，开辟移动互联电鼓教学生态圈，线上线下协同拓展品牌影响力和市场覆盖率。

蔚科电子同样表示，面对消费终端的需求变化，公司正在创建数码电鼓和电钢教学服务平台，产品搭载互联网端口，旨在实现线上线下的远程互动教学，同时搜集用户的乐器练习和消费体验大数据信息，用以指导企业产品设计与用户需求的精准对位。面对移动互联经济+乐器互联网音乐生态的构建，吟飞科技以普及国内音乐教育为己任，创办了两年一度的“吟飞国际电子管风琴大赛”，承办中国音乐小金钟奖比赛，在各大音乐学院设立“吟飞”电子键盘教学中心，创建吟飞艺术中心公众号，配套编写了上万首电子管风琴教材和影像资料，完整覆盖少儿初级入门到成人高等教育，通过互联网供分享使用，随着数字音乐资源库的积累，为国内音乐教育、艺术普及贡献自己的一份力量。

三、2018年电鸣乐器行业展望

综观2017电鸣乐器行业市场发展，成本增长与环保升级促成企业进驻新一轮的转型升级期，电鸣乐器企业在主营业务成本增长，出口业务环保认证的倒逼升级，促成企业在标准化和现代化乐器制造工业的轨道提速发展，产业结构的提档升级，内销市场的移动互联教育生态的创建，以及国际化市场运营规则的深度接轨，将持续推动电鸣乐器产业的规范良性发展机制。当然，我们还应看到电鸣乐器产业在芯片制造和音源采样和模拟技术与国外先进企业的差距，如何突破成本和运营资金的束缚，在核心技术领域谋求质的突破，将成为电鸣乐器行业向中高端发力转型的关键节点。

西管打击乐器篇

2017年，我国西管打击乐器行业受成本增长与环保新政的影响，以及国际市场环境波动造成的出口受抑，行业进入结构转型调整期。面对市场不利要素，西管打击乐器行业骨干企业主动加大数控流水线设备资金投入，减员增效，化解成本压力。同时，企业顺应国家环保新政，进行生产设备绿色转型，淘汰落后产能，向现代乐器制造工业有序迈进。综观2017年西管打击乐器行业发展，既有产业发展的抑制要素，又有企业在强化行业标准、企业标准制修订基础上，贯彻“增品种、提品质、创品牌”三品战略，主动在文化创意产业谋篇布局，拉近品牌与院校终端市场对接距离，最终获得全年维稳发展的良性产业格局。

一、2017年西管打击乐器行业运行数据

2017年，我国西乐器制造累计资产总计181.72

亿元，同比增长17.31%。从行业盈利数据看，2017年，西乐器制造完成累计主营业务收入206.22亿元，同比增长8.83%。西乐器累计完成利润总额11.7亿元(占46.63%)，同比增长12.43%；其中，西乐器制造累计主营业务收入利润率为5.68%，同比增长0.18%。2017年，西乐器亏损面高于乐器行业平均水平，亏损面为10.81%，西乐器制造累计亏损额0.85亿元(占77.96%)，同比下降30.31%。

从产成品库存分析，2017年，西乐器制造累计完成产成品10.06亿元，同比下降5.07%；行业骨干企业小号年产能为106,797支（外销占比52%），萨克斯93,354支（外销占比36%），长笛42,647支（外销占比39%），单簧管19,488支（外销占比47%），中低音号67,038支（外销占比51%）。打击乐器爵士鼓年产能为260,748架，出口总量为201,260架（外销占比77%）。

2017年，西乐器制造累计完成出口交货值42.39亿元(占44.82%)，同比增长3.14%；打击乐器完成累计进口额0.21亿美元，同比增长11.91%。打击乐器完成累计出口额1.22亿美元，同比下降3.65%。受国际市场形势影响，作为西管和打击乐器产业聚集区的河北、天津、山东，产品出口出现不同程度波动。天津完成累计出口额2.35亿美元，同比下降9.57%；山东完成累计出口额0.63亿美元，同比下降13.74%；河北完成累计出口额0.45亿美元，同比增长3.47%。

二、2017年西管打击乐器行业运行特征

（一）成本要素、环保新政倒逼产业升级

2017年，受京津冀环保新政和成本增长要素影响，西管打击乐器行业上游零配件供应体系受波及，对企业订单正常交付构成影响。行业骨干企业采取积极应对举措，保证生产运营顺畅进行。

天津津宝乐器总经理刘运斌表示，随着成本增长和环保新政出台，产业洗牌会进一步加剧，特别是小型乐器加工企业，受资金和盈利水平制约，无法进行环保设施升级，产品品质无法持续跟进，洗牌在所难免。近5年来，津宝乐器在环保设施升级持续投资5000万元，且注重职工保险等各项福利的规范操作，现代数控流水线的进驻，使企业在顺应国家环保政策、税收、员工福利各项政策基础上，减员增效，保证企业订单持续增长，企业经济效益发展利好。总体而言，在政策杠杆推动下，大型企业生产运营或迎来良性规范化发展的历史机遇。

河北金音乐器集团总经理陈学孔表示，2017年，受京津冀环保新政的影响，金音乐器同样经历过70天停工环保整改期。特别是产业链上游零配件供应中小企业，受环保新政影响，出现批量中小零配件企业关停现象，对企业订单完成形成影响。当前，针对重要零配件加工，企业只能自行加工消化；其次，为顺应国家环保新政，企业逐步淘汰落后产能，创新发展先进生产力，提高生产效率。2017年，金音集团仅环保设备投资近500万元，为加大生产制造的排尘、防污，企业电力能源成本增长200万元，企业逐步向现代化制造企业有序转型。

（二）OEM仍占据行业利润主导

2017年，综观西管打击乐器企业的利润来源配比，外销OEM出口仍占据企业利润主导，行业骨干企业OEM业务利润占比多数超过80%。刘运斌表示，津宝乐器总体运营状态良好，西管乐器和打击乐器销售额全年增幅为20%，打击乐器生产与市场销售表现突出。面对产品结构的调整升级，津宝乐器2017年持续加大新品研发力度。迄今，津宝打击乐器已与世界著名品牌珍珠、TAMA、LUDWIG、YAMAHA著名品牌建立OEM战略合作关系。2017年，津宝乐器西管和打击乐器出口金额达5000万美金。特别是打击乐器出口占比近60%，行销欧美近90多个国家。

河北金音乐器集团董事长陈学孔表示，2017年，金音乐器集团出口内销比例为8:2，产品仍以OEM出口为主导，合作企业包括托曼琴行和日本铃木等知名乐器销售商和制造商。全年西管乐器出口额近7亿元，产品行销欧洲和北美市场。

（三）文化创意助力品牌文化拓展

2017年五一黄金周前后，“中华号角——2017上海之春国际音乐节管乐艺术节暨‘中华杯’中国第十一届非职业优秀管乐团队展演”在上海举行。艺术节涵盖开幕式暨中外行进管乐表演晚会、管乐

嘉年华、管乐进高校等六大版块二十余项活动，共有来自我国及亚、美、欧洲等141支团队将精彩演出，为西管打击乐器行业进军文化创意市场吹响前进号角。

乘大型社会管乐艺术活动的东风，行业骨干企业主动在文化创意产业谋篇布局，有效拉近品牌与院校终端市场的文化距离，企业品牌的影响力和市场覆盖率有序拓展。6月23日，为响应国家“一带一路”的战略号召，更好地促进西部地区音乐教育的发展，中国乐器协会根据新疆乌鲁木齐两区教育局的申请，组织了江苏凤灵、天津津宝、得理乐器、河北乐海、金杯安琪、东方乐器、北京珠江、廊坊韵笛和宗沛乐器等九家单位，共同向乌鲁木齐市高新区（新市区）第六十三小学及天山区第一百二十六小学捐赠乐器。

2017年，为提升津宝品牌文化形象，强化渠道品牌影响力，拉近品牌与高校和社会终端的距离，2017巴松研讨会在天津宝坻举办，来自全国20多个省市百余位巴松演奏、教育嘉宾及40多名巴松专业学生参与研讨，各界专家积极为弘扬巴松艺术及大管人才培养出谋划策。7月21日，2017津宝第三届国际音乐节暨第二届行进艺术大奖赛在天津市宝坻区开幕，音乐节包括2017津宝第二届行进艺术大奖赛、第二届长号大奖赛暨第六届长号大号艺术节、第一届小号大奖赛、第三届打击乐大奖赛四大音乐赛程，为期18天，吸引了国内外2500多名知名音乐专家、演奏家和参赛选手参加。

无独有偶，金音乐器集团与河北省中小学校签订师资培训与教学设备对接各项协议，有序在院校市场进行品牌渗透和文化推广。依托全国音乐教育服务联盟合作平台，金音乐器集团从生产制造型企业向教育研发企业进行拓展转型，依托武强乐器培训基地和乐器博物馆等文化项目，不断培育区域中小学校学生对乐器制造文化的认知，金音品牌的认知度和影响力得到有效强化。面对移动互联教育，金音乐器集团采用跨界思维，与艺高电商进行跨界合作，进行品牌线上线下的立体包装推广，适应现代乐器群体的消费习惯，在线上线下不断拓展品牌覆盖的力度和广度。

三、2018年西管打击乐器行业展望

盘点2017年西管打击乐器行业发展宏观走势，成本要素和环保新政将进一步倒逼产业结构调整，特别是中小企业受环保新政要素制约，停产洗牌将促使产业天平转向具备资金实力的大型企业。值得一提的是，从我国加入世贸以来，OEM合作一直占据企业利润来源的主导，如何利用外销合作提升企业自身的内功，强化自主品牌的发展实力，仍成为西管打击乐器行业发展需要面对的现实问题。2018年，随着我国成为全球最大乐器制造与消费市场，加之国内强大的文化内需，西管打击乐器企业依托文化创意和艺术培训教育事业，或在内销市场强化品牌布局与提升文化附加值范畴获得难得历史发展契机。

材料配件篇

2017年，对于我国材料配件行业而言，是成本元素上涨、环保升级的转型年。在国家倡导绿色循环经济的宏观趋势下，涉及钢琴铁板铸造、音板、琴弦、外壳油漆制造工艺的相关企业，都面临着环保设施改造升级，以及材料、能源成本增长的现实问题。从传统制造工艺向现代制造工艺转型成为行业发展的历史必然。

一、2017年材料配件行业运行数据

2017年，受主营业务成本和环保设备升级影响，其他乐器及零件制造累计资产总计23.8亿元，同比下降6.65%。其他乐器及零配件行业主营业务收入42.97亿元，同比下降14.29%。从累计利润总额看，其他乐器及零件制造完成累计利润总额2.43亿元，其他乐器及零件同比下降7.3%。反映产业面临结构调整波动要素，但纵观其他乐器及零件制造累计主营业务收入利润率为5.65%，同比增长0.43%，反映行业长效发展步伐相对稳健。从产成品库存分析，其他乐器及零件制造累计完成产成品1.84亿元，同比增长3.54%。其他乐器及零件亏损面为6.52%，其他乐器及零件制造累计亏损额0.04亿元。

2017年，其他乐器及乐器零附件完成累计出口额4.85亿美元，同比下降0.24%；其他乐器及零件制造累计完成出口交货值2.4亿元，同比下降67.13%。2017年，其他乐器及乐器零附件完成累计进口额1.2亿美元，同比增长0.43%。

二、2017年材料配件行业运行特征

2017年，面对环保新政倒逼材料配件产业结构调整现实问题，中国乐器协会领导高度重视。岁末时节，中国轻工业联合会党委副书记、中国乐器协会理事长王世成一行前往森鹤乐器股份有限公司进行考察调研，先后对森鹤乐器的击弦机、键盘、音源、恒温恒湿车间、五金配件加工、木料加工和物料仓储库进行实地考察调研。同期，中国乐器协会材料配件专业委员会2017年会召开，会长罗建峰代表大会作主题为“标准、专业、融合”的2017年度工作报告。报告认为，尽管有环保升级、劳资成本等诸多不利因素的烦扰，但是由于文化产品市场需求的逆势驱动，行业年终成果丰硕。

（一）能源成本增幅显著，倒逼产业结构升级

据调研，我国钢琴产业聚集区德清洛舍钢琴小镇，在地方政府政策扶持和引导下，材料配件产业覆盖钢琴铁板、琴弦、音板和钢琴外壳配套供应链。其中，德清东林铸造公司年产铁板总量达十几万架，跃居全国产能首位。凯诚木业年产音板总量达8万左右，华韵公司生产钢琴外壳主要面向国内和海外大型钢琴企业进行配套供应。面对环保新政促成产业转型，德清当地政府引导企业采取三步走策略，对于大中型企业进行环保升级，对于不达标企业采取淘汰制度，积极响应国家绿色循环经济发展大势。

川雅木业有限公司总裁、全国声学木材研发基地主任张华君分析，上游材料配件行业由于受材料、环保、能源和赋税成本的影响，倒逼产业升级与结构调整。首先，传统木材成本上涨，成为影响钢琴制造行业的首要因素。以川雅木业为例，从北美和欧洲进口的高等级木材，价格平均年增幅在5%~8%。成本上涨导致下游钢琴售价提高，企业利润空间被压缩。同时，国内数码钢琴产能已突破60万，其性价比优势对低端普及钢琴造成冲击，也是促使行业结构调整的现实诱因；其次，环保和安全成本增幅显著，配件企业在铁板铸造、钢琴油漆、木工粉尘等工艺环节，都要进行环保升级、安全生产和设备投资改造；再次，能源成本增幅显著，企业热能供应系统进行煤改天然气，能源成本上升100%，成为企业运营压力增大的另一重要因素；第四，税负成本，尽管国家对制造业提出各项优惠扶持政策，但落实到配件行业的减税减负力度依然有限。

综观2017年材料配件行业的总体发展，运营成本和环保成本压力继续增大，产业升级势在必行。为化解成本压力，川雅木业在产业升级策略上遵循两个发展导向：其一，产业技术和产品质量升级，淘汰低端配件产品，加大高端配件生产投入，产品定位德国、日本等海外和国内高端客户，提升产品的附加值；其二，提高产品的加工深度，在制造钢琴音板的基础上，进行钢琴共鸣体全套配件的制造加工，提升开发设计、工艺技术和装配精度，以高品质、性价比与德国、日本、美国配件企业产品进行市场抗衡。随着制造技术和装配工艺的提升，川雅木业高端配件市场和海外销售业绩增幅显著。

（二）“标准、专业、融合”成为产业发展主导

2017年，尽管面临环保新政的影响因素，但从国内市场的文化内需看，为乐器制造产业的上下游或迎来历史发展机遇。面对产业发展的宏观格局，罗剑锋认为，材料配件产业发展首先是“加速挡”，在全面提升乐器实物品质方面，必须是集中自身优势资源，发挥自身核心竞争力，迅速抢占质量高地，满足不断提高的文化产品消费需求；另外最为重要的是对乐器文化品性的深层认知和高度尊重，企业需加强自身修为，建立与之匹配的企业文化和经营准则，只有这样，才能进入健康发展的快车道。从目前以假杂、低端品牌产品庞大基数充垫市场的“三角形”初级消费结构，很快会完成向以中高端产品为主要市场消费品的“橄榄形”理性、健康、成熟的市场消费结构转变。产业发展要坚持“标准、专业、融合”的基本工作思路，要坚定不移地加强企业和产品的标准化建设，加强主机

与配件厂家的技术对接，拆除不合理的技术樊篱；要坚定不移地集中和优化自身资源，走专业化发展路子；要坚定不移地坚持企业融合发展的理念和实践，博采众长，培育和形成自身独具优势的企业文化和核心竞争力。

针对环保新政导致材料配件产业转移和调整，以及产业未来如何发展的现实问题，川雅木业总裁张华君表示，我国传统铸造企业起步低，技术相对落后，企业若提前5到10年，从绿色环保经济发展思路转型升级，向发达国家低污染中高端现代真空铸造技术进行升级转型，就不会遭遇今日的转型困局。从目前我国钢琴市场的消费需求看，铁板铸造行业消失和转移可能性不大。原因在于，下游的钢琴消费刚需在，若低技术含量传统铸造企业淘汰出局，会诱发新一轮的产业投资，在以机械化和自动化为主导真空铸造技术引领下，将促成上游配件产业与国际先进铸造工艺技术进行对接，促进铸造业转型升级健康发展。

三、2018年材料配件行业展望

综观材料配件行业的纵深发展，现代制造工业意识和工匠精神将成为行业未来发展的主流。中国乐器要走向世界，依托现代制造工业，走绿色低碳循环经济发展道路，既要顺应国家的制造业宏观发展战略，更要符合世界经济的发展潮流，才是具有前瞻视野的明智之举。

备注．V法铸造——节能高效清洁生产。采用V法和消失模技术能使干砂反复利用，不用烘型，耗煤减少，但由于长期真空机作业，耗电量稍有增加，但能极大地减少粉尘，节约人力资本，使得铸造工作更加有效，节约劳动力和极大降低劳动强度，在浇铸过程中有害气体少，真正实现环保生产。

弦乐器篇

盘点2017年乐器行业总体运行格局，环保新政与成本增长成为抑制行业增速的首要因素；其次，全球经济回暖依旧乏力，欧美市场对中国乐器需求总量收缩，2017年我国乐器出口下降1.48%，乐器进口增长7.21%，数据反映在国家文化政策的扶持和引导下，国内音乐文化制品消费潜力得到释放。同时，外资品牌借机在内销市场加大品牌布局力度，促成内地乐器消费市场竞争加剧。

面对经济新常态，首先，我国弦乐器制造企业对内修炼内功，通过拓建CNC现代数控工业流水线，提升产品自动化制造标准，有效化解成本压力；面对电商渠道分流，企业从被动线上营销，主动向线上品牌推广转型，加强与消费终端文化互动，依托教育培训与创意营销，有序培育用户品牌忠诚度，最终获得全年维稳发展格局。

一、2017 年弦乐器行业宏观运行数据

来自轻工行业经济数据显示，2017年，乐器行业全年累计利润总额25.09亿元， 同比增长3.99%，行业亏损面为8.94%，高于2016 年同期。行业增速放缓，从侧面反映出环境能源与人工、材料成本，外销出口受抑等不利要素，促成全线乐器制造企业生存压力骤增。

2017年，全国乐器行业累计资产总计282.78亿元，同比增长14.71%。其中，西乐器制造累计资产总计181.72亿元，同比增长17.31%，直接反映出企业在能源环保、硬件设施与材料成本投入增幅显著，市场倒逼产业结构升级大势所趋。2017年， 西乐器制造累计完成产成品10.06亿元，同比下降5.07%；西乐器累计主营业务收入206.22亿元，同比增长8.83%；西乐器累计完成利润总额11.7亿元，同比增长12.43%。分支行业累计产成品与主营业务收入、利润总额数据的升降波动，直接反映西乐器企业在控制规模增速，产品结构提档升级，市场成效显著。

2017年，我国弦乐器行业骨干企业生产提琴550,836把，其中小提琴476,984把，出口占比79%，大提琴36,420把，出口占比73%，中提琴28,472把，出口占比84%，贝斯8960把， 出口占比85%。声学吉他年产能2,881,921把，出口占比75.3%，电吉他340,161把，出口占比80%。企业报送数据显示，尽管欧美外部市场需求乏力，但弦乐器行业依旧以外向型出口为主导，OEM代工仍系企业主要盈利模式。

来自国家海关总署数据显示，2017年，我国

西乐器累计完成出口交货值42.39亿元，同比增长3.14%。其中，弦乐器累计完成出口额3.73亿美元，同比下降1.72%；弦乐器累计完成进口额0.16亿美元，同比下降5.28%，弦乐器在进出口市场出现双降现象，反映出行业贸易的特殊性。

二、2017 年弦乐器行业总体运行特征

（一）环保升级化解运营不利要素，产业转型升级成效显著

2017 年， 乐器制造业进入第二或第三轮技术改造，标准化、自动化程度明显提升，产研升级，结构转型成为弦乐器行业发展的关键词。面对行业发展的现实诉求，2017全国乐标委年度工作会审议通过中国乐器协会提琴分会提出“组建提琴标准化工作组的议案”，弦乐器行业标准化工作得到推进。

立足产业布局，凤灵乐器从加强两化融合工作入手，推进ERP、大数据管控，促进技术融合、制造融合和经营融合。在实施ERP管理基础上，公司加大智能化生产的投入。2017年公司购置智能化设备五百多万元，实现减员增效。2017年凤灵出口总额增长13.6%，销售增长15.8%，利税增长了25.8%。广东红棉乐器以国家产业政策为导向，以绿色经济为目标，持续加大环保投入，优化产品结构，红棉乐器通过拓展音乐艺术服务产业链，提高轻资产比重，形成优质制造业与音乐文化产业协同发展态势。

2017年，红棉乐器中高档系列产品比例同比增加38%，电商业务成交量同比增幅达到接近八成，音乐文化产业链营销总量提升38%，红棉乐器的综合竞争实力突显。河北金音集团依据市场变化，一是改进生产工艺技术，提高单位时间生产量，二是开展多种生产模式，采取车间生产加分包手工生产相结合的模式，降低生产人工成本。

同时，企业对生产环节进行不断改进，加设备，打造科学环保工艺流程，做到生产零污染，达到木质乐器使用原木色、所有乐器使用国家环保检查检疫的原材料，生产设备、工艺都达到环保部门的要求和标准。2017年4月至10月，华东乐器投入500万元， 对近4000平方米厂房加设吊顶，通过空间改良设计，升级空气过滤程序，使除尘设备发挥更好效用。5月份公司先后投资150万元引进更环保的除尘、喷漆设备，进行硬件设施更新，经第三方机构检测环保各项指标合格。6月份公司投资500万元，在山东成立子公司完成原木粗加工环节，就地将木材制成提琴半成品后运输到北京总部，有效控制刨花、粉尘等产物生成量。综观弦乐器骨干企业运行特征，顺应环保政策，强化设备升级改造，提升工业自动化水平化解成本压力，成为2017弦乐器行业修炼内功的集中写照。

（二）玫瑰木冲击吉他制造业出口，环保新政促产业局部迁徙

盘点2017年吉他行业，遭遇了“玫瑰木”事件，作为全球最大的吉他生产国，出口业务遭受重创，面对冲击，红棉乐器作为行业的领军企业，团结同业积极应对，并依托全国通用吉他技术研发基地展开技术攻关，通过加大新材料、新产品的研发力度。针对吉他玫瑰木指板材料的应用与替代转型，虽然相关制造企业和行业协会采取积极应对措施，但还是对企业的成本控制和产品出口形成不利影响。

2017年，随着国家环保新政的推行，国内相继出现贵州正安吉他产业集群，以及北京马驹桥几十家手工提琴制造企业集体迁往河南確山县，并成立河南提琴协会，亮相上海国际乐器展。中国乐器协会常务副理事长曾泽民表示，弦乐器行业出现阶段性产业转移，反映出制造企业迫于成本和环境的压力，集群式向用工成本较低，发展环境相对宽松的地方转移，努力寻求低成本运营机会；其次是全国创建特色乡镇建设，促进经济欠发达地区政府出台招商引资政策，急于培育文化产业集群，加速了企业转移。从内在要素分析，表明企业负担难以承受，反映制造成本持续增高，市场价格空间压缩，环境改造投入和原驻地政策变化促成产业转移。

（三）科技创新突破发展瓶颈，校企联合带动产品结构升级

2017年，乐器行业技术路线图清晰，在声学品质研究评测、低音拉弦乐器研制、乐器材料的更新

换代等取得明显成果，有一批骨干企业荣获高新技术企业，享受所得税优惠政策，不少企业实施三品战略成果喜人，科技合作校企联合带动企业产品结构转型升级。面对环保新政的推行，凤灵乐器加强产学研联合，继续攻关“以竹代木”国家科技创新项目。2017年江苏凤灵乐器公司竹制贝拉琴获得第二届中国轻工业优秀设计“金奖”称号。凤灵乐器表示，当前，木材资源匮乏，原材料价格上涨，而中国可用竹材超150亿根，资源充足、生长周期也只有木材的十分之一上，该项工作正在全面试验实施中。

在行业知名专家技术支持下，北京华东乐器公司于2016年10月份采用由天然植物及中草药如虫胶、栀子、薰衣草油等提炼而成的环保漆替代原用化工漆，至今已生产环保精品提琴约4 万把。同时企业注重森林资源节约利用，积极将木材进行二次利用，变废为宝。在生产中提倡制琴师利用木质较硬的枫木制作琴头的剩余材料制成拉线板、腮托、弦轴等初级琴配件，利用木质较柔软云杉面板边角料制成琴箱首尾角木，其他剩余材料通过与多家企业积极合作方式用于木料深加工，年集约木材8吨以上。

（四）区域产业呈规模化发展 集群打造地方文化名片

7月6日，全国轻工业特色区域和产业集群发展工作会议在安徽滁州召开。乐器行业“中国提琴产业之都”被评为中国轻工业特色区域和产业集群管理与服务先进单位，江苏凤灵李书、扬州琴筝协会熊立群和平谷区东高村镇张秋燕被评为中国轻工业特色区域和产业集群管理与服务先进个人。面对集群创建工作，中国乐器协会在组织红棉艺术教育示范基地评审认证会基础上，并赴河北饶阳、山东郚部特色产业基地调研。

为探寻乐器产业集群产学研发展方向，由昌乐县郚部镇人民政府、昌乐县雅特乐器主办的“吉他小镇魅力郚部——‘产学研’一体化”全国高峰论坛在山东举办，论坛旨在加大校企联合的步伐与力度，通过定制吉他产品精准对接学校器材配置，加强师资培训提升人才资源储备，打造区域文化名片。

9月13日至14日，全国音乐教育服务联盟（红棉艺术教育）示范基地评审认证会在位于广东省河源市的红棉乐器新产业基地举行。评审组实地考察了红棉乐器技术中心、大师工作室、世界乐器博物馆、红小宝艺术中心、音乐教育培训基地等。专家组在全面了解红棉乐器在乐器制造产业，特别是音乐艺术教育项目等情况基础上，同意广东红棉乐器股份有限公司成为“全国音乐教育服务联盟（红棉艺术教育）示范基地”，并报合作平台联席会审核。

（五）文化创建延伸产业链条，产业要素跨界融合创造市场增量

2017年，面对海外品牌与国产乐器同场竞技的格局，行业骨干企业立足乐器制造工业传统优势，从传统制造向智造转变，主动进驻音乐艺术教育产业，拉近品牌与消费终端距离，创造市场消费增量。凤灵乐器公司投资2.38亿建设新凤灵乐器文化产业园，打造凤灵音乐艺术教育生活服务基地。从生产制造向艺术培训、文化旅游、乐器展示、文化演出、文化生活发展转型。河北金音乐器集团探索新模式，创建音乐教育基地，打造集音乐教育、文化旅游、音乐创业、音乐产品研发与生产为一体的音乐教育服务和产品销售平台，真正完成了经营模式的转型。目前，武强基地已投资建成世界乐器博物馆、音乐体验中心、音乐素质测试中心、音乐创业中心、产品研发中心、演艺活动中心六大板块，与国内外多所知名高校达成合作，真正融合了国内外优质音乐教育资源。

为普及提琴艺术，北京华东提琴邀请国家著名演奏家和知名音乐学者，承办近20次面向公众免费开放的系列音乐会和音乐大讲堂公益活动，共接待观众5000余人。其中举办两场来自建立友好关系的“西班牙瓦伦西亚乐团平谷之行音乐会”，令广大市民享受到极美的精神盛宴。同时，华东乐器积极承办北京市中小学生音乐大课堂，成立中国乐谷华东乐团，与西班牙建立音乐文化桥加强交流合作。通过音乐培训、公益汇演、线上线下展示平台等形式，大力发展文化创意产业延长产业链。

2017年，红棉乐器借品牌60周年的契机，以家庭音乐生活为主题，组织与经销商、客户互动活动，共同见证红棉乐器的发展历史，提升品牌凝聚力；通过组织第二届棉乐器小四弦暨红小宝才艺选拔国际大赛，协办2017年广东省吉他制作职业技能大赛，实现红棉乐器品牌价值的提升。同时，红棉乐器积极拓展音乐教育产业，建立了世界乐器博物馆、名优工业游项目、红小宝艺术中心、大师工作室、红棉音乐艺术弹唱教育基地等，并与各地教育系统携手合作，组织器乐进课堂活动，形成稳定优质的音乐教育产业渠道，并与广东省音乐家协会流行钢琴音乐协会、电声吉他专业委员会、美国OPUS音乐学院、美国红小宝艺术中心合作，开展师资培训、课程教材、培训乐器以及相关的增值服务业务，形成了优质的音乐教育产业链。

三、2018年弦乐器产业展望

综观2017年我国弦乐器产业发展运营特征，中国乐器协会理事长王世成认为，行业发展呈现出如下特点：一是技术水平不平衡，科技创新能力不够强；二是产业链协调欠缺，专业化合作滞后；三是加工技术要求高，行业科技人才匮乏。从以上三方面分析，提升核心技术和人才业务水平，提升自主品牌市场占有率，促进弦乐器产业科技创新跃升、追赶世界先进水平任重道远，将持续成为弦乐器行业拼搏奋斗的主攻方向。

手风琴篇

2017年中国手风琴制造业在面对全球经济波动，国内环保升级的严峻环境下，可以用“艰难前行、稳中有进”来概括。

一、2017 年中国手风琴产销量及进出口

据中国乐器协会及中国海关统计数据，我国2017年手风琴总产量为56,632只，其中大于48BS的43,970只，小于48BS的12,842只，与2016年同期基本持平，产销平衡。2017年我国共出口手风琴及类似产品403,686只，同比增长2.25%，出口值12,483,942美元，同比下降4.26%。2017年我国共进口手风琴及类似手风琴1556只，同比增长100.52%，进口值为244,128美元，同比下降19.05%。从以上数据可以看出，2017年我国手风琴制造业界所面临的环境：

外销市场疲软，出口增幅下降（远低于GDP 6.8%的增长率），国内环保新政重锤整治，生产企业环保投入急增，人工工资快速提升，产业链上游供应成本及手风琴制造企业本身原材料、用工成本、环保成本的攀升，上游零配件供应不及时，手风琴制造商从未感受到2017年的生存压力有如此之大。2017年手风琴制造商在如此艰难的生存环境中能做到“稳中求进”，实属不易。

二、中国手风琴制造企业的类别

综观我国手风琴制造企业，尚未出现资产超5 亿元，年主营业务超4亿元以上的大型企业，主要以中小企业为主，2000万元销售额的规模以上企业也是少数，小企业中还有不少的个体作坊。因企业的规模、发展定位、竞争能力的不同，我国手风琴制造企业的经营方式大致可以分为三类：一是具有自主知识产权和资金实力，市场经营效果显著的企业，如江阴金杯安琪乐器有限公司、天津华韵乐器有限公司等；二是拥有自主品牌，但自主品牌盈利能力不足或仅依靠自己的品牌难以支撑企业的运营和发展，部分产品仍然要依靠OEM代工，来补充企业利润来源；三是无自有品牌，依托产业链上游，进行配套配件贴牌组装生产。除此之外，中国手风琴生产企业还有为数不少的“编外”大军，他们没有自主的品牌却能供应各种档次的手风琴，采用假冒别人品牌的手法，生产假冒伪劣产品，达到顾客需要什么品牌的手风琴，他们就能提供什么品牌的手风琴的地步，直接损害了消费者及品牌所有者的利益，严重扰乱了市场秩序。

三、2017 年手风琴行业运行特征

（一）环保新政促使产品成本提高

2017年手风琴行业基本现状是稳中有升。受环保新政因素影响，倒逼着企业必须加大环保设备设施投入，必须加大技改投入。手风琴行业主要骨干企业通过上马环保设备设施，加大数控自动化设备投入，由于先前的环保要求标准较低，手风琴外壳

加工抛光的粉尘处理、喷漆、包片的空气净化、污水、废弃物的处理未达到环保要求。新环保资金投入大，直接推高产品成本。同样，上游产业链配套的零部件供应企业，也因为环保新政，推高成本，使零配件的价格升高，“双高”直接造成手风琴成品制造企业盈利能力下降。

（二）中低端市场竞争激烈

目前我国手风琴行业中的骨干企业，虽然能生产部分高档演奏用琴，如金杯的5050、佰笛的120BS四排簧等，但总的来说，各企业仍然以生产练习琴、教学用琴为主，究其原因，一是生产高档演奏琴的技术尚不能和欧洲著名手风琴企业相提并论；二是消费者对洋品牌的迷信崇拜。国产高档琴主要是“性价比”的优势，无奈在这个购琴者“不差钱”的年代，“性价比”的优势几乎被购琴者忽略。从2017年我国出口的手风琴数量21,595只与产量56,794只来看，出口占比仅为38%，内销成为手风琴厂家的主要销售渠道，在这条销售主渠道中又主要集中在练习琴和教学用琴领域。“粥多僧少”，企业要生存，压价竞争成为必然选择。然而，手风琴的生产和所有商品一样，必须有一定的利润，才能再生产，低于正常成本的销售，势必带来偷工减料，降低产品品质的后果，而品质低劣的产品势必遭到消费者抛弃。中国手风琴产业要想长盛不衰，走高端发展路线势在必行。既需要满足市场对中低端琴的需要，更要用国产的高端琴，如回声琴、自由低音等来占领市场，获取高附加值。

（三）科技创新有突破

2017年，手风琴行业骨干企业，都能在创新发展上加大投入力度，新品开发、品质提高、工艺改进、新材料应用等都取得了显著成就，如江阴金杯安琪乐器的演奏用JH5050回声琴、JH2012HA演奏用琴、格兰德系列巴扬手风琴；天津华韵乐器的“坤琴”系列等。江阴金杯乐器、天津华韵乐器、天津佰笛乐器等企业均投入科技力量，对于手风琴的结构部件，如簧片、贝司机、键的结构改进，轻质材料的应用进行了研发攻关。极大地提高了国产手风琴的性能、品质，得到手风琴权威专家的认可，受到消费者喜爱。

2017年根据市场的需求的变化，江阴金杯乐器与北京乐器研究所、常州吟飞科技有限公司、北京东奇众科技术有限公司联研制的电子手风琴，能与各种电子乐器兼容又保留了传统簧片，产品填补了我国电子手风琴的空白。江阴金杯乐器根据中老年在广场、野外等场合对手风琴音量的要求，联合相关高校研发了电子扩音手风琴，在几乎不提高销售价格的同时，很好地满足了这部分消费者的需求。

（四）跨界发展、培育市场

手风琴传入中国的历史并不太长，在中国流行也仅在20世纪五六十年代和八十年代。由于种种主客观的原因，目前手风琴在中国的覆盖面还是比较小的，且分布面不均匀，过分集中在主要大城市，二线以下城市手风琴的影响力相当弱。如何来培育手风琴市场这个问题是手风琴骨干企业主要思考的问题之一。“好风凭借力，送我上青云”。骨干企业一致想到借“中国音教联想之力”，来上“手风琴教育普及化”的青天。各骨干企业都加入音教联盟，采取多种形式培育做大手风琴音乐教育市场，如江阴金杯乐器、天津华韵乐器、天津佰笛乐器、香河爱迪乐器、沧州金狮乐器都创办以自主品牌冠名的手风琴艺术节，各类手风琴作曲表演比赛，资助各地手风琴音乐节等。扩大手风琴受众人口，增强手风琴的影响力。江阴金杯乐器通过捐赠老少边穷地手风琴并为这些地区义务培训手风琴教师的方法，把手风琴音乐文化的是星之火播向广大的欠发达地区。

四、2018年手风琴行业展望

第一，把创新作为企业发展的动力现在我们正处在一个日新月异的时代，用户的消费需求不断升级，如果我们仍然采取“以不变应万变”的发展策略，最终肯定会被淘汰出局。市场竞争就是产品质量的竞争，产品是人做出来的，所以市场竞争说到底就是人才竞争。“筑巢引凤”固然可以，“借智”亦无不可，不为我所有但为我所用，手风琴制造企业可以走校企合作的路子，与科研院所、大中专院校联合建立“大师工作室”，与大中专学校联合办学，订单式培养企业所需的技术人才。

第二，向科技要生产力。手风琴制造行业是一个传统行业，再加上行业总体规模小，在其他行业机能化、自动化都搞得风生水起的时候，手风琴制造行业大部分生产过程仍停留在手工操作的水平上，严重阻碍了劳动生产率提高，特别在经济发达地区容易遭受“用工难”的困境。不是手风琴生产不能自动化、智能化，而是我们的企业所有者、管理者想不想、愿不愿意投入的问题。

2017年江阴金杯乐器与科研院所、大专院校联合攻关，研制成功自动抛光机、自动烫籽机、自动贝司机滚丝轴自动折弯机。虽然投本较大，但生产效率成倍提高，不仅解决了“用工难”的问题，而且有效地保证了产品生产加工的精准度，提高了产品质量。

第三，“借船出海”，向世界著名品牌要“绿卡”。手风琴行业在世界范围来看，目前还处在一个“跟随者”的阶段，产品的质量、高端市场的占有率都难以与世界著名品牌比肩，只能在“乐器金字塔”的低端，获取一些低附加值的收益，如果长此以往，不仅难以为继，最终结果必定是黯然离场。天津华韵乐器有限公司并购意大利布加里的做法给手风琴行业如何“借船出海”，向世界著名品牌要“绿卡”开了先河。

第四，传承工匠精神、提升产品质量。中国手风琴至今仍然只能在手风琴的中低端市场徘徊，辛苦的挣几个血汗钱。而一台进口的高档琴，动辄几万、十几万甚至高达几十万。差距为什么这么大？品牌的含金量是一个因素，而更重要的可能是工匠精神在产品质量上的体现。中国手风琴之所以处于低附加值区域与我们企业主、员工队伍缺乏工匠精神不无关系。所谓工匠精神，不是固执的守旧，而是与时俱进的接地气的脚踏实地，是传承与创新的有机融合。中国手风琴制造行业只有具备了一支有工匠精神的队伍，才能支撑起中国手风琴质量的大厦，完成由低中端市场向中高端市场的跨越升级。

第五，培育市场谋求长远发展。因种种原因，手风琴在我国受众人口较少。手风琴制造企业要积极参与做大音乐教育，特别是手风琴教育的工作中去，采用举办、资助手风琴艺术各类活动、师资培训、建立手风琴特色学校等方式，使手风琴走向大众，大众了解热爱手风琴，特别要“从娃娃抓起”。当大批国产手风琴进入琴意之中，中国手风琴的春天还会远吗？

综上所述，2017年手风琴行业在激烈的市场竞争中，艰难前行。转型升级已初露端倪，国际化、个性化经营已迈开步伐。绿色发展的要求促使企业技术改造步伐加快，科技含量增加。质量的提高增强了产品的竞争力，为产业的可持续发展奠定了坚实的基础。

专　题

2017年我国乐器行业经济运行报告

重点提示：

● 2017 年，我国乐器行业规模以上企业有 257 家，其中，西乐器企业数 148 家，其他乐器及零件制造 46 家，中乐器 37 家，电子乐器 26 家；

● 2017 年乐器行业累计完成主营业务收入 374.95 亿元，同比增长 3.64%；累计利润总额 25.10 亿元，同比增长 3.99%；累计资产总计 282.78 亿元，同比增长 14.71%；累计主营业务收入利润率为 6.69%，高于同期全国轻工行业 6.56% 的平均水平；累计增加值增速为 7.00%，低于同期轻工行业 8.18% 的平均水平；累计出口交货值 94.58 亿元，同比下降 1.63%；

● 2017 年乐器行业累计进出口 19.51 亿美元，同比增长 0.20%。其中：出口额 15.48 亿美元，同比下降 1.48%；累计进口额 4.03 亿美元，同比增长 7.21%；

● 2017 年我国乐器行业与“一带一路”沿线国家进出口总额 3.99 亿美元，同比增长 4.19%, 其中：出口额 2.79 亿美元，同比增长 3.40%, 进口额 1.20 亿美元，同比增长 6.09%。

一、生产运行

（一）中轻景气指数分析

据中国轻工业信息中心发布的“2017 年 12 月中轻乐器景气指数”，12 月份中轻乐器景气指数为 94.47，处于“稳定”区间内。从 2017 年乐器行业中轻指数走势看，全年 12 个月运行均处于“稳定”区域内（见图 1）。

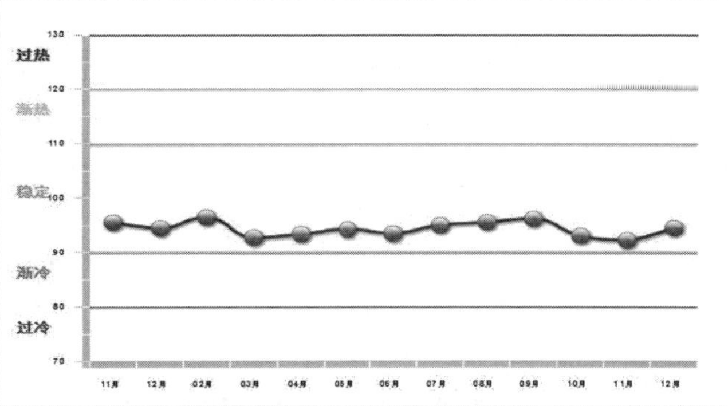

图1 2017年乐器行业中轻指数走势

从分指标看，主营业务收入指数 92.50（见图 2）一直处在稳定区域内波动；资产指数 110.22（见图 3）和出口指数 111.27（见图 4）震荡上行，最终停留在渐热区域；利润指数 84.84（见图 5）一路震荡下行，11 月曾跌入过冷区域，12 月触底反弹，最终停留在渐冷区域。

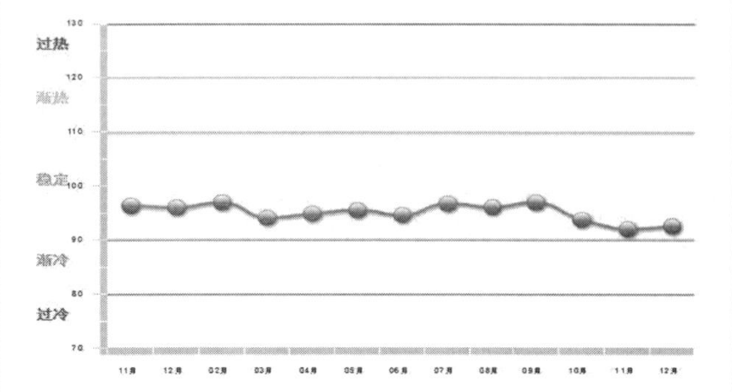

图2 2017年乐器行业主营业务收入指数走势

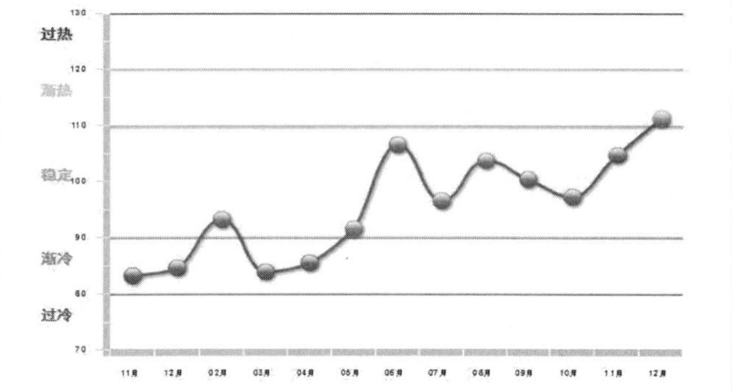

图3 2017年乐器行业出口指数走势

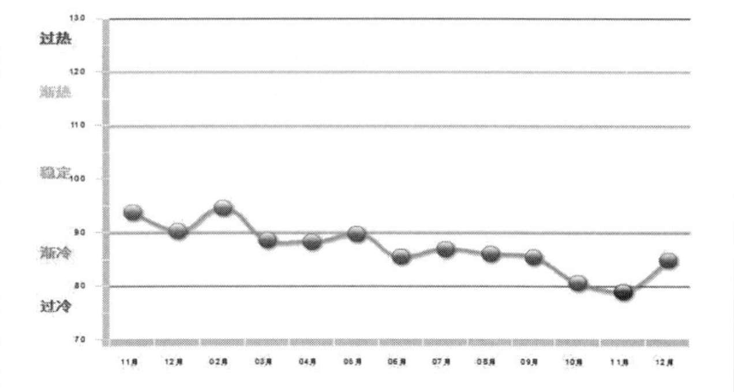

图4 2017年乐器行业利润指数走势

2013—2017年乐器行业工业增加值增速与轻工行业对比

年份	累计工业增加值增速(%)	
	轻工行业	乐器行业
2013年	9.88	4.60
2014年	8.30	8.90
2015年	6.33	9.10
2016年	6.53	6.50
2017年	8.18	7.00

图5

注：2011年起，“规模以上”是指年主营业务收入2000万元及以上全部工业法人企业 。

从月度工业增加值增速看（见图6），3月增加值增速为负数，下降0.5%；随后几个月稳步增长，8月增加值增速为12.1%，达到全年峰值。

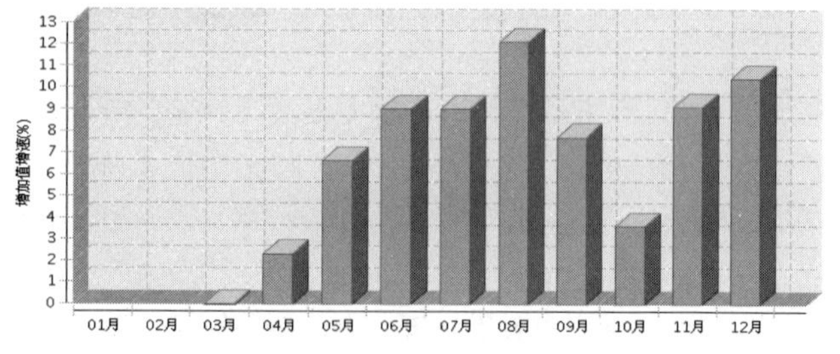

图6 2017年全国乐器行业月度增加值增速走势

（二）工业增加值增速分析

2017年，全国乐器行业累计工业增加值增速为7.00%，略低于同期全轻工行业8.18%的平均水平（见图5）。

（三）出口交货值分析

2017年，全国乐器制造行业累计完成出口交货值94.58亿元，同比下降1.63%。前五个月持续同比下降，从6月份起震荡回升（见图7、8）。

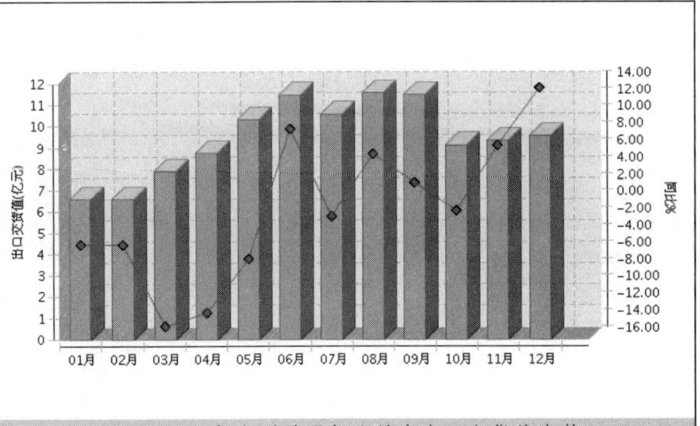

图7 2017年全国乐器行业月度出口交货值走势

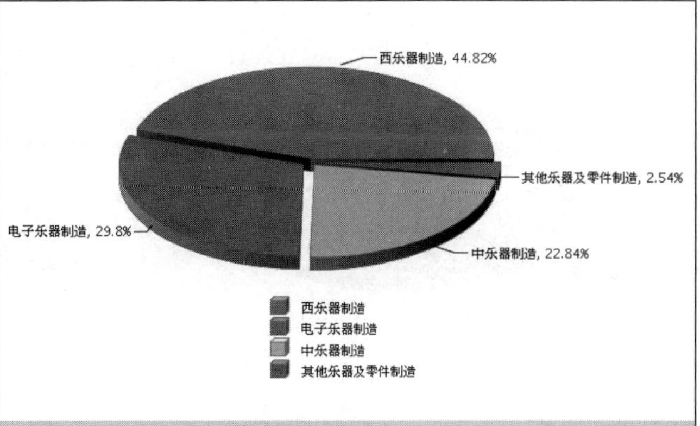

图9 2017年全国乐器行业出口交货值占比

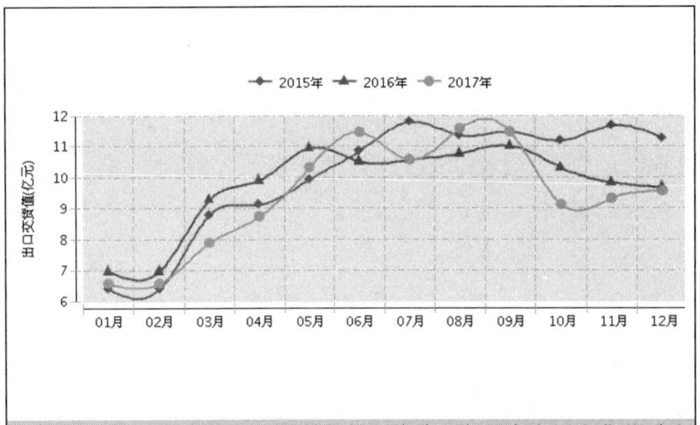

图8 2015—2017年全国乐器制造行业连续三年月度出口交货值对比

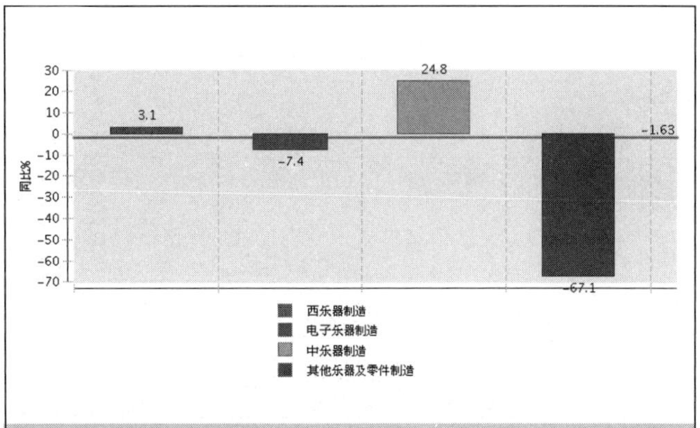

图10 2017年乐器行业出口交货值增速

从子行业分布来看（见图9、10），中西乐器同比增长，其他乐器及零件大幅下降。其中，西乐器制造累计完成出口交货值 42.39 亿元（占 44.82%），同比增长 3.14%；电子乐器制造累计完成出口交货值 28.19 亿元（占 29.8%），同比下降 7.39%；中乐器制造累计完成出口交货值 21.6 亿元（占 22.84%），同比增长 24.77%；其他乐器及零件制造累计完成出口交货值 2.4 亿元（占 2.54%），同比下降 67.13%。

2017 年，江苏、广东、河北、天津的出口交货值占比均在 10% 以上（见图 11、12）。其中，江苏累计完成出口交货值 19.81 亿元（占 20.95%），同比增长 6.21%；广东累计完成出口交货值 16.47 亿元（占 17.42%），同比增长 1.25%；河北累计完成出口交货值 14.73 亿元（占 15.57%），同比增长 5.45%；天津累计完成出口交货值 11.74 亿元（占 12.41%），同比下降 11.81%。

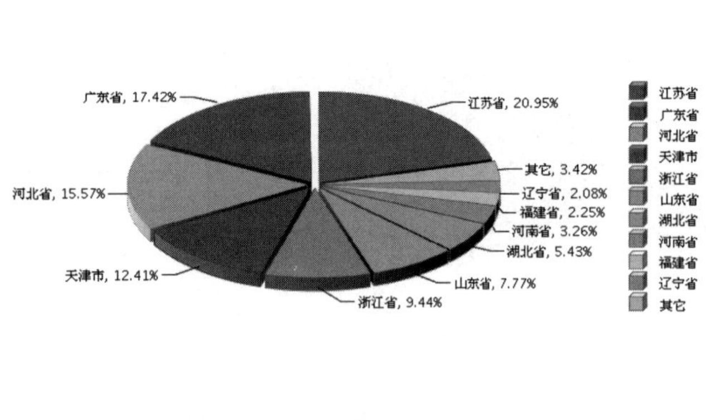

图11 2017年全国乐器行业出口交货值占比

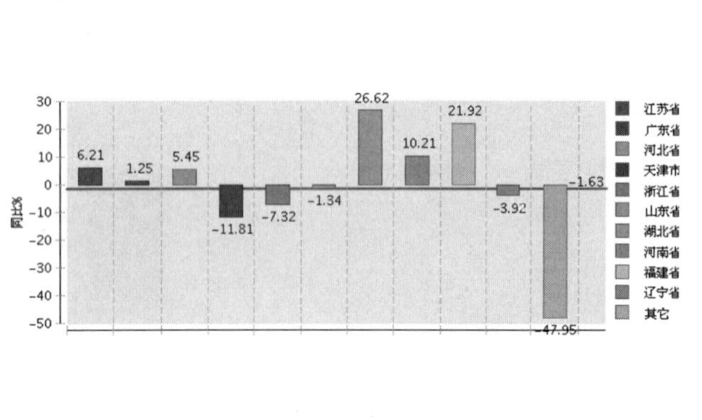

图12 2017年全国乐器行业出口交货值增速

（四）产成品库存分析

2017年，全国乐器制造行业累计完成产成品15.69亿元，同比下降4.96%，全年走势波动较大（见图13、14）。

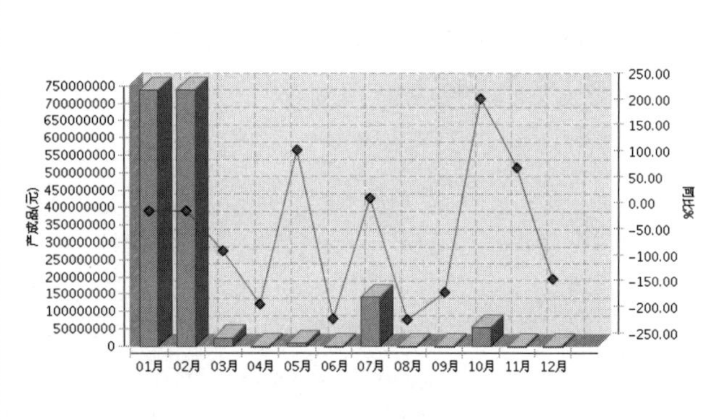

图13 2017年全国乐器行业产成品库存月度走势

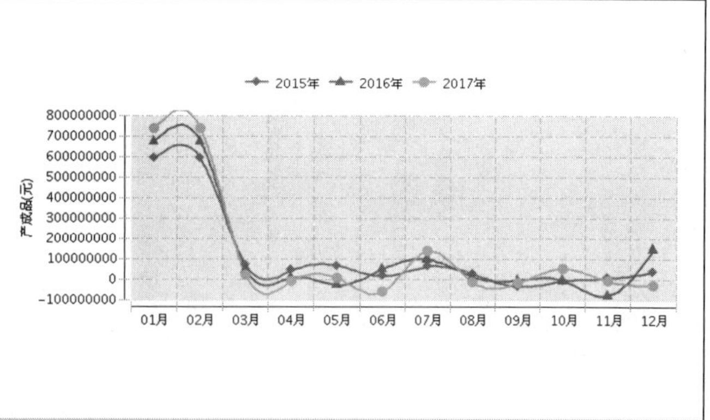

图14 2015—2017年全国乐器行业连续三年月度产成品对比

从子行业分布来看，电子乐器大幅下降，累计产成品1.98亿元（占12.61%），同比下降16.32%；2017年，西乐器制造累计完成产成品10.06亿元（占64.09%），同比下降5.07%；中乐器制造累计完成产成品1.82亿元（占11.58%），同比增长2.35%；其他乐器及零件制造累计完成产成品1.84亿元（占11.72%），同比增长3.54%。（见图15、16）

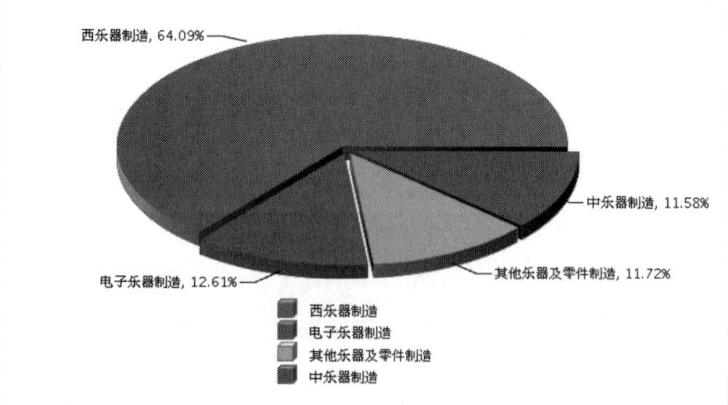

图15 2017年全国乐器行业产成品占比

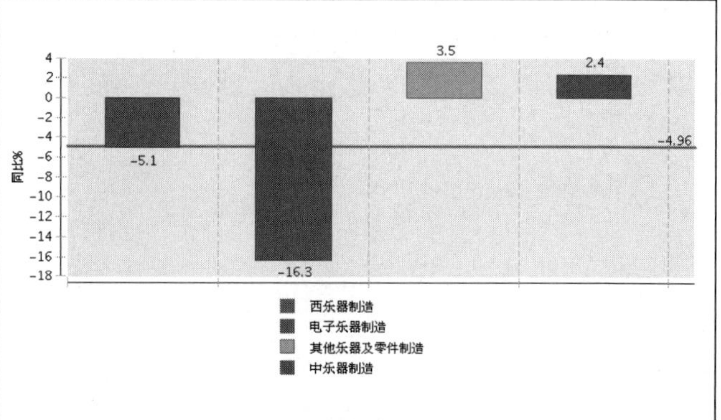

图16 2017年全国乐器行业产成品增速

二、经济效益

（一）主营业务收入分析

2017 年，全国乐器行业累计完成主营业务收入 374.95 亿元，同比增长 3.64%，全年震荡上行，总体走势好于前两年。其中，7 月达到全年峰值，主营业务收入同比增长 21.39%；由于统计局对数据进行了一次调整，10 月数据波动较大，不具备参考价值（见图 17、18）。

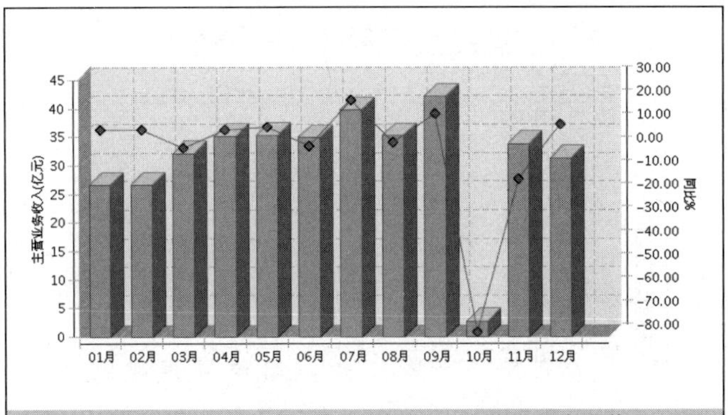

图17 2017年全国乐器行业主营业务收入月度走势

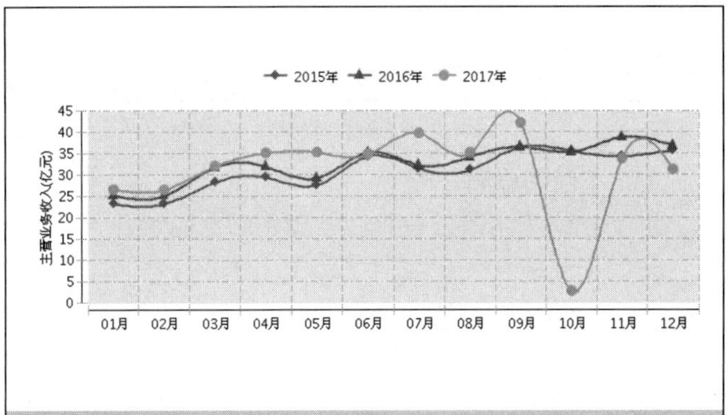

图18 2015—2017年全国乐器行业月度主营业务收入同比

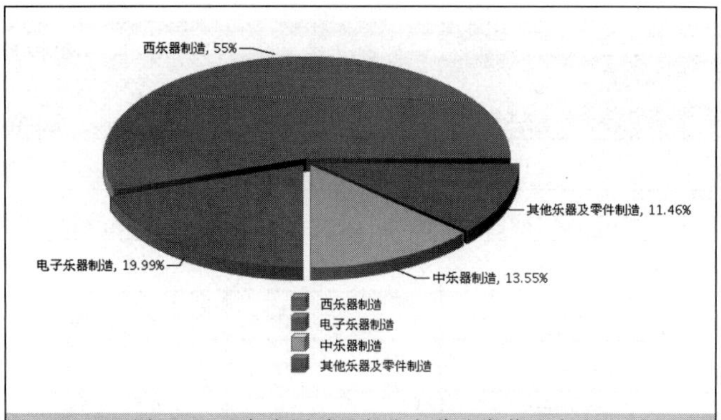

图19 2017年全国乐器行业主营业务收入占比

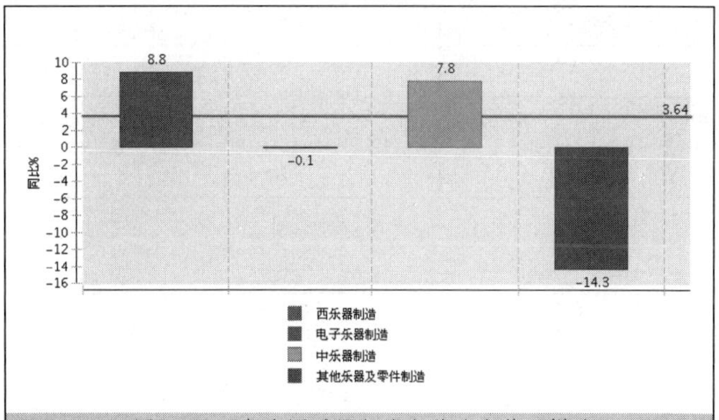

图20 2017年全国乐器行业主营业务收入增速

2017 年，各子行业主营业务收入均保持增长态势，其中西乐器占比过半（见图 19、20）。累计完成主营业务收入 206.22 亿元（占 55%），同比增长 8.83%；电子乐器 74.96 亿元（占 19.99%），同比下降 0.1%；中乐器 50.79 亿元（占 13.55%），同比增长 7.81%；其他乐器及零件 42.97 亿元（占 11.46%），同比下降 14.29%。

（二）主营业务收入利润率分析

2017 年，全国乐器行业累计主营业务收入利润率为 6.69%，同比增长 0.02%（由于统计局在统计口径方面有所调整，2017 年利润率较去年的数据有所下滑，但按照当年的统计口径，利润率有小幅提升）；高于同期全国轻工行业 6.56% 的平均水平。

与轻工行业比较，乐器行业近三年利润率持续高于轻工行业平均水平，说明乐器行业盈利水平好于全轻工行业平均水平（见图 21、22）。

2007—2017年乐器行业主营业务收入
利润率与轻工行业对比

年份	累计主营业务收入利润率(%)	
	轻工行业	乐器行业
2007年（1—11月）	4.98	4.03
2008年（1—11月）	4.76	3.93
2009年（1—11月）	5.30	4.39
2010年（1—11月）	5.61	5.27
2011年	6.25	5.62
2012年	6.38	5.28
2013年	6.48	5.66
2014年	6.27	6.35
2015年	6.45	7.13
2016年	6.54	7.37
2017年	6.56	6.69

图21

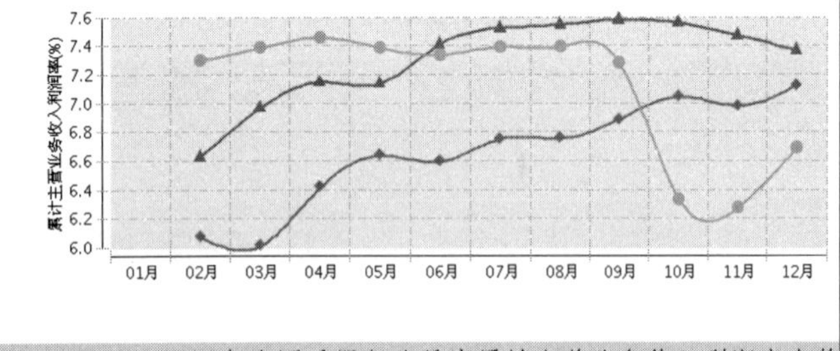

图22 2015—2017年全国乐器行业月度累计主营业务收入利润率走势

从各子行业看，2017年电子乐器盈利水平较高累计完成主营业务收入利润率为6.69%，同比增长0.02%（见图23、24）。其中，电子乐器制造累计主营业务收入利润率为9.99%，同比下降0.74%；中乐器制造累计主营业务收入利润率为6.84%，同比增长0.37%；西乐器制造累计主营业务收入利润率为5.68%，同比增长0.18%；其他乐器及零件制造累计主营业务收入利润率为5.65%，同比增长0.43%。

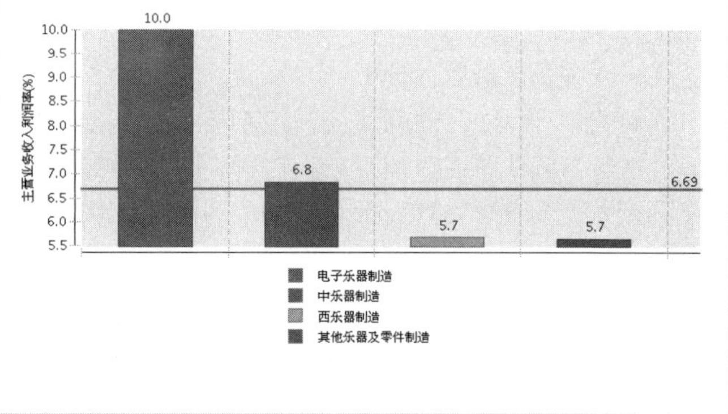

图23 2017年全国乐器行业主营业务收入利润率增速

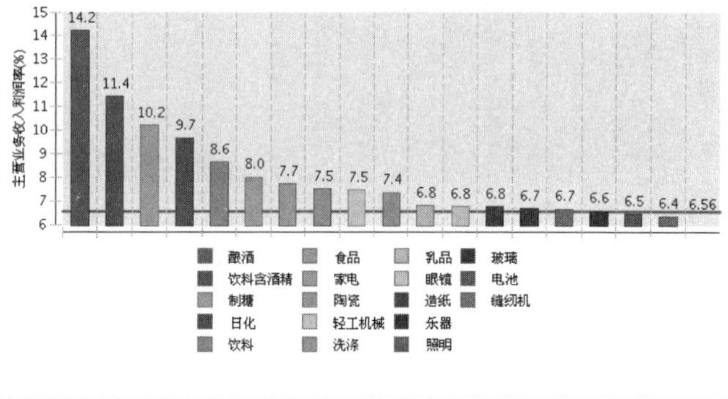

图24 2017年全国轻工全行业主营业务收入利润率重点行业对比

（三）利润总额分析

2017年全国乐器行业累计完成利润总额25.10亿元，同比增长3.99%，全年震荡上行。12月同比增长93.62%，达到峰值（见图25、26）。

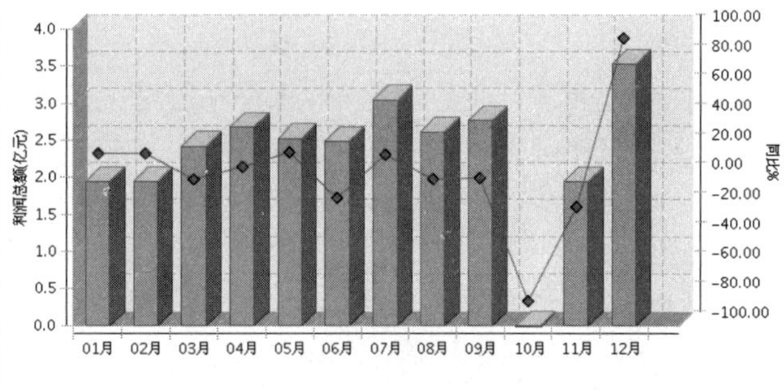

图25 2017年全国乐器行业月度利润总额走势

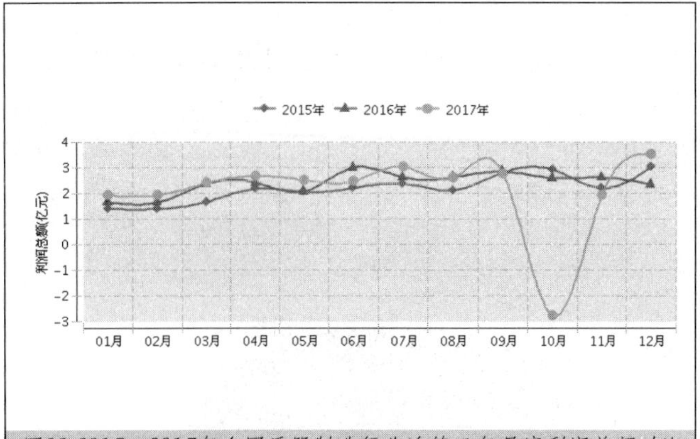

图26 2015—2017年全国乐器制造行业连续三年月度利润总额对比

2017 年，西乐器与中乐器保持两位数增长，其中，西乐器累计完成利润总额 11.7 亿元 (占 46.63%)，同比增长 12.43%；中乐器 3.47 亿元 (占 13.84%)，同比增长 13.9%；电子乐器与其他乐器及零件同比下降，降幅分别为 7.01% 及 7.3%（见图 27、28）。

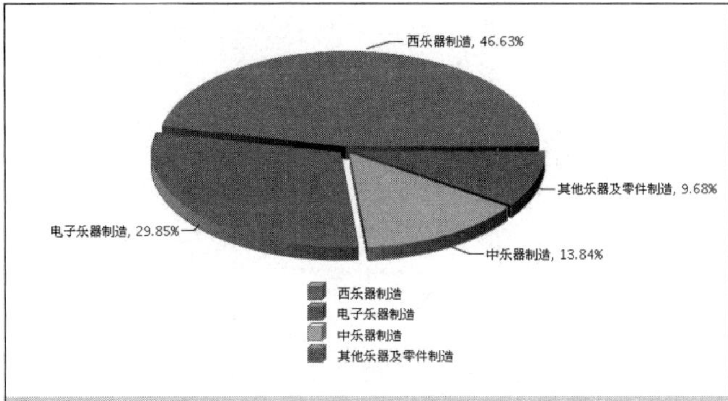

图27 2017年全国乐器行业利润总额占比

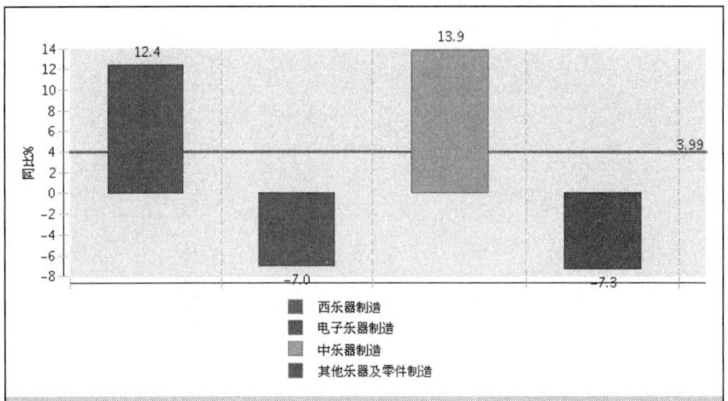

图28 2017年乐器行业利润总额增速

（四）亏损情况分析

2017 年，全国乐器行业亏损企业 23 家，比上一年增加 4 家。各子行业亏损企业数均有减少，其中，西乐器亏损企业 16 家；中乐器亏损企业 1 家；电子乐器亏损企业 3 家；其他乐器及零件亏损企业 3 家。

亏损面十年来首次下降到个位数，2017 年全国乐器行业累计亏损面为 8.95%，同比增长 1.95%。低于同期全轻工行业亏损面平均水平（10.15%)（见图 29、30）。

2007—2017年乐器行业亏损面与轻工行业对比

年份	累计主营业务收入利润率(%)	
	轻工行业	乐器行业
2007年（1—11月）	15.59	21.17
2008年（1—11月）	17.32	17.27
2009年（1—11月）	15.87	22.19
2010年（1—11月）	11.85	17.24
2011年	8.53	12.44
2012年	9.63	15.05
2013年	9.75	14.75
2014年	9.65	11.36
2015年	10.10	10.82
2016年	9.31	7.88
2017年	10.15	8.95

图29

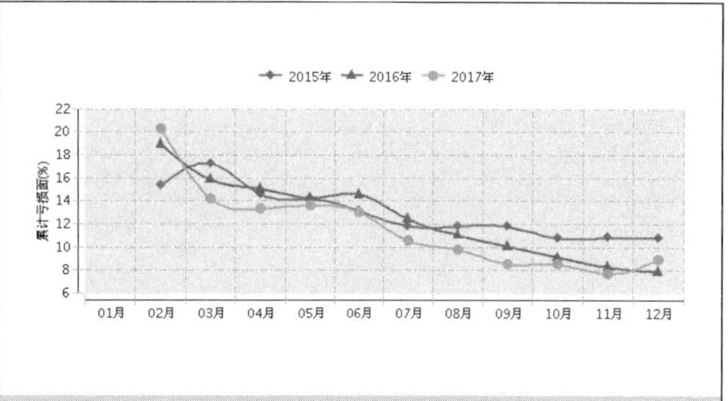

图30 2015—2017年全国乐器行业月度累计亏损面走势

从子行业看，电子乐器和西乐器亏损面高于乐器行业平均水平，亏损面分别为 11.54% 和 10.81%；其他乐器及零件亏损面为 6.52%，中乐器亏损面为 2.70%（见图 31）。

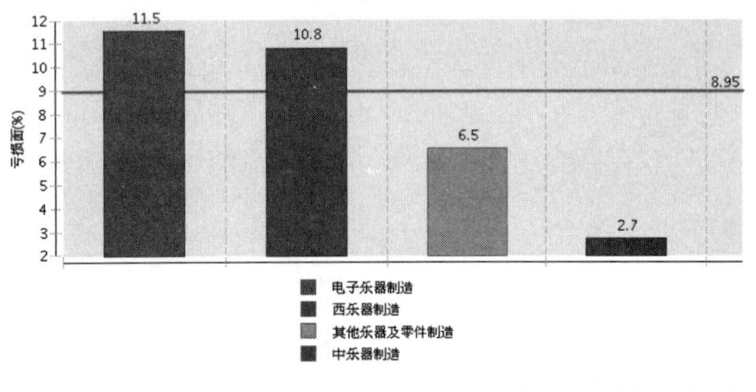

图31 2017年乐器行业亏损面增速

2017 年，全国乐器行业累计亏损额 1.10 亿元，同比下降 22.06%。从月度走势来看，全年波动较大，8 月后大幅提升，8 月达到峰值，同比增长 629.22%（见图 32、33）。

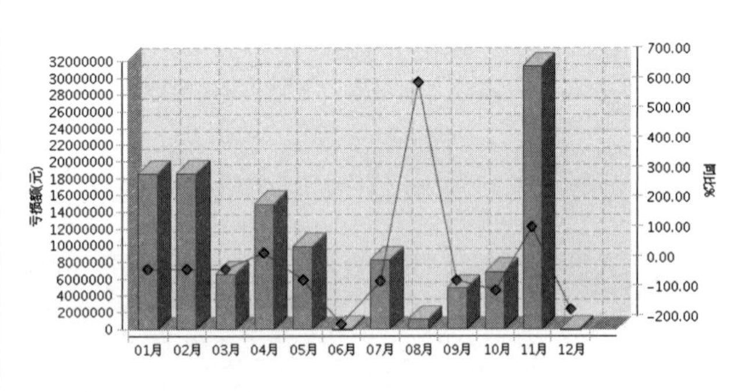

图32 2017年全国乐器行业月度亏损额走势

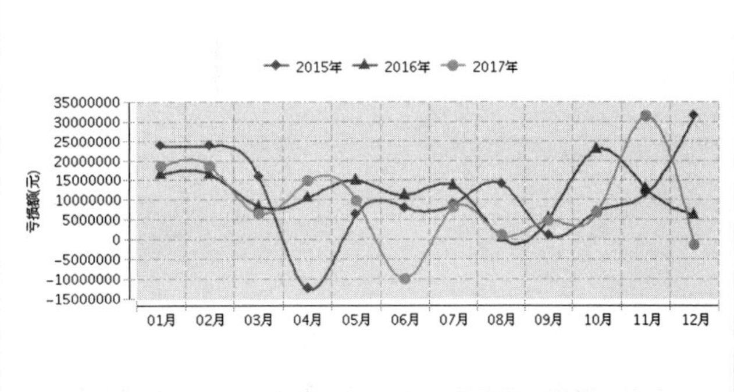

图33 2015—2017年全国乐器行业连续三年月度亏损额对比

从子行业看，西乐器制造累计亏损额 0.85 亿元（占 77.96%），同比下降 30.31%；中乐器制造累计亏损额 0.16 亿元（占 14.37%），同比增长 5.43%；电子乐器制造完成亏损额 0.05 亿元（占 4.12%），同比增长 47.5%；其他乐器及零件制造累计亏损额 0.04 亿元（占 3.55%）（见图 34、35）。

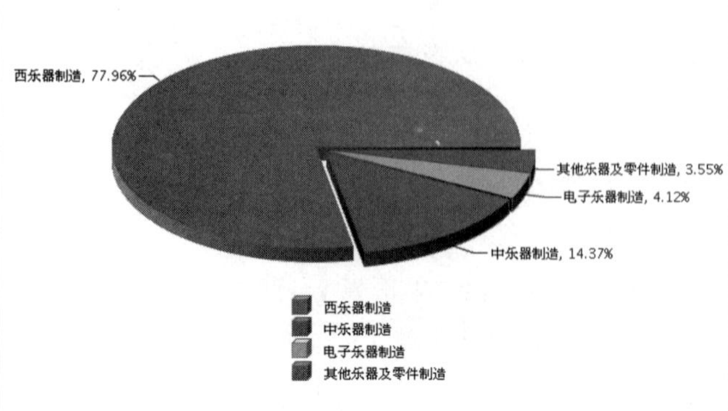

图34 2017年全国乐器行业亏损额占比

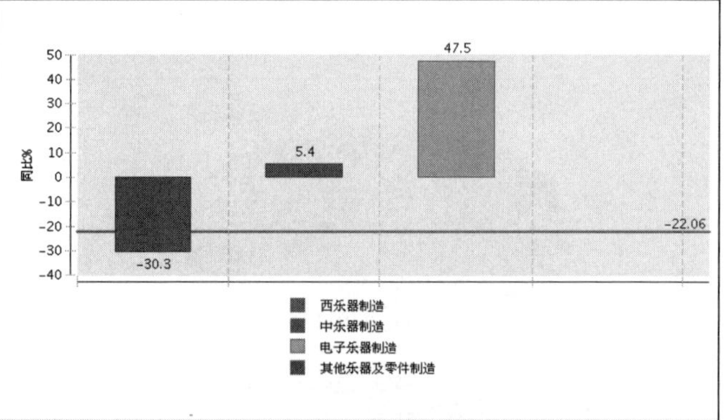

图35 2017年乐器行业亏损额增速

（五）资产总计

2017 年，全国乐器行业累计资产总计 282.78 亿元，同比增长 14.71%。其中，西乐器制造累计资产总计 181.72 亿元（占 64.26%），同比增长 17.31%；电子乐器制造累计资产总计 52.42 亿元（占 18.54%），同比增长 20.4%；中乐器制造累计资产总计 24.83 亿元（占 8.78%），同比增长 10.05%；其他乐器及零件制造累计资产总计 23.8 亿元（占 8.42%），同比下降 6.65%（见图 36、37）。

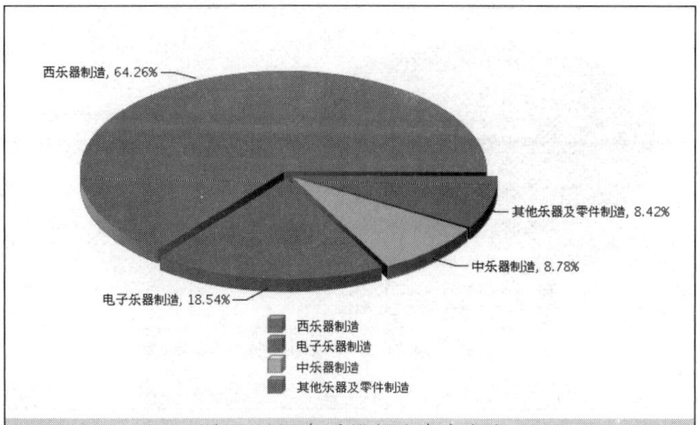

图36 2017年乐器行业资产占比

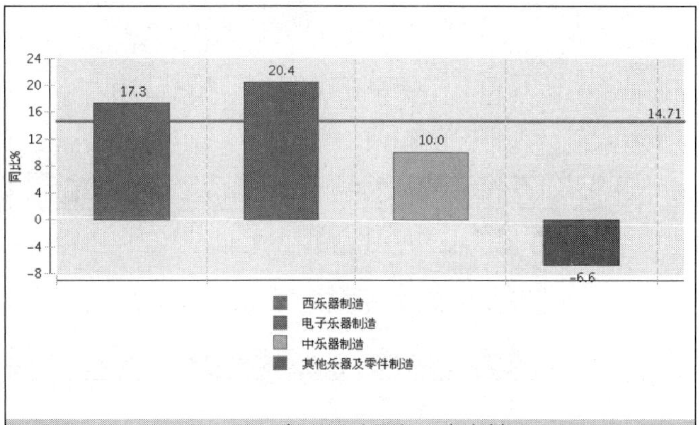

图37 2017年全国乐器行业资产增速

三、出口分析

2017 年，全国乐器行业累计完成出口额 15.48 亿美元，同比下降 1.48%。全年之中，3 月增幅最高，增长 16.01%，2 月下降 20.44%，全年触底（见图 38、39）。

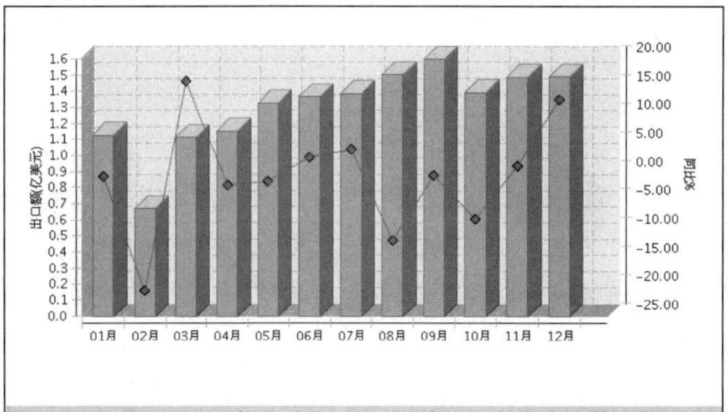

图38 2017年全国乐器行业月度出口额月度走势

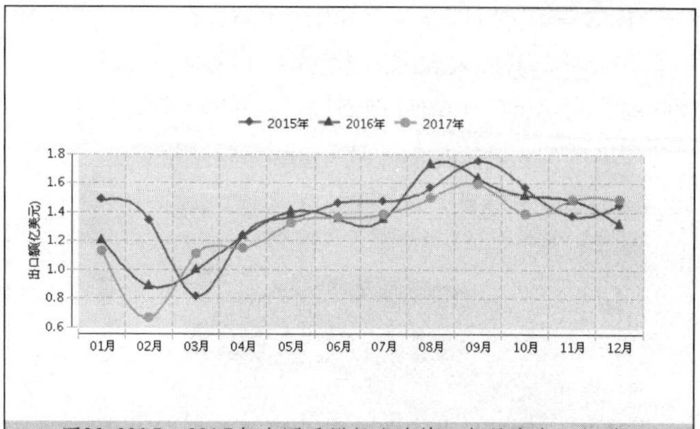

图39 2015—2017年全国乐器行业连续三年月度出口额对比

2017 年我国乐器行业各子行业出口均呈下降态势。电子乐器累计完成出口额 5.16 亿美元（占 33.35%），同比下降 0.9%；弦乐器累计完成出口额 3.73 亿美元（占 24.12%），同比下降 1.72%；打击乐器累计完成出口额 1.22 亿美元（占 7.87%），同比下降 3.65%；钢琴累计完成出口额 0.52 亿美元（占 3.34%），同比下降 10.75%（见图 40、41）。

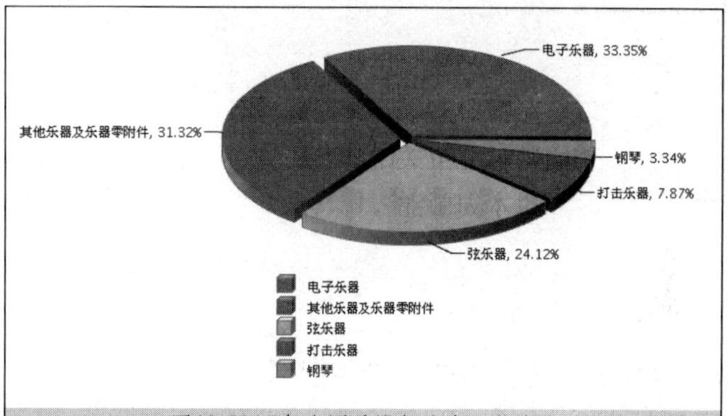

图40 2017年全国乐器行业出口额占比

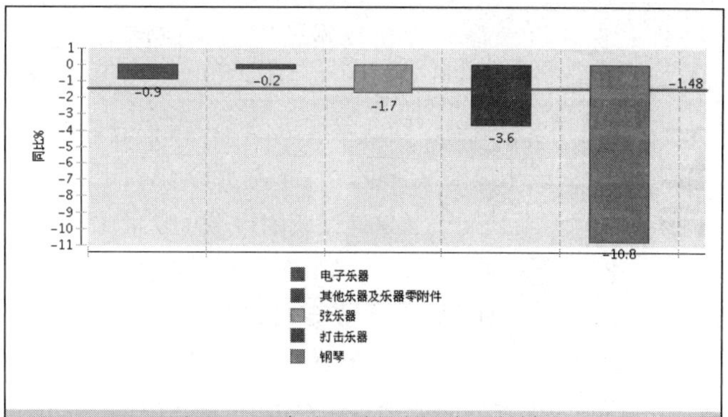

图41 2017年全国乐器行业出口额增速

我国乐器出口市场中美国占比仍居首位，德国增量较大。2017 年，我国对美国累计完成出口额 4.78 亿美元（占 30.9%），同比下降 1.63%；德国累计完成出口额 1.34 亿美元（占 8.68%），同比增长 4.41%（见图 42、43）。

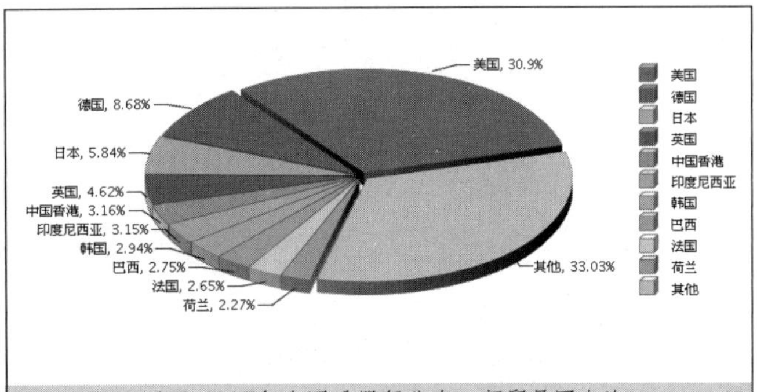

图42 2017年全国乐器行业出口额贸易国占比

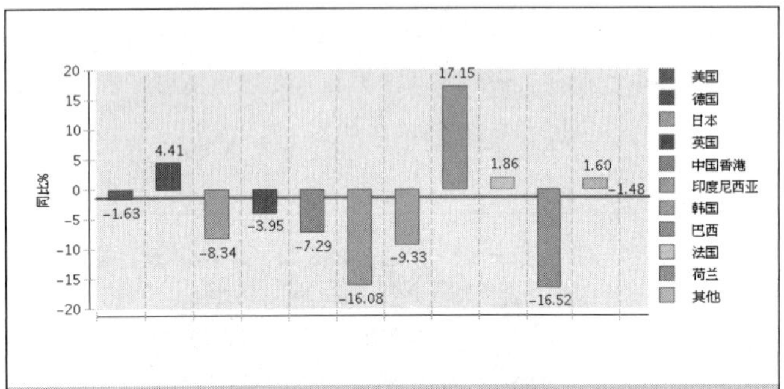

图43 2017年全国乐器行业出口额贸易国增速

2017 年，全国乐器行业一般贸易累计完成出口额 8.68 亿美元（占 56.05%），同比增长 8.63%；进料加工贸易累计完成出口额 4.48 亿美元（占 28.91%），同比下降 12.73%；保税区仓储转口货物累计完成出口额 1.2 亿美元（占 7.78%），同比下降 16.63%；其他累计完成出口额 0.83 亿美元（占 5.36%），同比增长 6.04%；保税仓库进出境货物累计完成出口额 0.18 亿美元（占 1.19%），同比下降 15.29%；来料加工装配贸易累计完成出口额0.07 亿美元（占 0.47%），同比下降 43.42%；边境小额贸易累计完成出口额 0.04 亿美元（占 0.24%），同比增长 64.69%；出料加工贸易累计完成出口额 0 亿美元（占 0%），同比增长 0%；对外承包工程出口货物累计完成出口额 0 亿美元（占 0%），同比增长 2298.71%。（见图 44、45）

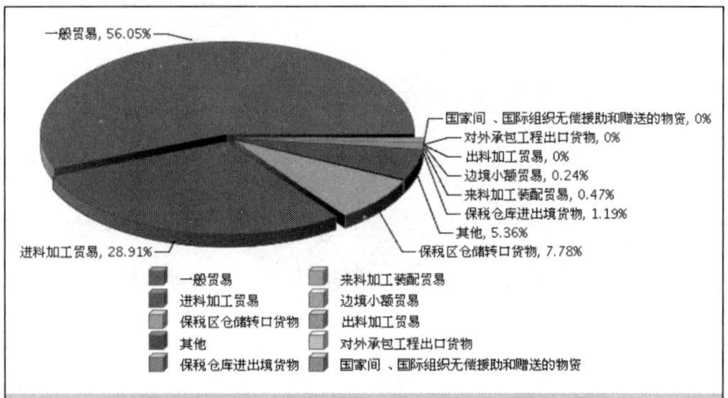

图44 2017年全国乐器行业出口额贸易方式占比

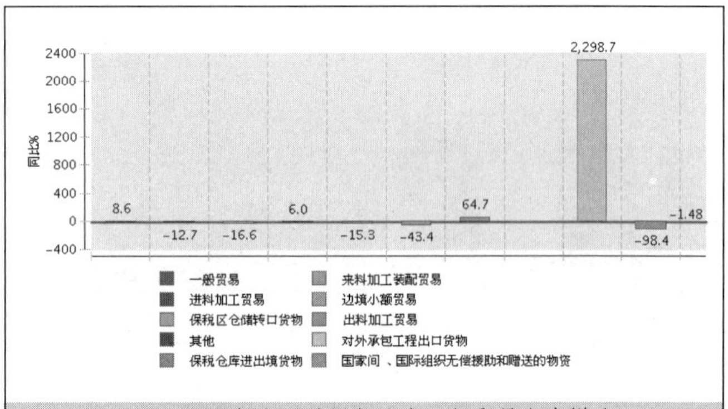

图45 2017年全国乐器行业出口额贸易方式增速

2017 年从我国出口的各省市地区来看，广东省出口额占比最高，累计完成出口额 5.83 亿美元（占 37.68%），同比增长 2.09%；天津、江苏、浙江的占比均超过 10%（见图 46、47）。

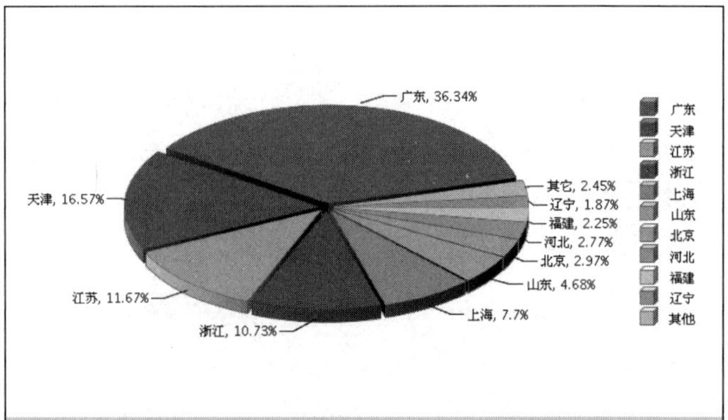

图46 2017年全国乐器行业出口额地区占比

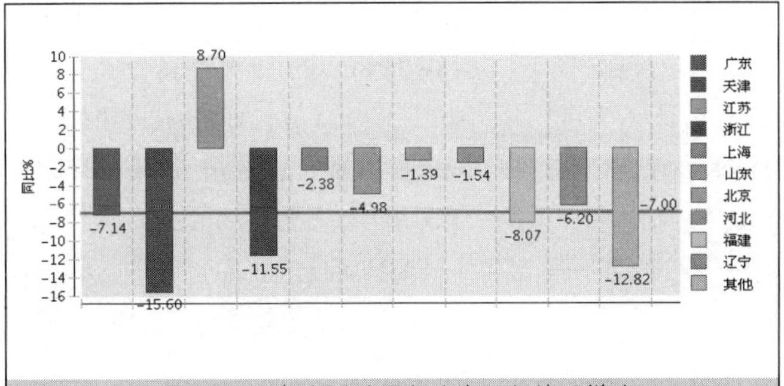

图47 2017年全国乐器行业出口额地区增速

2017 年乐器单价负增长超过 10% 的有 7 个；其中负增长在 10% 至 30% 的有 5 个；负增长在 30% 至 60% 以内的有 1 个；负增长大于 60% 的有 1 个（见图 48）。

商品名称	当月单价$	同比↓	预警
拨弦古钢琴及其他键盘弦乐器	120.654	−75.07%	▼▼▼
品目 92.02 所列乐器的零件、附件	13.691	−49.74%	▼▼
未列名的其他乐器（如：游艺场风琴、手摇风琴、机械鸣禽、乐锯等）；各种媒诱音响器、哨子、号角、口吹音响信号器	0.139	−28.78%	▼
大钢琴（包括自动钢琴）	3670.441	−26.81%	▼
百音盒的机械装置	9.494	−25.97%	▼
键盘管风琴；簧风琴及类似的游离金属簧片键盘乐器	4.467	−23.28%	▼
打击乐器（如鼓、木琴、响板、响葫芦）	16.663	−19.25%	▼

图48

出口单价增长超过 10% 的有 4 个；其中增长在 10% 至 30% 的有 1 个；增长在 30% 至 60% 以内的有 3 个（见图 49）。

商品名称	当月单价$	同比↓	预警
手风琴及类似乐器	33.88	49.79%	▲▲
乐器用弦	26.943	35.21%	▲▲
其他管乐器，但游艺场风琴及手摇风琴除外	6.358	33.90%	▲▲
百音盒	3.464	14.69%	▲

图49

2017 年我国对各大洲乐器出口贸易中，北美洲出口占比第一，累计完成出口额 5.1 亿美元（占 32.97%），同比下降 1.06%；亚洲累计完成出口额 4.41 亿美元（占 28.49%），同比下降 2.88%；欧洲累计完成出口额 3.88 亿美元（占 25.05%），同比下降 1.41%；南美洲累计完成出口额 1.43 亿美元（占 9.25%），同比增长 2.67%；大洋洲累计完成出口额 0.36 亿美元（占 2.33%），同比下降 11.43%；非洲累计完成出口额0.29亿美元（占 1.9%），同比增长6.44%（见图 50、51）。

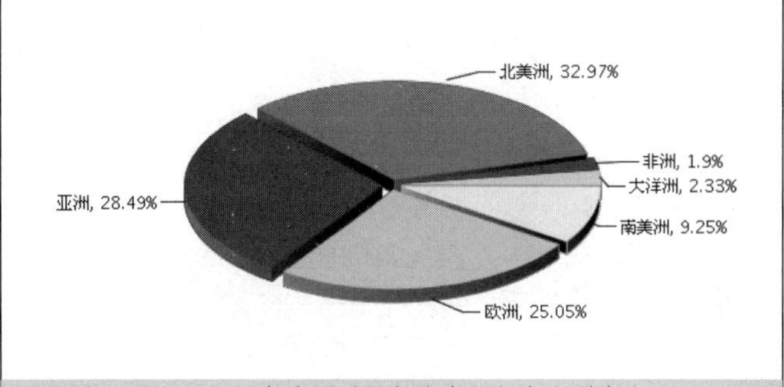

图50 2017年全国乐器行业出口额各大洲占比

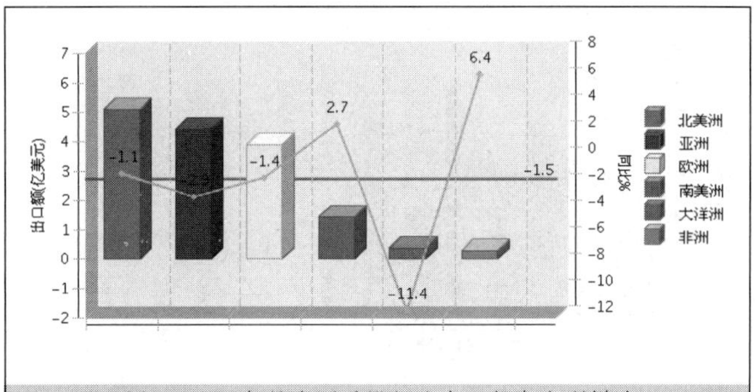

图51 2017年月全国乐器行业出口额各大洲增速

2017 年，我国乐器行业对主要经济组织贸易的出口中，金砖国家出口额大幅提升，累计完成出口额 15.48 亿美元，同比下降 1.48%。其中，亚太经合组织累计完成出口额 9.52 亿美元（占 61.48%），同比下降 3.51%；欧盟累计完成出口额 3.67 亿美元（占 23.71%），同比下降 2.58%；一带一路累计完成出口额 2.79 亿美元（占 18.03%），同比增长 3.4%；日韩累计完成出口额 1.36 亿美元（占 8.78%），同比下降 8.67%；金砖国家累计完成出口额 0.97 亿美元（占 6.29%），同比增长 21.26%（见图 52）。

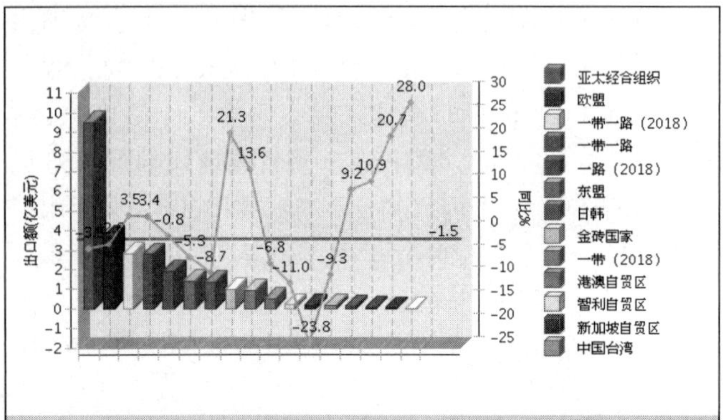

图52 2017年我国乐器行业出口额贸易组织增速

四、进口分析

2017年全国乐器行业累计完成进口额40.31亿美元，同比增长7.21%，全年震荡前行。其中，2月涨幅较高，完成进口额2559.43万美元，同比增长40.39%； 4月进口额2717.72万美元，同比下降6.5%，全年最低（见图53、54）。

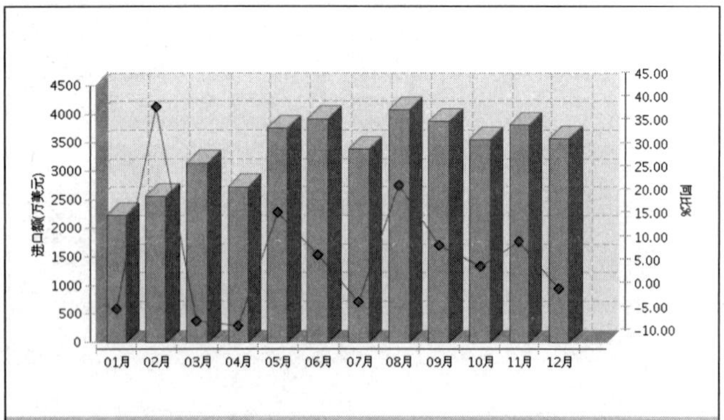

图53 2017年乐器行业进口额月度走势

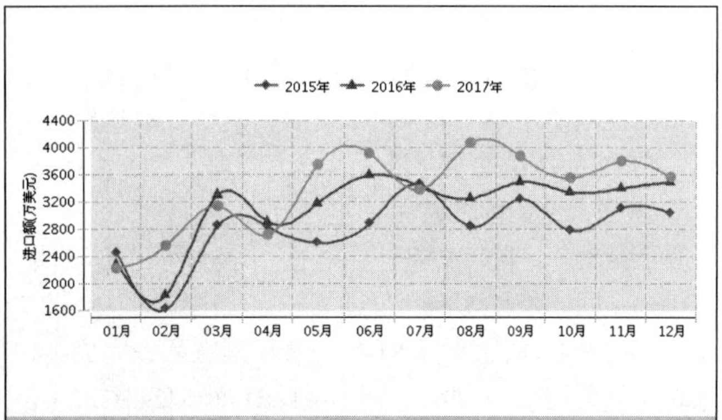

图54 2015—2017年全国乐器行业月度进口额增速对比

各子行业进口中钢琴进口额占比接近一半，累计完成进口额1.99亿美元（占49.26%），同比增长8.62%；电子乐器累计完成进口额0.48亿美元（占11.95%），同比增长24.61%；打击乐器累计完成进口额0.21亿美元（占5.11%），同比增长11.91%；弦乐器累计完成进口额0.16亿美元（占3.94%），同比下降5.28%（见图55、56）。

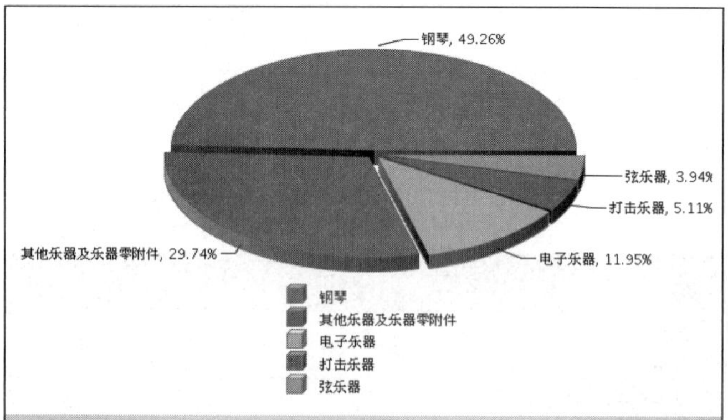

图55 2017年乐器行业进口额占比

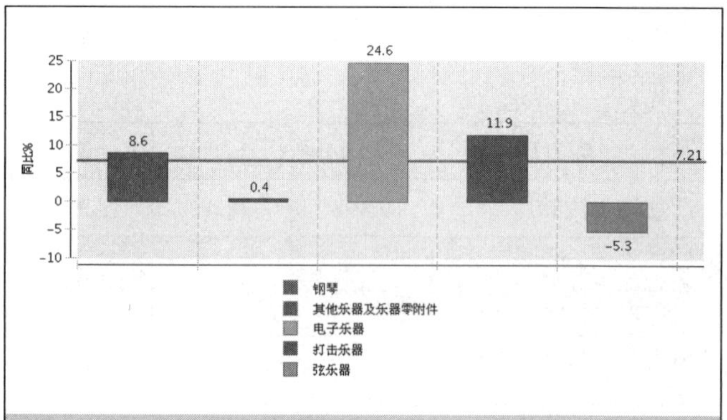

图56 2017年全国乐器行业进口额增速

2017年日本仍为我乐器最大进口来源，累计完成进口额1.29亿美元（占32.04%），同比增长13.1%；印度尼西亚累计完成进口额1.02亿美元（占25.41%），同比增长1.05%；德国累计完成进口额0.45亿美元（占11.25%），同比下降4.38%（见图57、58）。

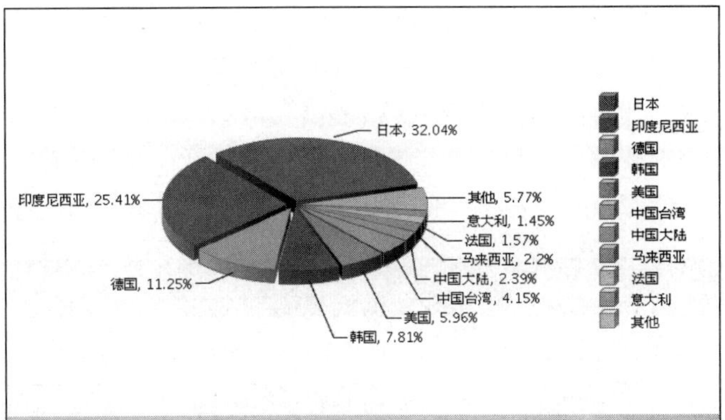

图57 2017年我国乐器行业进口来源分布

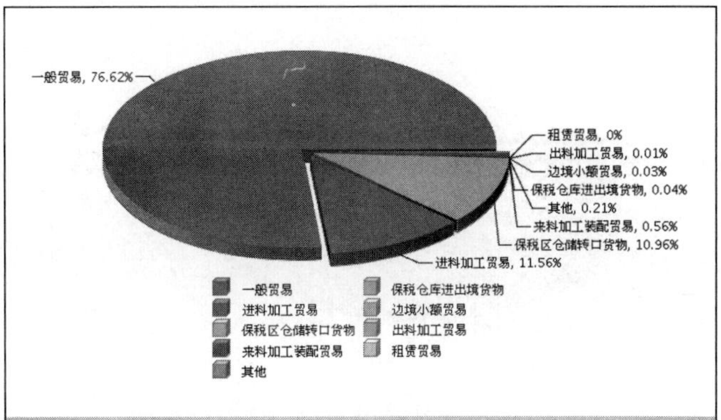

图59 2017年全国乐器行业进口额贸易方式占比

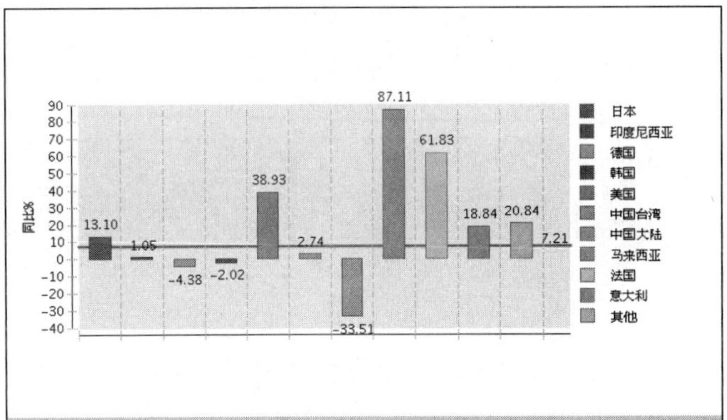

图58 2017年全国乐器行业进口额贸易国占比

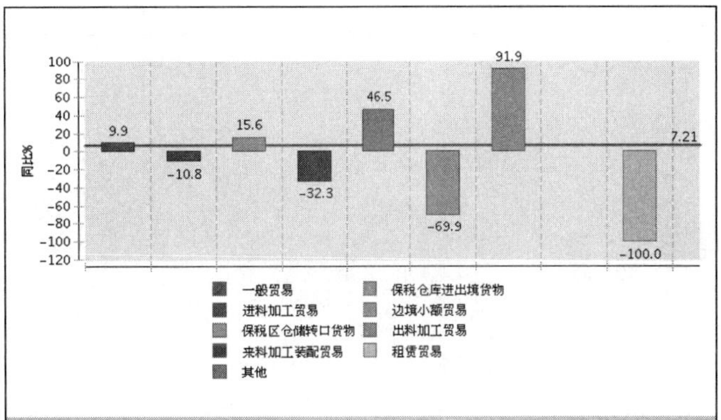

图60 2017年全国乐器行业进口额贸易方式增速

2017年，一般贸易累计完成进口额3.09亿美元（占76.62%），超过四分之三，同比增长9.94%；进料加工贸易累计完成进口额0.47亿美元（占11.56%），同比下降10.8%；保税区仓储转口货物累计完成进口额0.44亿美元（占10.96%），同比增长15.56%；来料加工装配贸易累计完成进口额0.02亿美元（占0.56%），同比下降32.28%；其他累计完成进口额0.01亿美元（占0.21%），同比增长46.47%；保税仓库进出境货物累计完成进口额0亿美元（占0.04%），同比下降69.89%；边境小额贸易累计完成进口额0亿美元（占0.03%），同比增长91.91%；出料加工贸易累计完成进口额0亿美元（占0.01%），同比增长0%；租赁贸易累计完成进口额0亿美元（占0%），同比下降100%（见图59、60）。

2017年，我国进口乐器的各省市中，上海占比继续增加，达52.96%，累计完成进口额2.14亿美元（占52.96%），同比增长10.55%；广东累计完成进口额0.45亿美元（占11.15%），同比增长19.01%；浙江累计完成进口额0.38亿美元（占9.42%），同比增长3.71%；北京累计完成进口额0.25亿美元（占6.28%），同比下降2.6%（见图61、62）。

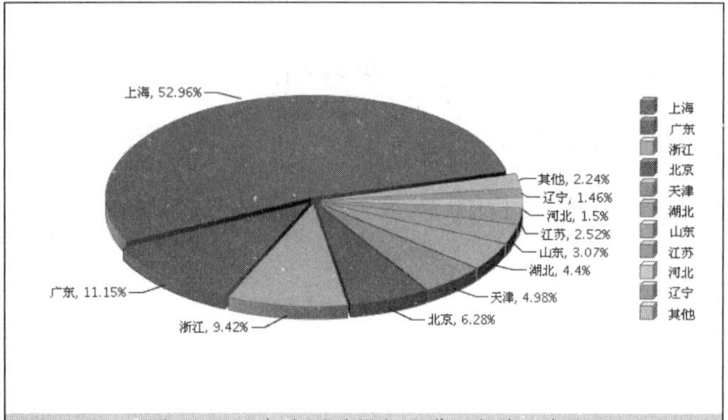

图61 2017年全国乐器行业进口额地区占比

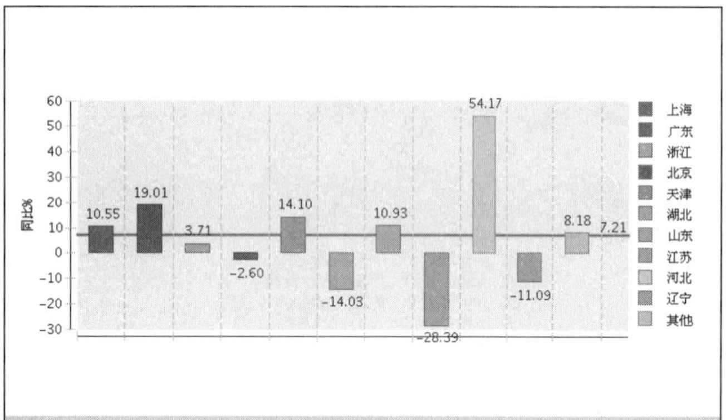

图62 2017年全国乐器行业进口额地区增速

2017 年进口单价负增长超过 10% 的有 7 个；其中负增长在 10% 至 30% 的有 2 个；负增长在 30% 至 60% 以内的有 1 个；负增长大于 60% 的有 4 个（见图 63）。

商品名称	当月单价$	同比↓	预警
键盘管风琴；簧风琴及类似的游离金属簧片键盘乐器	20.136	−99.76%	▼▼▼
手风琴及类似乐器	196.069	−86.90%	▼▼▼
节拍器、音叉及定音管	23.478	−71.89%	▼▼▼
弓弦乐器	3079	−64.56%	▼▼▼
其他弦乐器（如：吉他、小提琴、竖琴）	66.666	−38.17%	▼▼
大钢琴（包括自动钢琴）	6820.729	−29.83%	▼
品目 92.02 所列乐器的零件、附件	15.931	−12.40%	▼

图63

进口单价增长超过 10% 的有 6 个；其中增长在 10% 至 30% 的有 3 个；增长在 30% 至 60% 以内的有 1 个；增长大于 60% 的有 2 个（见图 64）。

商品名称	当月单价$	同比↓	预警
其他管乐器，但游艺场风琴及手摇风琴除外	58.273	65.97%	▲▲▲
钢琴的零件、附件	5.737	63.73%	▲▲▲
品目 92.07 所列乐器的零件、附件	12.272	58.04%	▲▲
其他通过电产生或扩大声音的乐器（如：电吉他）	218.373	20.53%	▲
百音盒的机械装置	87.897	19.40%	▲
通过电产生或扩大声音的键盘乐器（如：电风琴、电手风琴，手风琴除外）	480.576	11.95%	▲

图64

2017 年，我国从各大洲进口乐器中，亚洲占四分之三，累计完成进口额 3.02 亿美元（占 74.98%），同比增长 5.79%；欧洲累计完成进口额 0.69 亿美元（占 17.18%），同比增长 1.38%；北美洲累计完成进口额 0.26 亿美元（占 6.39%），同比增长 37.25%；南美洲累计完成进口额 0.05 亿美元（占 1.24%），同比增长 83.44%；非洲累计完成进口额 0.01 亿美元（占 0.21%），同比增长 120.85%；大洋洲累计完成进口额 0 亿美元（占 0%），同比下降 72.97%；国别（地区）不详累计完成进口额 0 亿美元（占 0%），同比下降 88.74%（见图 65、66）。

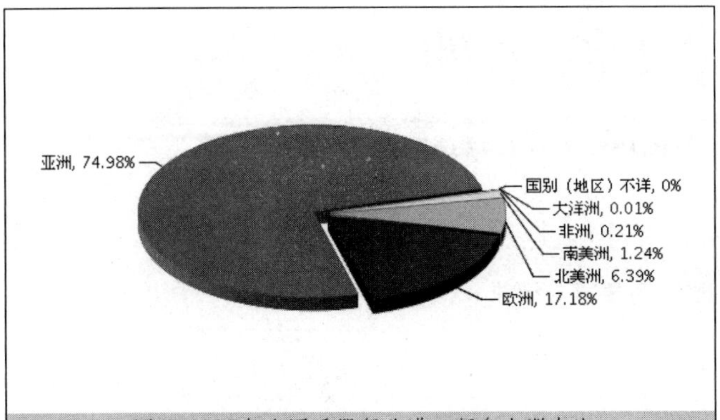

图65 2017年全国乐器行业进口额各大洲占比

我国从各主要经济组织贸易进口乐器中，亚太经合组织占比最高，累计完成进口额3.32亿美元(占82.36%)，同比增长8.26%；日韩累计完成进口额1.61亿美元(占39.84%)，同比增长9.78%；“一带一路”累计完成进口额1.2亿美元(占29.79%)，同比增长6.09%；欧盟累计完成进口额0.69亿美元(占17.09%)，同比增长1.69%；金砖国家累计完成进口额0.1亿美元(占2.46%)，同比下降32.43%(见图67)。

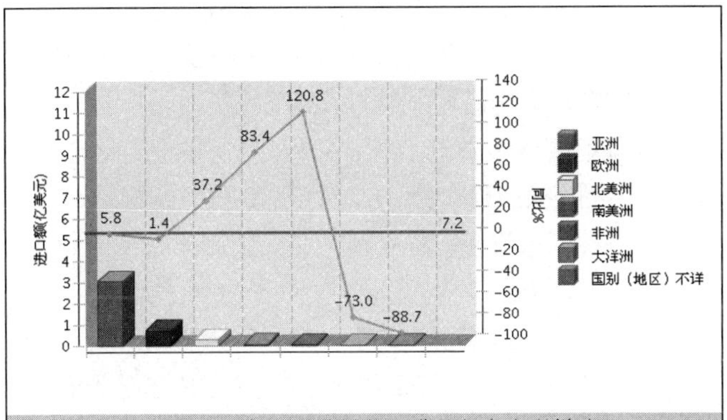

图66 2017年全国乐器行业进口额各大洲增速

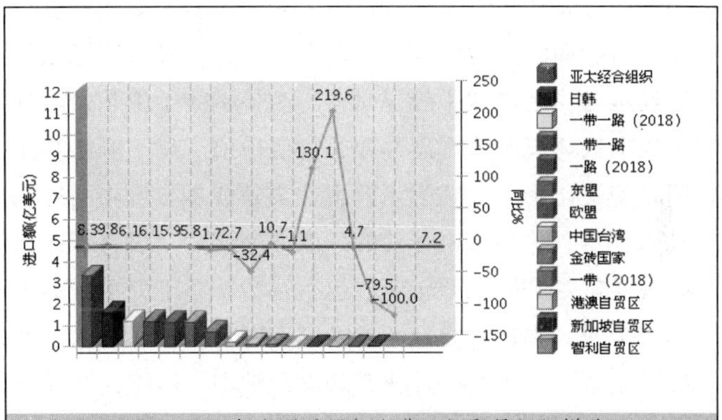

图67 2017年全国乐器行业进口额贸易组织增速

践行乐器产业工匠精神

——乐器工业规模化 VS 品牌个性化重塑之路

【编者按：2017年，中国乐器产业进出口格局发生逆转，外部市场需求持续疲软，内销市场竞争加剧，以产能扩张角逐国际乐器市场的策略，在成本与价格双向挤压下渐显疲态。在当下市场环境，社会大众文化消费多元、品质提升，面对全球乐器品牌逐鹿内销市场，国产乐器如何打造文化附加值的乐器产品，促成乐器行业供给侧面临产业结构深度转型。近日，经济评论家吴伯凡认为，制造业中越是具有历史传承的手工艺，越在现代市场环境中体现出高昂的经济价值。用工匠精神重塑品牌文化价值，成为乐器企业突破成本与价格困局的破冰利器。综观我国当前的乐器产业结构，既有现代工业规模化生产的大型企业，也有以传统手工为主导的中小型企业。本刊将立足行业发展关键节点，从现代工业规模化生产企业的个性化品牌文化塑造，传统民族乐器产业民俗工艺文化的薪火传承，以及中小型乐器企业如何走出价格困局的中高端转型之路，展开践行乐器工匠精神系列综述报道。】

近期，国务院办公厅转发文化部、工业和信息化部、财政部《中国传统工艺振兴计划》，提出弘扬工匠精神，倡导专注坚守，助力传统工艺传承，并与现代生产技术创新融合。2017年，中国轻工业联合会党委副书记、中国乐器协会王世成理事长率队考察德国施坦威、舒密尔、捷克佩卓夫百年钢琴企业，并对德国法兰克福乐器展进行实地调研，旨在探究欧洲乐器市场脉络，以及生产企业运营管理特质。调研中，欧洲百年钢琴制造企业坚守的手工艺制作和文化传统，与当前国内乐器行业倡导的工匠精神不谋而合。本刊特别策划大国工匠精神专题，以欧洲乐器制造行业调研作为切入点，并以珠江•恺撒堡钢琴的市场定位、技术资源整合，以及产品制造的精益化控制视角，探寻规模化钢琴企业转型升级的破局之道，以典型案例激发行业思考，拉开乐器行业工匠精神报道的序幕。

欧洲钢琴制造传统 折射百年工匠精神

历经三百多年发展历史，欧洲钢琴工业化浪潮转向亚洲，在规模和利润的抉择中，欧洲钢琴制造业历经洗牌重组，最终选择了后者。在中乐协考察团实地考察施坦威、Schimmel、佩卓夫钢琴公司后发现，经过工业化浪潮洗礼后，欧洲钢琴依旧秉持百年传承的手工制作传统，坚守着固有的追求极致的乐器工匠精神。

以施坦威钢琴公司（德国汉堡工厂）为例，该公司系目前欧洲规模最大的工厂，员工总量超过400人，该厂钢琴制造工艺特色有三：其一，全生产线以手工制造为主，只在关键工艺配置少量CNC数控机床。如：三角钢琴外壳，完全采用传统工夹具，用人工操作气动工具扭转螺丝，对模具施加压力塑型；其二，选料严格、细致，定向分配原料对应零配件。材料前期储存三年，板材切割成型后，再静置三个月，最后根据板材特征，再决定材料具体应用方向。再说音板制作原料，更是由资深技师对每块板材精挑细选，最后进入拼装流程；其三，制琴工艺严谨。以琴体外壳内外抛光为例，按照砂纸粗细程度，分多道工序，完全依赖技师纯手工精细打磨完成。键盘击弦机调整技师工艺操作精准熟练，让观者对钢琴品质的信心油然而生。在施坦威汉堡工厂荣誉墙上，调律师工作年限最长的超过60年，且一生只从事调律一项工作，并乐在其中，生动诠释乐器工匠精神的内涵。

德国施坦威钢琴公司发展历史有132年，经过四代传承，钢琴制造技术特点日臻成熟。2016年5月18日，中国广州珠江钢琴集团股份有限公司完成对德国施坦威钢琴公司90%股权并购，为施坦威钢琴公司注入资本活力。迄今，施坦威钢琴采用超大、不等厚音板设计工艺，弦列采用复振设计，创造更佳声音共鸣效果，多项特色工艺获得德国技术发明奖；其次，舒密尔97小型立式钢琴音板形制虽小，但音效甚佳，琴键设计尺寸较长，有效提升弹奏者的舒适感。在珠江钢琴集团收购施坦威钢琴公司后，完全尊重企业百年传统制作和设计工艺，沿用固有销售渠道，保证施坦威钢琴原汁原味的德国手工制作文化传统。捷克佩卓夫钢琴公司作为家族化企业，企业拥有300多名员工，形成独有的家族企业文化。多年来，佩卓夫钢琴同样遵循传统手工钢琴制造传统，现代数控机场设备相对较少；其次，公司主营业务以立式钢琴为主，员工具有强烈的企业归属感和责任心。公司办公楼墙壁上悬挂着全体员工形象照片，所有员工与佩卓夫家族五代人并行。

可以说，三家欧洲老牌钢琴制造企业在企业文化、生产管理、工艺传承，都有着各自鲜明的特质。反观国内钢琴制造企业，对钢琴产品的理解尚有待提升。首先，不能将钢琴简单视为工业产品，其更是具个性文化艺术产品。面对亚洲钢琴制造工业化浪潮，如何在批量规模化生存业态中，向中高端市场谋求品牌文化附加值，从工业产品向文化艺术产品的制造思维有序转型，需要行业同人深度学习、审慎思考。

践行乐器工匠精神　“恺撒堡”中高端转型之路

当前，面对成本、外销出口、资本运作、互联网经济、音乐教育多重产业要素的影响，乐器企业如何推动工匠精神？可以说，推行乐器精细化生产流程，国内乐器企业都在实践和推进，但大规模工业化生产，中高端个性化产品的制造，产品设计、工艺流程不尽相同，最终导致输出产品结果也不同。

如何设定产品制造工艺标准和流程，首先涉及品牌市场角色定位。30年来，全国钢琴制造业由4家猛增至130多家。国有、合资、民营钢琴实体，以及零配件拼装琴行竞相浮出市场水面，外资品牌亦是抢滩登陆内地开店设厂。欧美品牌垄断高端市场，在中低档市场，国产钢琴价格战趋向白热化，促成企业利润空间被挤压缩水。2007年，为扭转被动产业格局，珠江钢琴提出“造世界最好的钢琴，做全球最大的乐器企业”战略目标，聘请世界著名钢琴设计制造大师与集团高端研发人才团队，推出定位于高档钢琴的自主钢琴品牌恺撒堡钢琴，是珠江钢琴向世界高端钢琴市场进军的战略性的一步。为进一步提升恺撒堡钢琴的品质水平和品牌地位，2012年推出了定位于高档专业用钢琴的恺撒堡KA艺术家系列钢琴产品。之后，又瞄准国际演奏会钢琴市场，研制了完全按欧洲演奏会级钢琴的工艺要求制作和控制的“恺撒堡演奏会钢琴”。2015年，恺撒堡演奏会用琴被认定达到欧洲高档钢琴水平。2016年9月，珠江•恺撒堡钢琴入选G20峰会文艺演出唯一用琴，为20国领导人及中外嘉宾展示中国品牌，向世界展现动人中国声音。

为实现企业产品结构的转型升级，珠江钢琴以高端乐器制造为目标，坚持用先进适用技术改造传统钢琴生产，以高端乐器制造为目标，采用自动化、智能化、数控化的最新技术工艺，自主研制一批处于国内外领先水平的钢琴制造专用设备和生产流水线，有效提高产品制造工艺精度、工艺环境，促进产品质量大幅度提升。在恺撒堡KA艺术家系列钢琴制作过程中，为保证实现KA钢琴研发质量目标，珠江钢琴严格执行欧洲高端钢琴技术工艺标准，在原恺撒堡UH/GH钢琴技术工艺基础上，进行多项技术升级，并专门按照欧洲高档钢琴制作工艺，组建高档专业琴制造厂。特别在产品制造过程中，工序大量采用高技能手工工艺，如人工挑选弦槌柄、手工音板配作加工及装配、手工弦槌音色处理等，主要操作人员都是国内行业精英，并派往德国培训提升技能水平。产品最终检验由国际著名钢琴制造大师负责，确保产品保持欧洲高档钢琴的品位和水平。

近年来，为满足消费者产品个性化需求，珠江钢琴集团针对不同消费群体，促进乐器制造与高新技术有机结合，加快自主知识产权科技成果转化生产力，以高端个性化、智能化技术及产品推动智能制造有序升级。无论是恺撒堡KD、KAM、KA、KH系列高端钢琴产品，还是清明上河图、孔雀牡丹图、白蔷薇之恋、中式古典红木琴、拼花立式个性化钢琴，在艺术品、收藏品市场，以精益化工匠精神深挖品牌文化价值。迄今，恺撒堡钢琴从推出至今一直保持双位数销量增长速度，中高端产品销售额占比已达60%以上，大大提升集团品牌盈利能力。同时，珠江钢琴集团与知名互联网公司进行合作，融合互联网+声学钢琴概念，旨在实现人机互动电子谱、精准实时评分、真人示范视频等数字化在线教育功能，集团推出的高端、个性、智能产品都受到了市场的欢迎和好评。未来，珠江钢琴还将通过推进工业4.0，进一步实现加工工艺的优化和产品品质的提升，并结合智能钢琴发展趋势，在增城厂区内开展传统钢琴智能化改造技术及应用研究，在三期项目中建设传统钢琴智能化改造生产线，进一步丰富公司产品体系的差异化。

强化乐器发展人才基础 工匠精神引发行业思考

国产钢琴要深度转型升级，还需不断培养员工的职业素养，强化员工对钢琴制造工艺的理解与审美认知。面对个性化、精细化的产品角色定位，以及配套工艺的打造与精细化控制，国产钢琴还有相应的路程要走。从历史发展视角看，欧洲传统钢琴历经三百年历史变迁，迄今依然遵循传统手工制造工艺，自有存在的道理可言。面对中高端专业化市场的突破，国产钢琴也要从欧洲钢琴制造发展历史中汲取经验和养分。

大国工匠精神核心要素是人才培育，已成行业共识。面对传统制造工业的工艺传承，以及企业内部人才梯队建设，欧洲和日韩乐器企业都已创建完备内部人才培训机制。通过本次欧洲钢琴制造企业考察、调研，从产业宏观视角看，国内互联网、IT金融、商业管理、贸易投资系当下热门专业，而国内职业技术教育发展滞后，不为社会、家庭重视。国家要发展实体经济，实现中国制造2025战略目标，如何提高产业工人的薪资待遇和社会地位，中乐协呼吁国家制定相关倾斜政策，有序打造高素养乐器技术人才队伍；其次，企业健康发展，不能仅靠国家政策扶持，必须根据自身现实条件，培育适合企业发展的员工培训体系，包括企业内部员工的层级划分，企业文化传承，都将成为提升员工综合素养，强化企业人才储备的有效举措。企业人才梯队的建设，工匠精神的塑造，员工培训体系的创建，都是工匠精神在企业得以贯彻实施的现实路径。

借鉴日韩钢琴企业人才培训机制，经过KAWAI钢琴公司内部培训的技师，都会获得企业认证的MPA钢琴调律资质证书，具有该证书资质的调律师，都会获得全球范围音乐会用琴的调律资质认可。钢琴企业内部培训获得全球钢琴演出市场认可，此举值得国内乐器企业学习借鉴。在钢琴行业发展近20年来，面对我国钢琴产业专业化人才队伍建设，中国乐器协会在中国轻工业联合会和国家就业技术培训指导中心的政策引领下，有序开展钢琴调律人才培训和资质认证各项工作，每年参与资质认证的钢琴调律师超过500人，获得中国乐器协会不同级别行业资质认证钢琴调律师总计超过5000人，为我国钢琴产业人才储备和提供行业核心竞争力提供坚实科技人才服务平台。

珠江钢琴则从1987年开始，平均每年引智资金超过200万元，从国外邀请了一大批欧美顶级设计大师，借外国专家的“脑袋”，培养自己的技术与人才，打造了一支包括国际钢琴设计大师、国际钢琴制造大师、产业高端人才、全国技术能手在内的高端技术人才团队；先后与广州市轻工学校、广州市城市职业学院、南京师范大学合办钢琴制造专业中专班、大专班、本科班，培训了大量的高技能人才；鼓励和支持劳模、高级技师等做好“传帮带”，创建了劳模创新工作室，带动广大职工提升科技创新水平，培养创新人才队伍，为行业的人才培育提供了很好的示范作用。从文化传承视角看，乐器企业呈现的工匠精神是一种职业品质和精神，留给工匠自身的是一种高度的职业责任，始终不渝地坚持所从事的工作，留给后人的是一种可传承的技艺。正因如此，工匠精神才得以让世人尊重和敬仰，让后人去传承和发扬。

结束语

立足产业宏观政策，国务院办公厅转发文化部、工业和信息化部、财政部《中国传统工艺振兴计划》，部署促进中国传统工艺的传承与振兴。其中，中国轻工业联合会与文化部合作项目包括：一是创办大国工匠工作室；二是创建非遗传承人队伍，将工业化技术无法替代的传统手工艺进行传承发扬；三是进行工艺美术大师评比。当前，中轻联领导高度重视工匠精神，强调通过项目不断强化行业工匠精神，依托行业会议和科研交流活动，积极传达国家和行业政策精神，创建乐器行业人才队伍培训体系。中乐协将通过创办中高端乐器技术人才培训项目试点，积极示范引领企业内部人才培训机制，真正实现工匠精神星星之火，燎原全国乐器行业的良好态势。

当社会音乐教育进驻资本+互联网时代

【编者按：2017年，上海国际乐器展金秋盛装亮相，音乐教育展区规模继续拓展，更以独立展馆规模亮相乐展。来自30个国家和地区的近2100多家企业，将共同创建国际乐器商贸、音教文化和科技创新综合服务平台。不仅如此，面对互联音乐教育大行其道，参展社会音乐教育项目的智能化、消费友好化已成主流趋势，落地亲民、专家说法、职业导向、国际接轨、互联互通成为MUSIC CHINA音教文化要素的诸多行业亮点。探析音教产业本质规律，勾勒参展项目创新亮点，面对资本+互联网，社会音乐教育产业如何有序发展？本刊展前诚邀行业专业人士现身说法。】

20世纪90年代，吉他手想要购买高档吉普森和芬达吉他，还要跑到香港通利琴行，再把琴背回内地。而今，就在内地各大品牌乐器店内，人们可以买到全球各类知名乐器品牌。如果觉得去实体店麻烦，还可以在淘宝、天猫、京东电商平台动动鼠标，快递直接送货上门。移动互联网电子商务，让当下的乐器交易成本演变成一个简单鼠标单击动作。当前，音乐培训市场，线上线下各类乐谱一应俱全，音乐社区站点大师演奏视频比比皆是，线下社区音乐培训学校，专业教师更可一对一展开私人订制教学。透过一个产业短短30年的发展，我们从物质和教育资源匮乏，走到今天器材和教育产品的多元丰富，在时间的纵向连线中，资本+互联网助推社会音乐教育产业发生翻天覆地的变化。

产业发展要符合教育本质规律

近年来，随着民众生活品质的提升，精神和文化消费需求也逐年提升。特别是政府提出文化产业扶持和二胎开放政策，都促成社会音乐教育产业利好发展局面。上海知音琴行董事长朱文玉表示，知音琴行在其中也是感同身受，从最初的以商养学、以学促商模式看，社会音乐教育并非传统琴行的主业，只是琴行实体的商业辅助项目。随着文创产业蓬勃发展，投资机构和互联网企业都对社会艺术教育的商业潜力予以关注，同时引发风投资本和互联网企业抢滩登陆社会音乐教育产业热潮。但音乐教育不同于其他类别艺术教育，音乐的个性化色彩导致课程设计标准化存在相应难度。音乐教育本身承担着社会责任，需要更加严谨的职业态度，产品粗糙且不符合教育规律，则必将误人子弟。

面对MUSIC CHINA社会音教项目的快速拓展，将会很大程度提高受教育者对音乐的审美能力以及演奏水平，改善当前国内社会音乐教育的“拔苗助长式”“机械式”教学现象，逐步走向专业化、系统化的音乐教育道路。广州珠江艾茉森数码乐器股份有限公司董事、总经理刘春清表示，珠江艾茉森一直致力于数字化音乐教育事业，自从2014年起，就开始进行互联网+音乐教育的初步探索，2015年初推出中国市场第一间珠江艾茉森儿童音乐启蒙“6+1”教室，在全国掀起一阵趣味化教育热潮；对于今后升级音乐教育，我们认为应更加注重“智能化与系统化、线上线下相结合”的理念和模式。

当下的社会音乐教育产品，从乐谱书籍到线上音乐社区提供的陪练和纠错App，再到线下分流导入的特色儿童启蒙教学课程，无论是来自传统琴行的经理人，还是来自外部的风投资本，都将儿童启蒙素质教育项目作为市场的切入点。透过近年来上海乐器展音乐教育展商的结构和产品分类导入，秦川乐器总经理秦川认为，师资培训业务依托线上技术平台可以实现，但涉及线上辅助和个性化教学，还存在教学技术瓶颈。从传统的音乐教学观念来看，无论是国外，还是国内，音乐艺术教育还是遵循传统的因材施教“一对一”教学模式。

当前的艺术教育市场，不缺风投资本，更多是资本进驻后，投资没有明确的方向感，只是笼统地认为艺术教育市场是一块巨大蛋糕，人人都有分羹的急切心理。秦川表示，当前，社会音乐教育进驻的门槛低，师资水平参差不齐，多数教学项目还缺乏系统的教学大纲。综合来看，社会音乐教育市场还处于初创起步阶段，无论是商业模式，还是教育产品的塑造，都需要创业者保持匠心和理性的态度。相信随着国家对社会艺术教育的规范管理，校外师资体系建设将会有规范系统的管理。

智能友好+用户体验成产业主导

透过近年音教参展项目，从乐谱、书籍、线上App学习社区，再到陪练手环、特色线下音教启蒙课程。面对即将在MUSIC CHINA亮相的音教项目及其产品角色定位。刘春清表示，在音乐教育领域谈互联网，更多地体现出互联网教学的辅助功能，如辅助练习、纠错、电子乐谱、知识传播等多元功能。音乐教育的线上线下融合发展，是值得行业人士探讨的创新话题，至少现在，还没有出现成功的商业协作模式。当前社会音乐教育的体系和规范化建设正处于探索、模仿学习的发展中阶段。建议行业可做如下调整：1.社会层面来看，成立先进的社会教育教育者、机构的联盟，为广大教育者提供一个提升自我素养的平台，致力研究符合我国的学情的社会音乐教育法；2.政府应该重视、并制定相关政策支持社会音乐教育教育法的研究、引进国外的优秀教育法，普及国内外先进教育法。

“对于知音宝贝的课程设计，我们的团队已精心打磨三年，且并未追求快速的扩张，产品的品质成为课程运营的先导。”朱文玉表示，在课程设计初期，知音琴行采取稳健的运营策略，在推行课程中不断汲取家长和琴童的反馈意见，不断进行课程的修正，获得的结果是，所有客户对产品的态度是认可且没有疑义的。通过创意设计音乐卡通形象，儿童在音乐游戏中乐感和兴趣显著提升，同时在群体协作中，儿童的创新拓展思维和沟通能力都得到提高。2017年，知音宝贝课程在云端进行投放，通过互联网平台惠及更多的社会家庭。当前，知音宝贝课程在沪学员有几千名，同时输出给其他教育机构，反响良好。知音宝贝课程有知音琴行旗下的专项教师团队设计开发，拥有自主知识产权。同时，与日本动漫公司进行合作，完成了课件的卡通形象设计。在音乐基础启蒙教育阶段，可以采用标准化的集体课教学模式，以音乐游戏化思维，通过律动和旋律把儿童带入音乐世界。但随着儿童具备基础音乐素养后，后续的课程开发就要遵循因材施教的原则，还要遵循儿童的生理和心理特点进行课程开发，注重儿童音乐天赋的开发和培育。同时，相对于成人钢琴教学和一对一单独授课课程，知音琴行都有设计。

社会音乐教育实体要认清自身的优势，着力塑造拳头教育产品。秦川表示，秦川乐器每年投资120万，专项研究秦川乐器自主知识产权的教学大纲和配套教材。像钢琴教学已制定10年教学大纲，从学龄前儿童到小学、初中、高中，根据儿童的不同年龄段，提供系统规范的教学计划与培训体系。吉他教育也已设置1到10级的考级课程。包括舞蹈、绘画等辅助教学业务，都在遵循体系化的创建原则，最终形成以点带面的良性教学体系塑造。从琴行的师资培训与管理角度看，首先是企业的凝聚力，其后是薪金和福利资源的分配，最后是教学体系和对家长的承诺。只有如此，企业才有长效发展的可能。2017年，秦川乐器针对师资培训、教学管理、课程缴费系统等，都已采用线上线下协同创新发展模式。特别是在平台创建家长评价体系，以此作为教学质量管理与评估的市场依据。

2017年，罗兰教育的教学系统V3.0版本正式上线。包括电鼓、电钢课程，均系在原有V2.0课程的基础上，从课程教学方法、界面的酷炫升级、难易度设置、内容量设置、曲目设置、课程结构、音乐制作、绘本教材以及带有原创故事性的游戏设定上都进行了全方位的创新和升级。上海乐兰电子乐器有限公司董事长程建铜表示，升级后的V3.0系统中，部分游戏界面采用了全新高精尖的3D技术，场景和水果动态效果更加立体、精美与真实，界面更酷炫，大大提升孩子们的学习兴趣，可视性与娱乐性也将大大提升。时代在变化，单一枯燥的音乐教育方式已经无法勾起孩子们的学习兴趣。The ONE智能钢琴CEO叶滨表示，The ONE智能钢琴通过寓教于乐的教育理念，让孩子更简单、高效的学习钢琴。对于音乐教育行业来说，家长最看重的还是结果，快乐的学习氛围也需要以结果为最终导向。我相信，快乐学习是可能的，也是可以产生必要结果的。学琴苦、学琴难，一直以来是社会的共识。作为音乐教育的从业者，我们一直在拥抱新的价值观，用趣味的方式帮助用户培养兴趣，通过引导兴趣和习惯培养其内在的驱动力让孩子真正爱上钢琴，培养“全音乐素养”，而不是寄希望于考级的压力或是家长的皮鞭。只有拥抱新的价值观，在全行业共同努力下，才能让每个人都学会一门艺术。

音教产业如何规避资本黑天鹅

2017年，星空琴行线下60家实体店面，由于资金链断裂宣布同时关停，成为本年度社会音乐教育产业的首例黑天鹅事件。事件本质在于创业者对社会音乐教育行业缺乏深度理解，教学产品粗糙，采用资本进行盲目扩张，经营管理不善导致资金链断裂所致。面对风投资本冰火共存的产业格局，在资本+互联网的产业生态下，社会音乐教育当如何有序行走成为关键要素。

“对于社会音乐教育市场，钱不是问题。但资本背后的事情，创业者未必有清醒的认知。”秦川表示，面对音乐教育，首先要考虑教师的水平是否过硬，其次是教学体系是否完善，缺乏两大基础要素，则会是创店容易守店难。再次，在全国迅速创建大规模教学连锁门店，在资本投放市场后，盈利点的设计更为关键，没有考虑清楚商业模式和盈利点，建议投资者还是保持理性慎重的态度。当前，社会音乐教育市场需求庞大，创业者通过融资手段，完成教学设备和店面基础设施前期投入，门槛并不高。但提醒各位创业者，社会音乐教育并非是快进快出的行业，他需要创业者长期的教学与管理经验的累积，并在其中按照市场导向，挖掘自身的特色优势，通过优质的教育产品作为企业前行的核心动力，如此企业才能面对未来，走向可持续发展的坦途。

上海乐兰电子乐器公司董事长程建铜表示，星空琴行事件确实一石激起千层浪，音乐教师、媒体、家长以及同业者都纷纷对此事进行了种种层面的曝光。作为音乐教育同行业的从业者，罗兰数字音乐教育对星空琴行事件也给予了高度重视。我们可以深刻体会到目前星空的学员家长以及培训机构运营者们面对该类事件的心情。而培训机构运营者更加担忧的是此事对整个行业未来发展的影响。该事件事发后，罗兰教育第一时间对外发表了声明。首先，一切为了孩子。只要是全国各地星空教师愿意继续为星空的学员上课，苦于找不到教学场地的话，罗兰全国各地的校区学校愿意为他们的线下教学工作免费提供教室及教具；其次，不忘教育初心。打造一个成功教育品牌的根本，我们认为是必须要坚守教育事业的本真。所有的手段，技术革新、产品升级、创意营销、融资扩张等等，最终目标是为了实现我们身为教育从业者的工作初心——“育人”。

在素质教育启蒙阶段，老师依旧扮演者一个无法替代的角色。互联网只是一个进行课程知识传递的渠道，在现阶段还无法完全代替老师而独立存在，但好的工具能够大大减少老师在教学环节上负担，节约人力成本，实现教学资源的最大利用率，使得教学过程公平化。叶滨表示，让学习过程必定存在的重复性联系变得高效、有趣，用局部标准化的知识传递模式，在学习过程中降低成本。所有的行业创新都会经历反复波折，而只有回归艺术教育的本质，让用户真正学好钢琴并且因为喜爱而坚持下去，这才是行业真正的出路。

当下线上的社区音乐教育，教育资源丰富、开放自由，风格多样；线下的社区音乐教育具有灵活性、教师及时引导、风格比较局限。刘春清表示，二者协调发展，可以做到：1. 教师树立终身学习的理念，线下的教育与线上教育资源相结合，提升自我修养，巧妙地结合线上的资源，运用到实际教学当中，引导学生线上线下的学习相融合；2. 机构的经营在教师能力提升这方面，可以从线上线下结合发展，线上分享自身机构的教学特色，提升机构的知名度，也可以学习一些优秀的教学法；线上的学习交流为线下的教学服务，线下的教学质量可以扩大线上教学的效应。

作为国内首家上市琴行机构，知音琴行在资金的运用上一直保持审慎态度。资本的进驻，创造的产品是否为市场所需，是否符合客户需求，是否符合教育的规律，是否具有良好的商业模式，是否能满足资本市场快速逐利的需求，这些都应是经理人审慎思考和面对的问题。朱文玉表示，音乐教育的本质是什么？音乐教育的瓶颈和痛点在何处？作为社会音乐教育从业者，一定要具备清醒的认知。作为具有20年发展历史的传统琴行，虽然也面临着转型与创新，但前提还是要看清路线与方向，再去稳健的行走。作为社会音乐教育从业者，真的要具备一种匠心精神，耐得住寂寞，沉得住气，从用户的角度进行换位思维，精心持续打磨教育产品才是正途。

玫瑰木列入濒危物种对我国吉他产业的影响

导语：2016年4月，濒危物种国际贸易公约组织（CITES）发布了《濒危野生动植物种国际贸易公约》，在附录2中将玫瑰木列入濒危物种名录，凡包含此类木材的乐器跨国/境流动，现需CITES许可证明。玫瑰木由于稳定性高、价格便宜，被广泛用于吉他指板与侧板。限制令的出台，吉他产业受到直接影响。针对此事，中国乐器协会第一时间向国家濒危办提交报告，并在其指导下，落实出口许可证管理措施，组织业务人员培训，协助主管部门做好基础工作。然而，该公约自今年1月实施以来，事态持续发酵，对吉他制造行业和市场还是带来了不小的影响和波动：出口受阻、成本上升、价格波动，同时，不再享受13%的退税税率优惠，一些中小吉他企业限产、转产。

一、何为《国际濒危物种保护公约》

《国际濒危物种保护公约》（CITES）于1973年3月3日缔结，1975年7月7日正式生效，目前有183个缔约方。公约属于国际法，无论是在境内还是在境外，任何单位和个人携带运输濒危物种以及产品进出国境，都必须遵守CITES的规定。CITES中有三个附录，详细规定了限制贸易的濒危动植物种。按照公约的约定，附录1的物种是禁止商业性贸易的。只有附录2和附录3的物种才可以在取得相关许可证的情况下进行贸易。公约实施40多年来，在促进国际野生动植物贸易规范化管理、保护生物多样性方面发挥了重要作用。中国政府高度重视公约的履行，自1981年1月8日加入公约以来，在实施濒危物种的贸易控制和规范管理、加强国家履约立法和执法、开展保护濒危物种宣传教育和能力建设、完善管理体系和履约协调机制等方面开展了大量卓有成效的工作，取得了显著成绩，得到了国际社会的肯定，履约影响力和话语权不断提升。

二、行业影响

（一）原木涨价，玫瑰木吉他市场存货紧俏

此次关于玫瑰木的生产和贸易限制，条款出示的时间快，作为吉他企业从原产地进口木材原料到使用，至少要经过一年的材料自然风干静止期，因此，玫瑰木材储备紧俏，其价格也跟随着水涨船高。中国今年上半年从非洲进口的玫瑰木材达到了2.16亿美金，这让多数吉他生产企业深感被动。与此同时，由于音乐制作人和专业吉他手出于乐器声学品质和演奏性能的要求，坚持使用玫瑰木部件的吉他，因而玫瑰木吉他的价格无可避免地大幅上涨。据某琴行负责人告诉记者，自己的琴行中，玫瑰木吉他占了总销量的90%。今年年初玫瑰木被限的消息一出来，市面上用玫瑰木制作的吉他价格就上涨了10%。从年初至今三个多月的时间里，玫瑰木吉他的价格已经普遍上涨了30%。比如Fender品牌的印尼产玫瑰木吉他CD60，去年价格还在2200元左右，今年就在3000元以上了。

（二）取消退税，吉他制造企业遭受重创

玫瑰木被列入濒危物种名录遭遇国际“限载令”后，伤及企业经营的首先是声学吉他出口的13%退税被取消。据中国乐器协会吉他专业委员会会长何志强介绍，根据商务部海关总署联合公告2014年第90号《关于公布加工贸易禁止类目录的公告》规定，所有涉及使用该类木种的弦乐器均属于加工贸易禁止类商品目录（详见序号：1850，商品编码：9202900010，商品名称：含濒危物种成分的其他弦乐器）的范围，因此，不能享受退税优惠。然而，中国是吉他生产和出口大国，产量占据全球60%以上，出口量占80%，取消退税优惠政策，对吉他产业造成了重大打击，大部分吉他生产制造企业进入被动运营格局。据凤灵集团董事长李书介绍，2017年，凤灵集团吉他产能达60万把，产值增长37%，出口量增长39%，企业生产效益增长49%。2017年初至

今，凤灵集团已完成吉他出口业务达到30万美金，且没有享受国家13%的出口退税， 预计江苏全省受影响吉他出口的金额达到100万美金。惠阳区秋长全丰育乐用品厂总经理蔡赖丰表示，以法丽达出口的木吉他单品100美金为例，一只木吉他的13美金退税被取消，企业全年在出口退税上失去的金额达到500万人民币，企业的经营压力骤增。

三、应对办法

（一）积极寻找替代材料，化解市场不利要素

玫瑰木是吉他手最熟悉的木材之一，已被广泛接受。但按照新规，现有企业需要研发替代材料来缓解经营压力，而替代材料需要客户的认同，加上新材料需要重新采购且需有静止期，这些都需要时间。同时，以往库存的材料、产品也要消化，它同样需要一定的过渡期。目前，国内吉他生产企业正在积极采取应对措施，包括加大技术投入研发替代材料、主动与客户沟通寻求共识、积极消化库存的濒危木材转向国内销售，等等。凤灵集团李书董事长告诉记者，当前，凤灵集团的吉他玫瑰木仓储量价值达2800万，提琴指板材料达到4600万，两项材料储备价值合计达到7500万。面对玫瑰木被限制出口不利局面的出现，凤灵集团当前正积极采取用寇曲木和禾木进行材料替代，以化解市场不利要素。惠阳区秋长全丰育乐用品厂总经理蔡赖丰表示，法丽达吉他为应对进出口政策的变化，在木吉他的玫瑰木用量上从100%降到20%，采用南美红铁豆木和乌木进行材料替代。总体而言，企业在玫瑰木材料的年消耗总量上降低了80%—90%左右。

（二）吉他企业调整布局，内销市场找突破口

由于玫瑰木被列为濒危物种，造成中国吉他产业调整困难，国际吉他市场紧张。广东声凯乐器有限公司总经理黄志康表示，对于吉他企业而言，本身的利润率就不高，如果13%出口退税被去除，企业的出口利润几乎被丧失殆尽，甚至会出现亏本经营的状态。以往声凯乐器的吉他产品有15%内销，85%是外销出口，当前环境下，企业只能被动选择内销化解经营损失，产品结构也进行重新地布局调整。近年来，红棉乐器以音乐生活的元素向动漫、微电影，以及创意文化等多领域拓展延伸，形成多元化发展态势。总经理何志强表示，当前，不少国内企业在坚持固有品牌的优势基础上，不断创新研发中高端副线品牌，为企业发展创造新的利润空间。企业只有坚持重资产和轻资产同步推进，就能在未来的创业发展中走得更为顺畅，优势互补，协调共进，更具抗风险能力。

四、意见和建议

此次玫瑰木被列为濒危物种后，企业面临了生产成本增加，交易成本固化，产业持续转移等困境。然而，我国乐器行业供给侧改革不断加强，消费人群庞大，市场多样需求增加，市场前景依旧是可观的。吉他制造企业在面对这样的突发事件及国际制约时，建议一是广大吉他企业适应新常态，把加快推进转型升级放在首位，全面增强产业核心竞争力；二是要积极开展新材料代用的研发工作，应对CITES限制带来的影响；三是借助地方政府和行业协会的力量，积极与地方相关部门继续沟通，争取税收和出口扶植政策。

中国乐器行业始终重视濒危物种的保护，连续多年配合国家林业局开展蟒皮乐器材料研发、推广和市场监管。但考虑为了保护世界吉他文化遗产，又鉴于吉他制作消耗玫瑰木所占比例很小，且总量也很少。中国乐器协会再次向国家林业局濒危办汇报并代表乐器行业提出诉求，在行业新材料换代同时，申请将使用少量玫瑰木的吉他从有关限制条款中撤销。同时，希望濒危办能向国际公约组织反映吉他行业所处的特殊性，在附录2中做一补充条款，将使用玫瑰木的吉他产品不再列入限制。

五、事态进展

公约实施以来，中国乐器协会积极与相关国际乐器行业组织，欧洲音乐产业联盟，美国音乐制品协会等保持密切沟通，商讨应对举措，反复强调这是传承音乐文化和濒危物种保护之间的矛盾，应当两者兼顾，中国吉他制造企业正在积极研发替代品，现已取得很多新的突破，逐步压缩玫瑰木的使用量。但为了保护中高端市场需求，仍需要保留生

产少量玫瑰木产品，约占总量的30%。按2016年数据估算为135万把，中国乐器行业预计年消耗玫瑰木675吨（约合877立方米）。中国乐器协会提出的诠释和建议得到了国际同行的广泛理解和认同，欧洲音乐产业联盟向《国际濒危物种保护公约》执委会建议，希望对列入CITES目录的某些乐器类别进行具体分析，对“非商业用途”的认定进行进一步讨论。

2017年11月27日至12月1日，第69次《国际濒危物种保护公约》执委会会议在瑞士日内瓦召开，会议期间，乐器行业代表人士参与了决策过程，并建议公约组织执委会就乐器用途的性质认定及木材成分重量的解释提出推荐建议。建议明确“关于‘非商业用途’的认定”“关于非商务用途的物品中‘10千克’的解释”“关于乐器表演、团体旅途携带各类乐器的集中流动”等内容，并于下次斯里兰卡召开第18届缔约方大会上对相关条款再次讨论，力争对跨国跨境乐器流动的执行程序予以简化。

六、结束语

近年来，文化产业对国民经济贡献持续加大，文化自信显著增强，为稳步推进文化强国建设、实现全面建成小康社会目标提供了有力支撑。乐器作为国家文化产业的重要组成部分，作为音乐教育不可或缺的设备和舞台音乐艺术品，具有无限的魅力和广阔的发展空间。吉他又是乐器中最受欢迎的乐器之一，在流行音乐、摇滚音乐、古典音乐的领域里，扮演着重要的角色，让每个人的生活变得丰富多彩。

我们深知，保护野生物种，维护自然生态平衡，不仅关系到人类的生存和发展，也是衡量一个国家、一个民族、一个行业文明进步的重要标志。乐器行业的进一步发展，不能仅靠低价竞争，只有依靠科技和创新，提高产品质量，提高技术含量，提高综合竞争力，创立自己的品牌，我国乐器行业在国际乐器界才能得到进一步的发展。因此，作为行业协会，今后我们会在全行业中加强日常监管、强化行业自律，保护资源。

疾风知劲草　烈火炼真金
——2017乐器制造业经营调查问卷报告

前言

近期中央电视台晚间新闻报道贵州正安县吉他产业拉动当地经济脱贫致富，上百家企业年产吉他200万把，成为当地特色经济。且不说报道数据是否准确，就这突然冒出的正安吉他产业集群，可以看到又一个乐器产业集群转移的亮相，因为这些企业基本是从广东转移过去的。在制造业成本持续增长，出口市场多变，国家严厉整顿环境的情况下，为什么出现区域乐器产品快速增长的现象呢？不禁使我们联想到2015年底，几十家手工提琴制造企业，集体从北京马驹桥地区迁往河南榷山县，并成立了河南提琴协会亮相上海国际乐器展；浙江德清乐舍“钢琴产业之乡”承接外来钢琴企业订单骤增，“形势一片大好”。在产品转移和企业迁移的背后反映了什么问题呢？不能不引起业内的关注和企业的思考。

面对世界乐器制造、消费大国的光环，我们应当看到，这一阶段性产业和产品转移反映了两个问题，一是制造企业迫于成本和环境的压力，集群式向用工成本较低，发展环境相对宽松的地方转移，努力寻求低成本运营机会；二是全国创建特色乡镇建设，促进经济欠发达地区政府出台招商引资政策，急于培育文化产业集群，加速了企业转移。从表象看，乐器行业似乎出现了意想不到的发展机遇，但从内在要素分析，表明得是企业负担难以承受，反映制造成本持续增高，市场价格空间压缩，环境改造投入和原驻地政策变化，等等。从地理经济角度分析，制造业在成本要素发生重大变化时，产业集群就有可能转移。如果遇到材料、人才、政策等因素拉动，产业或产品转移就会一触即发。

面对企业和产品的转移和市场洗牌，我们应当保持清醒的头脑，看到产业发展环境的变化和市场发展趋势。目前中国乐器产业发展环境有三大变化，变化之一，中国乐器行业经过30余年技术改造和开放式经营，在普及品生产销售方面占据了世界领先的重要位置，不论是钢琴、提琴、吉他、西管乐器，还是电声乐器、打击乐器、手风琴、口琴等，产销量都达到全球50%—70%。但是国际市场持续低迷，国内需求追捧品牌，迫使乐器企业加快产品更新换代，持续30年低成本打价格战已经是过去时，品牌与质量成为市场焦点；变化之二，从材料成本上涨到人工成本高居不下，从质量成本增高到环境改造高压，乐器中小企业已经难承重负，企业经营者处在进退两难的之际；变化之三，乐器产销市场已经扩展到社会音乐教育和音乐文化生活市场，科技创新和互联网给乐器产业带来机遇和挑战。这三大变化，必然促进企业技术进步和管理创新，推动产品更新换代，但也一定会有一些企业无法生存，面临关停并转危险。

事实表明，中国乐器产业已经步入提升整合阶段，我们应该透过现象看本质，不要被一时一事的成功而自满，克服盲目、浮躁的情绪，把短期的产品和产业转移作为手段，立志在技术进步和产品质量上下功夫，准确把握企业发展战略，在市场洗牌中保持主动权和特色优势，才能在激烈的市场竞争中立于不败之地。

近期，协会组织了制造企业生产经营状况调查问卷，从生产要素、市场、科技和企业诉求等方面研究存在的问题，得到众多骨干企业的关注和参与，现将有关问题分类整理，并向行业通报。

一、概况

协会秘书处从调查问卷整理分析，表明乐器行业2017年市场总趋势是增长的。实现两位数增长占38%，一位数增长占22%，基本持平占32%，下降占8%。但是出口情况不容乐观，国内市场二三线城市增长20%，电商增长17%，学校采购增长15%。乐器企业成本压力继续攀升。主辅料、人工、管理、税收，销售成本中成品库存19%，应收账款21%，可见市场流动性减弱，仓储运费也明显增长。2017年普遍反映环保整顿压力大，近期有不少企业处在整改停产状态。从品牌与创新方面分析，企业自主品牌比例明显上升，自主品牌在总产量比例也呈上升趋势，品牌宣传、科技和创新投入也大幅增加，体现了乐器企业转型升级的投入和效果比较明显。从规范市场方面看，企业对打假维权呼声越来越高。

二、国内外市场

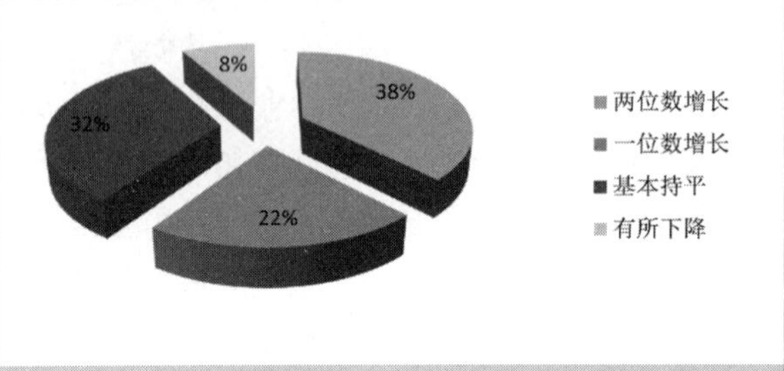

图68 企业2017年1-6月市场总体趋势

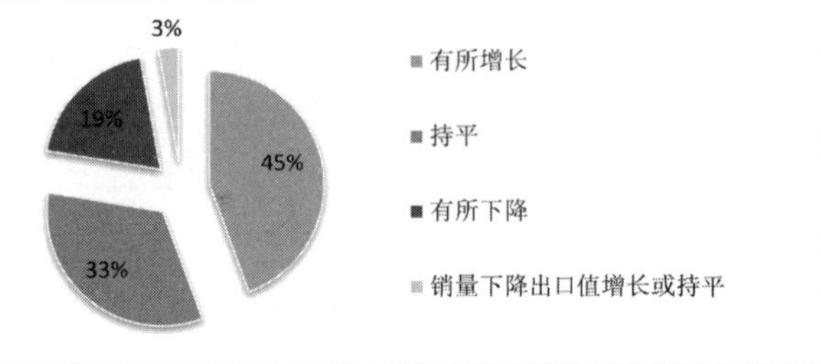

图69 乐器出口增减情况

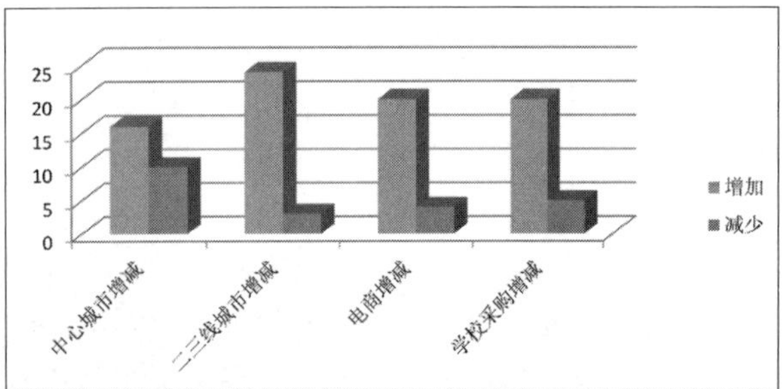

图70 国内市场增减变化

三、成本变化情况

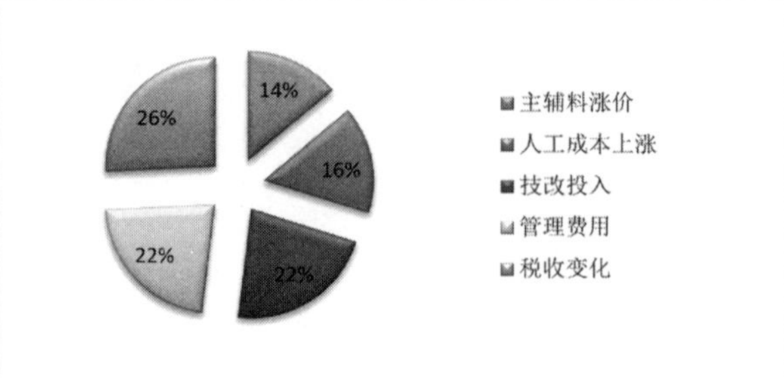

图71 制造成本变化

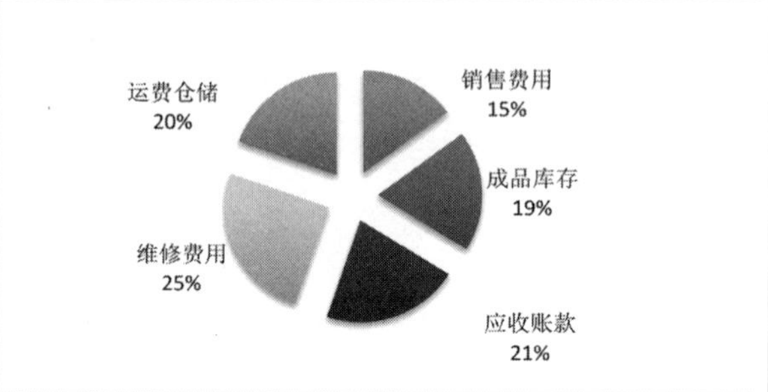

图72 销售成本变化

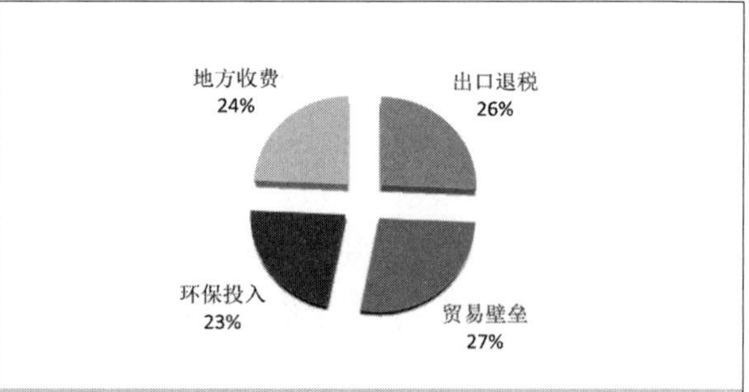

图73 政策与环保对成本影响

四、品牌与科技创新情况

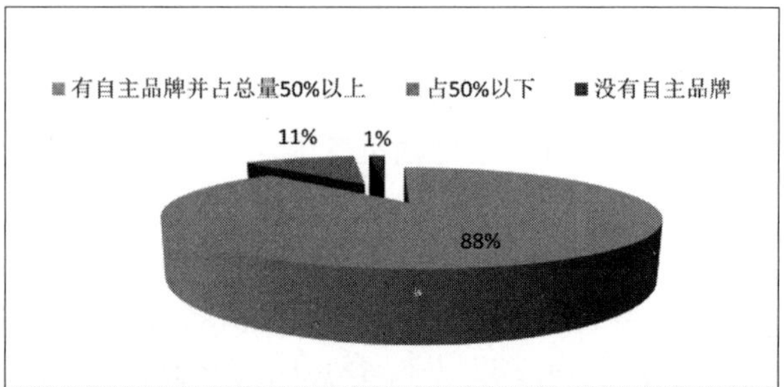

图74 自主品牌在总产销量中比重

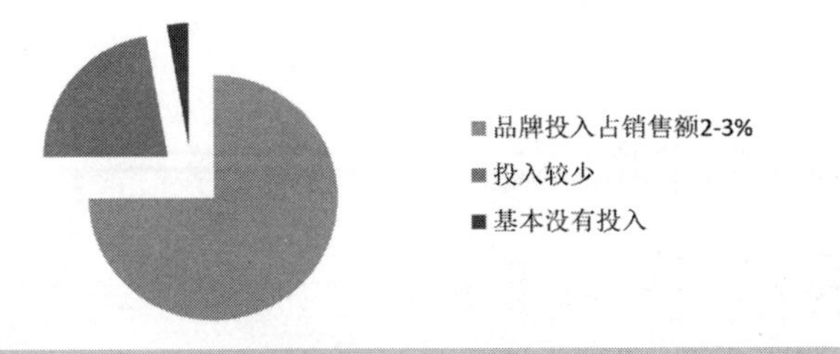

图75 品牌注册、宣传与推介情况

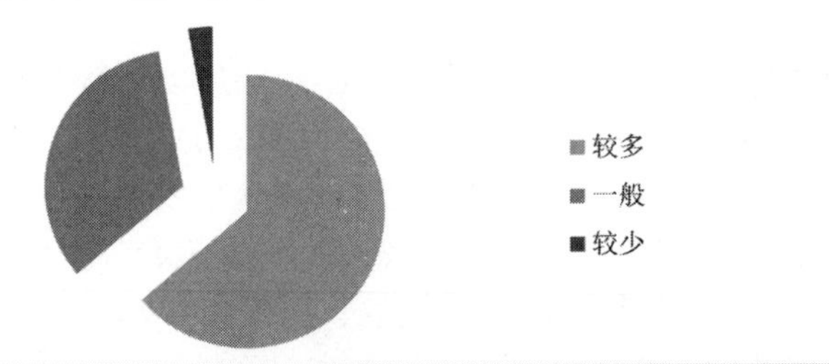

图76 科研及新产品投入情况

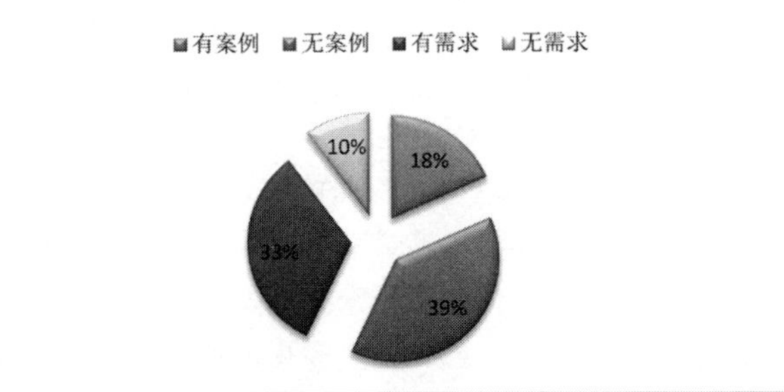

图77 有无打假维权经历或需求

五、行业、企业诉求

此次问卷调研中有18家企业共反映了25条行业、企业诉求。

1. 反映企业成本增高，中小乐器企业税负过重。尤其是劳动密集型民族乐器生产的小微企业，劳动力成本占总成本50%以上，采购材料进项税少。希望行业协助政府主管部门，研究落实支持小微企业的相关政策。

2. 许多企业继续呼吁提高乐器出口退税率。前年，钢琴出口退税已经从13%提高到17%，希望能把这一政策扩展到所有乐器产品。

3. 反映今年环保整顿检查造成不少企业停产整顿问题，江苏、河南、浙江、河北、广东等省市比较突出。一方面大家理解国家出台最严厉的环保政策是出于全球环境保护的需要，但希望在方法和技术措施等方面给予指导和支持。

4. 钢琴制造企业提出“进口二手钢琴问题”。反映年进口10万多架二手钢琴，由于超低价进口，产品信息缺失，质量不稳定和假冒伪劣现象严重，极大地损害了钢琴产业，也破坏了乐器市场秩序，给消费者造成困扰和伤害。希望能尽快出台有关技术和贸易保护措施，扭转被动局面。

5. 不少企业反映乐器市场无序竞争比较严重，打假维权成本高。希望加强行业引导和监管，倡导行业、企业自律。

6. 吉他产业再次提出限制玫瑰木产品出口，采取出口许可证就不能享受出口退税，造成吉他企业成本压力和经营困难。希望能研究扶持乐器企业出口的相关政策。

7. 不少企业反映今年原辅材料涨价压力继续加大。一些企业还提供了典型案例。例如：乐器纸包装箱和纸板，一家企业在8月8日至17日，连续三次收到供应商涨价通知，先上调10%，接着在上调基础上，又上调8%，随后又上调6%，一个月竟上调了25%以上。

综上所述，乐器行业在国际市场变化，制造成本增长等不利因素影响下，坚持科技、市场和管理创新，1—8月取得了可喜的成绩，同时又面临产业调整、升级和新市场拓展的挑战。协会秘书处和各分支机构，应针对行业、企业情况采取积极应对措施，加强行业交流合作，积极解决企业提出的问题。协会将在认真梳理诉求，同时深入开展调查研究，在行业内能够推动的，及时提出相应的措施；需要政府主管部门采取措施的及时上报，争取相关政策支持。经过改革开放30多年的努力，乐器行业基本完成了原始积累阶段，当前，新一轮企业品牌创新，科技进步和环境改造已经迫在眉睫，制造成本增高要靠质量、技术和品牌附加值来消化。丢掉幻想，破釜沉舟才能在烈火中永生。

乐器展览

科创破局　乐创未来
力拓全球音乐消费人口
——2017中国（上海）国际乐器展览会巡礼综述报道

【编者按：　2017年10月11—14日，　由中国乐器协会、上海国展展览中心有限公司、法兰克福展览（香港）有限公司共同主办的2017中国（上海）国际乐器展览会在沪隆重举办，本届展会横跨新国际展览中心十一个展馆（E1—E6号馆，W1—W5号馆），展览面积达125,000平方米，共吸引30个国家和地区的2124家企业参展，参观总人次达156,824，同比增长16%，展会规模再创新高。在近70场创意商贸、科技、教育、文化主题活动，600+场馆内外音乐缤纷季舞台的热秀中，汇聚全球一线的乐器制作名家、演奏家、教育家和文化名人，与105,125名海内外专业观众共同描绘Music China 2017恢宏音乐艺术画卷。】

盘点Music China 2017市场文化成果，海内外商家加大内地乐器商贸合作,音教场馆规模跳跃式扩展，社会音教从业者大规模进驻展会谋求商机，行业内外部市场投资要素异常活跃，多元要素促成Music China 2017办展规模持续拓展。从中国加入世界贸易组织以来，Music China早前职能主要体现在外贸出口，而今，面对全球乐器产业资源重组，产业上下游市场博弈，各种迹象预示着我国乐器产业正处在战略调整转型期。

无论对于传统钢琴和电子乐器向互联网数字音乐教育的延伸拓展，老字号国产钢琴的品牌重塑，还是民族乐器与民俗工艺的时尚跨界，产业链跨度与合作深度发生重大变化。中国轻工业联合会党委副书记、中国乐器协会理事长王世成在展会调研后认为，参展企业在结构调整、科创突破、品牌拓展锐意进取，社会业绩可圈可点。当前，乐器制造业进入新一轮技术改造，产业标准化、自动化程度明显提升，钢琴、提琴、西管乐器等运用互联网技术开展智能化创新成果显著。面对世界经济复苏乏力，我国经济进入新常态的深刻变化，风投资本、环保新政、材料成本、人工智能等要素，促成乐器行业面临新的机遇与挑战。王世成理事长鼓励参展企业遵循绿色低碳循环经济发展大势，向新型乐器制造工业锐意转型，在实体和服务经济协同发展中谋求创新市场增量。

商贸拓展 行业坐标

回顾2017Music China的商贸成果，国际著名品牌新品发布展开形象攻势，展会新增保加利亚和波兰两大展团，国内乐器骨干企业展开密集商贸与联谊，音教展区风起云涌独立成馆，国内外产业集群集体亮相。来自展会报告数据分析显示，看样订货、收集市场产品信息依然是观众参观展会的最主要的目的之一，展会的贸易洽谈、国际合作、同行交流的商贸平台作用越来越显著和稳固。作为展会开篇行业大戏，NAMM CMIA行业论坛剑指《社区乐器演奏和音乐教育普及》主题，盛邀中国乐器协会理事长王世成、美国国际音乐制品协会主席Robin Walenta、澳大利亚“音乐未来”项目执行总裁Ian Harvey等重量级行业嘉宾展开头脑风暴。本届How To经销商培训课程，瞄准渠道良性引导，从艺校管理、教育融合、推广转型展开知识分享，两天的八节课程共吸引了逾2340名专业听众。

历经16年的沉淀发展，上海国际乐器展面向乐器代理商、采购商和线上交易平台，已成为全球乐器重要的商贸采购平台，展会的行业地位与平台作用扎实稳健发展。中国乐器协会常务副理事长曾泽民表示，中国乐器消费市场的活跃，国民经济的快速发展，得益于国家经济政策的稳定，以及城市化进程的加速。城镇人口总量从不足50%向着60%的目标发展，民众物质生活水平提升，促成精神文化生活需求同步发展。顺应城市化进程和社会音乐教育发展的大趋势，促成Music China展会规模和展商总量持续增长，Music China也反向刺激和推动国内乐器消费和音乐文化消费市场的蓬勃发展。

从国际展商和乐器品牌的不断增长，同时继续吸引国际知名乐器品牌进驻展会，反映出大量的国际中小乐器品牌和企业更加关注中国乐器市场，谋求更多的市场和商业机遇。无论是国内市场的发展，还是外部国际品牌的引进，内外部因素促成Music China的市场和品牌的国际化发展，具体表现在大量的国际品牌进驻内地市场，国内大型乐器企业开启国外品牌的收购、合作研发力度，促成国际展商批量进驻Music China；地方政府依托文化政策扶持乐器产业集群发展，促成江苏泰兴黄桥、河南兰考、广东惠阳、山东郿部、浙江德清以展团形势亮相Music China，这些国内乐器产业集群作为区域文化产业要素，成为区域经济发展的亮点，同时兼具规模效应，产业集群在未来展商结构中成为重要参展元素。

科技创新 品牌重塑

当前，乐器声学品质的突破，成为行业结构转型的关键节点。为助推企业科研创新成果，重塑乐器品牌文化价值，Music China 2017在科创平台建设，以及配套主题活动进行了精准策划。

主办方以具有高科技含量的电子产品作为切入点，创意策划科技创新颁奖和Music Lab音乐实验室两大主题活动。本届科技创新评奖的品类继续增长，邀约行内专家、业内媒体、教育界和玩家共同参与，同时对获奖选手进行相应物质鼓励。上海国展展览中心有限公司副总经理王蕾表示，借鉴跨界CES电子消费展和淘宝造物节的黑科技概念，本届展会立足电子乐器消费品的创新科技，创意设计Music Lab音乐实验室，展区创意布局具备前沿设计思维，采用现场体验式展览模式，让大众感知科创乐器新品的娱乐性和科技感，发现产品潜在的市场价值，助推产品落地推广和普及应用。当前，Music China与全球同类展会相比，乐器展规模已超过德美两大品牌展会，但从行业技术创新和产品质量层面看，与国际知名乐器展差距尚存。从国家政策导向看，鼓励实体与服务经济科技创新；从行业角度看，需要进行科技创新，提升乐器产品品质；从乐器产业规模化向品质化发展看，关键节点同样是产品质量提升与创新。Music China不仅要立足稳健的商贸平台，更要创建全球性科创新品首发平台，与行业同仁共促产业纵深发展。

从本届展会科创主题活动总体成效看，活动效果得到展商与市场的认同，有效推动全球乐器首发平台的创建进程。主办方在科技创新内容不断丰富，立足乐器商贸，不断提升展会的技术内涵，带动产业发展中的内在因素。在此办展思维下，提琴制作大师展演、中高端调律师讲座、国际MIDI技术交流论坛等活动，丰富了展会技术版块内容。最终目的在于引导参展商家加大科技创新力度，提升品牌的附加值。值得一提的是，本届展会中高端调律师讲座、国际MIDI技术交流论坛都有新的国际性合作和新品展示项目，在原有基础上都有了新的内容拓展。

音乐教育 互联互通

本届Music China音乐教育展区首次独立成馆，展商规模完成三年跳跃式发展，成为本届展会规模拓展要素中的黑马。来自展会总结报告的数据显示，今年参展观众对音乐教育的关注度从8%增长到30%。王蕾告诉记者，当前，社会音乐教育市场风生水起，涌现出不少新近的音教项目，但项目的快进快出现象也确有存在，表现出市场创建初期的粗放式发展。主办方创办音乐大师课和分享课的宗旨也在于向培训机构推介优质教育模式和方法，引导从业具备良好的音乐教育体验。

在教育大师班的设计中，主办方综合考量钢琴、吉他、鼓等多门类的艺术教育专题内容，盛邀嘉宾也是立足演奏和教育前沿，且具有权威性和丰富的教学实践经验。本届展会音乐大师分享课诚邀中央音乐学院周海宏教授和钢琴教育家茅为蕙女士，会场内连前排空地都坐满观众，会场外仍有大量观众等候进场听课，反映出社会音教培训从业者对先进教育模式和教法渴求的热度。

本届Music China音乐分享课，通过现场与专业培训机构的互动、体验式教学案例分享，将音教展商的教育模式和品牌理念传递给渠道和市场，让更多社会音乐教育培训工作者参与到活动中来。考虑到音教项目观摩和学习的培训机构总量持续飙升，场馆会议场地出现超负荷状态，主办方也在积极尝试通过互联网渠道，进行课程视频分享，从多元化渠道更好地服务社会音乐教育培训机构。

综观本届展会音乐教育展区，主办方的定位仍以方法、内容、渠道的扩展为主，基本倾向于B2B的商业模式，体现在教育展商与培训机构之间的商务合作与互动交流。音乐教育版块定位清晰，市场成效显著，直接反映出中国从乐器产销市场向音乐教育和音乐生活消费市场的扩展速度加快。

演艺文化 提振消费

无论是提琴大师工坊、艺术沙龙，还是华乐论坛、筌篌艺术展，乃至展馆内外的六百余场音乐缤纷季演出，多元音乐艺术元素为Music China妆点绚丽艺术色彩。

本届展会音乐沙龙别具新意，采用演奏家、制作家、电台音乐DJ的对话访谈形势，以乐为媒，围炉漫话。本届艺术沙龙盛邀最佳华人提琴演奏家薛伟、宁峰和提琴制作大师郑荃展开巅峰对话，同时，钢琴青年才俊宋思衡、音乐评论人徐惟玲和王勇，以及著名的上海小提琴四重奏加盟助阵，更让艺术沙龙音乐活力四射，高品质的内容设计得到专家和观众的好评。

爵士乐已成为上海的音乐文化名片，在爵士乐沙龙，主办方与上海爵士音乐节进行艺术家资源整合，诚邀荣获格莱美艺术大奖的爵士音乐家Tina May进驻Music China爵士音乐沙龙，与观众展开爵士即兴互动，现场氛围充溢蓝色浪漫情怀。王蕾表示，面对市场和终端消费需求整合多方资源，整合爵士大师和品牌代言人，让上海成为爱乐之城，让Music China成为上海不可或缺的音乐文化要素。依托上海爱乐之城的文化要素，真正实现“展”与“节”的资源整合、同步互动，同步放大Music China的音乐辐射力和社会影响力。

再说展会华乐元素，本届Music China主题策划是公益箜篌艺术展。主办方表示，要有责任和担当去弘扬中华民族的音乐文化和传统器乐文化，从乐器形制的历史沿革和文化呈现，让民众充分感受民族器乐文化发展的历史渊源与发展脉络。在华乐论坛，97岁高龄德高望重的竹笛大师陆春龄与高徒唐俊乔同台漫话竹笛艺术，师徒档的创意主题策划引来众多媒体和竹笛爱乐者参与互动，现场人流堪称水泄不通。

场馆内外的六百余场演出皆以产品展示和品牌宣传为主导，用音乐文化丰富Music China的展会内涵，从产品展示到音乐教育培训，再到文化演艺，勾勒出乐器全产业链要素的全貌。由此看来，Music China更侧重于全产业链的要素展示，注重展会的国际化、专业化和商贸化，音教和文化演艺构成配套文化延伸要素。

蓝色丝带 慈善同行

展会创办16年，市场和社会成果显著，获得行业和社会各界的文化价值认同。但展会主办方始终不忘初心，牢记社会责任。对于自闭症儿童弱势群体的关注已成为Music China的品牌公益文化活动，至今已成功举办四届，会议爱心善举和慈善精神，感染了演奏家和爱心企业的赞助扶持。著名钢琴家茅为蕙和单簧管演奏家王涛联袂担任爱心大使，钢琴与单簧管协奏曲流淌出爱的旋律，感染在场嘉宾与观众，王涛老师现场更是与来自星星的孩子同台演奏，鼓励孩子的音乐自信。主办方表示，来自星星的孩子们在爱心企业的器材捐赠善举中，音乐才能不断进步，今年以管乐团的艺术形式呈现，让在场嘉宾与观众为孩子们的音乐天赋被开发而欣喜，更为孩子们的艰苦付出而动容。主办方表示，未来会创意策划更加丰富的内容，为孩子和爱心企业创建爱心互动的平台，引导更多的观众参与爱心奉献活动。涓涓爱心细流汇成爱心蓝海，用音乐开启心灵之窗，创意讲述爱心传递故事。善见价值，善创未来！

结束语

深耕品牌文化与音乐教育，有序拓展音乐消费人口。盘点Music China 2017，创意非凡的主题活动，艺术专家资源的高度整合，国内外著名品牌的豪华矩阵，音乐缤纷季舞台的燃情旋律，依然在爱乐者的脑海中历历在目。燃情音乐之后，我国的乐器产业还要面对中高端产品的破局，民族品牌文化的重塑，知识产权的保护，产业有序发展的错综复杂问题。王世成理事长最后建议乐器行业同人认真学习党的十九大精神，努力破解发展不平衡、不充分的问题，以丰富的品种、过硬的品质、知名的品牌提振乐器产业有序转型升级，有效满足高质量的社会需求，为民众提供优质产品和优质服务，让人民的生活“美起来”，经过不懈努力，真正使乐器成为“百姓刚需、家庭标配”。

乐器展览

2017中国（上海）国际乐器展览会总结报告

中国（上海）国际乐器展组委会

＊ 展出规模达125,000m²，汇聚全球乐器品牌
＊ 国内外买家齐聚，尽显无限潜在商机
＊ 聚焦行业热点趋势，分享前沿理念及创新思维
＊ 深挖音乐消费潜在市场，助推音乐文化普及
＊ 中西方文化的交流碰撞，名师名家轮番登场
＊ 600多场户内外演出，炫酷的音乐嘉年华

由中国乐器协会、上海国展展览中心有限公司和法兰克福展览（香港）有限公司共同主办的2017中国（上海）国际乐器展览会(Music China 2017)于10月11—14日在上海新国际博览中心圆满落幕。

一、展会概况

顺应文化消费市场的发展趋势与需求，今年展会规模再攀高峰，从上届的112,000平方米扩至125,000平方米，汇聚来自30个国家和地区的2124家企业参展，2017年新增了保加利亚和波兰两大展团，与来自比利时、捷克、法国、德国、意大利、日本、荷兰、西班牙、英国和中国台湾的海外及地区展团共同亮相，突显各地独特的音乐文化。

珠江、敦煌、星海、英昌、凤灵、海伦、超拨、津宝、柏斯、知音、金音、得理、声凯、乐海、吟飞、红棉、雅马哈、卡西欧、施坦威、乐兰、三益等国内外知名乐器企业和品牌携新品、精品展示。在音乐教育文化市场的纵深发展也是本届展会的一大亮点，2017年音乐教育机构展示区首次独立规划成馆，汇集了海内外的各类的教育培训机构，为广大观众普及新兴的教育方式，深挖潜在消费市场的商业模式与发展机遇。

2017年展会虽然恰逢连绵阴雨，丝毫没有影响广大观众的参观热情。展会四天，共吸引了来自81个国家和地区的105,125名海内外专业观众前来参观，同比增长17%，参观总人次达156,824，同比增长16%。全球经销代理商、地方文艺团体、各地零售批发商、音乐类院校……行业各界人士齐聚，共寻全球商机、商贸合作，促进国际交流、文化推广，助推音教、挖掘增量市场。随着展会的社会影响力日益加深、音乐文化市场的普及，越来越多的音乐爱好者也来到了展会现场，共享这场全球音乐盛会。以下为观众数据分析：97%的展商对现场订单表示满意；96%的展商通过展会建立了新的业务关系；97%的展商对观众质量表示满意；94%的展商对观众数量予以肯定。

观众感兴趣的产品

	2016年	2017年
弦乐器	48%	58%
民族乐器	38%	45%
钢琴及键盘	38%	43%
铜管、木管乐器	39%	35%
打击乐器	28%	34%
乐器配件	30%	32%
音乐教育机构	8%	30%

电声乐器	28%	29%
乐谱	26%	29%
音乐相关电脑硬件软件	19%	18%
口琴手风琴	13%	14%
协会/媒体	10%	11%
其他	2%	2%

数据显示音乐教育的关注度有大幅增长，体现了教育文化市场的发展空间巨大，同时，弦乐器、民族乐器、钢琴的关注度也有不同程度的增加，也显示了目前的观众感兴趣的乐器品类变化。

观众业务性质

	2016年	2017年
音乐类院校、艺教中心及音乐培训机构	39%	43%
零售/批发	15%	13%
青少年活动中心/中小学/大学	9%	10%
文艺团体	8%	8%
进出口/代理/经销	10%	7%
制造商	8%	6%
协会	2%	3%
媒体	1%	2%

从观众的群体分类来看，来自音乐院校、音乐培训机构的人群持续增长，今年增加了4%，经销、零售、批发、院校、演出团体为展会观众的主要组成部分。

数据调研分析显示，看样订货、收集市场产品信息依然是观众参观展会的最主要的目的之一，同时，对于巩固原有经销渠道、比较不同产品供货商的需求较去年有了进一步的增长，展会的贸易洽谈、国际合作、同行交流的商贸平台作用越来越显著和稳固。

参观目的

	2016年	2017年
看样订货	41%	53%
收集市场和产品信息	33%	44%
观看现场表演、活动展区	27%	28%
参加会议论坛	38%	27%
寻求合作伙伴	19%	26%
联络固有的供应商和销售商	15%	21%
比较不同产品/供货商/同行对手	15%	21%

二、同期活动

（一）行业论坛与实操课程，助推乐器企业提升专业能力

1. NAMM CMIA行业论坛

力求以全球视野研究中国行业问题的行业论坛至今已有12个年头。今年的论坛围绕社区乐器演奏和音乐教育普及这一热点问题展开讨论，邀请到了中国乐器协会理事长王世成先生与美国国际音乐制品协会主席Robin Walenta女士分别从国内外产业高度进行专题报告，随后由美国国际乐器演奏日组委会主席Aaron Friedman先生、澳大利亚“音乐未来”项目执行总裁Ian Harvey先生、中国交响乐发展基金会理事长陈光宪先生与上海知音音乐文化股份有限公司董事长朱文玉女士组成嘉宾团扣问本次论坛主题。

2. “如何操作”——经销商培训课程

经销商培训课程专为中国广大琴行经销商朋友答疑解惑，提供琴行操作实务的各类干货。每年会场都吸引了大批全国各地的琴行经营者前来学习。今年课程的嘉宾阵容、分享话题都更加丰富多元，既有稳坐龙头地位的大型琴行掌舵人，亦有来自二三线城市的成长型琴行代表，以及从事音乐教育和社区推广的中外资深专家，与众人分享琴行经营、艺校管理、教育融合、推广转型的成功密钥。会场人气爆棚，两天的八节课程共吸引了逾2340名专业听众。

（二）行业创新大会重磅开启，共塑全球新品首发、科技创新平台

1. 行业科技创新评选

历经16年发展之路，上海乐器展已是中外产品汇集、行业人士必到的年度盛事。如何更好地引领市场，尤其是助力中国乐器提升全球竞争力，是展会一直探索的课题。随着国家科技战略导向与行业发展所需，搭建行业科技创新平台及全球新品发布平台，已是展会顺势发展的主要抓手。2017年，中国（上海）国际乐器展联合上海国际专业灯光音响展，对合成器、效果器、电子鼓、耳机、麦克风五大产品类别进行行业评选。10月13日上午，展会现场隆重举办颁奖仪式，分别为五家最佳创新奖获得者颁发奖杯及证书，以实实在在的激励助力企业坚持技术创新，在行业内树立创新推动器的新标杆。

2. Music Lab音乐实验室

为鼓励企业研发创新，展会首次增设了Music Lab音乐实验室，聚焦音乐前沿，展示创新科技。该活动是全力配合展会打造行业科创推动器的重要活动，也是吸引企业在展会上进行产品全球首发的重要举措。参与展

示的企业包括在行业创新领域颇有建树的知名企业，另有孟奇、顾义青等独立音乐人为观众带来了多样、新奇的乐器体验。此外，专家对本届科创评选的创新奖获得者进行了访谈分享，用互动的方式拉近了观众与创新乐器间的距离，更加生动地呈现产品的创新之处。

（三）紧跟市场，关注技术，倡导行业创新与专业提升

1. 第四届上海国际MIDI论坛

四年来，展会开设的MIDI论坛活动，一直在关注全球最前沿的MIDI技术革新。今年论坛成功邀请到了MIDI领域的国际级专家，美国MIDI制造商协会主席汤姆•怀特，英国Roli公司高级研发专家的赛巴特以及上海计算机音乐学会会长陈强斌、中音公司董事长赵易天、吟飞科技（江苏）有限公司副总工程师呼晓鹏、得理电子（上海）有限公司友乐学音教技术总监张光中，先后与大家分享、探讨国内外MIDI领域的最新发展趋势及技术应用。

2. 钢琴高级调律师培训讲座

展会现场举办了两场高品质的钢琴调律培训讲座，为中国调律师的学习提升提供了难得的良机。两位演讲者分别是日本Kawai公司MPA钢琴技师、讲师岩仓康之和中国台湾资深钢琴技师、讲师林大嘉先生。他们均是经验丰富、具有一流专业水准的调律专家。他们关于三角钢琴调整与钢琴键盘杂音处理的现场示范与详细讲解，吸引了众多中国调律师参会观摩。

（四）教育理念与教学模式并重，助推中国音乐教育普及

1. 教育大师班

音乐教育事业不仅是关乎国民生活的大事，对于中国乐器行业的长期发展也至关重要。因而展会每年力邀具有重要影响力的教育专家前来传播与分享正确的教育理念。今年邀请到了施坦威艺术家茅为蕙女士、美国曼尼斯音乐学院弗拉迪米尔教授畅谈钢琴教学；人民音乐出版社副社长赵易山先生具体分析了课外音乐教育的方向。美育大家、中央音乐学院副院长周海宏教授也现场指点在业余学琴中存在的各类误区。加上著名音乐人汶麟的吉他专题，南非多元化打击乐演奏家的打击乐专题，本届大师班共吸引了近1200名关注音乐教育的听众。

2. 音乐分享课

近几年来，展会敏锐抓住时代机遇，大力挖掘音乐教育的商业市场。除了逐年递增的教育展区外，还配合举办立体展示教育模式的音乐分享课。今年的课程异常火爆，多家全国知名音乐教育培训机构联袂呈现了14节分享课，内容涵盖各类器乐、音乐剧、互联网教学等艺术教育的多个话题，成功搭建了音乐教育领域推广教学模式，建立商业合作的精准平台。现场共吸引了近1300名关注音乐教育的听众朋友参与。

（五）各路大师亲设讲坛，大力传播音乐文化之美

1. 华乐国际论坛

今年我们继续聚焦中国民乐的传承与创新。素有“一代笛王”美誉、从艺90周年的笛子演奏家陆春龄老先生、当代笛艺领军人物唐俊乔教授，共同分享了对艺术创新的多年感悟以及对中国笛艺的殷切寄望；“筝坛圣手”王中山教授细述了五大流派在中国当代筝乐格局中所发挥的独特作用；中国现代箜篌演奏艺术创始人崔君芝教授则精心挑选多首代表性曲目，现场演绎了当下箜篌的艺术魅力；王永德教授、陈春园教授携多位上海音乐学院学子，如实展现了半个世纪里的二胡艺术实践。

本届展会继续在E6民乐馆辟出独立空间，全力打造传播传统器乐文化的公益活动展区。今年以“丝路箜篌”为题，展示了20余台由中国“重塑可演奏古竖箜篌”第一人黄祎琦先生所制作的各类代表性箜篌，同时结合现场讲座、古乐演奏等互动交流环节，为广大观众揭秘丝绸之路上古老而神秘的琴音。活动以其独特展品和深文化吸引了众多媒体和观众的视线。

2. 提琴制作大师工坊

现场专业交流结合公众普及一直是举办提琴工坊的初衷。今年的工坊活动，汇聚了来自意大利、中国、法国三大制琴国度的制琴大师和中青年代表进行现场制作、展示与交流，从而为专业观众带来工艺上的深度解析。展会现场，观众们既有幸零距离欣赏到由中央音乐学院提琴制作研究中心主任郑荃教授领衔，于慧东，胡佳来、王浩三位中青年制琴师共同参与的中国制琴师风采，也能一睹意大利制琴师Maurizio Tadioli、Edgar Russ，法国制琴师Sam Peguiron带来的意法两国制琴传统与现代工艺。

3. 艺术沙龙

为大力普及与传播优秀音乐文化，展会举办了包括艺术沙龙、爵士沙龙在内的多项高品质公益活动。如今年的艺术沙龙就重头戏不断，迎来了多位享誉国内外乐坛的演奏家、教育家。如当今最优秀的两位华人小提琴家薛伟、宁峰，世界乐坛最具号召力的四重奏团体之一“上海四重奏”，中国连续担任顶级国际提琴比赛评委频率最高之人徐惟聆教授，中央音乐学院郑荃教授，上海音乐学院华天礽教授，上海大学音乐学院院长王勇教授，青年音乐家王之炅、宋思衡、阿布等个中翘楚，上海东方广播经典947主持人洪韵，纷纷就乐器制作与音色的关系、个人音乐风格的养成等一系列艺术话题开展了对话与分享。

4. 爵士名家系列活动

此次爵士名家系列活动设两大板块：一是名家沙龙，由中国著名爵士乐队黄任强三重奏及来自英伦的杰出爵士女歌手Tina May，以乐队现场即兴演出的方式，生动地诠释了爵士乐的自由内核与节奏之美；二是两场大师班以一中一西的嘉宾对话展开，分别是爵士钢琴演奏家黄健怡与英伦最美爵士人声Tina May, 美国小号演奏家Theo Croker与中国最具才华的青年爵士小号演奏家李晓川。他们娓娓道来中外爵士乐在理念、节奏、创作等方面的异同，引导听众深度品味爵士乐的魅力。

（六）互动体验与现场演出不断，各路明星乐手亮相展会

1. 儿童音乐城堡

儿童音乐城堡创办于2014年，是展会全力打造的以儿童音乐启蒙为主线，互动趣味为特色的大型公益活动区。与前三届活动相比，今年的体验内容更加丰富、有趣。现场设置的创意手作坊、沉浸音乐角、奇妙的声音、小小录音师、跳动的音符、神秘的音律、欢乐小鼓手等多个互动项目，吸引了众多幼儿园、小学的学生预约前来体验，现场排队的家庭也是络绎不绝。此外，在室外广场设立的“乐童天地”舞台，也为沪上小朋友们搭建了展示音乐才艺的公共平台。

2. 音乐缤纷季——现场演奏会

户外三大专业舞台，不间断地上演了百场精彩演出，摇滚、电音、爵士、民谣等各种音乐类型与风格兼备。众多国内外知名音乐人、乐手轮番登台献演：有“录音之王”美誉的美国鼓手J.R.Robinson、日本最受欢迎的20大吉他演奏家谷本光、“唐朝乐队”吉他手陈磊、中国踢踏舞大师陈童等纷纷现身舞台，带来震撼演出。

3. “音乐开启心灵”，再次为自闭症孩童募集爱心

10月13日是本届展会的“关爱自闭症儿童专属日”，特邀了著名单簧管演奏家王弢先生作为爱心大使，携手上届爱心大使钢琴家茅为蕙女士，共同以音乐为媒，为自闭症儿童集结爱心。今年展会携手多家爱心企业共为孩子们筹集了大批管乐器、弦乐器、儿童教具及爱心工艺品，并定点捐赠给八家位于江浙沪的自闭症教学机构。展会主办方还将13日展会门票善款，共计70,200元悉数捐赠予上海市教育发展基金会，专门用于自闭症儿童音乐关爱项目。

三、媒体推广综述

展会今年将通过多类渠道的推广，覆盖专业人群及音乐爱好者，对展会进行了全面、深度、又富有个性化的报道。

专业媒体方面，展会选择了37家杂志和7家网站及1家电台，在展前、展中及展后对展会进行跟踪报道，根据不同杂志、网站的用户群体细分，进行更为有针对性的宣传，并通过广告与软性报道相结合的方式，让更多行业人士及时有效的了解展会信息。

公众媒体方面，选择了在6个电视频道，11个电视栏目，3个电台频率，7个广播栏目，美国、欧洲、东南亚等逾800个海外网站，美通社大陆地区逾1000个网站进行多轮宣传，增加了宣传途径、频率，并加强了媒体的深入合作，多个电视栏目、杂志都进行了专题报道，大大提高了展会推广的力度与深度。

通过十余年的积累，上海国际乐器展特有的国际化全球网络资源，官方自媒体已经积聚了逾120,000的专业观众群体，覆盖经销代理、音乐院校、演出团体、音乐家 / 艺术家及广大爱乐人。展会的相关资讯也会持续、定期、有效的以短信、电邮、微信、邮寄等多种方式结合的形式，通过官网、官微、微博、展会后台发布展会资讯、活动内容的相关信息。

此外，展会在新媒体的推广上也不断尝试新手段、寻求新突破，不断扩充与音乐、艺术、生活类微信公众平台的合作，结合互动参与类活动的形式，使用目前时兴的社交渠道及获取信息的惯用方式，扩大展会宣传面及时效性。

四、展会服务

从意见征询表的统计情况来看，主办方的服务得到了众多参展企业的认可，98%的展商对主办方展前工作及现场服务表示满意。为推动乐器行业的健康发展，打造多元化的展会功能，搭建全方位的服务平台，展会主办方一直在不断改进、提高展会服务，为展商与观众带来更好的参展及观展感受。

（一）智能化网络平台，展商电子化服务通道

网页不仅可以通过专属通道，便捷完成在线预订展位、上传新品、企业视频、资料信息的填写与提交，此外，考虑到为参展企业邀请客户参观提供方便，增设了展商专属的在线免费邀请买家的独立通道，由展商邀请的客户可享免费入场，方便参观。

（二）标准展位设计升级，为企业提供多种可选方案

考虑到企业对于加强品牌宣传的客观需求，传统单一的展位设计已经不能完全满足企业日益增加的需求，今年主办方对于大会提供的标准展位进行了多样的设计，企业可根据各自情况自行选择，减轻了企业二次搭建的额外工作，同时也提升了企业的形象与品牌宣传。

（三）加强音量控制管理，优化展会洽谈环境

在往年基础上，主办方针对展会的噪音问题，进行了进一步的管理与协调工作，也考虑到企业洽谈的实际需求，在展期前两日（专业观众日）的上午全场禁演的基础上，合理分配了相邻展位演出的场次，总体上减少了馆内演出的数量，并收取了演出押金，加强现场管理，对于违反的企业扣除了押金，严重的进行了展台停电的处罚措施，取得了进一步的成果。今后也将进行努力，希望参展企业能积极配合，自觉遵守相关规定，共创良好的展会环境。

2017 上海乐器展已落下帷幕，在此我们衷心感谢一直以来给予我们关心和指导的各方领导及合作伙伴，感谢长久以来支持和理解我们的参展企业，感谢始终关注我们的广大朋友们，正是有了你们的参与和肯定，上海乐器展才能成为备受瞩目的业界盛会，才有了今天的辉煌。

2018 年 10 月 10—13 日，中国（上海）国际乐器展览会，与您再次相约新国际博览中心！

详情垂询：021-62956677 或浏览 www.musicchina-expo.com。

添加展会官方微信（上海国际乐器展），获取最新资讯

2017中国（上海）国际乐器展览会知识产权工作报告

上海东浩法律咨询服务有限公司

2017 年 10 月 11—14 日，上海东浩法律咨询服务有限公司受展会主办方的委托，作为本届展览会知识产权办公室的主要成员协助主办方在展会期间，对知识产权侵权纠纷进行了调查、取证、协调、处理、咨询等项工作。涉及侵权的事由主要有：专利侵权、商标侵权和版权侵权案件。

本次展会共受理 12 项知识产权投诉，共计处理 12 起投诉案件。

一、案件投诉处理概况

1. 知识产权类别：商标

01

权利人：文德隆钢琴制造与销售有限公司
投诉人：广州弗尔里希乐器有限公司
展位号：E2C82
被投诉人：上海朱里士福里希乐器有限公司、上海中雅钢琴有限公司
展位号：E1F58
商标注册证号：15444544A

投诉日期：2017.10.12
投诉内容：被投诉人使用投诉人所持有的商标。
处理结果：被投诉人认为其先于使用，纠纷仍在司法程序中，知识产权办公司亦认为目前无做出构成侵权的判断。

2. 知识产权类别：专利

02

权利人：Adam Cox
投诉人：Yorkshire Company
展位号：E2G20
被投诉人展位号：E2D52 Cavendish

投诉日期：2017.10.12
投诉内容：被投诉人参展手册照片侵犯了投诉人的版权。
处理结果：被投诉人同意撤下参展手册。

3. 知识产权类别：专利

03

权利人：蔡昌守
投诉人：乐盟国际股份有限公司
展位号：W4D12
被投诉人：尚霖乐器（宿迁）有限公司
展位号：W3G24

投诉日期：2017.10.11
专利号：第四弦琴 2L201130314330.5
投诉内容：被投诉人展示产品侵犯了投诉人专利权。
处理结果：被投诉人自行撤下涉嫌侵权展品。

4. 知识产权类别：商标

04

权利人：厦门市美森邦加琴业有限公司
投诉人：厦门市美森邦加琴业有限公司
展位号：E1F82
被投诉人：柏斯音乐集团
展位号：E2C29

商标注册证号：第3562913号 Mason&Hamlin
投诉日期：2017.10.11
投诉内容：被投诉人展示展品侵犯投诉人商标权。
处理结果：被投诉人同意自行遮盖涉嫌侵权展品。

5. 知识产权类别：专利

05

权利人： 天津达姆特乐器有限公司
投诉人：天津达姆特乐器有限公司
展位号：E5F52
被投诉人：阿达姆斯乐器制造有限公司
展位号：E5F65

专利号：IL201630144586-9 乐器支架脚套
投诉日期：2017.10.11
投诉内容：被投诉人展示展品侵犯投诉人专利权。
处理结果：被投诉人同意自行撤下涉嫌侵权展品。

6. 知识产权类别：专利

06

权利人：枣庄森氏吉他制作有限公司
投诉人：枣庄森氏吉他制作有限公司
展位号：W3F58
被投诉人：广州初音乐器有限公司
展位号：W3C66

专利号：2L201330385233.4 吉他
投诉日期：2017.10.12
投诉内容：被投诉人展示展品侵犯投诉人专利权。
处理结果：被投诉人同意自行撤下涉嫌侵权展品。

7—12. 下列6项投诉人及专利人和商标权利人均为雅马哈株式会社
知识产权类别：专利以及商标

07
12

权利人： 雅马哈株式会社
投诉人： 雅马哈株式会社
展位号：E2D12 、N1D32
被投诉人及展位号：
恩平市星汇电子厂 N3A78
恩平市声谱音响厂 N3F44
恩平莱克斯音响器材厂 N2D64
奇美乐器有限公司 E4B72
科华电子有限公司 N2B34
天津物晟国际贸易有限公司 E5F76

专利号：ZL201430017286.5
ZL201430017299.2
ZL201430061342.5
ZL201430061124.1
ZL201330019306.8
ZL201230013915.8
商标注册证号：20687632 20687631
投诉日期：2017.10.11
投诉内容：被投诉人展示展品侵犯投诉人专利权和商标权。
处理结果：被投诉人均同意自行撤下涉嫌侵权展品。

2017 年展会现场知识产权处理案件总体数量上升，但秩序良好，矛盾化解及时。总体呈现以下三个特点：

第一，现场知识产权投诉平稳有序，矛盾化解及时。经过主办法多年的展商培育、相关知识产权法律法规的普及和教育和主办方展前相关工作的铺垫，从今年的展会现场投诉状况而言，绝大多数的投诉人对主办方并不拥有知识产权纠纷的现场强制执法权这一点而言已经有了充分的了解和理解。故今年展会的投诉案件虽远高于前两届，但总体投诉案件的处理氛围还是比较平和，并未出现情绪激动等不理智状况。

第二，2017 年知识产权投诉案件数量上升，被投诉人多数配合处理。本次展会共受理 12 项投诉，共计处理 12 起案件。案件数量远高于前两届，这说明展会展商的知识产权维权意识在大幅提升，准备工作充分，被投诉目标针对性很强，故被投诉人配合自行撤展的为绝大多数，也保证了展会的平稳有序。

第三，集中投诉展商的区别对待问题。本届展会的 12 项投诉中，雅马哈株式会社占了半数 6 件，集中在专利以及商标方面。作为集中投诉的重要展商，其投诉得到了知识产权办公室的极大重视，集中送达、集中协商、集中处理，大大提高了处理相关投诉的效率，解决了涉嫌侵权的问题，也得到了雅马哈株式会社的认可和好评。上述特殊问题特殊处理的原则也可在之后的展会实践中予以沿用。

2017中国（上海）国际乐器展览会数据分析

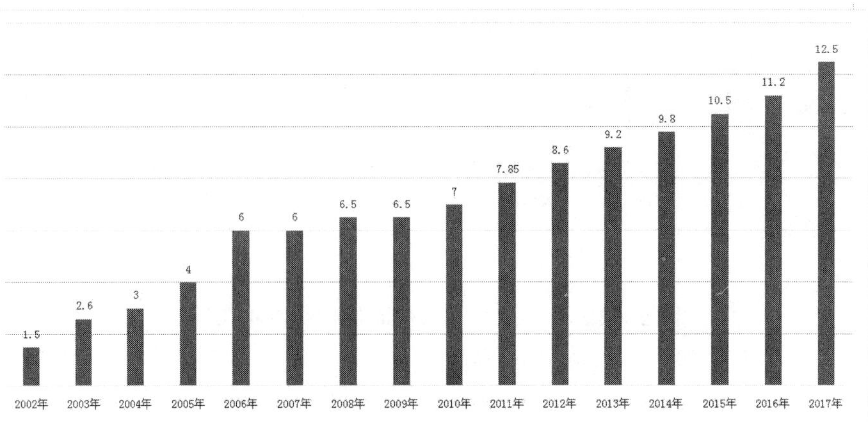

图78 展览会总面积（单位：万平方米）

展会规模

展会面积125,000平方米，同比增长10.40%，是2002年第一届展览会的8.33倍(见图78)。

参展商数量

展商数量共计2124家，同比增长10.12%，是第一届的7.75倍。其中，国内展商共计1719家，同比增长12.80%，是第一届展会的9.71倍；海外及港澳台地区展商共计405家，较2016年减少5家。

国内参展商分布地区

国内参展商主要来自：华北地区478家，同比增长10.39%，占国内参展商的27.80%；华东地区748家，同比增长14.02%，占国内参展商的43.51%；华中地区86家，同比增长53.57%，占国内参展商的5.00%；华南地区330家，同比增长19.19%，占国内参展商的19.81%；西南地区28家，同比增长86.67%，占国内参展商的1.62%；东北地区46家，同比增长

表1：2002—2017年中国（上海）国际乐器展览会基本情况

	2002年	2003年	2004年	2005年	2006年	2007年	2008年	2009年	2010年	2011年	2012年	2013年	2014年	2015年	2016年	2017年
展览会总面积（万平方米）	1.5	2.6	3	4	6	6	6.5	6.5	7	7.85	8.6	9.2	9.8	10.5	11.2	12.5
参展商国家和地区数量（个）	14	15	18	19	24	22	22	23	27	26	29	29	29	30	33	30
参展商总数（家）	274	419	619	756	999	1019	1112	1171	1274	1419	1606	1680	1775	1800	1909	2124
国内参展商数量（家）	177	317	437	554	747	760	895	898	969	1062	1241	1291	1386	1418	1499	1719
海外参展商数量（家）	97	102	182	202	252	259	218	273	305	357	365	389	389	382	410	405

15.00%，占国内参展商的 2.67%；西北地区 3 家，增加 1 家（见图 79）。

国内参展商来自 26 个省市直辖市，甘肃、宁夏、青海三省今年没有参展。本届国内参展商数量最多的分别为广东、江苏、北京、上海、天津、浙江及山东。其中，来自广东的参展商 328 家，江苏 301 家，北京 237 家，上海 178 家，天津 118 家，浙江 113 家，均较 2016 年有所增长。国内参展商主要集中在华东、华北和华南地区，共计 1556 家，同比增长 12.27%，占国内参展商的 90.51%（见图 80）。

海外参展商分布地区分析

本届展览会共有来自海外及港澳台地区的 30 个国家和地区的 405 家企业参展，较上届减少 5 家，占展商总数的 19.07%。意大利、德国、中国台湾、日本、中国香港展商数量位于参展商的前五位（见图 81）。

欧洲展商共计 234 家，较上届减少 9 个，占海外参展商总数的 59.26%，比重增长 17 个百分点。其中，意大利参展企业总计 72 家，较上届减少 1 个，仍位于欧洲第一位；亚洲展商共计 138 家，较上届增加 1 个，其中韩国减少 6 个，新加坡减少 1 个；来自北美洲的美国和加拿大共有 28 家企业参展，同比增加 3 个；来自南美洲的巴西仍有 2 家企业参展。

参展产品类别划分

参展企业按主要产品类别划分，乐器配件 816 家，占总数的 38.41%；提琴、琴弓与拉弦乐器参展企业 496 家，占总数的 23.35%；吉他与拨弦乐

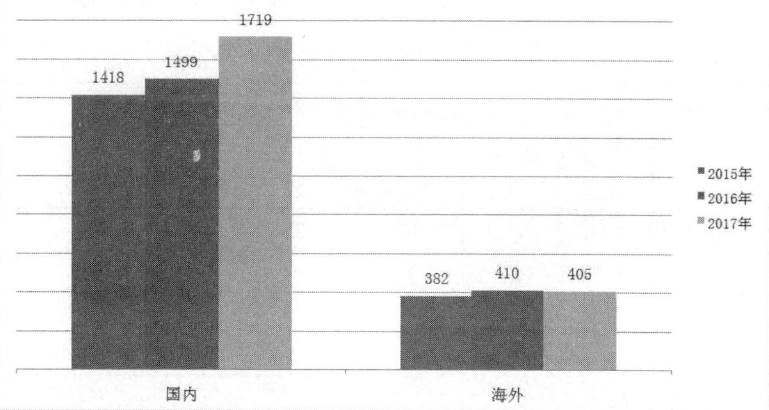

图79 国内外参展商地区分布图

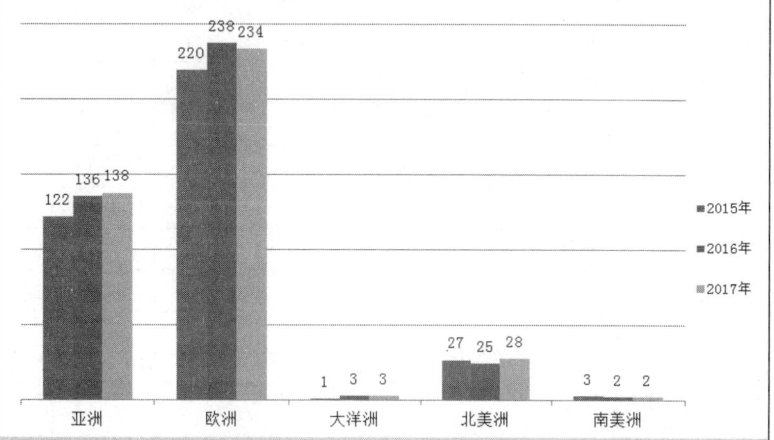

图80 国内参展商地区分布图

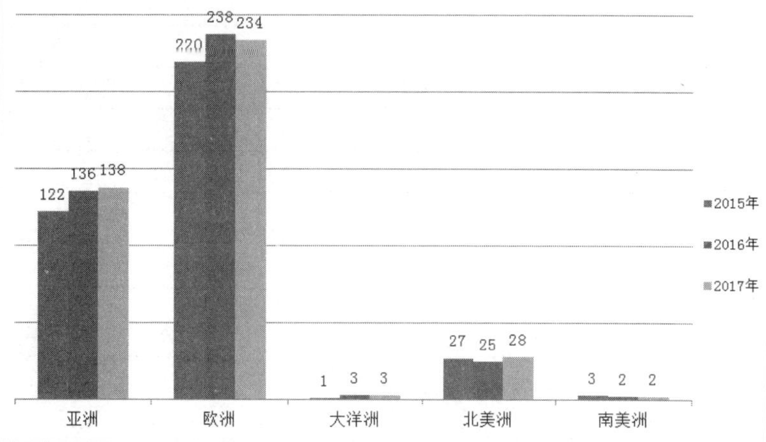

图81 海外参展商地区分布图

表2：2008—2017年中国（上海）国际乐器展览会海外参展商国家和地区分布

洲别	国家（地区）	2008年	2009年	2010年	2011年	2012年	2013年	2014年	2015年	2016年	2017年
亚洲	中国台湾	24	27	36	37	38	46	49	48	50	50
	中国香港	9	15	20	19	17	17	20	16	29	30
	日本	9	12	18	18	45	49	43	32	27	33
	韩国	24	27	31	21	26	26	20	22	24	18
	新加坡	1	/	3	5	2	2	4	2	2	1
	印度	2	2	1	1	1	1	1	1	2	3
	马来西亚	/	/	/	/	/	1	/	1	2	2
	越南	/	/	/	/	/	/	/	/	/	1
欧洲	意大利	29	30	32	44	45	48	55	66	72	71
	德国	41	36	44	42	39	55	52	55	60	58
	法国	24	30	27	26	26	24	24	25	30	29
	英国	17	25	16	14	22	27	26	25	24	24
	西班牙	18	13	13	14	17	19	18	15	15	13
	捷克	12	11	9	9	11	12	10	11	9	9
	荷兰	10	10	10	9	9	9	9	7	9	8
	比利时	/	/	1	8	8	6	7	7	6	6
	奥地利	5	1	3	4	4	4	3	3	5	4
	瑞士	1	/	1	1	2	1	/	3	3	1
	保加利亚	/	/	/	/	/	/	1	2	2	3
	丹麦	2	2	2	1	3	/	/	1	1	1
	波兰	/	/	/	/	/	/	/	/	1	3
	塞尔维亚	/	/	/	/	/	/	/	/	1	2
	希腊	/	/	/	/	/	/	/	/	/	1
	阿尔巴尼亚	/	/	/	/	/	/	/	/	/	1
大洋洲	澳大利亚	2	2	2	5	3	2	1	1	2	2
	新西兰	/	/	/	/	/	/	/	/	1	1
北美洲	美国	16	17	25	23	26	23	28	22	22	25
	加拿大	2	2	2	2	3	3	3	5	3	3
南美洲	巴西	/	/	/	/	2	2	2	3	2	2

表3：2007—2017年中国（上海）国际乐器展览会国内参展商地区（省、直辖市）分布

大区	地区	2007年	2008年	2009年	2010年	2011年	2012年	2013年	2014年	2015年	2016年	2017年
华北	北京	118	132	136	153	178	169	193	208	224	219	237
	天津	73	85	93	92	107	108	115	111	104	108	113
	河北	45	59	63	63	73	82	88	86	95	102	118
	山西	2	2	1	/	2	1	1	2	3	2	7
	内蒙古	1	1	1	1	1	3	2	2	2	2	3
华东	江苏	116	140	136	161	183	216	222	235	238	267	301
	上海	88	90	87	104	117	124	124	132	124	146	178
	浙江	62	64	69	70	85	113	109	123	104	106	112
	山东	47	51	70	71	71	76	78	78	79	80	101
	福建	12	16	16	17	19	18	25	27	30	42	43
	安徽	1	1	1	2	2	1	5	3	8	9	7
	江西	4	2	3	4	3	5	3	4	4	6	6
华中	河南	11	8	9	8	17	16	15	26	33	34	58
	湖北	16	12	15	15	16	16	12	12	14	15	18
	湖南	3	3	2	4	3	4	4	5	7	7	10
华南	广东	124	122	167	160	207	242	239	275	286	295	328
	广西	/	1	/	/	2	3	2	3	2	1	1
	海南	/	/	/	/	/	/	/	1	1	1	1
西南	云南	9	8	7	7	8	9	16	11	10	7	9
	四川	1	1	2	1	3	3	6	5	4	4	6
	重庆	3	3	1	1	1	/	/	1	3	2	1
	贵州	/	1	/	/	/	/	/	/	2	2	12
西北	陕西	2	1	1	2	2	2	1	1	2	2	3
东北	辽宁	13	10	9	23	18	19	22	27	27	31	33
	黑龙江	5	5	6	2	4	8	6	6	7	6	10
	吉林	3	2	3	6	1	2	2	2	5	3	3

表4：2017年中国（上海）国际乐器展览会参展商产品类别分布

类别	数量
乐器配件	816
提琴、琴弓与拉弦乐器	496
吉他与拨弦乐器	438
民族乐器与传统乐器	346
钢琴和键盘乐器	308
打击乐器	280
木管乐器	228
电子电声乐器	194
铜管乐器	180
其他	166
音乐教育机构	128
音乐相关服务、协会和媒体	104
乐谱及书籍出版	92
手风琴与口琴	75
音乐相关电脑硬件和软件	63

器438家，占总数的20.62%；民族乐器346家，占16.29%；钢琴和键盘乐器308家，占总数的14.50%；电子电声乐器194家，占9.13%。本届展会上，音乐教育独立成馆，参展机构较多，共计128家，占6.02%(见图82)。

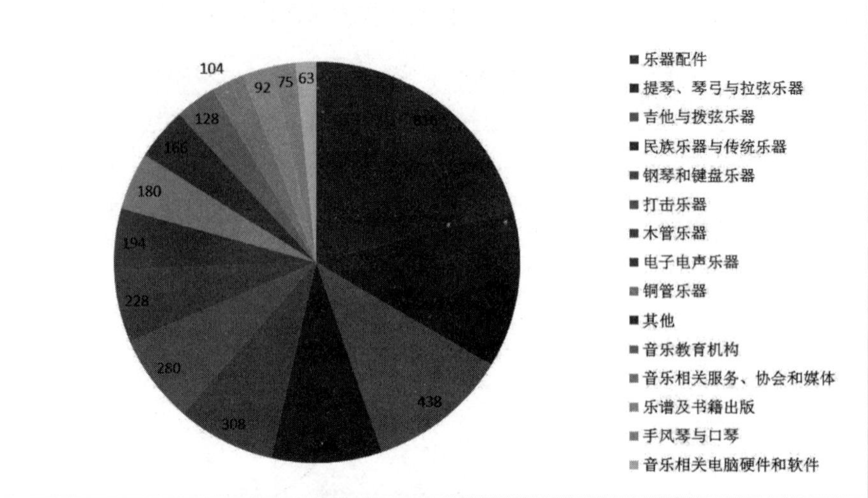

图82 参展商类别分布图

观众情况

为期四天的展会共吸引了来自81个国家和地区的105,125名海内外观众参观上海国际乐器展，较2016年增长16.64%。其中，国内观众100,948人，同比增长17.44%。

海外观众来自80个国家和地区，较上届减少了6个国家，观众总计4177人，同比基本持平，海外观众占观众总数的3.97%。其中，来自27个亚洲国家的观众数量共计3164人，同比持平;欧洲30国家，共计450人;北美洲2个国家，共计302人；南美洲12个国家，共计129人；大洋洲2个国家，共计95人；非洲7个国家，共计37人。观众超过100人以上的国家和地区分别为：韩国（986人）、中国台湾（608人）、中国香港（496人）、日本（347人）、美国（259人）、马来西亚（159人）、泰国（152人）。

表5：2013—2017年中国（上海）国际乐器展览会观众分析——感兴趣产品

感兴趣产品	2013年	2014年	2015年	2016年	2017年
民族乐器	44%	47%	42%	42%	38%
钢琴及键盘	31%	30%	32%	32%	38%
弦乐器	30%	29%	31%	31%	42%
乐器配件	22%	21%	24%	24%	30%
电声乐器	22%	21%	23%	23%	28%
打击乐器	22%	22%	22%	22%	28%
管乐器	33%	37%	20%	35%	40%
乐谱	17%	17%	19%	19%	26%
音乐相关电脑硬件软件	12%	10%	13%	13%	19%
口琴手风琴	12%	12%	13%	13%	13%
音乐教育机构	/	/	/	/	8%
协会/媒体	6%	5%	8%	8%	10%
其他	2%	2%	4%	4%	2%

表6：2013—2017年中国（上海）国际乐器展览会观众分析——参观目的

参观目的	2013年	2014年	2015年	2016年	2017年
参加会议论坛	38%	23%	46%	46%	46%
看样订货	33%	35%	41%	41%	41%
观看现场表演、活动展区	11%	23%	36%	36%	36%
收集市场和产品信息	26%	27%	31%	31%	31%
寻求合作伙伴	14%	13%	20%	20%	20%
联络固有的供应商和销售商	10%	9%	14%	14%	14%
比较不同产品/供货商/同行竞争者	11%	10%	13%	13%	13%
确定下届是否参展	6%	5%	8%	8%	8%

表7：2013—2017年中国（上海）国际乐器展览会观众分析——业务性质

从事的职业	2013年	2014年	2015年	2016年	2017年
音乐类院校/艺教中心/音乐培训机构	19%	20%	25%	25%	39%
零售商/批发商	17%	18%	17%	17%	15%
青少年活动中心/幼儿园/中小学/大学	14%	12%	11%	11%	9%
文艺团体/演出团体/戏剧及话剧团/文工团	12%	13%	10%	10%	8%
进出口/代理/经销商/供应商	13%	12%	10%	10%	10%
制造商	12%	11%	8%	8%	8%
协会	2%	2%	4%	4%	2%
媒体	2%	2%	2%	2%	1%
其他	9%	10%	13%	13%	8%

2017北京音乐生活展综述报道

【编者按：拓宽乐器全产业链，探索创新音乐文化市场消费增量，从产销思维向文化服务经济转型，重塑乐器品牌的文化和商业价值。2017年5月5日至7日，由中国乐器协会、上海国展展览中心有限公司联合主办的第三届北京音乐生活展在北京展览馆隆重开幕。立足乐器产业前沿，以沉浸式音乐文化家居情境体验，再现爱乐人群多彩生活旋律线条。西韵、国风、乐学、跨乐四大主题展馆创意文化要素，向行业市场和终端用户递呈了一份精致典雅的音画时尚答卷。超过280个主流乐器、时尚跨界品牌，以创意艺术化视觉概念呈现；超过120位资深行业专家、文化学者、演奏家、制作家、收藏家、音乐发烧友，汇聚行业高峰论坛，100多场文化讲坛和Live Show；共计54,819名参展观众汇聚Music&Life Show，共享盛大音乐嘉年华、时尚跨界音乐文化盛宴。】

群贤毕至 音教服务开拓乐器消费增量市场

立足行业宏观背景看展会文化和商业导向，当前乐器制造业格局，成本、价格双向挤压销售利润，进出口格局逆转，降低能源消耗，重塑自主品牌商业文化价值迫在眉睫。乐器产业与音乐艺术培训和演艺文化产业跨界融合，从单纯产销思维向文化服务经济转型，更成为全行业探索新经济增长点要面对的现实问题。

以音乐为核心，集合乐器及生活类优选品牌，以融入式多场景设计展现全新的音乐生活生态圈。5 月 5 日，中国轻工业联合会会长张崇和，中国轻工业联合会党委副书记、中国乐器协会理事长王世成，中国教育学会音乐教育分会理事长吴斌，中央音乐学院党委副书记逄焕磊，中国管乐学会副主席兼秘书长姜斯文，上海国展展览中心有限公司总经理吴江红为 2017 北京国际音乐生活展 Music&Life Show 剪彩，与会领导、嘉宾共贺展会隆重开幕。

为深度调研乐器行业文化创新、转型升级发展现状，张崇和会长在中轻联党委副书记、乐器协会理事长王世成的陪同下，对国风、西韵、乐学、跨界四大主题展馆进行了实地考察，并对柏斯集团、上民一厂、扬州琴筝产业集群、凤灵乐器，以及施坦威、雅马哈知名乐器品牌进行了集中调研。在跨乐馆柏斯集团展位，张崇和会长鼓励柏斯集团总裁吴天延要以匠人精神，有序打造国产钢琴品牌知名度和文化附加值。在国风馆，张崇和会长强调，敦煌品牌要与传统文化创意融合，更要以国学文化为品牌魂魄，打造敦煌品牌的时代文化特质。在扬州琴筝产业集群展区要整合区域资源优势，打造区域琴筝文化名片。走进西韵和乐学主题展馆，张崇和会长详细问询国产提琴进出口市场，更对施坦威新品钢琴的市场定位，以及小星辰少儿艺术教育品牌的教育导向进行了对话交流。张崇和会长强调，以匠人精神铸造乐器精品战略，以文化为魂重塑品牌商业文化价值，谋求大众文化消费市场增量，已成为乐器拓宽产业链条的必由之路，产业只有深度文化转型，才能重塑乐器品牌的文化和商业价值。

以音乐为媒，探索跨界增量市场，作为展会的重点行业主题活动，生活跨界产业高峰论坛同步举行。中国轻工业联合会党委副书记、中国乐器协会理事长王世成首先做主旨发言，中国乐器制造业主营收入六年多翻一番，已成为全球乐器制造和消费大国。全国 2 万多家琴行 90% 有音乐培训，互联网注册音乐培训机构达到 65 万家，全国音乐、乐器人口有几千万人。乐器产业、音乐教育和大众音乐生活服务经济架构已形成，由此产生巨大音乐文化服务市场。音律系人性本身诉求，但国内专业教育与大众普及教育被条块分割。主办方以音乐为媒介，创意策划北京音乐生活展时尚跨界平台，开拓音乐文化增量大市场，集聚各方资源，集中解决短板，有力打造乐器全产业链纵深发展，有序拓展音乐消费人口。

商业艺术跨界融合 讲好品牌创新故事

面对展会创意形象设计，以及展会文化和商业定位。历经三年创意设计，主办方和参展企业在与行业嘉宾、观众的对话互动中，逐步明晰品牌运营策略与发展方向。上海国展展览中心有限公司副总经理王蕾认为，无论对于主办方，亦或是参展企业，讲好品牌故事，创意策划产品营销，都是一个不断深入学习的过程。当前，只有商业与艺术跨界融合，才能不断获得社会大众的文化价值认同。

本届展会，无论从观众、展商、演讲嘉宾，还是合作方和媒体的信息反馈看，对展会的创意策划与架构布局皆表示认同，大部分展商认为展会定位符合品牌文化创建诉求，参展效果达到预期；从观众角度看，从展品到布局设计，再到现场互动环节，观展满意度近乎百分百；从演讲嘉宾角度看，今年 Music&Life Show 现场活动非常丰富，来自民族音乐、古典音乐、爵士乐、摇滚乐不同风格的演讲嘉宾和演奏名家，对展会文化品质呈现，展会音乐文化传播价值表示首肯；从合作机构和媒体反馈信息看，民族管弦乐学会、管乐学会、中央音乐学院等合作方，以及像腾讯、北京电台等战略合作媒体，认为展会的组织与策划亮点频出，生动再现音乐与大众生活跨界融合的文化理念。

值得一提的是，今年的柏斯集团、长秦城、康巍文化，包括国风馆的参展商家，对于展会的文化定位，以及自身的品牌策划与宣传都有明确的思维导向与创意呈现。像龙源音乐从事唱片营销，依托展会策划系列音乐大咖互动活动，现场人气爆棚，唱片售卖业绩与参展效果显著。手碟参展商家展位仅有 9 平方米，但互动活动频繁密集，展品销售一空，展会期间曾三度补货。本届展会，来自国家大剧院的音乐商城部，反馈展会内容丰富，明年要继续加大互动内容的策划。王蕾表示，在内地市场创办乐器营销与品牌文化创意融合的创新渠道，如何跨界整合院校、院团、演奏家、收藏家、演艺明星各类资源，创建音乐消费的文化亮点，工作推进不仅要扎实深入，更要求得项目落地和实操性强。这种兼顾品牌文化与内地营销渠道的创意举措，得到了柏斯集团、红棉乐器、普雷耶、YAMAHA、长秦城等乐器商家的认同。

以乐为媒 主题展馆文化创意亮点

行业峰会 探索跨界增量市场

作为本届音乐生活展的首要策划亮点，在原有的西韵、国风、乐学、跨乐四大主题展馆的基础上，特别开辟了6号主题论坛分馆。中国乐器协会也将理事会和全国音乐教育服务合作联盟——北京宣言发布会，“6・21国际乐器演奏日”的启动仪式，以及跨界融合，开拓音乐消费增量市场主题论坛移师6号场馆，为展会增加厚重的行业元素和产业发展宏观导向。

在生活跨界产业高峰论坛，主题锁定以音乐为媒，探索跨界增量市场。王世成理事长立足全局视野，以战略性发展视角分析当前乐器产业的发展趋势和走向。上海民族乐器一厂厂长王国振，柏斯音乐集团总裁吴天延，施坦威钢琴亚太区销售总监吴坚，中国家具协会秘书长张冰冰，小星辰品牌集团副总裁龙于涛齐聚 Music&Life Show。论坛与北京音乐生活展整体定位相一致，强调“创新引领、跨界突破”，打破条块分割，做大做强乐器市场。

把握消费升级大势，抢占音乐教育市场高地，在音乐生活展 5 日下午时段，音乐教育产业高峰论坛同步举行。中央音乐学院副院长周海宏做主旨演讲，中国教育学会音乐教育分会理事长吴斌，钢琴家、教育家，施坦威艺术家茅为蕙，河北秦川文体乐器有限公司总经理秦川，九拍教育科技集团董事长李红育，小叶子（北京）科技有限公司 CEO 叶滨，围绕当前社会音乐教育发展现状，以及素质教育内涵与产业导向，展开深度对话交流。社会音乐教育面向资本市场如何博弈？面对师资的匮乏，素质教育适合走规模化的发展路径吗？作为展会结束当日的儿童素质教育主题论坛，彩翼儿童美术董事长谢震宇、乐博乐博机器人创始人侯景刚、乐斯（北京）教育投资有限公司创始人兼 CEO 宫旭生等来自素质教育行业的精英齐聚少儿素质教育论坛，共商少儿素质教育行业现状与未来。

茶香古韵 关注国乐文化生态

关注当代民族音乐文化生态，有序推动民族音乐的大众化进程。作为展会的重点主题文化活动，国风馆首届华乐论坛隆重登场。中国民族管弦乐学会会长刘锡津先生首先做主旨发言，介绍我国当代民族音乐的发展现状，以及民族音乐当前的文化生态。立足推广普及民乐文化，透过展会平台提升办展的影响力和文化层级，国风馆邀请两岸三地的民乐大咖做客首届华乐论坛，中国广播乐团团长张高翔、台北市立国乐团团长郑立彬、广东民族乐团团长陈佐辉，中央音乐学院教授沈诚，央视《风华国乐》频道栏目主编韩颖作为嘉宾出席论坛，进行了观点交流和对话。在案例研讨环节，新加坡华乐团行政总监何伟山等民乐大咖来到现场，告知社会民众如何亲近和学习民族音乐。在新媒体时代，民族音乐如何依托线上的自媒体和直播平台等新兴手段，完成音乐文化的传播与推广。

在东方会客厅，每天邀约非常有名的演奏家、制琴家，展开对话互动式的名家讲坛，赵家珍、王中山、高韶青、丁承运、巫娜、杨雪、鲁璐等名家现身说法，与观众零距离互动，现场人气热烈爆棚。不仅如此，今年主办方还创建国风美学论坛，将茶、花、香、琴名家汇聚一堂，以国学文化审美为主线，助听众感受国学文化之美。在国风馆，像上民一、乐海、扬州琴筝展团、倪琴等品牌都已充分理解了主办方的创意策划与文化定位，展位的艺术呈现与音乐体验都很好地诠释了国乐的文化价值。如知音堂邀请到著名古筝演奏家袁莎带领学生，通过零距离师生主题音乐会，向在座的家长和学生讲述古筝艺术教学的心得体会。

典雅时尚　创意体验燃情Music&Life Show

西韵展馆主题文化活动丰富，文化沙龙邀请黑管名家王涛，爵士名家黄勇、谷峰，以及刘玥爵士三重奏，北京音乐电台谷悦的音乐分享汇吸引众多乐迷参与。作为西韵馆的重磅内容，适逢国际提琴制作师大会在展会期间同步举办，主办方有幸邀请到海内外的提琴制作名家、收藏家、演奏家齐聚文化沙龙，就提琴制作和收藏艺术文化展开对话交流，参展观众在其中感受到典雅西乐艺术文化氛围。

在乐学馆的“乐学秀场”舞台，集中展示了优质社会音教品牌项目，同时设计了家庭演奏日、传统文化礼仪展演，以及关爱听障儿童的公益活动。同时，为增加零基础儿童对器乐演奏的感知能力，主办方特别策划了儿童森林王国，内设弦乐、打击乐管乐工作坊，通过简单教学便可参与到团体演奏中来，通过沉浸式的演奏体验，激发儿童潜在的音乐感知能力和学习兴趣。考虑到小朋友的舞台综合素养培养，主办方还设计了音乐剧的剧目展演活动。参展商中像罗兰、乐斯、歌者盟、小星辰都设置很多乐器体验项目。可以说，参展企业明确自身定位和产品特性，以创意亲民的传播方式拉近大众与器乐文化的距离，有序拓展品牌的覆盖广度与深度。

在跨乐馆，LIVE SHOW 舞台热情四射，参演嘉宾来自不同音乐风格领域，与现场观众激情互动，三天现场人气不减，听众反馈点赞不断。关注少儿器乐教育发展，集中展示少儿器乐教育成果，MUSIC & LIFE 第 7 届全国少儿乐队大赛盛大举行，为北京音乐生活展增色彩！本届跨乐展，有精品吉他的展示区，有音乐名人吉他工作室，以及吉他名家互动访谈区，邀约著名吉他演奏家和收藏家，讲述名家与名琴背后的故事，吸引大批爱乐人到场互动参与，现代音乐文化与品牌文化有机融合，名家的音乐生活情境得到体现。

展业前瞻　深耕音教和演艺产业消费增量

盘点北京音乐生活展三届走过的创意发展历程，中国乐器协会常务副理事长曾泽民认为，展会采用跨界融合思维模式，实现乐器产业向音乐教育、文化产业延伸，以优秀文化体验、音乐教育项目为依托，展会生动呈现大众多元音乐文化生活形态，其宗旨是解决乐器产业增量市场的创新拓展，产业链的延伸与产业要素跨界融合得到鲜明体现。产业延伸是目的，跨界融合是手段。以品牌为依托，通过跨界合作项目为载体，明确展会文化与商业定位。综观四大主题展馆，展示成果逐年递增。国风馆展示模式尤为凸显，呈现的文化生活理念，优秀项目的现场互动，融合国乐、茶道、香道、瑜伽、插花等不同行业要素，集中解决了音乐给人们带来健康和谐生活的积极促进作用，生动再现音乐无处不在的文化生态。

从展会面对的客户群体看，有两个层面的问题。一是音乐文化版块以品牌宣传为主体，二是围绕生活模式的呈现，以及理念的转变为主导。如何权衡文化与生活展示要素的比例，还有待市场的进一步实践与研究。当前，主办方既要兼顾普及文化的推广，又要兼顾专业受众的消费需求。时尚引领，跨界融合成为展会的策划主线，坚持推选优质乐器和文化品牌项目，开拓创新市场增量，主办方充满信心，但也面临着思维转型的观念挑战。作为展会，其定位要准确，商业模式要可持续发展。主办方不仅要考虑乐器装备的对接，更要考虑文化品牌和项目的市场对接，以市场需求为导向解决展会未来发展。

王世成理事长会后强调，北京音乐生活展是协会集企业社会众意和众智，择善而打造的新平台，它有三个关键点提请大家共同把握：一是展会定位在“音乐与生活融合、品牌与文化互动、引导家居生活方式”。既注意现场交易因素，着力组织中高端用户及多层次采购群体，更看重潜在乐器市场的引领与开发；二是展出产品一改展会的惯例，内容策划上体现颠覆性创新，注重以“家”为核心，以音乐和乐器为主线，融家具、用具、装备、插花、茶艺、书籍于一室，引导未来家居生活的品位和乐感，营造科技、潮流、时尚于一身的异想空间，得到不少观众点赞；三是展示形式上，侧重大师与大众零距离，侧重欣赏与体验浑然一体，侧重国风与西韵全新展示，侧重乐学与跨乐的特色引导，使“喜欢音乐、乐玩乐器、以质选琴、助我成才”逐步成为音乐生活展的效果路线图。综观 2017 北京音乐生活展，其中既有展示模式的创新，理念进一步的深化，顶层设计的拉动，跨界要素的扩展，都解决展会的纵深发展议题。真诚期待行业同人众筹群体智慧，共同呵护这一崭新的、有预期、有前景的展会创新平台，在经济新常态下讲好品牌创新的故事，重塑乐器品牌的文化和商业价值。

第115届美国NAMM乐器、灯光、音响展览会（NAMM SHOW）简况

2017年1月19日至22日，美国NAMM乐器展在加州阿纳海姆举办。本届NAMM展共1779家展商参展，展商数量同比增长3%。观众方面共有来自世界125个国家和地区的17,964名参观，较2016年同比增长13%。展会主要服务于音乐制品行业，集乐器商贸、演奏、艺术、音教于一体，为展商提供品牌宣传推广平台。“创新与机遇”成为2017NAMM展览会主题。

为期四天的展会中，NAMM策划了50多场how to营销教育类培训课程，课程设置广泛，涵盖琴行网页设计、社交媒体运用、电子商务在线运营、商业领导力等诸多方面，为各类乐器琴行提供有效商业经营指导。2017年，NAMM紧紧跟随技术创新步伐，为不断满足数字音乐市场创新需求，再度与国际音乐软件协会（IMSTA）合作，面向音乐软件开发者举办数字音乐技术培训认证活动，受到专业群体欢迎。NAMM总裁兼首席执行官拉蒙德表示，“NAMM展是国际音乐制品行业的全球化乐器交流平台，国际集中交流反过来又为大家提供了广阔机会。事实证明，无论对于乐器商贸交流还是专业市场开发，通过共同追求的音乐理想吸引世界各地爱乐者前来参展，展会已成为促进音乐制品行业发展可靠、稳固的平台。”

第38届德国法兰克福国际乐器、乐谱及配件展览会（2017 Musikmesse）简况

2017年4月5日至8日，法兰克福国际乐器展览会在德国法兰克福展览中心举办。据主办方德国法兰克福展览公司公布数据，本届展会共有来自55个国家和地区的1922家展商参展，展会吸引来自世界144个国家和地区的近10万名观众。为提升展会魅力，2017年主办方德国法兰克福展览公司引入“商业学堂”模式，为期四天的展会里，展会共举办小型音乐会、现场表演和大师班讲座等各类音乐活动千余场。

德国乐器制造商协会（BDMH）会长梅奈尔·格哈德对展会创新予以肯定：“法兰克福国际乐器展对于德国、欧洲是业界必备展会，通过法兰克福国际乐器展实现了国际乐器行业深度参与融合，无论对展商还是观众，我们都要增强展会吸引力。”

此外，2017年度展会专为儿童和青少年开辟占地600平方米的户外“探索音乐”专区，致力于挖掘、培育观众的器乐爱好，从小就可以体验乐器演奏魅力。小朋友们在经验丰富的音教老师指导下，注重探索、感受乐器的趣味性，从而为期长久学习音乐打下良好基础。

2017年第26届中国国际专业音响·灯光·乐器技术展览会简况

5月26日，第26届中国国际专业音响·灯光·乐器技术展览会（PALM）盛势登陆中国国际展览中心。该展会由中国演艺设备技术协会主办，北京演艺展业有限广告公司承办。

2017年度展会展览面积35,000平方米，有来自中国、美国、意大利、奥地利、法国、德国、印度、罗马尼亚、中国香港、中国台湾等十余个国家和地区的约750家企业、组织参展，全面覆盖乐器制造企业、琴行、文化教育机构、乐器研究及改革机构、专业协会组织及相关的大众、专业媒体，显示出北京乐器展持续发展的生命力和品牌影响力。

展会期间还推出了多项精彩互动活动：智能乐器高端论坛、乐器大讲堂、第五届木吉他大赛、首届尤克里里大赛，“遇见大师”名家讲堂、首届“音韵”主题摄影活动，以及果蔬乐器园和展会直播间，极大促进观众和展商之间的互动，也增加了观众参展的乐趣。

2017年中国（广州）国际乐器展览会简况

由广东省科技合作研究促进中心属下公司广东国际科技贸易展览公司主办的2017第十四届广州国际乐器展览会于2017年2月22日至25日在中国进出口商品交易会展馆B区圆满举行。

本届广州展开设了4大展厅，展览面积达35,000平方米，并迎来了603家海内外企业参展。作为2017年国内第一场乐器行业盛会，广州展正值采购旺季，四天展期共迎来73,986名海内外观众（含同期灯光音响展观众）前来观展。展会同期更举办了45场精彩主题活动，展会整体效果获得了行业人士的一致赞誉。

2017广州展增至4个展厅，全新的展厅布局更有利于采购商和观众搜罗产品。其中，包括珠江钢琴、敦煌、河北乐海、长秦城、罗兰音乐教育、凤灵提琴、一诺、罗曼士、斯坦伯格、BAROCO等在内的知名企业和品牌聚首展会，发布高精尖新品，探索合作机遇。为适应市场发展需求，展会更扩充了音乐教育与培训产品展区，务求向业内人士提供更全更多元化的选择。

2017年世界乐器展览会回顾

2017年全年经济走势继续呈现复苏势头。美联储加息，三大股指飙升，就业率增长等多种因素表明，美国经济展现复苏势头。在世界经济缓慢复苏的环境下，中国经济发展不再片面追求高速度，更加注重经济增长质量，通过供给侧改革发力提升经济效益，发挥出中国作为世界经济增长重要的“增长极”和“压舱石”作用。据不完全统计，2017年世界各地共举办大小乐器展会12个，分布于除非洲外的北美洲、南美洲、亚洲和欧洲。

回顾2017年，世界主要乐器展览会主要表现为三个特点：第一，传统国际乐器大展的吸引力不断增强，如中国上海国际乐器展览会规模稳中有进，规模达12.5万平方米，创下历史新高；统计数据显示，中国乐器行业主营业务收入继续保持稳步增长。中国乐器市场蓬勃的发展，带动周边国家和地区的市场增长，作为乐器制造与消费大国，中国渐成亚洲乐器市场的发展中心。上海国际乐器展览会规模再创新高，吸引越来越多海外乐器人士对中国的关注。

第二，区域性的器乐展会专业化、本土化特色更加突出，俄罗斯、巴西、意大利、印度等乐器展会现场新产品、新技术、新工艺精彩纷呈。例如，俄罗斯音乐文化氛围深厚，其音乐市场是欧洲最大且最具有潜力的消费市场之一。一直以来，俄罗斯音乐文化发展受政府政策扶持，政府强调文化进步的重要性并支持改进文化设施，是行业发展的有力支撑。该展会自举办以来，共计汇聚了中国、美国、法国、德国、意大利等28个国家及地区的400余家业内企业参展，观众总计超过6万人次，受到俄罗斯民众对音乐的热爱，参展社会公众逐年增长。

第三，从展会表现形式上看，实体展会和数字展会 “相向而行、并驾齐驱”。新生代人口成为乐器消费的主力。与过去几年相比，科技创新驱动，数字技术日新月异，极大提升了乐器展会的风貌。将仅限于某地的展会搬至网上，从网站到微博、微信再到直播，展会展示形式发生了重大变化。身处各地展会，会发现很多年轻一代成为网络音乐主播，在现场随时挖掘亮点和新意，而直播的背后，是无数喜爱音乐、追捧乐器的粉丝。地理距离已不再是阻隔观众体验乐器的屏障。即使相隔甚远，也可足不出户全方位、立体式感受各大乐器展会的热度，使当地乐器展会瞬时成为“热搜”的主题词，其热度呈几何级增长。无论上海乐器展、北京音乐生活展还是广州乐器展，自媒体已成为广大展商和观众的传播利器，展会各类信息、活动一览无余，尽在“掌”控。人人皆为麦克风，对于展会宣传推广作用起到积极作用，在欧美举办的NAMM展、德国法兰克福展、意大利克雷蒙娜等展会，“推特”“脸书”“Instagram”等社交自媒体比比皆是。为不断满足数字音乐市场创新需求，2017年，美国NAMM展紧紧跟随技术创新步伐，与国际音乐软件协会（IMSTA）合作，面向音乐软件开发者举办数字音乐技术培训认证活动，受到专业乐器经销商欢迎。

各大乐器展览会蓬勃发展的背后，体现出主办方着力挖掘展会内涵，在服务品质上力求精益求精。无论乐器商贸交流还是专业乐器市场开发，世界各地举办的乐器展览会已成为促进乐器行业发展的可靠而稳固平台。

2017年世界乐器展览会回顾一览表

展会名称	展会届别	展会日期	展会地点	主办单位
美国洛杉矶阿纳海姆乐器展（The NAMM Show）	第115届	2017.1.19—1.22	阿纳海姆	美国国际音乐制品协会（NAMM）
中国（广州）国际专业音响、灯光、乐器展览会	第14届	2017.2.22—2.25	广州	广东省科学技术厅、广东省文化厅、国家轻工业乐器信息中心
德国法兰克福国际乐器、乐谱及附件展览会（Musikmesse 2017）	第38届	2017.4.5—4.8	法兰克福	德国法兰克福展览公司
北京音乐生活展	第3届	2017.5.5—5.7	北京	中国乐器协会、上海国际展览中心有限公司
中东（迪拜）乐器博览会（MUSAC 2017）	第15届	2017.5.9—5.11	阿联酋迪拜	中东IIR展览公司
PALM 2017 北京乐器展	第26届	2017.5.26—5.29	北京	中国演艺设备技术协会
印度乐器展(Musician Expo 2017)	第16届	2017.6.1—6.3	孟买	印度DIVERSIFIED公司
美国NAMM夏季乐器展(Summer NAMM Show)	每年夏季	2017.7.13—7.15	纳什维尔	美国国际音乐制品协会
NAMM&法兰克福俄罗斯乐器展	第6届	2017.9.14—9.17	莫斯科	国际音乐制品协会、法兰克福展览公司
意大利克雷蒙娜乐器展（Cremona MondonMusica 2017）	第30届	2017.9.29—10.1	克雷蒙娜	克雷蒙娜乐器展组委会
巴西圣保罗国际乐器展览会（Expomusic 2017）	第34届	2017.10.4—10.8	圣保罗	巴西乐器协会、FRANCAL展览公司
中国（上海）国际乐器展览会（Music China）	第16届	2017.10.11—10.14	上海	中国乐器协会，上海国际展览中心有限公司，法兰克福（香港）展览公司

	展品范围	2017年展会规模
	各种乐器、音响	共1779家展商参展，来自世界125个国家和地区的17,964名观众参观
	西乐器、民族乐器	展览面积3.5万平方米
	各类乐器、乐器配件、乐谱、音乐硬软件、音乐出版物等	来自55个国家和地区总计1922家展商，观众近10万名
	钢琴、弦乐器、电声乐器、乐器配件、民族乐器、铜管乐器、打击乐器、相关协会媒体、乐谱、音乐书籍等	展会面积达2.7万平方米
	东西方各类乐器、阿拉伯民俗乐器等	展出面积1万平方米，展商200余家
	乐器	来自中国大陆及港澳台地区和世界10余个国家800家展商
	电声乐器为主	观众6000余名
	以美国国内乐器商展示和音乐教育人士使用的乐器为主	505家展商参展，参展专业观众14,284名
	乐器综合类、钢琴、弦乐器、打击乐器、电声乐器、配件、乐谱、音响设备等	展商140家，专业观众1.1万名
	以提琴等弦乐器为主，兼展弹拨乐器、琴弓、配件、乐谱等	来自30个国家和地区的302家展商参展
	各种乐器、音响及配件、相关媒体及专业刊物	展商116家
	钢琴、弦乐器、电声乐器、乐器配件、民族乐器、铜管乐器、打击乐器、相关协会媒体、乐谱、音乐书籍等	展会面积12.5万平米，来自30个国家和地区的2124家企业参展，共吸引来自81个国家和地区的105,125名海内外专业人士参观，参观总人次达156,824名

名牌产品

乐器产品获中国驰名商标，国家、省（市）级名牌产品、著名商标名录

<table>
<tr><th colspan="2">分类</th><th>品牌（商标）名称</th><th>商标注册人</th><th>认定商品或服务项目</th></tr>
<tr><td colspan="2" rowspan="19">中国驰名商标</td><td>珠江</td><td>广州珠江钢琴集团股份有限公司</td><td>钢琴</td></tr>
<tr><td>星海 XINGHAI 及图形</td><td>北京星海钢琴集团有限公司</td><td>钢琴</td></tr>
<tr><td>津宝及图形</td><td>天津津宝乐器有限公司</td><td>爵士鼓、军鼓、萨克斯</td></tr>
<tr><td>Taishan</td><td>山东泰山管乐器有限公司</td><td>管乐器</td></tr>
<tr><td>嘉德威</td><td>杭州嘉德威钢琴有限公司</td><td>钢琴</td></tr>
<tr><td>卡西欧 CASIO</td><td>日商•樫尾计算机株式会社</td><td>计算器、手表、电子音乐仪器等</td></tr>
<tr><td>润韵</td><td>扬州天韵琴筝有限公司</td><td>筝、乐器、弦乐器、七弦琴、弹拨乐器、木琴、电子乐器、乐器键盘、乐器弦轴、乐器盒</td></tr>
<tr><td>金杯及图形</td><td>江阴市金杯安琪乐器有限公司</td><td>手风琴、簧（管）乐器等</td></tr>
<tr><td>凤灵 fitness 及图形</td><td>泰兴凤灵乐器有限公司</td><td>小提琴、中提琴等</td></tr>
<tr><td>Orient</td><td>宁波森隆乐器股份有限公司</td><td></td></tr>
<tr><td>YAMAHA 及图形</td><td>雅马哈株式会社</td><td>钢琴</td></tr>
<tr><td>奇美</td><td>江苏奇美乐器有限公司</td><td>竖笛、口风琴、口琴</td></tr>
<tr><td>鹦鹉 YINGWU 及图形</td><td>天津鹦鹉乐器有限公司</td><td>手风琴、提琴</td></tr>
<tr><td>吟飞 Ringway</td><td>吟飞科技（江苏）有限公司</td><td>乐器</td></tr>
<tr><td>乐海 The Ocean of Music 及图形</td><td>河北乐海乐器有限责任公司</td><td>扬琴、琵琶</td></tr>
<tr><td>天鹅及图形</td><td>江苏天鹅乐器有限公司</td><td>口琴、口风琴</td></tr>
<tr><td>爱迪 Aidi 及图形</td><td>香河天音乐器有限公司</td><td>西乐器</td></tr>
<tr><td>HAILUN 及图形</td><td>海伦钢琴股份有限公司</td><td>钢琴</td></tr>
<tr><td>★芳鸥及图形</td><td>武汉市海平乐器制造有限公司</td><td>铜锣等</td></tr>
<tr><td rowspan="6">省（市）名牌产品</td><td rowspan="4">上海市</td><td>施特劳斯</td><td>上海钢琴有限公司</td><td>钢琴</td></tr>
<tr><td>敦煌牌</td><td>上海民族乐器一厂</td><td>民族乐器（古筝、二胡、琵琶）</td></tr>
<tr><td>海曼</td><td>上海中雅钢琴有限公司</td><td>钢琴</td></tr>
<tr><td>华星</td><td>上海华新电子电器总厂</td><td>电子琴</td></tr>
<tr><td rowspan="2">天津市</td><td>津宝</td><td>天津津宝乐器有限公司</td><td>爵士鼓、西管乐器</td></tr>
<tr><td>Singer's day</td><td>天津圣迪乐器有限公司</td><td>萨克斯、小号</td></tr>
</table>

续表

分类		品牌（商标）名称	商标注册人	认定商品或服务项目
	天津市	★雅乐	天津华韵乐器有限公司	手风琴
省（市）名牌产品	江苏省	●润韵牌筝、天籁牌筝	扬州天韵琴筝有限公司	古筝
		碧泉	扬州市正声民族乐器厂	古筝
		凤灵	泰兴凤灵乐器有限公司	吉他、提琴系列产品
		奇美	江苏奇美乐器有限公司	竖笛、口风琴、口琴
		摩德利	南京摩德利钢琴有限公司	钢琴
		天鹅	江苏天鹅乐器有限公司	琴笛
		雅韵	扬州龙凤琴筝有限公司	古筝
		●凤韵牌古筝	扬州龙凤琴筝有限公司	古筝
		大凤	江苏大凤乐器有限公司	古筝
		● Easttop 牌口琴、蜜蜂口琴	江苏东方乐器有限公司	口琴
		英杰	扬中市华联手风琴有限公司	手风琴
		虎丘	苏州民族乐器一厂有限公司	二胡
		吟飞	吟飞科技（江苏）有限公司	电子乐器
		★英杰牌键盘式手风琴	扬中市华联手风琴有限公司	手风琴
	广东省	珠江	广州珠江钢琴集团股份有限公司	钢琴
		AMASON 艾茉森	广州珠江钢琴集团股份有限公司	数码钢琴
		恺撒堡	广州珠江钢琴集团股份有限公司	钢琴
		里特米勒	广州珠江钢琴集团股份有限公司	钢琴
		吉声	广州吉声琴业有限公司	电吉他
		Blue Diamond	广州保嘉乐器制造厂有限公司	鼓乐
		星臣 starsun	四会市华声乐器有限公司	吉他
		红棉	广州红棉吉他有限公司	提琴
		Ayalea	揭阳市长城乐器有限公司	吉他
		杜鹏花	揭阳市长城乐器有限公司	吉他
		美得理	得理电子（珠海）有限公司	●数码钢琴、电子琴、电子管风琴、电子鼓音箱
	河北省	JY	河北金音乐器制造集团有限公司	西管乐器
		乐海	乐海乐器有限责任公司	民族乐器
		月坛	饶阳北方民族乐器制造有限公司	二胡
		成乐	饶阳成乐民族乐器有限责任公司	扬琴
	山东省	金斯波格	烟台金斯波格钢琴有限公司	钢琴
		SEJUNG（世正）	青岛世正乐器有限公司	钢琴
		仙乐	百灵乐器公司	电吉他
		飞灵	潍坊惠好乐器有限公司	电吉他
	湖北省	TOYAMA（托雅玛）/ Yangtze River 牌钢琴	宜昌金宝乐器制造有限公司	钢琴

续表

分类		品牌（商标）名称	商标注册人	认定商品或服务项目
省（市）名牌产品	湖北省	艾立卡	武汉艾立卡电子有限公司	乐器音箱、电吉他配套音箱
	福建省	HARMONY（哈曼尼）	福州和声钢琴有限公司	立式钢琴
	河南省	中州	开封中原民族乐器有限公司	古筝
省（市）著名商标	上海市	施特劳斯	上海钢琴有限公司	钢琴
		海曼	上海中雅钢琴有限公司	钢琴
		敦煌	上海民族乐器一厂	民族乐器
	天津市	津宝	天津津宝乐器有限公司	军鼓、爵士鼓、萨克斯
		鹦鹉	天津鹦鹉乐器有限公司	手风琴、提琴
		雅乐	天津市雅乐尔乐器有限公司	风琴
		佰笛及图形	天津市佰笛乐器有限公司	手风琴
		WSMAN 及图形	天津市欧斯曼乐器有限公司	钢琴
		Singer's day	天津圣迪乐器有限公司	号（乐器）、乐器
		森雀	天津市静海县盛兴乐器厂	中乐器、笛子、笙、箫
		天津奥维斯乐器有限公司	天津奥维斯乐器有限公司	乐器、笛、号（乐器）
	江苏省	摩德利	南京摩德利钢琴有限公司	钢琴等
		天鹅及图形	江苏天鹅乐器有限公司	口琴、口风琴、竖笛等
		凤灵及图形	江苏凤灵乐器文化产业有限公司	小提琴、吉他、大提琴等
		奇美	江苏奇美乐器有限公司	手风琴、钢琴、口琴等
		雅韵及图形	扬州龙凤琴筝有限公司	打击乐器、胡琴、筝等
		虎丘及图形	苏州民族乐器一厂有限公司	二胡
		碧泉 BIQUAN 及图形	扬州市正声民族乐器厂	筝
		和声及图形	江苏省和声琴行有限公司	钢琴
		金韵及图形	扬州开发区金韵乐器厂	筝
		GOLDENCUP 及图形	江阴市金杯乐器有限公司	手风琴
		润韵	扬州天韵琴筝有限公司	筝
		吟飞及图形	吟飞科技（江苏）有限公司	电子键盘
		玉振 YUZHEN	扬州市金声古筝有限公司	乐器、琵琶等
	广东省	kayserburg	广州珠江钢琴集团股份有限公司	乐器（钢琴）
		珠江	广州珠江钢琴集团股份有限公司	长笛、小号、萨克斯
		★ Ritmiiller	广州珠江钢琴集团股份有限公司	中西乐器（钢琴）
		吉声	广州吉声琴业有限公司	吉他
		Martin	广州吉声琴业有限公司	吉他
		红棉	广州红棉吉他有限公司	中乐器，西乐器
		ALICE	广州市罗曼士乐器制造有限公司	乐器弦
		永美	揭西县美声电子电器厂	电子琴
		美得理	得理乐器（珠海）有限公司	乐器（电子琴，数码钢琴）

续表

分类		品牌（商标）名称	商标注册人	认定商品或服务项目
省（市）著名商标	河北省	JY	河北金音乐器制造集团有限公司	钢琴
		成乐	饶阳成乐民族乐器有限责任公司	扬琴
		月坛	北方民族乐器制造有限公司	二胡
		秦川	河北秦川文体乐器有限公司	琴行
		乐海	乐海乐器有限责任公司	民族乐器
		秦川乐器	河北秦川文体乐器有限公司	乐器经营
	山东省	KINGSBURG 及图形	烟台金斯波格钢琴有限公司	钢琴
		仙乐及图形	昌乐百灵乐器有限公司	吉他
		博斯纳及图形	烟台博斯纳钢琴制造有限公司	钢琴
		MERCURY	龙口锦盛乐器有限公司	簧（管）乐器
		图形	龙口市博奥乐器制造有限公司	簧(管)乐器
		FAREST 及图形	龙口金鸣乐器有限公司	笛
	浙江省	HAILUN 及图形	宁波海伦乐器制品有限公司	钢琴
		嘉德威	杭州嘉德威钢琴有限公司	钢琴
		拉奥特	浙江乐韵钢琴有限公司	钢琴
		LUODELAISI	湖州华谱钢琴有限公司	钢琴
	湖北省	芳鸥	武汉市海平乐器制造有限公司	铜锣
		银可可	武汉银可可琴行有限责任公司	乐器经营
		皇玛 HUANGMA	湖北华都钢琴制造有限公司	钢琴、电子琴、乐器键盘
		TOYAMA 托雅玛	宜昌金宝乐器制造有限公司	钢琴
		长江	宜昌金宝乐器制造有限公司	钢琴
	福建省	HARMONY（哈曼尼）	福州和声钢琴有限公司	钢琴
	河南省	中州	开封中原民族乐器有限公司	古筝、琵琶
		鸣韵	鸣韵兰考县鸣韵乐器有限公司	吉他、乐器、琵琶、七弦琴
省（市）驰名商标	河北省	JY	河北金音乐器制造集团有限公司	钢琴
		乐海	河北乐海乐器有限责任公司	民族乐器

注：①中国名牌战略推进委员会2008年第3号公告，2005、2006、2007年公布的中国名牌产品，有效期满后不再继续使用。

②我国新商标法认定“驰名商标”并非荣誉称号，从2014年5月1日起，“驰名商标”禁止出现在商品包装上，也不能用于广告宣传、展览。

③上表中带★号为2017年新增项，带●号为较2016年修改项。

④以上发布的品牌信息来源于国家工商行政管理总局，各省市工商行政管理总局，国家质量监督检验检疫总局，各省市地区质量检验局网站的公告信息，如有遗漏，请相关企业与我协会取得联系，进行信息补充和更正。

2018
中国乐器
年鉴
CHINA MUSICAL INSTRUMENT YEARBOOK

2017年乐器行业规模以上企业主要经济指标完成情况

（按产品类别划分）

（金额：千元）

产品类别		中乐器制造	西乐器制造	电子乐器制造	其他乐器及零件制造	总计
汇总企业数（个）		37	148	26	46	257
主营业务收入	2017 年累计	5,079,290	20,622,433	7,495,758	4,297,409	37,494,890
	2016 年累计	4,711,316	18,948,912	7,503,113	5,013,775	36,177,116
	同比 %	7.81	8.83	−0.10	−14.29	3.64
出口交货值	2017 年累计	2,160,256	4,239,234	2,818,906	239,894	9,458,290
	2016 年累计	1,731,384	4,110,001	3,043,928	729,730	9,615,043
	同比 %	24.77	3.14	−7.39	−67.13	−1.63
应收账款净额	2017 年累计	204,329	1,807,264	436,750	341,056	2,789,399
	2016 年累计	173,086	1,350,565	429,820	420,961	2,374,432
	同比 %	18.05	33.82	1.61	−18.98	17.48
产成品存货	2017 年累计	181,710	1,005,668	197,820	183,984	1,569,182
	2016 年累计	177,543	1,059,377	236,405	177,700	1,651,025
	同比 %	2.35	−5.07	−16.32	3.54	−4.96
流动资产净值平均余额	2017 年累计	1203,898	10,586,084	2,074,662	1,336,536	15,201,180
	2016 年累计	1,075,170	8,808,251	1,981,599	1,415,938	13,280,958
	同比 %	11.97	20.18	4.70	−5.61	14.46
主营业务成本	2017 年累计	4,233,484	17,956,384	6,003,799	3,792,441	31,986,108
	2016 年累计	3,986,484	16,474,817	6,044,733	4,415,120	30,921,154
	同比 %	6.20	8.99	−0.68	−14.10	3.44
资产总额	2017 年累计	2,483,188	18,172,261	5,242,110	2,380,377	28,277,936
	2016 年累计	2,256,503	15,490,333	4,353,935	2,550,049	24,650,820
	同比 %	10.05	17.31	20.40	−6.65	14.71
利润总额	2017 年累计	347,348	1,170,367	749,163	242,844	2,509,722
	2016 年累计	304,951	1,041,016	805,599	261,967	2,413,533
	同比 %	13.90	12.43	−7.01	−7.30	3.99
亏损企业（个）	2017 年 12 月	1	16	3	3	23
	2016 年 12 月	1	14	3	0	18

备注：由于每年参与统计的规模以上企业与前一年并不完全相同，故不同年份的数据不可比。各单位在使用过程中，请用当年的同比数据。

（数据来源：国家统计局 中国轻工业信息中心 中国乐器协会信息部）

2017年中国乐器海关出口量值

商品名称	单位	数量			金额（美元）		
		2017 年	2016 年	同比 (%)	2017 年	2016 年	同比 (%)
竖式钢琴（包括自动钢琴）	台	19,250	20,580	−6.46	29,078,056	31,473,688	−7.61
大钢琴（包括自动钢琴）	台	5947	4311	37.95	20,656,744	25,374,201	−18.59
拨弦古钢琴及其他键盘弦乐器	台	16,585	4477	270.45	1,998,932	1,114,665	79.33
弓弦乐器	只	1,694,727	1,386,878	22.20	78,616,651	79,412,561	−1.00
其他弦乐器（如吉他、小提琴、竖琴）	只	10,130,882	9,118,570	11.10	294,754,771	300,507,646	−1.91
铜管乐器	只	636,097	736,750	−13.66	83,682,114	82,962,842	0.87
键盘管风琴；簧风琴及类似的游离金属簧片键盘乐器	只	2,162,162	1,923,806	12.39	11,743,427	9,842,469	19.31
手风琴及类似乐器	只	403,686	394,797	2.25	12,483,942	13,039,048	−4.26
口琴	只	5,743,745	5,001,611	14.84	11,818,738	10,466,159	12.92
其他管乐器，但游艺场风琴及手摇风琴除外	只	7,935,166	9,324,285	−14.90	65,387,353	57,987,122	12.76
打击乐器（如鼓、木琴、响板、响葫芦）	只	8,242,933	9,720,146	−15.20	121,865,323	126,476,694	−3.65
通过电产生或扩大声音的键盘乐器	只	5,002,562	4,617,568	8.34	350,314,783	357,801,769	−2.09
其他通过电产生或扩大声音的乐器（如电吉他）	个	2,748,330	2,369,058	16.01	165,948,482	163,127,985	1.73
百音盒	个	16,331,376	16,328,322	0.02	43,802,373	48,056,673	−8.85
未列名的其他乐器	个	74,095,318	7,3298,415	1.09	16,395,202	21,374,115	−23.29
乐器用弦	千克	303,490	289,209	4.94	6,728,152	6,402,020	5.09
钢琴的零件、附件	千克	5,423,735	6,717,399	−19.26	35,800,284	42,840,777	−16.43
弓弦乐器的零件、附件	千克	4,564,451	4,158,159	9.77	67,171,368	61,008,549	10.10
电子乐器的零件、附件	千克	6,285,320	6,301,868	−0.26	43,512,750	44,822,039	−2.92
节拍器、音叉及定音管	千克	78,553	76,923	2.12	2,848,107	3,191,901	−10.77
百音盒的机械装置	千克	396,403	400,539	−1.03	4,097,881	4,083,539	0.35
未列名乐器的零件、附件	千克	11,283,569	11,669,147	−3.30	79,493,090	80,075,846	−0.73
合计					1,548,198,523	1,571,442,308	−1.48

（数据来源：海关总署 中国轻工业信息中心 中国乐器协会信息部）

2017年中国乐器出口世界各大洲概况

洲别	占比	金额（美元）		
		2017 年	2016 年	同比 (%)
北美洲	32.97%	510,485,413	515,966,925	−1.06
亚洲	28.49%	441,093,099	454,163,907	−2.88
欧洲	25.05%	387,835,252	393,383,130	−1.41
南美洲	9.25%	143,222,233	139,493,531	2.67
大洋洲	2.33%	36,073,577	40,729,557	−11.43
非洲	1.90%	29,488,949	27,705,258	6.44
贸易国合计	100.00%	1,548,198,523	157,1442,308	−1.48

（数据来源：海关总署 中国轻工业信息中心 中国乐器协会信息部）

2017年中国乐器出口贸易组织概况

组织和地区	占比	金额（美元）		
		2017 年	2016 年	同比 (%)
亚太经合组织	61.48%	951,798,645	986,419,254	−3.51
欧盟	23.71%	367,109,069	376,840,391	−2.58
一带一路	18.03%	279,186,963	270,008,440	3.40
东盟	9.08%	140,626,149	148,533,700	−5.32
日韩	8.78%	135,959,684	148,870,126	−8.67
金砖国家	6.29%	97,387,474	80,313,362	21.26
港澳自贸区	3.22%	49,862,067	53,495,099	−6.79
智利自贸区	1.19%	18,364,806	20,626,787	−10.97
新加坡自贸区	0.96%	14,912,012	19,581,291	−23.85
中国台湾	0.89%	13,772,831	15,180,492	−9.27
秘鲁自贸区	0.57%	8,759,083	8,020,054	9.21
新西兰自贸区	0.29%	4,507,094	4,064,935	10.88
巴基斯坦自贸区	0.14%	2,112,314	1,750,477	20.67
哥斯达黎加自贸区	0.07%	1,063,572	830,983	27.99
贸易国合计	100.00%	1,548,198,523	1,571,442,308	−1.48

（数据来源：国家海关总署 中国轻工业信息中心 中国乐器协会信息部）

2017年中国乐器出口国家和地区前30位

（按出口金额排序）

排名	国家和地区	数量（件）			金额（美元）		
		2017 年	2016 年	同比 (%)	2017 年	2016 年	同比 (%)
1	美国	33,676,971	41,654,020	−19.15	478,423,409	486,356,636	−1.63
2	德国	7,451,598	8,061,207	−7.56	134,403,174	128,726,847	4.41
3	日本	8,492,218	9,137,528	−7.06	90,484,837	98,714,831	−8.34
4	英国	5,190,102	5,651,931	−8.17	71,464,899	74,403,859	−3.95
5	中国香港	3,105,160	4,642,452	−33.11	48,943,940	52,793,814	−7.29
6	印度尼西亚	6,405,249	8,197,317	−21.86	48,801,869	58,152,571	−16.08
7	韩国	4,222,772	3,215,997	31.31	45,474,847	50,155,295	−9.33
8	巴西	2,444,562	2,320,923	5.33	42,615,688	36,375,784	17.15
9	法国	1,855,035	2,834,326	−34.55	41,070,504	40,321,204	1.86
10	荷兰	2,581,172	3,901,944	−33.85	35,202,638	42,169,585	−16.52
11	印度	4,943,714	3,219,110	53.57	32,524,607	27,093,496	20.05
12	加拿大	1,656,428	1,581,656	4.73	32,061,204	29,609,875	8.28
13	澳大利亚	1,927,853	2,007,213	−3.95	30,456,806	35,550,282	−14.33
14	马来西亚	2,274,768	2,495,822	−8.86	26,979,463	26,379,908	2.27
15	墨西哥	3,929,989	2,852,155	37.79	24,453,117	25,868,571	−5.47
16	泰国	1,834,749	1,238,570	48.13	20,645,298	18,643,303	10.74
17	智利	1,945,925	2,063,417	−5.69	18,364,806	20,626,787	−10.97
18	比利时	2,686,832	2,888,941	−7.00	18,351,980	20,943,957	−12.38
19	菲律宾	4,459,690	3,535,555	26.14	16,809,950	17,440,934	−3.62
20	意大利	1,827,914	2,100,380	−12.97	16,664,844	21,109,941	−21.06
21	阿拉伯联合酋长国	1,723,686	1,816,554	−5.11	15,792,510	16,360,811	−3.47
22	土耳其	3,257,655	2,027,307	60.69	15,652,075	11,329,281	38.16
23	俄罗斯联邦	1,834,486	959,619	91.17	15,084,229	10,728,989	40.59
24	新加坡	616,508	1,591,107	−61.25	14,912,012	19,581,291	−23.85
25	阿根廷	1,333,863	1,236,678	7.86	14,850,309	14,743,006	0.73
26	中国台湾	772,032	948,305	−18.59	13,772,831	15,180,492	−9.27
27	西班牙	2,459,787	2,709,680	−9.22	12,358,282	13,212,061	−6.46
28	越南	1,303,621	385,412	238.24	11,881,657	7,459,002	59.29
29	伊朗	1,916,528	1,224,492	56.52	8,946,511	8,220,613	8.83
30	秘鲁	991,290	1,054,531	−6.00	8,759,083	8,020,054	9.21

（数据来源：海关总署 中国轻工业信息中心 中国乐器协会信息部）

2017年中国乐器各省市海关出口情况

省市	数量			金额（美元）		
	2017 年	2016 年	同比 (%)	2017 年	2016 年	同比 (%)
广东	43,497,194	39,679,503	9.62	583,351,614	571,412,371	2.09
天津	8,168,713	9,012,722	−9.36	235,396,175	260,304,371	−9.57
江苏	15,352,975	12,815,471	19.80	188,665,034	183,365,753	2.89
浙江	71,953,087	78,527,013	−8.37	163,001,316	168,507,003	−3.27
上海	5,614,119	6,248,123	−10.15	108,017,017	120,896,314	−10.65
山东	4,017,800	3,754,416	7.02	63,352,630	73,447,082	−13.74
北京	759,459	681,044	11.51	52,841,768	46,676,545	13.21
河北	5,921,122	6,426,371	−7.86	45,097,213	43,586,537	3.47
福建	2,535,748	2,492,649	1.73	38,161,613	35,350,538	7.95
辽宁	347,896	462,543	−24.79	27,731,004	29,469,556	−5.90
湖北	411,751	468,365	−12.09	13,285,192	12,805,825	3.74
贵州	235,699	386,011	−38.94	8,173,478	3,153,866	159.16
黑龙江	698,852	935,525	−25.30	6,798,827	7,729,796	−12.04
安徽	782,824	549,365	42.50	3,471,627	2,518,116	37.87
江西	638,242	253,117	152.15	1,737,259	2,854,602	−39.14
四川	97,969	44,687	119.23	1,641,294	947,894	73.15
湖南	445,552	190,164	134.30	1,608,740	2,250,729	−28.52
河南	78,097	333,889	−76.61	1,394,798	1,281,023	8.88
广西	29,637	32,940	−10.03	1,164,046	796,428	46.16
新疆	1,452,867	381,213	281.12	1,103,043	698,561	57.90
西藏	10,959	17,355	−36.85	640,411	360,891	77.45
陕西	62,630	3894	1508.37	581,709	241,078	141.29
云南	4037	5120	−21.15	471,163	595,033	−20.82
重庆	37,501	43,142	−13.08	266,147	937,118	−71.60
吉林	287,339	43,967	553.53	191,020	137,119	39.31
宁夏	51,740	2,792	1753.15	30,502	234,860	−87.01
内蒙古	10,122	1089	829.48	19,834	106,320	−81.34
山西	296	3499	−91.54	3701	77,140	−95.20
甘肃	60	27,389	−99.78	348	624,416	−99.94

（数据来源：海关总署 中国轻工业信息中心 中国乐器协会信息部）

2017年立式钢琴出口国家和地区

（按出口金额排序）

排名	国家和地区	数量（台）			金额（美元）		
		2017 年	2016 年	同比 (%)	2017 年	2016 年	同比 (%)
1	美国	3353	3232	3.74	5,273,623	5,300,382	−0.50
2	中国香港	1277	1297	−1.54	2,783,503	2,624,607	6.05
3	德国	1817	1715	5.95	2,630,638	2,373,482	10.83
4	伊朗	1172	1337	−12.34	1,813,936	1,965,078	−7.69
5	新加坡	961	1224	−21.49	1,522,642	2,030,530	−25.01
6	澳大利亚	702	717	−2.09	1,363,083	1,655,606	−17.67
7	韩国	658	1171	−43.81	1,220,397	1,867,643	−34.66
8	荷兰	650	781	−16.77	1,104,823	1,304,593	−15.31
9	比利时	711	411	72.99	894,484	596,423	49.97
10	朝鲜	855	291	193.81	891,478	303,390	193.84
11	日本	509	936	−45.62	827,309	1,333,248	−37.95
12	法国	617	995	−37.99	730,341	1,163,445	−37.23
13	意大利	522	532	−1.88	645,110	653,091	−1.22
14	英国	448	821	−45.43	622,191	968,491	−35.76
15	加拿大	404	286	41.26	612,450	539,624	13.50
16	马来西亚	407	260	56.54	542,621	364,427	48.90
17	俄罗斯联邦	352	373	−5.63	477,724	489,611	−2.43
18	新西兰	292	132	121.21	444,122	280,493	58.34
19	土耳其	304	319	−4.70	336,949	354,001	−4.82
20	阿拉伯联合酋长国	235	137	71.53	332,186	201,697	64.70
21	印度	198	149	32.89	296,557	275,221	7.75
22	捷克	171	426	−59.86	262,543	757,596	−65.35
23	以色列	197	206	−4.37	247,612	262,329	−5.61
24	泰国	126	173	−27.17	247,122	380,567	−35.06
25	波兰	155	272	−43.01	235,776	402,659	−41.45
26	巴西	283	278	1.80	234,908	221,902	5.86
27	中国澳门	247	199	24.12	217,718	208,492	4.43
28	越南	81	51	58.82	185,466	130,932	41.65
29	中国台湾	86	67	28.36	184,555	144,835	27.42
30	奥地利	133	118	12.71	182,022	215,444	−15.51
31	爱尔兰	155	110	40.91	151,390	112,635	34.41

续表

排名	国家和地区	数量（台）			金额（美元）		
		2017 年	2016 年	同比 (%)	2017 年	2016 年	同比 (%)
32	西班牙	93	108	−13.89	135,285	170,900	−20.84
33	塞浦路斯	116	110	5.45	132,961	144,005	−7.67
34	哈萨克斯坦	102	16	537.50	120,032	9,292	1,191.78
35	突尼斯	76	47	61.70	86,841	56,341	54.13
36	黎巴嫩	56	228	−75.44	84,724	233,308	−63.69
37	菲律宾	73	29	151.72	76,788	37,154	106.67
38	智利	50	33	51.52	67,440	47,556	41.81
39	厄瓜多尔	48	1	4700.00	62,304	1250	4,884.32
40	哥伦比亚	35	3	1066.67	51,104	4412	1,058.30
41	南非	33	25	32.00	46,208	39,370	17.37
42	希腊	43	74	−41.89	43,717	68,608	−36.28
43	摩洛哥	28			41,498		
44	埃及	27	12	125.00	41,475	15,936	160.26
45	肯尼亚	18	4	350.00	38,248	4300	789.49
46	阿尔及利亚	32			34,644		
47	阿塞拜疆	21	32	−34.38	30,690	45,593	−32.69
48	阿根廷	16	38	−57.89	29,804	58,150	−48.75
49	巴拿马	26	9	188.89	29,794	10,233	191.16
50	秘鲁	22	47	−53.19	25,929	56,079	−53.76
51	丹麦	17	4	325.00	25,740	6944	270.68
52	尼日利亚	15	8	87.50	25,031	11,780	112.49
53	马耳他	18	63	−71.43	23,606	90,524	−73.92
54	芬兰	14	14	0.00	23,500	12,677	85.38
55	危地马拉	17			23,150		
56	阿尔巴尼亚	14	47	−70.21	23,045	54,362	−57.61
57	文莱	9	11	−18.18	20,891	22,406	−6.76
58	爱沙尼亚	10			20,472		
59	冰岛	12	14	−14.29	20,112	19,110	5.24
60	葡萄牙	9	1	800.00	19,489	1515	1,186.40
61	斯洛伐克	14			16,929		
62	特立尼达和多巴哥	12			14,322		
63	苏里南	8			13,164		
64	墨西哥	9	102	−91.18	12,358	130,850	−90.56
65	印度尼西亚	13	40	−67.50	12,220	56,604	−78.41

续表

排名	国家和地区	数量（台）			金额（美元）		
		2017 年	2016 年	同比 (%)	2017 年	2016 年	同比 (%)
66	孟加拉国	8	2	300.00	11,384	4695	142.47
67	蒙古	4			10,202		
68	拉脱维亚	9	50	−82.00	9887	12,891	−23.30
69	罗马尼亚	6			9200		
70	马达加斯加	5	3	66.67	8273	4943	
71	乌克兰	5			7200		
72	毛里求斯	3			5013		
73	亚美尼亚	2	2	0.00	2902	2902	0.00
74	加纳	2			2540		
75	巴基斯坦	2			2496		
76	斯里兰卡	2			2496		
77	赞比亚	1			2096		
78	斯威士兰	1			1860		
79	扎伊尔	1	2	−50.00	1860	2959	
80	几内亚	1			1680		
81	挪威	1	13	−92.31	1482	20,177	
82	塞拉利昂	1			1450		
83	牙买加	1			1188		
84	吉布提	1	1	0.00	1062	910	
85	巴拉圭	1			931		
86	伯利兹	1			906		
87	匈牙利	1	10	−90.00	867	13,016	
88	塞内加尔	1			850		
89	斐济	1	1	0.00	700	1250	
90	瑞典	1			393		
91	约旦	4	4	0.00	344	5452	

（数据来源：海关总署 中国轻工业信息中心 中国乐器协会信息部）

2017年三角钢琴出口国家和地区

（按出口金额排序）

排名	国家和地区	数量（台）			金额（美元）		
		2017 年	2016 年	同比 (%)	2017 年	2016 年	同比 (%)
1	美国	2019	1916	5.38	7,970,273	7,504,627	6.20
2	澳大利亚	185	300	−38.33	1,619,015	4,100,895	−60.52
3	德国	244	227	7.49	1,229,936	1,095,420	12.28
4	韩国	148	146	1.37	982,278	1,321,147	−25.65
5	捷克	184	95	93.68	884,294	445,594	98.45
6	中国香港	1694	97	1646.39	867,768	1,948,502	−55.46
7	新加坡	46	64	−28.13	587,521	1,252,454	−53.09
8	加拿大	134	103	30.10	501,500	423,674	18.37
9	中国台湾	16	22	−27.27	460,139	481,953	−4.53
10	英国	109	171	−36.26	459,762	660,869	−30.43
11	伊朗	98	114	−14.04	409,773	454,722	−9.88
12	比利时	72	27	166.67	361,979	164,414	120.16
13	意大利	90	54	66.67	312,199	202,850	53.91
14	新西兰	23	50	−54.00	289,353	398,924	−27.47
15	越南	16	17	−5.88	261,873	518,720	−49.52
16	荷兰	65	100	−35.00	260,897	538,554	−51.56
17	巴西	82	99	−17.17	256,158	315,873	−18.90
18	波兰	49	55	−10.91	226,004	255,626	−11.59
19	以色列	64	41	56.10	205,941	152,622	34.94
20	法国	46	46	0.00	193,011	193,439	−0.22
21	泰国	36	31	16.13	171,464	385,941	−55.57
22	俄罗斯联邦	38	48	−20.83	158,061	185,995	−15.02
23	日本	37	69	−46.38	143,214	253,630	
24	土耳其	43	33	30.30	136,840	112,258	21.90
25	马来西亚	33	52	−36.54	126,064	540,980	−76.70
26	印度	27	14	92.86	123,101	94,113	30.80
27	阿塞拜疆	27	4	575.00	109,775	16,285	574.09
28	乌兹别克斯坦	21	27	−22.22	109,609	177,736	−38.33
29	奥地利	25	24	4.17	109,244	105,751	3.30
30	黎巴嫩	23	27	−14.81	89,695	114,719	−21.81

续表

排名	国家和地区	数量（台）			金额（美元）		
		2017 年	2016 年	同比 (%)	2017 年	2016 年	同比 (%)
31	爱尔兰	33	15	120.00	85,000	40,320	110.81
32	菲律宾	10	14	−28.57	78,900	54,390	45.06
33	哈萨克斯坦	21	10	110.00	77,080	36,630	110.43
34	肯尼亚	14			65,765		
35	阿拉伯联合酋长国	16	22	−27.27	54,638	86,424	−36.78
36	乌克兰	11	2	450.00	52,537	9398	459.02
37	南非	12	19	−36.84	45,100	76,486	
38	中国澳门	4	4	0.00	42,698	9000	374.42
39	塞浦路斯	8	9	−11.11	42,567	26,827	58.67
40	巴拿马	12	8	50.00	35,724	29,175	22.45
41	阿根廷	7	2	250.00	34,248	6716	409.95
42	哥伦比亚	7			29,907		
43	智利	6	5	20.00	28,946	22,860	26.62
44	马耳他	7	4	75.00	26,107	16,585	57.41
45	葡萄牙	5			25,442		
46	古巴	4	3	33.33	24,173	20,200	19.67
47	印度尼西亚	4	6	−33.33	22,048	48,167	−54.23
48	尼日利亚	3	1	200.00	21,712	2411	800.54
49	埃及	7	6	16.67	20,710	28,912	−28.37
50	西班牙	8			19,257		
51	马达加斯加	5	4	25.00	18,600	20,610	−9.75
52	亚美尼亚	5	4	25.00	18,449	15,244	21.02
53	孟加拉国	2			17,550		
54	墨西哥	4	33	−87.88	15,182	135,366	−88.78
55	希腊	3	5	−40.00	11,312	13,392	−15.53
56	危地马拉	3			10,550		
57	约旦	4	2	100.00	9225	6060	52.23
58	丹麦	2	11	−81.82	7752	65,766	−88.21
59	尼泊尔	1			7326		
60	突尼斯	2	5	−60.00	7290	18,081	
61	沙特阿拉伯	1	1	0.00	7153	2641	170.84
62	冰岛	2	1	100.00	6887	4528	52.10
63	罗马尼亚	1			6706		
64	卡塔尔	1	5	−80.00	6595	26,681	−75.28

续表

排名	国家和地区	数量（台）			金额（美元）		
		2017 年	2016 年	同比 (%)	2017 年	2016 年	同比 (%)
65	斯洛伐克	2			6411		
66	挪威	1	2	−50.00	5405	6457	
67	秘鲁	1			5355		
68	爱沙尼亚	2			4942		
69	蒙古	1			4400		
70	文莱	1	2	−50.00	4030	9100	
71	巴基斯坦	1			3981		
72	匈牙利	1	5	−80.00	3912	17,085	
73	格鲁吉亚	1	1	0.00	3910	8910	
74	拉脱维亚	1			3250		
75	保加利亚	2			3000		
76	斯洛文尼亚	1			2951		
77	摩洛哥	1			2881		
78	科特迪瓦	1			2000		
79	坦桑尼亚	1			439		

（数据来源：海关总署 中国轻工业信息中心 中国乐器协会信息部）

2017年主要乐器出口额前10位国家和地区

（按出口金额排序）

商品名称	国家和地区数量	排名	国家和地区	数量（件）			金额（美元）		
				2017年	2016年	同比(%)	2017年	2016年	同比(%)
立式钢琴	91	1	美国	3353	3232	3.74	5,273,623	5,300,382	−0.50
		2	中国香港	1277	1297	−1.54	2,783,503	2,624,607	6.05
		3	德国	1817	1715	5.95	2,630,638	2,373,482	10.83
		4	伊朗	1172	1337	−12.34	1,813,936	1,965,078	−7.69
		5	新加坡	961	1224	−21.49	1,522,642	2,030,530	−25.01
		6	澳大利亚	702	717	−2.09	1,363,083	1,655,606	−17.67
		7	韩国	658	1171	−43.81	1,220,397	1,867,643	−34.66
		8	荷兰	650	781	−16.77	1,104,823	1,304,593	−15.31
		9	比利时	711	411	72.99	894,484	596,423	49.97
		10	朝鲜	855	291	193.81	891,478	303,390	193.84
三角钢琴	79	1	美国	2019	1916	5.38	7,970,273	7,504,627	6.20
		2	澳大利亚	185	300	−38.33	1,619,015	4,100,895	−60.52
		3	德国	244	227	7.49	1,229,936	1,095,420	12.28
		4	韩国	148	146	1.37	982,278	1,321,147	−25.65
		5	捷克	184	95	93.68	884,294	445,594	98.45
		6	中国香港	1694	97	1646.39	867,768	1,948,502	−55.46
		7	新加坡	46	64	−28.13	587,521	1,252,454	−53.09
		8	加拿大	134	103	30.10	501,500	423,674	18.37
		9	中国台湾	16	22	−27.27	460,139	481,953	−4.53
		10	英国	109	171	−36.26	459,762	660,869	−30.43
拨弦古钢琴及其他键盘弦乐器	71	1	德国	2793	910	206.92	461,539	160,089	188.30
		2	中国台湾	603	274	120.07	231,175	108,200	113.66
		3	伊朗	427	132	223.48	162,868	49,409	229.63
		4	日本	7828	111	6952.25	161,035	26,600	505.39
		5	荷兰	512			113,265		
		6	澳大利亚	119	200	−40.50	84,298	183,645	−54.10
		7	英国	710	61	1063.93	65,116	7,660	750.08
		8	土耳其	268			61,637		
		9	新加坡	115	58	98.28	52,512	4737	1008.55
		10	新西兰	93	10	830.00	52,454	4773	998.97

续表

商品名称	国家和地区数量	排名	国家和地区	数量（件）			金额（美元）		
				2017 年	2016 年	同比 (%)	2017 年	2016 年	同比 (%)
弓弦乐器	142	1	美国	530,863	422,817	25.55	35,494,544	33,778,255	5.08
		2	英国	75,893	74,250	2.21	3,947,488	4,320,736	−8.64
		3	韩国	80,850	104,434	−22.58	3,416,273	5,326,648	−35.86
		4	德国	38,444	39,819	−3.45	3,160,261	3,824,446	−17.37
		5	加拿大	17,724	14,603	21.37	2,342,294	2,281,444	2.67
		6	日本	19,784	22,799	−13.22	2,039,795	2,634,387	−22.57
		7	墨西哥	62,253	63,947	−2.65	1,828,413	2,255,679	−18.94
		8	巴西	48,924	41,135	18.94	1,699,258	1,305,068	30.20
		9	澳大利亚	22,131	20,489	8.01	1,660,425	1,503,573	10.43
		10	法国	16,476	15,585	5.72	1,322,592	1,391,322	−4.94
其他弦乐器	161	1	美国	3,100,768	2,506,283	23.72	90,985,817	93,827,063	−3.03
		2	巴西	681,796	591,826	15.20	20,144,880	18,059,534	11.55
		3	德国	509,111	523,373	−2.73	17,243,209	19,262,976	−10.49
		4	英国	579,666	546,803	6.01	13,241,053	12,489,036	6.02
		5	泰国	276,261	233,343	18.39	9,629,851	8,848,094	8.84
		6	日本	181,111	214,250	−15.47	8,794,025	11,616,651	−24.30
		7	法国	184,291	179,982	2.39	8,633,119	6,451,769	33.81
		8	荷兰	268,904	208,753	28.81	8,365,850	10,173,568	−17.77
		9	印度	310,755	234,924	32.28	7,981,864	7,628,776	4.63
		10	加拿大	272,794	182,077	49.82	7,397,469	6,388,231	15.80
铜管乐器	108	1	美国	206,070	235,483	−12.49	37,708,402	32,933,146	14.50
		2	德国	61,517	68,488	−10.18	10,430,549	12,166,282	−14.27
		3	英国	30,941	43,473	−28.83	5,069,160	5,460,051	−7.16
		4	法国	15,826	15,322	3.29	3,855,646	3,534,796	9.08
		5	日本	18,653	21,451	−13.04	2,402,888	2,398,581	0.18
		6	加拿大	16,696	7210	131.57	1,742,310	1,477,102	17.95
		7	澳大利亚	11,845	10,596	11.79	1,667,216	1,441,564	15.65
		8	巴西	12,217	14,871	−17.85	1,581,190	1,608,070	−1.67
		9	智利	23,657	21,164	11.78	1,535,054	1,643,618	−6.61
		10	中国台湾	4542	4908	−7.46	1,448,165	1,544,901	−6.26
键盘管风琴；簧风琴等游离金属簧片键盘乐器	69	1	土耳其	851,628	456,265	86.65	3,765,681	1,981,071	90.08
		2	日本	268,066	272,032	−1.46	2,929,168	2,942,029	−0.44
		3	印度尼西亚	573,772	503,502	13.96	2,459,241	1,922,023	27.95
		4	马来西亚	70,549	366,840	−80.77	361,148	1,140,125	−68.32

续表

商品名称	国家和地区数量	排名	国家和地区	数量（件）			金额（美元）		
				2017 年	2016 年	同比 (%)	2017 年	2016 年	同比 (%)
键盘管风琴；簧风琴等游离金属簧片键盘乐器	69	5	阿根廷	52,616	54,740	−3.88	270,571	182,935	47.91
		6	泰国	29,910	20,240	47.78	206,353	140,739	46.62
		7	墨西哥	32,581	33,275	−2.09	177,792	218,608	−18.67
		8	斯里兰卡	24,106	22,100	9.08	175,807	179,974	−2.32
		9	美国	27,367	23,863	14.68	172,213	103,407	66.54
		10	智利	29,162	19,530	49.32	156,327	99,910	56.47
手风琴及类似乐器	93	1	美国	65,426	42,470	54.05	2,489,352	3,014,012	−17.41
		2	德国	16,495	8417	95.97	1,554,254	1,246,767	24.66
		3	墨西哥	21,151	14,730	43.59	912,821	1,141,862	−20.06
		4	巴拉圭	31,003	23,133	34.02	878,641	413,316	112.58
		5	智利	24,428	12,859	89.97	820,091	695,801	17.86
		6	巴西	35,796	33,536	6.74	734,346	552,917	32.81
		7	日本	6795	6542	3.87	723,486	406,755	77.87
		8	阿根廷	8881	7154	24.14	547,719	470,614	16.38
		9	英国	28,692	21,657	32.48	471,907	412,828	14.31
		10	韩国	1858	6500	−71.42	434,607	791,336	−45.08
口琴	99	1	美国	1,530,853	959,054	59.62	2,541,295	1,873,711	35.63
		2	日本	616,664	655,165	−5.88	1,820,801	1,716,601	6.07
		3	韩国	275,659	203,280	35.61	1,261,059	956,010	31.91
		4	德国	454,406	405,652	12.02	1,121,225	1,315,932	−14.80
		5	比利时	383,144	389,862	−1.72	604,621	468,012	29.19
		6	土耳其	128,900	121,735	5.89	588,415	357,248	64.71
		7	英国	266,392	250,786	6.22	338,138	303,082	11.57
		8	印度	174,685	181,056	−3.52	334,133	353,350	−5.44
		9	巴西	120,299	194,851	−38.26	254,220	275,951	−7.87
		10	墨西哥	97,228	66,892	45.35	238,966	212,135	12.65
其他管乐器（游艺场风琴及手摇风琴除外）	130	1	美国	1,573,245	2,293,603	−31.41	31,543,550	26,100,155	20.86
		2	德国	223,070	196,767	13.37	4,443,596	3,058,979	45.26
		3	加拿大	116,331	337,242	−65.51	3,027,744	2,607,151	16.13
		4	中国香港	33,991	14,716	130.98	2,283,403	1,693,743	34.81
		5	英国	198,395	169,330	17.16	2,235,075	2,073,619	7.79
		6	法国	90,465	108,786	−16.84	1,901,521	1,181,188	60.98
		7	巴西	216,908	157,474	37.74	1,500,143	1,124,385	33.42

续表

商品名称	国家和地区数量	排名	国家和地区	数量（件）			金额（美元）		
				2017 年	2016 年	同比 (%)	2017 年	2016 年	同比 (%)
其他管乐器（游艺场风琴及手摇风琴除外）	130	8	秘鲁	268,976	258,301	4.13	1,216,431	1,030,122	18.09
		9	韩国	62,561	73,349	−14.71	1,208,235	1,479,441	−18.33
		10	意大利	167,143	144,316	15.82	1,173,463	1,205,355	−2.65
打击乐器	145	1	美国	2,058,727	2,305,501	−10.70	42,800,552	43,408,404	−1.40
		2	德国	428,377	433,033	−1.08	9,742,894	9,123,336	6.79
		3	日本	405,029	756,157	−46.44	4,106,793	4,634,313	−11.38
		4	巴西	104,371	159,027	−34.37	4,006,204	2,994,555	33.78
		5	荷兰	100,482	109,430	−8.18	3,948,677	3,898,343	1.29
		6	英国	306,804	398,925	−23.09	3,763,865	4,288,149	−12.23
		7	菲律宾	212,571	195,843	8.54	3,458,212	3,220,765	7.37
		8	墨西哥	123,924	117,175	5.76	3,452,847	3,668,464	−5.88
		9	加拿大	168,618	114,310	47.51	3,253,913	2,432,477	33.77
		10	韩国	316,507	363,442	−12.91	3,143,299	3,521,277	−10.73
通过电产生或扩大声音的键盘乐器	149	1	美国	1,201,095	1,384,947	−13.28	95,631,861	109,818,577	−12.92
		2	德国	585,351	503,929	16.16	50,623,217	43,571,721	16.18
		3	日本	361,272	347,223	4.05	35,009,449	35,292,930	−0.80
		4	中国香港	272,742	245,303	11.19	22,080,160	20,877,029	5.76
		5	英国	233,093	220,752	5.59	18,240,014	19,462,761	−6.28
		6	印度	319,597	253,999	25.83	14,890,484	10,985,093	35.55
		7	法国	142,120	171,900	−17.32	14,026,876	15,693,806	−10.62
		8	韩国	109,226	103,469	5.56	12,151,735	13,821,326	−12.08
		9	阿拉伯联合酋长国	125,608	114,888	9.33	9,340,421	8,773,215	6.47
		10	澳大利亚	76,204	90,943	−16.21	6,260,977	6,529,379	−4.11
其他通过电产生或扩大声音的乐器	117	1	美国	842,947	824,550	2.23	66,814,367	66,384,278	0.65
		2	日本	165,607	151,681	9.18	13,999,279	15,558,041	−10.02
		3	德国	155,570	171,252	−9.16	13,299,951	12,981,853	2.45
		4	荷兰	134,680	134,979	−0.22	11,106,114	13,645,115	−18.61
		5	英国	111,223	120,323	−7.56	7,467,693	7,841,743	−4.77
		6	马来西亚	87,629	51,582	69.88	6,811,847	3,859,930	76.48
		7	比利时	43,010	44,708	−3.80	6,180,749	7,138,197	−13.41
		8	加拿大	48,462	41,508	16.75	3,826,340	3,544,398	7.95
		9	澳大利亚	54,707	50,509	8.31	3,316,781	3,570,263	−7.10
		10	巴西	53,200	36,579	45.44	2,893,277	1,743,566	65.94

续表

商品名称	国家和地区数量	排名	国家和地区	数量（件）			金额（美元）		
				2017 年	2016 年	同比 (%)	2017 年	2016 年	同比 (%)
百音盒	115	1	美国	2,706,939	2,927,147	−7.52	9,584,717	12,017,110	−20.24
		2	英国	1,381,717	1,594,282	−13.33	5,991,131	6,371,249	−5.97
		3	中国香港	1,268,625	2,117,434	−40.09	2,388,005	4,379,882	−45.48
		4	土耳其	916,821	310,024	195.73	1,895,951	782,356	142.34
		5	澳大利亚	309,957	287,445	7.83	1,449,529	1,596,026	−9.18
		6	法国	458,250	458,836	−0.13	1,439,123	1,414,911	1.71
		7	日本	522,976	622,668	−16.01	1,309,154	1,471,344	−11.02
		8	伊朗	571,840	436,123	31.12	1,264,695	1,298,244	−2.58
		9	中国台湾	95,020	108,616	−12.52	1,212,355	1,239,515	−2.19
		10	荷兰	492,634	539,692	−8.72	1,144,497	1,075,571	6.41
其他乐器；各种媒诱音响器、哨子、号角等	168	1	美国	13,244,057	20,937,079	−36.74	2,855,326	4,033,920	−29.22
		2	日本	4,071,467	3,860,773	5.46	933,679	930,636	0.33
		3	印度	3,102,867	1,599,032	94.05	761,035	739,156	2.96
		4	菲律宾	3,183,805	2,136,212	49.04	589,657	1,046,815	−43.67
		5	韩国	950,047	389,892	143.67	513,989	324,111	58.58
		6	中国香港	579,119	1,103,439	−47.52	513,490	322,951	59.00
		7	西班牙	1,293,704	1,516,452	−14.69	483,770	595,441	−18.75
		8	巴基斯坦	13,380,107	8,402,047	59.25	480,650	763,914	−37.08
		9	德国	1,296,476	2,245,552	−42.26	446,647	545,067	−18.06
		10	危地马拉	1,221,817	725,712	68.36	423,514	493,778	−14.23
乐器用弦	98	1	印度尼西亚	55,923	35,589	57.14	1,211,842	1,009,756	20.01
		2	美国	16,887	17,365	−2.75	884,360	584,761	51.23
		3	英国	6615	4990	32.57	431,176	156,602	175.33
		4	德国	12,406	10,557	17.51	352,036	355,096	−0.86
		5	日本	14,320	15,289	−6.34	314,613	190,708	64.97
		6	中国香港	12,997	9626	35.02	254,894	356,553	−28.51
		7	菲律宾	17,379	33,191	−47.64	241,120	473,149	−49.04
		8	比利时	7316	14,095	−48.10	232,651	477,554	−51.28
		9	俄罗斯	10,531	5749	83.18	202,578	123,050	64.63
		10	印度	12,870	16,884	−23.77	196,124	249,542	−21.41
钢琴的零件、附件	64	1	印度尼西亚	3,173,116	4,792,266	−33.79	22,299,626	29,015,157	−23.14
		2	捷克	457,096	462,834	−1.24	3,204,717	2,979,849	7.55
		3	日本	213,193	250,886	−15.02	2,384,815	2,660,147	−10.35
		4	韩国	721,597	375,566	92.14	1,607,290	1,133,476	41.80

续表

商品名称	国家和地区数量	排名	国家和地区	数量（件）			金额（美元）		
				2017 年	2016 年	同比 (%)	2017 年	2016 年	同比 (%)
钢琴的零件、附件	64	5	德国	247,007	276,027	−10.51	1,118,357	1,231,504	−9.19
		6	伊朗	213,574	160,350	33.19	1,100,491	875,861	25.65
		7	意大利	6816	18,652	−63.46	976,772	2,111,011	−53.73
		8	美国	44,635	44,301	0.75	947,864	420,938	125.18
		9	中国台湾	148,967	153,479	−2.94	621,588	746,694	−16.75
		10	阿拉伯联合酋长国	53,975	766	6946.34	255,148	5193	4813.31
弦乐器的零件、附件	204	1	美国	1,056,436	1,096,091	−3.62	12,279,336	11,824,710	3.84
		2	印度尼西亚	631,786	523,844	20.61	5,621,136	5,142,396	9.31
		3	英国	213,657	225,027	−5.05	4,025,501	5,093,173	−20.96
		4	俄罗斯	151,313	78,927	91.71	3,625,328	1,921,622	88.66
		5	德国	243,746	340,864	−28.49	2,891,895	2,853,543	1.34
		6	法国	73,535	70,774	3.90	2,477,793	2,186,470	13.32
		7	日本	246,050	292,354	−15.84	2,237,254	2,862,911	−21.85
		8	韩国	166,412	128,217	29.79	2,171,319	1,578,964	37.52
		9	中国香港	104,629	132,906	−21.28	2,126,497	2,341,698	−9.19
		10	澳大利亚	132,274	82,143	61.03	1,915,539	1,684,402	13.72
键盘电子乐器的零件、附件	108	1	美国	2,040,518	1,944,774	4.92	10,634,949	10,213,923	4.12
		2	中国香港	225,789	306,129	−26.24	7,036,432	7,671,778	−8.28
		3	印度尼西亚	452,381	665,942	−32.07	5,206,155	7,820,640	−33.43
		4	韩国	689,870	572,010	20.60	4,400,596	3,416,901	28.79
		5	马来西亚	198,023	229,762	−13.81	3,321,745	2,121,725	56.56
		6	德国	761,575	909,141	−16.23	2,654,969	3,117,421	−14.83
		7	日本	292,890	332,474	−11.91	1,998,731	2,529,670	−20.99
		8	比利时	274,242	169,170	62.11	1,223,202	1,147,345	6.61
		9	英国	246,348	194,737	26.50	1,219,293	971,557	25.50
		10	意大利	117,845	94,948	24.12	481,819	344,543	39.84
节拍器、音叉及定音管	63	1	中国香港	16,337	10,666	53.17	947,725	955,486	−0.81
		2	美国	24,526	24,681	−0.63	945,294	987,634	−4.29
		3	德国	7701	8183	−5.89	215,143	236,848	−9.16
		4	保加利亚	1081	455	137.58	93,961	41,040	128.95
		5	英国	4205	3793	10.86	75,976	61,584	23.37
		6	澳大利亚	2454	1903	28.95	58,318	32,774	77.94
		7	荷兰	2118	397	433.50	53,110	16,711	217.81
		8	俄罗斯	2310	196	1078.57	46,858	2306	1932.00

续表

商品名称	国家和地区数量	排名	国家和地区	数量（件）			金额（美元）		
				2017 年	2016 年	同比 (%)	2017 年	2016 年	同比 (%)
节拍器、音叉及定音管	63	9	日本	1234	2894	−57.36	37,834	107,342	−64.75
		10	意大利	1134	1340	−15.37	36,642	48,865	−25.01
百音盒的机械装置	57	1	斯里兰卡	115,398	95,471	20.87	1,193,324	1,209,759	−1.36
		2	德国	54,428	46,113	18.03	663,098	529,565	25.22
		3	法国	29,146	22,387	30.19	367,821	302,536	21.58
		4	日本	61,996	66,924	−7.36	336,041	355,535	−5.48
		5	中国香港	40,394	40,161	0.58	300,903	195,281	54.09
		6	美国	28,720	56,884	−49.51	205,190	403,006	−49.09
		7	印度	4235	4376	−3.22	154,866	120,997	27.99
		8	荷兰	7361	8232	−10.58	111,074	133,977	−17.09
		9	西班牙	5748	1279	349.41	76,418	16,457	364.35
		10	克罗地亚	3434	2173	58.03	70,754	59,244	19.43
其他乐器的零件、附件	135	1	美国	3,371,115	3,601,611	−6.40	20,636,765	21,743,959	−5.09
		2	德国	1,244,114	1,081,529	15.03	8,987,419	8,502,700	5.70
		3	日本	654,032	780,583	−16.21	6,992,667	7,945,943	−12.00
		4	荷兰	309,280	316,534	−2.29	3,435,679	3,494,914	−1.69
		5	英国	372,951	429,931	−13.25	3,289,476	2,907,992	13.12
		6	中国香港	277,726	378,521	−26.63	2,545,731	3,523,158	−27.74
		7	印度尼西亚	323,693	283,655	14.12	2,080,309	1,869,842	11.26
		8	中国台湾	125,984	238,054	−47.08	2,066,355	3,095,243	−33.24
		9	韩国	342,083	376,428	−9.12	2,049,043	1,924,538	6.47
		10	加拿大	345,952	314,180	10.11	1,983,332	1,713,840	15.72

（数据来源：海关总署 中国轻工业信息中心 中国乐器协会信息部）

2017年中国乐器海关进口量值

商品名称	单位	数量			金额（美元）		
		2017 年	2016 年	同比 (%)	2017 年	2016 年	同比 (%)
竖式钢琴（包括自动钢琴）	台	165,185	144,542	14.28	135,491,670	127,050,851	6.64
大钢琴（包括自动钢琴）	台	7193	5781	24.42	61,695,320	55,012,558	12.15
拨弦古钢琴及其他键盘弦乐器	台	343	734	−53.27	1,432,772	787,111	82.03
弓弦乐器	只	1611	1,336	20.58	2,009,251	1,703,165	17.97
其他弦乐器（如：吉他、小提琴、竖琴）	只	149,206	191,469	−22.07	13,869,506	15,060,388	−7.91
铜管乐器	只	6302	4937	27.65	4,477,414	4,355,529	2.80
键盘管风琴；簧风琴及类似的游离金属簧片键盘乐器	只	705	371	90.03	220,952	4,170,752	−94.70
手风琴及类似乐器	只	1556	776	100.52	244,128	301,566	−19.05
口琴	只	50,809	76,810	−33.85	768,504	714,689	7.53
其他管乐器，但游艺场风琴及手摇风琴除外	只	196,122	216,001	−9.20	9,438,813	7,637,121	23.59
打击乐器（如鼓、木琴、响板、响葫芦）	只	1,807,140	1,469,103	23.01	20,586,679	18,396,534	11.91
通过电产生或扩大声音的键盘乐器	只	86,721	70,760	22.56	37,582,116	29,999,692	25.28
其他通过电产生或扩大声音的乐器（如电吉他）	个	35,801	42,799	−16.35	10,600,753	8,668,735	22.29
百音盒	个	13,755	16,345	−15.85	311,248	396,398	−21.48
未列名的其他乐器	个	455,143	382,347	19.04	459,298	404,791	13.47
乐器用弦	千克	321,715	302,614	6.31	7,023,420	6,405,438	9.65
钢琴的零件、附件	千克	6,003,625	5,512,894	8.90	27,064,159	23,553,742	14.90
弓弦乐器的零件、附件	千克	330,665	383,842	−13.85	6,334,788	8,853,283	−28.45
电子乐器的零件、附件	千克	2,416,997	3,299,442	−26.75	27,958,779	27,962,069	−0.01
节拍器、音叉及定音管	千克	24,019	11,313	112.31	869,654	517,472	68.06
百音盒的机械装置	千克	5118	8354	−38.74	269,545	383,011	−29.62
未列名乐器的零件、附件	千克	1,230,400	1,242,513	−0.97	34,484,359	33,757,706	2.15
合计					403,193,128	376,092,601	7.21

（数据来源：海关总署 中国轻工业信息中心 中国乐器协会信息部）

2017年中国乐器进口世界各大洲概况

洲别	占比	金额（美元）		
		2017 年	2016 年	同比 (%)
亚洲	74.98%	302,300,172	285,753,095	5.79
欧洲	17.18%	69,283,402	68,337,144	1.38
北美洲	6.39%	25,751,773	18,762,519	37.25
南美洲	1.24%	4,980,429	2,714,984	83.44
非洲	0.21%	841,799	381,156	120.85
大洋洲	0.01%	33,206	122,863	−72.97
贸易国合计	100.00%	403,193,128	376,092,601	7.21

（数据来源：海关总署 中国轻工业信息中心 中国乐器协会信息部）

2017年中国乐器进口贸易组织概况

组织和地区	占比	金额（美元）		
		2017 年	2016 年	同比 (%)
亚太经合组织	82.36%	332,069,889	306,730,930	8.26
日韩	39.84%	160,643,546	146,329,180	9.78
一带一路	29.79%	120,117,116	113,222,244	6.09
东盟	28.33%	114,233,057	107,935,881	5.83
欧盟	17.09%	68,891,685	67,745,251	1.69
中国台湾	4.15%	16,722,554	16,276,228	2.74
金砖国家	2.46%	9,900,970	14,652,993	−32.43
港澳自贸区	0.03%	102,317	103,448	−1.09
新加坡自贸区	0.02%	93,829	40,770	130.14
智利自贸区	0.00%	11,684	3656	219.58
巴基斯坦自贸区	0.00%	6880	6572	4.69
秘鲁自贸区	0.00%	652	3186	−79.54
新西兰自贸区	0.00%	0	150	−100.00
贸易国合计	100.00%	403,193,128	376092601	7.21

（数据来源：国家海关总署 中国轻工业信息中心 中国乐器协会信息部）

2017年中国乐器进口国家和地区前30位

（按进口金额排序）

排名	国家和地区	数量（件）			金额（美元）		
		2017 年	2016 年	同比 (%)	2017 年	2016 年	同比 (%)
1	日本	6,165,243	5,636,679	9.38	129,166,869	114,202,369	13.10
2	印度尼西亚	2,879,564	2,867,664	0.41	102,463,638	101,401,400	1.05
3	德国	495,817	497,760	−0.39	45,378,724	47,454,907	−4.38
4	韩国	288,532	337,091	−14.41	31,476,677	32,126,811	−2.02
5	美国	216,185	188,260	14.83	24,019,306	17,288,538	38.93
6	中国台湾	1,273,558	1,225,262	3.94	16,722,554	16,276,228	2.74
7	中国大陆	426,026	854,292	−50.13	9,652,226	14,516,162	−33.51
8	意大利	793,337	1,164,148	−31.85	8,865,365	4,738,152	87.11
9	马来西亚	19,510	16,743	16.53	6,335,217	3,914,837	61.83
10	捷克共和国	120,147	93,960	27.87	5,854,514	4,926,346	18.84
11	法国	17,929	11,326	58.30	4,899,708	2,655,197	84.53
12	奥地利	4538	3763	20.60	3,865,189	4,219,950	−8.41
13	墨西哥	69,812	51,228	36.28	2,353,985	1,420,723	65.69
14	荷兰	3786	8176	−53.69	2,098,670	2,156,734	−2.69
15	加拿大	33,077	10,048	229.19	1,918,935	3,047,499	−37.03
16	泰国	164,551	127,638	28.92	1,732,467	1,473,981	17.54
17	英国	1576	39	3941.03	934,804	117,926	692.70
18	瑞士	6106	1343	354.65	775,728	257,340	201.44
19	西班牙	108,225	120,375	−10.09	709,908	520,088	36.50
20	丹麦	47,902	27,208	76.06	605,499	260,949	132.04
21	土耳其	10,323	8543	20.84	442,935	275,286	60.90
22	越南	425	602	−29.40	399,145	375,495	6.30
23	突尼斯	3764	3758	0.16	370,067	511,330	−27.63
24	瑞典	2851	1836	55.28	344,688	262,125	31.50
25	爱沙尼亚	38,509	17,988	114.08	282,375	435,488	−35.16
26	尼泊尔	5537	1749	216.58	187,305	100,146	87.03
27	澳大利亚	76,570	72,699	5.32	178,362	155,514	14.69
28	波兰	762	536	42.16	111,353	71,621	55.48
29	中国香港	313	804	−61.07	102,317	103,448	−1.09
30	印度	1318	2164	−39.09	93,829	40,770	130.14

（数据来源：国家海关总署 中国轻工业信息中心 中国乐器协会信息部）

2017年中国乐器各省市海关进口情况

省市	数量			金额（美元）		
	2017 年	2016 年	同比 (%)	2017 年	2016 年	同比 (%)
上海	1,798,595	2,041,171	−11.88	213,537,989	193,156,721	10.55
广东	2,665,119	2,956,363	−9.85	44,970,243	37,786,807	19.01
浙江	6,598,970	6,189,075	6.62	37,996,642	36,637,902	3.71
北京	434,844	542,122	−19.79	25,309,019	25,985,783	−2.60
天津	397,125	396,716	0.10	20,082,460	17,601,395	14.10
湖北	99,648	59,219	68.27	17,745,523	20,641,067	−14.03
山东	180,580	178,230	1.32	12,388,460	11,168,050	10.93
江苏	537,917	502,951	6.95	10,162,852	14,192,179	−28.39
河北	178,478	184,425	−3.22	6,063,803	3,933,256	54.17
辽宁	55,660	72,079	−22.78	5,903,207	6,639,629	−11.09
福建	179,044	141,692	26.36	5,094,741	3,403,327	49.70
广西	65,096	13	500638.46	1,785,955	35,326	4955.64
重庆	3234	1421	127.59	945,243	1,501,423	−37.04
四川	16,553	14,233	16.30	379,141	482,193	−21.37
云南	54,406	64,250	−15.32	347,841	192,295	80.89
江西	3105	773	301.68	180,730	265,958	−32.05
吉林	61	29	110.34	112,313	373,250	−69.91
黑龙江	783	1,160	−32.50	54,728	38,096	43.66
西藏	24,332	29,863	−18.52	38,973	46,237	−15.71
青海	15,786			24,832		
河南	233	489	−52.35	24,274	29,265	−17.05
湖南	435	786	−44.66	21,082	253,851	−91.70
陕西	15	7700	−99.81	17,418	1,530,199	−98.86
安徽	93	60	55.00	3777	52,825	−92.85
新疆	17	4	325.00	1587	1789	−11.29
海南	1	17	−94.12	235	1566	−84.99
贵州	1	16	−93.75	60	107,400	−99.94
内蒙古	8	3	166.67	845	475,242	−99.82

（数据来源：海关总署 中国轻工业信息中心 中国乐器协会信息部）

2017年立式钢琴进口国家和地区

（按进口金额排序）

排名	国家和地区	数量（台）			金额（美元）		
		2017 年	2016 年	同比 (%)	2017 年	2016 年	同比 (%)
1	日本	69,659	59,882	16.33	67,032,491	59,456,644	12.74
2	印度尼西亚	17,643	16,997	3.80	34,227,708	32,721,222	4.60
3	韩国	75,371	65,445	15.17	25,176,043	25,326,524	−0.59
4	德国	773	773	0.00	5,015,939	5,422,335	−7.49
5	捷克	673	775	−13.16	2,565,785	3,245,954	−20.95
6	波兰	138	11	1154.55	655,466	29,703	2106.73
7	美国	169	80	111.25	221,918	93,725	136.78
8	英国	151	81	86.42	83,184	80,971	2.73
9	马来西亚	67	28	139.29	80,849	34,246	136.08
10	中国台湾	260	43	504.65	78,898	16,811	369.32
11	中国大陆	118	99	19.19	67,563	63,508	6.39
12	奥地利	20	55	−63.64	55,762	116,046	−51.95
13	保加利亚	15			54,214		
14	意大利	11	6	83.33	42,972	19,920	115.72
15	加拿大	21	18	16.67	34,461	8115	324.66
16	越南	25	15	66.67	27,878	21,483	29.77
17	荷兰	10	10	0.00	24,479	9,000	171.99
18	爱沙尼亚	2	1	100.00	11,873	1522	680.09
19	法国	15	15	0.00	8679	180,019	−95.18
20	俄罗斯	16	14	14.29	6841	6098	12.18
21	芬兰	7	1	600.00	5185	381	1260.89
22	丹麦	3	44	−93.18	4052	60,038	−93.25
23	比利时	5	6	−16.67	2747	2648	3.74
24	印度	4	34	−88.24	2000	14,060	−85.78
25	西班牙	3	4	−25.00	1957	2709	−27.76
26	斯洛文尼亚	2			1271		
27	罗马尼亚	1			545		
28	乌克兰	1	8	−87.50	423	1808	−76.60
29	爱尔兰	1			257		
30	南非	1	1	0.00	230	943	−75.61

（数据来源：海关总署 中国轻工业信息中心 中国乐器协会信息部）

2017年三角钢琴进口国家和地区

（按进口金额排序）

排名	国家和地区	数量（台）			金额（美元）		
		2017 年	2016 年	同比 (%)	2017 年	2016 年	同比 (%)
1	日本	4386	3164	38.62	21,884,527	18,545,482	18.00
2	德国	477	553	−13.74	21,872,998	23,873,201	−8.38
3	印度尼西亚	1934	1701	13.70	9,875,686	8,242,216	19.82
4	美国	162	84	92.86	4,408,013	766,942	474.75
5	捷克	65	56	16.07	1,043,341	821,758	26.96
6	意大利	12	10	20.00	1,038,674	899,725	15.44
7	奥地利	14	39	−64.10	976,452	1,339,878	−27.12
8	波兰	24	22	9.09	269,345	85,476	215.11
9	韩国	55	39	41.03	134,296	51,932	158.60
10	法国	16	7	128.57	80,822	109,362	−26.10
11	英国	21	22	−4.55	39,626	19,157	106.85
12	爱沙尼亚	1	10	−90.00	19,952	169,169	−88.21
13	比利时	7	1	600.00	16,427	3325	394.05
14	中国香港	1			12,775		
15	丹麦	5	9	−44.44	7464	8246	−9.48
16	中国台湾	8			6455		
17	马来西亚	2	1	100.00	4717	2608	80.87
18	中国大陆	3	12	−75.00	3750	37,279	−89.94
19	马来西亚	1	1	0.00	2608	2558	1.95
20	澳大利亚	2	1	100.00	456	1656	−72.46

（数据来源：海关总署 中国轻工业信息中心 中国乐器协会信息部）

2017年主要乐器进口额前10位国家和地区

（按进口金额排序）

商品名称	国家和地区数量	排名	国家和地区	数量（件）			金额（美元）		
				2017年	2016年	同比(%)	2017年	2016年	同比(%)
立式钢琴	30	1	日本	69,659	59,882	16.33	67,032,491	59,456,644	12.74
		2	印度尼西亚	17,643	16,997	3.80	34,227,708	32,721,222	4.60
		3	韩国	75,371	65,445	15.17	25,176,043	25,326,524	−0.59
		4	德国	773	773	0.00	5,015,939	5,422,335	−7.49
		5	捷克	673	775	−13.16	2,565,785	3,245,954	−20.95
		6	波兰	138	11	1154.55	655,466	29,703	2106.73
		7	美国	169	80	111.25	221,918	93,725	136.78
		8	英国	151	81	86.42	83,184	80,971	2.73
		9	马来西亚	67	28	139.29	80,849	34,246	136.08
		10	中国台湾	260	43	504.65	78,898	16,811	369.32
三角钢琴	20	1	日本	4386	3164	38.62	21,884,527	18,545,482	18.00
		2	德国	477	553	−13.74	21,872,998	23,873,201	−8.38
		3	印度尼西亚	1934	1701	13.70	9,875,686	8,242,216	19.82
		4	美国	162	84	92.86	4,408,013	766,942	474.75
		5	捷克	65	56	16.07	1,043,341	821,758	26.96
		6	意大利	12	10	20.00	1,038,674	899,725	15.44
		7	奥地利	14	39	−64.10	976,452	1,339,878	−27.12
		8	波兰	24	22	9.09	269,345	85,476	215.11
		9	韩国	55	39	41.03	134,296	51,932	158.60
		10	法国	16	7	128.57	80,822	109,362	−26.10
拨弦古钢琴及其他键盘弦乐器	14	1	日本	207	302	−31.46	618,598	374,383	65.23
		2	德国	50	7	614.29	405,753	211,038	92.27
		3	美国	27	2	1250.00	284,150	5782	4814.39
		4	意大利	3	1	200.00	88,668	2769	3102.17
		5	韩国	39	307	−87.30	18,458	90,573	−79.62
		6	英国	3	2	50.00	6509	573	1035.95
		7	法国	3			4086		
		8	中国大陆	2			2818		
		9	澳大利亚	1			800		
		10	瑞典	3			774		

续表

商品名称	国家和地区数量	排名	国家和地区	数量（件）			金额（美元）		
				2017 年	2016 年	同比 (%)	2017 年	2016 年	同比 (%)
弓弦乐器	20	1	意大利	54	33	63.64	1,186,610	1,033,112	14.86
		2	法国	386	44	777.27	332,815	188,199	76.84
		3	德国	149	162	−8.02	313,867	347,914	−9.79
		4	中国香港	10	1	900.00	86,163	258	33,296.51
		5	中国大陆	617	21	2,838.10	52,225	1367	3720.41
		6	日本	292	56	421.43	13,073	6847	90.93
		7	美国	34	43	−20.93	8177	12,773	−35.98
		8	匈牙利	11	15	−26.67	4006	4125	−2.88
		9	英国	6	2	200.00	2787	198	1307.58
		10	荷兰	10			1704		
其他弦乐器	25	1	印度尼西亚	126,640	168,478	−24.83	6,766,803	8,798,486	−23.09
		2	墨西哥	10,035	6606	51.91	2,887,697	1,937,529	49.04
		3	美国	4244	1767	140.18	2,270,828	2,244,133	1.19
		4	意大利	66	95	−30.53	457,076	618,510	−26.10
		5	中国台湾	1687	1265	33.36	293,822	122,983	138.91
		6	日本	1126	903	24.70	282,023	182,155	54.83
		7	德国	207	343	−39.65	247,480	176,734	40.03
		8	加拿大	869	825	5.33	134,487	108,814	23.59
		9	中国大陆	2805	6934	−59.55	120,478	342,865	−64.86
		10	西班牙	390	1155	−66.23	106,116	272,357	−61.04
铜管乐器	16	1	德国	354	247	43.32	1,206,059	890,837	35.38
		2	美国	1124	1600	−29.75	1,051,899	1,646,458	−36.11
		3	日本	642	915	−29.84	758,378	842,441	−9.98
		4	中国台湾	1762	1380	27.68	742,761	683,646	8.65
		5	法国	73	25	192.00	242,749	83,985	189.04
		6	捷克	57	10	470.00	127,524	3000	4150.80
		7	奥地利	83	43	93.02	120,081	13,745	773.63
		8	越南	468	264	77.27	81,500	46,012	77.13
		9	西班牙	76	61	24.59	74,621	20,855	257.81
		10	英国	9			29,161		

续表

商品名称	国家和地区数量	排名	国家和地区	数量（件）			金额（美元）		
				2017 年	2016 年	同比 (%)	2017 年	2016 年	同比 (%)
键盘管风琴；簧风琴等游离金属簧片键盘乐器	9	1	意大利	28	12	133.33	192,955	48,879	294.76
		2	日本	657	60	995.00	12,952	35,227	−63.23
		3	法国	1	1	0.00	5963	51	11,592.16
		4	美国	7	3	133.33	4080	36,659	−88.87
		5	巴西	1			2120		
		6	西班牙	1			1377		
		7	荷兰	3	2	50.00	1098	33,964	−96.77
		8	丹麦	1	1	0.00	271	15	1,706.67
		9	新加坡	6	225	−97.33	136	5044	−97.30
手风琴及类似乐器	9	1	意大利	229	105	118.10	104,713	182,635	−42.67
		2	朝鲜	1089	244	346.31	78,335	15,373	409.56
		3	德国	143	264	−45.83	30,966	72,355	−57.20
		4	美国	7	11	−36.36	19,156	5397	254.94
		5	俄罗斯	23	52	−55.77	6700	14,593	−54.09
		6	荷兰	40	15	166.67	1674	1142	46.58
		7	印度	22			1625		
		8	日本	1			759		
		9	比利时	2	2	0.00	200	197	1.52
口琴	7	1	日本	24,094	25,437	−5.28	482,540	456,325	5.74
		2	德国	22,618	49,789	−54.57	251,155	246,834	1.75
		3	中国大陆	3581	200	1690.50	31,536	5271	498.29
		4	美国	6			2095		
		5	新加坡	492	1374	−64.19	1000	6042	−83.45
		6	印度尼西亚	6	10	−40.00	130	217	−40.09
		7	澳大利亚	12			48		
其他管乐器（游艺场风琴及手摇风琴除外）	25	1	日本	11,819	9605	23.05	3,201,115	2,874,074	11.38
		2	法国	2432	1352	79.88	2,833,332	1,405,261	101.62
		3	中国台湾	127,560	117,467	8.59	1,541,469	1,125,553	36.95
		4	德国	1403	1429	−1.82	1,214,328	1,495,227	−18.79
		5	美国	1184	1249	−5.20	344,915	314,196	9.78
		6	英国	27,521	29,268	−5.97	59,483	68,413	−13.05
		7	越南	587	165	255.76	48,794	58,207	−16.17

续表

商品名称	国家和地区数量	排名	国家和地区	数量（件）			金额（美元）		
				2017 年	2016 年	同比 (%)	2017 年	2016 年	同比 (%)
其他管乐器（游艺场风琴及手摇风琴除外）	25	8	新加坡	80			44,491		
		9	印度尼西亚	18,222	36,766	−50.44	42,567	40,993	3.84
		10	韩国	1250	17,374	−92.81	23,957	145,605	−83.55
打击乐器	67	1	印度尼西亚	1,320,786	1,043,277	26.60	5,600,631	5,803,661	−3.50
		2	德国	150,100	124,921	20.16	3,069,833	2,266,582	35.44
		3	美国	46,812	38,565	21.38	2,850,911	2,179,922	30.78
		4	中国台湾	105,321	93,246	12.95	2,318,918	1,772,214	30.85
		5	荷兰	822	6126	−86.58	1,802,196	1,639,913	9.90
		6	加拿大	38,930	13,553	187.24	1,291,821	789,119	63.70
		7	日本	6654	7087	−6.11	941,036	1,355,186	−30.56
		8	泰国	34,662	40,216	−13.81	910,496	1,045,319	−12.90
		9	土耳其	9844	7896	24.67	434,974	253,598	71.52
		10	法国	232	527	−55.98	238,206	184,619	29.03
通过电产生或扩大声音的键盘乐器	13	1	印度尼西亚	49,910	42,535	17.34	26,583,378	23,236,244	14.40
		2	马来西亚	14,640	4050	261.48	5,793,211	1,572,738	268.35
		3	日本	1512	1086	39.23	2,707,288	1,957,107	38.33
		4	中国大陆	18,455	21,431	−13.89	1,164,553	1,943,810	−40.09
		5	瑞典	530	169	213.61	687,521	214,003	221.27
		6	意大利	527	445	18.43	474,182	453,009	4.67
		7	越南	866	230	276.52	82,018	27,086	202.81
		8	荷兰	5	31	−83.87	45,408	244,006	−81.39
		9	墨西哥	203	750	−72.93	36,642	78,887	−53.55
		10	美国	25	20	25.00	4818	266,348	−98.19
其他通过电产生或扩大声音的乐器	21	1	印度尼西亚	49,910	42,535	17.34	26,583,378	23,236,244	14.40
		2	马来西亚	14,640	4050	261.48	5,793,211	1,572,738	268.35
		3	日本	1512	1086	39.23	2,707,288	1,957,107	38.33
		4	中国大陆	18,455	21,431	−13.89	1,164,553	1,943,810	−40.09
		5	瑞典	530	169	213.61	687,521	214,003	221.27
		6	意大利	527	445	18.43	474,182	453,009	4.67
		7	越南	866	230	276.52	82,018	27,086	202.81
		8	荷兰	5	31	−83.87	45,408	244,006	−81.39
		9	墨西哥	203	750	−72.93	36,642	78,887	−53.55
		10	美国	25	20	25.00	4818	266,348	−98.19

续表

商品名称	国家和地区数量	排名	国家和地区	数量（件）			金额（美元）		
				2017 年	2016 年	同比 (%)	2017 年	2016 年	同比 (%)
百音盒	18	1	中国大陆	6141	8786	−30.10	121,315	107,307	13.05
		2	瑞士	160	106	50.94	91,754	140,918	−34.89
		3	英国	392	444	−11.71	20,912	27,639	−24.34
		4	比利时	37	13	184.62	20,476	492	4,061.79
		5	中国台湾	6264	5681	10.26	17,020	22,695	−25.01
		6	美国	22	23	−4.35	16,371	19,883	−17.66
		7	德国	176	115	53.04	9859	5516	78.73
		8	意大利	45	25	80.00	3960	4087	−3.11
		9	日本	64	713	−91.02	3724	36,322	−89.75
		10	荷兰	49	151	−67.55	2552	18,680	−86.34
其他乐器；各种媒诱音响器、哨子、号角等	19	1	日本	97,191	72,497	34.06	235,527	156,003	50.98
		2	中国台湾	102,377	74,232	37.91	95,263	65,726	44.94
		3	加拿大	119,396	107,756	10.80	48,519	33,057	46.77
		4	西班牙	37,301	15,487	140.85	16,852	36,953	−54.40
		5	英国	76,768	87,785	−12.55	15,461	14,445	7.03
		6	尼泊尔	7770	1821	326.69	11,805	4325	172.95
		7	美国	1314	1644	−20.07	11,466	17,102	−32.96
		8	法国	440	8	5,400.00	10,739	125	8,491.20
		9	中国大陆	2012	7742	−74.01	4773	25,531	−81.31
		10	印度尼西亚	975	917	6.32	3791	35,732	−89.39
乐器用弦	18	1	美国	57,906	48,216	20.10	3,929,500	3,585,923	9.58
		2	德国	172,087	172,701	−0.36	1,274,613	1,209,380	5.39
		3	日本	80,239	60,828	31.91	507,993	372,327	36.44
		4	丹麦	351	274	28.10	384,894	298,103	29.11
		5	印度尼西亚	3468	4137	−16.17	335,761	431,471	−22.18
		6	奥地利	731	1671	−56.25	147,008	130,932	12.28
		7	意大利	1587	1461	8.62	140,118	64,368	117.68
		8	法国	1552	1608	−3.48	87,135	50,264	73.35
		9	墨西哥	1856	1714	8.28	85,681	91,879	−6.75
		10	英国	465	206	125.73	84,278	51,202	64.60
钢琴的零件、附件	16	1	日本	5,638,250	5,223,051	7.95	17,989,447	15,523,798	15.88
		2	德国	92,195	94,001	−1.92	7,008,032	6,541,365	7.13
		3	印度尼西亚	245,487	173,242	41.70	1,632,239	1,120,111	45.72

续表

商品名称	国家和地区数量	排名	国家和地区	数量（件）			金额（美元）		
				2017 年	2016 年	同比 (%)	2017 年	2016 年	同比 (%)
钢琴的零件、附件	16	4	韩国	14,248	13,722	3.83	228,302	274,609	−16.86
		5	意大利	3529	525	572.19	58,567	20,879	180.51
		6	英国	928	88	954.55	36,200	7776	365.53
		7	加拿大	1059	156	578.85	34,505	4252	711.50
		8	中国台湾	4278	4933	−13.28	25,711	7646	236.27
		9	捷克	1556	1418	9.73	19,696	12,949	52.10
		10	中国大陆	1391			12,702	71	17,790.14
弦乐器的零件、附件	25	1	中国台湾	260,584	257,894	1.04	2,192,030	2,401,490	−8.72
		2	韩国	37,220	69,161	−46.18	1,082,635	2,421,588	−55.29
		3	美国	7015	10,268	−31.68	903,598	975,767	−7.40
		4	日本	9053	10,277	−11.91	482,458	558,028	−13.54
		5	德国	4985	11,937	−58.24	471,067	473,554	−0.53
		6	中国大陆	4226	10,125	−58.26	449,549	1,177,794	−61.83
		7	法国	959	771	24.38	409,185	323,806	26.37
		8	印度	3123	1325	135.70	107,812	36,008	199.41
		9	加拿大	1014	1754	−42.19	64,654	83,816	−22.86
		10	匈牙利	318	235	35.32	58,197	40,914	42.24
键盘电子乐器的零件、附件	25	1	印度尼西亚	1,026,296	1,292,837	−20.62	7,241,543	8,826,984	−17.96
		2	中国大陆	139,769	480,223	−70.89	4,680,217	6,785,293	−31.02
		3	韩国	157,121	159,939	−1.76	4,253,453	3,597,156	18.24
		4	马来西亚	778,244	1,158,538	−32.83	2,966,811	3,091,989	−4.05
		5	日本	79,509	42,026	89.19	2,661,268	2,230,962	19.29
		6	意大利	110,479	88,445	24.91	1,506,836	1,215,477	23.97
		7	泰国	26,048	6874	278.94	1,263,425	284,707	343.76
		8	美国	8714	5085	71.37	1,262,063	571,281	120.92
		9	中国台湾	33,936	42,307	−19.79	1,069,101	956,928	11.72
		10	突尼斯	47,902	19,926	140.40	605,499	139,364	334.47
节拍器、音叉及定音管	12	1	日本	13,461	5834	130.73	405,459	201,374	101.35
		2	中国大陆	4072	3186	27.81	277,149	229,893	20.56
		3	泰国	5158	1171	340.48	125,290	35,187	256.07
		4	德国	541	474	14.14	28,103	33,941	−17.20
		5	越南	96	48	100.00	13,268	4770	178.16
		6	韩国	350	317	10.41	9000	9000	0.00

续表

商品名称	国家和地区数量	排名	国家和地区	数量（件）			金额（美元）		
				2017 年	2016 年	同比 (%)	2017 年	2016 年	同比 (%)
节拍器、音叉及定音管	12	7	美国	60	54	11.11	7992	1536	420.31
		8	中国香港	247			1739		
		9	澳大利亚	11	5	120.00	657	31	2,019.35
		10	巴基斯坦	13			629		
百音盒的机械装置	7	1	中国台湾	4859	2527	92.28	244,586	233,175	4.89
		2	美国	65			11,291		
		3	日本	53			7771		
		4	中国大陆	117	5825	−97.99	4291	149,787	−97.14
		5	比利时	2			1059		
		6	瑞士	15			372		
		7	德国	7			175		
其他乐器的零件、附件	37	1	日本	125,124	111,325	12.40	8,268,676	7,941,621	4.12
		2	中国台湾	623,155	622,413	0.12	7,674,106	8,388,266	−8.51
		3	印度尼西亚	46,525	55,344	−15.93	6,221,513	7,222,324	−13.86
		4	美国	83,274	75,893	9.73	3,392,286	3,122,455	8.64
		5	德国	48,606	38,583	25.98	2,885,368	1,563,966	84.49
		6	中国大陆	237,996	299,370	−20.50	2,375,305	3,075,327	−22.76
		7	法国	13,362	12,236	9.20	2,074,737	1,375,331	50.85
		8	奥地利	31,959	7941	302.46	531,476	183,910	188.99
		9	意大利	3390	2190	54.79	457,811	311,725	46.86
		10	英国	1059	1540	−31.23	113,052	96,760	16.84

（数据来源：海关总署 中国轻工业信息中心 中国乐器协会信息部）

2018 中国乐器年鉴

CHINA MUSICAL INSTRUMENT YEARBOOK

工作要点

中国乐器协会2017年工作要点

2017年，协会认真贯彻落实党中央经济工作会精神，以市场为导向，以科技创新为动力，继续完善社会音乐教育、科技合作和技能培训三个服务体系建设。把握行业动态，研究产业发展政策，加强协会自身建设，提高服务政府、服务行业的能力和水平。

一、扩展音乐教育服务合作，开拓乐器增量市场

（一）创建音教服务品牌项目，加强特色项目跨界合作

2017年是服务联盟服务合作平台答疑解难、破题闯关的关键一年，协会要加强合作伙伴的沟通磨合，积极组织有影响的重点项目。重点项目：1.“6•21国际乐器演奏日”，现已进入报名高峰，联盟及合作伙伴全面发动，预计在全国三十多个城市将组织上千场演出活动。重点活动有中央院与北京金融街社区组织的“手牵手”展演活动，民族器乐学会在系统初步发动，就有六十多单位申请参加，制造企业、琴行及培训学校、音乐文化网站等都积极踊跃参加，武强示范基地推出系列体验推广项目，江苏黄桥示范基地共建活动与“6•21国际乐器演奏日”同步举行，黄桥与阜宁联合组织“扶贫支教”和乐器展演活动，计划二十多所中小学校联合组织，参加人数上千人。截至目前，已有北京、上海、深圳、哈尔滨、西宁、扬州等三十个城市近千场演出在积极筹备之中；2. 两年一届的全国音乐教育大会，安排在上海展之前，把体制内老师培训交流扩展到社会音乐教育老师，并与展会衔接互动；3. 组织联盟扶贫支教活动，计划6月下旬在乌鲁木齐，9月在青海组织专题活动；4. 抓好社会师资培训，优秀项目交流和示范基地建设。协会一面与中央音乐学院合作，开展社会师资基础类课程培训试点，另一方面探讨引进国际“音乐未来”和“社区音乐”项目。组织好优秀音乐教育服务项目交流合作平台，完成黄桥示范基地专家评审命名等重点工作。

（二）北京音乐生活展加速市场化，提升上海国际乐器展服务水平

展会是协会工作的重要平台，协会多年来得到了会员单位和社会各界的大力支持。第三届北京音乐生活展有很多新的亮点，欢迎大家参观考察。我们要以市场需求为导向，紧紧抓住产品与音乐、音乐与生活的市场特点，深入研究音乐教育、跨界融合及音乐生活消费市场，努力开拓音乐文化服务经济的潜在消费需求，探讨合作共赢得方法与途径。联盟合作平台将在北京音乐生活展首日发布音乐教育服务“2017北京宣言”，并组织“6•21国际乐器演奏日”启动授旗仪式。

上海乐器展2017年展会面积将突破12万平方米。为了增加国外展团与国内企业交流机会，展会主办方拟组织部分企业与10个国际展团对接交流活动。还要加强技术创新板块活动组织，做好知识产权保护、噪声管理控制和信息服务等工作。

二、促进业内、跨界科技合作，重点课题力争有所突破

（一）抓好影响行业科技进步的共性重点项目

列入行业重点的项目有声学木材研究与应用、民族低音拉弦、MIDI技术研发推广和配件标准化、专业设备研发等重点项目。协会和各分支机构要结合行业特点，有计划地开展业内技术交流，积极与科研院所开展专项合作。要利用好国家及地方科技创新扶持政策，争取资金和技术支持，有些国家立项困难的合作项目，可以申请行业立项，由协会组织行业资源，合作推进；要做好科技创新基础工作，组建技术专家库、科技信息资料库，做好合作项目协调与服务；要与教育、演奏专家结合，从提

升中高端产品入手，集中解决影响乐器声学品质、演奏性能和外观结构等疑难课题。

（二）抓好职业技能培训转轨变型，做好行业中高端技术人才培养

协会要继续做好职业技能培训鉴定工作。一要在过渡期争取多办几期培训鉴定班，同时做好新规定的衔接准备；二要加强系统管理，规范行业培训鉴定流程；三要推广钢琴调律师、提琴制作师培训鉴定的经验，适时在电鸣乐器、民族弹拨和拉弦乐器等门类展开，还要积极推进钢琴调律联盟标准培训认证，抓好行业中高端技能培训试点，提高行业技术实力。

三、把握行业经济运行动态，研究行业发展策略

（一）做好经济运行调查，研究行业发展策略

协会坚持开展行业深度调研，及时研究产业发展的相关问题，为政府主管部门制定政策提供参考依据。近期重点做好吉他、钢琴产业发展环境的研究。国家政策规定，列入濒危物种许可证管理的产品，不享受出口退税政策，由此带来吉他成本增高，部分中小企业面临生存考验。协会把吉他行业发展环境调研作为重点。钢琴产业也面临数码钢琴和二手钢琴的压力和挑战。再有就是最近联合会部署抓好“中华传统文化优秀项目”立项和发展规划，为乐器行业非物质文化遗产和传统工艺保护提出新的任务。首先提出中国传统工艺振兴计划目录，随后组织“非物质文化遗产传承人”、“传统工艺研究基地”、“大师工作室”以及“技术研究课题”等项目的申报工作。协会与分支机构积极配合，争取多推荐一些优秀项目，争取扶持政策。弘扬“大国工匠”精神，担当起中华传统文化继承与发扬的责任。

（二）发挥行业上下通道及横行链接作用，及时反映和处理行业诉求

协会要继续积极反映行业、企业诉求，做好调查研究，及时上报或提出解决方案。应对吉他、民族乐器濒危木材产品出口问题，从产品升级换代、新材料研发和争取地方扶持政策三方面做工作，缓解行业压力；继续争取提高乐器出口退税、争取国家及地方对文化产业、中小企业和特色区域的优惠政策；继续跟踪进口二手钢琴综合治理措施的审批落实情况，配合国家海关、质检等部门落实有关技术壁垒措施。

近期针对会员单位提出开展知识产权保护教育和加强市场监督等建议，此次理事会专门安排法律顾问翁才林律师为大家作“知识产权保护”讲座。

四、推动行业“三品战略”，共建乐器产业特色基地

（一）组织好乐器品牌调研与宣传推广活动

品牌是企业的生命，也是中国乐器行业在国际地位的体现。为配合会员单位的品牌建设，推动行业“三品战略”，协会与消费日报、音乐周报和业内媒体合作，为产业集群和企业量身制定品牌宣传推广方案，各分支机构、产业集群和企业可根据各自发展情况提出服务需求。3月份协会与消费日报就对山东郿部电声乐器产业基地组织联合调研和重点宣传，收到较好的效果。协会还会继续组织专题宣传推介活动，大家有什么好的建议和方案可及时与协会秘书处联系。

（二）研究共建方法与途径，促进乐器特色产业基地发展

针对乐器行业小微企业多，产业集群分散等特点，协会要做好已有特色产业基地建设。一方面巩固已有特色基地成果，加强交流合作，完善区域服务平台，另一方面积极研究服务项目和方法，与地方政府、行业协会和龙头企业紧密合作，支持新的特色基地创建活动。2017年在江苏泰兴黄桥、北京平谷东高村镇、山东昌乐郿部、杭州中泰、扬州琴筝和天津静海（正在审批之中）6个特色产业基地和河北武强音乐教育服务联盟示范基地基础上，积极推进黄桥音乐教育示范基地、河北饶阳民族乐器特色产业基地、河南兰考乐器基地的共建活动。

五、发挥分支机构作用，增强协会活力

（一）分支机构活动要紧密结合协会重点工作

2016年协会提出了加强分支机构管理的几点意见，大部分分会积极响应，电鸣乐器分会落实领导分工责任制，坚持内部工作评价制度；钢琴分会发挥会员积极性，行业交流活动由骨干企业轮流主

办；民族乐器、提琴、吉他、手风琴等分会龙头企业带头，琴行分会会长会议抓重点项目，在一些地区试点组织中小琴行区域联盟，分层开展活动。但也有的分支机构存在内部不团结，缺乏全局观念和一年没有开展活动等问题。国家民政部要求协会每年必须召开2次常务理事会，1次理事会或会员大会，各分支机构年内最少要组织一次行业范围活动，针对重点问题，适时开展小范围或专题交流研讨活动。协会开展活动，一方面研究简政放权和服务行业的措施，另一方面提倡勤俭办会、以会养会，坚持公益性原则。不搞形式主义，注重实际效果。

近年来，乐器市场发生了很大变化，社会音乐教育市场迅猛发展，一大批音乐教育、音乐文化机构、音乐教育装备企业、互联网企业、乐器电商和众多音乐教育、文化演艺团体及专家踊跃加入协会，为了适应市场发展，更好地调动会员积极性，经过较长时间筹划准备，本次理事会提议，成立协会社会音乐教育专业委员会，重点从“音乐教育项目推广、音乐装备合作、音乐文化发展”三方面开展工作，聚集更多业内和跨界资源，扩大音乐人口，开发乐器增量市场。

（二）健全行业信息网络，保持协会内部协调通畅

协会和分支机构需要加强行业信息采集交流和信息服务，协会秘书处与分会在年度活动计划、行业合作项目、行业动态、政策建议等方面，建立规范通畅的联系渠道，上情下传、下情上达及时准确。协会近期会提出行业信息采集和传递的具体措施，希望各分支机构积极配合。2017年还要组织行业特约评论员、通讯员交流培训活动。各位领导都非常重视行业经济数据统计和企业动态，协会希望企业领导多多支持。协会与国家统计局、海关和轻工信息中心合作，并与国际行业协会交流，基本把握全行业经济信息，其中行业产销量信息统计还有待全面和细化。

协会与消费日报、音乐周报等业内和社会媒体开展战略合作，具备很好的网络资源。协会将根据会员单位的需求，打造一揽子信息服务方案，为会员单位提供品牌宣传和有效的信息服务。协会官方网站正在进一步完善，协会官微全新亮相，增加了项目和服务功能，并设立专人管理。希望大家链接关注和积极参与。

（三）加强两级领导班子建设，完善协会基础工作

行业发展需要一批有热情又实干的骨干队伍，协会和分支机构会长、副会长、秘书长的沟通和团结非常重要。协会工作一是基础、二是领导，基础建设包括：会员管理、会员服务、政策传达、反映诉求、常态合作项目与重点活动组织。为了加强协会及分支机构的领导，从2017年起试行两级领导责任制考核及年终民意测评制度，用行业调查表形式，进行年度工作评价与监督。理事会对工作有新意，成果显著的领导予以表彰，对不关心、不胜任工作的领导一教、二帮、三调整。分支机构连续两年不能开展行业活动，经做工作仍无改善的，协会将适时研究调整该分会领导班子。

中国乐器协会2017年工作总结

2017年，乐器行业面对供给侧改革，市场需求升级和环境整顿的压力，克服了重重困难，以科技创新为动力，坚持市场导向，加速产品更新换代，提高产品质量，开拓音乐教育和音乐文化市场，取得了较好的业绩。乐器规模以上企业主营业务收入374.94亿元，同比增长3.64%；工业增加值增速7%，应收账款增加17.48%，产成品库存下降4.96%，主营成本增长3.44%，资产总额增长14.71%；乐器出口金额15.48亿美元，同步下降1.48%，进口金额4.03亿美元，同比增长7.21%。经济指标稳中有升，行业运营平稳，协会工作有新的突破。

一、学习落实十九大精神，抓住新时期新特点，建设“三个体系”，做实行业服务平台

针对“人民日益增长的美好生活需要和不平衡不充分的发展之间的矛盾”，乐器行业坚持供给侧改革，以科技创新和开拓音乐教育市场为突破点，行业协会重点做好“科技合作、音乐教育服务和职业技能培训”三个体系建设，从信息、科技、商贸、音乐教育服务和国际合作五个平台入手，助力行业转型升级。

科技合作体系，重点组织了民族低音拉弦乐器工艺调研和三家单位专项攻关交流；召开了以“跨界合作，提升中高端产品”为主题的行业科技大会，交流科技合作与产品升级换代的经验。音乐教育服务体系，开展社会师资培训，推介国内外优秀合作项目，组织“6•21国际乐器演奏日”活动等。职业技能培训体系，在国家政策过渡期间，组织钢琴调律师、提琴制作师职业技能培训与鉴定，一季度完成97名提琴制作师，486名钢琴调律师相应级别的培训鉴定工作；并积极推进钢琴调律联盟标准培训认证，钢琴调律师分会积极参与联盟标准制修订和专业培训。联盟标准作为国家标准的补充和中高端技能培训试点。

做实行业服务平台，一是在搭建全国音乐教育服务合作联盟跨界合作有所突破，引进推广“6•21国际乐器演奏日”品牌活动；积极开展社会师资培训试点；探讨与国际优秀社会音乐教育品牌合作，组织“音乐未来”非正式学习项目试点；积极筹备2018国民音乐教育大会。二是办好展会，搭建国际化商贸服务平台，同时发挥协会分支机构作用，开展丰富多彩的行业和跨界交流活动。三是加强国际交流合作，协会与美国国际音乐制品协会组织上海国际乐器展行业高峰论坛、培训课程；协会领导带队组团考察NAMM和法兰克福国际乐器展，考察德国施坦威、珠江舒密尔钢琴、捷克佩卓夫钢琴、爱沙尼亚钢琴、日本卡瓦依公司、岛村琴行及培训学校和三益印尼钢琴工厂等国际知名企业。参加国际乐器联盟会议，介绍音乐教育服务联盟合作平台；与欧洲音乐产业联盟举行第11次会谈等。

二、落实国家产业政策，开展行业调研，反映行业诉求

（一）组织乐器特色产业基地共建

完成天津静海乐器产业基地调研及评审，中轻联与协会联合授予“中国乐器产业基地”称号；受理河北饶阳共建“民族乐器之乡”的申请，组织专题调研；与《消费日报》联合对山东郿郚电声乐器产业基地进行调研；与兰考县领导及行业协会研究特色民族乐器基地建设规划；参加扬州古筝产业论坛；协会重点对吉他行业进行两次调研，撰写专题报告，向政府有关部门报告；对新疆学校音乐教育市场调研；支持和参加会员单位科技创新、品牌文化等活动30余次；组织业内和公众媒体为行业、企业提供咨询和信息服务。

（二）及时把握行业动态，反映行业诉求

一是积极应对濒危物种玫瑰木乐器出口限制，反映行业诉求，并做好协调服务工作。年初协会接到吉他分会报告，《濒危野生动植物种国际贸易公约》组织把使用玫瑰木吉他列入出口限制目录，立即向中轻联主管部门反应情况，并与国家林业局濒危办取得联系。广东省濒危办在广东省乐器协会和吉他分会支持下，召开座谈会，举办出口许可证实操培训班。协会将此案作为与欧洲音乐产业联盟年会的重要内容，交换信息，联合向国家濒危办和国际公约组织反映情况并得到回应。

二是继续呼吁整顿进口二手钢琴市场。在中轻联指导和钢琴分会共同努力下，协会再次撰写专题报告，向商务部、国家海关总署和质检总局建议，参照“重点旧机电产品进口管理办法”，将限制进口旧钢琴纳入《重点旧机电产品进口目录》和《进口许可证管理货物目录》。请商务部会同国家海关总署、质检总局针对旧钢琴进口的问题，修改现有“目录”，调整相关政策规定。并且，将旧钢琴进口纳入《进口废旧物品卫生检疫管理规程》和《进口废旧物卫生处理规程》，等同废物中“旧家

具”“旧地毯”一样，加强进口检验检疫。由于政策落实涉及海关目录和税号，希望经过相关主管部门会商，在“钢琴”下边增加“旧钢琴”目录和税号。同时，进一步研究对韩国反倾销调查立项。目前还在努力推进之中。

三、落实技术路线图，组织行业科技合作，推动人才战略

围绕乐器行业技术路线图，组织民族低音拉弦乐器、声学木材等重点科技项目攻关。把握政策机遇，组织钢琴调律师、提琴制作师培训鉴定，搭建行业国际化技术合作平台。

民乐分会、提琴分会和提琴制作师分会分别组织民族低音拉弦乐器攻关小组，根据市场需求，在原有基础上提出新的改革方案，从设计、材料、工艺等方面入手大胆尝试，有了一定突破，部分产品进入专家试用阶段；声学木材研发与应用在钢琴骨干企业已经推广；电鸣分会加强产业链上下游科技创新结合点，组织行业交流活动；应对国家环保大力度整顿，推广先进企业的经验，请天津津宝乐器公司介绍重点环保项目的做法和体会，还有很多，不一一列举。

钢琴、提琴、民乐、电鸣、吉他等分会积极组织行业交流，与专业院校和演奏专家通力合作，推动中高端产品品质提升和规模扩展。珠江凯撒堡、长江、敦煌等知名品牌的音乐会产品，频频亮相国家重大活动现场，企业产品更新换代明显加速，行业“三品战略”积极推进。

协会电鸣分会和MIDI技术专委会与美国MIDI协会合作，在上海国际乐器展期间，组织国际MIDI技术交流。经多方努力，中国乐器行业代表张光中当选国际MIDI技术委员会委员，实现中国乐器行业在国际技术组织话语权零的突破。

协助国务院办公厅组织了内蒙古70周年国礼（4000多所中小学鼓号队）竞标企业推荐与协调的工作。

组织科技进步奖、19届专利奖、优秀传统文化传承发展工程及实施基地、“十二五”产业集群先进单位及个人、国家“大国工匠”人选推荐工作，为30多家会员单位出具资讯证明。

四、聚集行业及社会力量，办好特色展会，推广国际化特色音乐文化品牌

上海国际乐器展和北京音乐生活展，为行业提供国际商贸、音乐教育、器乐文化的交流与合作平台。2017年上海国际乐器展规模达到12.5万平方米，国内外参展商达到2135家，不论是内容还是形式都有较大提升，成为全球最大的乐器展会。北京音乐生活展以全新的视角和定位，为音乐文化产业搭建跨界融合发展平台。

北京音乐生活展首日（5月5日）组织的行业高峰论坛上，发布联盟合作平台《北京宣言》，明确“宗旨、使命、运行机制和管理原则”。

组织全国“6•21国际乐器演奏日”活动。经过联盟及战略合作伙伴通力合作、系统发动，组织重点项目指导，在地方政府大力支持和社会各界广泛参与下，2017年有84个城市、400多家各区域主办单位，举办了2000余场丰富多彩的演出活动，参演人员8万余名，受众达100万人，取得了可喜的成果，受到国际合作伙伴好评。

开展了音乐教育优秀项目交流推广活动，观摩上海国际管乐艺术节、青岛管乐展演，组织各类项目交流和音乐教育服务研讨活动。

协会与中央音乐学院合作开展社会师资培训试点，先后组织了北京、青岛试点班；琴行分会积极组织上海国际乐器展行业高峰论坛和NAMM培训课程，成为市场热点、亮点，琴行青年委员会考察引进国际“音乐未来”项目，在上海展、华东、东北举办展示和试点。

共建音乐教育服务示范基地，去年完成河北武强示范基地，2017年先后组织联盟专家组考察认证，批准了江苏黄桥和广东红棉乐器两个音乐教育示范基地。

扶贫支教，协会组织10家企业到新疆乌鲁木齐新北区、天山区2所小学捐赠了40万元的乐器，其中包括协会捐赠的10万元新疆民族乐器，并请意大利陶笛大师团队组织陶笛培训示范课。

五、加强协会基本建设，健全组织、发展会员

召开理事扩大会议，组织音乐教育服务主题论坛，拓展音乐教育、音乐文化市场。

为了适应产业发展趋势，延伸乐器产业链，组建协会音乐教育服务专业委员会，有四十余家骨干企业和社会音乐教育机构积极参与；协会应原音协民族器乐学会申请，组建协会民族器乐学会，大大扩展了音乐工作者专家队伍，一方面为产业链延伸聚集专家资源，另一方面为筹建协会器乐文化分会奠定基础，民族器乐学会六百多专家和培训机构积极开展器乐文化交流活动，在“6•21国际乐器演奏日”组织活动中发挥了骨干作用；加强分支机构建设，各分支机构积极组织行业交流活动，研究产业发展的热点、焦点问题。钢琴分会和电鸣分会发挥骨干企业积极性，由会员单位自愿轮流组织交流学习活动，既促进了行业交流，又增进了友谊。提琴分会与江苏省科技文化艺术协会活动结合，组织扶贫救灾活动，得到省文化教育系统好评。手风琴、口琴分会结合行业特点和重大活动筹备开展行业活动。

完成行业协会脱钩管理相关手续，完善管理制度和运营机制。

中国乐器协会七届三次理事（扩大）会议在北京召开

5月4日，中国乐器协会七届三次理事（扩大）会议在北京召开。中国轻工业联合会党委副书记、中国乐器协会理事长王世成，中国轻工业联合会副秘书长徐祥楠，中国财贸轻纺烟草工会轻工烟草工作部部长严红，中国乐器协会常务副理事长曾泽民、副理事长王松美、秘书长陈晋武，咨询委员会主任安志、副主任齐建平，协会理事、调律师分会代表及相关会员近 160 人参加了会议。

钢琴调律竞赛完美收官 强化人才储备成行业共识

为深入贯彻落实党的十八大精神，进一步弘扬“大国工匠”精神，加强高技能人才队伍建设，会议对 2016 年全国钢琴调律职业技能竞赛活动进行表彰颁奖。中国乐器协会钢琴调律师分会会长冯高昆对竞赛事的成功举办进行简要总结。中国乐器协会副理事长王松美宣读了对全国技术能手、全国轻工行业技术能手和全国钢琴调律职业技能竞赛优秀组织奖的进行表彰的决定。中国轻工业联合会党委副书记、中国乐器协会理事长王世成、中国轻工业联合会副秘书长徐祥楠、中国财贸轻纺烟草工会轻工烟草工作部部长严红为 2016 年全国钢琴职业调律技能竞赛前三名颁发“全国技术能手”奖牌和证书。会上，还为获得“全国轻工行业技术能手”和“全国钢琴调律职业技能竞赛优秀组织奖”的选手和单位颁发了证书和奖牌。

王松美副理事长在致辞中说到，2016年全国钢琴调律职业技能竞赛系全国范围的高水准、高规格、大范围的行业职业技能竞赛，竞赛历经四个月，共有来自北京、广东、河南、上海等 26 省、市的 354 名调律师参加初赛，最终，来自广州珠江钢琴集团有限公司的梁钊明、刘东林，潍坊九天琴行的张翀被人力资源社会保障部授予“全国技术能手”荣誉称号，张韵铮等 12 名同志被中国轻工业联合会授予“全国轻工行业技术能手”荣誉称号。中国残疾人联合会就业服务指导中心和中国盲人协会推介的盲人参赛选手，进驻决赛彰显赛事的社会公益和人文关怀。广州珠江钢琴集团股份有限公司作为竞赛全国总决赛承办单位，对广东赛区的初赛、复赛和决赛均给予高度重视，为赛事提供保障用琴和人、财、力全方位支持。大赛的成功举办，有效促进钢琴行业高技能人才队伍建设和岗位练兵机制，强化人才储备，提升企业核心竞争软实力成为行业共识。

完善音教、科技、培训服务体系建设 跨界融合求市场创新增量

在颁奖活动结束后，接下来是协会工作汇报部分，会议由副理事长、上海民族乐器一厂厂长王国振主持，常务副理事长曾泽民做理事会工作报告。报告回顾了2016 年乐器行业总体运营特点 ：一是乐器行业制造成本增高，国际贸易壁垒加强 ；二是乐器行业从产销市场向音乐教育服务和文化市场扩展，琴行培训机构、音乐家、教育家都进驻到音乐培训产业增量市场，互联网推动与资本杠杆作用显著 ；三是互联网经济促进共享经济和文化产业服务项目的发展，在经济新常态下对乐器产业提出新的发展任务。

2017 年，以市场为导向，以科技创新为动力，继续完善社会音乐教育、科技合作和技能培训三大服务体系建设，依旧是中国乐器协会和行业工作重点。扩展音乐教育服务合作，开拓乐器增量市场，内容涵盖：1. 引进“6•21国际乐器演奏日”项目，依托展会平台继续办好全国音乐教育大会，组织联盟扶贫支教活动，抓好社会师资培训，优秀项目交流和示范基地建设 ；2. 深入研究音乐教育、跨界融合及音乐生活消费市场，努力开拓音乐文化服务经济的潜在消费需求，加速北京音乐生活展市场化进程，提升上海国际乐器展服务水平 ；3. 促进业内、跨界科技合作，重点课题力争有所突破，推动行业“三品战略”，共建乐器产业特色基地，发挥分支机构作用，增强协会活力，加强两级领导班子建设，完善协会基础工作等各项工作。

中国乐器协会副理事长王松美做财务工作报告，报告中指出根据民政部、财政部有关规定和《中国乐器协会章程》《中国乐器协会会费收取和使用规定》的要求，乐器协会积极扶持行业科研和文化信息平台建设，技能人才培训与资质鉴定，特色产业基地共建等各项活动。新的一年，中国乐器协会将加快市场化进程，引进市场服务机制，加强协会财务运行管理，提升协会服务能力和综合实力。会议间歇，中央电视台就乐器产业的转型升级进行专题采访，王松美副理事长就乐器产业面对核心技术突破，品牌文化创建回答央视记者的提问。

秘书长陈晋武宣读了《中国乐器协会关于成立社会音乐教育专业委员会的意见》。当前，社会音乐教育行业发展缺乏规范、监管，创建“社会音乐教育专业委员会”成为乐器行业与音乐教育产业跨界融合发展的当务之急。“社会音乐教育专业委员会”的工作重点是 ：一是尽快组织专委会和工作委员会领导班子，吸引一批有热情、有经验的各类专家组成骨干项目平台 ；二是积极探讨跨界合作项目的运营机制和服务体系，以切实可行的方法开展工作；三是做好顶层设计，梳理工作体系，点线面结合，抓好重点项目创建。汇集专业优势资源，促使跨行业资本、技术、市场、管理、教育、人才项目合作，规范社会音乐教育市场，提升社会音乐教育水平。

扎实推进分支机构建设 力促产学研跨界融合

当前，中国乐器协会下属 14个分支机构，协会音教和科技产业发展战略的贯彻与实施，与分支机构的行业工作推进紧密关联。本届理事会第五项议程将分支机构及地方协会管理创新经验交流列为重点议题。

电鸣乐器分会会长盛子斐就如何发挥分会领导班子成员作用，加强行业交流合作做主旨发言，并就分支机构工作创建分享五项经验 ：1. 会长单位首先要肩负自身职责，同时应具备一定规模与实力，正副会长单位应涵盖生产、研究各职能单位；2. 充分发挥会长单位主观能动性，分工明确，群策群力；3. 建立电鸣分会监管考评机制，提高分会领导力与执行力 ；4. 分会应紧扣科技进步和交流团结两大宗旨 ；5. 组织多方合作互利共赢项目，探寻产学研合作发展新模式。

钢琴分会秘书长、广州珠江钢琴集团股份有限公司董事会秘书杨伟华代表钢琴分会就《调动骨干企业积极性，开展多种形式的学习交流》展开交流。过去一年来，钢琴分会重点工作涵盖 ：1. 充分发动会员积极性，利用互联网微信平台，为会员提供信息化服务平台；2. 通过互访、培训促进会员企业间技术、管理合作交流，带动行业共同进步 ；3.丰富行业年会内容，分享行业新知，明确工作思路，引导行业健康发展 ；4.深度调研，用科技提升产品附加值，谋求与文化产业跨界合作，培育创新市场利润增长点。当前，产业发展已进驻到海外先进技术的并购时机，要采取洋为中用的举措，反补企业核心技术进步。

江苏省文化艺术科技协会乐器专业委员会、凤灵集团董事长李书就《产学研相结合，促进行业与院校跨界合作》做主旨发言。过去一年来，江苏省乐器技术专业委员会在中国乐器协会的领导和地方政府支持下，在产学研融合与跨界合作走出了创新发展之路：一是加强行业沟通，推行学习交流并举；二是注重科技创新，推动校企联合；三是聚集有效资源， 打造黄桥乐器文化产业园，共建全国音乐教育服务联盟（黄桥）示范基地 ；四是搭建电商平台，做好产业公共服务。

会议认为，乐器协会电鸣、钢琴分会，江苏省文化艺术科技协会乐器专业委员会行业工作创建扎实有序，社会业绩可圈可点，在分支机构的管理和行业工作创建经验上，具有积极的行业借鉴和参考价值。

社会音乐教育国际接轨 拓宽微时代品牌文化外延

乐器产业在完成OEM出口原始资本积累后，在内销市场搭上了文化产业飞速发展的浪潮，与音乐教育跨界融合，产业迎来发展新的黄金机遇期，下午会议由副理事长、材料配件分会会长罗建峰主持。

作为中国乐器协会特邀嘉宾，翁才林律师就知识产权保护专题讲座。透过迈克尔乔丹，庆丰包子，非诚勿扰等产权纠纷案例，以及国内愈演愈烈的商标抢注乱项，翁律师针对企业知识产权的法律意识提升，专利申请和用法律手段进行创新品牌的保护，进行了实地分析和经验分享。

进行以“挑战自我，共筑未来”音乐教育服务为主题的论坛。河北武强音乐教育示范基地代表李博分享了武强音乐教育服务平台的最新进展。当前，武强基地整合乐器博物馆、乐器维修、金音萨克斯公社、吉他 DIY、音乐培训等孵化创业项目，惠及想要创业的青年群体，透过项目广结英才，不断提升产业园区的文化内核。针对社会音乐教育联盟服务平台的创建工作，琴行分会青年委员会干事周洲、潘紫艺、刘骋分别发言，汇报了青年委员会的工作进展状况，以及音乐教育服务联盟师资培训试点及下步打算。周洲针对青年工作委员会欧洲音乐教育市场考察进行介绍，国外音乐教育主要依赖校内教育，而国内音乐教育则依托校外音乐教育机构，青年工作委员会当前正致力于引进国际先进教学体系。作为海归留学生，潘紫艺介绍了中国乐器协会考察团针对欧洲社会音乐教育和教学法现状，对乐器初学者采取团体基础课教学法，校内校外教育相结合，国外教师综合能力很强，值得国内社会音乐培新机构学习。说到中欧音乐教育的差异，欧洲校内音乐教育主要以团体教学为主导，而国内钢琴教育主要以一对一为主导 ；欧洲进行的是全龄化音乐教育，而国内则是琴童在 4 岁后接受音乐教育 ；欧洲校内音乐为基础教育，校外为高层级的专业教育。青年代表刘骋认为，国外音乐教学法主张兴趣引导，以科技手段辅助激发学生音乐学习热情。近期，琴行分会青年委员会致力于引进英国音乐未来项目，在规范量化国内社会音乐教育标准和模式，起到积极良好的促进作用。

吉他中国 CEO 姜伟认为，在微时代，微博与微信即为企业品牌形象的窗口，如何在严格逻辑思路架构下，进行企业文化的系统化品牌宣传。如何在微平台进行品牌的销售、文化、渠道维护、售后服务等多元化服务。在信息化时代，如何利用微信朋友圈和公众号，进行品牌宣传的系统维护，进行规范化的架构设计，采取简洁有效的宣传。线下通过大量的演艺、师资培训、音乐文化等各类活动，汇聚人气，打造吉他中国品牌效应。平台的速度、广度，如何在新技术下进行突进，值得行业关注和思考。随后，音乐笔记闫文闻针对“人工智能 +互联网”如何对接乐器培训领域，介绍了如何利用人工智能帮扶琴童提升练琴效率，提升社会音乐教育的教学效果。民族器乐文化发展的现在和未来（弋金锐）中国音协民族器乐学会的文化创建活动，在国家文化产业发展的形势下，在全球化时代背景下，民族器乐文化受到外部文化的冲击和影响展开交流与探讨。

六个“持续强调”引领 行业发展战略思维导向

作为会议最后重点议程，中国轻工业联合会党委副书记、中国乐器协会理事长王世成针对会议代表的发言做重要总结和工作精神指示。王世成理事长认为，本次会议内容丰富，议题紧凑，协会秘书处做了精心准备，为大家搭建了良好平台，唱出更好的“折子戏”。对于顶层设计和协会总体工作思路。要注重“六个持续强化”：一是要持续强化行业形势动态分析，加强增量市场，拓展音乐人口，引发对市场产品深层次认识。互联网 + 乐器有序推进，产品技术服务向社会音乐服务转变，将引发资本市场密切关注 ；二是持续强化企业诉求的及时反映，及时掌握企业动态，及时发现反映共性问题，争取及时解决 ；三是持续强化协同创新的成果意识，努力依靠科技创新，加快产学研结合，加大自主能力提升，发挥乐器的后发优势。要强化品牌意识和技术标准，有针对性地开展国际对标 ；四是持续强化音教服务联盟务实推进，进一步加强社会音乐教育专业委员会，将音教项目做深做透，提出全国音教服务联盟 2017《北京宣言》，进一步加强国际乐器行业交流合作，展示乐器行业新生代风采 ；五是持续强化乐器行业融合效果，充分借力行业信息、资本和人才等资源，力促信息化与工业化融合、实体经济与虚拟经济融合、硬实力与软实力融合、国内经济与国际产能融合 ；六是持续强化乐器发展的人才基础。认真推进“六个持续强化”，不断提高协会的服务能力和工作水平，提高乐器协会的社会公信力，养成务实、担当、合作、自律的良好氛围，更好地彰显企业之家、会员之家的温馨与有为。王理事长最后以习近平总书记提出的“要保持创新的勇气、敢为人先的锐气、蓬勃向上的朝气”希望和要求共勉，共同努力不断开创乐器行业和协会工作的新局面。

会议代表一致通过了理事会工作报告、2016年财务工作报告、增补调整理事名单和成立社会音乐教育专业委员会等会议文件。

4日晚上，刚成立的中国乐器协会社会音乐教育专业委员会，组织参会代表进行了座谈。代表们一致认为成立社会音乐教育专业委员会非常有必要，希望能够充分利用好这个平台，为会员和社会提供相关音乐教育方面的服务。座谈代表对专业委员会下一步的工作，提出建议。认为：1. 应对企业进行分类，帮助有针对性需求的企业建立互相之间的联系；2. 建立同行之间互相认可行业标准，举办包括师资、管理者的培训工作等；3. 建立成果展示平台，打造优质品牌活动；4. 建立厂家和培训机构之间的技术服务合作体系；5. 探讨和解决社会音乐教育进入学校教育体系的问题。

中国乐器协会七届五次常务理事（扩大）会暨科技会在宁波召开

12月4至5日，中国乐器协会七届五次常务理事（扩大）会暨科技会在宁波召开。中国轻工业联合会党委副书记、中国乐器协会理事长王世成，中央音乐学院副院长周海宏，中国乐器协会常务副理事长曾泽民、副理事长王松美、秘书长陈晋武以及理事单位领导共计 130 余人出席了会议。会议得到了宁波市领导的高度重视，表示祝贺。

会议采取三位一体的立体化会议模式，常务理事会内容基本采取书面发言形式，科技会内容采取专题讲座、深度对话、项目交流，突出了跨界融合，坚持市场导向。

用感性智慧把技术变成艺术，让乐器产品成为作品

与发达国家相比，我国的科技水平的差距已经得到了全社会的普遍重视，但感性素质的差距还没有获得起码的认知。然而，感性素质的培养只能通过艺术教育来实现，这也是近年来国家大力倡导艺术教育、向百万大学生普及交响乐等举措的深层意义。

会议特别邀请了我国著名音乐美学家、音乐心理学、教育学家，中央音乐学院副院长周海宏教授，就“音乐文化素质与设计创新”进行了专题讲座。周海宏教授指出，提供充分良好的艺术教育，培养高感性素质的国民，是建设美丽中国、创造美好生活的基础。而提升全民族的感性智慧和感性素质，需要通过包括音乐在内的艺术教育来实现。乐器的基本特征就是实用性能与感性样式并重，中国产品缺少国际竞争力，在一些产品上固然有“性能质量”方面的原因，但是在许多产品上是由于“感性质量”差。全社会普遍的感性素质低，导致了全社会普遍的对感性质量的要求低。这是我们的产品设计水平上不去最根本的社会原因，也是我们的环境质量差的最根本原因！只有在良好感性环境的要求下创造出来的产品才能很好地服务于消费者。针对乐器行业的发展，周海宏教授提出了用感性智慧把技术变成艺术，让乐器产品成为作品的观点。

专家与企业对话，助中高端产品发力

近年来，随着消费的升级，品质消费趋势显著提升。在刚刚结束的上海国际乐器展上，中高端化、智能化和健康化的乐器产品走俏，受到了消费者的追捧。在《中国乐器行业科技发展路线图》里的 5 个战略目标中提出：“中高端乐器产品占30%以上”。要想实现这个目标，首先是要密切与专业院校的专家和乐团的专业演奏家结合，及时地听取他们的意见和建议，对于实现产业升级和产品升级换代至关重要。为此，行业建立了一批由院校专业老师和乐团演奏家组成的专家团队，需要时，还将聘请国外的专家参与，为行业“中高端产品发力”服务。本次科技会首次尝试引入“专家与企业对话”环节，邀请了星海音乐学院钢琴系教师、珠江恺撒堡艺术家涂宇亮，上海音乐学院教授潘文，宁波市打击乐艺委会理事、青年打击乐演奏家朱家琛三位演奏专家与企业技术带头人组成新的组合，就钢琴、古筝和军鼓三类产品的“中高端产品需求与研发”进行了深入的对话与交流，共同探讨中高端产品阶段性成果和待解决的课题，体现了市场导向和专家引领。

民族低音拉弦乐器与民乐仿生皮的研制，应对民乐演奏急需

2016年，全行业在围绕乐器行业技术路线图，组织行业科技合作，推动人才战略发展。先后组织了民族低音拉弦乐器、蟒蛇乐器替代材料、声学木材等重点科技项目攻关，并取得了阶段性的成果。在科技项目交流环节，中央音乐学院教授、国际提琴制作大师郑荃，上海民族乐器一厂高级技师张建平，江苏凤灵乐器集团项目组代表钱富民，北京乐器学会会长、中国戏曲学院京胡制作及演奏家刘正辉，江苏泰兴琴艺乐器有限公司总经理，就这两项科技项目的推进与成果进行了分享和交流。郑荃教授表示，民族低音拉弦乐器的缺乏，困扰了我国民乐界近半个世纪。几十年来我国的乐器制作界作过上百次的试验，设计了几十种民族低音拉弦乐器，但是，民族低音拉弦乐器的设计，制作及推广方面还有许多工作需要去做。目前，在中央音乐学院提琴制作研究中心延续近 30 年来的研制4 种型号民族低音拉弦乐器样琴的基础上，对目前民族低音拉弦乐器的改良和使用情况作了充分调研，通过录音取得声学特征数据并作筛选、分析，吸收诸家之长，借助提琴族乐器设计制作的声学原理和技巧，进一步改良完善Ⅴ型大华琴的设计制作工作。下一步还将制成满足一个民族交响乐团低音声部使用的一组乐器，通过录音和试奏，争取使新设计的民族低音拉弦乐器进入实用推广阶段。

研制替代野生蟒皮来制作民族乐器的战略任务，是半个多世纪以来中国制琴师、研究人士和专家学者的奋斗目标。以中国戏剧学院刘正辉老师为代表的研制团队，通过近 20 年的努力，在仿生皮材料的研究和在民族乐器上的应用方面取得了较大的突破，为实现环保仿生皮研究成果在中国民族乐器上的广泛应用。同时上海民族乐器厂在仿生皮乐器方面的研发制作应用也为这项事业积累了宝贵的经验。刘正辉老师表示，仿生皮民族乐器收到了很好的艺术效果，演奏家们也给予了高度的评价。舞台效果充分证明了仿生皮乐器的音质，在音质、音色及稳定性方面均等于或超过野生皮制作的乐器。

环保倒逼企业转型升级，或可带来涅槃重生式发展

十九大对加强生态环境建设提出了明确要求，强调要铁腕治污，打好节能减排和环境治理攻坚战。环保部也明确表示“环评制度只会加强，不会削弱”，意味着环保部将进一步落实环保的倒逼力度。乐器制造业内人士也均表示，新《环保法》的实施对整个化工行业影响较大。短期来看，中小型乐器企业受此影响明显，对于环保不达标的企业或责令整改，或直接“关停”；但从长期来看，环保新措有利于倒逼乐器企业经济转型升级，实现新常态下科学发展新跨越。

天津津宝乐器在环境保护、减排治污等方面都走在行业前列，天津宝乐器公司一分厂厂长李中华介绍，一直以来，津宝乐器公司把“加大环保投入，驱动治理技术升级和治理水平的提高”作为公司发展的重要举措，从2010年开始，启动第三轮大规模治理设施升级改造阶段。到2017年底，公司已累计投入改造资金4600万元，对生产过程中涉及的水治理、煤改燃、抛光粉尘、有机废气等工艺环节进行综合治理。目前全部改造项目均已完成并通过环保部门的验收，运行良好。

环境治理是当前重点任务，乐器行业必须要做到与国家同步，要加强行业自律，要向诸如津宝乐器公司这样一批“环保先行”的企业学习先进经验以及履行社会责任的优良做法。全行业更要坚持生态优先、环保先行，倒逼经济转型升级，实现新常态下科学发展新跨越。

协会活动

全国音乐教育联盟合作平台 2017年首次联席会召开

1月23日，全国音乐教育服务联盟合作平台联席会议在中国乐器协会举行，联盟四方领导包括中国乐器协会理事长王世成、中国教育学会音乐教育分会理事长吴斌、中国音乐家协会管乐学会主席于海、副主席姜斯文、中央音乐学院继续教育学院孔聪等参加了会议。中国乐器协会常务副理事长曾泽民代表联盟合作平台联络组简要回顾了联盟合作平台成立以来的主要工作，并介绍了联盟2017年重点项目，中国乐器协会王世成理事长将联盟合作平台成立200天以来的情况总结为四句话：精心策划、跨界融合、积极推动、务实有效。对于新的一年如何推进联盟的工作，王会长建议抓好以几个要点：教材、教法、课程标准的设立，以中央音乐学院为主，形成联盟标准；组织好“6•21国际乐器演奏日”活动；组织好全国音乐教育大会；参考芝加哥管乐大会的模式，以联盟合作平台名义策划主题活动；加强联盟合作平台优秀项目推广及示范基地的工作。

首期“调律注册教师培训班”在京开班

2月13日，中国乐器协会、日本KAWAI 钢琴调律联盟师资首期“调律注册教师培训班”在北京劲松职业高中举行开班仪式。

在开班仪式上，中国乐器协会常务副理事长曾泽民就开展调律联盟培训认证项目的重要意义做了说明，并把钢琴行业发展现状做了简要介绍。我国当前钢琴调律师的数量与钢琴服务市场化并不相称，调律师的水平和资质认证也亟待进一步提升和规范，因此，培养和造就一大批合格的钢琴调律师是当前调律行业十分必要和紧迫的工作。中国乐器协会与KAWAI公司开展的钢琴调律联盟标准培训认证项目，旨在引进国际先进技术和经验，作为国家职业技能标准培训体系的补充和中高级培训试点。

王世成理事长前往上海民族乐器一厂考察指导

3月3日，中国轻工业联合会党委副书记、中国乐器协会理事长王世成，在上海市轻工业协会会长吕永杰等领导的陪同下来到上海民族乐器一厂考察并指导工作。王世成一行人参观了民族乐器陈列馆和生产车间，并进行了座谈。

王世成理事长对上海民族乐器一厂的发展给予了高度评价。他指出，上海民族乐器一厂具有品牌效应、创新效应、文化效应、协同效应和敦煌效应。“上海民族乐器一厂是制造业、文化产业、服务业几个产业融合的一个结合点，品牌效应非常明显，溢价能力很强”“它是在不断地创新，从创新的角度始终延伸着，青花瓷、雕刻、海派文化等因素地融入，让民族乐器既有演奏功能，更有收藏价值”“它制造的是产品，卖的是文化，传承的是中国非遗技艺”。对于企业未来的发展，王世成也提出了几点希望，希望企业继续承载中国文化，始终不忘中华根，要持续融合发展，要引领中国民族乐器的潮流，要敢于筑梦和圆梦。

中乐协领导考察调研山东郿郚吉他产业基地

3月15至17日，在山东省“吉他小镇魅力郿郚——‘产学研’一体化”全国高峰论坛举办之际，中国乐器协会领导出席论坛，并针对郿郚吉他产业基地现行发展与瓶颈突破展开集中调研。

中国乐器协会常务副理事长曾泽民、秘书长陈晋武与企业代表进行了互动交流。首先，建议郿郚吉他制造企业以机械化数控设备化解成本上涨压力；企业要有抱团取暖意识，建立区域乐器产业联盟公约，共同培育区域市场良性竞争机制；再次，走校企联合专家助力发展之路，通过创意品牌文化活动，打造郿郚特色吉他小镇，依托乐器电商平台，最终形成郿郚吉他产业制造、教育与艺术文化立体多元发展的战略新格局。

中乐协领导赴河北考察调研乐器产业发展业态

中国乐器协会常务副理事长曾泽民、秘书长陈晋武及提琴制作师分会会长郑荃教授等一行赴河北武强、饶阳及肃宁进行实地考察调研。两天时间先后走访了河北金音、饶阳成乐、乐之洋、饶阳北方及河北乐海5家乐器制造企业，就当前河北乐器行业科技创新能力进行实地考察调研。

考察团对金音乐器集团按照企业产业链延伸——产业聚集——产业基地的发展模式，与国内外知名公司合作打造中国武强乐器文化产业基地的做法给予高度评价。肯定了河北乐海乐器公司在我国民族乐器演奏技术和制作技术方面所取得的一系列成绩，并对河北乐海乐器以“工艺精致、品质优美、弘扬民族传统文化”为核心，提升乐海品牌文化底蕴的理念表示赞赏。会谈中，我国提琴制作大师、提琴分会会长郑荃教授就如何借鉴西洋乐器制造工艺，结合民族传统制作技艺，加快民族乐器改革进程将民族乐器推上一个新的历史发展阶段等问题进行了深入探讨。

中国乐器协会电鸣分会工作会在温州乐清召开

4月27至28日，来自全国各地的24家电鸣乐器企业领导、专家齐聚温州乐清，参加年度分会工作会议。盛子斐会长做工作报告，会议重点研究了“音乐教育服务”和“职工技能培训教材”等课题，听取了会议承办方浙江韵乐电子公司实施企业转移的经验，会议组织了广泛的交流。协会常务副理事长曾泽民参加会议并讲话。

盛子斐会长总结了电鸣分会在建立健全管理机制，领导班子带头，制定班子监督考评制度；积极反映行业、企业诉求；深入开展行业科技交流合作，组织专题讲座；积极参与国标、行业制修订；厂校结合编写“职工技能培训教材”；与国际MIDI技术组织合作交流及发展新会员等方面的做法和体会。并对2017年重点工作做了部署。曾泽民对电鸣分会的工作给予充分肯定，赞扬电鸣乐器行业团结协作和求真务实的作风。他认为电鸣分会在盛会长和各位副会长领导下，以科技创新和现代音乐为依托，积极开展技术交流与合作；加强材料配件与主机厂的密切合作；积极支持学校和社会音乐教育等方面成果显著，总结了许多宝贵的经验，值得协会其他行业学习。

“让音乐与中国同行‘6·21国际乐器演奏日’”启动仪式在京举办

为促进我国音乐文化教育普及和丰富人民音乐文化生活，提高乐器行业整体发展水平，全国音乐教育服务联盟合作平台发起的“6•21国际乐器演奏日”启动仪式于5月5日上午在京举办。中国轻工业联合会会长张崇和，中国轻工业联合会党委副书记、中国乐器协会理事长王世成，中国教育学会音乐教育分会理事长吴斌，中央音乐学院党委副书记逄焕磊，中国音乐家协会管乐学会副主席兼秘书长姜斯文等领导及中国乐器协会150余家会员单位共同出席了本次活动。中国轻工业联合会会长张崇和为音乐教育服务联盟四方授旗，王世成副书记及主办方领导为积极参加国际乐器演奏日活动并做出贡献的企业授旗。

全国钢琴调律职业技能竞赛表彰活动在京举办

5月4日，2016年中国技能大赛——全国钢琴调律职业技能竞赛表彰活动在京举行。中国乐器协会理事长王世成、中国财贸轻纺烟草工会轻工工作部部长严红、中国轻工业联合会人事教育部主任徐祥楠等领导到会并为获奖选手颁奖。

此次技能竞赛活动，检验了我国钢琴调律师队伍的职业技能水平，鼓励和促进一线职工学习技术、刻苦练兵、岗位成才的热情。通过竞赛，不仅使一批高技能人才脱颖而出，而且促进了各方面对钢琴调律师提高技术水平的重视，和有效人才培养机制的建立与完善。

全国音乐教育服务联盟合作平台《北京宣言》发布

5月5日，在北京国际音乐生活展上，全国音乐教育服务联盟合作平台《北京宣言》正式发布。《北京宣言》由全国音乐教育服务联盟合作平台四家发起单位之一——中国音乐家协会管乐学会副主席姜斯文宣读。

本次《北京宣言》的发布，是“联盟”首次以宣言的形式明确了“联盟”的历史使命及奋斗目标。对于中国音乐教育事业乃至中国社会文化的发展来说，《北京宣言》的发布具有重要的战略意义。

王世成理事长率领行业代表观摩2017上海管乐艺术节

4月29至30日，中国轻工业联合会党委副书记、中国乐器协会理事长王世成率队观摩“中华号角——2017上海之春国际音乐节管乐艺术节暨‘中华杯’中国第十一届非职业优秀管乐团队展演”活动。中乐协西管乐器专业委员会会长、河北金音乐器集团总经理陈学孔，天津圣迪乐器有限公司总经理王玉春，北京德勇乐器有限公司总经理闫丕勇等陪同观摩。此次王世成理事长率队观摩上海管乐节，既表达了对成功举办如此大规模文化活动的赞赏和钦佩，也对当前管乐普及现状表示肯定，同时期望管乐器为主的制造企业能够加强与相关文化艺术活动的结合，主动走进文化，主动拓展市场，为今后更大规模的发展积极铺路。

“一带一路”音乐希望工程新疆小学乐器捐赠活动在乌鲁木齐市举办

6月23日，在十九大即将召开之际，为响应国家“一带一路”的战略号召，更好地促进西部地区音乐教育的发展，进一步倡导社会各界积极关注和帮助贫困地区中小学音乐教育，中国乐器协会根据新疆乌鲁木齐两区教育局的申请，组织了江苏凤灵乐器集团、天津市津宝乐器有限公司、珠海得理乐器集团、河北乐海乐器有限公司、江阴金杯安琪乐器有限公司、江苏东方乐器有限公司、北京珠江钢琴制造有限公司、河北廊坊韵笛乐器有限公司和临沂宗沛斋乐器工贸有限公司等九家单位，共同向乌鲁木齐市高新区（新市区）第六十三小学及天山区第一百二十六小学捐赠乐器。

中国乐器协会常务副理事长曾泽民表示，此次捐赠仪式不仅在落实“一带一路”的战略思路，并且通过捐赠乐器和义务支教等方式拉近地区之间的音乐教育交流与互动，更促进新疆艺术教育特别是少数民族地区艺术教育的提升。

“6・21国际乐器演奏日”总结交流会北京召开

7月31日，“2017年6•21国际乐器演奏日主题论坛暨总结交流会”在北京举行。中国乐器协会常务副理事长曾泽民表示，“6•21国际乐器演奏日”是一种新型的乐器节日，活动充分体现了公益性、大众性、生活性特点，具有很强的适应性、普及性。对于未来“6.21国际乐器演奏日”活动的组织和发展方向，曾泽民表示，该活动既是公益性大众音乐文化活动，但又植根于广泛的社会音乐教育和音乐文化市场，所以要用公益化的态度和市场化的思维来组织运作。方法与路径有很多，一是“结合”，活动一定会与各个音乐文化品牌活动结合，演奏日与品牌宣传、展示展演、培训讲学、器乐赛事和扶贫支教等活动相结合，与地方特色文化活动结合；二是“借力”，借助著名品牌，借助地方政府，借力专业院校团体和知名人士，美国就特邀明星作为公益形象大使；三是“合作”，通过各种渠道，采取各种方法，开展业内、跨界项目合作，会碰撞出新的火花，也会创造更多市场机遇。要靠大家集思广益、大胆创新来实现。

中国乐器协会领导一行赴天津英昌乐器考察调研

面对传统乐器制造业转型升级，京津冀制造经济一体化的产业背景，7月25日，中国乐器协会常务副理事长曾泽民一行赴天津英昌乐器（中国）有限公司进行考察。在英昌乐器总经理崔奎烈的陪同下，对英昌乐器的钢琴木材储备、音板、击弦机、铁板、背架、键盘以及总装车间等综合配套生产线进行实地考察调研，并就英昌乐器未来产业布局进行座谈交流。

在听取英昌乐器领导的工作汇报后，中国乐器协会常务副理事长曾泽民对英昌乐器的企业社会业绩表示肯定和认同，并就企业未来布局提出建设性意见：一是英昌乐器从建厂初期至今，从制造装备、工艺管控到企业管理，一直秉持高规格运营状态，对拉动国内传统钢琴产业起到积极促进作用。韩国乐器企业在成本控制和生产效率的协同发展，以及产品结构的转型调整，给国内钢琴企业提供良性参考与借鉴。二是面向未来，英昌乐器以中高端产品研发制造为核心战略，拓宽延伸产业链，以Weber、Astor原声钢琴作为中高端市场切入点，依托传统钢琴零部件研发制造的综合配套优势，打造中高端产品的战略决策切实可行。三是企业抓住电钢琴市场发展历史契机，拓展研发具有自主知识产权的产品，且与家庭娱乐、音乐学习有机结合，创造新的市场利润增长点。建议英昌乐器加大市场调研力度，做好战略布局和产业结构调整。四是拓展钢琴艺术教育培训体系，进驻音教文化市场。注重外部教材本土化和配套艺术教育团队体系的持续培育。最终，曾泽民预祝英昌乐器紧抓企业文化转型发展契机，拓宽延伸产业链条，为国内钢琴产业发展做出创新积极贡献。

王松美副理事长一行实地考察河北省饶阳县民族乐器特色产业

7月27日，中国乐器协会副理事长王松美、秘书长陈晋武一行4人，在河北省饶阳县县委常委、宣传部长王建坡，大官亭镇党委书记刘亚光，饶阳北方民族乐器有限公司董事长杨俊朋的陪同下，对饶阳县宣传文化中心、大官亭镇民族乐器骨干生产企业、哈哈腔剧社、小官亭音乐作坊及璐德音乐培训学校和珐琅厂进行实地考察。

王松美副理事长表示：通过实地考察，对饶阳县特别是集中于大小官亭镇的民族乐器产业有了一个全面的了解，充分肯定了饶阳民乐产业近年来的发展，注重品牌打造，科技引领，创新带动，在产品产量、质量、市场开拓，特别是近年来与音乐文化教育，与地方经济发展，小城镇建设等结合，明显加快了发展步伐。同时她也指出了饶阳民族乐器产业目前发展中存在的专业化，配套化，特别是区域品牌打造上存在的不足，特别强调了注重环保在下一步发展中的重要性，强调了要更加注重专业技术人才队伍培训和建设，注重产业发展的整体性和平衡性，同时希望县政府能够将扶持当地民族乐器产业的具体措施列入政府相关规划中，并在人才培养、公共服务平台建设、重点项目、资金支持及其他扶持措施等，给予更对口直接明确的产业优惠和对口支持政策。相信通过共建双方努力，争取早日达到共建标准，打造更响亮的饶阳民乐产业品牌，提升影响力，为促进本地区的经济社会发展做更大贡献。

全国音乐教育服务联盟（红棉艺术教育）示范基地评审认证会举行

9月13至14日，全国音乐教育服务联盟（红棉艺术教育）示范基地评审认证会在位于广东省河源市的红棉乐器新产业基地举行。专家组在全面了解“红棉乐器”在乐器制造产业，特别是音乐艺术教育项目等情况基础上，充分肯定了项目主办方在音乐教育服务方面所取得的成绩，同意广东红棉乐器股份有限公司成为“全国音乐教育服务联盟（红棉艺术教育）示范基地”，并报合作平台联席会审核。

评审组同时对“红棉艺术教育基地”未来的发展提出了几点意见：一是努力丰富项目内容，合作研发艺术教育课程和方法，开展音乐师资培训工作，提升核心内容建设。二是扩展吸引社会各界资源，在河源政府的支持下，扩大项目合作面和推广范围，扩展系统发展，为地方和全国提供服务。三是积极探讨文化产业运营机制，创建品牌文化，既坚持公益性原则，又要打造良性运营的音乐教育服务平台。

2017中国（上海）国际乐器展览会在上海新国际博览中心圆满落幕

由中国乐器协会、上海国展展览中心有限公司和法兰克福展览（香港）有限公司共同主办的2017中国（上海）国际乐器展览会(Music China 2017)于10月11—14日在上海新国际博览中心圆满落幕。

顺应文化消费市场的发展趋势与需求，今年展会规模再攀高峰，增加了13,000平方米，从上届的112,000平方米扩至125,000平方米，汇聚来自30个国家和地区的2124家企业参展，今年新增了保加利亚和波兰两大展团，与来自比利时、捷克、法国、德国、意大利、日本、荷兰、西班牙、英国九个国家，以及中国台湾地区的展团共同亮相，突显各地独特的音乐文化。珠江、敦煌、星海、英昌、凤灵、海伦、超拨、津宝、柏斯、知音、金音、得理、声凯、乐海、吟飞、红棉、雅马哈、卡西欧、施坦威、乐兰、三益等国内外知名乐器企业和品牌携新品、精品展示。在音乐教育文化市场的纵深发展也是本届展会的一大亮点，今年音乐教育机构展示区首次独立规划成馆，汇集了海内外的各类的教育培训机构，为广大观众普及新兴的教育方式，深挖潜在消费市场的商业模式与发展机遇。

CMIA KAWAI钢琴调律联盟标准培训认证项目发布会在上海召开

10月12日，CMIA KAWAI钢琴调律联盟标准培训认证项目发布会在上海召开。中国乐器协会理事长王世成、常务副理事长曾泽民，日本河合乐器制作所株式会社社长河合弘隆、统扩部部长西尾正由纪等领导出席。

中国乐器协会副理事长王松美、日本河合乐器株式会社副社长金子和裕分别就项目成立背景、合作内容及优势等做了简要介绍。为提升我国钢琴调律师队伍的整体素质，尽快缩小与国际水平差距，中国乐器协会与河合乐器株式会社一年前在北京签署了钢琴调律合作协议，首推项目，也是最主要的项目就是联手通过研究完善中高级调律联盟标准，设立培训基地，培训专业教师，陆续开展具有国情特色的中高级（主要为三角琴和音乐会用琴）钢琴调律调整培训认证。这是产业发展、市场需求，以及与国际先进水平差距较大等因素叠加的必然产物。

中国乐器协会口琴专业委员会六届三次会议在南京召开

11月6至7日，中国乐器协会口琴专业委员会六届三次会议在南京召开。参加本次会议的代表充分讨论了口琴专业委员会发展规划、专项活动开展进程以及优秀项目推介等内容，会议议程紧凑，内容丰富、充实，时效性强。中国乐器协会秘书长陈晋武参加了此次会议。

中国乐器协会陈晋武秘书长代表中国乐器协会对口琴专业委员会的新气象、务实的工作态度、取得的成绩、项目的开展和工作计划的落实给予了充分肯定。同时建议口琴专业委员会应结合自身特点，以市场为引领、双轮驱动，按照口琴专业委员会整体发展规划，以务实的态度做好各个方面的工作，让全体会员在协会中发挥作用，要求大家围绕科技进步和音乐教育这个主题展开工作。他分析了乐器生产的形势和未来发展趋势，利用新时代的新技术、新理念、新运营模式促进口琴专业委员会各方面工作的创新开展。陈秘书长在发言中还介绍了全国乐器行业的经济运行、中国乐器协会当前重点工作的情况。

中国乐器协会钢琴分会2017年年会在烟台成功召开

11月8日，中国钢琴制造行业精英汇聚一堂，中国乐器协会钢琴分会2017年年会在海滨之城烟台隆重召开，大会盘点钢琴制造行业发展脉络，分享企业科技创新、市场运营先进经验，研讨产业链上下游深度合作，实现钢琴生产企业协作共融发展。中国乐器协会常务副理事长曾泽民，钢琴分会会长、珠江钢琴集团董事长李建宁，以及骨干企业领导近40名代表出席会议。会议由钢琴分会副会长单位烟台博斯纳钢琴公司承办，钢琴分会秘书长、珠江钢琴集团董事会秘书杨伟华主持会议。由钢琴分会会长、珠江钢琴集团董事长李建宁做年度工作报告，三家企业做交流发言，曾泽民做《分析行业近期特点与发展形势》专题发言，烟台大学法律专家做知识产权专题讲座，与会代表同期参观了烟台钢琴博物馆和博斯纳钢琴公司，本次年会议程务实丰富，团结高效，见证我国钢琴行业精英团体锐意进取、与时俱进的创业精神。

中国乐器协会常务副理事长曾泽民在专题发言中首先梳理了欧美和日韩钢琴产业的起落与规律性产业转移，认为目前我国的钢琴产业呈现出如下特点：1. 产品向中高端发力,更新换代明显加快；2. 与音乐教育市场结合,传统钢琴向智能化拓展；3. 成本与环保压力,促进企业间生产技术合作；4. 企业运行资金压力加大；5. 钢琴品牌国际化加速；6. 三四线城市钢琴市场快速发展,市场分工布局调整；7. 钢琴音乐教育市场方兴未艾,产业链向培训和服务延伸等七大特点。认为中国钢琴产业近期的走势仍会继续保持年30—35万架产销量高位运行；钢琴品牌国际化会更加明显,中高端产品呈上升趋势；科技方面,技术改造和科技创新更加活跃,产业链合作加强；市场方面,钢琴产业与音乐教育和技术服务结合会更加紧密。

中国乐器协会理事长王世成一行参观考察罗兰数字音乐教育集团

11月28日，中国轻工业联合会党委副书记、中国乐器协会理事长王世成，常务副理事长曾泽民等一行前往北京罗兰数字音乐教育集团总部参观考察。

王世成理事长听取了公司情况介绍，还参观了公司研发部、运营中心和服务中心，认为此次参观是“不虚此行”，并表述了五点直观感受。此外，王世成理事长还对罗兰数字音乐教育集团的发展提出五点建议：1. 坚定信心，执着推进音乐教育方向，努力创出一种先进的数字音乐教育模式并加以推广；2. 融合发展是主旋律，加快音教发展一定是和相关方面发展相融合的；3. 要主动和资本市场融合，借助资本的力量加快发展步伐；4. 加强与协会各项重点活动的融合互动，比如“6•21国际乐器演奏日”、上海国际乐器展、北京音乐生活展和国民音乐教育大会等高端、优质平台；5. 利用现有渠道，积极有针对性地进入行业科技进步奖评选渠道和寻求教育等相关领域的跨界评选活动。

中国乐器协会理事长王世成一行考察森鹤乐器

为调研钢琴产业链上游龙头企业精细化管理，产业结构转型升级。12月3日，中国轻工业联合会党委副书记、中国乐器协会理事长王世成一行前往森鹤乐器股份有限公司进行考察调研。

通过实地考察调研，在座谈总结环节，森鹤乐器企业管理者的创新融合精神，为考察团领导留下深刻的印象。总结森鹤乐器发展的成功经验，王世成理事长表示，首先，作为全球最大的钢琴零部件生产商，森鹤乐器创业30年来，管理者执着推动创新步伐，以创新开拓市场，用创新赢得客户，充分践行了党的十九大报告中提出的以创新破解发展不平衡、不充分的难题；其次，企业精细化管理成效显著。治大国如烹小鲜，现代企业管理同理，细节决定企业的成败。无论从宽敞舒适的职工食堂，再到5S企业定制管理理念的贯彻执行，森鹤乐器的企业总体管理水平和客户服务水准成为有效见证；再次，企业文化以员工为本，从不同生产环节给予员工以尊重和爱护，使得员工具备强烈的企业归属感，稳健和谐的职工队伍构成企业发展的核心竞争力。希望森鹤乐器在国际化的项目合作中，不断汲取国外先进企业管理与生产经验，从跟跑海外钢琴制造技术，转型为领跑全球钢琴零配件加工产业的强企。

全国乐器标准化技术委员会工作会在青岛即墨召开

12月11至13日，全国乐标委年度工作会在青岛即墨召开，来自全国的乐标委委员和代表47人出席。

会议提出2018年乐器标准化九个方面重点工作，一是要完善优化现有乐器标准化体系，整体提升乐器类标准化水平，提出重点标准项目；二是围绕产品质量提升和产业结构优化需求，加快“智能化”等通用标准制定；三是加快产品标签标识、关键材料及零部件、装备制造等产业技术基础标准制定；四是加快乐器安全及安全生产领域标准体系的建立，增加和补充乐器“安全生产”领域标准的制定，以协助企业在生产中对所产生粉尘的易爆、易燃性等隐患进行防范与防治；五是开展应对欧盟REACH法规对出口乐器的壁垒，并在调查与研究的基础上，提出乐器产品中使用化学品的预防性管理方案、措施与标准，逐步对化学品中的危险物质在技术标准层面加以控制，同时强化其检测技术和手段；六是持续开展中外标准比对工作，加快向国际标准转化；七是加强标准支撑作用，鼓励企业采用国外或制定出口产品标准，制定严于国家标准、行业标准、地方标准的企业标准，并自我声明公开所执行的标准；八是培育和发展具有国际影响力的团体标准，积极主导和参与国际标准的研制与制定，推动我国优势技术标准成为国际标准；九是拟在“键盘乐器智能化”“新能源在电鸣乐器中的应用”等领域继续开展乐器标准化科研工作。

2017年广东省吉他制作职业技能大赛专场音乐会举行

在河源市委、市政府的大力支持下，由中共河源市委宣传部主办；广东省乐器协会、广东省工业工会委员会承办；河源市高新技术开发区管委会、河源市人力资源和社会保障局、广东红棉乐器股份有限公司协办的“大美河源、百姓舞台——2017年广东省吉他制作职业技能大赛专场音乐会”于12月16日晚在河源市文化馆成功上演,让河源市民欣赏到了一场精彩纷呈的高水平吉他演奏会。

广东省吉他制作职业技能大赛是乐器制造业的一大盛事。各企业单位借大赛的契机，积极培训从业人员，认真选拔推荐参赛选手。此次大赛报名踊跃，经过各地严格的选拔推荐，产生了65位优秀选手参加决赛。为成功举办这一大赛，全行业齐心协力，举企业之力，分工合作，默契配合，使大赛一切工作顺利进展。最终，广东红棉乐器股份有限公司的黄毅荣获本次大赛的桂冠。

中国乐器协会材料配件专业委员会2017年会在福州召开

12月27至29日，中国乐器协会材料配件专业委员会2017年会在福州市西湖宾馆召开。全国乐器材料配件专业委员会会员单位、国内钢琴企业代表共20余人出席会议。中国乐器协会副理事长、材料配件专业委员会会长罗建峰代表大会作主题为“标准、专业、融合”2017年度工作报告。

就今后材料配件产业的发展思路，罗建峰提出了自己的几点意见：第一是要坚定不移地加强企业和产品的标准化建设，加强主机与配件厂家的技术对接，拆除不合理的技术樊篱；第二是要坚定不移地集中和优化自身资源，走专业化发展路子。特别是传统的声乐钢琴产业，在今后很长一个发展阶段，需要我们更多的专注和专业精神；第三是要坚定不移地坚持企业融合发展的理念和实践，博采众长，培育和形成自身独具优势的企业文化和核心竞争力。

国际交流

2017年中国乐器协会国际交流与合作

1月

1月16日，中国乐器协会专程拜会新加坡华乐团，与华乐团叶聪音乐总监、何伟山行政总监举行会谈，双方就如何在“两岸五地”促进华乐艺术发展交换意见。据介绍，新加坡华乐团是新加坡四大文化单位之一，围绕新加坡政府发布的“文化艺术战略白皮书”，在曲目构思、演出创作上不断发展、创新，吸取华乐文化底蕴，力求将城市国家新加坡打造成文化艺术之都，创造出种族和谐、和睦共处的“处处有艺术，天天有艺术”的社会音乐文化氛围。新加坡华乐团以“人民乐团”为宗旨，通过社区音乐会、学校艺术教育计划、户外音乐会等活动来推广华乐艺术。为使其他种族的朋友也能欣然地欣赏华乐，乐团在委约的作品及举办的第一届华乐创作比赛中都注入“南洋”元素，借此创立本地独有的音乐风格。

考察团一行充分认可新加坡华乐团为推广华乐艺术做出的积极贡献。多年来，新加坡华乐团一直积极活跃在上海国际乐器展览会，对于民乐艺术繁荣发展做了不懈努力。双方一致表示，今后将进一步整合内地及港澳台地区华乐资源，注重挖掘华乐文化底蕴，通过北京音乐生活展和上海国际乐器展这一国际乐器行业平台，不断向行业乃至全社会推广华乐施展的社会影响力。

1月18日，2017 NAMM展会开幕前一天，主办方美国国际音乐制品协会主持召开2017国际乐器联盟会议，来自德国、法国、英国、意大利、西班牙、捷克、匈牙利、巴西、阿根廷、印度、泰国、乌克兰、墨西哥、澳大利亚、新西兰等乐器行业组织代表参会。中国乐器协会常务副理事长曾泽民应邀就2016年协会工作重点、中国乐器行业发展特点，特别是中国“社会音乐教育服务联盟”向各国乐器组织代表做了详细介绍。

曾泽民从中国乐器市场及行业背景分析入手，着重向与会国际乐器代表介绍了成立音乐教育服务联盟合作平台的初衷和进展、服务联盟合作平台组织架构与运营模式。联盟合作平台依托北京音乐生活展、上海国际乐器展和行业专项活动，开展了音乐教育基础类、专业类和管理类项目交流合作，组织了项目推介推广，音乐教育专题论坛、大师班讲座活动。目前正积极开展社会音乐教育师资培训与认证、跨界合作与国际交流，取得了良好社会效益。2017年，四家合作方将继续在原有良好基础上举办“6•21国际乐器演奏日”活动、2017全国音乐教育大会、公益性扶贫助教活动、推荐各系统优秀音乐教育服务项目、共建音乐教育服务示范基地。形式新颖、内容丰富、重点突出的报告受到国际乐器同行广泛关注。

在乐器行业与音乐教育深度融合背景下，“国际乐器演奏日”组委会主席亚伦以及德国、澳大利亚、新西兰、巴西等国代表就2016年本国6.21国际乐器演奏日活动向与会代表做了介绍；会上，根据各国在南非约翰内斯堡会议达成的成果，美国国际音乐制品协会（NAMM）特邀戈登伯格就《国际濒危物种保护公约》最新政策，对美国及国际乐器制品进出口的影响及相关对策进行分析。NAMM展会期间，协会一行与主办方举行专题会谈，双方就2017上海国际乐器展会行业高峰论坛主题、2017全国音乐教育大会等合作项目进行了专题研究。

1月18日，曾泽民一行回访洛杉矶科尔本音乐学校并实地参观了该校音乐系、舞蹈系、钢琴维修中心，并与校长施尔先生进行交流，就协会与学校的音乐教育项目合作模式交换看法。曾泽民赞赏学校独具特色的音乐艺术教育培养体系。向校方简要介绍了协会发起的“全国社会音乐教育服务平台”，双方可采取社会音教师资项目交流模式，逐步摸索在中国推广科尔本音教项目体系和模式，选拔培养富有艺术潜力的优秀学员。

坐落于美国洛杉矶市中心的科尔本音乐学校，紧邻迪斯尼音乐厅，美国当代艺术博物馆及百老汇博物馆，置身于浓郁的艺术氛围中，学校坚持“小而精”的高标准、高质量办学特色，注重发挥每个学生的特性，对学生进行个性化培养。

1月20日，在美期间，协会与美国MIDI制造商协会（MMA）举行中美MIDI交流专题工作会。此次MIDI科技工作会议受到中美双方高度重视，美国苹果公司、谷歌公司、雅马哈公司以及得理公司、中音公司、吟飞公司等美中专家代表参会，积极为2017年上海MIDI科技创新活动出谋划策。会上，双方就2017年上海乐器展期间MIDI科技创新活动整体框架达成一致。在2016年成功举办上海国际MIDI研讨会基础上，一致同意继续加强中美MIDI交流，利用2017上海国际乐器展平台，创新MIDI产品，积极向国内外MIDI制造商、运营商、软件开发商和音乐制作人等专业用户宣传推广，不断拓展MIDI终端用户，扩大MIDI乐器产品应用空间。会议提出中、美、日MIDI产品制造商与苹果、谷歌以及行业协会深入开展新技术交流展示的活动框架。

3月

3月14日，赛乐尔三益乐器公司组织来自全国各地的100多名经销商，参观三益印尼雅加达工厂并参加新厂房竣工仪式。中国乐器协会王松美副理事长、赛乐尔三益乐器李炯国董事长以及10位经销商代表们在鸣放的礼花下一起剪彩。仪式结束后，嘉宾们共同为象征三益乐器蓬勃发展的小树苗培土，希望这些小树苗茁壮成长，象征三益乐器蒸蒸日上。代表们在赛乐尔三益乐器李炯国董事长的陪同下，参观了产品展示厅、生产车间和印尼培训学校。下午，召开经销商会议。会议主要介绍印尼新工厂优势和特点、公司年度工作安排及售后服务课等。

3月31日，中国乐器协会王世成理事长一行赴捷克克拉洛韦考察捷克佩卓夫钢琴公司。公司的办公楼墙壁上悬挂着印有全体员工头像的图片，与佩卓夫家族五代人的图片并行。首先让大家感受到是充满“家庭情感”式的企业文化。总裁苏珊娜女士说起这些图片来也是“如数家珍”；每个员工从事的工作、工作年数、技术特点等她都娓娓道来。参观生产车间时我们看到，这些员工在“佩卓夫”这个大家庭中充分发挥着各自的作用，每个人都在为“佩卓夫”150年的发展贡献着。我们为此也充分感受到了“佩卓夫”钢琴150年发展不可或缺的力量所在。“佩卓夫”钢琴公司，近年来与中国开展了多方面的合作，成果斐然。

考察结束时，王世成理事长亲笔在留言簿上题词：“祝佩卓夫钢琴永远成为中捷友谊的使者”。

4月

4月3日，中国乐器协会一行来到施坦威钢琴公司（德国汉堡工厂），首先由产品服务部经理卡尔伯先生接待并引导王世成一行，从材料存放、处理，音板筛选加工、铸铁板加工处理、外壳加工制作，到音源制作与调试以及钢琴整音、调音等全部生产过程。参观结束后，施坦威副总裁兼欧洲地区总经理瑟茨先生向王世成理事长一行详细介绍了德国汉堡工厂生产施坦威钢琴的整体情况、发展计划以及市场规划等。

王世成理事长介绍了中国音乐文化市场的现状与发展情况。同时对施坦威钢琴公司164年以来，始终坚守的制琴理念、制琴技艺和企业文化表示钦佩，希望双方能够加强交流与合作，促进钢琴产业的整体发展。参观施坦威钢琴公司（汉堡工厂），让我们深深体会到了“工匠”精神所在和对制琴理念始终如一的坚守；制琴师们严谨的工作态度、细致的工作精神和一丝不苟的工作责任心，给我们留下深刻印象。同时，在这里我们看到了，世界著名品牌钢琴的内在价值。离开施坦威钢琴公司（德国汉堡工厂）时我们看到，一面墙壁上挂满了类似于证书一样的图片，瑟茨先生告诉我们，这是施坦威钢琴公司（汉堡工厂）员工工作年限的证书，最长的工作年龄已经60年。

4月4日，协会一行考察德国舒密尔钢琴公司。德国舒密尔钢琴公司是一家有132年历史的企业，经过四代传承，钢琴制造技术与舒密尔制琴特点日臻成熟。2015年5月13日，中国珠江钢琴股份有限公司完成对德国舒密尔钢琴公司90%股权的并购程序，从资金投入方面给舒密尔钢琴公司注入了活力。听了舒密尔第三代、现年87岁的舒密尔富有激情地介绍；珠江钢琴公司控股后的舒密尔钢琴公司还是按照原来的生产程序、技术特点、管理理念继续传承，他非常有信心继续将舒密尔钢琴公司做好，他的继承人（舒密尔第四代现任CEO）已经完成接班，正在顺利开展工作。

珠江钢琴集团股份有限公司总经理李建宁陪同王世成理事长考察，参观中了解到，德国舒密尔钢琴有其辉煌的历史；这个企业曾经是德国最大的钢琴制造企业；1952年制造出世界第一台“水晶钢琴”，因此获得德国技术发明奖，舒密尔钢琴具有“复振弦列设计、超大音板设计和不等厚音板设计”等突出特点。132年的坚守，获得了著名品牌钢琴品质的保证。参观结束时，王世成理事长希望，珠江钢琴公司和舒密尔钢琴公司的强强联合，能够继续做好传承与创新工作，以保证高品质产品的特点，满足消费者的需求。

在王世成理事长的带领下，通过德国乐器展和参观考察企业，实质性地增进了中国乐器协会与国际乐器界的交流，同时也了解到了著名钢琴企业的实际情况，对于今后改革与推进中国乐器行业的各项工作，提供了有效的第一手资料，达到了预期考察目的。

4月5日，王世成一行与德国法兰克福展览公司副总裁高思峰先生等进行了专题座谈，双方相互介绍了上海乐器展和德国乐器展的情况，就今后进一步合作进行了探讨和研究。法兰克福展览公司部门展览总监毕万高先生，详细介绍了德国法兰克福乐器展，今后的发展思路、市场需求和展会配套活动等情况。上海国际展览中心有限公司副总经理王蕾介绍了上海乐器展的情况以及进一步合作的有关需求。王世成理事长结合中国乐器市场和德国乐器市场，提出了两国的乐器展会分别有各自的优势，进一步加强合作、拓展市场、搭建平台促进两国器乐文化交流的意见。并肯定了双方合作十几年以来的成绩，只要以全球化的发展思路考虑问题，研究市场，双方的合作前景是巨大的。

同时王世成理事长指出，市场是千变万化的，我们要随着市场及时调整，才能赢得展览市场。中国的乐器文化市场巨大，而且还在一个上升的阶段，建议德国法兰克福展览公司要进一步加大对国际展商和国际专业观众的投入力度，以促进上海乐器展国际化的程度和长期稳定发展。

5月

5月5日，英国籍世界提琴鉴定大师、国际提琴行业研究瓜奈利家族的专家彼得·毕多夫专著《朱塞佩·瓜奈利·德尔·杰苏》中文版首发式在英国驻华大使馆举行。中国乐器协会秘书长陈晋武应邀出席活动。

受英国驻华大使吴百纳女士委托，使馆文化教育公使艾琳女士向中文版译著表示祝贺，充分肯定了译著为促进中英音乐文化交流，特别是提琴制作领域所发挥的重要作用。该书作者、古意大利提琴学者、提琴鉴定专家彼得·毕达尔夫先生以及多位世界级提琴演奏、制作大师出席了在英国驻华大使官邸举行的*Giuseppe Guarneri Del Gesu*中文版首发式和音乐沙龙，共同研讨提琴之美。

2017年是中英两国建交45周年，也是中英关系“黄金时代”深入发展之年。英国是“一带一路”战略的重要参与者，本次提琴制作和鉴赏领域经典著作*Giuseppe Guarneri Del Gesu*中文版的推出，将为两国文化艺术领域深入交流书写浓墨重彩的一笔。

5月24日，日本河合乐器制作所90周年庆典在日本总部静冈县滨松市举行。中国乐器协会曾泽民常务副理事长及钢琴调律师分会冯高昆会长一行赴日本河合总部与社长河合弘隆举行会谈，并转达了王世成理事长对河合创办90周年的祝贺。双方围绕钢琴产销市场、音乐教育、钢琴调律技术培训等进行了友好交流。协会一行向河合赠送了寓意“开拓创新、奋发进取”的精美木雕以示赞赏与祝贺。

本次活动邀请数百位来自欧洲、北美、亚洲等世界各地的河合乐器经销商。静冈县知事、滨松市市长、磐田市市长及日本当地工商界代表等出席庆典活动。庆典晚宴上，河合弘隆社长回顾了河合三代人艰苦创业发展历程，代表河合乐器全体董事及管理层向各个国家和地区来宾们几十年来给予的合作和支持表示感谢，河合将以90周年纪念活动为契机，正立足新起点，在下一个十年继续冲刺，向追求百年品牌的更高水平迈进。

9月

9月7日上午，应爱沙尼亚钢琴公司邀请，王松美副理事长首先来到了位于爱沙尼亚首都塔林的爱沙尼亚钢琴公司进行考察，实地了解该公司企业文化、制作技艺以及品牌推广等情况。总裁Indrek Laul博士及大中华区代表倪浩先生陪同参观并举行会谈。会谈中，Indrek Laul博士首先介绍了“爱沙尼亚”品牌的由来以及公司的发展沿革。他介绍，爱沙尼亚的钢琴制造业最早可以追溯到1779年，其中成立于1893年的Ernst Hiis—Lhse公司，是爱沙尼亚最著名的制造商,该公司手工生产的钢琴即为爱沙尼亚钢琴的前身。爱沙尼亚钢琴是世界上唯一以国家名称命名的顶级钢琴品牌,也被授予“爱沙尼亚国宝钢琴”。2015年，爱沙尼亚总统伊尔维斯授予Indrek Laul博士“总统奖章”，并再次确认“爱沙尼亚钢琴是爱沙尼亚的国家标志之一。”Indrek Laul博士表示，一直以来，爱沙尼亚钢琴公司非常看重中国音乐市场，现已针对中国市场推出了“劳尔”立式钢琴，该品牌延续了爱沙尼亚钢琴厂卓越的设计、严苛的选材和精湛的工艺。希望今后与中国乐器协会进行更多的沟通，进一步了解中国音乐市场的发展态势，同时也让更多的中国音乐爱好者了解“爱沙尼亚”钢琴，感受它那吟唱般的音色和轻快的琴键触感。

9月7日下午，在中国驻爱沙尼亚大使官邸，曲喆大使会见了王松美副理事长一行，就深化中爱音乐文化交流与促进两国产业合作交换意见。王松美副理事长首先向曲大使介绍了中国乐器行业的发展现状，她介绍说，近年来，中国乐器协会在乐器制造业、文化教育和艺术界之间进行有效整合，2016年成立了“社会音乐教育服务联盟”，共同挖掘中国音乐教育市场潜力，拓展空间，推进音乐教育服务和提高社会音乐培训水平，为全球乐器产业发展而共同努力。希望今后可以和爱方进一步整合资源，互相借鉴，不断向两国喜爱音乐的朋友们推广各自的文化。

在听完王松美副理事长的介绍后，曲大使对中国乐器协会长期以来为促进中国同国外的音乐文化交流做出的积极贡献表示感谢。他介绍说，爱沙尼亚的音乐文化以其完美的艺术魅力，在世界音乐文化中有着举足轻重的地位。根植于爱沙尼亚土壤的爱沙尼亚钢琴被授予“爱沙尼亚国宝钢琴”，其独一无二的产品质量和独特的声学品质获得了国内外著名钢琴家和专业音乐家的喜爱。中爱两国都是热爱音乐的国家，音乐文化及乐器制造历史源远流长，希望今后音乐能继续承接起中爱文化交流的桥梁。

9月14日，王松美副理事长前往莫斯科考察了第六届俄罗斯国际乐器展•舞台灯光及音响设备展览会，并与展会主办方之一的美国国际音乐制品协会国际事务部主任Betty进行了深入会谈，详细了解了俄罗斯乐器展的进展情况以及俄罗斯乐器市场现状。据Betty介绍，该展会系2014年和俄罗斯Music Moscow展会合并后，呈现的一个更为完整和专业的展览会，旨在更好地服务于快速增长的俄罗斯市场。自该展会2012年开办以来，共计汇聚了中国、美国、法国、德国、意大利等28个国家及地区的400余家业内企业参展，观众总计超过60,000余人次，俄罗斯民众对音乐的热爱与广泛的社会渗透度在逐年增长。

在听完Betty的介绍后，王松美理事长表示，经过6年的发展，目前，俄罗斯国际乐器展•舞台灯光及音响设备展览会已经成为一个行业内的商贸洽谈和信息交流的重要平台，为推动整个产业发展起到了积极的作用。俄罗斯音乐文化氛围深厚，其音乐市场是欧洲最大且最具有潜力的消费市场之一。一直以来，俄罗斯音乐文化发展不断得到政府政策扶持，政府强调文化进步的重要性并且完全支持改进文化设施，是行业发展的有力支撑。与此同时，在中国提倡的“一带一路”战略下，俄罗斯成为我国开拓的重要海外市场。希望中国的乐器企业不断加强与俄罗斯乐器企业及音乐文化机构的沟通、协作，加快外贸发展方式转变，开辟新的市场，有效推动产业的经济转型升级。

在考察俄罗斯乐器展期间，王松美副理事长还走访了多家中国参展企业，充分了解了参展情况、企业需求以及在俄罗斯市场的发展状况。

10月

10月10日，中国乐器协会与欧洲音乐产业联盟第11次会谈在上海新国际博览中心举行。双方就近期共同关心的议题广泛交换看法。中国乐器协会理事长王世成出席座谈会。协会常务副理事长曾泽民、秘书长陈晋武、广州珠江钢琴集团公司董事长李建宁、河北金音乐器集团副总经理陈鹏等中方代表，以及欧洲音乐产业联盟主席克劳迪亚、德国乐器制造商协会会长温弗莱德、捷克佩卓夫钢琴公司总裁苏珊娜、法国布菲乐器集团副总裁弗朗西斯、法国弯德林公司总经理托纳利尔和英国丹尼斯维克公司总经理斯蒂芬等欧方代表参加会议。

会议首先围绕《国际濒危物种保护公约》（以下简称“公约”）最新进展，相互通报了公约生效以来对中欧双方乐器产业带来的影响并进一步商讨研究对策。协会常务副理事长曾泽民主要介绍了协会采取的应对措施。年初，协会组织赴乐器生产特别是吉他制造较为集中的广东地区进行专项调研，在此基础上形成调研报告，积极向国家和省级濒危物种主管部门提出政策建议。“公约”实施以来，一是通过实施许可证制度，消化现有库存；二是呼吁企业通过技术创新积极开发研制新材料替代品，减少对木材依赖；三是顺应形势变化发展客观要求，向低成本地区转移。协会与相关方面密切配合，通过举办企业政策学习培训班等多种渠道增信释疑，有力增强了会员企业对政策的学习和把握。

10月12日，中国乐器协会与美国国际音乐制品协会（NAMM）在上海举行双边座谈会。协会王世成理事长会见了新任主席罗宾•瓦伦塔女士、NAMM总裁兼首席执行官拉蒙德及国际事务部主任石碧天。协会常务副理事长曾泽民、副理事长王松美、秘书长陈晋武参加会议。王世成理事长充分肯定了中美乐器协会双方多年来在会员交往、展会合作、高端论坛策划等多方面取得的成绩。会谈中，协会领导着重向美方介绍了2018中国国民音乐教育大会筹备方案并与NAMM初步达成合作共识。希望美方继续发挥战略合作伙伴作用，借力北京音乐生活展搭建的行业平台，与中国乐器协会协同配合精心组织策划好这一重要音教盛事。中方还应询向美方介绍了乐器市场趋势及会员发展、产业集群和音乐教育示范基地建设情况。NAMM主席瓦伦塔女士表示，美国和中国拥有广阔的乐器市场，两国在乐器领域合作具有巨大潜力，今后仍有继续拓展的空间，希望美中双方继续秉承务实合作态度，在行业数据统计基础上做好市场分析，为音乐人口拓展和会员互惠交流创造良机。

会员名录

中国乐器协会团体会员名录

（截至2017年7月15日）

（排序按协会任职和地址）

序号	企业名称	会员证号	地址	联系人	协会任职
1	北京星海钢琴集团有限公司	0001	北京市通州区光机电一体化产业基地科创东五街 8 号	孟　宇	副理事长
2	上海乐兰电子有限公司	0522	北京市朝阳区西大望路 63 号阳光财富大厦 3 层	程建钢	副理事长
3	北京乐器研究所	0002	北京市朝阳区南新园西路甲 6 号	张小川	副理事长
4	功学社（天津）商贸有限公司	0219	北京市东城区左安门大街 76 号龙潭湖体育馆 3 楼	蔡根在	副理事长
5	福州和声钢琴股份有限公司	0119	福建福州市仓山区金山工业集中区浦上工业园 B 区红江路 2 号	陈立红	副理事长
6	广州珠江钢琴集团股份有限公司	0030	广东省广州荔湾区花地大道南渔尾西路 8 号	李建宁	副理事长
7	广东红棉乐器股份有限公司	0038	广东省河源市高新技术开发区高新六路 28 号（广州市海珠区基立道 10 号 2 楼）	何志强	副理事长
8	深圳市蔚科电子科技开发有限公司	0279	广东省深圳市南山区蛇口南海意库 1 栋 507 室	赵　哲	副理事长
9	广东声凯乐器有限公司	0073	广东省肇庆市四会市城中街道三棵榕	黄炳金	副理事长
10	得理乐器（珠海）有限公司	0311	广东珠海金湾区联港工业区大林山片区双林东路 2 号得理工业园	郑　刚	副理事长
11	乐海乐器有限公司	0152	河北省肃宁县师素工业区	宋从甲	副理事长
12	河北金音乐器集团有限公司	0076	河北省武强县周窝乡工业区金音街 8 号	陈学孔	副理事长
13	武汉艾立卡电子有限公司	0124	湖北省武汉市东西湖将军五路 12 号	张　琳	副理事长
14	宜昌金宝乐器制造有限公司	0146	湖北省宜昌市宜昌东山经济技术开发区珠海路 1 号	吴天延	副理事长
15	吟飞科技（江苏）有限公司	0240	江苏省常州市新北区汉江西路 101 号	范廷国	副理事长
16	江阴金杯安琪乐器有限公司	0251	江苏省江阴市申港镇亚包大道 128 号	时建明	副理事长
17	江苏凤灵乐器集团	0114	江苏省泰兴市溪桥镇华溪中路 18 号	李　书	副理事长
18	烟台博斯纳钢琴制造有限公司	0188	山东省烟台市高新区博斯纳东路 3 号	孙　强	副理事长
19	上海民族乐器一厂	0020	上海闵行区七宝镇联明路 400 号	王国振	副理事长
20	上海钢琴有限公司	0019	上海市宝山区宝扬路 2222 号	杨盛惠	副理事长
21	上海艾克斯尔乐器音响有限公司	0126	上海市嘉定区徐行镇新建一路 2411 号	刘卫国	副理事长
22	上海知音音乐文化股份有限公司	0138	上海市长宁路 1200 号贝多芬广场 3 楼	朱文玉	副理事长
23	四川盛音乐器有限公司	0310	四川省成都市新生路 6 号	黄茂强	副理事长
24	天津市津宝乐器有限公司	0094	天津市宝坻区迎熏街 1-2 号	刘　明	副理事长

续表

序号	企业名称	会员证号	地址	联系人	协会任职
25	森鹤乐器股份有限公司	0050	浙江省慈溪市逍林镇樟新公路1928号（胜山镇沙滩路）	罗森鹤	副理事长
26	海伦钢琴股份有限公司	0118	浙江省宁波市北仑区龙潭山路36号	陈海伦	副理事长
27	苏州公爵琴业有限公司（上海办事处）	0134	上海市金沙江西路1555弄395号江苏省昆山市锦溪镇锦欲路158号苏州公爵琴业有限公司	朱　庆	常务理事
28	上海市乐器行业协会	0123	上海市黄浦区中山南路917号5A	陈惠庆	常务理事
29	北京华东乐器有限公司	0010	北京市平谷区东高村镇大旺务西路21号	刘云东	常务理事
30	北京中加海资曼钢琴有限公司	0003	北京市通州区光机电一体化产业基地科创东五街8号	谭宝利	常务理事
31	成都川雅木业有限公司	0132	四川省成都市龙泉驿区驿都西路4361号	张华君	常务理事
32	大厂回族自治县华丰铸造有限责任公司	0252	河北省大厂回族自治县夏垫村西	杨文举	常务理事
33	大连铜管乐器有限公司	0106	辽宁省大连市中山区鲁迅路88号308室	焦永达	常务理事
34	广东省乐器协会	0470	广东省广州市署前路33号1号楼430室	李爱群	常务理事
35	广州格利蒙那提琴有限公司	0208	广东省广州市番禺区大石街涌口村工业三种6号	关尚持	常务理事
36	广州吉声琴业有限公司	0067	广东省从化市鳌头镇岭南村古塘村106国道边	梁泽敏	常务理事
37	杭州嘉德威钢琴有限公司	0184	浙江省杭州市江干区丁桥镇临丁路1191号	陈安岳	常务理事
38	河北华声乐器制造有限公司	0213	河北省深州市前么头工业区	张立根	常务理事
39	河北秦川文体乐器有限公司	0137	河北省石家庄市建设北大街38号	秦传功	常务理事
40	河北省怀来锣厂	0055	河北省怀来县新保安镇幸福村	张全富	常务理事
41	河南中州民族乐器有限公司	0186	河南省兰考县固阳镇中州路003号	戴士永	常务理事
42	江苏大风乐器有限公司	0480	江苏省徐州市沛县张庄镇工业区	徐宝华	常务理事
43	江苏东方乐器有限公司	0090	江苏省江阴市祝塘云顾路8号	孔文忠	常务理事
44	江苏奇美乐器有限公司	0178	江苏省靖江市经济开发区兴业路	张龙贵	常务理事
45	江苏天鹅乐器有限公司	0045	江苏省靖江市马桥镇北首	陈红梅	常务理事
46	美得理电子（深圳）有限公司	0128	广东省深圳市福田区中康路卓越城1期4-505	徐　俊	常务理事
47	南京舒曼钢琴制造有限公司	0112	江苏省南京市雨花经济开发区龙藏大道9号	戴巧茹	常务理事
48	宁波四海琴业有限公司	0211	浙江省宁波鄞州区云龙镇前后陈村	何四海	常务理事
49	北方民族乐器制造有限责任公司	0129	河北省饶阳县大官厅	杨俊朋	常务理事
50	饶阳成乐民族乐器有限责任公司	0143	河北省饶阳县大官厅开发区	李铁成	常务理事
51	上海国光口琴厂有限公司	0023	上海浦东金港路211号一号楼1105室	周伟义	常务理事
52	上海国际展览中心有限公司	0199	上海市长宁区娄山关路55号新虹桥大厦8楼	辛继平	常务理事

续表

序号	企业名称	会员证号	地址	联系人	协会任职
53	上海华新乐器有限公司	0109	上海市浦东新区沈梅路 600 号 C 栋	林伯龙	常务理事
54	上海口琴总厂	0025	上海市宝山区蕰川路 510 号	蒋林森	常务理事
55	上海中雅钢琴有限公司	0127	上海市青浦区清赵路 6158 号	叶振强	常务理事
56	苏州民族乐器一厂有限公司	0043	江苏省苏州市平江区学士街梵门桥弄 15 号	田永逸	常务理事
57	天津华韵乐器有限公司	0087	天津市静海县中旺镇	罗松森	常务理事
58	天津圣迪乐器有限公司	0284	天津市静海县蔡公庄镇四党口中村	王俊普	常务理事
59	扬州金韵乐器御工坊有限公司	0095	江苏省扬州开发区鸿扬路 8 号	熊立群	常务理事
60	扬州民族乐器研制厂有限公司	0071	江苏省扬州市隋杨路槐泗工业园	田步高	常务理事
61	扬州市天艺民族乐器厂	0173	江苏省扬州市邗江区甘泉镇姚湾村	汪　扬	常务理事
62	扬州天韵琴筝有限公司	0299	江苏省扬州市仪征刘集盘古工业园	李同志	常务理事
63	扬州雅韵琴筝有限公司	0159	江苏省扬州市西区新盛街道蜀岗果园	刘永发	常务理事
64	长春新威琴行有限公司	0369	吉林省长春市朝阳区工农大路 1796 号	周宝强	常务理事
65	浙江乐韵钢琴有限公司	0389	浙江省德清洛舍工业园顺达路 18 号	章顺龙	常务理事
66	浙江天目琴行有限公司	0151	浙江省杭州市学院路 135 号	刘为明	常务理事
67	烟台金斯波格钢琴有限责任公司	0052	山东省烟台市经济技术开发区长白山路 5 号	张绪斌	理事
68	厦门斯坦伯格钢琴有限公司	0622	福建省厦门市湖里区高崎南五路 220 号航空商务广场 8 号楼 2 层	叶海鹏	理事
69	鲍德温（中山）钢琴乐器有限公司	0032	广东省中山市东升镇观栏村工业区	周有恩	理事
70	北京福韵国际工贸有限公司	0492	北京市大兴区青云店镇垡上电镀厂院内	李宝红	理事
71	北京华韵阿波罗艺术发展中心	0374	北京市丰台区百强大道 6 号 2 座 2610 号	姚　远	理事
72	北京天力凯业贸易有限公司	0092	北京市大兴区长子营镇郑二营村	杨　凯	理事
73	北京音乐盛世文化传播有限公司（吉他中国）	0835	北京市东城区交道口菊儿胡同 17 号南院魔菇音乐	姜　伟	理事
74	北京育鹏乐器有限公司	0436	北京市西城区西直门南小街青年宫地下一层	付京敏	理事
75	北京长安乐器有限公司	0153	北京市海淀区西四环北路 15 号依斯特大厦 610 号	马雪松	理事
76	北京卓邦乐米文化传播有限公司	0526	北京市丰台区南四环西路 188 号总部基地十一区 27 号楼 6 层	张新峰	理事
77	大连福音乐器有限公司	0654	辽宁省大连市西岗区中山路 236 号	曲星君	理事
78	德清县海尔乐器制造有限公司	0171	浙江省德清县洛舍经济开发区文明东路 18 号	王惠忠	理事
79	德清县中德利钢琴有限公司	0136	浙江省德清县城关西郊路 158 号	王惠林	理事
80	德鑫开元（北京）琴业有限公司	0525	北京经济技术开发区荣华南路 10 好远荣华鑫泰大厦 5 号楼 1809	王　武	理事
81	福建省爱乐钢琴有限公司	0147	福建省南平市顺昌县双溪镇货场路 142、144 号	柯松理	理事

续表

序号	企业名称	会员证号	地址	联系人	协会任职
82	福建亚东钢琴有限公司	0669	福建漳州市芗城区金峰经济开发区北斗工业园	洪亚东	理事
83	广东蓝洋科技有限公司	0390	广东省佛山市三水区西南镇金本工业园B区	肖亚亮	理事
84	广州欧米勒钢琴有限公司	0655	广东省广州市白云区江高镇神山工业园振兴路77号厂区2号厂房	方　扬	理事
85	广州市大同琴行有限公司	0397	广东省广州市越秀区东川路37号	赵思尹	理事
86	广州市罗曼士乐器制造有限公司	0241	广东广州市花都区狮领镇育才路13号	郑玉棠	理事
87	广州闻乐教育科技有限公司	0757	广州市天河区科韵路天河软件园建工路13号703房	梁永波	理事
88	广州珠江艾茉森数码乐器股份有限公司	0426	广东省广州市增城区香山大道38号1号楼	黄伟林	理事
89	国家轻工业乐器质量监督检测中心（广州）	0172	广东省广州市荔湾区芳村花地大道壹号国际文化广场三楼C018	郑云生	理事
90	杭州爱尔科电子有限公司	0406	浙江省杭州市萧山区闻堰镇长安工业区	朱伟柳	理事
91	杭州顺和硅橡胶制品有限公司	0530	浙江省杭州市余杭区临平南街道高地工业园	沈国水	理事
92	河北乐之洋乐器制造有限责任公司	0191	河北省饶阳县大官厅工业园566号	郭广哲	理事
93	湖州华谱钢琴制造有限公司	0174	浙江省湖州市德清县洛舍经济开发区	姚小林	理事
94	湖州杰士德钢琴有限公司	0176	浙江省德清县洛舍镇杨树湾工业园区	韩生华	理事
95	晋江力达电子有限公司	0288	福建省晋江市安海镇第二工业区力达工业楼	吴聪乐	理事
96	卡西欧(中国)贸易有限公司	0554	上海普陀区凯旋北路1188号B座11楼D	张　军	理事
97	昆明乐器用品有限责任公司	0064	云南省昆明市东风西路289号	可　岚	理事
98	龙口锦盛乐器有限公司	0084	山东省龙口市东莱街道大李村	李传术	理事
99	门德尔松钢琴（上海）有限公司	0162	上海市松江区叶榭镇浦亭路88号	郑昌贵	理事
100	南京新辉琴行有限公司	0266	江苏省南京市中山北路42号	刘小辉	理事
101	宁波市北仑乐器配件制造有限公司	0203	浙江省宁波市北仑区大矸镇俞王村	俞兆祥	理事
102	宁波市江北珂乐乐器有限公司	0321	浙江省宁波市江北区北岸琴森财富创意港295号	蔡赋勇	理事
103	青岛海韵琴行有限公司	0242	山东省青岛市江西路98号乙	王　辉	理事
104	赛乐尔三益乐器(上海)有限公司	0269	上海市奉贤区环城北路753号	郑孟记	理事
105	厦门律动钢琴有限公司	0510	福建省泉州市迎津街建材公寓B幢501室	彭清燕	理事
106	陕西省文化物资公司	0502	陕西省西安市龙首北路东段4号	张忠民	理事
107	汕头市乐童乐器有限公司	0488	广东省汕头市丹阳庄东区59栋802	赖积慧	理事
108	上海和乐钢琴有限公司	0337	上海市青浦区练塘工业园区蒸夏路200-8号	姚建芳	理事
109	上海灵江乐器有限公司	0598	上海市闵行区中春路8923号B座409室	黄正达	理事

续表

序号	企业名称	会员证号	地址	联系人	协会任职
110	上海威堡钢琴有限公司	0239	上海市南汇坦直工业园古翠路 33 号	蒋维国	理事
111	泰兴斯坦特乐器有限公司	0041	江苏省泰兴市黄桥镇华溪西路 2 号	李荣富	理事
112	天津奥维斯乐器有限公司	0354	天津市静海县蔡公庄镇四党口中村	张国民	理事
113	天津盛兴元乐器有限公司	0103	天津市静海县子牙镇潘庄子	王泽云	理事
114	温克尔曼（上海）乐器有限公司	0467	上海市静安区大田路 129 号嘉兴大厦 B 幢 6B	应利星	理事
115	武汉银可可琴行有限责任公司	0303	湖北省武汉市彭刘杨路 228 号金榜名苑一楼	蒋　迟	理事
116	新跨乐（北京）艺术有限公司	0473	北京市朝阳区广渠路 36 号首城国际 B 座 917 室	未展辉	理事
117	扬州风华国乐琴筝有限公司	0312	江苏省扬州市江都区邵伯工业文化产业园振兴路东首向北 200 米	刘庆阳	理事
118	扬州市思美民族乐器厂	0282	江苏省扬州江都市武坚镇黄思工业区（邮局对面）	胡思林	理事
119	扬州市正声民族乐器厂	0145	江苏省扬州市江阳工业园西湖双塘东路 28 号	周　平	理事
120	英昌乐器（中国）有限公司	0335	天津市东丽区崔家码头东侧	朴炳载	理事
121	于斯教育科技（上海）有限公司	0759	上海市浦东新区御北路 385 号 5 号楼	王　维	理事
122	长沙星飞达音乐器材厂	0289	湖南省长沙市芙蓉区东牌楼新世界商贸西 1 号	劳绍立	理事
123	浙江友谊电子有限公司	0262	浙江省乐清市经济开发区纬 19 路 268 号	陈天浩	理事
124	浙江珠江德华钢琴有限公司	0229	浙江省德清县武康镇丰庆街 788 号	伍锐伟	理事
125	重庆斯威特钢琴有限公司	0089	重庆市北碚区童家溪镇建设村新房组天成小学旁	王建华	理事
126	天津市民族乐器厂	0018	天津市河北区南吱路 1 号	郭建文	
127	安徽和信教学仪器设备有限公司	0514	安徽省宿州市武夷商业城 B1 区 210-222 室	陈　静	
128	安徽吉祥科教设备有限公司	0819	安徽省淮北市杜集经济开发区紫藤路北侧	王　飞	
129	安徽健洋体育产业股份有限公司	0818	安徽省淮北市杜集经济开发区 202 省道以北腾飞路以西	张　峰	
130	安徽凯瑞教育设备有限公司	0923	六安市人民路 52 号	张　炜	
131	安徽省国声琴行有限公司	0596	安徽省合肥市桐城路 77 号 1 号门面	杨保海	
132	安徽省吉利琴行有限公司	0627	安徽省合肥市蜀山区潜山路与皖河支路交口商之都三楼	王　欣	
133	安徽世鹏教学设备有限公司	0821	安徽省淮北市杜集区滂汇工业区	郭　彬	
134	安庆新华书店有限公司	0617	安徽省安庆市集贤南路 2 号	肖金和	
135	安庆新华书店有限公司	0617	安徽省安庆市集贤南路 2 号	肖金和	
136	安斯特早教投资管理湖北有限公司	0737	湖北省武汉市武昌区积玉桥万达公馆五栋 1 单元 502 室	蔡德武	
137	霸州贝司克斯乐器有限公司	0861	河北省霸州兴港工业园贝斯克斯路	张冉冉	

续表

序号	企业名称	会员证号	地址	联系人	协会任职
138	霸州市威名乐器有限公司	0177	河北省霸州市大高各庄工业区	张维明	
139	白银辰睿新理念艺术传播有限公司	0770	甘肃省白银市白银区观澜商业街5楼B座辰睿新理念钢琴艺术中心	赵辰睿	
140	北京爱芝音教教学设备有限公司	0425	北京市昌平区马池口镇乃干屯村203号	宁爱中	
141	北京安平乐乐器有限责任公司	0539	北京市海淀区紫竹院路100号信弘大厦A221	安　青	
142	北京晨语筝业教育科技有限公司	0884	河北秦皇岛海港区秦皇东大街236号沃金商厦B座301	姜瑞华	
143	北京德勇乐器有限公司	0729	北京市丰台区南三环东路6号嘉业大厦B座1104室	闫丕勇	
144	北京东奇众科技术有限公司	0788	北京市石景山衙门口村南（西五环内黑马家具厂南侧）北京东奇	郭学成	
145	北京杜兰德科技有限公司	0867	北京市房山区绿地启航国际商务办公区三期13号楼603室	郭　树	
146	北京敦善文化艺术股份有限公司	0259	北京市丰台区大红门西马厂甲14号集美文化产业园4号楼3层A08	于　添	
147	北京管乐器厂	0004	北京市通州区光机电一体化产业基地科创东五街8号	赵　彤	
148	北京家训马林巴厂	0850	北京市海淀区紫竹院路100号	王家训	
149	北京快乐神州科技有限公司	0811	北京市朝阳区望京东路8号锐创国际1号楼16F	彭锡涛	
150	北京乐界乐科技有限公司	0899	北京市海淀区上地信息路26号中关村创业大厦719	高　菡	
151	北京乐器学会	0857	北京市丰台区怡海花园恒丰园3号-203	刘正辉	
152	北京龙羽时代科技有限公司	0351	北京市海淀区北三环中路77号27号楼509室	魏剑羽	
153	北京律动乐器股份有限公司	0765	北京市通州区梨园镇九棵树西路90号弘祥1979文化产业创意园B座3层律动乐器8355室	韦永勇	
154	北京诺宝文化艺术有限责任公司	0731	北京市朝阳区向军北里瀚海文化大厦809室	李　薇	
155	北京诺健科技发展有限公司	0592	北京市海淀区复兴路甲36号百朗园1218号	李　腊	
156	北京葡橙朵朵文化艺术有限公司（北京琴学社）	0900	北京市大兴区黄村观音寺街31号	贾建伟	
157	北京瑞音天地文化艺术有限公司	0875	北京东城区广渠门内大街88-12	时瑞滨	
158	北京睿卡教育科技有限公司	0887	河南省郑州市管城区商城路东明路交叉口茂祥大厦17楼	樊国领	
159	北京盛世雅歌琴行有限公司	0746	北京市东城区交道口东大街6-6号	于效威	
160	北京时代众乐琴行有限公司	0667	北京市朝阳区慧忠里304号楼1层304-2	刘小涌	
161	北京市产品质量监督检验院	0255	北京市顺义区顺兴路9号	孙路伟	
162	北京索达文化传播有限公司	0500	北京市丰台区南四环西路188号总部基地2区6号楼3层	叶彩萍	

续表

序号	企业名称	会员证号	地址	联系人	协会任职
163	北京星海福音琴业有限公司	0278	北京市东城区夕照寺中街 4 号 A 座 609	胆美珍	
164	北京星海钢琴集团有限公司北京民族乐器厂	0104	北京市西城区槐柏树街乙 9 号楼地下室	宋从甲	
165	北京雅颂华声文化传播有限公司	0917	北京市朝阳区大郊亭中街 2 号院华腾国际 2 号楼 17B	张立营	
166	北京扬世正雅文化艺术传播有限公司	0892	北京市顺义区安宁街 7 号艾迪成 13 号楼 615 室	胡　瑨	
167	北京银河润泰科技有限公司	0843	北京市朝阳区曙光西里甲 6 号	闫文闻	
168	北京兆森乐器有限公司	0484	北京市房山区韩村河镇西东村南	孙　伟	
169	北京中艺乐器有限公司	0722	北京市通州区马驹桥镇西马各庄村委会西 2000 米	李建明	
170	北京中音中音科技有限公司	0486	北京市朝阳区建国路 88 号 SOHO 现代城 D 座 0711-0712 室	赵易天	
171	北京珠江钢琴制造有限公司	0836	北京市通州区经济开发区东区靓丽 5 街 8 号	冯汉辉	
172	亳州市冠中琴行经营部	0714	安徽省亳州市谯城区建安路与光明路交叉口南二十米路东	陈冠中	
173	沧州市金狮乐器有限公司	0227	河北省沧州市纸房头工业区	吕宝合	
174	昌乐县东方乐器厂	0417	山东省昌乐县鄌郚镇政府驻地	李凤英	
175	昌乐县雅特乐器股份有限公司	0876	山东省昌乐县唐吾工业园大沂路 33203	赵卫国	
176	成都朝阳浪琴乐器制品有限公司	0210	四川省成都市双流区东升镇永安路二段	黎明强	
177	成都豪兴泰科技有限公司	0791	四川省成都市武侯区簇锦街办聚龙路 68 号摩尔汽配城 11 幢 10 层 41 号	戢兴培	
178	成都好琴无忧钢琴有限公司	0888	武侯区普利大厦	张　恩	
179	成都伟航科技有限公司	0677	四川省成都市高新区天府大道 1480 号高新孵化园德商国际 B 座 505	彭德伟	
180	成都云创新科技有限公司	0886	成华区一环路东一段电子信息产业大厦 1106	刘德文	
181	达达里奥贸易（上海）有限公司	0708	上海市长宁区中山西路 999 号华闻国际大厦 1305 室	金　晨	
182	大连龙音乐器有限公司	0671	辽宁省大连市开发区辽河东路 88 号	王明瑜	
183	德国贝希斯坦钢琴制造股份公司上海代表处	0902	上海市长宁区兴义路 8 号万都中心 2608 室	周翔昊	
184	德国博兰斯勒钢琴（中国）有限公司	0541	广东省广州市天河北路 595-599 号创新科技广场二楼	方　扬	
185	德清鲍尔钢琴有限公司	0895	浙江省德清洛舍镇工业区	沈国璋	
186	德清县洛舍森玛钢琴配件厂	0728	浙江省德清县洛舍镇张陆湾工业区	姚小雄	
187	定州市定海体育器材有限公司	0715	河北省定州市唐河循环经济产业园区	李增甫	
188	定州市即兴音乐培训学校	0778	河北省定州市北城区大道观小学西行 50 米	佘会凤	
189	东莞市华锦礼品有限公司	0847	广东省东莞市厚街镇下汴村汴康西路鑫浩源科技园一区	姜　平	

续表

序号	企业名称	会员证号	地址	联系人	协会任职
190	东莞市乐手时代乐器有限公司	0776	东莞市高埗镇振兴北路米兰财富园 4 楼乐手时代乐器	何冬君	
191	东莞市乾方音响设备有限公司	0750	广东省东莞市南城区水濂山绿色路澎峒工业区第 1 栋 3 楼	董　夷	
192	东莞市增旺精密五金有限公司	0531	广东省东莞市塘厦镇莆心湖大道北七号	姜有文	
193	法兰山德乐器（上海）有限公司	0297	上海市金山区枫泾工业园区钱明东路 1338 弄 35 号	陈德鹏	
194	菲奥娜乐器（上海）有限公司	0629	上海市宝山区顾太路 700 号	王幼妹	
195	佛山市佰添乐器有限公司	0686	广东省佛山市南海区里水镇和顺官和路金星工业区东门 39-7	陈祝军	
196	佛山市南海区海韵乐器制造有限公司	0520	广东省佛山市南海区狮山镇小塘三路西路江湄工业区	胡冬花	
197	佛山市三水龙声乐器制造有限公司	0362	广东省佛山市三水区白坭镇白沙南街一号	李庆炎	
198	佛山市小钟琴文化传播有限公司	0881	广东省佛山市禅城区南庄镇商业广场 4 座 808	李康勇	
199	福建合声钢琴工业制造有限公司	0832	福建省东山县西塘镇拜师街泽园路 342 号开发区办公室 602 室	谢福志	
200	福州市拉维斯文化发展有限公司	0915	福建省福州市仓山区建新镇建新北路 161 号 2 号楼 1 层	廖俊伟	
201	高碑店市佰格乐器箱包厂	0760	河北省高碑店市南大街 152 号	邓印明	
202	广东琴趣网络科技有限公司	0812	广州市黄埔区茅岗村坑田大街 32 号鱼珠智谷 E306	麦燕玉	
203	广州传音乐器厂	0168	广东省广州市天河区天河路 228 号广晟大厦 1710 室	苏常青	
204	广州二诺信息科技有限公司	0877	广东省广州市黄埔区黄埔大道东 933 号 2 层	肖志伟	
205	广州华丰乐器制造有限公司	0852	广州市白云区人和镇汉塘村汉塘北路自编 19 号	李概文	
206	广州吉琴社乐器有限公司	0901	广州市白云区人和镇穗禾名庭	洪银山	
207	广州诺英德曼钢琴股份有限公司	0919	广州市番禺区沙湾镇福冠路福正西街 15 号 B103	靳伟明	
208	广州诗帝堡乐器有限公司	0891	广州市番禺区大北路 150 号华兴商贸大厦 16 层 13 号	谢春南	
209	广州市和必括乐器制造有限公司	0553	广东省广州市白云区石井红星工业路 10 号 B 座 2 号	黄　斌	
210	广州市恒胜箱包有限公司	0606	广东省广州市花都区新华街团结村塘口四队机场安置区商业街	彭　兰	
211	广州市朗晴发展有限公司	0268	广东省广州市珠江新城华明路 9 号华普广场西楼 2613 室	周　旗	
212	广州市鸣雅玛丁尼乐器制造有限公司	0587	广东省广州市花都区新华镇凤凰北路三东工业区	汪宏齐	
213	广州市拿火信息科技有限公司	0707	广东省广州市越秀区解放北路 568 号	陆子天	

续表

序号	企业名称	会员证号	地址	联系人	协会任职
214	广州市天樱电子有限公司	0763	广州市越秀区明月一路 20 号明月阁 806 房	张继发	
215	广州市新艺宝乐器有限公司	0309	广东省广州市天河区黄浦大道西 177 号二楼	凌建聪	
216	广州市雅迪数码科技有限公司	0496	广州市荔湾区桥中中路 186 号爱国者一楼自编 45 号广州市雅迪数码科技有限公司	胡　伟	
217	广州弦尚文化传播有限公司	0501	广东省广州市天河区黄村路 51 号粤安工业园 A 栋 6 楼	隋细华	
218	哈尔滨七星乐器有限公司	0845	黑龙江省哈尔滨市道里区森林朝阳胡同 6 号 2 单元 1 层 4 号	王世秋	
219	海南大蟒科技有限公司	0572	海南省海口市美兰区海甸五西路兆南绿岛家园绿轩 17-18A	胡建智	
220	海湾乐器（嘉善）有限公司	0148	浙江省嘉善县惠民街道钱塘路 8 号	胡华丰	
221	杭州卡米莉娅琴业有限公司	0921	杭州市拱墅区丽水路 166 号 F3	魏增荣	
222	杭州声贝音响有限公司	0291	浙江省杭州市余杭区黄湖镇黄湖工业园区兴湖路 19 号	蔡忠伟	
223	杭州威勒乐器有限公司	0908	杭州市运资璐 180 号	陈永权	
224	杭州沃尔特数码钢琴有限公司	0267	浙江省杭州市余杭区五常工业区荆长路 31 号 -A	赵为民	
225	杭州雅马哈乐器有限公司	0212	浙江省杭州市萧山区瓜沥镇沙田头村	小林孝一	
226	杭州余杭鸣声乐器有限公司	0834	浙江省杭州市余杭区中泰街道紫荆村寺前头 16-1 号	丁小明	
227	合肥海知音乐器销售有限责任公司	0583	安徽省合肥市庐阳区长江路 276 号	李扬秋	
228	合肥市乐海琴行有限公司	0717	安徽省合肥市寿春路 88 号	邵　坚	
229	河北康喜乐器制造有限公司	0756	河北省石家庄市新华区杜兆乡西营村和乐巷 4 号	张　喜	
230	河北铭泽文体用品有限公司	0751	河北省定州市大奇工业区	张江伟	
231	河北鑫欧泰教学设备制造有限公司	0784	河北省盐山县南环路	徐淑英	
232	河合贸易（上海）有限公司	0349	上海市浦东新区张杨路 500 号 28 楼 C 座	栾秉奇	
233	鹤山市摯雅乐器有限公司	0602	广东省江门市鹤山市龙口镇北环路 6 号	杨建勋	
234	呼和浩特市艺达乐器商贸有限公司	0742	呼和浩特市新城区兴安北路 2 号	林清端	
235	湖北华都钢琴制造股份有限公司	0427	湖北省广水市广办西河路二路 2 号	汪其见	
236	淮安市成达教学用品有限公司	0813	江苏省淮安市淮安区施河镇德福北路 16 号	马俊成	
237	淮安市福乐教学设备有限公司	0804	江苏省淮安市施河镇世纪大道	高云军	
238	淮安市经纬教学设备有限公司	0552	江苏省淮安市楚州区施河镇德福北路 186 号	成　鹏	
239	淮安市翔声民族乐器厂	0897	江苏省淮安市楚州区翔宇大道 1003 号易郡龙腾 3 号商住楼 101 室	贾洪海	

续表

序号	企业名称	会员证号	地址	联系人	协会任职
240	淮安市迅腾教学设备有限公司	0844	江苏省淮安市淮安区施河镇世纪大道16号	宋平安	
241	淮安市长三角科教设备有限公司	0815	江苏省淮安市淮安区施河镇世纪大道13号	施守江	
242	淮安市众兴教学设备有限公司	0856	淮安市淮安区泾口镇光明居委会	钱国军	
243	淮北市力得科技发展有限公司	0822	安徽省淮北市相山区相山水路55−11号	张学勇	
244	淮北市兴华家具有限公司	0820	安徽省淮北市杜集经济开发区众诚路2号	郭吉文	
245	淮北市云飞商贸有限责任公司	0823	安徽省淮北市杜集区高岳镇B2−105幢109号	李林军	
246	淮南市海之声乐器销售有限公司	0912	淮南市田家庵区龙湖中路西段顺峰大厦三层	王宋梅	
247	惠州德尚乐器有限公司	0851	广东省惠州市惠阳区秋长益发工业区A栋	钟文辉	
248	惠州恒生乐器有限公司	0800	广东深贵州市惠阳区秋长镇西湖村扶贫路	邓忠兵	
249	惠州全丰育乐用品有限公司	0234	广东省惠阳区秋长镇长兴路鹏岭工业城	蔡赖丰	
250	惠州声柏乐器有限公司	0697	广东省惠州市惠阳区长街道秋长镇岭湖工业区亚来路39号	王振中	
251	惠州市惠阳区吉他行业协会	0831	惠州市惠阳区大剧院1楼右侧办公室	闫兴为	
252	惠州市惠阳区新圩曼棱乐器厂	0540	广东省惠州市惠阳区新圩镇塘口工业区	李秋云	
253	惠州市乐音乐器有限公司	0672	广东省惠州市惠阳区淡水镇铁湖路玉兰别墅D9−10栋	彭爱平	
254	惠州市铭仕电子制品有限公司	0785	广东省惠州市惠阳区秋长镇西湖边水村铭仕电子制品有限公司	赵建萍	
255	惠州市思琪特科技有限公司	0918	广东省惠州市仲恺高新区陈江街道办五一大道日通达大楼1栋3楼	邱宇鹏	
256	惠州壹号琴行有限责任公司	0747	深圳市罗湖区太白路太阳新城6B	王浩然	
257	济南市金生源乐器厂	0849	山东省济南市章丘区水寨镇范家开发区	范育荣	
258	济南新泺港琴行有限公司	0824	济南市历下区文化东路94号	宁春土	
259	济南旭秋乐器有限公司	0441	山东省济南市高新区世纪大道理想嘉园2号楼19层1909室（小鸭集团）	董念春	
260	济宁市兖州区声远乐器有限公司	0245	山东省兖州市谷村镇杨村	颜廷学	
261	江苏安琪尔科教设备有限公司	0735	江苏省淮安市淮安区施河镇太平西路26号	李晓燕	
262	江苏百宇兴事业有限公司	0753	江苏省淮安市淮安区施河镇淮河路1号	钱国强	
263	江苏宝乐实业有限公司	0801	江苏省扬州市宝应县草甸工业区	杨军勇	
264	江苏出入境检验检疫局轻工业产品与儿童用品检测中心	0862	江苏省扬州市开发西路10号	陈　明	
265	江苏大鹏科教设备有限公司	0621	江苏省淮安市淮安区施河镇淮河路	刘宝珍	
266	江苏大鑫教育装备有限公司	0878	扬州市江都区浦头镇工业园区	薛建萍	
267	江苏东大科教设备有限公司	0702	江苏省淮安市淮安区施河镇条龙村	胡国政	

续表

序号	企业名称	会员证号	地址	联系人	协会任职
268	江苏鸿星教学设备有限公司	0799	江苏省泰州市高港区力铺街道西工业区	吉荣进	
269	江苏华辰教学设备有限公司	0560	江苏省淮安市施河镇工业园区人民路南首	管益武	
270	江苏华丰教学装备有限公司	0704	江苏省淮安市淮安区施河镇工业园区	刘长军	
271	江苏华光科教设备有限公司	0571	江苏省淮安市淮安区施河镇世纪大道8号	吴　斌	
272	江苏华睿科教设备有限公司	0805	江苏省淮安市施河镇世纪大道	周艾军	
273	江苏金太阳科教设备有限公司	0789	江苏省沭阳县公园路20号金太阳科教	汤　亚	
274	江苏金阳光游乐设备有限公司	0810	江苏省扬州市宝应县曹甸镇工业集中区	郝自强	
275	江苏康乐玩具有限公司	0808	江苏省扬州市宝应县曹甸镇工业集中区	施乃凤	
276	江苏六鑫科教仪器设备有限公司	0648	江苏省扬州市江都区浦头镇工业园区	朱美馀	
277	江苏柠檬科教设备有限公司	0563	江苏省沭阳县章集工业园区柠檬3号	徐善才	
278	江苏乾坤教学设备有限公司	0534	江苏省淮安市淮安区施河镇工业园区	董玉乾	
279	江苏强众科教设备有限公司	0736	江苏省淮安市淮安区施河镇工业园区29号	查永安	
280	江苏润晨科教设备有限公司	0816	江苏省淮安市淮安区施河镇政和路	王顺国	
281	江苏润宏科教设备有限公司	0880	江苏扬州市江都区浦头镇工业园区	陆　静	
282	江苏三毛教仪成套设备有限公司	0696	江苏省沭阳县工业园区萧山路36号	徐兴俊	
283	江苏省华茂科教设备有限公司	0565	江苏省沭阳县经济开发区永嘉路40号	祁　霞	
284	江苏省苏创教学设备有限公司	0796	江苏省泰州市高港科技创业园	戴春喜	
285	江苏盛达教学设备有限公司	0795	江苏省淮安市淮安区施河镇长江路1号	王国顺	
286	江苏双丰教学用品有限公司	0798	江苏省淮安市晃哪去施河镇德福路102号	沈卫国	
287	江苏思礼实业有限公司	0809	江苏省扬州市宝应县曹甸镇工业集中区	李如星	
288	江苏万里科教设备有限公司	0814	江苏省淮安市淮安区施河镇工业园区淮河路18号	施守英	
289	江苏新基因文化发展有限公司	0733	江苏省泰兴市黄桥镇华溪中路18号（黄桥乐器文化产业园内）	钱富民	
290	江苏星杨月科教设备有限公司	0645	江苏省淮安市淮安区施河镇世纪大道	杨如忠	
291	江苏兴特教学设备有限公司	0701	江苏省淮安市淮安区施河镇世纪大道	施信忠	
292	江苏雪峰科教设备有限公司	0817	江苏省淮安市清河区万达广场一期3号楼2单元1楼	单平平	
293	江苏永创教学仪器有限公司	0838	江苏省扬州市江都区浦头镇工业园区	吴亚芹	
294	江苏宇辉教学用品有限公司	0618	江苏省淮安市淮安区施河镇德福南路	刘红兵	
295	江苏玉河教玩具有限公司	0807	江苏省扬州市宝应县曹甸工业园区中央西路15号	唐素芳	
296	江苏远恒教学设备有限公司	0916	江苏省淮安市淮安区施河镇工业园区	刘金云	
297	江苏月星科教设备有限公司	0646	江苏省淮安市淮安区施河镇世纪大道2号	葛彩珍	

续表

序号	企业名称	会员证号	地址	联系人	协会任职
298	江西省宏声文化艺术发展有限公司	0579	江西省南昌市国安路 112 号	刘　宏	
299	江阴奇灵乐器有限公司	0705	江苏省江阴市申港镇澄路 1597 号	缪庆益	
300	揭西县美科电子电器厂	0206	广东省揭西县城环城路西段	张远青	
301	揭西县美乐斯电子电器厂实业有限公司	0537	广东省揭阳市揭西县河婆街道北环一路中段(国税大楼后面)	张伟雄	
302	金华市金东区辰音琴行	0903	浙江省金华市金东区清照路 828 号保集外滩山谷而广场 A4-201-212 室	季春琴	
303	金蓝国际乐器（北京）有限公司	0828	北京市通州区东燕郊开发区东贸国际 16 号楼 2 单元 2011 室	吕占武	
304	晋江市法莱斯特乐器有限公司	0896	福建省晋江市安海镇安平开发区嘉禄路 2 号	陈茂桂	
305	九江赛璐珞实业有限公司	0855	江西省九江市武宁县万福经济技术开发区万福大道 6 号	单成鹿	
306	巨吉贸易(上海)有限公司	0435	上海市闵行区都会路 1885 号丽琴大厦 1 楼	司马健	
307	开平市圣诺电子有限公司	0609	广东省开平市三埠长沙光明路 82 号 102	黄美娴	
308	昆山德邦木业有限公司	0358	江苏省昆山市巴城镇正仪高科技术产业园富丽路	唐　亮	
309	兰考焦桐乐器股份有限公司	0910	兰考县堌阳镇月起工业园（民族乐器展厅）	王　刚	
310	兰考桐韵民族乐器有限公司	0680	河南省兰考县文明路 16 号	袁玉刚	
311	兰考县成源乐器音板有限公司	0848	河南省兰考县固阳镇工业区 3 号	汤二法	
312	廊坊市圣爱工艺品有限公司	0699	河北省廊坊市安次区仇庄乡景村工业区	邓岳梅	
313	廊坊市斯尔曼乐器有限公司	0659	河北省廊坊市安次区祖各庄西口光辉巷	王　颂	
314	廊坊市永信实业有限公司	0261	河北省廊坊市安次区杨税务	刘家庆	
315	廊坊韵迪乐器有限公司	0170	河北省文安县新镇镇工业区	王景川	
316	乐器空间	0508	北京市通州区李庄佳苑 5 号楼 2 单元 902	赵文广	
317	乐斯（北京）教育投资有限公司	0907	北京市朝阳区四惠东华腾世纪总部公园	张峰赫	
318	丽水括苍琴行	0344	浙江省丽水市括苍路 222 号	叶菊香	
319	临汾明星琴行有限公司	0758	山西省临汾市尧都区解放路辛寺街 6 号	卢　青	
320	临海市均华乐器有限公司	0380	浙江省临海市古城街道聚景路 9 号	金云声	
321	临沂市音之源乐器有限公司	0922	山东省临沂市兰山区中国临沂小商品城北区卖场三楼 3012 号	胡鲁南	
322	临沂宗沛斋工贸有限公司	0518	山东省临沂市河东区华龙路	张宗沛	
323	六艺星空（北京）文化传播有限公司	0556	北京市朝阳区百子湾石门村路 5 号创美东朝时代创意园西区 1-118 室	周　鹏	
324	龙口金鸣乐器有限公司	0738	山东省龙口市兰高工业园	李廷东	
325	罗切尔钢琴（上海）有限公司	0906	上海市闵行区都会路 2501 号 2 栋 2 楼	张宇婷	
326	逻兰（上海）电子有限公司	0893	上海市长宁区紫云路 421 号 SOHO 天山广场 T1703-705	西泽晃	

续表

序号	企业名称	会员证号	地址	联系人	协会任职
327	牡丹江和音乐器有限公司	0650	黑龙江省牡丹江市西安区海浪路 199 号	贾 酝	
328	南京爱韵乐器有限公司	0433	江苏省南京市雨花区软件大道 119 号丰盛商汇 6 号楼 208 室	童 磊	
329	南宁市嘉诚琴行有限公司	0546	南宁市教育路 7-2 号	林李斌	
330	南宁市鑫金冠琴行	0781	南宁市星湖路 37 号	陈振华	
331	南通市乐王琴业有限公司	0046	江苏省南通市环城东路 93 号	王夕林	
332	南雄市罗曼现代钢琴有限公司	0664	广东省南雄市珠玑 G323 国道旁	李晓勇	
333	内蒙古艺龙琴行商贸有限公司	0761	内蒙古自治区呼和浩特市赛罕区新华东街长安金座 D 座商业二楼 204	靳英士	
334	宁波典雅提琴有限公司	0911	浙江省宁波市北仑区新大路 1069 号	胡蕴子	
335	宁波蓝奥电子科技有限公司	0914	宁波市鄞州区朝晖路 188 号民安路 306 号 1115 室	张文河	
336	宁波市鄞州正美电子元件厂	0853	浙江省宁波市鄞州区东兴工业区 1 号楼	赵屈正	
337	宁波市镇海磊磊音响器材厂	0605	浙江省宁波市镇海庄市兆龙路 368 号	徐佩红	
338	青岛美德威教育科技有限公司	0771	青岛市市南区银川西路 67 号国际动漫游戏产业园 A 座 107B	吴丹舟	
339	青岛帕蒂兰德乐器进出口有限公司	0766	山东省青岛市崂山区海尔路 61 号天宝国际银座 2010	展 丽	
340	青岛青大琴行有限公司	0400	山东省青岛市市南区宁夏路 127-6 号	周克岭	
341	青海三益琴行有限公司	0794	青海省西宁市南大街 18 号负一层	李永文	
342	清浦区简悦琴行	0882	青浦区淮海南路 23 号府山时代广场	林 宁	
343	泉州合乐电子有限公司	0883	福建省泉州市南安市水头镇五里桥大道 1268 号	高铭胜	
344	饶阳县海之韵乐器有限公司	0597	河北省饶阳县东草芦村七区 46 号	李广敖	
345	瑞安市中联电声乐器有限公司	0803	浙江省瑞安市塘下罗凤北工业区万景路 588 号	林遵义	
346	瑞宝乐器（上海）有限公司	0779	上海市闵行区七莘路 182 号 B 座 301	韩 军	
347	三河市龙洋乐器有限公司	0393	河北省三河市新集镇	艾永青	
348	厦门市华成琴行有限公司	0774	厦门市四明东路 9 号	伊道生	
349	厦门唐基文化艺术有限公司	0905	厦门市思明区悦享中心 A 塔六楼	杨晓杰	
350	山东奥尚体育产业有限公司	0716	山东省临沂市兰山区后十社区 2 号楼（聚财商务中心）704 号	潘书杰	
351	山东八音乐器有限公司	0469	山东省菏泽市牡丹区刘寨（原乡政府）	马宏川	
352	山东黑木环保材料科技有限公司	0689	山东省淄博市桓台经济开发区泰山路 30 号	张玲玲	
353	山东吉诺尔体育器材有限公司	0651	山东省临沂市兰山区小商品城 22 号楼 0767-0768 号	李 娟	
354	山东鄄城致远科教仪器有限公司	0769	山东鄄城县什集镇工业园 777 号	陈海红	
355	山东劳立斯世正乐器有限公司	0108	山东青岛城阳区春阳路 101 号	邓 莹	

续表

序号	企业名称	会员证号	地址	联系人	协会任职
356	山东沁诚之窗教育咨询有限公司	0871	山东菏泽市牡丹区大学路菏泽学院锦苑3楼	吕良雷	
357	山东庆云国健教学设备制造有限公司	0783	山东省德州市庆云县经济开发区民营创业园	张建涛	
358	山东瑞世达体育器材有限公司	0854	山东省德州市庆云县崖口工业园	刘金财	
359	山东山石麦尔乐器有限公司	0243	山东省聊城市花园北路 38 号	刘　冰	
360	山东省华泰教学设备有限公司	0837	山东省临沂市高新区宝山路 113 号	李永彬	
361	山东省济宁市颜氏调律工具有限公司	0453	山东省济宁市任城区南张工业园	颜婷婷	
362	山东省鄄城训福教学仪器邮箱公司	0768	山东鄄城县什集镇工业园	刘建芳	
363	山东省雷鸣教学设备有限公司	0841	山东省雷鸣教学设备有限公司	胡晓艳	
364	山东泰山管乐器制造有限公司	0131	山东省龙口市东莱街道大李家村	赵人兴	
365	山东中艺音美器材有限公司	0767	山东省菏泽市鄄城县富春乡开发区999 号	李洪强	
366	山西普晋琴行有限公司	0334	山西省太原市青年路 12 号	董武斌	
367	上海邦加琴业有限公司	0287	上海市金山区亭林镇亭东村 4062 号	张琳媚	
368	上海晨川琴业材料有限公司	0320	上海市青浦区华新镇民兴工业园区徐华公路 3029 弄民兴一路 59 号	郑纪海	
369	上海顶胜钢琴有限公司	0409	上海市闵行区都会路 100 号	顾名迈	
370	上海鼎韵乐器有限公司	0693	上海市浦东新区大团镇宣大路 688 号	唐正君	
371	上海敦煌乐器有限公司	0185	上海市奉贤区运河北路 1025 号	王国振	
372	上海各尧企业管理股份有限公司	0909	重庆市渝北区东湖南路力帆时代 3 栋12-5	肖龙成	
373	上海海音乐器有限公司	0745	上海市黄浦区中山南路 917 号	叶　晖	
374	上海华黎民族乐器厂（普通合伙）	0161	上海市南汇区大团镇永春北路 88 弄68 号	唐华军	
375	上海凯思乐器有限公司	0413	上海市崇明县合兴镇东首	张吉根	
376	上海凯笙钢琴有限公司	0780	上海市松江区嘉松南路 408 号 9 号商业广场北区 3F（凯笙琴艺）	郭建聪	
377	上海乐圣乐器有限公司	0412	上海市闵行区都市路 384 号 309 室	胡祖庭	
378	上海萨瑟钢琴有限公司	0656	上海市奉贤区南桥镇张翁庙路 525 号晨日科创园 G 幢 302	王立功	
379	上海市普陀区爱乐琴行	0317	上海兰溪路 119 号	许　俊	
380	上海先韵乐器有限公司	0725	上海市浦东新区康桥路 1123 弄 146 号	岳倍先	
381	上海艺音乐器有限公司	0734	上海市金山区朱泾工业区东日路 186 号	曾香梅	
382	上海胤兰乐器有限公司	0111	上海市青浦区莲溪公路 3102 号	徐建华	
383	上海韵乐电器有限公司	0166	浙江省乐清市淡溪镇石龙头工业区	柯应岳	
384	绍兴飞达电声厂	0866	浙江省绍兴市皋埠镇银春路 15 号 -1	赵志刚	

续表

序号	企业名称	会员证号	地址	联系人	协会任职
385	深圳金色田园教育科技股份有限公司	0773	深圳市南山区高新技术园区南区 A8 音乐大厦 905 室	史　斌	
386	深圳戎马广告有限公司（琴行经营报）	0578	广东省深圳市福田区车公庙泰然六路泰然物业大厦 207 栋 301 室	林　凯	
387	深圳市阿诺玛乐器有限公司	0658	广东省深圳市宝安区宝田三路宝田工业区 56 栋 6 楼	陈海华	
388	深圳市艾伦易登文化发展有限公司	0868	深圳市南山区前海星空科技园 A 栋 401	秦　健	
389	深圳市巴罗克文化艺术发展有限公司（BARROCO 乐器）	0898	广东省惠州市惠城区长湖苑 1 期 9 栋 2 单元 1 号琴行	王浩然	
390	深圳市伏荣科技开发有限公司	0459	广东省深圳市宝安区西乡西城工业区 12 栋 2 楼	李　胜	
391	深圳市和乐文化传播有限公司	0740	深圳市福田区福中一路 2016 号深圳音乐厅首层施坦威钢琴专卖店	翁　环	
392	深圳市和普乐器有限公司	0341	广东省深圳市福田区八卦岭八卦五路五街 543 栋 4 楼 433 房	亓苏梅	
393	深圳市宏伟顺科技发展有限公司	0599	广东省深圳市宝安区新安街道 44 区富源商贸中心 B1403	段建军	
394	深圳市魔耳乐器有限公司	0593	广东省深圳市宝安区 71 区留仙三路 25 号电明 6 楼	朱四华	
395	深圳市双华鑫电子有限公司	0864	深圳市龙岗区布吉中元路 4 号楼 32 栋 A305	江中华	
396	深圳市小草音乐网络科技有限公司	0858	广东省深圳市宝安区沙井街道锦程路 2070 号石厦港联工业园 C 栋 2 楼	梁　海	
397	深圳市伊诺乐器有限公司	0300	广东省深圳市平山区仓坑路家德马峦工业区 1 区 7 栋	袁　雁	
398	深圳市中艺盈科电子有限公司	0355	广东省深圳市宝安 35 区安华工业区一巷 8 栋 A5	钟永津	
399	深圳市众郦科技有限公司	0889	东莞市松山湖高新开发区新竹路万科松湖中心濮园 903	许杏生	
400	深圳市卓乐科技有限公司	0521	广东省深圳市宝安 28 区陆氏工业大厦 2 楼	李国飞	
401	施坦威钢琴亚太有限公司	0499	上海自贸区朝鹏路 147 号	Werner	
402	四川英才教学设备有限公司	0749	四川省绵阳市机场西路 98 号	张萃超	
403	苏州市福合天韵乐器科技有限责任公司	0755	苏州工业园区星湖街 328 号创意产业园 1-B601 室	包伟康	
404	随州市曾侯乙编钟编磬文化有限公司	0830	湖北省随州市舜井大街 305-2 号	项绍清	
405	台州狂飙琴行	0874	浙江省温岭市前溪路 158 号	刘　佳	
406	泰兴琴艺乐器有限公司	0218	江苏省泰兴市溪桥镇华溪东路 8 号	吴建新	
407	泰州市苏北实验仪器有限公司	0797	江苏省泰州市寿巷街道长太新村	芮锦成	
408	泰州永创教学仪器有限公司	0839	江苏省扬州市江都区浦头镇工业园区	吴亚芹	
409	滕州市北辛华彩琴行	0544	山东省滕州市善国北路人才市场对过	梁景永	

续表

序号	企业名称	会员证号	地址	联系人	协会任职
410	天府新区成都片区新兴星韵乐器厂	0709	四川省成都市天府新区新兴镇凉水村 4 组 306 号	陈东兵	
411	天津滨海琴行有限公司	0290	天津市塘沽区上海道 1329 号	刘祥清	
412	天津渤轻进出口有限公司	0107	天津市河西区新围堤道 5 号	张洵廷	
413	天津创丰乐器进出口贸易有限公司	0483	天津市河北区红星路万科城市花园 F-409	贺天宝	
414	天津达姆特乐器有限公司	0752	天津市武清区大良镇蔡各庄	杜承柱	
415	天津华一乐器有限公司	0787	天津市滨海新区大港小王庄镇小王庄村	陈宝展	
416	天津吉华国际贸易有限公司	0860	天津市西青区中北工业园阜盛道 22 号	张冉冉	
417	天津康耐克斯商贸有限公司	0920	天津市河西区友谊南路梅江欣水园 5-201	张　婧	
418	天津劳伦斯乐器有限公司	0476	天津市武清区京津时尚广场 7 楼大厦 1002 室	刘　瑞	
419	天津乐海城乐器配件有限公司	0364	天津市塘沽区春风路紫云国际 5 栋 1 门 201 室	王锡华	
420	天津乐威乐器有限公司	0724	天津市东丽区南何庄地铁站 B 出口南 50 米	苗永伟	
421	天津三卫乐器有限责任公司	0637	天津市北辰区北辰西路联东 U 谷产业园区 29-2 号	李国华	
422	天津市佰笛乐器有限公司	0189	天津市河东区程林庄路华冠丝绸有限公司院内	赵景萱	
423	天津市东丽区乐林乐器厂	0491	天津市东丽区大毕庄工业区国信路 10 号	卢启恒	
424	天津市恒诚工业用呢有限公司	0732	天津市空港经济区东九道八号	齐朝利	
425	天津市静海县恒艺燕京乐器厂	0703	天津市静海县子牙镇潘庄子村	田树恒	
426	天津市静海县鸣鹏永兴乐器厂（普通合伙）	0786	天津市静海县子牙镇潘庄子	元景梅	
427	天津市万德弗劳乐器有限责任公司	0444	天津市河东区新开路春华里 11-2-401	高志伟	
428	天津天同音工贸有限公司	0274	天津市河东区六纬路神州花园 26-3-101	王　琳	
429	天津通宝乐器有限公司	0015	天津市河北区南口支路 6 号	真野泰治	
430	天津扬昇国际贸易有限公司	0408	天津市南开区鞍山西道信诚大厦 704 室	许心缇	
431	通宝国际贸易（天津）有限公司	0264	天津市河西区苏州道 2 号图书大厦 1515 室	真野泰治	
432	彤松钢琴培训工作室	0833	江苏省常州市新北区三井街道绿都万和城三区商业广场彤松钢琴培训工作室	叶立宇	
433	威柏尔乐器（北京）有限公司	0454	北京市东城区王府井大街 277 号好友写字楼 2518 室	刘　勇	
434	潍坊大唐乐器发展有限公司	0869	昌乐县唐吾镇乐器产业园	李华波	
435	无棣县馨雅教学仪器设备有限公司	0842	山东省无棣县车王镇政府驻地	李风军	
436	无锡铃木乐器有限公司	0039	江苏省江阴市祝塘镇人民路 1 号	缪志兴	
437	无锡市锡艺乐器厂	0194	江苏省无锡市新区梅村镇锡贤路 149 号	万建平	

续表

序号	企业名称	会员证号	地址	联系人	协会任职
438	无锡市新区古月琴坊	0101	江苏省无锡市新区梅村镇新南路 10 号	万其兴	
439	吴兴东林星火钢琴配件厂	0727	浙江省湖州市吴兴区东林镇锦山工业区	施丽萍	
440	武汉大音唐韵乐器有限责任公司	0873	武汉武昌彭刘杨路 229 号	唐志雄	
441	武汉钢的琴音乐文化发展有限公司	0748	武汉市武昌区彭刘杨路 228 号	伍海波	
442	武汉工控艺术制造有限公司	0698	湖北省武汉市东西湖将军路万家墩东村 59 号	高力强	
443	武汉市海平乐器制造有限公司	0125	湖北省武汉市江岸区云林街 65 号观湖铂金公寓 321 房	王志军	
444	武汉市乐王乐器有限公司	0293	湖北省武汉市东湖高新技术开发区武大科技园路 7 号武大航域办公楼 A8 栋 6 楼	邢福志	
445	武汉余晓维金手指文化艺术咨询有限公司	0726	湖北省武汉市武昌区和平大道绿地国际金融城 B2 栋 2611 室	余小维	
446	武汉致嘉乐器销售有限公司	0100	湖北省武汉市经济开发区民营科技工业园 12 号 M 栋	周致嘉	
447	西安音乐学院乐器厂	0224	西安市高陵区西高路丝路融豪工业城内 103、104 号	张小东	
448	西安音乐学院朱雀琴行	0744	西安市长安中路 110 号	徐胜利	
449	香河天音乐器有限公司	0060	河北省廊坊香河县香河经济技术开发区运泰路	曹振民	
450	小叶子（北京）科技有限公司	0687	北京市朝阳区望京 SOHO 塔 2C 座 910	叶　滨	
451	忻州市东韵琴行有限公司	0885	山西省忻州市七一北路精华写字楼底商	智　建	
452	新昌县七星街道双明民族乐器厂	0829	浙江省新昌县七星街道下石演 60 号	俞开明	
453	宿州新华书店有限公司	0625	安徽省宿州市淮海中路 79 号	邓　琼	
454	徐州市铜山区顺成乐器配件厂	0630	江苏省徐州市铜山区房村镇新庄	刘方盘	
455	延安鲁艺文化艺术有限公司	0792	陕西省延安市师范路自来水公司一楼	文星月	
456	延吉市民族乐器研究所	0154	吉林省延吉市北山街爱丹路 125-2 号	赵基德	
457	扬州玲珑苑琴筝坊	0710	江苏省扬州市江都区武坚镇周西社区兴周路 2 号	陈后勇	
458	扬州清和文化发展有限公司	0611	江苏省扬州市江阳中路 433 号金天城 519 号	金　峰	
459	扬州市邗江区泉声民族乐器厂	0870	扬州市邗江区杨庙镇杨庙村荷花组	颜正友	
460	扬州市恒厚科技发展有限公司	0879	扬州市江都区浦头镇工业园区	董　安	
461	扬州市开发区竹西琴坊	0913	江苏省扬州市泰州路保安巷 14 号	李　全	
462	扬州市维扬区御声乐器厂	0322	江苏省扬州市西湖镇司徒庙路西首胡场	杨国富	
463	扬州太古琴坊有限公司	0586	江苏省扬州市仪征刘集镇盘古工业园 1 号	刘　霄	
464	扬州翔韵琴筝有限公司	0721	江苏省扬州市西区杨庙镇	刘永勤	
465	扬州云飞教学设备有限公司	0806	江苏省扬州市宝应县曹甸镇工业集中区	罗云谋	
466	扬州正和民族乐器厂	0615	江苏省扬州市广陵区头桥镇迎新村	杨　越	
467	易弹乐器（上海）有限公司	0890	上海市青浦区新团路 248 号 13 撞	王昭阳	

续表

序号	企业名称	会员证号	地址	联系人	协会任职
468	英氏婴童用品有限公司	0859	广州市海珠区广州大道南 788 号自编 7 栋	高　峰	
469	营口乐器协会	0503	营口市沿海产业基地新联大街东 1 号，格林希尔乐器公司	郝　峰	
470	营口西尔伯曼钢琴有限公司	0270	辽宁省营口市西市区民兴河北街	丁弘戬	
471	永康市前仓永固乐器厂	0204	浙江省永康市前仓镇前仓村金鸡路 156 号	蒋学良	
472	永康市新宝乐器有限公司	0863	永康市前仓镇工业区双丰路 10 号	池中贤	
473	余干县民族乐器有限公司	0319	江西省余干县玉亭镇沙窝大街	张仕先	
474	宇声乐器（惠州）有限公司	0904	广东省惠州市惠阳区秋长街道金秋大道 75 号	蔡国宏	
475	玉屏侗族自治县箫笛行业协会	0865	贵州省铜仁地区玉屏侗族自治县箫笛厂内	杨永华	
476	钰丰乐器（福建）有限公司	0313	福建省漳州市南靖县丰田镇华侨经济开发区	陈永茂	
477	漳州汉旗乐器有限公司	0846	福建省漳州市芗城区金峰北斗工业园万利达园内金华路 1 号	林天福	
478	漳州市龙吟乐器有限公司	0674	福建省漳州市北斗工业园金华路 1 号	段性皓	
479	长春市恒兴华科技有限公司	0663	吉林省长春市南关区大马路吉塔公寓 998 号	崔京宜	
480	长春市新博乐乐器有限公司	0894	吉林省长春市朝阳区同志街东清华路南汇华大厦 107 号	吕　硕	
481	长沙幻音电子科技有限公司	0688	湖南省长沙市高新开发区谷苑路 186 号湖大科技园孵化大楼东栋 201	郭润博	
482	浙江格莱姆乐器有限公司	0485	浙江省温州市瓯海区郭溪下屿工业区富泉路 66 号格莱姆乐器	陈小秋	
483	浙江康贝尔教学设备有限公司	0790	浙江省永康市总部中心金同大厦 26 楼	李泽林	
484	浙江学全科教仪器有限公司	0475	浙江省永康市石柱镇下里溪工业区百福临大道 9 号	蒋学全	
485	浙江一恒教学仪器有限公司	0692	浙江省永康市前仓镇世纪路 6 号	章青华	
486	浙江子昊钢琴有限公司	0504	浙江衢州市常山县金川街道创新东路 5 号	温日辉	
487	郑州星艺新琴行有限公司	0775	河南省郑州市北二七路 96 号（金水路和东明路交叉口东 30 米路南）	翟莲花	
488	中国大众音乐协会口琴专业委员会	0872	江苏省江阴市祝塘镇云顾路 8 号	孔文忠	
489	中国民族器乐学会	0857	北京市丰台区怡海花园恒丰园 3 号 -202	毕可炜	
490	中沃舜克管乐器（上海）有限公司	0762	上海市青浦区徐泾镇沪青平公路 2152 弄 8 号	谷攀峰	
491	珠海汇吉洋电子科技有限公司	0532	广东省珠海市斗门区白蕉工业园新科二路 26 号	王　超	
492	自贡市贝尔吉教学仪器设备有限公司	0559	四川省自贡市国家高新技术产业区川南中小企业创业园金川路 15 号附 10 号	兰　金	

2018 中国乐器年鉴

CHINA MUSICAL INSTRUMENT YEARBOOK

职业技能鉴定

2017年中国钢琴调律师行业状况

行业培训及鉴定数据汇总

2017年，受国家钢琴调律师职业技能考核鉴定工作暂停的影响，全年（上半年）在全国范围开展17批次的调律师职业资格考核鉴定工作，共有486人次取得了钢琴调律师职业资格证书，其中：五级90名，四级177名，三级167名，二级（技师）39名，一级（高级技师）13名。截至目前，共有6514名钢琴调律师取得了各级职业资格证书，其中的技师和高级技师人数为404名，占比为6.2%。

重要活动及成果

4月24日—25日，第二届全国高校钢琴调修专业教育论坛在沈阳音乐学院举办。

来自全国25所具有钢琴调修专业的院校代表，参加技能比赛的本科专科学生以及相关科研和行业协会代表共110多名参加活动。沈阳音乐学院副院长魏煌、中国乐器协会副理事长王松美等有关领导出席并致辞。

本次活动由沈阳音乐学院主办。目的在于进一步探索和推进国内钢琴调修领域的教学、科研、专业实践和学术创新，整合和发挥全国高校专业的整体学术优势，促进高校间的专业交流和资源共享，推动“钢琴调修专业教育联盟”工作的有效开展，提升专业教育的社会服务功能，培养高素质、高技能的专业实用型人才。

在开幕式上，沈阳音乐学院副院长魏煌首先致辞，代表学院向参加本次活动的专家、学者、比赛选手表示欢迎。指出高等教育当前所面临的机遇和挑战，是教育观念的更新，是培养符合社会发展需求的实用型、创新型、复合型人才。为此，要积极探索人才培养体制的改革创新，促进教学、科研、实践紧密结合，加强学校之间、校企之间、学校和科研机构之间合作，形成体系开放、机制灵活、渠道互通的人才培养体制。

中国乐器协会副理事长王松美代表中国乐器协会对此次活动的举办表示热烈祝贺。她指出沈阳音乐学院是国内最早设立钢琴调律专业的高校，为我国调律师队伍和调律专业教学提供了一大批高素质专业人才，也为我国钢琴调律技术的理论化、系统化、专业化发展做出巨大贡献。王松美还介绍了当前国际国内钢琴行业、钢琴调律行业的发展现状和趋势，以及中国乐器协会在促进调律行业发展所做的一系列工作。

论坛专家代表、中国音乐家协会钢琴调律师学会副会长陈家鑫在讲话中就钢琴调律教育的发展过程回顾；校企合作创办钢琴调律专业的初衷；校企合作扬长避短、优势互补是提高教育质量的保障；优化组合、建立一支强有力的师资队伍；强化实践教学、以训代教培养实用性人才；适应市场需求，展现校企联合办学成果六个方面进行了阐述。

在论坛阶段，由王文琦、李任炜、邵申弘、胡杨、陈意、郝一男、付凯、姜力、谢新提、铁梅、齐丽花，共12所院校教师先后进行经验分享，话题包括调律历史、学院概况、教学探讨等几个方面。活动还邀请了中国音乐学院音乐科技系副主任付晓东教授、原上海音乐学院东方乐器博物馆馆长应有勤教授进行了两场专家讲座。

而为了更好地检验学生的学习成果，积累实践经验，鼓励技术进步开展的技术比赛环节，有70多名各院校学生参加，比赛按照本科、专科以及钢琴调律、钢琴整音、调整、维修四个类别，共8组进行。学院给予大力支持，把学生练琴的琴房拨给比赛专用，所有选手在70多间琴房里同时开始比赛，按照不同类别分时结束，极大压缩了比赛进程。而让院校教师担任客观评委，专家担任监审和主观评委，学院老师和学生提供现场服务。

经过紧张的比赛和打分、核算过程，最终评比出集体和个人一等奖10名，二等奖17名，三等奖18名，并进行了简短的颁奖仪式，活动圆满成功，也为今后活动开展树立了楷模。

回顾整个活动进程，亮点在于能够广泛集合全国相关专业院校共同探讨教学发展；能够为学生搭建学习交流、比赛实践平台；引进市场机制，为教育培训服务；不足在于活动的细节还需要进一步积累经验，特别是不同环节的转换，突发情况的处理。希望今后开展的类似活动要向系列化、规模化、国际化方向努力，同时注意引进行业力量，使交流范围更广阔，内容更充实、深入。

5月4日，2016年中国技能大赛——全国钢琴调律职业技能竞赛表彰活动在京举行。

中国乐器协会理事长王世成、中国财贸轻纺烟草工会轻工工作部部长严红、中国轻工业联合会人事教育部主任徐祥楠等领导到会并为获奖选手颁奖。

为深入贯彻落实党的十八大精神和国务院关于进一步弘扬“大国工匠”精神，加强高技能人才队伍建设的工作要求，引导和激励全国广大钢琴调律从业人员努力钻研本职业务，不断更新知识结构、学习掌握新技能，进一步提高技能水平，加快技能人才队伍建设，实现乐器行业“十三五”规划目标任务，中国乐器协会、中国就业培训技术指导中心、中国轻工业职业技能鉴定指导中心、中国财贸轻纺烟草工会全国委员会共同举办了本次钢琴调律职业技能竞赛。此竞赛活动被列入人力资源和社会保障部开展的2016年中国技能大赛——第44届世界技能大赛全国选拔赛系列活动之一。

中国乐器协会副理事长王松美在致辞中表示，“这次比赛成功体现了弘扬大国工匠精神，体现科技发展进步、服务行业市场需求、公开公平公正不拘一格选拔人才的目标要求。比赛不是最终目标，希望通过比赛来一场全行业的技术练兵，进而提高我国调律师行业的整体技术水平，拉近与国际钢琴调律师水平的差距”。

据悉，此次竞赛历经4个月，共有来自北京、广东、河南、上海等26省、市的354名调律师参加了初赛，参赛选手年龄跨度大，35岁以下的选手占总数的66.7%，参赛选手的学历层次高，其中有专业学历（含职高、技校及大专以上学历）的选手占到总数的60.1%。

最终，来自广州珠江钢琴集团有限公司的梁钊明、刘东林，潍坊九天琴行的张翀被人力资源社会保障部授予“全国技术能手”荣誉称号。张韵铮等12名同志被中国轻工业联合会授予“全国轻工行业技术能手”荣誉称号。

考虑到盲人调律师的实际情况，此次竞赛专设盲人赛区，将初赛、复赛合并举行。有来自北京、河北、山东等12个省、市的32名选手参加初赛，通过理论和实操竞赛比赛，选出16名选手进行复赛，并选出4名优胜选手参加决赛。中国残疾人联合会就业服务指导中心和中国盲人协会领导高度重视此次竞赛，对参赛盲人选手在交通住宿等费用上提供了大力支持。

广州珠江钢琴集团股份有限公司作为此次竞赛全国总决赛的承办单位对广东赛区的初赛、复赛和决赛均给予了高度的重视，不仅在公司内部组织一批年轻选手参加竞赛，还针对性地开展了理论培训和技能培训，进一步提升参赛选手的水平。同时，为保障选手竞赛条件的公平性，集团公司为广东初赛、复赛提供同一型号、同一批次的珠江118钢琴进行比赛用，复赛的理论考试场地等多方面的人、财、力的全方位支持。

此次技能竞赛活动，检验了我国钢琴调律师队伍的职业技能水平，鼓励和促进一线职工学习技术、刻苦练兵、岗位成才的热情。通过竞赛，不仅使一批高技能人才脱颖而出，而且促进了各方面对钢琴调律师提高技术水平的重视和有效人才培养机制的建立与完善。

7月11日至15日，第20届IAPBT国际钢琴制造技师调律师年会在美国圣路易斯市召开。

来自澳大利亚钢琴调律师技师协会(APTTA)，中国乐器协会钢琴调律师分会(CPTA)，欧洲钢琴技师协会(EUROPiano)，日本钢琴技师协会(JPTA)，韩国钢琴技师协会(KPTA)，中国台湾钢琴技师协会(TPTA)的34名代表，加上美国钢琴技师协会(PTG)的20名参会代表，共54人参加此次会议。中国乐器协会钢琴调律师分会会长冯高昆，副会长黄苏东、秦敏静等参会。

作为成立最早的国际性的钢琴技师组织，IAPBT自20世纪80年代成立以来，就把致力于为广大钢琴调律技师提供一个自由交流的平台而不断努力，并取得了很大成绩。今年，在IAPBT年会常规的理事会和大会之外，还安排了近百场技术交流讲座和调律技术相关的古钢琴、加工维修设备、工具、教学书籍等的展览。

12日上午召开的理事会由本届IAPBT主席，美国钢琴技师协会会长菲尔•邦迪（Phil Bondi）主持，25名各团体会员代表出席，会议主要进行了IAPBT章程的修订，审议通过上届年会的纪要，确定了2021年年会举办单位，审议个人会员的入会申请，任命新一届年会主席，副主席等。同时还根据各会员单位的人数初步确定投票票数等管理事项。

下午召开的IAPBT会员大会以“Pianos A Life”为主题，各会员单位代表先后发言，他们从自身从事钢琴调律行业的起因，经历过的一些深刻事件，对当前调律行业的看法等，表明了对这一行业的终身喜爱，以及对不断最求进步的执着。

参加本届年会的CPTA代表，不仅由冯高昆会长发表了主题讲话，还在会议之外的交流活动中，与澳大利亚、美国、韩国的行业协会领导进行了交流，对今后的深入扩大交流进行探索。美籍华人钢琴调律师陈凤声，黄智炜还召集华语参会代表，共同围绕如何提高中国调律行业的进步展开讨论，交流之后还表达了愿意为此服务的想法。

世界钢琴产业的重心已经在中国，相信不久，钢琴调律技术也会在中国得到发展壮大！

10月12日，CMIA KAWAI钢琴调律联盟标准培训认证项目发布会在上海召开。

中国乐器协会理事长王世成、常务副理事长曾泽民，日本河合乐器制作所株式会社社长河合弘隆、统扩部部长西尾正由纪等领导出席。发布会由中国乐器协会钢琴调律师分会会长冯高昆主持。

中国乐器协会副理事长王松美、日本河合乐器株式会社副社长金子和裕分别就项目成立背景、合作内容及优势等做了简要介绍。

当前我国钢琴制造业已经是以每年30万架产量持续高速发展的第十四个年头，当前正向中高端迈进的升级新阶段；目前市场保有量突破700万架；消费者的音乐素养和选购标准明显提高；而和钢琴消费使用服务密切相关配套的钢琴调律师队伍现状却不容乐观。

统计显示我国现有在册钢琴调律师，包括专业院校演出团体、企业、琴行和个体在内，总计在册5000人，常态服务的有4000人左右，而其中国家职业技能标准鉴定2级（技师）以上仅200人左右，且主要以立式钢琴调律调整为主。现状与需求之间差距之大显而易见。

KAWAI钢琴调律培训有50多年历史，具有相对完整的技术标准和培训体系，以及成熟的教材和师资队伍，其音乐会用琴的调律水准被国际公认。

为提升我国钢琴调律师队伍的整体素质，尽快缩小与国际水平差距，中国乐器协会与河合乐器株式会社一年前在北京签署了钢琴调律合作协议，首推项目，也是最主要的项目就是联手通过研究完善中高级调律联盟标准，设立培训基地，培训专业教师，陆续开展具有国情特色的中高级（主要为三角琴和音乐会用琴）钢琴调律调整培训认证。这是产业发展、市场需求，以及与国际先进水平差距较大等因素叠加的必然产物。

从2016年10月签约至今整一年，在双方共同努力下，项目从四个方面推进，进展顺利：1. 经反复磋商研究确定了一整套较为详尽的联盟标准体系；2. 经推举考核确定10位钢琴调律教师，分两组在国内和日本KAWAI培训学校分别进行了为期五周的集中强化培训，并经联盟专家组严格考核，认定不同等级的教师资格，为接下来的开班打下基础；3. 经过对软硬件多方面条件考察，确定了与中央音乐学院鼓浪屿钢琴学校、北京劲松职业学校和日本卡瓦依钢琴调律培训学校合作，设立第一批授权钢琴调律联盟标准培训基地；4. 在以上基础上，首期调律联盟标准高级培训班已定于11月在厦门鼓浪屿钢琴学校正式开班。

活动随后由中国乐器协会理事长王世成、河合乐器株式会社社长河合弘隆共同为首批通过认证的十名教师颁发证书。

中国乐器协会常务副理事长曾泽民、中央音乐学院鼓浪屿钢琴学校校长杨鸣共同在培训基地协议上签字。

最后要强调的是，调律联盟标准培训班的开办目的很明确，一是完善补充现有国家钢琴调律师职业资格鉴定标准；二是推动现有调律师队伍技术水平向中高端提升，在一定程度上弥补我国三角琴音乐会用琴调律技术短板。这是一项挑战性较大的崭新的工作，还希望得到业内外的关注和支持，让我们为促进我国钢琴调律行业发展而共同努力。

附1：

首批客座教师名单

宋　歌　　上海翰森钢琴有限公司
潘高波　　上海音乐学院
李宏全　　吉林艺术学院音乐学院
张　旺　　南京艺术学院
梁宇薇　　广东文艺职业学院
潘　建　　南京师范大学音乐学院
赵羚君　　中央音乐学院鼓浪屿钢琴学校
李燕莉　　北京劲松职业高级中学
胡倩如　　西安音乐学院
秦叔运　　沈阳市琴韵乐器行

附2：

培训基地名单

中央音乐学院鼓浪屿钢琴学校（福建厦门）
北京劲松职业高中（北京）
KAWAI音乐学园（日本）

2017年全国钢琴调律师考核鉴定情况统计表

鉴定站（所）	鉴定日期	五级 / 初级技能	四级 / 中级技能	三级 / 高级技能	二级 / 技师	一级 / 高级技师	合计
北京鉴定站	2017—1（考核鉴定）	16		5	3		24
	2017—2（考核鉴定）		5	1	9	6	21
	2017—2（沈阳）				3	3	6
	2017—5（调律班 + 考核鉴定）	11	8	5			24
	2017—5（沈阳）	8	21	43	1		73
	小计	35	34	54	16	9	148
广州鉴定站	2016—11 竞赛			11			11
	2017—1(调律班 + 高级技师)	12				3	15
	2017—2（考核鉴定）	10	10	4	2	1	27
	2017—5（考核鉴定）	23	15	8			46
	2017—10（广州鉴定）	7	12				19
	小计	52	37	23	2	4	118
上海鉴定所	2017—1（考核鉴定）	5	9	1	1		16
	2017—5（考核鉴定）	4	27	31			62
	小计	9	36	32	1		78
南京艺术学院	2017—5（考核鉴定）			11			11
北京联合大学特殊教育学院	2017—2（考核鉴定）				12		12
	2017—5（考核鉴定）		1	21	3		25
	小计		1	21	15		37
长春大学	2017—5（考核鉴定）		14	17			31
郑州铁路职业技术学院	2017—1（考核鉴定）	1	27	5	2		35
	2017—5（考核鉴定）		40	4	3		47
	小计	1	67	9	5		82
2017 年合计		97	189	167	39	13	505

2017年通过钢琴调律师国家职业资格考核鉴定名单

北京鉴定站

姓　名	性　别	证书号码	级　别
李　忠	男	1758003001100001	一级 / 高级技师
李力佳	男	1758003001100002	一级 / 高级技师
金　勇	男	1758003001100003	一级 / 高级技师
王晓峰	男	1758003001100004	一级 / 高级技师
王向荣	女	1758003001100005	一级 / 高级技师
徐文翠	女	1758003001100006	一级 / 高级技师
柳　洁	女	1758003001200061	二级 / 技师
曾海平	男	1758003001200062	二级 / 技师
张　翀	男	1758003001200063	二级 / 技师
许　琳	女	1758003001200064	二级 / 技师
秦　璐	女	1758003001200065	二级 / 技师
董春辉	男	1758003001200066	二级 / 技师
崔丽艳	女	1758003001200067	二级 / 技师
刘　晶	女	1758003001200068	二级 / 技师
龚　平	男	1758003001200069	二级 / 技师
刘广澜	男	1758003001200070	二级 / 技师
蔡风华	男	1758003001200071	二级 / 技师
殷建军	男	1758003001200072	二级 / 技师
李晓燕	女	1758003001300006	三级 / 高级技能
杜龙恩	男	1758003001300007	三级 / 高级技能
韩　成	男	1758003001300008	三级 / 高级技能
张　帅	男	1758003001300009	三级 / 高级技能
李鹏喜	男	1758003001300010	三级 / 高级技能
冯树德	男	1758003001300011	三级 / 高级技能
白　锦	男	1758003001300030	三级 / 高级技能
邓　捷	男	1758003001300031	三级 / 高级技能
张志国	男	1758003001300032	三级 / 高级技能
汪顺生	男	1758003001300033	三级 / 高级技能
杨荣发	男	1758003001300034	三级 / 高级技能

续表

姓　名	性　别	证书号码	级　别
马永生	男	1758003001400028	四级 / 中级技能
王家冕	女	1758003001400029	四级 / 中级技能
杨成钢	男	1758003001400030	四级 / 中级技能
吴　昊	男	1758003001400031	四级 / 中级技能
陈志斌	男	1758003001400032	四级 / 中级技能
李晓东	男	1758003001400056	四级 / 中级技能
魏超新	男	1758003001400057	四级 / 中级技能
曹新宇	男	1758003001400058	四级 / 中级技能
宋　军	男	1758003001400059	四级 / 中级技能
肖　锋	男	1758003001400060	四级 / 中级技能
刘佳旺	男	1758003001400061	四级 / 中级技能
司亚飞	男	1758003001400062	四级 / 中级技能
潘山荣	男	1758003001400063	四级 / 中级技能
宁阁皓	男	1758003001500002	五级 / 初级技能
李　成	男	1758003001500003	五级 / 初级技能
崔译文	男	1758003001500004	五级 / 初级技能
郭玉斌	男	1758003001500005	五级 / 初级技能
李佳峻	男	1758003001500006	五级 / 初级技能
王　昆	男	1758003001500007	五级 / 初级技能
刘嘉威	男	1758003001500008	五级 / 初级技能
计梁梁	男	1758003001500009	五级 / 初级技能
徐作艳	女	1758003001500010	五级 / 初级技能
刘高峰	男	1758003001500011	五级 / 初级技能
徐　光	男	1758003001500012	五级 / 初级技能
霍　达	男	1758003001500013	五级 / 初级技能
赵世泽	男	1758003001500014	五级 / 初级技能
万文颖	男	1758003001500015	五级 / 初级技能
李嘉伟	男	1758003001500016	五级 / 初级技能
李　斌	男	1758003001500017	五级 / 初级技能
陈发全	男	1758003001500023	五级 / 初级技能
苏　强	男	1758003001500023	五级 / 初级技能
王临泰	男	1758003001500024	五级 / 初级技能
王　佳	女	1758003001500025	五级 / 初级技能
杨海鹏	男	1758003001500027	五级 / 初级技能
鲍善超	男	1758003001500028	五级 / 初级技能

续表

张博涛	男	1758003001500029	五级 / 初级技能
张泽寰	男	1758003001500030	五级 / 初级技能
周　冶	男	1758003001500031	五级 / 初级技能
付鸣九	男	1758003001500032	五级 / 初级技能
王韶华	男	1758003001500033	五级 / 初级技能

上海鉴定所

姓　名	性　别	证书号码	级　别
李红立	女	1758003001200073	二级 / 技师
宋晓阳	男	1758003001300012	三级 / 高级技能
王　磊	男	1758003001300109	三级 / 高级技能
高文明	男	1758003001300108	三级 / 高级技能
田　蛟	男	1758003001300103	三级 / 高级技能
张　欢	男	1758003001300106	三级 / 高级技能
于成宝	男	1758003001300104	三级 / 高级技能
尤洪兵	男	1758003001300105	三级 / 高级技能
余家圣	男	1758003001300107	三级 / 高级技能
李　林	男	1758003001300110	三级 / 高级技能
赵文庆	男	1758003001300111	三级 / 高级技能
洪东乾	男	1758003001300113	三级 / 高级技能
应春涛	男	1758003001300114	三级 / 高级技能
沈林斌	男	1758003001300115	三级 / 高级技能
徐寿斌	男	1758003001300116	三级 / 高级技能
雷顺行	男	1758003001300112	三级 / 高级技能
杨正为	男	1758003001300117	三级 / 高级技能
潘太春	男	1758003001300118	三级 / 高级技能
伊森静	男	1758003001300119	三级 / 高级技能
王思语	男	1758003001300124	三级 / 高级技能
马　苗	男	1758003001300128	三级 / 高级技能
杨　帆	男	1758003001300129	三级 / 高级技能
甄羚钰	女	1758003001300122	三级 / 高级技能
乔　永	男	1758003001300121	三级 / 高级技能
姜新庆	男	1758003001300127	三级 / 高级技能
李　帅	男	1758003001300123	三级 / 高级技能
安小龙	男	1758003001300126	三级 / 高级技能
占镇龙	男	1758003001300125	三级 / 高级技能

续表

姓　名	性　别	证书号码	级　别
樊　继	男	1758003001300120	三级 / 高级技能
朱洁芸	女	1758003001300130	三级 / 高级技能
黄　凯	男	1758003001300131	三级 / 高级技能
陈浩林	男	1758003001300133	三级 / 高级技能
傅潮敏	男	1758003001300132	三级 / 高级技能
姚　遥	男	1758003001400038	四级 / 中级技能
宗子见	男	1758003001400037	四级 / 中级技能
孙　燕	女	1758003001400033	四级 / 中级技能
吴春雨	女	1758003001400034	四级 / 中级技能
张玲玲	女	1758003001400035	四级 / 中级技能
刘姗姗	女	1758003001400036	四级 / 中级技能
唐龙龙	男	1758003001400039	四级 / 中级技能
陆雯晴	女	1758003001400040	四级 / 中级技能
高　超	女	1758003001400041	四级 / 中级技能
陈伟佳	男	1758003001400126	四级 / 中级技能
王向丽	女	1758003001400127	四级 / 中级技能
仇俊淞	男	1758003001400128	四级 / 中级技能
钱　军	男	1758003001400129	四级 / 中级技能
尹成超	男	1758003001400137	四级 / 中级技能
车红浩	男	1758003001400130	四级 / 中级技能
郭　冬	男	1758003001400138	四级 / 中级技能
任高宏	男	1758003001400139	四级 / 中级技能
黄祯茂	男	1758003001400133	四级 / 中级技能
宗东明	男	1758003001400134	四级 / 中级技能
顾非凡	女	1758003001400131	四级 / 中级技能
陈　路	男	1758003001400132	四级 / 中级技能
邹祖俊	男	1758003001400135	四级 / 中级技能
祝　贺	男	1758003001400136	四级 / 中级技能
韩京科	男	1758003001400149	四级 / 中级技能
宋晋晗	女	1758003001400144	四级 / 中级技能
左云韬	男	1758003001400143	四级 / 中级技能
张　杉	男	1758003001400142	四级 / 中级技能
郭　潇	男	1758003001400145	四级 / 中级技能
纪泽鑫	男	1758003001400147	四级 / 中级技能
任哲静	男	1758003001400148	四级 / 中级技能

续表

张　彤	女	1758003001400141	四级 / 中级技能
涂倩倩	女	1758003001400140	四级 / 中级技能
姚建乐	男	1758003001400146	四级 / 中级技能
张杰临	男	1758003001400151	四级 / 中级技能
袁　华	男	1758003001400150	四级 / 中级技能
包广敏	男	1758003001400152	四级 / 中级技能
郭　涛	男	1758003001500018	五级 / 初级技能
郎文平	男	1758003001500019	五级 / 初级技能
易抒文	女	1758003001500022	五级 / 初级技能
张超志	男	1758003001500020	五级 / 初级技能
胡以勒	男	1758003001500021	五级 / 初级技能
杨淑婷	女	1758003001500042	五级 / 初级技能
欧　里	男	1758003001500045	五级 / 初级技能
许耀文	男	1758003001500043	五级 / 初级技能
谭绍勇	男	1758003001500044	五级 / 初级技能

广州鉴定站

姓　名	性　别	证书号码	级　别
肖远华	男	1758003002100003	一级 / 高级技师
宋　丹	女	1758003002100002	一级 / 高级技师
吴向炬	男	1758003002100001	一级 / 高级技师
姚　平	男	1758003002100004	一级 / 高级技师
吴庆丰	男	1758003002200002	二级 / 技师
林树根	男	1758003002200001	二级 / 技师
傅建泽	男	1758003002300004	三级 / 高级技能
黄家敏	女	1758003002300006	三级 / 高级技能
李艳峰	男	1758003002300005	三级 / 高级技能
江国柱	男	1758003002300009	三级 / 高级技能
李帅军	男	1758003002300001	三级 / 高级技能
徐玉珠	女	1758003002300007	三级 / 高级技能
王　韧	男	1758003002300008	三级 / 高级技能
周　浪	男	1758003002300003	三级 / 高级技能
陈嘉滨	男	1758003002300002	三级 / 高级技能
罗伟健	男	1758003002300011	三级 / 高级技能

续表

姓　名	性　别	证书号码	级　别
杨炜文	男	1758003002300010	三级 / 高级技能
陈保林	男	1758003002300016	三级 / 高级技能
鲍洪州	男	1758003002300017	三级 / 高级技能
谭金荣	男	1758003002300018	三级 / 高级技能
施衍青	男	1758003002300019	三级 / 高级技能
李惠明	男	1758003002300013	三级 / 高级技能
徐志鑫	男	1758003002300015	三级 / 高级技能
陈典明	男	1758003002300012	三级 / 高级技能
谭文忠	男	1758003002300014	三级 / 高级技能
林汉聪	男	1758003002300023	三级 / 高级技能
徐　伟	男	1758003002300020	三级 / 高级技能
马　敏	男	1758003002300022	三级 / 高级技能
郭青云	男	1758003002300021	三级 / 高级技能
胡品正	男	1758003002400003	四级 / 中级技能
朱平安	男	1758003002400009	四级 / 中级技能
陆明杰	男	1758003002400002	四级 / 中级技能
邝伟健	男	1758003002400007	四级 / 中级技能
王洪刚	男	1758003002400008	四级 / 中级技能
符德平	男	1758003002400004	四级 / 中级技能
曾　毅	男	1758003002400005	四级 / 中级技能
曾之贤	男	1758003002400006	四级 / 中级技能
耿晓鹏	男	1758003002400001	四级 / 中级技能
聂　幸	女	1758003002400013	四级 / 中级技能
邱俊霖	男	1758003002400011	四级 / 中级技能
刘嘉俊	男	1758003002400015	四级 / 中级技能
邓丽华	女	1758003002400016	四级 / 中级技能
彭汝樑	男	1758003002400017	四级 / 中级技能
胡盛辉	男	1758003002400018	四级 / 中级技能
罗子慧	女	1758003002400019	四级 / 中级技能
许国宏	男	1758003002400012	四级 / 中级技能
马传威	男	1758003002400014	四级 / 中级技能
祝如娟	女	1758003002400010	四级 / 中级技能
陈烁天	男	1758003002400020	四级 / 中级技能
殷志强	男	1758003002400021	四级 / 中级技能
郑元波	男	1758003002400022	四级 / 中级技能

续表

姓　名	性　别	证书号码	级　别
黄倩妮	女	1758003002400023	四级 / 中级技能
钟子杰	男	1758003002400024	四级 / 中级技能
温兆康	男	1758003002400025	四级 / 中级技能
冯清霞	女	1758003002400029	四级 / 中级技能
邹鸿乐	男	1758003002400027	四级 / 中级技能
李润麒	男	1758003002400028	四级 / 中级技能
刘小康	男	1758003002400026	四级 / 中级技能
岑旭辉	男	1758003002400030	四级 / 中级技能
何韵怡	女	1758003002400031	四级 / 中级技能
张　颖	女	1758003002400032	四级 / 中级技能
曾思萍	女	1758003002400033	四级 / 中级技能
李诗琪	女	1758003002400034	四级 / 中级技能
冼献祥	男	1758003002400035	四级 / 中级技能
卢　建	男	1758003002400036	四级 / 中级技能
叶培锋	男	1758003002400037	四级 / 中级技能
余妙莹	女	1758003002500003	五级 / 初级技能
罗佛水	男	1758003002500004	五级 / 初级技能
王晓杰	男	1758003002500005	五级 / 初级技能
贾云贺	女	1758003002500006	五级 / 初级技能
张嘉玲	女	1758003002500007	五级 / 初级技能
邓煜梁	男	1758003002500009	五级 / 初级技能
阳　浚	男	1758003002500001	五级 / 初级技能
陈凯植	男	1758003002500002	五级 / 初级技能
韩　浩	男	1758003002500008	五级 / 初级技能
谢蓉芳	女	1758003002500010	五级 / 初级技能
周中成	男	1758003002500011	五级 / 初级技能
刘长源	男	1758003002500012	五级 / 初级技能
谢朝霞	男	1758003002500013	五级 / 初级技能
邓惠康	男	1758003002500014	五级 / 初级技能
张俊豪	男	1758003002500015	五级 / 初级技能
钟洛传	男	1758003002500019	五级 / 初级技能
刘宇斯	男	1758003002500018	五级 / 初级技能
莫　港	男	1758003002500016	五级 / 初级技能
潘心阳	男	1758003002500017	五级 / 初级技能
赵　坤	男	1758003002500026	五级 / 初级技能

续表

罗文俊	男	1758003002500027	五级 / 初级技能
翟文龙	男	1758003002500028	五级 / 初级技能
谢宇宸	男	1758003002500029	五级 / 初级技能
刘　琴	女	1758003002500023	五级 / 初级技能
孙　跃	男	1758003002500025	五级 / 初级技能
涂筱琴	女	1758003002500024	五级 / 初级技能
黄昌玄	男	1758003002500020	五级 / 初级技能
王贤成	男	1758003002500022	五级 / 初级技能
唐　君	男	1758003002500021	五级 / 初级技能
周焱彬	女	1758003002500031	五级 / 初级技能
江炳杰	男	1758003002500032	五级 / 初级技能
何泳珊	女	1758003002500033	五级 / 初级技能
方子祎	男	1758003002500034	五级 / 初级技能
卢叶子	女	1758003002500035	五级 / 初级技能
严和国	男	1758003002500036	五级 / 初级技能
欧阳湘茹	女	1758003002500037	五级 / 初级技能
唐经伦	男	1758003002500038	五级 / 初级技能
杨云新	男	1758003002500039	五级 / 初级技能
郭贺儿	男	1758003002500030	五级 / 初级技能
杨小龙	男	1758003002500040	五级 / 初级技能
万学铭	男	1758003002500041	五级 / 初级技能
汪　磊	男	1758003002500042	五级 / 初级技能
陈浩然	男	1758003002500043	五级 / 初级技能
李林康	男	1758003002500045	五级 / 初级技能
孔祥艺	女	1758003002500044	五级 / 初级技能
陈可馨	女	1758003002500046	五级 / 初级技能
柯青青	女	1758003002500047	五级 / 初级技能
黄慧珊	女	1758003002500048	五级 / 初级技能
张智杰	男	1758003002500049	五级 / 初级技能
高　霞	女	1758003002500050	五级 / 初级技能
吴　凯	男	1758003002500051	五级 / 初级技能
朱俊斌	男	1758003002500052	五级 / 初级技能

长春大学

姓　名	性　别	证书号码	级　别
王涌涛	男	175800300130013	三级 / 高级技能
许　乐	男	175800300130014	三级 / 高级技能

续表

李智丹	男	175800300130015	三级 / 高级技能
范　鹏	男	175800300130016	三级 / 高级技能
郭建辉	男	175800300130017	三级 / 高级技能
倪弘毅	女	175800300130018	三级 / 高级技能
郝朝阳	男	175800300130019	三级 / 高级技能
田　宇	男	175800300130020	三级 / 高级技能
霍鹏盛	男	175800300130021	三级 / 高级技能
武国斌	男	175800300130022	三级 / 高级技能
王　展	男	175800300130023	三级 / 高级技能
姚世亮	男	175800300130024	三级 / 高级技能
王宇星	男	175800300130025	三级 / 高级技能
肖耀奇	男	175800300130026	三级 / 高级技能
杜蔡怡	女	175800300130027	三级 / 高级技能
张一兵	女	175800300130028	三级 / 高级技能
侯汉泽	男	175800300130029	三级 / 高级技能
翟丹宁	女	175800300140042	四级 / 中级技能
骆希雅	女	175800300140043	四级 / 中级技能
张　颖	女	175800300140044	四级 / 中级技能
王安石	男	175800300140045	四级 / 中级技能
王一雯	女	175800300140046	四级 / 中级技能
耿　潮	女	175800300140047	四级 / 中级技能
左灿灿	女	175800300140048	四级 / 中级技能
武静丽	女	175800300140049	四级 / 中级技能
孙　悦	女	175800300140050	四级 / 中级技能
陆　兵	男	175800300140051	四级 / 中级技能
许嘉成	男	175800300140052	四级 / 中级技能
王　丹	女	175800300140053	四级 / 中级技能
胡伊婷	女	175800300140054	四级 / 中级技能
孙依菲	女	175800300140055	四级 / 中级技能

南京艺术学院

姓　名	性　别	证书号码	级　别
陈　瑶	女	1758003001300134	三级 / 高级技能
顾星媛	女	1758003001300135	三级 / 高级技能
李天行	男	1758003001300136	三级 / 高级技能
李耀文	男	1758003001300137	三级 / 高级技能

续表

李　壮	男	1758003001300138	三级 / 高级技能
刘　涛	男	1758003001300139	三级 / 高级技能
王苏辉	男	1758003001300140	三级 / 高级技能
项锦辉	女	1758003001300141	三级 / 高级技能
于志腾	男	1758003001300142	三级 / 高级技能
张睿雪	女	1758003001300143	三级 / 高级技能
周　晨	女	1758003001300144	三级 / 高级技能

郑州铁路职业技术学院

姓　名	性　别	证书号码	级　别
李继漯	男	1758003001100010	一级 / 高级技师
康新鹏	男	1758003001200035	二级 / 技师
黄永更	男	1758003001200036	二级 / 技师
刘进增	男	1758003001200129	二级 / 技师
王开瑞	男	1758003001200130	二级 / 技师
杨　靖	男	1758003001300001	三级 / 高级技能
申　帆	女	1758003001300002	三级 / 高级技能
党孟杰	男	1758003001300003	三级 / 高级技能
王新愿	男	1758003001300004	三级 / 高级技能
吴祥辉	男	1758003001300005	三级 / 高级技能
周俊祥	男	1758003001300078	三级 / 高级技能
周　昕	男	1758003001300079	三级 / 高级技能
邓　博	男	1758003001300080	三级 / 高级技能
李龙飞	男	1758003001300081	三级 / 高级技能
郑丹萍	女	1758003001400001	四级 / 中级技能
汪志雪	女	1758003001400002	四级 / 中级技能
韩怡诚	女	1758003001400003	四级 / 中级技能
陈昊谦	男	1758003001400004	四级 / 中级技能
雷雳霆	男	1758003001400005	四级 / 中级技能
刘　业	男	1758003001400006	四级 / 中级技能
姚　远	男	1758003001400007	四级 / 中级技能
李　前	男	1758003001400008	四级 / 中级技能
周永强	男	1758003001400009	四级 / 中级技能
杨继红	女	1758003001400010	四级 / 中级技能
周哲语	男	1758003001400011	四级 / 中级技能

续表

姓　名	性　别	证书号码	级　别
蔡江江	男	1758003001400012	四级 / 中级技能
胡宝强	男	1758003001400013	四级 / 中级技能
葛浩翔	男	1758003001400014	四级 / 中级技能
赵晨笑	男	1758003001400015	四级 / 中级技能
赖群阳	男	1758003001400016	四级 / 中级技能
郑永超	男	1758003001400017	四级 / 中级技能
郭留广	男	1758003001400018	四级 / 中级技能
郝亚峰	男	1758003001400019	四级 / 中级技能
郎　浩	男	1758003001400020	四级 / 中级技能
杨守岭	男	1758003001400021	四级 / 中级技能
刘文平	男	1758003001400022	四级 / 中级技能
陈思颖	女	1758003001400023	四级 / 中级技能
陈　润	女	1758003001400024	四级 / 中级技能
张换换	女	1758003001400025	四级 / 中级技能
贾　森	男	1758003001400026	四级 / 中级技能
李　霞	女	1758003001400027	四级 / 中级技能
杨少权	男	1758003001400085	四级 / 中级技能
李　琪	女	1758003001400086	四级 / 中级技能
王延洁	女	1758003001400087	四级 / 中级技能
付昱乾	男	1758003001400088	四级 / 中级技能
刘艳艳	女	1758003001400089	四级 / 中级技能
叶释元	男	1758003001400090	四级 / 中级技能
陈　琛	男	1758003001400091	四级 / 中级技能
韩孟萍	女	1758003001400092	四级 / 中级技能
张琦锐	男	1758003001400093	四级 / 中级技能
李松格	女	1758003001400094	四级 / 中级技能
苏　杭	男	1758003001400095	四级 / 中级技能
杜文俊	女	1758003001400096	四级 / 中级技能
吕佳佳	女	1758003001400097	四级 / 中级技能
高　晗	女	1758003001400098	四级 / 中级技能
刘　航	女	1758003001400099	四级 / 中级技能
王静宇	女	1758003001400100	四级 / 中级技能
朱　柯	女	1758003001400101	四级 / 中级技能
付佳敏	女	1758003001400102	四级 / 中级技能
辛晓璇	女	1758003001400103	四级 / 中级技能
邓　帅	男	1758003001400104	四级 / 中级技能

续表

路　苹	女	1758003001400105	四级 / 中级技能
铁柯楠	男	1758003001400106	四级 / 中级技能
李思雨	女	1758003001400107	四级 / 中级技能
史淑慧	女	1758003001400108	四级 / 中级技能
朱小梦	男	1758003001400109	四级 / 中级技能
张天宝	男	1758003001400112	四级 / 中级技能
丁光强	男	1758003001400110	四级 / 中级技能
郭玉龙	男	1758003001400111	四级 / 中级技能
贾婷婷	女	1758003001400113	四级 / 中级技能
范珊珊	女	1758003001400114	四级 / 中级技能
张金霞	女	1758003001400115	四级 / 中级技能
相成宇	男	1758003001400116	四级 / 中级技能
胡幸宝	男	1758003001400117	四级 / 中级技能
朱雯筠	女	1758003001400118	四级 / 中级技能
刘露丹	女	1758003001400119	四级 / 中级技能
董浩迪	男	1758003001400120	四级 / 中级技能
陈怡哲	男	1758003001400121	四级 / 中级技能
宋胜利	男	1758003001400122	四级 / 中级技能
赵乾文	男	1758003001400123	四级 / 中级技能
赵　超	男	1758003001400124	四级 / 中级技能
于德苏	男	1758003001500001	五级 / 初级技能

北京联合大学特殊教育学院

姓　名	性　别	证书号码	级　别
冯　瑞	男	1758003001200114	二级 / 技师
梁建雄	男	1758003001200115	二级 / 技师
陈　燕	女	1758003001200113	二级 / 技师
蔺建伟	男	1758003001200116	二级 / 技师
刘佳明	男	1758003001200117	二级 / 技师
陆　明	女	1758003001200118	二级 / 技师
吕建东	男	1758003001200119	二级 / 技师
张雁斌	男	1758003001200124	二级 / 技师
张　晶	女	1758003001200122	二级 / 技师
张晓晨	男	1758003001200123	二级 / 技师
王颖科	男	1758003001200120	二级 / 技师
杨京燕	女	1758003001200121	二级 / 技师

续表

郑琳琳	女	1758003001200133	二级 / 技师
杨　康	男	1758003001200132	二级 / 技师
郝　沁	女	1758003001200131	二级 / 技师
吴　磊	男	1758003001300085	三级 / 高级技能
蔡琼卉	女	1758003001300088	三级 / 高级技能
陈　伟	男	1758003001300089	三级 / 高级技能
郑丹怡	女	1758003001300087	三级 / 高级技能
陈志红	男	1758003001300082	三级 / 高级技能
方　芳	女	1758003001300083	三级 / 高级技能
葛永栋	男	1758003001300084	三级 / 高级技能
夏家能	男	1758003001300086	三级 / 高级技能
陈佳慧	女	1758003001300090	三级 / 高级技能
崔绍云	男	1758003001300091	三级 / 高级技能
郭万成	男	1758003001300092	三级 / 高级技能
侯劲松	男	1758003001300093	三级 / 高级技能
黄琪玥	女	1758003001300094	三级 / 高级技能
李梦琪	女	1758003001300095	三级 / 高级技能
李忠泽	男	1758003001300096	三级 / 高级技能
刘　静	女	1758003001300097	三级 / 高级技能
吕　飘	女	1758003001300098	三级 / 高级技能
唐　玉	女	1758003001300099	三级 / 高级技能
王一木	男	1758003001300100	三级 / 高级技能
许　禄	男	1758003001300101	三级 / 高级技能
周昊雨	男	1758003001300102	三级 / 高级技能
蔡　冉	男	1758003001400125	四级 / 中级技能

辽宁省钢琴调律师协会

姓　名	性　别	证书号码	级　别
刘　博	男	1758003001100007	一级 / 高级技师
王　展	男	1758003001100008	一级 / 高级技师
金华日	男	1758003001100009	一级 / 高级技师
张　阳	男	1758003001200126	二级 / 技师
王　阳	男	1758003001200125	二级 / 技师
郝涌浩	男	1758003001200127	二级 / 技师

续表

姓　名	性　别	证书号码	级　别
张建军	男	1758003001200128	二级 / 技师
郑倩男	男	1758003001300035	三级 / 高级技能
张　萌	男	1758003001300036	三级 / 高级技能
陶再迪	男	1758003001300039	三级 / 高级技能
芦　毅	男	1758003001300037	三级 / 高级技能
谢承东	男	1758003001300038	三级 / 高级技能
杜春生	男	1758003001300046	三级 / 高级技能
金　媛	女	1758003001300048	三级 / 高级技能
高　旭	男	1758003001300047	三级 / 高级技能
张兆武	男	1758003001300049	三级 / 高级技能
史建设	男	1758003001300043	三级 / 高级技能
季　拓	男	1758003001300041	三级 / 高级技能
刘大阳	男	1758003001300042	三级 / 高级技能
武玉根	男	1758003001300044	三级 / 高级技能
余文帅	男	1758003001300040	三级 / 高级技能
薛　磊	男	1758003001300045	三级 / 高级技能
刘玉磊	男	1758003001300058	三级 / 高级技能
梁　鹏	男	1758003001300059	三级 / 高级技能
马　勇	男	1758003001300054	三级 / 高级技能
韩　卓	男	1758003001300055	三级 / 高级技能
米晓亮	男	1758003001300050	三级 / 高级技能
马华伟	男	1758003001300051	三级 / 高级技能
郭子川	男	1758003001300056	三级 / 高级技能
马文峥	男	1758003001300057	二级 / 高级技能
谢　平	男	1758003001300052	三级 / 高级技能
孙　刚	男	1758003001300053	三级 / 高级技能
郑大有	男	1758003001300065	三级 / 高级技能
于国华	男	1758003001300060	三级 / 高级技能
张智龙	男	1758003001300061	三级 / 高级技能
宋国会	男	1758003001300062	三级 / 高级技能
王宇鹏	男	1758003001300069	三级 / 高级技能
崔金环	女	1758003001300068	三级 / 高级技能
董　明	男	1758003001300063	三级 / 高级技能
胡垠良	男	1758003001300066	三级 / 高级技能
吴佳慧	女	1758003001300064	三级 / 高级技能

续表

姓　名	性　别	证书号码	级　别
车思远	男	1758003001300067	三级 / 高级技能
高卫东	男	1758003001300072	三级 / 高级技能
张景佩	男	1758003001300070	三级 / 高级技能
于梦雅	女	1758003001300074	三级 / 高级技能
张　磊	男	1758003001300076	三级 / 高级技能
张　洋	男	1758003001300071	三级 / 高级技能
胡良兵	男	1758003001300075	三级 / 高级技能
倪丙占	男	1758003001300077	三级 / 高级技能
杜　仁	男	1758003001300073	三级 / 高级技能
陈嘉慧	女	1758003001400065	四级 / 中级技能
余美妮	女	1758003001400066	四级 / 中级技能
王凡宇	女	1758003001400067	四级 / 中级技能
张荩天	女	1758003001400068	四级 / 中级技能
徐铭蔚	女	1758003001400069	四级 / 中级技能
李宗珊	男	1758003001400064	四级 / 中级技能
董　明	男	1758003001400076	四级 / 中级技能
宋相成	男	1758003001400070	四级 / 中级技能
范孟召	男	1758003001400071	四级 / 中级技能
马桢翔	男	1758003001400074	四级 / 中级技能
杜博文	女	1758003001400073	四级 / 中级技能
崔银凤	女	1758003001400077	四级 / 中级技能
周洪涛	男	1758003001400079	四级 / 中级技能
傅克想	男	1758003001400072	四级 / 中级技能
朱俊霖	男	1758003001400075	四级 / 中级技能
邓子建	男	1758003001400078	四级 / 中级技能
许正源	男	1758003001400080	四级 / 中级技能
杨雪萍	女	1758003001400083	四级 / 中级技能
邢世德	男	1758003001400082	四级 / 中级技能
马强勋	男	1758003001400081	四级 / 中级技能
帅续亮	男	1758003001400084	四级 / 中级技能
江明正	男	1758003001500035	五级 / 初级技能
张荷鑫	女	1758003001500036	五级 / 初级技能
孟铁涵	女	1758003001500037	五级 / 初级技能
王超洋	男	1758003001500038	五级 / 初级技能

续表

姓　名	性　别	证书号码	级　别
姜明明	女	1758003001500039	五级 / 初级技能
陈思琳	女	1758003001500034	五级 / 初级技能
王天阳	男	1758003001500041	五级 / 初级技能
邱美含	女	1758003001500040	五级 / 初级技能

2017年通过提琴制作师国家职业资格考核鉴定名单

姓名	性别	职业资格证书号	级别
殷　彪	男	1758003001200049	二 / 技师
刘春富	男	1758003001200046	二 / 技师
曹　新	男	1758003001200048	二 / 技师
钱留虎	男	1758003001200041	二 / 技师
刘吉荣	男	1758003001200042	二 / 技师
台德友	男	1758003001200043	二 / 技师
许万全	男	1758003001200044	二 / 技师
吕官宝	男	1758003001200052	二 / 技师
仇新亮	男	1758003001200038	二 / 技师
蒋新荣	男	1758003001200047	二 / 技师
丁　波	男	1758003001200037	二 / 技师
丁　斌	男	1758003001200039	二 / 技师
石英晶	男	1758003001200053	二 / 技师
石瑞麟	男	1758003001200054	二 / 技师
于桂荣	男	1758003001200050	二 / 技师
张　磊	男	1758003001200051	二 / 技师
姚伟兵	男	1758003001200040	二 / 技师
丁　波	男	1758003001200045	二 / 技师
王　炳	男	1758003001200055	二 / 技师
秦伟玉	男	1758003001200056	二 / 技师
王　磊	男	1758003001200057	二 / 技师
王元峰	男	1758003001200058	二 / 技师
杨续结	男	1758003001200059	二 / 技师
许　任	男	1758003001200060	二 / 技师
台德成	男	1758003001200003	二 / 技师
郭　周	男	1758003001200002	二 / 技师
许玉华	男	1758003001200023	二 / 技师
胡佳来	男	1758003001200018	二 / 技师
刘治均	男	1758003001200012	二 / 技师
秦红柏	男	1758003001200027	二 / 技师
王　琳	男	1758003001200032	二 / 技师

续表

姓名	性别	职业资格证书号	级别
张鸿波	男	1758003001200033	二 / 技师
沙　涛	男	1758003001200015	二 / 技师
刘兆军	男	1758003001200001	二 / 技师
钱松元	男	1758003001200021	二 / 技师
陈祥伟	男	1758003001200007	二 / 技师
王冠宇	男	1758003001200024	二 / 技师
吴兴棒	男	1758003001200029	二 / 技师
徐晓裕	男	1758003001200020	二 / 技师
齐东林	男	1758003001200018	二 / 技师
殷留贯	男	1758003001200019	二 / 技师
胡鲜京	男	1758003001200004	二 / 技师
周　倩	女	1758003001200005	二 / 技师
赵　祎	男	1758003001200010	二 / 技师
逯　翔	男	1758003001200011	二 / 技师
王瑜慧	女	1758003001200022	二 / 技师
李国强	男	1758003001200006	二 / 技师
韩兆生	男	1758003001200008	二 / 技师
刘国益	男	1758003001200009	二 / 技师
于慧东	男	1758003001200013	二 / 技师
董启宏	男	1758003001200014	二 / 技师
常忠秋	男	1758003001200016	二 / 技师
陈　盈	男	1758003001200025	二 / 技师
于　杰	男	1758003001200026	二 / 技师
田　郦	女	1758003001200028	二 / 技师
杨金龙	男	1758003001200030	二 / 技师
徐云海	男	1758003001200031	二 / 技师
王永强	男	1758003001200034	二 / 技师
程明伟	男	1758003001200074	二 / 技师
郑本军	男	1758003001200075	二 / 技师
王德勇	男	1758003001200076	二 / 技师
郑镇镇	男	1758003001200077	二 / 技师
张学林	男	1758003001200078	二 / 技师
方猷清	男	1758003001200112	二 / 技师
董庆军	男	1758003001200084	二 / 技师
郭明奎	男	1758003001200086	二 / 技师

续表

姓名	性别	职业资格证书号	级别
戚海朝	男	1758003001200079	二 / 技师
韩进良	男	1758003001200080	二 / 技师
宋保存	男	1758003001200081	二 / 技师
杨　光	男	1758003001200087	二 / 技师
刘海涛	男	1758003001200088	二 / 技师
马金生	男	1758003001200082	二 / 技师
石宝忠	男	1758003001200089	二 / 技师
王修会	男	1758003001200090	二 / 技师
王艺寰	男	1758003001200091	二 / 技师
杨会义	男	1758003001200092	二 / 技师
詹德英	男	1758003001200083	二 / 技师
李学勇	男	1758003001200093	二 / 技师
高喜庆	男	1758003001200085	二 / 技师
曹洪举	男	1758003001200094	二 / 技师
曹　志	男	1758003001200095	二 / 技师
张井文	男	1758003001200096	二 / 技师
唐养身	男	1758003001200097	二 / 技师
张庆武	男	1758003001200098	二 / 技师
杜晓明	男	1758003001200099	二 / 技师
翟明波	男	1758003001200100	二 / 技师
杨　放	男	1758003001200101	二 / 技师
王　雪	男	1758003001200102	二 / 技师
王金河	男	1758003001200103	二 / 技师
王法林	男	1758003001200104	二 / 技师
高小峰	男	1758003001200105	二 / 技师
肖超奇	男	1758003001200106	二 / 技师
张文明	男	1758003001200107	二 / 技师
宗桂海	男	1758003001200108	二 / 技师
宗建军	男	1758003001200109	二 / 技师
杨春娟	女	1758003001200110	二 / 技师
蒲云生	男	1758003001200111	二 / 技师

乐器检测

国家轻工业乐器质量监督检测中心2017年度工作总结

国家轻工业乐器质量监督检测中心

在2017年度工作中，国家轻工业乐器质量监督检测中心在上级主管部门的领导下，在检测中心全体员工的共同努力下，以十九大精神为指引，全面贯彻落实十三五规划，围绕一轻控股“三优四调三培育”的战略布局，内强素质，外树形象，以严谨科学的工作态度和饱满的工作热情，圆满地完成了各项工作任务。回顾全年，检测中心主要完成了以下几方面的工作。

一、抓中心建设,提高综合实力

1.抓规范，进一步完善质量体系建设。一是积极做好质量控制文件修订工作，2017年中心对《质量手册》和《程序文件》进行进一步细化，并对《作业指导书》等体系的质量管理文件进行修订;二是及时参加并顺利通过实验室四项检测能力验证工作，体现了我中心在乐器有害物质限量方面的检测水平。

2.抓素质，中心队伍建设进一步提升。一是开展好人员业务培训工作，先后选派检测人员参加ICP—MS应用操作、测量不确定度、NTC气相色谱法等专业培训；二是聘请专家围绕乐器性能检测进行全面系统的培训讲解，进一步提升检验检测能力和水平。

3.抓创新，提升中心服务精度。我中心成功研制钢琴踏板负荷检测仪和手风琴气密度检测仪，弥补现行测量方法的不足，提高检测精度和效率，从而提高产品质量，更好地为企业服务。

4.抓推进，加大检测仪器设备等投入。检测中心利用行业内科研资金的优势，先后购置了一批乐器检测设备，并完成了部分实验室的场地改造以满足新设备的安装要求，力争成为覆盖GB/T28489-2012《乐器有害物质限量》标准提出的全部检验能力的国家级实验室。仪器设备的投入，提高了检测中心的检验能力，满足了日益增长的环保检测需求，顺应了国家环保政策的战略需要。

二、牢固树立服务意识，努力提升服务水平

1.进一步做好产品的检测工作，切实提高工作效率和工作水平。截至2017年底，中心共完成乐器检测1461台次，检测产品主要囊括了弦鸣乐器、铜管乐器、木管乐器、民族乐器、电声乐器等。

2.扎实拓展乐器环保认证工作，规范行业健康发展。在钢琴产品环保认证工作的成功开展下，2017年7月，我中心开拓了民族弦鸣乐器产品环保认证工作，对促进民乐产品技术进步、引导行业健康发展起到重要作用。截至目前，我中心陆续接到多家民乐企业环保认证的申请，并对送检认证的产品依据《民族弦鸣乐器环保认证规则》要求进行检测。上海民乐一厂成为首家获得CQC颁发的民乐绿色环保证书的企业。截止到2017年底，中心共完成乐器产品环保认证及相关乐器挥发性有害物质限量检测115批次。

3.网站是我们面对客户的新“桥梁”。中心网站自开通以来，高效开放的平台持续与民互动，进一步为行业、消费者及采购招标方提供了及时有效的报告查询服务，切实完成了“为人民服务”的宗旨。

三、中心工作发展方向

1.在乐器产品环保认证方面，我中心在今后的工

作中将陆续开展其他乐器产品的环保认证工作，力求在进一步的工作中将认证合理化、可行化、持续化，为广大乐器制造厂商及消费者做好服务。

2.检测能力建设方面，中心预计在2018年扩增乐器中可迁移元素和邻苯二甲酸酯的检测能力，进一步提高环保认证和有毒有害物质检验检测能力，并且努力创新研制更多更好的性能检测仪器，以满足日新月异的市场需求。

3.在新的一年中，中心将充分发挥服务企业和消费者的桥梁纽带作用，以改革创新的精神，努力建设学习型、服务型、创新型中心，全面提升中心工作水平。

乐器标准

全国乐器标委会2017年工作总结

全国乐器标委会秘书处

一、领域现状与发展趋势

乐器工业是我国国民经济传统产业和具有较强国际竞争力的产业，在经济和社会发展中发挥着重要的作用，乐器亦是完成音乐教学任务所必需的基本条件，是教育现代化的重要组成部分，受到各级政府的高度重视。新《标准化法》《深化标准化工作改革方案》《消费品标准和质量提升规划》《关于开展消费品质量提升行动的指导意见》《开展消费品工业“三品”专项行动营造良好市场环境的若干意见》《全国专业标准化技术委员管理办法》《关于培育和发展团体标准的指导意见》等全国人大、国务院、国务院各部委等政策与措施的颁布与出台，为深化消费品供给侧结构性改革，标准有效供给，提升消费品标准和质量水平，紧盯消费品市场细分的发展趋势，满足多样化、多层次个性化消费品需求，开展个性定制产品标准，制定引领个性设计、规模定制，从结合消费品生产，提高产品功效、性能、适用性、可靠性和外观设计水平入手，进一步加大中小学生学习用品标准化力度，倒逼装备制造业转型升级，促进乐器制品品质提升等，是乐器标准化工作“十三五”期间主动适应新常态的关键时期。

二、标准现状

截止到2017年12月，乐器标委会归口管理的乐器类现行标准共计112项，其中国标19项，行标93项。112项中基础通用标准31项、占比28%，方法标准5项、占比4%，产品标准76项、占比68%。

到目前为止，已发布的112项现行标准已形成了较为完善的乐器标准体系且被广泛使用，在供需检验、国家监督抽查检验、仲裁检验中都广泛应用，部分标准也被其他领域引用。GB/T 28489-2012《乐器有害物质限量》标准被作为中国质量认证中心（CQC）“环保认证”的检测依据。这些标准的实施，对产业发展起到了积极的促进作用，保证了质量监督部门有据可依、消费者有据可查，承担了乐器采购、招投标等质量验收的责任与依据，引导生产企业技术革新，提升产品品质及安全环保等。

本年度提出制修订国标1项，行标5项。

乐器标准化作为乐器产业发展的关键环节，在主动融入国家创新体系建设、以产业发展需求为导向的前提下，基本形成了乐器标准化机构和乐器企业各相关方共同参与的工作机制，标准制修订步伐明显加快，乐器标准体系已形成，原有标准老化和缺失问题逐步解决，形成了一批重要标准促进乐器产业调整和产品升级，提升了我国乐器产品在国际市场的竞争力。到目前为止，乐器标准不但从标准层面对产品的设计、生产、应用提供了技术支撑，维护了消费者利益，为质量监督部门、供需双方、政府采购招投标、国际贸易等提供了可操作的质量评判依据，而且对乐器产业稳定、有序的发展打下了根基。

表1 2017年立项标准清单

序号	计划号	标准类别	标准名称	制/修订
1	20172531-T-607	国标	电鸣乐器能耗设计通用技术规范	制定
2	2017-0759T-QB	行标	尤克里里	制定

续表

序号	计划号	标准类别	标准名称	制/修订
3	2017-1383T-QB	行标	MIDI键盘通用技术条件	修订
4	2017-1384T-QB	行标	提琴弓通用技术条件	修订
5	2017-1385T-QB	行标	小提琴	修订
6	2017-1386T-QB	行标	小提琴弓	修订

三、年度工作完成情况

（一）标准制修订工作情况

1.依据2016年标准集中复审结论，以及“十三五”规划安排，2017年共提出制修订标准6项，其中制定标准2项，修订项目4项，该6项标准经委员表决同意立项，平均投票率为87%。见表1。

2.五项制修订行标《尤克里里》《MIDI键盘通用技术条件》《提琴弓通用技术条件》《小提琴》《小提琴弓》正处于起草阶段。

3.国标《电鸣乐器能耗设计通用技术规范》符合国务院印发“关于‘十三五’节能减排综合工作方案的通知（国发〔2016〕74号）”中，“充分认识做好‘十三五’节能减排工作的重要性和紧迫性，把节能减排作为优化经济结构、推动绿色循环低碳发展、加快生态文明建设的重要抓手和突破口，落实和推动能源节约，推进能源消费革命,大力开发、推广节能技术和产品，建立节能与综合利用标准体系和节能与综合利用标准”的要求，因此被列为“消费品标准和质量提升专项”，正处于起草阶段。

4.本年度共发布11项标准，其中国标6项，行标5项，见表2。

（二）标准复审工作情况

依据2016年标准集中复审结论及标准的标龄，本年度提出4项行标的修订申请。

表2 2017年发布标准清单

序号	标准号	标准名称	制/修订	制/修订
1	GB/T 33722-2017	电鸣乐器音色与音乐风格中文通用名称	制定	修订
2	GB/T 33723-2017	乐器声学品质主观评价人员等级规范	制定	修订
3	GB/T 33726-2017	乐器中文通用名称	制定	修订
4	GB/T 34838-2017	电鸣乐器教学系统配备及安装通用技术条件	制定	修订
5	GB/T 12105-2017	电子琴通用技术条件	修订	
6	GB/T 12106-2017	电子琴的环境试验要求和试验方法	修订	
7	QB/T 5169-2017	板胡	制定	
8	QB/T 5170-2017	节拍器	制定	
9	QB/T 5171-2017	筝弦	制定	
10	QB/T 5172-2017	编钟	制定	
11	QB/T 5173-2017	钢琴用琴凳	制定	

（三）参与国际标准化工作情况

1.目前，国际标准化组织ISO尚未成立乐器类的标准化技术组织，而我国乐器标准的制定大多是采用剖析国外先进国家同种类产品进行数据对比的措施，对我国制定的各级、各类乐器标准中，采取或制定出了既符合我国乐器生产实际又以市场化为原则，切实可行能为我国所用的采标方案，并收到了显著的效果。我国乐器标准中确定的内容覆盖了所有进行剖析国外样品的定量指标，基本不低于先进国家同类产品的指标，其中某些质量指标和技术要求比先进国家同类产品标准中所规定的更明确、更具体。经行业管理、企业、商业、院校、质检、科研等部门的审查以及市场的实践检验，可以认定我国乐器各类标准的水平已接近国际先进，达到了国际一般水平。此外，乐器标委会也建立了乐器标准体系，数量上也形成一定规模，具备转换国际标准的条件。

2.在“十三五”规划中，乐器标委会秘书处也预备借助“一带一路”的平台，加强与国际在乐器标准化的交流与交往，加快我国乐器标准向国际转化的进程，开展乐器标准中、外文版的翻译，力争在我国组建成立国际乐器领域标准化技术组织并承担秘书处及相关职务，从而促进我国乐器标准的发展，提升我国乐器行业的国际地位。

3.为充分发挥我国乐器标准化工作的优势，加快推进中国标准走出去，促进我国乐器工业标准化事业在国际交流、合作与发展，以及为适应国际市场经济发展需要，开拓国际标准化工作新领域，实质性参与国际标准化活动，主导乐器领域国际标准制修订工作和维护国家利益，秘书处正在筹备将乐器类标准翻译为外文版与将成熟的乐器类标准转化为国际标准提案做前期的准备工作。

（四）年会情况

2017年12月12日—14日，全国乐器标准化技术委员会在山东省青岛市召开了“2017年全国乐器标准化技术委员会工作会议”。会议由标委会秘书长王伟主持。参加本次会议的委员及委员代表35名，因故请假未出席本次会议的委员13名，无故缺席委员3名，出席率占51名委员的68%，相关单位专家及工程技术人员8名列席了本次会议，故参加本次会议实际人数为47人。

本次会议主要内容：

1.乐器标委会主任委员曾泽民对本年度标委会的总体工作情况、标准计划项目安排与执行情况、标准批准发布情况、标准宣贯工作情况、参与国际标准化工作情况、考核评估情况、存在问题及建议、2018年工作重点、标准经费等九个方面做了全面、系统的总结。

2.副主任委员张小川对乐器标委会考核评估的结果进行了通报。

3.主任委员曾泽民为新增补的丰元凯、杨华、郭润博、郭学成、叶海鹏、徐宝华、罗予人7位标委会委员颁发了委员证书。

4.秘书处对因副主委委员退休需进行调整和因工作需要拟筹备成立“提琴标准制修订工作组”的情况作了通报。

5.秘书处对新《中华人民共和国标准化法》及《全国专业标准化技术委员会管理办法》，按照国标委解读材料对会议进行了宣贯。

6.依据《全国专业标准化技术委员会管理办法》要求，秘书处再次重申了“标准化技术委员会工作平台”的重要性及必要性，并对工作平台的使用做了相关介绍。

7.邀请中国标准化研究院相关专家对会议进行了标准化知识培训，课件包括：深化标准化工作改革方案、标准联通“一带一路”行动计划、标准化基础知识（GB/T 1.1）、自主研制标准编写要求及方法、编制说明等附件编写要求及方法、管理平台操作等。

（五）标准化科研情况

结合GB/T 28489-2012《乐器有害物质限量》标准的修订工作，乐器标委会秘书处提出制定《乐器产品中多环芳烃的测试方法》标准，并开展了《乐器产品中化学物质的分析与研究》项目课题，进一步完善有害物质限量标准体系及填补检测方法的缺失。

（六）TC自身建设情况

1.2017年乐器标委会依据2016年标准集中复审结论以及“十三五”规划，提出本年度的标准制修订计划，完善乐器标准体系，并对体系进行动态管理。

2.2017年，根据标委会工作情况需要，经标委会全体委员表决通过，调整和增补了7名委员，所做调整符合《全国专业标准化技术委员会管理规定》和《全国乐器标准化技术委员会章程》中关于委员聘任和解聘之程序及规定，并经国标委审核、批准。

3.依据乐器标委会的实际工作需求，拟提出筹建提琴工作组。

4.为及时贯彻、掌握国标委的考核要求，乐器标委会秘书处派员参加了“全国专业标准化技术委员会信息化业务管理系统使用和考核评估工作专项培训班”。

5.为积极参与国际标准化活动，乐器标委会秘书处派员参加了“2017年国际标准化知识和英语脱产培训班”，并经考核获得资格证书。

6.结合国家对标准化工作的政策和新《中华人民共和国标准化法》、新《全国专业标准化技术委员会管理办法》，邀请标准化专家对47名委员及代表进行标准知识培训。

（七）标准化技术服务情况

乐器标委会秘书处针对本年度标准制修订情况，为6家企业提供了11次标准化技术咨询服务，协助企业进行标准立项工作。

（八）经费收入和使用情况

2017年乐器标委会经费收入主要来源于委员单位缴纳的会费和国标委专项经费。其支出用于标准制定、技术咨询、调研和技术资料、会议差旅、办公耗材及其他开展有关乐器标准的活动。

四、主要成绩和存在问题

（一）本年度主要工作成绩

1. 乐器标委会本年度发布标准11项，其中国标6项，行标5项，共30个单位，151人次参加了上述标准的制修订工作，为“一带一路”行动计划，为《消费品工业“三品”专项行动》中“提品质”，为解决日趋严峻的安全问题，为促进投资贸易便利化，为提升标准水平，为乐器行业本质安全持续发展奠定了基础，为乐器行业做出了贡献。

国标委下达的“重点标准”GB/T 34838-2017《电鸣乐器教学系统配备及安装通用技术规范》已发布。该标准配合了教育部发布的《国家中长期教育改革和发展规划纲要（2010—2020年）》，加快教育信息基础设施建设的要求，到2020年，需基本建成覆盖城乡各级各类学校的数字化教育服务体系，促进教育内容、教学手段、方法现代化、信息化、数字化、网络化。近年来，随着我国文化艺术的普及和素质教育的推广，各大、中院校及社会上各培训机构招生数量逐年大量增加，电鸣乐器教学系统集体授课作为一项普及型教学设施得到了广泛的推广，并且发挥了越来越重要的作用。电鸣乐器种类随现代科技发展而快速增长，使电鸣乐器教学系统安装难度加大，同时安装不规范引起安全隐患问题也随之增多，由此电鸣乐器教学系统配置难度和安装引发的安全问题日趋严峻。本标准的制定促进了电鸣乐器教学系统发展的需要，进一步规范市场，保护消费者、生产企业、施工方等各方利益，建立电鸣乐器学习系统配备、安装工程质量以及验收标准，从而促进电鸣乐器教学系统的可持续发展。

2. 按照国家标准委印发《2017年全国专业标准化技术委员会考核评估工作方案》的通知（以下简称《方案》）的要求和部署，乐器标委会进行了准备，召开了由主任委员、副主任委员、秘书长参加的专题会议。对《方案》中“考核评估指标体系”进行了认真的学习领会，对照“考核评估指标体系”中设定的“约束性指标和一般性指标”对乐器标委会自身运行情况进行了初步分析。经会议研究，决定责成秘书处按要求负责此项工作，并派员参加了由国家标准技术审评中心组织的考核评估宣贯会议。根据《方案》的部署，秘书处对2014—2016年乐器类国标制修订数量以及“项目完成率、年度报告、标准体系建设和维护情况、项目申报与标准审查、经费管理、委员管理、标准复审与实施、宣贯培训、标准制修订过程、组织参与国际标准化情况”等10个方面进行了全面的自查与梳理，并严格按照《方案》各条款要求，进行了自查与自评工作。按照“技术委员会考核评估自评材料报送要求”以及在征询各方意见后，秘书处依据自查与自评结果，并对照“评估考核指标”所确定的内容，编制了《自评报告》《自评表》《证明材料核对单》等，给出了真实可靠的自评结论。

3. 乐器标委会秘书处邀请标准研究院相关专家，在年会期间对委员进行了标准化知识的培训、标准相关政策解读以及“标准化技术委员工作平台”操作方法的培训。

4. 依据国家标准委《团体标准管理规定》的要求，乐器标委会也将陆续展开乐器行业团体标准的相关工作。

5. 为进一步贯彻落实《消费品标准和质量提升规划（2016—2020年）》，根据国家标准委的要求，乐器标委会已向国标委提出三项标准化研究项目的申请，分别为《乐器生产中粉尘防治方法及回收利用》《智能系统在键盘乐器中的应用与分析》《新能源（太阳能）在电鸣乐器中的应用》，为制定相关标准打下基础。

（二）存在的主要问题

到目前为止，乐器已经基本建立了较完善的标准体系，但从整体看在以下几个方面还存在些不足。

1. 乐器主要是产品标准居多，基础通用标准和方法标准较少，管理标准较为缺失。

2. 标准化科研力度薄弱。

3. 由于ISO未有乐器/TC设置，因此，乐器类国际标准实质性的转化率达不到国家规定百分比的要求。

4. 按行业发展需求乐器类标准的制修订还达不到有效供给。

（三）工作措施和建议

1. 加强基础通用标准、方法标准、管理标准的标准立项。

2. 加强标准化科研的力度。

3. 针对考核中发现的问题，在今后的工作中，要做到全流程监管，材料齐备，完善档案管理。

五、明年工作计划

第一，2018年乐器标准化九个方面重点工作：

1. 完善优化现有乐器标准化体系，整体提升乐器类标准化水平，提出重点标准项目。

2. 围绕产品质量提升和产业结构优化需求，加快“智能化”等通用标准制定。

3. 加快产品标签标识、关键材料及零部件、装备制造等产业技术基础标准制定。

4. 加快乐器安全及安全生产领域标准体系的建立，增加和补充乐器“安全生产”领域标准的制定，以协助企业在生产中对所产生粉尘的易爆、易燃性等隐患进行防范与防治。

5. 开展应对欧盟REACH法规对出口乐器的壁垒，并在调查与研究的基础上，提出乐器产品中使用化学品的预防性管理方案、措施与标准，逐步对化学品中的危险物质在技术标准层面加以控制，同时强化其检测技术和手段。

6. 持续开展中外标准比对工作，加快国际标准转化。

7. 加强标准支撑作用，鼓励企业采用国外或制定出口产品标准，制定严于国家标准、行业标准、地方标准的企业标准，并自我声明公开所执行的标准。

8. 培育和发展具有国际影响力的团体标准，积极主导和参与国际标准的研制与制定，推动我国优势技术标准成为国际标准。

9. 拟在“键盘乐器智能化”“新能源在电鸣乐器中的应用”等领域继续开展乐器标准化科研工作。

第二，国标委已在现有“国家标准制修订工作管理信息系统”“全国专业标准化技术委员会工作平台”“全国专业标准化技术委员会组织管理系统”三大核心业务系统基础之上，集成国家标准化业务管理平台，将标准委、各级TC、行业部门、技术委员会委员等各类用户相关的业务抽取到统一平台集中办理，实现统一认证、单点登录、集中授权，用户只需要登录统一业务平台，即可实现任一业务系统的业务处理，实现多系统关联业务查询和标准制修订工作过程情况的监控。2018年乐器标委会按要求，将在“国家标准化业务管理平台、标准化技术委员会工作平台、国家标准制修订工作管理信息系统”三个平台下，全面开展乐器标委会的工作（包括：通知通告、信息查询、计划申报、立项表决、意见征求、计划下达、项目建议、标准查询、标准阅览、标委会及委员信息等）。

第三，按照新“标准法”、新《全国专业标准化技术委员会管理办法》的规定，落实到乐器标准化工作及乐器标委会的管理上。

第四，在标准制修订方面，2018年期间要完成2017年申报的标准制修订工作，并依据“十三五”规划，提出申报2项国标、18项行标的制修订工作，见表3。

表3 2018年拟申报标准清单

序号	标准名称	标准类别	制/修订	制/修订
1	乐器有害物质限量	国标	修订	修订
2	乐器产品中多环芳烃的测试方法	国标	制定	修订
3	手风琴产品规格划分与型号命名方法	行标	制定	修订
4	手风琴零部件名称	行标	制定	修订
5	手风琴音簧	行标	制定	
6	手风琴风箱气密性测试方法	行标	制定	
7	钢琴金属连接件紧固件的形制与尺寸	行标	制定	
8	大提琴弓	行标	修订	
9	大提琴	行标	修订	
10	民族弦鸣乐器通用技术条件	行标	修订	
11	琵琶	行标	修订	
12	筝	行标	修订	
13	阮	行标	修订	
14	三弦	行标	修订	
15	月琴	行标	修订	
16	京胡	行标	修订	
17	二胡	行标	修订	
18	柳琴	行标	修订	
19	扬琴	行标	修订	
20	古琴	行标	修订	

《国家标准、行业标准（轻工）目录》（乐器部分）

国家标准

序号	标准编号及年代号	标准名称
1	GB/T 10159-2015	钢琴
2	GB/T 12105-2017	电子琴通用技术条件
3	GB/T 12106-2017	电子琴的环境试验要求和试验方法
4	GB/T 23146-2008	十二平均律的频率与音分的计算
5	GB/T 23151-2008	乐器产品使用说明的编制原则
6	GB/T 23173-2008	乐器分类
7	GB/T 25454-2010	电鸣乐器均衡类音效装置通用技术条件
8	GB/T 25455-2010	电鸣乐器放音设备 设备音乐性能评价规范
9	GB/T 25456-2010	钢琴用毡
10	GB/T 25457-2010	钢琴弦轴板
11	GB/T 28484-2012	电鸣乐器压缩与扩展类音效装置通用技术条件
12	GB/T 28489-2012	乐器有害物质限量
13	GB/T 30414-2013	乐器音乐信号采集规范
14	GB/T 31109-2014	乐器声学品质评价方法
15	GB/T 31731-2015	废弃乐器回收利用通用技术规范
16	GB/T 33726-2017	乐器中文通用名称
17	GB/T 33722-2017	电鸣乐器音色与音乐风格中文通用名称
18	GB/T 33723-2017	乐器声学品质主观评价人员等级规范
19	GB/T 34838-2017	电鸣乐器教学系统配备与安装通用技术规范

行业标准

序号	标准编号及年代号	标准名称
1	QB/T 1153-2014	吉他
2	QB/T 1207.1-2011	民族弦鸣乐器通用技术条件
3	QB/T 1207.2-2011	琵琶
4	QB/T 1207.3-2011	筝
5	QB/T 1207.4-2011	阮

续表

序号	标准编号及年代号	标准名称
6	QB/T 1207.5−2011	三弦
7	QB/T 1207.6−2011	月琴
8	QB/T 1207.7−2011	京胡
9	QB/T 1207.8−2011	二胡
10	QB/T 1298−2014	手风琴通用技术条件
11	QB/T 1299−2011	口琴
12	QB/T 1477−2012	电子钢琴
13	QB/T 1657.1−2012	唇振动气鸣乐器通用技术条件
14	QB/T 1657.2−2012	小号
15	QB/T 1657.3−2012	圆号
16	QB/T 1657.4−2012	长号
17	QB/T 1657.5−2012	中音号
18	QB/T 1657.6−2012	低音号
19	QB/T 1658.1−2012	簧振动和边棱音气鸣乐器通用技术条件
20	QB/T1658.2−2012	长笛 短笛
21	QB/T 1658.3−2012	单簧管
22	QB/T 1658.4−2012	高音双簧管
23	QB/T 1658.5−2012	低音双簧管
24	QB/T 1658.6−2012	萨克斯管
25	QB/T 1817−2010	琴弦通用技术条件
26	QB/T 1818−2010	提琴弦
27	QB/T 1947.1−2012	民族气鸣乐器通用技术条件
28	QB/T 1947.2−2012	笛子
29	QB/T 1947.3−2012	笙
30	QB/T 1947.4−2012	箫
31	QB/T 1947.5−2012	唢呐
32	QB/T 1948−2011	柳琴
33	QB/T 1949−2011	扬琴
34	QB/T 1984−2000	风琴
35	QB/T 1985−2000	风琴音簧
36	QB 2100−2007	十二平均律音名标注方法（已转化为推荐性）
37	QB/T 2167−2013	4/4小提琴
38	QB/T 2168−2013	4/4小提琴弓

续表

序号	标准编号及年代号	标准名称
39	QB/T 2169—2014	电吉他
40	QB/T 2175.1—1995(2009)	响铜体鸣乐器通用技术条件
41	QB/T2175.2—1995(2009)	虎音锣
42	QB/T 2175.3—1995(2009)	武锣
43	QB/T 2175.4—1995(2009)	苏锣
44	QB/T 2175.5—1995(2009)	手锣
45	QB/T 2175.6—1995(2009)	抄锣
46	QB/T 2175.7—1995(2009)	水镲
47	QB/T 2175.8—1995(2009)	吊镲
48	QB/T 2175.9—1995(2009)	军镲
49	QB/T 2279—2013	钢琴击弦机
50	QB/T 2417—2011	校音器
51	QB/T 2444—2010	钢琴零部件名称
52	QB/T 2587—2013	4/4大提琴
53	QB/T 2607—2013	提琴弓通用技术条件
54	QB/T 2663—2013	4/4大提琴弓
55	QB/T 2740—2014	口风琴
56	QB/T 4131—2010	键盘乐器键宽尺寸系列
57	QB/T 2838—2014	爵士鼓
58	QB/T 2841—2007	乐器调音装置及准确度等级判定
59	QB/T 2916—2017	自由低音手风琴
60	QB/T 2978—2008	钢琴音板
61	QB/T 2979—2008	乐器用材 钢琴锯材
62	QB/T 4014—2010	电子鼓通用技术条件
63	QB/T 4015—2010	MIDI键盘通用技术条件
64	QB/T 4016—2010	中提琴弓
65	QB/T 4017—2010	倍大提琴弓
66	QB/T 4018—2010	倍大提琴
67	QB/T 4019—2010	中提琴
68	QB/T 4129—2010	吉他弦
69	QB/T 4130—2010	竖笛
70	QB/T 4181—2011	古琴
71	QB/T 4220—2011	乐器用材 提琴锯材

续表

序号	标准编号及年代号	标准名称
72	QB/T 4323-2012	钢琴弦
73	QB/T 4324-2012	电鸣乐器用效果器通用技术条件
74	QB/T 4325-2012	电鸣乐器放音设备 多功能音箱
75	QB/T 4326-2012	电鸣乐器放音设备 电吉他用音箱
76	QB/T 4327-2012	键盘乐器用音箱通用技术条件
77	QB/T 4328-2012	电子鼓用音箱通用技术条件
78	QB/T 4489-2013	半音阶口琴
79	QB/T 4487-2013	电鸣乐器电声性能测量方法
80	QB/T 4491-2013	电鸣乐器电源适配器通用技术条件
81	QB/T 4490-2013	电鸣乐器放音设备 踏板控制器通用技术条件
82	QB/T 4488-2013	电子管风琴
83	QB/T 4771-2014	管钟
84	QB/T 4772-2014	定音鼓
85	QB/T 4773-2014	木琴
86	QB/T 4842-2015	陶笛
87	QB/T 4843-2015	巴乌
88	QB/T 4841-2015	葫芦丝
89	QB/T 5169-2017	板胡
90	QB/T 5169-2017	节拍器
91	QB/T 5169-2017	筝弦
92	QB/T 5169-2017	编钟
93	QB/T 5169-2017	钢琴用琴凳

全国乐器标准化技术委员会秘书处 提供

乐器专利

2017年中国乐器专利发布概览

由中国知识产权网发布，中国乐器协会信息部整理统计，2017年1至12月，中国乐器专利发布数量共计1317项，结构进一步优化。其中发明专利423项，较2016年388项新增35项；实用新型579项，较上年587项目减少8项；外观设计315项，较去年381项目减少66项。经整理分析的专利信息涵盖主要乐器门类，包括乐器综合类、钢琴、吉他、管乐器、各类鼓、各类号、提琴、古筝、琵琶、二胡、口琴等。乐器专利质量的提升，折射出创新主体的知识产权运用和保护意识不断增强，正如国家知识产权局相关负责人所言，“让知识产权文化理念深入人心，让一切创新成果得到有效保护，一切创新源泉得到充分涌流，为知识产权工作提供源头活水。”

2017年，中国乐器专利申报的技术水平进一步提升。在人工智能、大数据广泛应用的时代背景下，乐器知识产权专利与时代技术发展趋势紧密结合，立足于应用创新，发明专利向智能应用、功能实用方向发展。从申报单位特点看，专利申请单位多元化色彩突出，除乐器制造公司、琴行、大学科研院所等传统专利申报单位外，网络应用服务公司、智能乐器科技公司、知识产权服务公司以及越来越多器乐爱好者不断加入专利申请单位行列。

当今世界，新一轮产业变革不断向纵深方向发展，作为社会新经济形态的要素表现形式，知识产权创新引领发展的趋势更加明显。2017年4月，为深入实施国家知识产权战略和创新驱动发展战略，加快推进知识产权强国建设，强化对知识产权创造、运用、保护和管理的工作导向，乐器协会按照《国家知识产权局关于评选第十九届中国专利奖的通知》，在中国轻工业联合会综合业务部统一组织下，鼓励乐器企业参加第十九届中国专利奖的评选工作，以此吸引社会积极参与，激发乐器创新热情，彰显出知识产权作为激励创新的基本保障和竞争力核心要素，其所发挥的作用日益凸显。

2016—2017年度中国乐器专利发布数量一览表

类别 \ 年份	2016 年	2017 年	同比（%）
发明专利	388	423	8%
实用新型	587	579	−1%
外观设计	381	315	−20%

2017年中国乐器专利发布目录

类别	名称	专利类型	申请（专利）号	公开（公告）日	申请（专利权）人	发明（设计）人
乐器综合	用于电子键盘乐器的琴槌装置及键盘装置	发明专利	CN201610716681.0	2017.01.04	株式会社河合乐器制作所	铃木昭裕、石田秀行
	一种具有传感器和智能指环的智能管乐器的电路系统、智能乐器	发明专利	CN201610561253.5	2017.01.04	何萍萍	何萍萍
	一种具有传感器的管乐器的控制电路、智能乐器	发明专利	CN201610561209.4	2017.01.04	吕舒宏	吕舒宏
	一种软件快速演奏乐器的算法	发明专利	CN201610643248.9	2017.01.04	西北工业大学	高逦、张昌武、唐雨晨
	基于深度置信网络的中国传统乐器分类方法	发明专利	CN201610790284.8	2017.01.11	南京理工大学	李彧晟、王芳、朱雨倩、季文韬、周志强、洪弘、顾陈
	一种可调乐器支架	发明专利	CN201510339553.4	2017.01.11	天津市两友机械配件有限公司	闫永增
	一种通用的实时乐器演奏评价系统	发明专利	CN201610859490.X	2017.01.18	华中科技大学	许炜、程文青、杨楠
	基于AR增强现实和自适应识别的乐器辅助学习体验系统	发明专利	CN201611034972.8	2017.01.18	大连文森特软件科技有限公司	童培诚、段会锋
	一种具有LED和开关传感器的智能管乐器的电路系统、智能乐器	发明专利	CN201610626568.3	2017.01.25	吕舒宏	吕舒宏
	一种乐器演奏评价方法、装置及系统	发明专利	CN201610832591.8	2017.01.25	千音互联科技有限公司	黄皓天、黄元佐
	一种乐器检索方法和装置	发明专利	CN201610882959.1	2017.02.01	华中师范大学	陈增照、甘玮、吴珂、刘三女牙、何秀玲
	一种乐器喇叭的保护装置及其乐器包	外观设计	CN201620932322.4	2017.02.01	高碑店市佰格乐器箱包厂	邓冰伟
	自动教弹交响乐的方法及网络交响乐器	发明专利	CN201610845011.9	2017.02.08	李宋	李宋
	具鼓槌角度调整结构的乐器脚踏板	实用新型	CN201620839383.6	2017.02.08	廖村淇	廖村淇
	一种多功能乐器箱	实用新型	CN201620900474.6	2017.02.08	滨州学院王晨	王晨
	电子吹奏乐器	外观设计	CN201630464530.1	2017.02.08	罗兰株式会社	栂井秀方、三浦郁彦
	一种基于单片机程序的小型鼠标状发声乐器	发明专利	CN201611139137.0	2017.02.15	北京化工大学	杨卫民、叶童、阎华、焦志伟、刘由之、姜凯辰、王学铭、杨华光、锡林、马昊鹏、丁玉梅
	高分子环保纳米级乐器材料	发明专利	CN201610825279.6	2017.02.15	东莞百思特塑胶有限公司	许志鹏
	智能弦乐器	实用新型	CN201620554346.0	2017.02.15	北京趣乐科技有限公司	韩启贤、王正盛
	借位式双面乐器松香擦涂器	实用新型	CN201620950643.7	2017.02.15	陈正年	陈正年

续表

类别	名称	专利类型	申请（专利）号	公开（公告）日	申请（专利权）人	发明（设计）人
乐器综合	击打乐器（3）	外观设计	CN201630472796.0	2017.02.15	廊坊市永信实业有限公司	陈楠
	管乐乐器（如意管）	外观设计	CN201630288664.2	2017.02.15	张绍	张绍、王海荣
	乐器支架脚套	外观设计	CN201630144586.9	2017.02.15	天津达姆特乐器有限公司	杜承柱
	击打乐器（4）	外观设计	CN201630472797.5	2017.02.15	廊坊市永信实业有限公司	陈楠
	音柱和音柱工具组以及用于将音柱装配到弦乐器中的方法	发明专利	CN201580034513.7	2017.02.22	帕尔·莫尔纳	帕尔·莫尔纳
	具有可调整的支撑手段的乐器盒	发明专利	CN201480079246.0	2017.02.22	拿伦萨克·伟斯倪特 帕特通·伟斯倪特	拿伦萨克·伟斯倪特、帕特通·伟斯倪特
	用于更换乐器弦的装置	发明专利	CN201580024663.X	2017.02.22	希欧多尔·巴克斯霍顿·柯伦	希欧多尔·巴克斯霍顿·柯伦
	管式乐器清洗设备和长笛保管箱	实用新型	CN201620694472.6	2017.02.22	郑昊	郑昊
	一种方便存放不同乐器的音乐器材柜	实用新型	CN201620655115.9	2017.02.22	夏芳芳	夏芳芳
	一种智能掌上乐器及演奏系统	实用新型	CN201620760908.7	2017.02.22	千音互联科技有限公司	王金梅
	乐器调弦钮（心形）	外观设计	CN201630536751.5	2017.02.22	黄泳锦	黄泳锦
	键盘乐器的键	发明专利	CN201610755521.7	2017.03.08	株式会社河合乐器制作所	岩濑胜彦
	二型管乐器支架	发明专利	CN201510528982.6	2017.03.08	天津市津宝乐器有限公司	李中华
	乐器演奏分析和评测方法	发明专利	CN201610910121.9	2017.03.08	长江大学	向华、王琮
	一型管乐器支架	发明专利	CN201510528243.7	2017.03.08	天津市津宝乐器有限公司	李中华
	电子乐器	实用新型	CN201621011591.3	2017.03.08	哈尔滨固泰电子有限责任公司	赵宏伟
	借助声音波形的乐器调音和歌曲音高判断方法	发明专利	CN201610890632.9	2017.03.15	耿梁宸	耿梁宸
	键盘乐器	发明专利	CN201610949708.0	2017.03.15	惠州英帝拉科技有限公司	左招霞
	一种手戴式智能设备、乐器及系统	实用新型	CN201620789666.4	2017.03.15	千音互联科技有限公司	王金梅
	乐器盒	外观设计	CN201630497123.0	2017.03.15	迅速分布有限责任公司	M.J. 贝利特兹 P.M. 伯特舒
	乐器支架	外观设计	CN201630496983.2	2017.03.15	梁志辉	梁志辉
	乐器乐弦	实用新型	CN201620973678.2	2017.03.16	达达里奥有限公司	詹姆斯·达达里奥
	一种智能掌上管笛类乐器的吹嘴	实用新型	CN201621048407.2	2017.03.17	千音互联科技有限公司	王金梅
	机动吹奏乐器	发明专利	CN201611058024.8	2017.03.22	宁波镇海腾梦乐器销售有限公司	董品伟
	基于 AR 增强现实的乐器辅助演奏和协奏体验系统	发明专利	CN201610985592.6	2017.03.22	大连文森特软件科技有限公司	童培诚、段会锋
	空针乐器	发明专利	CN201611057951.8	2017.03.22	宁波镇海腾梦乐器销售有限公司	董品伟
	节奏乐器的综合支架	发明专利	CN201611057953.7	2017.03.22	宁波镇海腾梦乐器销售有限公司	董品伟

续表

类别	名称	专利类型	申请（专利）号	公开（公告）日	申请（专利权）人	发明（设计）人
乐器综合	弦乐器调弦装置	发明专利	CN201611057952.2	2017.03.22	宁波镇海腾梦乐器销售有限公司	董品伟
	木管乐器及其脖管	发明专利	CN201611057943.3	2017.03.22	宁波镇海腾梦乐器销售有限公司	董品伟
	一种乐器效果器用柔性固定毯	实用新型	CN201621052531.6	2017.03.22	深圳市卓乐科技有限公司	李国飞、李奕祺、李群超
	一种鼓点金属合奏乐器	实用新型	CN201620862294.3	2017.03.22	武强嘉华乐器有限公司	颜彬、胡志刚
	一种演奏控制方法、装置及演奏乐器	发明专利	CN201610964484.0	2017.03.29	广东小天才科技有限公司	朱向军、李飞行
	管乐器小号	发明专利	CN201611057945.2	2017.03.29	宁波镇海腾梦乐器销售有限公司	董品伟
	击打乐器（2）	实用新型	CN201630456638.6	2017.04.05	廊坊市永信实业有限公司	陈楠
	室外音乐器材（五）	外观设计	CN201630404191.8	2017.04.12	江苏南京万德游乐设备有限公司	杨卫华、胡时辉、吴万德、吴万鹏
	一种球型弹奏乐器	实用新型	CN201621045417.0	2017.04.12	深圳艾尔法音乐科技有限公司	亚当·普雷斯、刘志昌
	一种具有侧包的乐器包	实用新型	CN201620932503.7	2017.04.12	高碑店市佰格乐器箱包厂	邓冰伟
	一种单手式智能乐器、双手式智能乐器及演奏系统	实用新型	CN201620857210.7	2017.04.19	千音互联科技有限公司	黄皓天、黄元佐
	一种敲击式乐器	发明专利	CN201611057927.4	2017.04.26	宁波镇海腾梦乐器销售有限公司	董品伟
	一种趣味性互动水乐器	发明专利	CN201611198569.9	2017.04.26	刘金龙、窦公智、王兴邦、曾冠中、石健	刘金龙、王兴邦、窦公智、曾冠中、石健
	吹奏乐器	外观设计	CN201630310497.7	2017.04.26	沃威克音乐有限公司	H.M. 拉什利、S.R. 格里诺尔、C. 福韦尔、M.R. 波普
	一种用植物奏乐的乐器及其控制方法	发明专利	CN201610178497.5	2017.04.26	浙江大学	张克俊、胡旭升、段轲、梁家铭、梁策
	乐器拾音器	外观设计	CN201630494560.7	2017.04.26	惠阳市倍铃乐器配件有限公司	鲁大现
	乐器吹嘴结构	实用新型	CN201621040970.5	2017.04.26	江夏全球有限公司	黄家俊
	一种用于弦乐器的滑臂式变调夹	实用新型	CN201620826579.1	2017.04.26	王龙江	王龙江
	啥格乐器	实用新型	CN201621008428.1	2017.04.26	夏玉胜	夏玉胜
	一种交互式乐器演奏方法及装置	发明专利	CN201611108803.4	2017.04.26	北京邮电大学	吕菲
	戏剧电脑乐器系统	发明专利	CN201611057996.5	2017.05.10	宁波镇海腾梦乐器销售有限公司	董品伟
	利用虚拟乐器学习和演奏的方法、装置以及使用其的眼镜或头盔	发明专利	CN201611175674.0	2017.05.10	朱金彪	朱金彪
	竹苑乐器	发明专利	CN201611057899.6	2017.05.10	宁波镇海腾梦乐器销售有限公司	董品伟

续表

类别	名称	专利类型	申请（专利）号	公开（公告）日	申请（专利权）人	发明（设计）人
乐器综合	用于电子音乐器械的控制装置以及类似物的可调节支撑件	发明专利	CN201580032018.2	2017.05.10	爱乐威纳克有限责任公司	乔迪·卡尼韦利、格里福尔斯、戴维·马诺萨里波利、尤拉莉亚·略韦特比达尔、玛尔塔·赫里尤罗斯
	用于吹奏乐器的支承装置	发明专利	CN201611204174.5	2017.05.24	西尔温·M. 扬西克	西尔温·M. 扬西克
	水性乐器音箱漆	发明专利	CN201610988096.6	2017.05.31	青岛益群漆业集团有限公司	董善刚、殷晓燕、刘永屏、王伯凤、潘金婷、李春波、赵吉波
	乐器箱包	发明专利	CN201611070638.8	2017.05.31	宁波镇海腾梦乐器销售有限公司	董品伟
	一种虚拟乐器	发明专利	CN201510816941.7	2017.05.31	顾瑞松	顾瑞松
	乐器钩肩背带	发明专利	CN201611057983.8	2017.05.31	宁波镇海腾梦乐器销售有限公司	董品伟
	一种易消泡的吉他乐器聚氨酯漆配方及其制造方法	发明专利	CN201510868311.4	2017.06.09	黄克格	黄克格
	一种易干的吉他乐器聚氨酯漆配方及其制造方法	发明专利	CN201510861910.3	2017.06.09	闫斐斐	闫斐斐
	一种不含有机硅易消泡吉他乐器聚氨酯漆配方及方法	发明专利	CN201510858696.6	2017.06.09	闫斐斐	闫斐斐
	一种易消泡的吉他乐器硝基漆配方及其制造方法	发明专利	CN201510869449.6	2017.06.09	黄克格	黄克格
	一种流平改性的吉他乐器硝基漆配方及其制造方法	发明专利	CN201510859096.1	2017.06.09	闫斐斐	闫斐斐
	一种增塑改性吉他乐器不饱和聚酯漆配方及制造方法	发明专利	CN201510861612.4	2017.06.09	闫斐斐	闫斐斐
	一种吉他乐器硝基漆的配方及其制造方法	发明专利	CN201510859108.0	2017.06.09	闫斐斐	闫斐斐
	一种不含有机硅易消泡吉他乐器硝基漆配方及方法	发明专利	CN201510858713.6	2017.06.09	闫斐斐	闫斐斐
	波形数据结构、波形数据存放装置及方法、波形数据取出装置及方法以及电子乐器	发明专利	CN201610825908.5	2017.06.20	卡西欧计算机株式会社	坂田吾朗
	一种敲击乐器	发明专利	CN201710111378.2	2017.06.27	泰州裕泰乐器有限公司	王庆华
	一种乐器	实用新型	CN201621222844.1	2017.07.04	颜山	颜山
	一种带指套的乐器拨片	实用新型	CN201621479766.3	2017.07.04	华北电力大学	任奕囡、洪冬欢、邹琳
	折叠式弦拨乐器支架装置	发明专利	CN201710180027.7	2017.07.07	天津潜宇塑胶制品有限公司	陆爱冬
	在弦乐器上安装调音旋钮的装置与方法	发明专利	CN201511017158.0	2017.07.07	大卫·邓伍迪	大卫·邓伍迪

续表

类别	名称	专利类型	申请（专利）号	公开（公告）日	申请（专利权）人	发明（设计）人
乐器综合	一种超声波乐器清洗装置	实用新型	CN201621396193.8	2017.07.07	河南应用技术职业学院	李倩、高长海、冷月、薛禅、郑航、曹璐、彭晗
	直笛（创新乐器厂）	外观设计	CN201630633054.1	2017.07.07	严启端	严启端
	一组新型演奏乐器工具	发明专利	CN201710186188.7	2017.07.11	安宇	安宇
	一种声乐练习音乐器	实用新型	CN201621190266.8	2017.07.11	湖南人文科技学院	沈略
	一种用于电子弹奏乐器的防脱线器	实用新型	CN201621365922.3	2017.07.11	蒋涵	蒋涵
	一种键盘乐器学习反馈装置	实用新型	CN201621460437.4	2017.07.11	武汉光谷航天三江激光产业技术研究院有限公司	宦国强、万楚豪、严爽、石冰馨、刘娟娟、袁野、王斐
	一种基于单片机程序的小型鼠标状发声乐器	实用新型	CN201621357491.6	2017.07.14	北京化工大学	杨卫民、叶童、阎华、焦志伟、刘由之、姜凯辰、王学铭、杨华光、锡林、马昊鹏、丁玉梅
	一种吹管乐器的半音阶音孔结构和葫芦丝及笛	实用新型	CN201621145071.1	2017.07.14	杨学军	杨学军
	电子乐器	实用新型	CN201620666513.0	2017.07.18	得理电子（上海）有限公司	冯德荣、陆克明
	一种弦乐器自动调弦系统	实用新型	CN201720011835.6	2017.07.25	张义瑶	张义瑶、杨婷
	一种乐器演绎麦克风系统	发明专利	CN201710215923.2	2017.07.28	张德明	张德明、丁向辉
	设备壳体、连结部件以及电子乐器	发明专利	CN201710043663.5	2017.07.28	卡西欧计算机株式会社	星野晓久
	一种吹管乐器按孔辅助器	发明专利	CN201710355748.7	2017.07.28	中国石油大学（北京）	赖达富
	一种古筝支架与谱台合为一体的乐器支架	实用新型	CN201720032029.7	2017.07.28	迟松柏	迟松柏
	交响乐器（多米索 D7）	外观设计	CN201730044973.X	2017.07.28	李宋	李宋
	手戴式智能乐器	外观设计	CN201630509459.4	2017.07.28	千音互联科技有限公司	黄皓天、黄元佐
	乐器麦克风（PCM-6100-160904）	外观设计	CN201630547152.3	2017.07.28	广东得胜电子有限公司	杨志豪
	一种单簧管乐器的箱包	发明专利	CN201720024902.8	2017.08.01	衡水新星乐器有限公司	付云垒
	吹管乐器钻孔装置	发明专利	CN201720017979.2	2017.08.01	开红	开红
	管乐器及其制造方法	发明专利	CN201710038791.0	2017.08.04	雅马哈株式会社	田口敬亮
	电子打击乐器	发明专利	CN201610900691.X	2017.08.04	罗兰株式会社	吉野澄、高﨑量
	气鸣类乐器调音装置	发明专利	CN201610051370.7	2017.08.04	临沂宗沛斋工贸有限公司	张宗沛
	一种拾音软鞭及弦乐器	发明专利	CN201710388375.3	2017.08.04	陈丽娜	梁志辉
	用于电子键盘乐器的音槌装置	发明专利	CN201710294382.7	2017.08.04	株式会社河合乐器制作所	铃木昭裕、石田秀行
	一种乐器架	发明专利	CN201621411755.1	2017.08.04	衢州美创乐器有限公司	陈兰
	一种手推式自动打击木质乐器	发明专利	CN201621423166.5	2017.08.04	江苏帕尔克玩具有限公司	吴丽斌

续表

类别	名称	专利类型	申请（专利）号	公开（公告）日	申请（专利权）人	发明（设计）人
乐器综合	一种乐器放置箱	实用新型	CN201621407468.3	2017.08.04	衢州美创乐器有限公司	陈兰
	一种管乐器放置架	实用新型	CN201621406839.6	2017.08.04	衢州美创乐器有限公司	陈兰
	一种乐器演奏固定扣件	实用新型	CN201621412875.3	2017.08.04	衢州美创乐器有限公司	陈兰
	一种方便使用的乐器背带	实用新型	CN201621407419.X	2017.08.04	衢州美创乐器有限公司	陈兰
	电路和乐器	发明专利	CN201710041746.0	2017.08.08	雅马哈株式会社	石井润、川桥五月、河野丈志、原田能幸
	乐器和声换能器装置	发明专利	CN201710038601.5	2017.08.08	雅马哈株式会社	江国晋吾、加藤忠晴
	乐器及其组装方法	发明专利	CN201611155120.4	2017.08.08	纽沃仪器（亚洲）有限责任公司	马克西米利安·斯、潘塞·克利索尔德
	电子键盘乐器	外观设计	CN201730072778.8	2017.08.08	雅马哈株式会社	伯特兰·克莱克
	双面立式乐器抛光机	外观设计	CN201730027608.8	2017.08.08	石家庄海达自动化科技有限公司	公维明
	用于制作弹拨乐器的板材、制作该板材的方法及弹拨乐器	发明专利	CN201710417081.9	2017.08.11	方仁俊	方仁俊
	一种管弦乐器收纳箱	实用新型	CN201720027238.2	2017.08.11	河南科技学院	樊一帆、刘广莉、王晓梦
	管乐器	实用新型	CN201630512349.3	2017.08.11	雅马哈株式会社	辰巳惠三
	用于电子乐器的操作器装置	发明专利	CN201610848920.8	2017.08.15	雅马哈株式会社	吉村美智子、大须贺一郎、播本宽
	一种新型电子打击乐器	发明专利	CN201720075586.7	2017.08.15	长沙师范学院	黄智敏
	一种智能管乐器的控制系统、智能箫笛	发明专利	CN201610604110.8	2017.08.18	贵州玉屏竹韵箫笛乐器有限公司 刘伟	舒厚槐、刘伟、吴碧洋
	一种具有LED的智能管乐器、智能箫笛	发明专利	CN201610604111.2	2017.08.18	贵州玉屏竹韵箫笛乐器有限公司 刘伟	舒厚槐、刘伟、吴碧洋
	一种具有LED的智能管乐器的控制系统、智能箫笛	发明专利	CN201610603902.3	2017.08.18	贵州玉屏竹韵箫笛乐器有限公司 刘伟	舒厚槐、刘伟、吴碧洋
	智能管乐器的控制系统、箫笛	发明专利	CN201610603912.7	2017.08.18	贵州玉屏竹韵箫笛乐器有限公司 刘伟	舒厚槐、刘伟、吴碧洋
	包含LED的智能管乐器的控制系统的电路系统、智能箫笛	发明专利	CN201610603905.7	2017.08.18	贵州玉屏竹韵箫笛乐器有限公司 刘伟	舒厚槐、刘伟、吴碧洋
	一种智能管乐器的电路系统、智能箫笛	发明专利	CN201610603898.0	2017.08.18	贵州玉屏竹韵箫笛乐器有限公司 刘伟	舒厚槐、刘伟、吴碧洋
	管乐器的控制系统、智能箫笛	发明专利	CN201610603904.2	2017.08.18	贵州玉屏竹韵箫笛乐器有限公司 刘伟	舒厚槐、刘伟、吴碧洋
	智能管乐器的电路系统、箫笛	发明专利	CN201610604116.5	2017.08.18	贵州玉屏竹韵箫笛乐器有限公司 刘伟	舒厚槐、刘伟、吴碧洋
	乐器控制方法及装置	发明专利	CN201710210411.7	2017.08.18	北京小米移动软件有限公司	谢焱、万龙祥
	一种乐器话筒	发明专利	CN201720113929.4	2017.08.18	佛山市共鸣音响设备有限公司	胡斯军
	乐器箱包用整烫机	发明专利	CN201621442210.7	2017.08.18	天津市金奥林箱包有限公司	杨永闯

续表

类别	名称	专利类型	申请（专利）号	公开（公告）日	申请（专利权）人	发明（设计）人
乐器综合	一种乐器演奏支撑架	实用新型	CN201720135763.6	2017.08.22	武强嘉华乐器有限公司	颜彬
	一种乐器盒	实用新型	CN201621407858.0	2017.08.22	衢州美创乐器有限公司	陈兰
	电子打击乐器	发明专利	CN201710077296.0	2017.08.25	罗兰株式会社	高﨑量、吉国典宏、长田武、森田豊
	用于弦乐器的可拆式弦桥	发明专利	CN201580059188.X	2017.08.29	阿奇博尔德·伊恩·杰里米·布雷恩	阿奇博尔德·伊恩·杰里米·布雷恩
	声学材料和乐器	发明专利	CN201710013998.2	2017.08.29	雅马哈株式会社 公立大学法人秋田县立大学	山崎稔久、平井绘里、山内秀文
	一种智能乐器	发明专利	CN201710283311.7	2017.08.29	广东工业大学	李伟昌、于兆勤、黄志滨、廖锡博、陈凯帆、贺晓雨
	乐器放置架	实用新型	CN201720083657.8	2017.08.29	马丽	马丽
	小喇叭花乐器	实用新型	CN201621372815.3	2017.09.01	张凌	张凌
	一种多功能乐器架	实用新型	CN201720032974.7	2017.09.01	江苏海事职业技术学院	唐一、王丽莉、沈琦
	一种多功能智能乐器	实用新型	CN201720160257.2	2017.09.01	北京千音互联科技有限公司	黄皓天、黄元佐
	乐器配件包装盒（夏威夷风情系列）	外观设计	CN201630368311.3	2017.09.01	广州市罗曼士乐器制造有限公司	郑晓明
	鼓（联排组合打击乐器）	外观设计	CN201730142880.0	2017.09.01	杜锦	杜锦
	一种键盘类乐器乐音控制系统	实用新型	CN201720022817.8	2017.09.05	祁海	祁海
	一种鼓乐器用拖把	实用新型	CN201621408464.7	2017.09.08	衢州美创乐器有限公司	陈兰
	一种新型多功能电子乐器	发明专利	CN201710585733.X	2017.09.12	王淏霖	王淏霖
	一种用于乐器包边处理的边缘切削机	发明专利	CN201710581925.3	2017.09.12	漳州市天趣数控设备有限公司	李国庆、曾芳
	一种乐器油漆的修补方法	发明专利	CN201710357558.9	2017.09.12	田家树	田家树
	用于键盘乐器的防止机震的按钮机构	发明专利	CN201710512343.X	2017.09.12	得理乐器（珠海）有限公司	傅杰明、唐林
	多功能乐器放置架	实用新型	CN201720167328.1	2017.09.12	黑河学院	陈晓辉、张慧
	可引导练习的智能键盘乐器	发明专利	CN201610035068.2	2017.09.15	倪国森	倪国森
	一种简易打击乐器	发明专利	CN201710435472.3	2017.09.15	傅书华	傅书华
	一种金属乐器用黑绿色酚醛树脂漆	发明专利	CN201710593742.3	2017.09.19	苏州文仓乐器有限公司	蔡小刚
	一种耐摔乐器材料	发明专利	CN201710492576.8	2017.09.19	太仓市方克乐器有限公司	柳奕帆
	一种乐器外表面用美术漆	发明专利	CN201710589269.1	2017.09.19	苏州文仓乐器有限公司	蔡小刚
	一种金属乐器用红色酚醛树脂漆	发明专利	CN201710593741.9	2017.09.19	苏州文仓乐器有限公司	蔡小刚
	一种便携式乐器收纳箱	实用新型	CN201720186590.0	2017.09.19	武强嘉华乐器有限公司	颜彬
	具有智能接口的乐器	发明专利	CN201610269621.9	2017.09.22	魔术仪器公司	布赖恩·凡
	一种乐器琴弦	发明专利	CN201710372728.0	2017.09.22	连云港纶洋单丝科技有限公司	仲潇、吕从慧

续表

类别	名称	专利类型	申请（专利）号	公开（公告）日	申请（专利权）人	发明（设计）人
乐器综合	多功能乐器收纳箱	实用新型	CN201720215929.5	2017.09.22	乐山师范学院	王菊
	一种提琴类网络虚拟乐器	发明专利	CN201710534922.4	2017.09.26	武汉理工大学	王汉熙、陈冲、张衍平
	电放大弦乐器	发明专利	CN201680007285.9	2017.09.26	诺迪克吉他	比约恩·埃格隆·朗诺
	可引导练习的智能键盘乐器	实用新型	CN201720109648.1	2017.09.26	倪国森	倪国森
	一种多功能智能乐器	实用新型	CN201720208237.8	2017.09.26	千音互联科技有限公司	黄皓天、黄元佐
	一种集成式乐器演奏架	实用新型	CN201720119921.9	2017.09.26	浙江机电职业技术学院	李会雨
	一种采用轴承的铜管乐器转阀及铜管乐器	发明专利	CN201710536956.7	2017.09.29	胡大为、孟朴	胡大为、孟朴
	用于键盘乐器的键引导结构	发明专利	CN201710174570.6	2017.09.29	株式会社河合乐器制作所	铃木昭裕
	销组装体及乐器	发明专利	CN201710173799.8	2017.09.29	雅马哈株式会社	堀田梓、松村笃
	一种基于木纹版印刷和导电油墨的感应型打击乐器	发明专利	CN201710476696.9	2017.09.29	武汉鸥易光电科技有限公司	钱俊、廖宇、马立胜、刘锋、邓亚峰、吴爱亮、刘一、李战、吴丽辉
	一种多功能乐器教学辅助装置	实用新型	CN201720211107.X	2017.09.29	肖尧轩	肖尧轩
	一种高强耐断乐器弦材料及其制备方法	发明专利	CN201710492570.0	2017.10.10	太仓市方克乐器有限公司	柳奕帆
	用于打击乐器的踏板装置	发明专利	CN201710178685.2	2017.10.03	雅马哈株式会社	重永文博、渡边裕恭、藤田知宏、濑户诚
	键盘乐器的乐谱压具构造	发明专利	CN201710160017.7	2017.10.03	雅马哈株式会社	宫下慎也
	辅助乐器演奏练习的方法、终端设备、服务器和系统	发明专利	CN201610229297.8	2017.10.27	中国电信股份有限公司	马晓军
	波形写入装置、方法、电子乐器以及存储介质	发明专利	CN201710178060.6	2017.10.03	卡西欧计算机株式会社	佐藤博毅
	一种弦乐器点阵式压弦结构	发明专利	CN201710734356.1	2017.10.24	南通理工学院	郭峰、钱黎明、周杰、沙春、齐虹
	用于键盘乐器的枢转构件的支撑装置及其制造方法	发明专利	CN201710240250.6	2017.10.24	株式会社河合乐器制作所	田口贵彬
	乐器指板木质材料及其制备方法及其声学功能体浸渍液	发明专利	CN201710269915.6	2017.10.24	中国林业科学研究院木材工业研究所	吕少一、李善明、彭立民、傅峰、陈志林、姜鹏
	一种木质乐器生产中手工研磨用除尘设备	发明专利	CN201710696178.8	2017.10.27	贵州金韵乐器有限公司	李仕勇
	用于电子打击乐器的振源传导机构	发明专利	CN201610626931.1	2017.10.31	创新生活科技有限公司	林志宏、王建彬、吴万进
	水钟横型打击乐器装置	实用新型	CN201710585227.0	2017.10.10	张敏鸽	张敏鸽
	一种气垫防震乐器箱包	实用新型	CN201720230418.0	2017.10.27	天津德誉乐器有限公司	刘德春
	一种可移动管弦乐器底座	实用新型	CN201720228620.X	2017.10.27	天津德誉乐器有限公司	刘德春
	室外演出用电子乐器扩音装置	实用新型	CN201720093786.5	2017.10.24	马文邹	马文邹

续表

类别	名称	专利类型	申请（专利）号	公开（公告）日	申请（专利权）人	发明（设计）人
乐器综合	一种打击乐器的拾音器	实用新型	CN201621059932.4	2017.10.10	深圳市海星王科技有限公司	曹辉、钟品华
	一种乐器放置盒	实用新型	CN201720065508.9	2017.10.20	窦玉英	窦玉英、李振奇、赵航
	乐器	实用新型	CN201621377451.8	2017.10.24	纽沃仪器（亚洲）有限责任公司	马克西米利安·斯潘塞·克利索尔德
	一种鼓点金属合奏乐器	实用新型	CN201720284459.8	2017.10.13	武强嘉华乐器有限公司	颜彬、胡志刚
	一种乐器背带	实用新型	CN201621412978.X	2017.10.20	衢州美创乐器有限公司	陈兰
	一种用于管乐器的拇指托	实用新型	CN201720225315.5	2017.10.24	青岛普路太工贸有限公司	崔盛垠
	一种乐器背包	实用新型	CN201720065536.0	2017.10.20	窦玉英	窦玉英、李振奇、左桂龙
	一种乐器架	实用新型	CN201720065139.3	2017.10.20	窦玉英	窦玉英、赵航、李振奇
	一种乐器放置箱	实用新型	CN201720273060.X	2017.10.20	衢州美创乐器有限公司	陈兰
	一种自黏弹性乐器拨片束缚带	实用新型	CN201720271362.3	2017.10.13	李萍	李萍
	一种乐器拾音器	外观设计	CN201720290698.4	2017.10.17	惠州市韩音乐器贸易有限公司	南宫圣燮
	一种乐器清洁棒	外观设计	CN201720065530.3	2017.10.20	窦玉英	窦玉英、李振奇、赵航
	吹管类乐器口形矫正镜	外观设计	CN201620518794.5	2017.10.24	乔成林	乔成林
	一种管弦乐器清理器	外观设计	CN201720228751.8	2017.10.27	天津德誉乐器有限公司	刘德春
	塑料乐器小号	外观设计	CN201730060714.6	2017.10.03	谢景舵	谢景舵
	打击乐器鼓的凸耳	外观设计	CN201730084772.2	2017.10.13	大不列颠庄姆有限公司	艾伦·基钦
	电子打击乐器	外观设计	CN201730168783.9	2017.10.24	罗兰株式会社	泽田茂、古贺弘隆
	一种木质乐器生产用除尘设备	发明专利	CN201710698717.1	2017.11.14	贵州金韵乐器有限公司	李仕勇
	一种钢琴类网络虚拟乐器	发明专利	CN201710534923.9	2017.11.07	武汉理工大学	王汉熙、张衍平、陈冲
	一种网络虚拟铜管乐器	发明专利	CN201710534655.0	2017.11.07	武汉理工大学	王汉熙、张衍平、陈冲
	移动终端的乐器模拟方法、装置及存储介质和移动终端	发明专利	CN201710613432.3	2017.11.28	广东欧珀移动通信有限公司	李乐
	乐器形变法	发明专利	CN201710658287.0	2017.11.28	宋陈亿	宋陈亿、宋自章
	一种基于虚拟乐器的音乐众筹众创平台	发明专利	CN201710534927.7	2017.11.07	武汉理工大学	王汉熙、张衍平、陈冲
	一种箫或洞箫乐器可调节音调金属吹口	发明专利	CN201610326599.7	2017.11.28	吴伟	吴伟
	发声设备、键盘乐器和发声控制方法	发明专利	CN201580078229.X	2017.11.28	雅马哈株式会社	大西健太
	一种网络虚拟木管乐器	发明专利	CN201710534689.X	2017.11.17	武汉理工大学	王汉熙、陈冲、张衍平
	一种金属乐器用美术涂料	发明专利	CN201710583887.5	2017.11.17	苏州文仓乐器有限公司	蔡小刚

续表

类别	名称	专利类型	申请（专利）号	公开（公告）日	申请（专利权）人	发明（设计）人
乐器综合	交互式乐器和其他打击物体	实用新型	CN201580077399.6	2017.11.28	沐择歌有限责任公司	J. 阿尔迪、E.G. 怀特
	一种基于乐器数字接口的虚拟扬琴系统	实用新型	CN201710482942.1	2017.11.03	华中师范大学	王志锋、刘清堂、巴深、赵刚
	弦乐器的固定装置	实用新型	CN201720336089.8	2017.11.24	欧德乐器股份有限公司	张基成
	一种模块式乐器练习厅消声装置	实用新型	CN201720379601.7	2017.11.21	九江职业大学	马闻静、张威
	一种乐器专用多功能伴奏箱包	实用新型	CN201720454276.6	2017.11.28	明士杰	明士杰
	一种敲击乐器	实用新型	CN201720188300.6	2017.11.28	泰州裕泰乐器有限公司	王庆华
	一种带有空弦位品丝的弦乐器	实用新型	CN201720415743.4	2017.11.24	宁乐	宁乐
	木质乐器保护袋以及木质乐器	实用新型	CN201720275627.7	2017.11.10	申健	申健
	一种新型乐器	实用新型	CN201720188650.2	2017.11.28	泰州裕泰乐器有限公司	王庆华
	一种弓弦乐器展览支架	实用新型	CN201720270726.6	2017.11.17	泰州裕泰乐器有限公司	王庆华
	一种用于敲打的圆鼓乐器	实用新型	CN201720443691.1	2017.11.28	衢州美创乐器有限公司	陈兰
	一种多功能乐器	实用新型	CN201720187956.6	2017.11.28	泰州裕泰乐器有限公司	王庆华
	一种乐器专用高保真无线拾音器	实用新型	CN201720277901.4	2017.11.24	武汉大学	杨光义、支叶、廖越、宋卫涛
	一种键盘乐器指法辅助练习装置及键盘乐器	实用新型	CN201720045465.8	2017.11.14	赵洪云、蒋蜀革	赵洪云、蒋蜀革
	一种电子乐器键盘	实用新型	CN201720080817.3	2017.11.14	张立国	姜夙、辛德兴、张征、张立国
	一种智能乐器	实用新型	CN201720276188.1	2017.11.14	千音互联科技有限公司	黄皓天、黄元佐
	一种无线电子乐器系统	实用新型	CN201720252230.6	2017.11.21	闫大川	闫大川
	一种管式乐器表面清洗装置	实用新型	CN201720273096.8	2017.11.28	衢州美创乐器有限公司	陈兰
	一种声弦乐器的音箱	实用新型	CN201720168587.6	2017.11.14	肯豁贸易有限公司	罗林
	适用于弦乐器的拾音器	实用新型	CN201720303693.0	2017.11.21	嘉强电子股份有限公司	张洸照
	一种易于调弦的弓弦乐器木胡	实用新型	CN201720351599.2	2017.11.07	钟小勇、马永才	钟小勇、马永才
	一种乐器背包	实用新型	CN201720351937.2	2017.11.07	郑祖学	郑祖学
	一种音乐教学用弦乐器的琴弦防锈处理装置	实用新型	CN201720179831.9	2017.11.10	湖北师范大学	宋晶
	一种便于拿取和携带的乐器放置盒	实用新型	CN201720271692.2	2017.11.17	衢州美创乐器有限公司	陈兰
	乐器学习的辅具	实用新型	CN201720333396.0	2017.11.17	聂子旂	聂子旂
	一种适合远行的乐器背包	实用新型	CN201720343844.5	2017.11.17	宿州学院	张海霞、李浩
	一种打击乐器	实用新型	CN201720370371.8	2017.11.14	陕西理工大学	张默
	电子键盘乐器	外观设计	CN201730042812.7	2017.11.24	雅马哈株式会社	高桥裕史、芝贤一
	手戴式智能乐器主体	外观设计	CN201730160674.2	2017.11.14	千音互联科技有限公司	黄皓天、黄元佐
	电子打击乐器	发明专利	CN201780000911.6	2017.12.05	ATV 株式会社	梯郁太郎、田中勉

续表

类别	名称	专利类型	申请（专利）号	公开（公告）日	申请（专利权）人	发明（设计）人
乐器综合	一种便携式的多功能的乐器支架	发明专利	CN201710751380.6	2017.12.01	西安聚投未来网络科技有限公司	不公告发明人
	多功能教学用打击乐音乐乐器	发明专利	CN201710718238.1	2017.12.12	程荣书	程荣书
	乐器校音方法及系统	发明专利	CN201710533054.8	2017.12.08	福建天泉教育科技有限公司	刘德建、蒋慧军、曾少彬、方振华、郭玉湖
	一种乐器演奏 O2O 方法及系统	发明专利	CN201710752726.4	2017.12.22	程灵芝	程灵芝、程在舒
	一种弦乐器的加丝板材及其加工方法	发明专利	CN201710879172.4	2017.12.15	达州市恒悦乐器有限公司	向可恒
	乐器装置	发明专利	CN201610711589.5	2017.12.12	郑国忠	郑国忠
	一种电池盒、带电池盒的吉他及带电池盒的乐器	发明专利	CN201710941159.7	2017.12.15	广州吉木贸易有限责任公司	张彬培
	一种区域划动触控式曲面立体扬声器阵列的数码乐器	发明专利	CN201710744804.6	2017.12.01	广州彩磁信息技术有限公司	韦岗、杨萃、曹燕、王一歌
	一种多功能的乐器教学播放器	发明专利	CN201710753066.1	2017.12.15	西安聚投未来网络科技有限公司	不公告发明人
	带有指示灯的智能弦乐器	实用新型	CN201720711668.6	2017.12.19	济宁市指乐人教育科技有限责任公司	宋佳轲
	音效控制装置及智能乐器	实用新型	CN201720364386.3	2017.12.12	壹零（北京）乐器有限公司	李立权
	具有长颈部乐器的通用支架	实用新型	CN201720667584.7	2017.12.15	定州市靓音乐器有限公司	徐树强
	面向仿乐器结构的多功能支架	实用新型	CN201720413398.0	2017.12.26	广州市玛雅文化传播有限公司	周冠
	一种弦乐器用便携式支撑架	实用新型	CN201720705194.4	2017.12.19	李深	李深
	一种多功能音乐器材支架	实用新型	CN201720657630.5	2017.12.15	温州任和文化创意有限责任公司	尤慧良
	一种新型可调乐器支架	实用新型	CN201720515735.7	2017.12.05	南阳师范学院	韩璐
	打击乐器及新型打击乐器	实用新型	CN201720328259.8	2017.12.29	孙汝楹	孙汝楹
	一种新型的幼儿用乐器敲击锤	实用新型	CN201720385297.7	2017.12.01	山东女子学院	郑艳芹、孙彦霞
	一种电声乐器用可调节自调音琴马	实用新型	CN201720394828.9	2017.12.26	泰兴琴艺乐器有限公司	吴建新、林建峰、黄鹏、钱富民、吴泓浩
	乐器弹奏指甲的收纳盒	实用新型	CN201720566247.9	2017.12.01	扬州市百联古筝制作研究院有限公司	曲玉利
	一种可固定打击乐器配件及零件的箱包	实用新型	CN201720640372.X	2017.12.29	赵彬	赵彬
	一种音乐器材放置箱	实用新型	CN201720538245.9	2017.12.26	尤辉	尤辉
	一种弦乐器拾音装置	实用新型	CN201720443850.8	2017.12.15	北京音未文化传媒有限责任公司	张达林
	一种云南民族弦乐器的琴弦自动上蜡装置	实用新型	CN201720629844.1	2017.12.12	云南民族大学	孙明跃、方伟伟
	一种格子式乐器共鸣腔体	实用新型	CN201720420495.2	2017.12.01	陈有才	陈有才
	一种新型乐器包	实用新型	CN201720440735.5	2017.12.19	滨州学院	孙世有

续表

类别	名称	专利类型	申请（专利）号	公开（公告）日	申请（专利权）人	发明（设计）人
乐器综合	乐器架	实用新型	CN201720544952.9	2017.12.15	功学社教育用品股份有限公司	林于超
	带底座的水瓶乐器	实用新型	CN201720599344.8	2017.12.15	长江大学	罗振华
	一种吹奏乐器	外观设计	CN201720274874.5	2017.12.22	四川永遇乐文化科技有限公司	苏军
	一种可折叠的弦拨乐器支架	实用新型	CN201720291048.1	2017.12.19	天津潜宇塑胶制品有限公司	陆爱冬
	电声乐器效果器保护膜正面（2）	外观设计	CN201730356364.8	2017.12.26	广州市尼韦精密科技有限公司	黎志基
	乐器弱音反射板	外观设计	CN201730255350.7	2017.12.08	广州微奇电子科技有限公司	何子周
	电声乐器效果器保护膜正面（3）	外观设计	CN201730356365.2	2017.12.26	广州市尼韦精密科技有限公司	黎志基
	电声乐器效果器保护膜底面	外观设计	CN201730242476.0	2017.12.08	广州市尼韦精密科技有限公司	黎志基
	乐器箱	外观设计	CN201730139155.8	2017.12.08	蒋正源	蒋正源
	电子键盘乐器	外观设计	CN201730309810.X	2017.12.15	雅马哈株式会社	伯特兰·克莱克
钢琴	钢琴视频教学中的同步方法及系统	发明专利	CN201610659213.4	2017.01.04	张婧	张婧
	一种钢琴及钢琴跟弹系统	实用新型	CN201620511254.4	2017.01.04	小叶子（北京）科技有限公司	胥晓叶、沈泽涵、王乐章
	一种立式电钢琴平板智能进出装置	实用新型	CN201620820082.9	2017.01.04	海伦钢琴股份有限公司	陈海伦、贺永辉、郑翠萍
	钢琴键盘数字信号输出系统	发明专利	CN201610034892.6	2017.01.04	陈文斌	陈文斌
	一种运行稳定设计科学的多功能钢琴音乐课桌	发明专利	CN201610793685.9	2017.01.04	新昌县城关宾立机械厂	胡海斌、石浩松
	一种适配结构以及一种钢琴键盘适配装置	实用新型	CN201620498845.2	2017.01.04	易弹信息科技（上海）有限公司	刘晓露
	一种无声钢琴弦码	实用新型	CN201620838024.9	2017.01.04	内蒙古民族大学	其木格
	一种钢琴	实用新型	CN201620557977.8	2017.01.04	无锡科技职业学院	宋春婷、郁骅
	一种低噪音语音音效的智能电子钢琴	发明专利	CN201610890574.X	2017.01.04	安徽克洛斯威智能乐器科技有限公司	熊世林
	一种具有手形错误提醒功能的钢琴	实用新型	CN201620297736.4	2017.01.04	安徽克洛斯威智能乐器科技有限公司	熊世林
	网络钢琴课的实时评价方法及系统	发明专利	CN201610657127.X	2017.01.04	张婧	张婧
	一种钢琴教学使用的模拟键盘	实用新型	CN201620288440.6	2017.01.04	赵子征	赵子征
	钢琴（1）	外观设计	CN201630275435.7	2017.01.04	浙江乐韵钢琴有限公司	章顺龙、何剑鑫
	电子钢琴	外观设计	CN201630479878.8	2017.01.11	雅马哈株式会社	小室理沙
	一种钢琴琴键擦洗器	实用新型	CN201620428406.4	2017.01.11	盐城工业职业技术学院	董礼
	钢琴（CJ-187ID 长江透明琴）	外观设计	CN201630470290.6	2017.01.11	宜昌金宝乐器制造有限公司	郭在盛、胡锋、黄正武、庄联森、熊南方

续表

类别	名称	专利类型	申请（专利）号	公开（公告）日	申请（专利权）人	发明（设计）人
钢琴	一种适用于盲人的钢琴音律调节器	实用新型	CN201620739725.7	2017.01.11	绥化学院	刘丽杉、孙中华
	一种用于钢琴的声源结构	实用新型	CN201620720879.1	2017.01.11	山西大同大学	马晓婕、马晓婵
	一种多媒体钢琴及其自动演奏方法、系统	发明专利	CN201610984389.7	2017.01.11	佛山市高明区子昊钢琴有限公司 温日辉	温日辉
	一种钢琴扩展的柔音踏板	发明专利	CN201610722731.6	2017.01.11	郑州师范学院	张贞、翟玥坤、常丽文
	一种可录音与调音的互联网智能语音钢琴系统	发明专利	CN201610854437.0	2017.01.18	安徽克洛斯威智能乐器科技有限公司	熊世林
	一种适用于不同身高初学者的钢琴	实用新型	CN201620297675.1	2017.01.18	安徽克洛斯威智能乐器科技有限公司	熊世林
	一种适用于初学者且具有手形错误提醒和照明功能的钢琴	实用新型	CN201620297793.2	2017.01.18	安徽克洛斯威智能乐器科技有限公司	熊世林
	一种钢琴键盘盖缓降装置	实用新型	CN201620673942.0	2017.01.18	岳李	岳李、王洁
	钢琴	外观设计	CN201630476689.5	2017.01.18	温福君	温福君
	一种便于刮奏的钢琴白键	发明专利	CN201611092069.7	2017.01.25	罗道仟	罗道仟
	一种新型结构电钢琴键盘	发明专利	CN201510430803.5	2017.01.25	北京乐器研究所	孙朝平、唐建、韩国芳、聂茂红、贾唯巍
	一种用于调节钢琴音色的装置	实用新型	CN201620655797.3	2017.01.25	夏芳芳	夏芳芳
	钢琴压键档连接件	实用新型	CN201620810074.6	2017.01.25	福建珠江埃诺教育管理有限公司	卓强、朱昌君
	钢琴	发明专利	CN201610949752.1	2017.01.25	惠州市英帝拉科技有限公司	左招霞
	储物钢琴	发明专利	CN201610949751.7	2017.01.25	惠州市英帝拉科技有限公司	左招霞
	一种钢琴琴谱翻页装置及翻页方法	发明专利	CN201610939479.4	2017.02.01	西安培华学院	董蕾、张开生
	一种钢琴弹奏教学辅助装置	发明专利	CN201610873330.0	2017.02.01	无锡吾成互联科技有限公司	华歆、钦赛勇
	一种自适应安装的钢琴演奏动作检测电路	实用新型	CN201620161407.7	2017.02.01	大连佳音科技有限公司	刘再新
	一种钢琴击弦机联动器	实用新型	CN201620933601.2	2017.02.01	江苏沃格瑞特乐器制造有限公司	罗玉莲
	一种钢琴键盘遮挡装置	实用新型	CN201620438390.5	2017.02.01	长沙师范学院	秦青
	带电子屏的教学钢琴及钢琴弹奏信息的图形化处理方法	发明专利	CN201610790977.7	2017.02.01	吴永升	吴永升
	电钢琴键盘	发明专利	CN201610795110.0	2017.02.01	宁波海宇五金有限公司	俞军
	钢琴教学椅	实用新型	CN201620524407.9	2017.02.08	宿州学院	李丽娜
	一种钢琴盖合预警系统	实用新型	CN201620598354.5	2017.02.08	贵州民族大学	朱莎
	一种多功能钢琴灯	实用新型	CN201620668109.7	2017.02.15	鞍山师范学院	艾泳辛
	一种钢琴音锤	实用新型	CN201620770014.6	2017.02.15	广州市贝斯曼乐器有限公司	周毅强

续表

类别	名称	专利类型	申请（专利）号	公开（公告）日	申请（专利权）人	发明（设计）人
钢琴	一种小型触摸电子钢琴	实用新型	CN201620817951.2	2017.02.22	广东工业大学	李伟昌、于兆勤、陈凯帆、孙城翠、黄志滨、廖锡博、贺晓雨、李伟根
	一种钢琴围板打磨装置	实用新型	CN201620779605.X	2017.02.22	江苏沃格瑞特乐器制造有限公司	罗玉莲
	一种钢琴节奏玩具熊及使用该玩具熊的方法	发明专利	CN201611048722.X	2017.02.22	广东哈一代玩具股份有限公司	肖森林
	一种可录音与调音的智能语音钢琴系统	发明专利	CN201611023863.6	2017.02.22	安徽克洛斯威智能乐器科技有限公司	熊世林
	一种可提示键位与调音的智能语音钢琴系统	发明专利	CN201611020237.1	2017.02.22	安徽克洛斯威智能乐器科技有限公司	熊世林
	一种可提示键位的智能语音钢琴系统	发明专利	CN201611019408.9	2017.02.22	安徽克洛斯威智能乐器科技有限公司	熊世林
	一种可录音与评分的互联网智能语音钢琴系统	发明专利	CN201610856305.1	2017.02.22	安徽克洛斯威智能乐器科技有限公司	熊世林
	一种钢琴铁板	发明专利	CN201610859226.6	2017.02.22	嘉兴温克尔曼乐器有限公司	应利星
	一种钢琴智能压键档装置	实用新型	CN201620810571.6	2017.02.22	福建珠江埃诺教育管理有限公司	卓强、朱昌君
	钢琴	外观设计	CN201630498934.2	2017.02.22	雅马哈株式会社	辰巳惠三
	音乐电子钢琴组合（玩具）	外观设计	CN201630316716.2	2017.02.22	潘昊栋	潘昊栋
	钢琴调律单弦发声工具	发明专利	CN201510514002.7	2017.03.01	初绍军	初绍军
	一种基于距离传感器的智能钢琴教学装置	实用新型	CN201620382990.4	2017.03.01	李晶晶	李晶晶
	一种混合式数字钢琴	实用新型	CN201620715868.4	2017.03.01	沈泽涵	沈泽涵
	一种易消泡的钢琴漆配方及其制造方法	发明专利	CN201510517573.6	2017.03.01	孙正国	孙正国
	原声钢琴静音装置	实用新型	CN201621002608.9	2017.03.01	宜昌金宝乐器制造有限公司	吴天延、巴纳伯斯、张凡
	钢琴（卡通系列）	外观设计	CN201630561675.3	2017.03.01	宜昌金宝乐器制造有限公司	熊南方、乔宪伟、吕露、吴有灿、庄联森、刘杰玉
	一种钢琴手形练习器	实用新型	CN201620339404.8	2017.03.08	宁波大学	不公告发明人
	一种联网式自动钢琴	实用新型	CN201620783368.4	2017.03.08	江苏沃格瑞特乐器制造有限公司	罗玉莲
	用于大钢琴的顶板支承装置	发明专利	CN201610773975.7	2017.03.08	株式会社河合乐器制作所	山下光夫
	一种钢琴的智能教学方法和装置	发明专利	CN201510535952.8	2017.03.08	中国移动通信集团公司	孙越佳
	一种可提示键位与调音的互联网智能语音钢琴系统	发明专利	CN201610856220.3	2017.03.08	安徽克洛斯威智能乐器科技有限公司	熊世林
	一种钢琴教学用琴谱架	实用新型	CN201621078001.9	2017.03.15	兰州城市学院	蔡兆梅
	一种便捷式钢琴支撑装置	实用新型	CN201620990014.7	2017.03.15	姜晨	姜晨
	基于语音控制全面录音的智能钢琴系统	发明专利	CN201610854451.0	2017.03.15	安徽克洛斯威智能乐器科技有限公司	熊世林

续表

类别	名称	专利类型	申请（专利）号	公开（公告）日	申请（专利权）人	发明（设计）人
钢琴	一种基于旋律特征匹配的智能硬件钢琴曲复练指导方法	发明专利	CN201610847637.3	2017.03.22	南京凡豆信息科技有限公司	黄程韦、朱晓明、于拾全
	一种电动钢琴谱架	实用新型	CN201621050377.9	2017.03.22	黄炫荣	黄炫荣
	一种基于大间隔投影空间学习的钢琴乐谱难度识别方法	发明专利	CN201610934809.0	2017.03.22	天津大学	李锵、郭龙伟、关欣
	基于测度学习改进支持向量机的钢琴乐谱难度识别算法	发明专利	CN201610915260.0	2017.03.22	天津大学	李锵、郭龙伟、关欣
	一种钢琴的智能检测装置	发明专利	CN201611093394.5	2017.03.22	大连佳音科技有限公司	刘再新
	一种投影式钢琴指引系统	实用新型	CN201620748467.9	2017.03.22	邵松、陆晓静、邵静怡	邵松、陆晓静、邵静怡
	立式钢琴	发明专利	CN201611240189.7	2017.03.22	北京乐器研究所	孙朝平、韩国芳、聂茂红
	钢琴（GY29 天鹅之恋）	外观设计	CN201630544466.8	2017.03.22	薛行成	薛行成
	一种基于 DSP 的钢琴电子教学系统	发明专利	CN201611023073.8	2017.03.22	南阳师范学院	张延凌、丁君君、张李子、焦怡萌、高雅
	钢琴（GS9 国泰郁金香）	外观设计	CN201630544061.4	2017.03.22	薛行成	陈莲琴
	婴儿脚踏钢琴毯	外观设计	CN201630559545.6	2017.03.22	陈宗阗	陈宗阗
	钢琴 (EC-K8HHS)	外观设计	CN201630489433.8	2017.03.22	厦门塞巴赫文化传媒有限公司	谭奇、谭兴
	钢琴 (EC-K5HBS)	外观设计	CN201630489432.3	2017.03.22	厦门塞巴赫文化传媒有限公司	谭兴、谭奇
	脚踏板（钢琴款）	外观设计	CN201630203513.2	2017.03.29	沈治国	常乐、沈治国
	钢琴演奏检测装置	外观设计	CN201630056101.0	2017.03.29	大连佳音科技有限公司	刘再新
	电钢琴（MH-60）	外观设计	CN201630580911.6	2017.03.29	青岛美嘉乐器有限公司	丁桂斌
	一种钢琴专用凳	实用新型	CN201620716217.7	2017.04.05	天津市欧斯曼乐器有限公司	吴宝忠
	一种增塑改性的钢琴漆配方及其制造方法	发明专利	CN201510615056.2	2017.04.05	孙正国	孙正国
	一种自带磁性谱夹的钢琴	实用新型	CN201621117697.1	2017.04.05	周国强	周国强
	钢琴练习手指矫正器	实用新型	CN201620760857.8	2017.04.05	张盛凯	张盛凯
	一种钢琴键及其中档支撑	实用新型	CN201620598554.0	2017.04.05	刘宝利	刘宝利
	一种陶瓷琴键和一种使用陶瓷琴键的钢琴	实用新型	CN201621130122.3	2017.04.12	厦门艾维尔科技有限公司 厦门塞巴赫文化传媒有限公司 厦门威盾斯坦进出口有限公司	谭兴、谭奇
	一种钢琴音板	实用新型	CN201621141393.9	2017.04.12	赵伟伟	赵伟伟
	一种带指示灯的钢琴压键条	实用新型	CN201621088400.3	2017.04.12	广州市雅迪数码科技有限公司	胡伟
	一种带指示灯的钢琴键盘和钢琴	实用新型	CN201621088018.2	2017.04.12	广州市雅迪数码科技有限公司	胡伟
	钢琴	外观设计	CN201630464816.X	2017.04.19	汎达科技（深圳）有限公司	沈兴源

续表

类别	名称	专利类型	申请（专利）号	公开（公告）日	申请（专利权）人	发明（设计）人
钢琴	一种可视频的智能语音钢琴系统	发明专利	CN201611019307.1	2017.04.19	安徽克洛斯威智能乐器科技有限公司	熊世林
	一种钢琴弹奏音准的检测装置	实用新型	CN201621098477.9	2017.04.19	无锡吾成互联科技有限公司	华歆、钦赛勇
	一种钢琴调律、机件维修工具眼呢整形器	实用新型	CN201621114765.9	2017.04.19	西北民族大学	马希刚
	一种钢琴调音装置	实用新型	CN201621150156.9	2017.04.19	徐州工程学院	陈静
	一种具有学习桌功能的钢琴	实用新型	CN201621117696.7	2017.04.19	周国强	周国强
	一种钢琴谱架	实用新型	CN201621101953.8	2017.04.19	宝鸡文理学院	高娟
	钢琴（2）	外观设计	CN201630542285.1	2017.04.26	杭州汉度工业设计有限公司	范育芳、陈钢雄、魏增荣
	钢琴（1）	外观设计	CN201630542268.8	2017.04.26	杭州汉度工业设计有限公司	范育芳、陈钢雄、魏增荣
	钢琴（3）	外观设计	CN201630542584.5	2017.04.26	杭州汉度工业设计有限公司	范育芳、陈钢雄、魏增荣
	一种音视频与钢琴动作同步装置及方法	发明专利	CN201611198031.8	2017.04.26	湖南乐和云服网络科技有限公司	郭立
	一种智能陪练钢琴压键档	发明专利	CN201710064622.4	2017.04.26	宁波甬动信息科技有限公司	王辉、徐晓波
	一种钢琴背架及钢琴	实用新型	CN201621230890.6	2017.04.26	长沙乐和乐器有限公司	赖志强
	一种钢琴键盘	实用新型	CN201621087847.9	2017.04.26	嘉兴温克尔曼乐器有限公司	应利星
	一种钢琴音乐地毯	实用新型	CN201620716218.1	2017.04.26	天津市欧斯曼乐器有限公司	吴宝忠
	一种钢琴盖自动感应缓降装置	实用新型	CN201621155262.6	2017.04.26	滁州学院	周子翔、李道琳
	一种可评分与视频的智能语音钢琴系统	发明专利	CN201611023784.5	2017.05.10	安徽克洛斯威智能乐器科技有限公司	熊世林
	一种声乐演唱用钢琴自动调整装置及其调整方法	发明专利	CN201710016501.2	2017.05.17	佳木斯大学	王庆梅、刘国峰、徐桂华
	一种钢琴	发明专利	CN201710078785.8	2017.05.24	江苏海事职业技术学院	马格格
	钢琴键盖缓冲器的检测装置和检测方法	发明专利	CN201611107008.3	2017.05.24	广州珠江钢琴集团股份有限公司	梁志和、黄朝苑、廖勇
	一种智能钢琴柔性外置提示装置	发明专利	CN201611071710.9	2017.05.31	大连佳音科技有限公司	刘再新
	一种便携智能钢琴	发明专利	CN201611238118.3	2017.05.31	郑州北斗七星通讯科技有限公司	不公告发明人
	一种钢琴辅助训练装置	发明专利	CN201611236126.4	2017.05.31	湖南城市学院	曹泓
	一种便于学生随身携带的钢琴学习装置	发明专利	CN201611136399.1	2017.05.31	渤海大学	吴旭东、张雅琳
	一种钢琴按键动作自适应识别系统及方法	发明专利	CN201611071261.8	2017.05.31	大连佳音科技有限公司	刘再新
	一种便于钢琴演奏的乐谱架	发明专利	CN201611210921.6	2017.05.31	天津市双翼乐器有限公司	郑海滨
	一种双人钢琴外壳及由其构成的双人钢琴	实用新型	CN201621298350.1	2017.06.06	罗建峰	罗建峰
	钢琴	外观设计	CN201630655761.0	2017.06.06	广州市大同琴行有限公司	佟炳才

续表

类别	名称	专利类型	申请（专利）号	公开（公告）日	申请（专利权）人	发明（设计）人
钢琴	轨道隐藏式钢琴缓降器连杆	外观设计	CN201730007458.4	2017.06.06	桐庐力和乐器有限公司	孟炜、吴金全
	卡扣式电钢琴琴键盘	实用新型	CN201621346054.4	2017.06.06	福建鑫亿电子科技有限公司	张建阳
	钢琴练琴挡板	实用新型	CN201621351103.3	2017.06.09	苗强	苗强
	一种钢琴生产用粘接设备	发明专利	CN201611267861.1	2017.06.09	天津市维丹科技有限责任公司	祁艳霞
	一种视奏便捷的钢琴记谱法	发明专利	CN201610193717.1	2017.06.09	韩绍发	韩绍发
	立式钢琴压弦条	实用新型	CN201621249168.7	2017.06.13	宁波四海琴业有限公司	许四海
	一种新型的多功能钢琴	实用新型	CN201620992352.4	2017.06.13	李诗妮	李诗妮
	一种钢琴键盖粘接机	发明专利	CN201611267807.7	2017.06.13	天津市维丹科技有限责任公司	祁艳霞
	一种钢琴调音仪器	发明专利	CN201710068506.X	2017.06.13	邯郸学院	郭蕊、臧卫华、丁静娜、吴杉杉、蒋黎明
	一种钢琴半月木裁切机	发明专利	CN201611267824.0	2017.06.13	天津市维丹科技有限责任公司	祁艳霞
	一种钢琴键盖后钻槽机	发明专利	CN201611267822.1	2017.06.13	天津市维丹科技有限责任公司	祁艳霞
	一种钢琴调律、机件调整工具弦槌角度测量器	实用新型	CN201621256886.7	2017.06.13	西北民族大学	马希刚
	一种钢琴学习用脚踏装置	实用新型	CN201621277323.6	2017.06.13	大庆师范学院	李轶男、郭艳波
	一种红木三角钢琴	实用新型	CN201621335235.7	2017.06.13	孟庆杰	孟庆杰
	一种用于钢琴教学使用手指训练装置	实用新型	CN201621316892.7	2017.06.13	大庆师范学院	李轶男、郭艳波
	钢琴辅助学习装置	实用新型	CN201621317260.2	2017.06.13	黑河学院	刘玲
	钢琴击弦机	实用新型	CN201621417025.2	2017.06.16	宜昌金宝乐器制造有限公司	罗扬、熊南方、刘杰玉
	一种钢琴黑键磨平机	实用新型	CN201621321955.8	2017.06.16	揭阳市创盛电子有限公司	黄旭初、黄超羽
	钢琴指示器	外观设计	CN201630650164.9	2017.06.16	广州音乐猫乐器科技有限公司	冯山
	琴键盘及硅胶钢琴	实用新型	CN201621261817.5	2017.06.16	深圳市爱利特科技有限公司	杨海
	一种基于人脸识别的自动调节钢琴拾音器	实用新型	CN201621251403.4	2017.06.16	惠州市天音乐器有限公司	张又文
	一种可调换高度的钢琴脚踏板	实用新型	CN201621344674.4	2017.06.16	燕山大学	金红莲、姜俊卫
	一种多功能钢琴教学装置	实用新型	CN201621397292.8	2017.06.16	李欣	李欣
	一种可调高低钢琴脚踏板	实用新型	CN201621344673.X	2017.06.16	燕山大学	金红莲、姜俊卫、
	钢琴键盘及采用该键盘的钢琴	实用新型	CN201621379628.8	2017.06.20	宜昌金宝乐器制造有限公司	罗扬、熊南方、刘杰玉
	一种多媒体钢琴及其自动演奏系统	实用新型	CN201621207304.6	2017.06.20	佛山市高明区子昊钢琴有限公司	温日辉
	一种钢琴乐谱架	实用新型	CN201621449241.5	2017.06.23	佳木斯大学	迁志勇、曹文瀚
	一种新型钢琴防潮装置	实用新型	CN201621459524.8	2017.06.27	湖南城市学院	曹泓

续表

类别	名称	专利类型	申请（专利）号	公开（公告）日	申请（专利权）人	发明（设计）人
钢琴	钢琴凳	外观设计	CN201730030496.1	2017.06.30	佳木斯大学	刘颖、张彤彤、牟乔、邢铁红、刘明莉
	一种自动钢琴控制装置及方法	发明专利	CN201710299075.8	2017.06.30	杭州电子科技大学	张桦、方俊鹏、蔡业胜、商吉利、戴国骏
	一种钢琴智能教学系统	发明专利	CN201710231958.5	2017.06.30	华东交通大学	崔中梅、陈丹
	一种新型钢琴演奏机器人系统	发明专利	CN201710304577.5	2017.06.30	合肥磐石自动化科技有限公司	李岩、舒玉恒、张志鹏
	一种新型钢琴谱放置装置	实用新型	CN201621458596.0	2017.06.30	湖南城市学院	曹泓
	一种钢琴手指训练装置	实用新型	CN201620893746.4	2017.06.30	商丘师范学院	何丽莎、王晨阳
	一种钢琴黑键自动加工设备	实用新型	CN201621322347.9	2017.06.30	揭阳市创盛电子有限公司	黄旭初、黄超羽
	一种具有自驱虫功能的钢琴	实用新型	CN201621130969.1	2017.06.30	厦门艾维尔科技有限公司、厦门塞巴赫文化传媒有限公司、厦门威盾斯坦进出口有限公司	谭兴、谭奇
	一种电钢琴用谱架	实用新型	CN201621458542.4	2017.06.30	湖南城市学院	曹泓
	儿童钢琴垫脚踏及包含垫脚踏的钢琴	实用新型	CN201621422293.3	2017.06.30	周国强	周国强
	一种钢琴用乐谱支撑板	实用新型	CN201621229090.2	2017.06.30	东北林业大学	林芷珊、张心素
	独立升降钢琴踏板	实用新型	CN201621422294.8	2017.06.30	周国强	周国强
	一种电子钢琴调节式支撑架	发明专利	CN201511028335.5	2017.07.04	天津市欧斯曼乐器有限公司	吴宝忠、张俊秀
	一种电子钢琴按键电触片热处理装置	发明专利	CN201511028275.7	2017.07.04	天津市欧斯曼乐器有限公司	吴宝忠、张俊秀
	一种音乐钢琴的键帽更换装置	发明专利	CN201710314481.7	2017.07.04	李宇涵	李宇涵
	一种电子钢琴的琴键结构	发明专利	CN201511016416.3	2017.07.04	天津博顿电子有限公司	吴宝忠、张俊秀
	一种电子钢琴塑料按键覆膜装置	发明专利	CN201511028333.6	2017.07.04	天津市欧斯曼乐器有限公司	吴宝忠、张俊秀
	一种电子钢琴的防滑支撑脚	发明专利	CN201511016351.2	2017.07.04	天津博顿电子有限公司	吴宝忠、张俊秀
	一种电子钢琴按键电触片浸泡装置	发明专利	CN201511028386.8	2017.07.04	天津市欧斯曼乐器有限公司	吴宝忠、张俊秀
	钢琴（梦幻马车）	外观设计	CN201630620628.1	2017.07.04	福建天晴数码有限公司	刘德建、范姜永筑、林嘉泉
	一种钢琴演奏评估方法及系统	发明专利	CN201710077358.8	2017.07.07	复旦大学	李伟
	一种钢琴弹奏教学辅助装置	发明专利	CN201710259778.8	2017.07.07	河南科技学院	王文静、孟天屹、魏潇潇
	具有评分功能的钢琴及其进行评分的方法	发明专利	CN201710079242.8	2017.07.07	捷开通讯（深圳）有限公司	刘明亮、颜春霞、姚敏
	一种对夹可调式伸缩便携钢琴谱架	实用新型	CN201621284240.X	2017.07.11	三峡大学	袁有录
	钢琴谱架装置及钢琴	实用新型	CN201621272087.9	2017.07.11	广州艾茉森电子有限公司	卢毅明、刘春清
	一种钢琴教学辅助装置	实用新型	CN201620738286.8	2017.07.11	郑州师范学院	张贞

续表

类别	名称	专利类型	申请（专利）号	公开（公告）日	申请（专利权）人	发明（设计）人
钢琴	数码钢琴（K5）	外观设计	CN201630613238.1	2017.07.11	广州艾茉森电子有限公司	卢毅明、刘春清
	数码钢琴（书桌型）	外观设计	CN201630601983.4	2017.07.11	广州艾茉森电子有限公司	卢毅明、刘春清
	钢琴谱架装置及钢琴	实用新型	CN201621272041.7	2017.07.11	广州艾茉森电子有限公司	卢毅明、刘春清
	一种音乐钢琴的音弦校准装置	发明专利	CN201710317207.5	2017.07.14	李宇涵	李宇涵
	一种钢琴琴键位移检测装置	发明专利	CN201710151959.9	2017.07.14	上海承歌网络科技有限公司	倪泽峰、乔木
	一种感应钢琴键盘式手套及其实现方法	发明专利	CN201710293977.0	2017.07.14	安徽克洛斯威智能乐器科技有限公司	熊世林
	一种电钢琴辨音训练系统	发明专利	CN201710344061.3	2017.07.14	山东大学	张纯梅、史海生、侯新茹、张欣然
	一种电钢琴旋转式阻尼器	实用新型	CN201621477849.9	2017.07.14	宁波市五角阻尼股份有限公司	陈道鸿、蔡赋勇
	一种包含观赏性养鱼系统的钢琴	发明专利	CN201710293450.8	2017.07.18	安徽克洛斯威智能乐器科技有限公司	熊世林
	一种钢琴液压缓降器	发明专利	CN201710370388.8	2017.07.18	宁波市五角阻尼股份有限公司	蔡赋勇
	一种新型钢琴乐谱架	实用新型	CN201621382241.8	2017.07.18	邵阳学院	刘兴可
	用于电钢琴支撑的Z形支架装置	发明专利	CN201710180446.0	2017.07.21	天津潜宇塑胶制品有限公司	陆爱冬
	一种钢琴教学用琴谱架	实用新型	CN201621341225.4	2017.07.21	姚晓泉	姚晓泉
	一种具有时间指示的多功能钢琴演奏用乐谱架	实用新型	CN201621287430.7	2017.07.21	哈尔滨剑桥学院	李姗姗、王帆
	一种钢琴琴键检测方法及系统	发明专利	CN201610027156.8	2017.07.25	易弹信息科技（上海）有限公司	李晖、孙龙腾
	一种钢琴演奏琴键提示方法及系统	发明专利	CN201610027133.7	2017.07.25	易弹信息科技（上海）有限公司	李晖、孙龙腾
	一种钢琴琴音补偿方法及系统	发明专利	CN201610028718.0	2017.07.25	易弹信息科技（上海）有限公司	李晖、孙龙腾
	现代首调钢琴	发明专利	CN201710353735.6	2017.07.25	韩绍发	韩绍发
	一种智能钢琴大屏显示教学系统	发明专利	CN201610028650.6	2017.07.25	易弹信息科技（上海）有限公司	李晖、孙龙腾
	一比一教学显示方法、设备及智能钢琴	发明专利	CN201610028648.9	2017.07.25	易弹信息科技（上海）有限公司	李晖、孙龙腾
	一种智能钢琴大屏显示系统功能操控方法及系统	发明专利	CN201610027147.9	2017.07.25	易弹信息科技（上海）有限公司	李晖、孙龙腾
	立式钢琴的顶盖铰链	实用新型	CN201621249166.8	2017.07.25	宁波四海琴业有限公司	许四海
	钢琴键盖缓冲器的检测装置	实用新型	CN201621327808.1	2017.07.25	广州珠江钢琴集团股份有限公司	梁志和、黄朝苑、廖勇
	一种新型钢琴乐谱架	实用新型	CN201621459471.X	2017.07.25	湖南城市学院	曹泓
	钢琴（KHD）	外观设计	CN201730029095.4	2017.07.25	广州珠江恺撒堡钢琴有限公司	潘启槟
	一种屏幕可调节的智能钢琴	发明专利	CN201710299962.5	2017.07.28	安徽克洛斯威智能乐器科技有限公司	熊世林
	一种新型钢琴琴谱架	实用新型	CN201720038229.3	2017.07.28	绥化学院	侯丽丽、王环宇

续表

类别	名称	专利类型	申请（专利）号	公开（公告）日	申请（专利权）人	发明（设计）人
钢琴	立式钢琴	实用新型	CN201621458448.9	2017.07.28	北京乐器研究所	孙朝平、韩国芳、聂茂红
	一种多功能组合式钢琴谱架	实用新型	CN201621356717.0	2017.07.28	鞍山师范学院	褚晓冬
	幼儿园专用钢琴	外观设计	CN201730057248.6	2017.07.28	洪雅楠	洪雅楠
	钢琴	外观设计	CN201730020034.1	2017.07.28	周耀军	周耀军、吴军华
	一种具有夜光可视与光线自感应功能的钢琴	实用新型	CN201621130997.3	2017.07.28	厦门艾维尔科技有限公司 厦门塞巴赫文化传媒有限公司 厦门威盾斯坦进出口有限公司	谭兴、谭奇
	一种智能钢琴柔性外置提示装置	实用新型	CN201621291535.X	2017.08.01	大连佳音科技有限公司	刘再新
	一种钢琴操控方法、系统以及一种电子设备	发明专利	CN201610059034.7	2017.08.04	易弹信息科技（上海）有限公司	李晖、刘晓露
	一体式钢琴手形矫正器	实用新型	CN201621237410.9	2017.08.04	周国强	周国强
	分体式钢琴音板	实用新型	CN201720053995.7	2017.08.04	寇德宝	寇德宝
	一种钢琴用搬运装置	实用新型	CN201621229117.8	2017.08.04	高蕊	高蕊
	一种虚拟钢琴	发明专利	CN201710216576.5	2017.08.08	宁多夫（上海）教育科技有限公司	郑明统
	一种教学用钢琴	实用新型	CN201621359548.6	2017.08.08	商丘师范学院	刘茜、马愔范峥
	一种钢琴谱子的翻谱器	实用新型	CN201720060826.6	2017.08.08	许昌学院	孙祎楠
	一种用于钢琴教学的多功能乐谱架	实用新型	CN201621495636.9	2017.08.08	常薇	常薇
	一种钢琴辅助踏板	实用新型	CN201720097935.5	2017.08.08	哈尔滨师范大学	常琳
	手卷钢琴	外观设计	CN201730054532.8	2017.08.08	艾乐奇（深圳）科技有限公司	童泽南
	一种多功能台桌式钢琴	发明专利	CN201710376734.3	2017.08.11	田丰	田丰
	一种钢琴音板声学品质综合评测方法	发明专利	CN201710212627.7	2017.08.11	华东交通大学	崔中梅、陈丹
	一种能够自动调节的智能钢琴	实用新型	CN201720054565.7	2017.08.11	邵阳学院	刘兴可
	一种立式钢琴搬运装置	实用新型	CN201621369829.X	2017.08.11	鞍山师范学院	褚晓冬
	一种简易折叠式钢琴架	实用新型	CN201720054605.8	2017.08.11	邵阳学院	关婷婷
	一种钢琴上门附木打孔机	实用新型	CN201621352134.0	2017.08.11	天津潜宇塑胶制品有限公司	陆爱冬
	一种钢琴键盘防护系统及包含该防护系统的钢琴	实用新型	CN201720028590.8	2017.08.11	周国强	周国强
	一种钢琴生产用双面锯边机	实用新型	CN201621352143.X	2017.08.11	天津潜宇塑胶制品有限公司	陆爱冬
	一种立式钢琴用可调节琴谱放置架	实用新型	CN201720070693.0	2017.08.11	余璐	余璐
	一种新型钢琴	实用新型	CN201720114829.3	2017.08.11	齐齐哈尔大学	金英、郭启力、刘天宇
	一种钢琴弹奏手形的检测装置	实用新型	CN201621100824.7	2017.08.11	无锡吾成互联科技有限公司	华歆、钦赛勇

续表

类别	名称	专利类型	申请（专利）号	公开（公告）日	申请（专利权）人	发明（设计）人
钢琴	一种钢琴铁板铸造造型用型砂及其制备方法	发明专利	CN201710196745.3	2017.08.15	华东交通大学	崔中梅、陈丹
	钢琴演奏独立抬指指触训练器	实用新型	CN201720098667.9	2017.08.15	齐齐哈尔大学	赵云、张磊、白斌
	钢琴练习音色层次训练器	实用新型	CN201720098668.3	2017.08.15	齐齐哈尔大学	赵云、白斌、张磊
	方便移动钢琴	实用新型	CN201720119634.8	2017.08.15	刘凤桐	刘凤桐
	钢琴（1603）	外观设计	CN201730077591.7	2017.08.15	伍东伟	伍东伟、伍乐彬、伍乐恒、林富明
	钢琴（1601+1602）	外观设计	CN201730077784.2	2017.08.15	伍东伟	伍东伟、伍乐彬、伍乐恒、林富明
	一种智能钢琴教学系统	发明专利	CN201710222645.3	2017.08.18	济宁学院	王立新、于玉华、王越
	一种钢琴演奏评分装置	实用新型	CN201621358295.0	2017.08.18	李嘉婧	李嘉婧
	电子钢琴 (BD-615)	外观设计	CN201730093088.0	2017.08.18	泉州市八度电子科技有限公司	林玉坚
	电子钢琴 (BD-613)	外观设计	CN201730093089.5	2017.08.18	泉州市八度电子科技有限公司	林玉坚
	一种钢琴	实用新型	CN201720032407.1	2017.08.22	扬州大学	胡亮、曹彬、仝童、靳薇弘、李加欢、夏飞祥
	一种用于钢琴上的固定结构	实用新型	CN201621407486.1	2017.08.22	衢州美创乐器有限公司	陈兰
	一种适用于听力障碍学生的钢琴教学辅助装置	发明专利	CN201710191966.1	2017.08.25	华东交通大学	崔中梅、陈丹
	一种钢琴用乐谱支架	实用新型	CN201621407518.8	2017.08.25	曲靖师范学院	高蕊
	一种钢琴用脚部定位器	实用新型	CN201621406922.3	2017.08.25	曲靖师范学院	高蕊
	一种教学钢琴	实用新型	CN201720131454.1	2017.08.25	商洛学院	郭杰
	电钢琴（GT100）	外观设计	CN201730103362.8	2017.08.25	宜昌金宝乐器制造有限公司	吴天延、李志洲
	一种钢琴弹奏音准的检测装置	发明专利	CN201710196633.8	2017.08.29	华东交通大学	崔中梅、陈丹
	钢琴音源装置	实用新型	CN201720164536.6	2017.08.29	长沙乐和乐器有限公司	赖志强
	多功能钢琴指法训练器	实用新型	CN201720065017.4	2017.08.29	长沙师范学院	唐鸣
	一种智能钢琴学习机及其控制方法	发明专利	CN201710497916.6	2017.09.01	小叶子（北京）科技有限公司	不公告发明人
	钢琴键盘俯视镜及钢琴键盘镜像引导弹奏法	发明专利	CN201710520324.1	2017.09.01	杨以桡、罗定路、何依庭	杨以桡、罗定路、何依庭
	一种钢琴网络课程的实时提醒方法及系统	发明专利	CN201710196730.7	2017.09.01	华东交通大学	崔中梅、陈丹
	一种教学钢琴乐谱架	实用新型	CN201720174089.2	2017.09.01	佳木斯大学	迂志勇
	一种网络钢琴课的实时评价方法及系统	发明专利	CN201710197071.9	2017.09.05	华东交通大学	崔中梅、陈丹
	一种钢琴视频教学中的同步方法及系统	发明专利	CN201710197087.X	2017.09.05	华东交通大学	崔中梅、陈丹

续表

类别	名称	专利类型	申请（专利）号	公开（公告）日	申请（专利权）人	发明（设计）人
钢琴	一种多功能电脑电子钢琴桌	发明专利	CN201710435818.X	2017.09.05	张志通	张志通、张伟、徐淑辉
	一种钢琴铁板	实用新型	CN201621087835.6	2017.09.05	嘉兴温克尔曼乐器有限公司	应利星
	一种钢琴弦码钻孔工装	实用新型	CN201720163439.5	2017.09.05	嘉兴温克尔曼乐器有限公司	应利星
	一种多功能电钢琴教学装置	发明专利	CN201710458516.4	2017.09.08	刘先一	刘先一
	一种钢琴智能演奏训练系统	发明专利	CN201710196634.2	2017.09.08	华东交通大学	崔中梅、陈丹
	一种钢琴自助调音系统及调音方法	发明专利	CN201610631680.6	2017.09.08	浙江大学	厉小润、窦亚星
	一种钢琴考级评分系统	发明专利	CN201610627032.3	2017.09.08	浙江大学	厉小润、窦亚星
	一种方便翻页的钢琴教学乐谱架	实用新型	CN201720192823.8	2017.09.08	佳木斯大学	李策
	一种新型多功能钢琴	发明专利	CN201710488113.4	2017.09.12	六安同辉智能科技有限公司	顾明东、顾运辉
	一种新型适用于听力障碍学生的钢琴弹奏教学辅助装置	发明专利	CN201710569798.5	2017.09.12	刘彭	刘彭
	便携式钢琴键盘	发明专利	CN201610121408.3	2017.09.12	北京怡同科技有限公司	曹军、付明杰
	钢琴键侧面铣平装置	发明专利	CN201710231983.3	2017.09.12	华东交通大学	崔中梅、陈丹
	一种钢琴	实用新型	CN201720131286.6	2017.09.12	江苏海事职业技术学院	马格格
	可调节钢琴凳	实用新型	CN201621344090.7	2017.09.12	厦门大学	李昆岭、丁维娜、胡燕、董雪莹、刘知彰
	电钢琴键（5）	外观设计	CN201730078650.2	2017.09.12	森鹤乐器股份有限公司	罗铁丰
	触摸传感器钢琴键盘	外观设计	CN201730047017.7	2017.09.12	森赛尔股份有限公司	伊利亚·丹尼尔·罗森伯格、约翰·亚伦·萨拉加、布罗甘·卡尔·米勒、瑞班·埃里克·马丁内斯、斯蒂芬妮·婉媞·林、托马尔·莫斯科维治
	电子钢琴	外观设计	CN201730137594.5	2017.09.12	山西悦琴网络科技有限公司	梁涛
	生成模拟钢琴的投影装置和投影装置的工作方法	发明专利	CN201710416744.5	2017.09.15	深圳市泰衡诺科技有限公司	庞杰、许逸君
	激光投影钢琴	发明专利	CN201710450362.4	2017.09.15	李良杰	李良杰
	一种基于OMR技术的智能舞蹈钢琴伴奏系统	发明专利	CN201710381251.2	2017.09.15	亓雯	亓雯
	一种钢琴练习空调凳	实用新型	CN201621130966.8	2017.09.15	厦门艾维尔科技有限公司、厦门塞巴赫文化传媒有限公司、厦门威盾斯坦进出口有限公司	谭兴、谭奇
	一种钢琴手形矫正器	实用新型	CN201720078646.0	2017.09.15	鞍山师范学院	鞍山师范学院

续表

类别	名称	专利类型	申请（专利）号	公开（公告）日	申请（专利权）人	发明（设计）人
钢琴	一种高度可调的钢琴练习脚踏	实用新型	CN201621130106.4	2017.09.15	厦门艾维尔科技有限公司、厦门塞巴赫文化传媒有限公司、厦门威盾斯坦进出口有限公司	谭奇、谭兴
	一种用于钢琴键体的安全保护机构	实用新型	CN201621130119.1	2017.09.15	厦门艾维尔科技有限公司、厦门塞巴赫文化传媒有限公司、厦门威盾斯坦进出口有限公司	丁冬、谭兴、谭奇
	一种钢琴弹奏指法数据采集装置	发明专利	CN201710444705.6	2017.09.19	音乐梦想（北京）科技有限公司	甘泉、游焰刚、何义、颜丙亮
	一种便于换弦以及调音的钢琴琴弦锁弦钉	发明专利	CN201710516281.X	2017.09.19	朱世龙	朱世龙
	一种钢琴指触训练器	实用新型	CN201720175596.8	2017.09.19	山西大同大学	刘慧媛
	一种幼儿园专用钢琴	实用新型	CN201720199105.3	2017.09.19	洪雅楠	洪雅楠
	一种自动翻页式钢琴琴谱架	发明专利	CN201710548676.8	2017.09.22	颜飙	颜飙
	一种具有耐候支点的钢琴键盘	实用新型	CN201720207893.6	2017.09.22	周国强	周国强
	一种教学使用的钢琴	实用新型	CN201720115062.6	2017.09.22	焦作师范高等专科学校	郝丽洪、王莉、任德昕
	一种钢琴键杆	实用新型	CN201720228787.6	2017.09.22	佳木斯大学	李超
	一种钢琴训练用指型定位器	实用新型	CN201720063743.2	2017.09.22	马睿	马睿、曾志文、杨琴
	一种可调节琴键力度的键盘架及包含该键盘架的钢琴	实用新型	CN201720221298.8	2017.09.22	周国强	周国强
	钢琴移动支架	外观设计	CN201730106827.5	2017.09.22	许晓玲	许晓玲
	一种电钢琴键盘按下不同深度来得到不同力度手感的方法	发明专利	CN201710474010.2	2017.09.26	广东裕利智能科技股份有限公司	冯俊蛟
	一种用于儿童的钢琴脚踏板	实用新型	CN201720226854.0	2017.09.26	湖南城市学院	蔡志妮
	一种触摸式电子钢琴	发明专利	CN201710476899.8	2017.09.29	武汉鸥易光电科技有限公司	钱俊、廖宇、马立胜、刘锋、邓亚峰、吴爱亮、刘一、李战、吴丽辉
	新式钢琴键盘盖	实用新型	CN201720153741.2	2017.09.29	俞婕	俞婕
	一种幼儿钢琴琴键贴片	实用新型	CN201720211054.1	2017.09.29	程俊儒	程俊儒
	一种可自动翻页的钢琴琴谱支撑架	实用新型	CN201720265583.X	2017.09.29	长沙师范学院	胡勍
	一种固定式钢琴调音装置	实用新型	CN201720238031.X	2017.09.29	牛欢	牛欢
	一种钢琴用的辅助练琴键盘	实用新型	CN201720027723.X	2017.09.29	马冬莉、周彦、李征	马冬莉、周彦、李征
	一种钢琴智能教学系统	发明专利	CN201710481376.2	2017.10.24	云南师范大学	云凯玲
	一种演奏钢琴的机械装置	发明专利	CN201710619148.7	2017.10.20	东北大学	黄贤振、王建涛、姚旭东、王标、李禹雄、臧云飞、矫宝龙

续表

类别	名称	专利类型	申请（专利）号	公开（公告）日	申请（专利权）人	发明（设计）人
钢琴	一种耐刮擦耐候钢琴黑 ASA 组合物及其制备方法	发明专利	CN201710628529.1	2017.10.24	东莞市沃府工程塑料科技有限公司	王研石、王湘波
	钢琴壳及钢琴系统	实用新型	CN201710530806.5	2017.10.10	罗纳德 .A. 莫雷托 .R	罗纳德 .A. 莫雷托 .R
	三角钢琴的双音板音源结构	发明专利	CN201710573561.4	2017.10.17	海伦钢琴股份有限公司	陈海伦
	一种用于帮助智能钢琴教学的提问系统及其提问方法	发明专利	CN201710304706.0	2017.10.27	安徽克洛斯威智能乐器科技有限公司	熊世林
	一种自动式钢琴琴键清理装置	实用新型	CN201720265675.8	2017.10.31	长沙师范学院	胡勍
	一种钢琴手形练习器	实用新型	CN201720256644.6	2017.10.20	咸阳师范学院	严琦
	一种三角钢琴上可伸缩收纳的谱架横档灯装置	实用新型	CN201621147790.7	2017.10.27	崔颖	崔颖
	一种自动钢琴翻谱器	实用新型	CN201720290446.1	2017.10.27	范琳琳	范琳琳
	一种液压缓冲式钢琴琴盖支撑装置	实用新型	CN201720202916.4	2017.10.03	广西大学	刘雪莹
	一种静音可调钢琴踏板	实用新型	CN201720200060.7	2017.10.20	张丽	张丽
	自由振动式三角钢琴音源	实用新型	CN201720188324.1	2017.10.03	烟台金斯波格钢琴有限责任公司	王风海、张绪斌、胡晓红、杨高琳、崔卫卫、戴美宝
	一种大学用的带有斜背架的立式钢琴	实用新型	CN201720287946.X	2017.10.13	武汉理工大学	何京广、徐文静、姜杰
	一种自动升降式钢琴识谱装置	实用新型	CN201720175604.9	2017.10.20	山西大同大学	刘慧媛
	一种遥控升降钢琴凳	实用新型	CN201621356699.6	2017.10.27	鞍山师范学院	褚晓冬
	钢琴及其运动检测装置	实用新型	CN201621253640.4	2017.10.20	易弹信息科技（上海）有限公司	滕杨裔
	一种钢琴的智能检测装置	实用新型	CN201621312279.8	2017.10.20	大连佳音科技有限公司	刘再新
	一种便于调节的钢琴调音棒	实用新型	CN201720287919.2	2017.10.17	新余学院	周君
	一种角度可调节的钢琴演奏用乐谱辅助照明装置	实用新型	CN201720265440.9	2017.10.03	长沙师范学院	胡勍
	一种便携式钢琴静音器	实用新型	CN201720240484.6	2017.10.13	牛欢	牛欢
	一种电热钢琴凳	实用新型	CN201621195773.0	2017.10.31	鞍山师范学院	干璐
	钢琴自动演奏装置及钢琴	实用新型	CN201720188949.8	2017.10.17	湖北工程学院	肖永军、彭祺、屠礼芬、李卫中、曾庆栋、方天红
	一种钢琴伴奏器	实用新型	CN201720227589.8	2017.10.24	王甜	王甜
	一种音乐教学用钢琴	实用新型	CN201720093099.3	2017.10.13	孟伟	孟伟
	一种带节拍器的钢琴乐谱架	实用新型	CN201720356038.1	2017.10.27	佳木斯大学	曹哲明
	电钢琴键（3）	外观设计	CN201730078667.8	2017.10.24	森鹤乐器股份有限公司	罗铁丰
	一种电子钢琴按键电触片热处理装置	发明专利	CN201710733681.6	2017.11.24	浙江欧莱克琴业有限公司	赵红强
	一种智能钢琴音律识别和自动调整系统及方法	发明专利	CN201710572825.4	2017.11.24	杭州电子科技大学	仇建、蔡业胜、张桦、商吉利、王长横、沈敏儿
	一种家用钢琴智能曲谱夹持板机构	发明专利	CN201710788620.X	2017.11.24	佛山信君安智能家居有限公司	叶侃

续表

类别	名称	专利类型	申请（专利）号	公开（公告）日	申请（专利权）人	发明（设计）人
钢琴	一种紫外光 UV 钢琴黑涂料	发明专利	CN201710689030.1	2017.11.28	安徽康瑞高科新材料技术工程有限公司	姜阀、唐品章孙庆兵
	一种移动式家用钢琴智能曲谱夹持机构	发明专利	CN201710788646.4	2017.11.10	佛山信君安智能家居有限公司	叶侃
	自动纠错钢琴	发明专利	CN201710695208.3	2017.11.24	北京库客音乐股份有限公司	梁利伟
	一种钢琴键盘制作装置	发明专利	CN201710547666.2	2017.11.03	温州职业技术学院	徐天添
	一种用于钢琴弹奏的专用拾音器	发明专利	CN201710733619.7	2017.11.24	浙江欧莱克琴业有限公司	赵红强
	一种可自动翻页的钢琴	实用新型	CN201720276892.7	2017.11.10	华东交通大学	崔中梅、陈丹
	可调音质的钢琴	实用新型	CN201710695207.9	2017.11.24	北京库客音乐股份有限公司	姜荣涛
	钢琴教学系统	实用新型	CN201710695206.4	2017.11.10	北京库客音乐股份有限公司	刘明
	一种独立升降钢琴踏板	实用新型	CN201710733686.9	2017.11.24	浙江欧莱克琴业有限公司	赵红强
	可调扭力冲击式钢琴调音扳手	实用新型	CN201621106404.X	2017.11.07	许文辉	许文辉
	一种钢琴谱架	实用新型	CN201720035581.1	2017.11.07	江南大学	徐嫣
	一种方便盲人练习钢琴的读谱器	实用新型	CN201720467106.1	2017.11.21	山西大同大学	佟鑫
	一种智能钢琴及其组装方法	发明专利	CN201710699931.9	2017.11.24	北京库客音乐股份有限公司	梁利伟
	一种钢琴琴键清理装置	实用新型	CN201720070483.1	2017.11.28	杨潇	杨潇
	一种通风型多功能钢琴凳	实用新型	CN201621326808.X	2017.11.24	哈尔滨理工大学	李晓英、孙薇
	一种钢琴外壳	实用新型	CN201720327030.2	2017.11.21	长沙乐和乐器有限公司	赖志强
	一种钢琴乐谱托架	实用新型	CN201720396861.5	2017.11.21	佳木斯大学	李智、孙晓霞、朱丽叶
	一种钢琴琴键加热系统	实用新型	CN201720377693.5	2017.11.17	四川理工学院	王楠
	一种自动升降式钢琴识谱装置	实用新型	CN201720333059.1	2017.11.10	王菲	王菲
	简易式独立升降钢琴踏板及包含其的钢琴	实用新型	CN201720039128.8	2017.11.03	周国强	周国强
	一种可辅助钢琴演奏的电子乐谱	实用新型	CN201720175598.7	2017.11.24	山西大同大学	刘慧媛
	新型钢琴乐谱架装置	实用新型	CN201720238503.1	2017.11.21	刘菁菁、耿家林	刘菁菁、耿家林
	新型钢琴节拍器装置	实用新型	CN201720478395.5	2017.11.28	李琳	李琳
	钢琴琴键弹奏力度调整装置	实用新型	CN201720395294.1	2017.11.14	郭兴勇	郭兴勇
	一种钢琴技术训练装置	实用新型	CN201720351252.8	2017.11.14	晋城职业技术学院	侯阿妮、王小桃、郝少华、田晶涛、高敏、赵雯、岳现云
	一种具有 LED 照明功能的钢琴用节拍器	实用新型	CN201720080094.7	2017.11.03	鞍山师范学院	赫迪
	钢琴调律加湿器	实用新型	CN201720168864.3	2017.11.14	绥化学院	刘丽杉、孙中华、连丽丽
	一种钢琴音锤	实用新型	CN201720324308.0	2017.11.10	韩少楠	韩少楠

续表

类别	名称	专利类型	申请（专利）号	公开（公告）日	申请（专利权）人	发明（设计）人
钢琴	一种多功能钢琴凳	实用新型	CN201720027724.4	2017.11.14	马冬莉、段冰清、李征	马冬莉、段冰清、李征
	一种实用教学钢琴	实用新型	CN201720160331.0	2017.11.10	马晓霜	马晓霜
	一种数码钢琴	实用新型	CN201720392415.7	2017.11.28	广州市贝斯曼乐器有限公司	周毅强
	一种钢琴乐谱架	实用新型	CN201720331865.5	2017.11.10	韩少楠	韩少楠
	一种钢琴凳	实用新型	CN201621421842.5	2017.11.10	刘艺涵	刘艺涵
	钢琴音阶尺	外观设计	CN201730127276.0	2017.11.14	周啸天	周啸天
	钢琴	外观设计	CN201730166566.6	2017.11.10	雅马哈株式会社	P.T. 斯托拉斯基
	手持钢琴键盘	实用新型	CN201710643065.1	2017.12.15	黄晋燮	黄晋燮
	一种便于学生随身携带的钢琴学习装置	发明专利	CN201710760639.3	2017.12.26	郑州师范学院	夏瑒
	一种投影式钢琴指引系统及控制方法	发明专利	CN201710788777.2	2017.12.15	上海智凌信息技术有限公司	张五生、高祺、邵松、刘睿哲
	一种电子钢琴的防滑支撑脚	发明专利	CN201710733621.4	2017.12.08	浙江欧莱克琴业有限公司	赵红强
	一种钢琴及其控制方法	发明专利	CN201610363916.2	2017.12.22	易弹信息科技（上海）有限公司	刘晓露
	用于钢琴教学的计算机辅助方法和计算机系统	发明专利	CN201710421942.0	2017.12.15	袁怀玉	袁怀玉、J. 赖泽
	立式钢琴外壳多色图案部件的加工工艺	发明专利	CN201710573576.0	2017.12.19	海伦钢琴股份有限公司	陈海伦
	一种适配结构、适配方法以及一种钢琴键盘适配装置	发明专利	CN201610363889.9	2017.12.15	易弹信息科技（上海）有限公司	刘晓露
	一种钢琴弹奏指法的检测方法及装置	发明专利	CN201710789660.6	2017.12.12	上海智凌信息技术有限公司	张五生、高祺、邵松
	一种音乐钢琴的键帽更换装置	实用新型	CN201720498442.2	2017.12.26	长沙师范学院	李宇涵
	键盘可升降式钢琴	实用新型	CN201720480588.4	2017.12.05	董聚安	董聚安
	钢琴线拉紧校正装置	实用新型	CN201720460762.9	2017.12.26	中国二十冶集团有限公司	吴键、魏尚起、李宪敏、李宁、徐冰
	一种钢琴键擦洗器	实用新型	CN201720080168.7	2017.12.22	邵阳学院	关婷婷
	钢琴乐谱支架	实用新型	CN201720687616.X	2017.12.15	岳李	岳李
	一种便携式电钢琴教学装置	实用新型	CN201720704801.5	2017.12.26	刘先一	刘先一
	一种钢琴键盘练习遮挡装置	实用新型	CN201720528107.2	2017.12.05	怀化学院	夏雨
	一种同时实现数据传输与充电的电钢琴功放系统	实用新型	CN201720662304.3	2017.12.15	海伦钢琴股份有限公司	陈海伦
	钢琴脚轮的安装结构	实用新型	CN201720344427.2	2017.12.05	巴托克（天津）教育科技有限公司	崔杰
	一种多人使用的旋转教学钢琴	实用新型	CN201720267311.3	2017.12.15	周口师范学院	陈慧、邓亚、韩圣楠、刘苡兵
	立式悬浮钢琴共鸣盘	实用新型	CN201720495587.7	2017.12.08	王广媛	王永和、王广媛、解建华
	一种智能数码钢琴	实用新型	CN201720496644.3	2017.12.15	王健健	王健健

续表

类别	名称	专利类型	申请（专利）号	公开（公告）日	申请（专利权）人	发明（设计）人
钢琴	用于钢琴的分段式中音区弦码	实用新型	CN201720495580.5	2017.12.08	王广媛	王永和、王广媛、解建华
	钢琴	外观设计	CN201730322971.2	2017.12.05	何青	何青、张璐
	钢琴	外观设计	CN201730242749.1	2017.12.26	杭州卡米莉娅琴业有限公司	范育芳、陈钢雄
	钢琴（KHA3）	外观设计	CN201730278161.1	2017.12.12	广州珠江钢琴集团股份有限公司	李建萍、潘启槟
	立式钢琴	外观设计	CN201730287131.7	2017.12.12	长沙乐和乐器有限公司	赖志强
	智能钢琴	外观设计	CN201730309832.6	2017.12.15	海伦钢琴股份有限公司	陈海伦
吉他	一种发光吉他	发明专利	CN201610606468.4	2017.01.04	武汉艾立卡电子有限公司	张斌
	一种带录音功能的电吉他	发明专利	CN201610645612.5	2017.01.04	武汉艾立卡电子有限公司	张斌
	一种带定音笛的吉他固弦锥起锥器	发明专利	CN201610751728.7	2017.01.04	罗福仲	罗福仲
	一种能防止琴弦走音的吉他旋钮	发明专利	CN201610760370.4	2017.01.04	罗福仲	罗福仲
	一种吉他快速换弦器	发明专利	CN201510273072.8	2017.01.04	李辰	李辰
	一种多功能吉他拨片	发明专利	CN201610886640.6	2017.01.04	罗福仲	罗福仲
	一种优化的吉他效果器	发明专利	CN201610608184.9	2017.01.04	武汉艾立卡电子有限公司	张斌
	一种便于卷弦的吉他旋钮手柄	发明专利	CN201610886446.8	2017.01.04	罗福仲	罗福仲
	吉他（D-60th）	外观设计	CN201630287294.0	2017.01.04	广东红棉乐器股份有限公司	邱晓泽、陈帅博、苏婉红
	吉他包	外观设计	CN201630310316.0	2017.01.04	苏州五根线乐器科技有限公司	李敏
	吉他（琴魔）	外观设计	CN201630444039.2	2017.01.04	靳悦琳	靳悦琳
	一种碳纤维吉他及碳纤维吉他的制作方法	发明专利	CN201610922638.X	2017.01.11	李焕强	李焕强
	一种吉他面板	实用新型	CN201620815947.2	2017.01.11	彭进辉	彭进辉
	一种用于吉他的自动计时辅助装置	实用新型	CN201620689775.9	2017.01.11	唐晓峰	唐晓峰
	一种带有计时功能的多功能吉他	实用新型	CN201620690180.5	2017.01.11	唐晓峰	唐晓峰
	吉他琴箱的燕尾槽加工机	实用新型	CN201620860031.9	2017.01.11	彭进辉	彭进辉
	吉他琴头	外观设计	CN201630362698.1	2017.01.11	吴大稳	吴大稳
	吉他护板	外观设计	CN201630453330.6	2017.01.11	黎运	黎运
	一种吉他箱	实用新型	CN201620786641.9	2017.01.18	林冬生	林冬生
	电吉他	外观设计	CN201630233691.X	2017.01.18	吉他人声有限公司	王天河
	吉他（2）	外观设计	CN201630482533.8	2017.01.18	广州民路乐器有限公司	刘露
	一种能轻松提起吉他固弦锥的起锥器	发明专利	CN201610763859.7	2017.01.25	罗福仲	罗福仲
	一种音乐教学用吉他防尘除尘架	实用新型	CN201620801857.8	2017.01.25	闫红丽	闫红丽
	吉他侧板固定静置装置	实用新型	CN201620483318.4	2017.02.08	泰兴市凤灵吉他制造有限公司	李晓凌

续表

类别	名称	专利类型	申请（专利）号	公开（公告）日	申请（专利权）人	发明（设计）人
吉他	一种能轻松提起吉他固弦锥的起锥器	实用新型	CN201620987573.2	2017.02.08	罗福仲	罗福仲
	吉他（7）	外观设计	CN201630460263.0	2017.02.08	刘晓丹	刘晓丹
	吉他变调夹	外观设计	CN201630478962.8	2017.02.08	深圳市阿尔乐乐器有限公司	张建锋
	吉他霉素的免疫胶体金检测卡及其制备方法	发明专利	CN201510464481.6	2017.02.15	镇江亿特生物科技发展有限公司	洪霞、刘静
	吉他指套	发明专利	CN201510449373.1	2017.02.15	襄阳市襄州区第六中学	杨俊杰
	通用吉他变调夹	外观设计	CN201630506288.X	2017.02.15	胡涛	胡涛
	吉他下码	外观设计	CN201630439624.3	2017.02.15	陈志强	陈志强
	仁吉他的晶型A以及制备仁吉他的方法	发明专利	CN201610824212.0	2017.02.22	武汉德诺美生物医药股份有限公司	全欣鑫、邱启裕
	一种吉他合桶侧边半幅成型贴边条一体装置	实用新型	CN201621009206.1	2017.02.22	江苏沃格瑞特乐器制造有限公司	罗有航
	一种能防止琴弦走音的吉他旋钮	实用新型	CN201620983306.8	2017.02.22	罗福仲	罗福仲
	一种多用途的吉他合桶砂光装置	实用新型	CN201621002041.5	2017.02.22	江苏沃格瑞特乐器制造有限公司	罗有航
	一种能避免琴弦走音的吉他旋钮	实用新型	CN201620987772.3	2017.02.22	罗福仲	罗福仲
	一种发光吉他	实用新型	CN201620222305.1	2017.02.22	深圳视感文化科技有限公司	
	一种原生吉他拾音器以及安装有拾音器的原生吉他	实用新型	CN201620714756.7	2017.02.22	陈喆	陈喆
	一种吉他合桶定型装置	实用新型	CN201621009207.6	2017.02.22	江苏沃格瑞特乐器制造有限公司	罗有航
	吉他	外观设计	CN201630330045.5	2017.02.22	雅马哈株式会社	铃木俊英
	电吉他失真效果的单块效果器	外观设计	CN201630473495.X	2017.02.22	丘荣敏	丘荣敏、吕晓明
	吉他	外观设计	CN201630468071.4	2017.02.22	枣庄奥森乐器有限公司	高焕雨
	原声吉他拾音器	外观设计	CN201630486894.X	2017.02.22	陈喆	陈喆
	吉他（松鼠）	外观设计	CN201630438757.9	2017.02.22	胡海明	胡海明
	吉他	外观设计	CN201630484221.0	2017.02.22	深圳市顶音乐器有限公司	李小勇
	电吉他琴头	外观设计	CN201630438776.1	2017.02.22	胡海明	胡海明
	吉他琴头	外观设计	CN201630439551.8	2017.02.22	胡海明	胡海明
	电吉他失真效果的单块效果器	外观设计	CN201630473495.X	2017.02.22	丘荣敏	丘荣敏、吕晓明
	电吉他（NK夜光）	外观设计	CN201630529592.6	2017.02.22	徐士春	徐士春
	一种吉他手柄成型加工专用夹具	实用新型	CN201621002100.9	2017.03.01	江苏沃格瑞特乐器制造有限公司	罗有航
	一种便于在琴颈上移动的吉他琴弦分离器	实用新型	CN201621003441.8	2017.03.01	罗福仲	罗福仲
	一种能轻松提起吉他专用固弦锥的专用起锥器	实用新型	CN201621017636.8	2017.03.01	罗福仲	罗福仲

续表

类别	名称	专利类型	申请（专利）号	公开（公告）日	申请（专利权）人	发明（设计）人
吉他	一种便于专用起锥器起锥的吉他专用固弦锥	实用新型	CN201621017638.7	2017.03.01	罗福仲	罗福仲
	吉他琴桶	外观设计	CN201630181081.X	2017.03.01	薛非	薛非
	吉他琴颈	外观设计	CN201630183288.0	2017.03.08	薛非	薛非
	吉他（星座）	外观设计	CN201630571382.3	2017.03.08	唐晓峰	唐晓峰
	一种带有计时功能的吉他	实用新型	CN201620689070.7	2017.03.15	唐晓峰	唐晓峰
	一种吉他抛光机	实用新型	CN201621005106.1	2017.03.15	广东红棉乐器股份有限公司	陈钊明、邱晓泽、郑玉婷、陈广发
	一种吉他音梁结构	实用新型	CN201621018894.8	2017.03.15	广东红棉乐器股份有限公司	黄毅、叶飞然、苏婉红
	吉他零部件（音孔花）	外观设计	CN201630031322.2	2017.03.15	枣庄森氏吉他制作有限公司	王成森
	吉他（C-60th）	外观设计	CN201630287334.1	2017.03.15	广东红棉乐器股份有限公司	陈广发、邱晓泽、陈帅博
	具有人体工程学把手的吉他	外观设计	CN201630518138.0	2017.03.15	何塞·拉蒙·阿尔韦亚尔奥昌迪亚诺	何塞·拉蒙·阿尔韦亚尔奥昌迪亚诺
	吉他 (Populele)	外观设计	CN201630542743.1	2017.03.22	深圳视感文化科技有限公司	叶俊达
	吉他包	外观设计	CN201630507372.3	2017.03.22	深圳视感文化科技有限公司	叶俊达
	一种吉他包的背带结构	实用新型	CN201620713889.2	2017.03.29	吕国豪	吕国豪
	数字吉他音箱	外观设计	CN201630512102.1	2017.03.29	深圳市魔耳乐器有限公司	黎云
	吉他（圆形花纹）	外观设计	CN201630529444.4	2017.03.29	山东劳立斯世正乐器有限公司	邓莹
	吉他包（大型和小型）	外观设计	CN201630544224.9	2017.04.05	广州市恒胜箱包有限公司 广东红棉乐器股份有限公司	彭兰
	一种便于携带的吉他拨片	实用新型	CN201621112627.7	2017.04.05	罗福仲	罗福仲
	一种十二弦吉他的新型滑动变调夹	实用新型	CN201621112602.7	2017.04.05	罗福仲	罗福仲
	一种新型吉他薄拨片	实用新型	CN201621112626.2	2017.04.06	罗福仲	罗福仲
	一种能拧转吉他旋钮的拨片	实用新型	CN201621112469.5	2017.04.12	罗福仲	罗福仲
	吉他（1）	外观设计	CN201630578443.9	2017.04.12	宿迁市和美乐器有限公司	邵前胜
	吉他（2）	外观设计	CN201630578442.4	2017.04.12	宿迁市和美乐器有限公司	邵前胜
	智能吉他箱（KIM POWER）	外观设计	CN201630306950.7	2017.04.12	金光浩	金光浩
	一种多功能吉他拨片	实用新型	CN201621112859.2	2017.04.12	罗福仲	罗福仲
	一种吉他和弦辅助按压器	实用新型	CN201621098294.7	2017.04.12	郭富民	郭富民
	吉他包	外观设计	CN201630479024.X	2017.04.19	广州市恒盛箱包有限公司	彭兰
	一种吉他包的底座	实用新型	CN201621127720.5	2017.04.26	李帆	李帆
	吉他指套	发明专利	CN201510703339.2	2017.05.03	襄阳市第四十二中学	刘忠正
	一种初学者用四弦吉他	实用新型	CN201621223492.1	2017.05.03	叶小龙	叶小龙

续表

类别	名称	专利类型	申请（专利）号	公开（公告）日	申请（专利权）人	发明（设计）人
吉他	吉他（尤克里里系列 1）	外观设计	CN201630579935.X	2017.05.10	雷桥	雷桥
	吉他（桶形）	外观设计	CN201630535280.6	2017.05.10	广州市定邦实业有限公司	罗长贵
	吉他吸尘器	实用新型	CN201620383038.6	2017.05.10	张勇	张勇
	一种吉他配件加工设备	发明专利	CN201710099838.4	2017.05.17	广州市鸣雅玛丁尼乐器制造有限公司	汪宏齐
	吉他（尤克里里 4）	外观设计	CN201630632279.5	2017.05.24	钟崇涛	钟崇涛
	吉他（尤克里里 2）	外观设计	CN201630631924.1	2017.05.24	钟崇涛	钟崇涛
	吉他（尤克里里 6）	外观设计	CN201630632264.9	2017.05.24	钟崇涛	钟崇涛
	无内支撑件的吉他	发明专利	CN201510827408.0	2017.05.24	刘宇航	刘宇航、刘守舵
	一种吉他自动调音卷弦器	发明专利	CN201710094275.X	2017.05.24	惠州市韩音乐器贸易有限公司	南宫圣燮、金珉弘
	一种直压式可调节吉他变调夹	发明专利	CN201611244404.0	2017.05.24	浙江工业大学	夏乔阳、袁泽安、张晨、俞佳奇、张淳博、蔡姚杰
	吉他共鸣箱与吉他	发明专利	CN201710107609.2	2017.05.24	马利斌	马利斌
	一种吉他琴箱及其新型镶嵌式口轮花	实用新型	CN201621177585.5	2017.05.24	黄泳锦	黄泳锦
	一种便携式吉他模拟器装置	实用新型	CN201621127632.5	2017.05.24	侯宗浩	侯宗浩
	一种用于吉他的吸附式拨片机构	实用新型	CN201621265450.4	2017.05.24	唐晓峰	唐晓峰
	基于单片机的吉他辅助学习工具	实用新型	CN201620350266.3	2017.05.24	中国矿业大学	魏瑞鹏、沈佳、李鹏
	一种用于吉他教学的滑动调节式变调装置	实用新型	CN201620351774.3	2017.05.24	湖南城市学院	李翔
	一种吸附夹和吉他配件加工设备	发明专利	CN201710099847.3	2017.05.31	广州市鸣雅玛丁尼乐器制造有限公司	汪宏齐
	一种木吉他的固弦装置	发明专利	CN201611174183.4	2017.05.31	福建金砖知识产权服务有限公司	罗福仲
	一种吉他电动演奏装置及其电路	发明专利	CN201611186617.2	2017.05.31	安徽理工大学	耿显亚、赵红锦、方贤文、褚静
	具有双琴颈的电吉他 / 电贝斯，分为两个单独的独立吉他 / 贝斯	发明专利	CN201580048603.1	2017.05.31	克里斯托福罗斯 . 卡纳莉斯	克里斯托福罗斯 · 卡纳莉斯
	一种多路电源电吉他蓝牙音箱	发明专利	CN201611193620.7	2017.05.31	许燕平	梁晨
	折叠式吉他改良结构	实用新型	CN201621165297.8	2017.05.31	汤楷骅	汤楷骅
	双手通用型吉他	实用新型	CN201620874840.5	2017.05.31	安基润	安基润
	一种吉他的改进结构	实用新型	CN201621133677.3	2017.05.31	厦门巨声文化传播有限公司	张健
	吉他（尤克里里系列 11）	外观设计	CN201630580404.2	2017.06.06	雷桥	雷桥
	吉他（尤克里里系列 5）	外观设计	CN201630580383.4	2017.06.06	雷桥	雷桥
	吉他（尤克里里系列 8）	外观设计	CN201630580401.9	2017.06.06	雷桥	雷桥
	吉他（SLD-30）	外观设计	CN201730005371.3	2017.06.06	广东红棉乐器股份有限公司	郑玉婷、郑胜洲、陈广发

续表

类别	名称	专利类型	申请（专利）号	公开（公告）日	申请（专利权）人	发明（设计）人
吉他	吉他（HTA-16SB）	外观设计	CN201730005578.0	2017.06.06	广东红棉乐器股份有限公司	叶飞然、郑玉婷、郑胜洲
	一种吉他包琴枕	实用新型	CN201621321072.7	2017.06.06	吕国豪	吕国豪
	一种吉他结构	实用新型	CN201621282647.9	2017.06.06	宿迁市和美乐器有限公司	邵前胜
	吉他（尤克里里系列7）	外观设计	CN201630580385.3	2017.06.07	雷桥	雷桥
	吉他（尤克里里系列6）	外观设计	CN201630580384.9	2017.06.07	雷桥	雷桥
	吉他（尤克里里系列9）	外观设计	CN201630580402.3	2017.06.08	雷桥	雷桥
	吉他（SRV斜琴体）	外观设计	CN201630543553.1	2017.06.09	李宗霖	李宗霖
	吉他（桶）	外观设计	CN201630439518.5	2017.06.09	胡海明	胡海明
	吉他	外观设计	CN201630105676.7	2017.06.09	福州恋森乐器有限公司	廖俊伟
	吉他背带	外观设计	CN201630544437.1	2017.06.09	广州市恒胜箱包有限公司	彭兰
	电子吉他（3187）	外观设计	CN201630306440.X	2017.06.09	郭冬生	郭冬生
	一种流平改性吉他不饱和聚酯漆配方及制造方法	发明专利	CN201510859080.0	2017.06.09	闫斐斐	闫斐斐
	一种吉他包	实用新型	CN201621210009.6	2017.06.09	广州市恒胜箱包有限公司、广东红棉乐器股份有限公司	彭兰
	一种双颈吉他	实用新型	CN201621354308.7	2017.06.09	寇庆山	寇庆山
	吉他固弦锥	外观设计	CN201730023708.3	2017.06.13	陈辉扬	陈辉扬
	一种吉他外形的蓝牙音箱	发明专利	CN201710272350.7	2017.06.13	昌邑市创通电子科技有限公司	林辉玉
	吉他护板、吉他以及吉他护板的使用方法	发明专利	CN201710058062.1	2017.06.13	赵鹏飞	赵鹏飞
	一种原声吉他	发明专利	CN201710165948.6	2017.06.13	晏雨扬	晏雨扬
	一种可折叠的低中高把位吉他和弦练习装置	实用新型	CN201621183163.9	2017.06.13	昆明理工大学	于欢、吴涛
	一种电吉他微型可嵌入式拾音器	实用新型	CN201621223134.0	2017.06.16	惠州市天音乐器有限公司	张又文
	一种吉他可调节上悬装置	实用新型	CN201621230797.5	2017.06.16	惠州市天音乐器有限公司	张又文
	一种用于提高吉他表面光滑度的研磨机	实用新型	CN201621240526.8	2017.06.16	惠州市天音乐器有限公司	张又文
	一种吉他打磨车间双层水帘循环除尘系统	发明专利	CN201710266615.2	2017.06.20	广西贺州市金海乐器有限公司	黄韶羡
	一种吉他手指套	实用新型	CN201621386900.5	2017.06.20	许碧珍	许碧珍
	一种吉他擦拭器	实用新型	CN201621363640.X	2017.06.27	李孟莹	李孟莹
	折叠式吉他支架装置	发明专利	CN201710180424.4	2017.06.27	天津潜宇塑胶制品有限公司	陆爱冬
	一种U型吉他头	发明专利	CN201710266647.2	2017.06.27	广西贺州市金海乐器有限公司	黄韶羡
	一种口袋吉他	实用新型	CN201621416953.7	2017.06.27	华夏酒版（北京）科技有限公司	冯波
	吉他音梁固定装置	发明专利	CN201710262714.3	2017.06.30	广西贺州市金海乐器有限公司	黄韶羡

续表

类别	名称	专利类型	申请（专利）号	公开（公告）日	申请（专利权）人	发明（设计）人
吉他	吉他琴马（1）	外观设计	CN201730034759.6	2017.07.04	刘河辉	刘河辉
	吉他侧板成形剪切机	发明专利	CN201511033806.1	2017.07.07	彭进辉	彭进辉
	一种谱架吉他二合一支架	发明专利	CN201621204211.8	2017.07.07	山东科技大学	翟天文、孔小飞、徐吉磊、李兆松、梁彬、张玉鲁
	一种便携式吉他	实用新型	CN201621295273.4	2017.07.07	苏州工艺美术职业技术学院	项宏
	吉他拾音器	实用新型	CN201621382552.4	2017.07.07	深圳市皇钜科技有限公司	黄同庆
	吉他（1）	外观设计	CN201730047609.9	2017.07.07	泰兴琴艺乐器有限公司	吴建新
	吉他演奏托架	实用新型	CN201621476873.0	2017.07.11	杨婉婉	杨婉婉
	便携式自锁吉他带头及其自锁方法	发明专利	CN201710368527.3	2017.07.14	东莞市华锦礼品有限公司	姜苏、姜平、陈可
	一种吉他防摔放置架	实用新型	CN201720000514.6	2017.07.14	南华大学	文汉冠、雷波、楚玉浩、廖龙勇
	一种吉他	实用新型	CN201621380987.5	2017.07.18	曹正樑	曹正樑
	吉他琴马（2）	外观设计	CN201730034758.1	2017.07.18	刘河辉	刘河辉
	一种便于检测吉他琴颈弯曲情况的装置	发明专利	CN201710332211.9	2017.07.21	福建金砖知识产权服务有限公司	罗福仲
	一种多路电源电吉他蓝牙音箱	发明专利	CN201621410323.9	2017.07.21	许燕平	梁晨
	新式吉他拨弦器	实用新型	CN201621495317.8	2017.07.21	新余学院	袁宇平
	吉他头	外观设计	CN201630635113.9	2017.07.21	安基润	安基润
	吉他琴头	外观设计	CN201730033291.9	2017.07.25	襄城县海鸥乐器有限公司	何望许
	一种基于可矫正按弦手形的吉他夹式校音器	发明专利	CN201710361934.1	2017.07.28	肇庆学院	李云鹤、陈晓虹、陈英俊、岑喆鑫
	一种自带多功能的电贝斯或电吉他	发明专利	CN201610035667.4	2017.07.28	黄博	黄博
	一种吉他盒包装结构	实用新型	CN201621420736.5	2017.07.28	湛江市汉成科技有限公司	张嘉强
	吉他柄头	外观设计	CN201630542451.8	2017.08.01	张莎莎	张莎莎
	吉他弦枕的加工装置	发明专利	CN201710386852.2	2017.08.04	贵州融合音源乐器有限公司	李仕勇
	用于吉他的内部支撑件	发明专利	CN201610916495.1	2017.08.04	泰勒一利斯图有限公司 .D/B/A 泰勒吉他	安德鲁·泰勒·鲍尔斯
	吉他	外观设计	CN201630325983.6	2017.08.04	爱乐威纳克有限责任公司	乔迪 · 卡尼韦利格里福尔斯
	一种吉他柄桶组合机	发明专利	CN201710305654.9	2017.08.08	广西贺州市金海乐器有限公司	黄韶美
	吉他	外观设计	CN201730067393.2	2017.08.08	梁泽敏	梁泽敏
	吉他（1）	外观设计	CN201730094475.6	2017.08.08	刘河辉	刘河辉
	吉他琴箱面板与琴颈配合处加工机	发明专利	CN201710391241.7	2017.08.11	贵州贝加尔乐器有限公司	高益波
	一种吉他拾音器	实用新型	CN201621210188.3	2017.08.11	莫测	莫测
	一种具有提示功能的吉他	实用新型	CN201720110830.9	2017.08.11	衡水美和乐器有限公司	李荣、李昂

续表

类别	名称	专利类型	申请（专利）号	公开（公告）日	申请（专利权）人	发明（设计）人
吉他	吉他护板	外观设计	CN201730041007.2	2017.08.11	陈志强	陈志强
	吉他形路灯侧板生产用加工设备	发明专利	CN201710390014.2	2017.08.15	正安县欧尚电器有限公司	万建军、绍建红、万波
	民谣吉他飞刀分离式琴桥	实用新型	CN201621355939.0	2017.08.15	东莞市弦墨乐器有限公司	李臣
	吉他（一）	外观设计	CN201730099272.6	2017.08.15	刘伟	刘伟
	吉他头（NG 吉他）	外观设计	CN201730051974.7	2017.08.15	袁树彬	袁树彬
	吉他（二）	外观设计	CN201730099274.5	2017.08.15	刘伟	刘伟
	吉他侧板固定静置装置	发明专利	CN201710391415.X	2017.08.18	贵州融合音源乐器有限公司	李仕勇
	裁切机构及加厚吉他包切带机	实用新型	CN201621443080.9	2017.08.18	天津市金奥林箱包有限公司	杨永闯
	吉他变调夹	实用新型	CN201621261934.1	2017.08.18	深圳市阿尔乐乐器有限公司	张建峰
	一种组合式吉他弹奏指法练习装置	实用新型	CN201720050055.2	2017.08.18	佳木斯大学	郭玲玲、张鹏宇、白兰、董美娇、马晓君
	剪切机构及吉他包剪裁装置	实用新型	CN201621442670.X	2017.08.18	天津市金奥林箱包有限公司	杨永闯
	吉他（4）	外观设计	CN201730047641.7	2017.08.18	泰兴琴艺乐器有限公司	吴建新
	吉他（5）	外观设计	CN201730047610.1	2017.08.18	泰兴琴艺乐器有限公司	吴建新
	吉他	外观设计	CN201730091537.8	2017.08.22	北京趣乐科技有限公司	吴晓军
	吉他	外观设计	CN201730015533.1	2017.08.25	启东市清清蔬果农地股份专业合作社	谷琼琼
	一种便于安装与调试琴弦的组合式吉他	发明专利	CN201710562110.0	2017.08.29	李深	李深
	吉他边缘切削装置	发明专利	CN201710389524.8	2017.08.29	贵州融合音源乐器有限公司	李仕勇
	吉他边缘切削加工装置	发明专利	CN201710391432.3	2017.08.29	贵州贝加尔乐器有限公司	高益波
	一种缺角吉他的音梁结构	实用新型	CN201621005179.0	2017.08.29	广东红棉乐器股份有限公司	郑胜洲、陈帅博、邱晓泽
	吉他（03）	外观设计	CN201730134246.2	2017.08.29	高焕雨	高焕雨
	吉他（01）	外观设计	CN201730134249.6	2017.08.29	高焕雨	高焕雨
	吉他（2）	实用新型	CN201730047643.6	2017.09.01	泰兴琴艺乐器有限公司	吴建新
	吉他（3）	外观设计	CN201730047642.1	2017.09.01	泰兴琴艺乐器有限公司	吴建新
	吉他下码	外观设计	CN201730152869.2	2017.09.01	李岐志	李岐志
	吉他侧边喷漆装置	外观设计	CN201710389523.3	2017.09.05	贵州融合音源乐器有限公司	李仕勇
	吉他琴颈接合部镂铣系统	外观设计	CN201710157194.X	2017.09.05	德莱得诺特股份有限公司	特里萨·霍夫曼、克里斯蒂安.P.德斯特朗普斯、安德鲁.W.莱万、迈克尔.J.莫斯利、大卫·沙尔佩、威廉·琼斯

续表

类别	名称	专利类型	申请（专利）号	公开（公告）日	申请（专利权）人	发明（设计）人
吉他	吉他琴头	外观设计	CN201730019929.3	2017.09.05	张留兵	张留兵
	一种设置有蜂窝发音加强板的吉他面板	实用新型	CN201720073393.8	2017.09.08	马大树	马大树
	吉他盒	外观设计	CN201730061957.1	2017.09.08	彭进辉	彭进辉
	吉他指板（白玫瑰）	外观设计	CN201730061955.2	2017.09.08	彭进辉	彭进辉
	吉他加工设备	发明专利	CN201710389224.X	2017.09.15	贵州融合音源乐器有限公司	李仕勇
	吉他	外观设计	CN201730070372.6	2017.09.15	魏绥	魏绥
	吉他	外观设计	CN201730156544.1	2017.09.19	黄海波	黄海波
	一种多吉他旅行箱	实用新型	CN201621235364.9	2017.09.22	马灵珊	马灵珊
	吉他护板	外观设计	CN201730189706.1	2017.09.22	李岐志	李岐志
	一种拾音器及吉他	实用新型	CN201720224319.1	2017.09.26	广州市拿火信息科技有限公司	陆子天
	手指音梁延长的吉他面板及吉他	实用新型	CN201720224368.5	2017.09.26	广州市拿火信息科技有限公司	陆子天、华西里
	一种直压式可调节吉他变调夹	实用新型	CN201621465502.2	2017.09.26	浙江工业大学	夏乔阳、袁泽安、张晨、俞佳奇、张淳博、蔡姚杰
	音孔音梁延长的吉他面板及吉他	实用新型	CN201720230296.5	2017.09.26	广州市拿火信息科技有限公司	陆子天、华西里
	一种吉他面板及吉他	实用新型	CN201720218215.X	2017.09.26	广州市拿火信息科技有限公司	陆子天、华西里
	一种能吸附并收纳拨片的吉他变调夹	实用新型	CN201720071632.6	2017.09.26	唐晓峰	唐晓峰
	设有短音梁的吉他面板及吉他	实用新型	CN201720230260.7	2017.09.26	广州市拿火信息科技有限公司	陆子天、华西里
	一种吉他的背部结构及吉他	实用新型	CN201720224351.X	2017.09.26	广州市拿火信息科技有限公司	陆子天、华西里
	吉他包	外观设计	CN201730151846.X	2017.09.26	熊宾	熊宾
	吉他（02）	外观设计	CN201730134152.5	2017.09.26	高焕雨	高焕雨
	吉他下码	外观设计	CN201630439555.6	2017.09.29	胡海明	胡海明
	颤音吉他	发明专利	CN201710722249.7	2017.10.24	范永浩	范永浩
	初学吉他手形矫正器	发明专利	CN201710683554.X	2017.10.24	福州汉钦汽车避撞设备有限公司	杨汉钦
	一种竹子吉他桶及其制作方法	发明专利	CN201710486426.6	2017.10.24	金容兰	金容兰
	一种木吉他	发明专利	CN201710697475.4	2017.10.27	贵州贝加尔乐器有限公司	高益波
	一种吉他的制作方法	发明专利	CN201710698715.2	2017.10.27	贵州金韵乐器有限公司	刘江波
	吉他接柄工艺	发明专利	CN201710258895.2	2017.10.03	彭进辉	彭进辉
	一种多功能集成屏显全能便携实用电箱一体化吉他	发明专利	CN201710432056.8	2017.10.03	鲍磊	鲍磊
	一种电吉他音响便携式携带装置	实用新型	CN201720394142.X	2017.10.31	长沙师范学院	陈志红

续表

类别	名称	专利类型	申请（专利）号	公开（公告）日	申请（专利权）人	发明（设计）人
吉他	一种便于电吉他刮奏的硬质塑料拨片	实用新型	CN201720084846.7	2017.10.03	福建金砖知识产权服务有限公司	罗福仲
	吉他双音板	实用新型	CN201720055771.X	2017.10.13	蒋武孟	蒋武孟
	拨片、吉他配件及吉他	实用新型	CN201720244703.8	2017.10.24	广州市拿火信息科技有限公司	陆子天、刘可颖、王越
	一种透明的吉他加湿器	实用新型	CN201720191593.3	2017.10.10	惠州市韩音乐器贸易有限公司	南宫圣燮
	一种吉他配件加工设备	实用新型	CN201720166502.0	2017.10.10	广州市鸣雅玛丁尼乐器制造有限公司	汪宏齐
	一种吉他自动调音卷弦器	实用新型	CN201720157095.7	2017.10.03	惠州市韩音乐器贸易有限公司	南宫圣燮、金珉弘
	一种快速脱离吉他生产设备	实用新型	CN201621245031.4	2017.10.13	惠州市天音乐器有限公司	张又文
	吉他	外观设计	CN201730091266.6	2017.10.13	北京趣乐科技有限公司	吴晓军
	吉他（puree）	外观设计	CN201730192686.3	2017.10.10	陈耀浩	陈耀浩
	吉他包	外观设计	CN201730250976.9	2017.10.31	尹星	尹星
	吉他	外观设计	CN201730007165.6	2017.10.10	深圳视感文化科技有限公司	叶俊达
	吉他	外观设计	CN201730155365.6	2017.10.13	尤丰	尤丰
	吉他	外观设计	CN201730091536.3	2017.10.13	北京趣乐科技有限公司	吴晓军
	吉他	外观设计	CN201730076268.8	2017.10.03	刘子朋	刘子朋
	一种吉他用可调琴马	实用新型	CN201720449279.0	2017.11.24	泰兴市美音乐器有限公司	殷志荣
	一种木吉他的加工方法	发明专利	CN201710698672.8	2017.11.24	贵州金韵乐器有限公司	刘江波
	一种吉他及其制备方法	发明专利	CN201710683310.1	2017.11.21	广州市拿火科技有限公司	钟锐
	一种便调式吉他及其使用方法	发明专利	CN201710043538.4	2017.11.10	张新	张新
	一种小学生用吉他琴盒	发明专利	CN201710502500.9	2017.11.14	王馨儿	王馨儿
	一种吉他	发明专利	CN201710698673.2	2017.11.03	贵州贝加尔乐器有限公司	高益波
	一种带防伪标识的吉他	发明专利	CN201710695438.X	2017.11.10	广州市丹爵通讯科技有限公司	曹燕红
	一种多功能木吉他	发明专利	CN201710694043.8	2017.11.24	佛山市幻龙科技有限公司	黄小席
	一种带有挂钩和温湿器的吉他	发明专利	CN201710694041.9	2017.11.03	佛山市幻龙科技有限公司	黄小席
	一种吉他演奏机器人	发明专利	CN201710734591.9	2017.11.07	南通理工学院	郭峰、钱黎明、周杰、沙春、齐虹
	用于吉他调音器的振动传递装置	实用新型	CN201720313776.8	2017.11.10	中山柏年电子有限公司	李鼎成
	一种电吉他包	实用新型	CN201720437165.4	2017.11.24	李旭伶之	李旭伶之、苏颖娜
	一种古典民谣混合吉他	实用新型	CN201720290726.2	2017.11.07	广州华丰乐器制造有限公司	黄振熙、曾凡正
	一种吉他调音器	实用新型	CN201720313729.3	2017.11.10	中山柏年电子有限公司	李鼎成
	一种带电子琴的电吉他	实用新型	CN201720437827.8	2017.11.17	余得立	余得立

续表

类别	名称	专利类型	申请（专利）号	公开（公告）日	申请（专利权）人	发明（设计）人
吉他	一种拱型背板吉他发音箱	实用新型	CN201720290725.8	2017.11.07	广州华丰乐器制造有限公司	黄振熙、曾凡正
	一种智能吉他调音器	实用新型	CN201621411298.6	2017.11.24	衢州美创乐器有限公司	陈兰
	一种吉他拾音器	实用新型	CN201720428106.0	2017.11.24	泰兴市美音乐器有限公司	殷志荣
	一种带有计时功能的多功能吉他	实用新型	CN201720449183.4	2017.11.24	泰兴市美音乐器有限公司	殷志荣
	一种带谱架的吉他架	实用新型	CN201720278190.2	2017.11.03	泉州市乐婷电子商务有限公司	黄秋霞
	用于吉他调音器的显示装置	实用新型	CN201720313728.9	2017.11.10	中山柏年电子有限公司	李鼎成
	吉他带（E）	外观设计	CN201730238227.4	2017.11.28	东莞市华锦礼品有限公司	姜苏、姜平
	吉他琴头	外观设计	CN201730162253.3	2017.11.28	李岐志	李岐志
	吉他琴头	外观设计	CN201730195611.0	2017.11.17	宜昌金宝乐器制造有限公司	吴天延
	吉他带（C）	外观设计	CN201730082099.9	2017.11.03	罗进	罗进
	吉他	外观设计	CN201730293804.X	2017.11.21	长江师范学院	冯霄霄
	吉他	外观设计	CN201730280103.2	2017.11.17	广州森昆乐器有限公司	付铁英
	吉他琴头	外观设计	CN201730140288.7	2017.11.14	曹学良	曹学良
	吉他（木思）	外观设计	CN201730247836.6	2017.11.03	李钢强	李钢强
	吉他拾音器（KQ-5A）	外观设计	CN201730197248.6	2017.11.14	徐祥祥	徐祥祥
	吉他弦桥	外观设计	CN201730268840.0	2017.11.28	瑞安市中联电声乐器有限公司	林瑞荣
	吉他效果器电源（DC8）	外观设计	CN201730286839.0	2017.11.28	深圳市威拓思音乐有限公司	赵正军
	音效吉他均衡器	外观设计	CN201730219682.X	2017.11.24	惠州市铭仕电子制品有限公司	宋冠雄
	吉他拾音器（AQ-801）	外观设计	CN201730197249.0	2017.11.14	徐祥祥	徐祥祥
	吉他琴头（8）	外观设计	CN201730140287.2	2017.11.14	曹学良	曹学良
	吉他带（B）	外观设计	CN201730237597.6	2017.11.28	东莞市华锦礼品有限公司	姜苏、姜平
	吉他包	外观设计	CN201730214596.X	2017.11.17	夏欢	夏欢
	吉他效果器	外观设计	CN201730021845.3	2017.11.14	深圳市魔耳乐器有限公司	许智君、游正晖
	吉他琴头（2）	外观设计	CN201730140290.4	2017.11.14	于祥勇	于祥勇
	吉他下马	外观设计	CN201730141567.5	2017.11.14	于祥勇	于祥勇
	吉他琴头（3）	外观设计	CN201730140289.1	2017.11.14	于祥勇	于祥勇
	带麦克风的吉他均衡器	外观设计	CN201730219712.7	2017.11.24	惠州市铭仕电子制品有限公司	宋冠雄
	吉他琴头（1）	外观设计	CN201730141566.0	2017.11.14	于祥勇	于祥勇
	吉他	外观设计	CN201730225045.3	2017.11.07	高焕雨	高焕雨
	吉他	外观设计	CN201730211421.3	2017.11.17	杨恒兰	杨恒兰
	一种练习吉他	发明专利	CN201710693804.8	2017.12.22	佛山市幻龙科技有限公司	黄小席

续表

类别	名称	专利类型	申请（专利）号	公开（公告）日	申请（专利权）人	发明（设计）人
吉他扬琴	一种基于阻抗技术的吉他共鸣箱的声学评价方法及实验装置	发明专利	CN201710834823.8	2017.12.05	安徽理工大学	张军、汤红梅、张泽宇、李宪华、赵义、黎俊楠、袁翔、陆俊峰、王古超、张继明
	电吉他	发明专利	CN201580066807.8	2017.12.01	飞行 3 吉他公司	R.B. 奥斯丁
	一种节能电吉他	发明专利	CN201710698706.3	2017.12.08	贵州融合音源乐器有限公司	李仕勇
	一种带有挂钩的多功能吉他	发明专利	CN201710693747.3	2017.12.15	佛山市幻龙科技有限公司	黄小席
	一种多功能吉他	发明专利	CN201710694044.2	2017.12.15	佛山市幻龙科技有限公司	黄小席
	一种带有挂钩的多功能吉他	发明专利	CN201710693748.8	2017.12.15	佛山市幻龙科技有限公司	黄小席
	一种便于悬挂的多功能吉他	发明专利	CN201710694040.4	2017.12.16	佛山市幻龙科技有限公司	黄小席
	一种吉他和弦器	发明专利	CN201710421097.7	2017.12.01	杨阳	杨阳
	一种带有挂钩和节拍器的吉他	发明专利	CN201710694042.3	2017.12.15	佛山市幻龙科技有限公司	黄小席
	木吉他蓝牙拾音器	实用新型	CN201720655559.7	2017.12.29	徐浩宁	徐浩宁
	一种吸附夹组件和吉他配件加工设备	实用新型	CN201720166812.2	2017.12.29	广州市鸣雅玛丁尼乐器制造有限公司	汪宏齐
	一种多功能吉他袋	实用新型	CN201720696908.X	2017.12.22	广州市润博乐器箱包制造有限公司	王彩虹
	一种新型吉他效果器用脚踏开关	实用新型	CN201720599523.1	2017.12.15	乐清市艾唯利电子有限公司	周祥金
	一种带有麦克风的吉他均衡器	实用新型	CN201720633071.4	2017.12.26	惠州市铭仕电子制品有限公司	宋冠雄
	一种半缺角高音质木吉他	实用新型	CN201720160303.9	2017.12.01	李昌慧	李昌慧
	一种电吉他音箱	实用新型	CN201720633716.4	2017.12.26	惠州市铭仕电子制品有限公司	宋冠雄
	一种具有防水层的吉他袋	实用新型	CN201720697570.X	2017.12.19	广州市润博乐器箱包制造有限公司	王彩虹
	一种用于吉他柄的机器人式自动加工设备	实用新型	CN201720473094.3	2017.12.05	广州市威柏乐器制造有限公司	凌建聪
	一种吉他支架	外观设计	CN201720546503.8	2017.12.19	胡明星	胡明星
	一种吉他指板	实用新型	CN201720691176.5	2017.12.15	赵建峰	赵建峰
	吉他包（K2）	外观设计	CN201730287439.1	2017.12.26	高成品	高成品
	吉他（多功能）	外观设计	CN201730170941.4	2017.12.05	李庆波	李庆波
	吉他包（FD）	外观设计	CN201730287448.0	2017.12.26	高成品	高成品
	扬琴练功琴	实用新型	CN201620550663.5	2017.02.08	张一工	张一工
	一种便于剪开扬琴琴竹的皮管的专用剪刀	发明专利	CN201611212464.4	2017.02.15	福建金砖知识产权服务有限公司	罗福仲
	一种便于划开扬琴琴竹的皮管的装置	发明专利	CN201710003027.X	2017.03.22	福建金砖知识产权服务有限公司	罗福仲
	便携式扬琴	实用新型	CN201620867816.9	2017.03.29	乐海乐器有限公司	宋营彬、刘寒立、宋恩辉

续表

类别	名称	专利类型	申请（专利）号	公开（公告）日	申请（专利权）人	发明（设计）人
扬琴	基于实时信息流的扬琴机器人双臂协同防交叉演奏方法	发明专利	CN201611259505.5	2017.04.26	中国地质大学（武汉）	陈鑫、蒋晨旭、周莉、周洋、费婷
	可调式便携扬琴架	实用新型	CN201621137385.7	2017.05.31	乐海乐器有限公司	宋恩辉、宋营彬、宋少颖
	一种便于划开扬琴琴竹的皮管的装置	实用新型	CN201720003711.3	2017.08.08	福建金砖知识产权服务有限公司	罗福仲
	一种便于剪开扬琴琴竹的皮管的专用剪刀	实用新型	CN201621430043.4	2017.08.11	福建金砖知识产权服务有限公司	罗福仲
	一种便于将皮管套设在扬琴琴竹上的夹子	实用新型	CN201720084848.6	2017.09.26	福建金砖知识产权服务有限公司	罗福仲
	一种能产生柔和而极富弹性的音色的扬琴琴竹	实用新型	CN201720084800.5	2017.09.29	福建金砖知识产权服务有限公司	罗福仲
	一种扬琴智能演奏的机器人结构	发明专利	CN201710487796.1	2017.10.03	中国地质大学（武汉）	周莉、周黎、王建涛、张伟民、雷波、熊德云、肖星、熊宏、倪杉、邓阳、胡欣月
	一种扬琴增音效琴架	实用新型	CN201720125418.4	2017.10.03	天水师范学院	武林
	一种基于阻抗技术的扬琴共鸣箱的声学评价方法及实验装置	发明专利	CN201710834766.3	2017.12.05	安徽理工大学	张军、张泽宇、汤红梅、李宪华、黎俊楠、赵义、袁翔、陆俊峰、王古超、张继明
	扬琴的防磕碰保护承装装置	实用新型	CN201720616560.9	2017.12.08	哈尔滨师范大学	庞卓
	一种能提高音高微调准确度的扬琴柱状滚珠	实用新型	CN201720762401.X	2017.12.29	罗道仟	罗道仟
	扬琴乐谱固定悬挂装置	实用新型	CN201720627735.6	2017.12.26	哈尔滨师范大学	庞卓
	扬琴	实用新型	CN201720277764.4	2017.12.26	唐山贵军乐器有限公司	潘贵军
	扬琴琴竹	外观设计	CN201730311785.9	2017.12.26	赵东标	赵东标
古筝	便携式古筝	发明专利	CN201510238568.1	2017.01.04	刘永发	刘永发
	古筝（国色天香）	外观设计	CN201630301968.8	2017.01.04	开封悦音乐器有限公司	吴扎根
	古筝（S135）	外观设计	CN201630301978.1	2017.01.04	开封悦音乐器有限公司	吴扎根
	古筝（扇舞春秋）	外观设计	CN201630301967.3	2017.01.04	开封悦音乐器有限公司	吴扎根
	古筝（纯洁无暇）	外观设计	CN201630301977.7	2017.01.04	开封悦音乐器有限公司	吴扎根
	一种古筝自动调音装置	发明专利	CN201610879011.0	2017.01.11	苏州市职业大学	牛丽、丁海波
	古筝（繁花似锦）	外观设计	CN201630260849.2	2017.01.11	陈东兵	陈东兵
	古筝（行云流水）	外观设计	CN201630260835.0	2017.01.11	陈东兵	陈东兵
	一种新型古筝	实用新型	CN201620645340.4	2017.02.08	河南中州民族乐器有限公司	代胜民
	古筝（玉洁松贞）	外观设计	CN201630467521.8	2017.02.08	刘宁	刘宁
	一种古筝指甲	实用新型	CN201621004916.5	2017.02.15	广州羽角乐器有限公司	吕春麒

续表

类别	名称	专利类型	申请（专利）号	公开（公告）日	申请（专利权）人	发明（设计）人
古筝	新型古筝指甲套	实用新型	CN201620898998.6	2017.02.15	郭明月	郭明月
	古筝（花中之王）	外观设计	CN201630467515.2	2017.02.15	刘宁	刘宁
	一种双腔式琴体古筝	实用新型	CN201620990733.9	2017.02.22	杨国富	杨国富、苏协憬
	一种具有教学功能的古筝	发明专利	CN201611140010.0	2017.03.22	刘可	刘可
	一种古筝智能控制装置及智能古筝	实用新型	CN201621088173.4	2017.04.12	广州市雅迪数码科技有限公司	胡伟
	一种儿童用古筝	实用新型	CN201621089168.5	2017.04.12	殷智峰	殷智峰
	古筝学习用指力练习装置	实用新型	CN201620739966.1	2017.04.12	刘慧	刘慧
	古筝练指器	外观设计	CN201630562835.6	2017.04.19	翁行岳	翁行岳
	古筝琴马	外观设计	CN201630562833.7	2017.05.03	翁行岳	翁行岳
	古筝	外观设计	CN201630362914.2	2017.05.17	徐登辉	徐登辉
	一种可调节的新型古筝架	实用新型	CN201621247327.X	2017.05.17	杜晨	杜晨
	古筝花板	外观设计	CN201630562834.1	2017.05.24	翁行岳	翁行岳
	古筝（筝小萌）	外观设计	CN201630651391.3	2017.05.24	熊立斌	熊立斌
	古筝（桐木鲁筝）	外观设计	CN201730008311.7	2017.05.31	张子良	张子良
	一种携带方便的折叠式古筝支撑架	实用新型	CN201621263475.0	2017.05.31	吴思凡	吴思凡
	一种具有高度调节功能的古筝架	实用新型	CN201621122395.3	2017.05.31	杨丽	杨丽
	古筝（明代鲁筝）	外观设计	CN201730008280.5	2017.06.06	张子良	张子良
	一种古筝拨片套	实用新型	CN201621251140.7	2017.06.09	李萍	李萍
	一种新型古筝义甲	实用新型	CN201621356719.X	2017.06.09	王迎新	王迎新
	一种可调式古筝琴架	外观设计	CN201510898350.9	2017.06.13	重庆龙之火文化传播有限公司	刘薇薇
	一种古筝琴马	实用新型	CN201621311783.6	2017.06.13	深圳市众郸科技有限公司	许美林
	古筝	外观设计	CN201630543469.X	2017.06.16	代保民	代保民
	一种低失真低噪音节能式古筝拾音器	实用新型	CN201621251411.9	2017.06.16	惠州市天音乐器有限公司	张又文
	古筝（水榭听香）	外观设计	CN201730025436.0	2017.06.20	张马林	张马林
	一种古筝指甲	实用新型	CN201621432334.7	2017.06.23	齐艳红	齐艳红
	一种古筝用码子	实用新型	CN201710294760.1	2017.06.30	兰考洛水乐器有限公司	杨冰
	可调锁紧式古筝弹奏指甲	实用新型	CN201621465629.4	2017.06.30	王芷	王芷
	古筝	外观设计	CN201730014234.6	2017.07.04	李胜文	李胜文、郝斌
	古筝 (6694L 春暖花香)	外观设计	CN201730025315.6	2017.07.07	上海民族乐器一厂	沈悦
	古筝（69698PP 五行之水）	外观设计	CN201730026728.6	2017.07.07	上海民族乐器一厂	翁纪军、周力
	古筝 (S95JLC 四君子之梅)	外观设计	CN201730021513.5	2017.07.07	上海民族乐器一厂	钱冰菁
	古筝（69698PP 五行之火）	外观设计	CN201730026744.5	2017.07.07	上海民族乐器一厂	翁纪军、周力
	古筝（6694LL 池中芙蓉）	外观设计	CN201730026739.4	2017.07.07	上海民族乐器一厂	周力、王其章

续表

类别	名称	专利类型	申请（专利）号	公开（公告）日	申请（专利权）人	发明（设计）人
古筝	古筝(6698JLC 四君子之兰)	外观设计	CN201730021695.6	2017.07.07	上海民族乐器一厂	钱冰菁
	古筝（69698PP 五行之金)	外观设计	CN201730026751.5	2017.07.07	上海民族乐器一厂	翁纪军、周力
	古筝（69698PP 五行之木)	外观设计	CN201730026740.7	2017.07.07	上海民族乐器一厂	翁纪军、周力
	古筝(6695LC 柳莺花燕)	外观设计	CN201730025314.1	2017.07.07	上海民族乐器一厂	吴姝蓉
	古筝(6698LC 化蝶双飞)	外观设计	CN201730025321.1	2017.07.07	上海民族乐器一厂	吴姝蓉
	古筝(6695JLC 四君子之菊)	外观设计	CN201730021706.0	2017.07.07	上海民族乐器一厂	钱冰菁
	琵琶（6542ZZZ 竹编琵琶)	外观设计	CN201730026743.0	2017.07.07	上海民族乐器一厂	钱冰菁、周力
	古筝	外观设计	CN201730016279.7	2017.07.18	岳倍先	岳倍先
	一种古筝改良弦钉板	实用新型	CN201710068246.6	2017.07.21	陶玉兰	陶玉兰
	古筝改良弦钉板	发明专利	CN201710068249.X	2017.07.21	陶玉兰	陶玉兰
	一种古筝	发明专利	CN201621211203.6	2017.07.21	深圳市众邺科技有限公司	许美林
	传统古筝转调头	实用新型	CN201610046008.0	2017.07.25	鲁广文	鲁广文
	古筝(6698J 霸王别姬)	外观设计	CN201730021893.2	2017.07.28	上海民族乐器一厂	钱冰菁
	古筝（S98JLC 四君子之竹)	外观设计	CN201730021892.8	2017.07.28	上海民族乐器一厂	钱冰菁
	古筝（6696E 花枝烨烨)	外观设计	CN201730025322.6	2017.07.28	上海民族乐器一厂	张霁
	古筝（6696E 鹤怡雅菊)	外观设计	CN201730025323.0	2017.07.28	上海民族乐器一厂	王传赡
	古筝（九龙戏珠)	外观设计	CN201730025437.5	2017.08.01	张马林	张马林
	古筝	外观设计	CN201730057612.9	2017.08.01	广州青荷文化发展有限公司	王鑫
	古筝（印象 - 青花瓷)	外观设计	CN201630575446.7	2017.08.04	宋盈盈	宋盈盈
	古筝（6698TLC 九色鹿)	外观设计	CN201730026742.6	2017.08.04	上海民族乐器一厂	林飞
	古筝	外观设计	CN201730057807.3	2017.08.04	广州青荷文化发展有限公司	王鑫
	一种能盛放古筝的旅行箱	实用新型	CN201720084342.5	2017.08.18	杨国富	杨国富、苏协憬
	古筝	外观设计	CN201730016280.X	2017.08.25	岳倍先	岳倍先
	一种固定保护功能的古筝盒	实用新型	CN201720273193.7	2017.10.20	衢州美创乐器有限公司	陈兰
	一种方便调节角度的古筝架	实用新型	CN201720277852.4	2017.10.13	邵阳学院	刘溪
	一种新型古筝	实用新型	CN201720229218.3	2017.10.13	周口科技职业学院	马颖超、戚麟麟
	古筝指甲套及古筝指甲套装	发明专利	CN201621440267.3	2017.10.13	程雷	程雷
	古筝	外观设计	CN201730151968.9	2017.10.13	兰考洛水乐器有限公司	杨冰
	古筝码子	外观设计	CN201730152447.5	2017.10.31	兰考洛水乐器有限公司	杨冰
	古筝（烟花三月)	外观设计	CN201730191161.8	2017.10.24	扬州木传奇乐器有限公司	许蕾
	古筝（十三弦)	外观设计	CN201730149602.8	2017.10.13	张俊	张俊
	古琴或古筝	外观设计	CN201710732741.2	2017.11.03	福建省梦笔科技有限公司	沈绍骁
	一种古筝面板制作装置	实用新型	CN201720463997.3	2017.11.24	兰考洛水乐器有限公司	杨冰
	一种可调式古筝架	实用新型	CN201720443693.0	2017.11.28	衢州美创乐器有限公司	陈兰

续表

类别	名称	专利类型	申请（专利）号	公开（公告）日	申请（专利权）人	发明（设计）人
古筝	一种古筝用码子	实用新型	CN201720464017.1	2017.11.24	兰考洛水乐器有限公司	杨冰
	短款古筝	实用新型	CN201720333363.6	2017.11.14	上海民族乐器一厂	李素芳、姚卫平
	一种可移动带角度调整古筝架	实用新型	CN201720443706.4	2017.11.28	衢州美创乐器有限公司	陈兰
	改良式古筝	实用新型	CN201720332018.0	2017.11.28	琉畅文创股份有限公司	周德逢
	一种内部带有层板结构的古筝	实用新型	CN201720465805.2	2017.11.24	兰考洛水乐器有限公司	杨冰
	一种带乐谱架可快速拆卸式古筝架	实用新型	CN201720440731.7	2017.11.28	衢州美创乐器有限公司	陈兰
	可折叠的便携式古筝架	实用新型	CN201720261213.9	2017.11.14	上海民族乐器一厂	陆国良
	一种新型古筝支架	实用新型	CN201720794910.0	2017.12.26	苏州科技大学	王莹
	古筝（135）	外观设计	CN201730199146.8	2017.12.22	深圳市众邺科技有限公司	许美林
	古筝（152）	外观设计	CN201730198711.9	2017.12.22	深圳市众邺科技有限公司	许美林
	古筝（云和）	外观设计	CN201730348653.3	2017.12.22	扬州市百联古筝制作研究院有限公司	孙宁娜、宋奕霖
	古筝（一揽芳华）	外观设计	CN201730161030.5	2017.12.12	张马林	张马林
琵琶	燕尾式盖面双音孔琵琶装置	实用新型	CN201521139207.3	2017.01.04	曹卫东	曹卫东
	电声琵琶	实用新型	CN201620567191.4	2017.04.12	广州正艺产品设计有限公司	杨皓
	琵琶弦清洁保养工具	实用新型	CN201621194584.1	2017.04.19	宋晓锐	宋晓锐
	琵琶内置差动式调弦机构	发明专利	CN201710037271.8	2017.05.24	王小军	王小军
	一种新型机械轴琵琶装置	发明专利	CN201710178361.9	2017.05.31	上海依林琴行	龚权
	智能电子鼓	实用新型	CN201620787497.0	2017.04.05	王成祥、李新竣	王成祥、李新竣
	琵琶（LG80 刘德海高占春琵琶）	外观设计	CN201730026745.X	2017.07.28	上海民族乐器一厂	翁纪军、王琳琳
	子弦琵琶	外观设计	CN201730054110.0	2017.08.01	曹卫东	曹卫东
	一种琵琶琴弦固定降调升调调节机构	外观设计	CN201720112463.6	2017.08.15	哈尔滨师范大学	冯卉
	琵琶内置差动式调弦机构	实用新型	CN201720061219.1	2017.10.03	王小军	王小军
	一种新型琵琶	实用新型	CN201720229228.7	2017.10.13	周口科技职业学院	张亚方、陈迎春
	改良式琵琶	实用新型	CN201720375859.X	2017.11.14	琉畅文创股份有限公司	周德逢
	一种琵琶琴弦用调节装置	实用新型	CN201720393682.6	2017.11.24	徐寅	徐寅
	一种基于阻抗技术的琵琶共鸣箱的声学评价方法及实验装置	发明专利	CN201710832924.1	2017.12.05	安徽理工大学	张军、张泽宇、汤红梅、李宪华、黎俊楠、赵义、袁翔、陆俊峰、王古超、张继明
	琵琶用的独立乐谱支架	实用新型	CN201720115380.2	2017.12.01	哈尔滨师范大学	冯卉
鼓	行进小军鼓连接装置	实用新型	CN201620799515.7	2017.01.11	天津市津宝乐器有限公司	吴定军、裴晓虎、戴永才
	鼓用内沙带装置	实用新型	CN201620799514.2	2017.01.11	天津市津宝乐器有限公司	吴定军、裴晓虎、戴永才
	小扁鼓支架	外观设计	CN201630448744.X	2017.01.11	天津市津宝乐器有限公司	李中华、刘运斌

续表

类别	名称	专利类型	申请（专利）号	公开（公告）日	申请（专利权）人	发明（设计）人
鼓	军鼓内沙带	外观设计	CN201630340193.5	2017.01.11	天津市津宝乐器有限公司	吴定军、裴晓虎、戴永才
	排鼓支架	外观设计	CN201630448743.5	2017.01.11	天津市津宝乐器有限公司	李中华、刘运斌
	行进鼓鼓圈连接机构	实用新型	CN201621005290.X	2017.03.29	天津市津宝乐器有限公司	李中华、刘运斌
	便携鼓背架	发明专利	CN201510528739.4	2017.03.08	天津市津宝乐器有限公司	吴定军
	花盆鼓支架	发明专利	CN201510528375.X	2017.03.08	天津市津宝乐器有限公司	李中华
	鼓用纱带及其调整机构	发明专利	CN201510528244.1	2017.03.08	天津市津宝乐器有限公司	吴定军、裴小虎
	行进鼓用鼓皮	发明专利	CN201510528981.1	2017.03.08	天津市津宝乐器有限公司	吴定军
	三型行进小鼓	发明专利	CN201510528923.9	2017.03.08	天津市津宝乐器有限公司	吴定军、裴小虎
	三型行进联鼓	发明专利	CN201510528924.3	2017.03.08	天津市津宝乐器有限公司	吴定军、裴小虎
	板鼓支架	发明专利	CN201510527966.5	2017.03.08	天津市津宝乐器有限公司	李中华
	鼓皮	发明专利	CN201510528848.6	2017.03.08	天津市津宝乐器有限公司	吴定军
	堂鼓架	发明专利	CN201510528925.8	2017.03.08	天津市津宝乐器有限公司	李中华
	小扁鼓支架	实用新型	CN201621005539.7	2017.03.29	天津市津宝乐器有限公司	李中华、刘运斌
	排鼓及其支架	实用新型	CN201621005651.0	2017.03.29	天津市津宝乐器有限公司	李中华、刘运斌
	行进小鼓背架连接装置	实用新型	CN201621005358.4	2017.03.29	天津市津宝乐器有限公司	李中华、刘运斌
	大扁鼓支架	实用新型	CN201621005471.2	2017.03.29	天津市津宝乐器有限公司	李中华、刘运斌
	行进鼓调节螺母固定板	实用新型	CN201621005453.4	2017.03.29	天津市津宝乐器有限公司	李中华、刘运斌
	大扁鼓支架	外观设计	CN201630448788.2	2017.03.29	天津市津宝乐器有限公司	李中华、刘运斌
	一种新型的单孔鼓耳	实用新型	CN201621121525.1	2017.04.12	天津市顶酷乐器有限公司	王立民
	一种用于爵士鼓的消音设备	实用新型	CN201621119543.6	2017.04.12	天津市顶酷乐器有限公司	王立民
	一种新型嗵鼓夹子	实用新型	CN201621121523.2	2017.04.12	天津市顶酷乐器有限公司	王立民
	一种智能练习击打乐鼓槌	实用新型	CN201620299518.4	2017.04.12	天津鑫晟共创科技发展有限公司	刘永生
	一种新型的打击乐敲击鼓棒	实用新型	CN201621121524.7	2017.04.12	天津市顶酷乐器有限公司	王立民
	一种爵士鼓打击棒	实用新型	CN201621120457.7	2017.04.12	天津市顶酷乐器有限公司	王立民
	一种训练用爵士鼓鼓槌	实用新型	CN201621119544.0	2017.04.13	天津市顶酷乐器有限公司	王立民
	高低可调曲艺伴奏大鼓架	实用新型	CN201621224632.7	2017.04.19	马利利	马利利
	鼓包及非洲鼓包	实用新型	CN201621099182.3	2017.04.19	张赵威	张赵威
	一种多功能音乐教学用鼓凳	实用新型	CN201620713427.0	2017.04.26	乐山师范学院	王菊
	爵士鼓组合中的镲	实用新型	CN201621282184.6	2017.05.03	戴丽	戴丽
	一种改良型鼓	实用新型	CN201620982888.8	2017.05.03	王忠华	王忠华
	消音贴（架子鼓底鼓）	外观设计	CN201630633326.8	2017.05.10	过湘杰	过湘杰
	鼓	发明专利	CN201580039489.6	2017.05.10	雅马哈株式会社	安部万律、桥本隆二、宫崎圭太
	一种音乐铜鼓的制作方法	实用新型	CN201610886578.0	2017.05.10	东兰音乐铜鼓文化传播有限责任公司	牙运永、谭安益
	一种鼓架	实用新型	CN201621161436.X	2017.05.10	孙文东	孙文东

续表

类别	名称	专利类型	申请（专利）号	公开（公告）日	申请（专利权）人	发明（设计）人
鼓	电子鼓	外观设计	CN201630570829.5	2017.05.17	深圳市诗韵科技有限公司	梁德庆
	哑鼓（1）	外观设计	CN201630504178.X	2017.05.17	深圳市伊诺乐器有限公司	许伟庭
	一种超低音鼓纸的制作方法	发明专利	CN201710051636.2	2017.05.17	广西玉林市禹力音响配件有限公司	覃第起、杨凯龙、凌少林
	乐鼓的响弦组合件	实用新型	CN201610453081.X	2017.05.17	雷莫公司	雷莫 .D. 贝利、詹姆斯 .H. 梅、克里斯托弗 .J. 惠廷顿
	仿真鼓	发明专利	CN201510758219.2	2017.05.17	天津市津宝乐器有限公司	李中华
	一种练习鼓槌	实用新型	CN201621154481.2	2017.05.17	王玉娟	王玉娟
	一种爵士鼓的消音装置	实用新型	CN201621119545.5	2017.05.17	天津市顶酷乐器有限公司	王立民
	一种新型军鼓万向调节支架	实用新型	CN201621120456.2	2017.05.17	天津市顶酷乐器有限公司	王立民
	一种网状电子鼓	实用新型	CN201621158393.X	2017.05.24	宁波音王电声股份有限公司	钟发志、杜宗辉
	硅胶戏曲电子锣鼓	外观设计	CN201730005916.0	2017.05.31	王长江	王长江
	便携式戏曲电子锣鼓	外观设计	CN201730005900.X	2017.05.31	王长江	王长江
	一种架子鼓的组合式击打器	发明专利	CN201611245618.X	2017.05.31	罗云	罗云
	一种练习鼓	发明专利	CN201710123250.8	2017.05.31	张炯	张炯
	智能架子鼓音效系统及其实现方法	实用新型	CN201611028999.6	2017.05.31	中南大学	钟雷、王利凯、李娜、刘丽珏、易兵、张胤、麻芙毓、纪蕴哲
	带靠背的箱鼓	实用新型	CN201621186737.8	2017.05.31	赵洪啸	赵洪啸
	钢舌鼓	外观设计	CN201630605896.6	2017.06.06	王玲	王玲
	手鼓（排瑶）	外观设计	CN201630623305.8	2017.06.06	唐买社吊	唐买社吊
	一种底鼓练功器	发明专利	CN201710123614.2	2017.06.06	张炯	张炯
	鼓凳（815756）	外观设计	CN201630444961.1	2017.06.09	东阳市东艺工艺品有限公司	施德泉
	底鼓练习器	外观设计	CN201630633282.9	2017.06.09	过湘杰	过湘杰
	用于鼓的止音装置	实用新型	CN201621327911.6	2017.06.09	王琳	王琳
	硅胶架子鼓	外观设计	CN201730018882.9	2017.06.13	张建强	张建强
	鼓锤和鼓脚踏板设备	发明专利	CN201610859922.7	2017.06.13	雅马哈株式会社	重永文博、入佐真佑
	手铃鼓	外观设计	CN201630323028.9	2017.06.27	天津普朗多乐器有限公司	陆爱军
	一种手铃鼓握把结构	实用新型	CN201621353743.8	2017.06.27	天津普朗多乐器有限公司	陆爱军
	青花瓷鼓	外观设计	CN201630599444.1	2017.07.04	权军民	权军民
	可收缩的中音萨克斯支架装置	发明专利	CN201710180036.6	2017.07.07	天津潜宇塑胶制品有限公司	陆爱冬
	一种三弦的琴鼓制造方法	发明专利	CN201710218869.7	2017.07.14	渭南师范学院	张祎、张甲、张飞龙
	圆鼓	外观设计	CN201730020918.7	2017.07.28	尹什顺	尹什顺

续表

类别	名称	专利类型	申请（专利）号	公开（公告）日	申请（专利权）人	发明（设计）人
鼓	架子鼓	外观设计	CN201730020008.9	2017.07.28	马明	马明
	一种方便安装的架子鼓脚踏板DMX控制器	实用新型	CN201720079936.7	2017.08.11	广州星诺音响设备有限公司	杨爱峰
	一种腰鼓	实用新型	CN201621314606.3	2017.08.15	四川理工学院	江源
	一种架子鼓踩锤	实用新型	CN201621408463.2	2017.08.22	衢州美创乐器有限公司	陈兰
	一种手鼓鼓架	实用新型	CN201621278945.0	2017.08.25	邓爱军	邓爱军
	一种电子鼓的镲钗结构	发明专利	CN201710446042.1	2017.09.01	宁波音王电声股份有限公司	钟发志、张龙广
	一种可以防滑的鼓棒	发明专利	CN201710610928.5	2017.09.15	太仓市方克乐器有限公司	柳奕帆
	一种可旋转式架子鼓鼓架	发明专利	CN201710492951.9	2017.09.15	太仓市方克乐器有限公司	柳奕帆
	一种可以调整打击手感的鼓棒	发明专利	CN201710610822.5	2017.09.15	太仓市方克乐器有限公司	柳奕帆
	一种电子鼓鼓边信号检测装置	发明专利	CN201710511283.X	2017.09.26	得理乐器（珠海）有限公司	廖照华、孙福生
	自行扩音大鼓	发明专利	CN201710715312.4	2017.10.20	张愿	张愿
	一种能保持声音脆响的鼓	发明专利	CN201710715288.4	2017.10.20	张愿	张愿
	一种可调重心鼓槌	发明专利	CN201710628426.5	2017.10.20	太仓市方克乐器有限公司	柳奕帆
	一种增强旧鼓皮性能的处理方法	发明专利	CN201710628441.X	2017.10.10	太仓市方克乐器有限公司	柳奕帆
	一种用于演奏架子鼓的机器人	发明专利	CN201710423038.3	2017.10.17	东北大学	杨周、王建涛、王标、姚旭东、胡全全、杨志超
	一种五音箱鼓	发明专利	CN201710715542.0	2017.10.24	张俊英	张俊英
	三音鼓	发明专利	CN201710715304.X	2017.10.24	张愿	张愿
	三音箱鼓	发明专利	CN201710715270.4	2017.10.20	张振银	张振银
	一种架子鼓边界消音装置	发明专利	CN201710628400.0	2017.10.20	太仓市方克乐器有限公司	柳奕帆
	一种五音鼓	发明专利	CN201710715385.3	2017.10.20	邹大鹏	邹大鹏
	一种三音箱鼓	发明专利	CN201710715286.5	2017.10.20	张振银	张振银
	一种五音弧箱排鼓	发明专利	CN201710715269.1	2017.10.20	张振银	张振银
	一种带有折叠支撑架的打击乐军鼓	发明专利	CN201710492920.3	2017.10.20	太仓市方克乐器有限公司	柳奕帆
	七音箱鼓	发明专利	CN201710715331.7	2017.10.20	张愿	张愿
	一种组合式鼓架	实用新型	CN201720201913.9	2017.10.03	张丽	张丽
	一种练习鼓	实用新型	CN201720206895.3	2017.10.03	张炯	张炯
	五音鼓	发明专利	CN201710715275.7	2017.11.21	张振银	张振银
	一种七音鼓	外观设计	CN201710715287.X	2017.11.17	张振银	张振银
	半圆葫芦鼓	外观设计	CN201730174058.2	2017.11.03	魏家彪	魏家彪
	一种自动调节音腔大小的架子鼓	实用新型	CN201720415444.0	2017.11.14	湖南城市学院	于洪浩
	一种体感架子鼓	实用新型	CN201720238533.2	2017.11.14	北京千音互联科技有限公司	黄皓天、黄元佐

续表

类别	名称	专利类型	申请（专利）号	公开（公告）日	申请（专利权）人	发明（设计）人
萨克斯	次中音直管萨克斯	外观设计	CN201630450580.4	2017.01.11	天津市津宝乐器有限公司	王书春
	倍高音萨克斯	外观设计	CN201630434824.X	2017.01.11	天津市津宝乐器有限公司	王书春
	中音直管萨克斯	外观设计	CN201630450586.1	2017.01.11	天津市津宝乐器有限公司	王书春
	一种萨克斯用吊钩	实用新型	CN201620931668.2	2017.01.25	高碑店市佰格乐器箱包厂	邓冰伟
	一种带拼装积木的萨克斯	实用新型	CN201620872723.5	2017.02.08	长沙师范学院	陈志红
	萨克斯管手指按键规范器	实用新型	CN201620903213.X	2017.03.15	大连艺术学院	于河泳
	可拆式萨克斯管降 B 音附加键	实用新型	CN201620908496.7	2017.03.15	大连艺术学院	于河泳
	倍高音萨克斯盒	外观设计	CN201630448719.1	2017.03.29	天津市津宝乐器有限公司	王书春
	一种萨克斯吊带	实用新型	CN201621135289.9	2017.05.03	曹祯	曹祯
	可调音准萨克斯嘴子弯	发明专利	CN201510756775.6	2017.05.17	天津市津宝乐器有限公司	岳正秋
	用于支撑竖管萨克斯的支架装置	发明专利	CN201710180037.0	2017.07.07	天津潜宇塑胶制品有限公司	陆爱冬
	一种萨克斯唢呐	实用新型	CN201621471744.2	2017.07.21	郭雅志	郭雅志
	一种带有扩音麦克风的萨克斯	实用新型	CN201621239761.3	2017.07.21	天津市华尔斯顿科技有限公司	谷春雨
	一种护颈防脱落萨克斯吊带	实用新型	CN201621227237.4	2017.07.21	天津市华尔斯顿科技有限公司	谷春雨
	一种弯管萨克斯倾斜放置台	实用新型	CN201621231953.X	2017.07.28	天津市华尔斯顿科技有限公司	谷春雨
	一种多用萨克斯通风支架	实用新型	CN201621227243.X	2017.08.01	天津市华尔斯顿科技有限公司	谷春雨
	一种带有内置工具盒的萨克斯支架	实用新型	CN201621227189.9	2017.08.01	天津市华尔斯顿科技有限公司	谷春雨
	一种限制弯脖转动的萨克斯管	实用新型	CN201720158503.0	2017.08.25	熊造时	熊造时
	一种萨克斯弱音器	实用新型	CN201720071686.2	2017.08.25	广州微奇电子科技有限公司	何子周
	一种萨克斯用脖带	实用新型	CN201720011162.4	2017.09.01	常熟理工学院	朱路、杨莉、戴军、王国强
	一种萨克斯弯脖用清洁装置	实用新型	CN201720012597.0	2017.09.01	常熟理工学院	朱路、杨莉、戴军、王国强
	一种平衡防滑动萨克斯吹管插口	实用新型	CN201621227188.4	2017.09.08	天津市华尔斯顿科技有限公司	谷春雨
	一种萨克斯嘴子弯	实用新型	CN201621227242.5	2017.09.08	天津市华尔斯顿科技有限公司	谷春雨
	一种带有收纳功能的架子鼓鼓架	发明专利	CN201710493057.3	2017.09.29	太仓市方克乐器有限公司	柳奕帆
	一种带话筒紧固装置的萨克斯	实用新型	CN201720386650.3	2017.11.10	图布扎力根	图布扎力根
	一种中音萨克斯	实用新型	CN201720367528.1	2017.12.05	杨晓红	杨晓红
	多功能萨克斯弱音器	实用新型	CN201621383229.9	2017.12.05	王文	王文
	一种竖管萨克斯管支架台	实用新型	CN201720291049.6	2017.12.15	天津潜宇塑胶制品有限公司	陆爱冬
	一种中音萨克斯可收缩支架	实用新型	CN201720291044.3	2017.12.19	天津潜宇塑胶制品有限公司	陆爱冬

续表

类别	名称	专利类型	申请（专利）号	公开（公告）日	申请（专利权）人	发明（设计）人
萨克斯	一种具有保温功能的萨克斯	实用新型	CN201720561646.6	2017.12.12	郑基远	郑基远
号	C 调大抱号（JBCB470）	外观设计	CN201630434807.6	2017.01.11	天津市津宝乐器有限公司	潘跃强
	C 调大抱号（JBCB460）	外观设计	CN201630434796.1	2017.01.11	天津市津宝乐器有限公司	潘跃强
	降 B 调弯脖旅行小抱号（JBBB435）	外观设计	CN201630434802.3	2017.01.11	天津市津宝乐器有限公司	潘跃强
	海力空大号（JBHLK155）	外观设计	CN201630434809.5	2017.01.11	天津市津宝乐器有限公司	潘跃强
	立键次中音号（JBBR-1260）	外观设计	CN201630434801.9	2017.01.11	天津市津宝乐器有限公司	潘跃强
	短号（JBCR-910）	外观设计	CN201630434821.6	2017.01.11	天津市津宝乐器有限公司	潘跃强
	行进上低音号（斜跨肩背式降 B）	外观设计	CN201630506436.8	2017.01.18	河北正欧实业有限公司	李光民、李恒
	一种学生长号	发明专利	CN201611203261.9	2017.02.22	郑州学生宝电子科技有限公司	韩跃龙
	长号（奥菲克莱德 JBEB-760）	外观设计	CN201630434810.8	2017.03.29	天津市津宝乐器有限公司	潘跃强
	迷你小号	外观设计	CN201630578000.X	2017.04.19	贺声乐器股份有限公司	李国安
	一种具有防尘功能的小号加重活塞盖	实用新型	CN201620833606.8	2017.04.19	天津市盛德乐器制造有限公司	陈宝国
	一种学生长号	实用新型	CN201621422086.8	2017.07.18	郑州学生宝电子科技有限公司	韩跃龙
	一种轻型短号	实用新型	CN201720138015.3	2017.08.22	邓世忠、张宁	邓世忠、张宁
	塑料圆号	实用新型	CN201720191831.0	2017.09.12	张宁、邓世忠	张宁、邓世忠
	一种圆号暖垫	实用新型	CN201720184084.8	2017.09.29	杨朦	杨朦
	一种带有螺旋沟槽的圆号活塞及具有其的圆号	实用新型	CN201720049608.2	2017.10.13	天津奥维斯乐器有限公司	张国民
	小号	实用新型	CN201720500684.0	2017.12.12	河北金音乐器集团有限公司	陈学孔
	塑铜一体的小号号嘴	外观设计	CN201720268265.9	2017.11.28	宋井刚	宋井刚
提琴	一种初学者用的大提琴琴马	发明专利	CN201510991151.2	2017.07.04	重庆润优农业开发有限公司	唐黎
	一种录音调弦小提琴	实用新型	CN201621260226.6	2017.07.04	湖北师范大学	周玉娥
	一种小提琴指法练习装置	实用新型	CN201621174879.2	2017.07.11	南阳师范学院	王璐、丁君君、杨丽、张玢
	便携式小提琴教学训练投影仪	实用新型	CN201621371159.5	2017.07.21	孙言壮	孙言壮
	大提琴练习用成长套组	实用新型	CN201720104129.6	2017.08.15	史晨颐	史晨颐
	一种小提琴琴头加工系统	发明专利	CN201710416976.0	2017.08.18	南通睿控机械科技有限公司	朱晓亮
	大提琴练习用成长套组	发明专利	CN201710055057.5	2017.08.18	史晨颐	史晨颐
	一种小提琴加工系统		CN201710416979.4	2017.08.18	南通睿控机械科技有限公司	朱晓亮
	小提琴握弓器	实用新型	CN201720089739.3	2017.08.18	湖南城市学院	余雯
	一种多功能电子小提琴	实用新型	CN201620833152.4	2017.08.25	武强县海艺乐器有限公司	杨丙田

续表

类别	名称	专利类型	申请（专利）号	公开（公告）日	申请（专利权）人	发明（设计）人
提琴	一种全尺寸可调式小提琴肩托	实用新型	CN201720139078.0	2017.08.29	邱玉兰	邱玉兰、梁寒琰、陆斌
	一种小提琴面板的加工方法	发明专利	CN201710396643.6	2017.09.01	陈学孔	陈学孔
	小提琴腮肩托	外观设计	CN201730077977.8	2017.09.08	陈景欣	陈景欣
	大提琴止滑垫	外观设计	CN201730156903.3	2017.09.15	许俊辉	许俊辉
	低音提琴脚轮	外观设计	CN201730051957.3	2017.09.15	湖州师范学院	闫萍
	一种小提琴腮托装置	发明专利	CN201720061070.7	2017.09.22	哈尔滨师范大学	孙文怡
	小提琴用肩托	实用新型	CN201720090572.2	2017.09.29	湖南城市学院	余雯
	一种大提琴教学用座椅	实用新型	CN201621095967.3	2017.09.29	广州市林图家具有限公司	熊勋
	一种提琴调节阻尼消噪的方法	发明专利	CN201710413905.5	2017.10.13	陆俊豪	陆俊豪
	夹板提琴钻孔器	发明专利	CN201710741657.7	2017.10.24	巫山县创想乐器工作坊	郑福建
	一种小提琴指板磨削设备	实用新型	CN201720284456.4	2017.10.27	武强县海艺乐器有限公司	杨丙田
	提琴琴马	外观设计	CN201730252578.0	2017.10.27	王平	马征、王威、穆子乐、王龙、穆玉峰、王平
	小提琴挂钩	外观设计	CN201730202712.6	2017.10.13	彭青云	彭青云
	一种小提琴用的持琴提示器	实用新型	CN201710675901.4	2017.11.10	宋汉鑫	宋汉鑫、丁芷诺
	组合提琴模板	发明专利	CN201710745607.6	2017.11.07	巫山县创想乐器工作坊	郑福君
	天然紫色提琴的刷漆方法	实用新型	CN201710745666.3	2017.11.03	巫山县创想乐器工作坊	龙颖、
	一种小提琴弹簧肩垫	实用新型	CN201720342749.3	2017.11.07	杨若婷	杨若婷
	一种按键式小提琴	实用新型	CN201720188687.5	2017.11.28	泰州裕泰乐器有限公司	王庆华
	一种弹拨式小提琴	实用新型	CN201720187885.X	2017.11.28	泰州裕泰乐器有限公司	王庆华
	一种多功能小提琴肩托	实用新型	CN201720361636.8	2017.11.21	杨聪	杨聪
	一种小提琴指板磨削加工夹具	实用新型	CN201720284449.4	2017.11.10	武强县海艺乐器有限公司	杨丙田
	大提琴架	外观设计	CN201730233828.6	2017.11.24	定州市靓音乐器有限公司	徐树强
	小提琴	外观设计	CN201730205075.8	2017.11.28	北京握拉菲首饰有限公司	刘建中
	小提琴座	外观设计	CN201730155947.4	2017.11.07	江西师范大学科学技术学院	杜钦
	小提琴弦枕	外观设计	CN201730143548.6	2017.11.17	李睿	李睿
	一种基于阻抗技术的低音提琴共鸣箱的声学评价方法及实验装置	发明专利	CN201710833775.0	2017.12.05	安徽理工大学	张军、汤红梅、张泽宇、李宪华、赵义、黎俊楠、袁翔、陆俊峰、王古超、张继明
	提琴木板直线手拉锯工具	发明专利	CN201710792668.8	2017.12.12	巫山县创想乐器工作坊	邓发科
	提琴油漆手套	发明专利	CN201710867848.8	2017.12.26	巫山县创想乐器工作坊	邓发科

续表

类别	名称	专利类型	申请（专利）号	公开（公告）日	申请（专利权）人	发明（设计）人
提琴	一种基于阻抗技术的大提琴共鸣箱的声学评价方法及实验装置	发明专利	CN201710832931.1	2017.12.05	安徽理工大学	张军、汤红梅、张泽宇、李宪华、赵义、黎俊楠、袁翔、陆俊峰、王古超、张继明
	提琴晾晒架	发明专利	CN201710837131.9	2017.12.08	巫山县创想乐器工作坊	张朝殿
	调节腮托的小提琴	实用新型	CN201720344339.2	2017.12.05	巴托克（天津）教育科技有限公司	崔杰
	一种小提琴肩托固定装置	实用新型	CN201720488990.7	2017.12.01	张媛	张媛
	大提琴万向止滑垫	实用新型	CN201720682194.7	2017.12.12	马博翰	马博翰
	一种可调位置的小提琴肩托	实用新型	CN201720428053.2	2017.12.15	泰兴市美音乐器有限公司	殷志荣
	一种可调的提琴拉弦板	实用新型	CN201720118692.9	2017.12.05	长沙师范学院	黄智敏
	小提琴	实用新型	CN201730365012.9	2017.12.26	陆平平	陆平平
	提琴箱挽手	外观设计	CN201730257351.5	2017.12.29	汤国柱	汤国柱
口琴	半音阶口琴（12孔48音黑天鹅）	外观设计	CN201630423616.X	2017.01.18	江苏天鹅乐器有限公司	陈滔
	口琴塑盒（12孔48音半音阶黑天鹅）	外观设计	CN201630423623.X	2017.01.18	江苏天鹅乐器有限公司	陈滔
	一种布鲁斯口琴	实用新型	CN201620766825.9	2017.02.08	江苏东方乐器有限公司	孔文忠
	一种防滑半音阶口琴	实用新型	CN201620766805.1	2017.02.08	江苏东方乐器有限公司	孔文忠
	一种39音双联低音贝司口琴	实用新型	CN201620767281.8	2017.02.09	江苏东方乐器有限公司	孔文忠
	蓝色口琴（24孔图案1）	外观设计	CN201630424111.5	2017.03.22	江苏天鹅乐器有限公司	陈滔
	包装盒（新款24孔高级蓝色口琴）	外观设计	CN201630423418.3	2017.03.22	江苏天鹅乐器有限公司	陈滔
	黑色口琴包装盒（新款24孔高级）	外观设计	CN201630423463.9	2017.04.12	江苏天鹅乐器有限公司	陈滔
	蓝色口琴包装盒（24孔）	外观设计	CN201630424080.3	2017.04.12	江苏天鹅乐器有限公司	陈滔
	蓝色口琴（24孔图案2）	外观设计	CN201630423534.5	2017.04.12	江苏天鹅乐器有限公司	陈滔
	金色口琴（24孔图案2）	外观设计	CN201630423550.4	2017.04.19	江苏天鹅乐器有限公司	陈滔
	一种高强度口琴管	发明专利	CN201610992407.6	2017.04.19	安徽四翔铝业有限公司	肖春红
	一种高性能口琴管	发明专利	CN201610992405.7	2017.05.10	安徽四翔铝业有限公司	肖春红
	半音阶口琴预热装置	实用新型	CN201621159819.3	2017.05.17	青岛科技大学	李涛、张茂东、胡冰涛、李坤凌、邢开、陈海龙
	口琴	外观设计	CN201630635550.0	2017.07.21	大余县东宏锡制品有限公司	饶日荣、肖英
	一种新型13孔口琴	实用新型	CN201621078714.5	2017.08.04	屠华 布伦丹·鲍尔	屠华、布伦丹·鲍尔
	一种双联低音口琴	发明专利	CN201710509060.X	2017.09.29	江苏天鹅乐器有限公司	陈滔
	一种电子布鲁斯口琴	实用新型	CN201720144878.1	2017.08.22	中国地质大学（北京）	胡杨丽江、陈聪
	一种网络虚拟口琴	发明专利	CN201710534924.3	2017.10.20	武汉理工大学	王汉熙、张衍平、陈冲
	PFA涂装半音阶口琴吹嘴	发明专利	CN201710829766.4	2017.11.24	胡雪畅	不公告发明人

续表

类别	名称	专利类型	申请（专利）号	公开（公告）日	申请（专利权）人	发明（设计）人
口琴	一种辅助演奏的口琴支架	实用新型	CN201720272549.5	2017.11.17	衢州美创乐器有限公司	陈兰
	笛声半音阶口琴	外观设计	CN201730195399.8	2017.11.24	张勋	张勋
	一种双联和弦口琴	发明专利	CN201710603234.9	2017.12.22	江苏天鹅乐器有限公司	陈滔
	半音阶口琴簧槽防粘盖膜	发明专利	CN201710829770.0	2017.12.12	胡雪畅	不公告发明人
	一种多功能炫酷口琴	发明专利	CN201710846087.8	2017.12.08	庄慧勇	庄慧勇
	笛声半音阶口琴	实用新型	CN201720578099.2	2017.12.08	张勋	张勋
	口琴	外观设计	CN201730322809.0	2017.12.05	张璐	张璐、何青

新产品

2017乐器行业新品纵览

【编者按：综观2017年乐器行业发展宏观趋向，在中国制造2025发展战略目标指引下，整体行业产研结构升级，产业结构优化，核心技术突破，品牌文化创意布局，成为乐器产业发展的鲜明时代特征。为集中展现乐器产业在乐器专用材料、音源结构设计、声学品质提升、数字音频技术和乐器专用配料的创新成果，本刊特别策划乐器行业新品纵览专题，旨在用图片和文字记录乐器从业者的创新智慧，在图文纵横交错中见证行业发展的时代脉搏。】

一、珠江钢琴·恺撒堡系列钢琴

恺撒堡EKA系列

恺撒堡专才系列提升版EKA系列是珠江钢琴集团专为音乐学院专业学习人士专向精做的新品系列。EKA系列在零部件安装和音色整理工艺要求上更加严苛，贴心设计提升学习热情，专业配置挖掘练琴者潜力。EKA系列音色细腻纯净，共鸣效果好，泛音丰富，产品声乐品质和弹奏性能提升结果可使演奏者享受演奏过程，更多技术细节处理提升学习热情，专业配置更能挖掘练琴者的潜力。EKA在技术更新后，拥有更加灵敏的弹奏触感，更及时接收弹奏信息，并作出即时反馈。纯进口欧洲雷诺弦槌遵循严苛音色处理标准，确保达到最佳共鸣效果。透音窗设计让钢琴琴音能够更加快速、全面地穿过上门板，保证弹奏者与琴音实时共鸣效果。木质踏板杠杆的使用杜绝箱体内共鸣杂音。同时，应用独立铜质低音弦扭保证低音弦之间震动互不干扰，音准更稳定。

恺撒堡KH系列

恺撒堡KH系列钢琴在欧洲传统工艺的基础上，全系列应用前倾背架技术，使弦槌击弦后倾角增大，有效提升立式琴“复振”性能，键盘控制更加灵敏和精确，新型击弦机还进一步改进核心零件，有效保证制音器同步启动，提升延音踏瓣控制性能。根据高、中、低音区琴弦的不同张力，KH钢琴背柱采用不等距、非对称式结构设计，均衡各音区承受力量，为整架钢琴提供强有力的支撑，保证弹奏性能和结构稳定。同时，KH钢琴高音侧前方脚轮采用人性化设计，可根据放置区域地面情况调节脚轮高度，保证钢琴平稳放置。值得一提的是，恺撒堡KH系列采用双背档击弦机，当演奏作品需要做降低音量、减少延长音效果处理时，背档顶杆推动背档转动，用缩短弦槌击弦距离的方式来减弱击弦力度。双背档击弦机在单背档击弦机的基础上加强和升级，保证弦槌柄能够更准确、安全地靠在背档上，精准地处理音量和延长音，满足高难度曲目的演奏要求。恺撒堡KH系列钢琴的不等厚实木音板等配置也是根据各个音区共振频率的差异性，通过物理数据在传统实木音板基础上改进，使钢琴的共鸣系统更符合自然规律，达到音区共振平衡，使高音通透明亮、中音圆润柔美、低音浑厚有力，音音相和相谐，富含音乐艺术性。

二、珠江钢琴·里特米勒RS系列

1795年源于德国的里特米勒钢琴作为欧洲名琴代表，饱含欧洲文化底蕴，以其欧洲琴柔美、纯净的音质和卓越的演奏性能著称。20世纪90年代，里特米勒这个欧洲著名钢琴品牌落户珠江江畔，并入了珠江钢琴全球品牌战略中。珠江钢琴钢琴设计制造团队在继承里特米勒钢琴经典欧洲底蕴的基础上，推出全新设计的里特米勒RS系列钢琴。这一支对欧洲名琴有着丰富经验的钢琴设计团队，尤以擅长设计钢琴核心部件——有着“钢琴心脏”之称的击弦系统而著称。团队耗时三年进行研发试制、并对击弦运动程序和击弦效果反复检测，成功为RS系列钢琴量身定制了一款全新的击弦系统。

RS系列钢琴以“简而雅”的概念让纯净的音色更富清灵之韵，传统的直线条勾勒出简约的气质，辅以小圆角修饰，别具一格的视觉搭配打造出简约而典雅的钢琴。RS击弦机、铁板、音板背架、弦列、键盘均为全新设计，所用木材在计算机全自动控制的干燥窑和抽湿房进行处理，最大程度上避免了因温湿度变化而引起的开裂或变形，在保证音色效果纯正的前提下，让击弦动作精确完成、优化弹奏手感。RS系列自推出市场便受到极大欢迎，专业的制造技艺和深远的文化底蕴使它逐渐成为珠江钢琴集团优质钢琴系列和中高端市场的主力之一。

三、上海民族乐器一厂敦煌限量版琴筝

“二十四节气”系列古筝

古筝是五声音阶旋律的乐器，即宫、商、角、

徵、羽，这五个音阶名称最早见于距今2600余年的春秋时期——中国音乐史上著名的“三分损益法”，而二十四节气对应的十二律吕亦是用三分损益法求得。二十四节气是中国古代订立的一种用来指导农事的补充历法，是古代劳动人民长期经验的积累和智慧的结晶，于2016年11月30日被联合国教科文组织列入《人类非物质文化遗产代表作名录》。古筝与二十四节气，同样是两千多年沉淀的文化瑰宝，如今相融生辉，共同彰显中国传统文化的魅力。此系列古筝是由“海上画坛”执行主编张雅歌创作设计，将中国农历中表示季节变迁的24个特定节令，用工笔画的语言来解读、展示，这何尝不是一种美妙而有效的方式呢？

便携式微调短筝

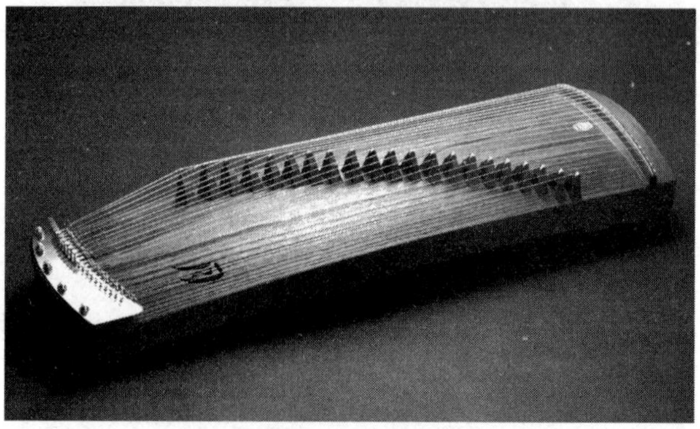

为满足消费者的多元化需求，上海民族乐器一厂推出了短于常规古筝的1.18米短筝，不仅保持了优秀的声学品质，且具有便携、节省空间等优点。该短筝还设有微调装置，可以在不移动筝码的情况下实现快速调音。上海民族乐器一厂已为其申请专利。

梵音系列限量版乐器

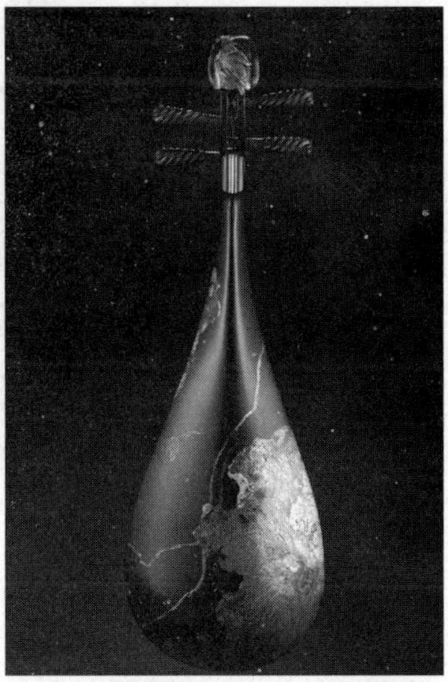

古丝绸之路不仅是一条通商易货之道，更是一条知识交流之路。她的开放包容、互学互鉴，带来了丰富的文明成果。上海民族乐器一厂与漆艺大师翁纪军协同创作梵音系列限量版乐器：琵琶、古筝、二胡、中阮。一花一世界、一叶一如来、一方一净土、一笑一尘缘、一叶一菩提，其音其景其境，需静心品悟而得之。梵音系列限量版乐器以佛学理念为设计元素，在装饰方面运用中国传统髹漆工艺，大漆材料源自大自然，是一种有生命的漆树的汁液，大漆品性温润谦和，质地刚柔并蓄，极具视觉美感。运用这样的材料进行表现，也应和了一种禅意。梵音系列限量版乐器设计元素来源于富有禅意的自然植物，如菩提叶、莲荷、竹，以及山石、袅袅的云烟等，运用戗金、敷箔、莳绘、罩染、磨显等工艺技法进行符合现代审美的装饰表达，风格中写实与抽象的对比、构图中疏与密的对比、色彩中明与暗的对比达到集禅意、雅韵、漆语于一器之境界。

四、海伦钢琴智能电钢琴系列

海伦i·Piano1智能钢琴

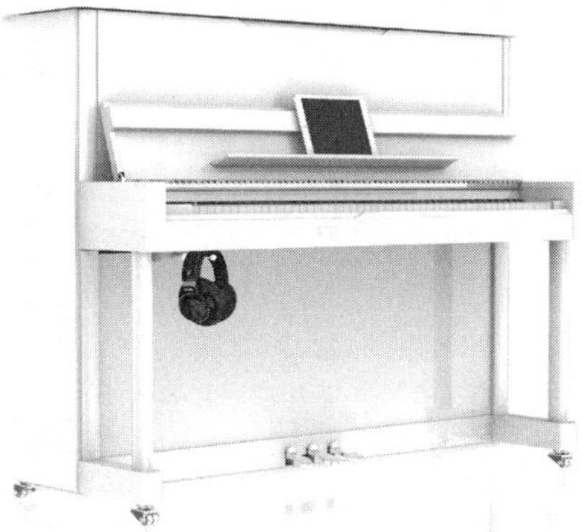

i·Piano1是一台优秀的传统声学钢琴，也是一台拥有智能硬件、静音系统的现代化钢琴。制造过程中全程运用定位工艺，弦码与音板、音板与背架、背架与铁板、背架与外壳的装配过程全部采用定位孔工艺发明专利，使钢琴的装配精度得到了更好的保证。采用德国进口FFW特制毛毡，弦槌弹性、硬度分布均匀，有效提升音质，并具有良好的耐用性和耐候性。i·Piano1内置i·Piano-keyboard光学传感系统，能够精确收集演奏者弹奏时的音准、节奏、力度、时值四大信息。采用更加科学的静音设计，在不破坏传统钢琴音色与手感的静音模式下，音源无限接近传统声学钢琴的优美原声。该产品搭载海伦智能钢琴App，可实现实时采集音准、节奏、力度、时值等数据进行核对，完成纠错和录制功能，超5000首曲谱任您挑选弹奏，启蒙教材、流行音乐、原创歌曲、考级曲目、轻音乐、名家作品、海伦钢琴教程、游戏动漫等一应俱全。

海伦Q2智能电钢琴

海伦Q2智能电钢琴可以通过数据线与iPad连接，通过“海伦智能课堂”App、“海伦智能钢琴”App，配合迪士尼海伦钢琴教程，更有趣、更有效地学习钢琴。海伦Q2智能电钢琴配置有LED灯带，可以在与iPad交互学习中进行指法显示。海伦Q2智能电钢琴配置88键标准重锤金属支架键盘，支持通过USB接口进行MIDI输入/输出、数字音频播放、MIDI音频播放、5V—2A充电。348种音色，最大复音数达到196，伴奏100种，移调范围-12—12，支持双音色开关和双键盘开关，配置6.5寸扬声器。

五、柏斯音乐集团高端精品系列

高天钢琴The Louis Quinze 192

高天钢琴The Louis Quinze 192，是2003年德国布伦瑞克高天钢琴公司专门为艺术收藏家设计的高端三角钢琴。钢琴外观灵感来自纯净神圣的欧洲雪山，造型独特而出众，同时又兼具柔美神秘气息。钢琴蜿蜒的弧线和优雅的S曲线，由经验丰富的德国艺术工匠，用24K纯金箔花费近两百个小时手工打造而成。钢琴的多个重要部件和全部的金箔装饰部分，由钢琴工匠纯手工打造，力臻完美。高天钢琴The Louis Quinze 192，凝聚着高天钢琴公司180多年的制造经验和工艺积累，汇集全球钢琴制造业最具标杆的选材，是工业时代颇具匠心的钢琴精品。它是许多钢琴家的灵感缪斯，拥有欧洲传统钢琴独有的触感和演奏性，以及令人印象深刻的广泛音域和平衡均匀的音色。高天钢琴The Louis Quinze 192，华贵的外表，精益求精的选材和精雕细琢的制作工艺，不仅是音乐舞台上璀璨的精灵，更是名望与尊贵的象征。它凝聚着传承百年的宝贵经验和无法计数的手工劳作，结合了艺术与收藏的价值，至今仍是收藏家们眼中青睐的艺术圣品。

长江钢琴冠军系列IPC—6

高端民族品牌长江钢琴，全新力作“冠军系列”荣耀登场。长江冠军系列，以国际钢琴大赛冠军演奏者选用的演奏会用九尺钢琴CGF—X1为蓝本，完美复刻九尺钢琴最精华、最高标准的部分技术，凝聚长江九尺钢琴数代制琴工艺，国际专家团队倾力研发，以更灵敏的触感、更饱满的音质、更强的爆发力，为追逐冠军梦想的人特别定制。长江钢琴冠军系列，使用来自美国阿拉斯加原始森林、树龄超过三百年以上的云杉制成音板，让钢琴的共鸣效果更好，声音的层次更丰富。在共振系统的工艺上，经过特殊设计增强了音板的振动面积，让钢琴低音和中音特别饱满。采用网状结构铁板，让它的承重力更接近于演奏级三角钢琴，保证音质的稳定。长江钢琴冠军系列中的高端立式钢琴IPC—6，承袭CGF—X1制琴工艺，具备典雅深邃的外观，选用了珍贵细腻的材质。同时，13位整音大师用较真和严苛的态度，灌注到听、判、调三大步骤中，让钢琴更能表达演奏者心意。冠军IPC—6钢琴，经得起演奏者们近乎完美的挑剔，也能承受严峻的赛场考验，是演奏者舞台上的最佳伙伴，也让冠军梦想触手可及。

WST 吉他

WST吉他出自以生产钢琴而闻名世界的Wilh. Steinberg，代代传承的制琴艺术和苛刻的选材标准为WST吉他造就了极高的起点，百年钢琴品牌赋予了WST吉他独特的魅力。WST吉他集合世界最优木材，夏威夷相思木、北美

硬枫、巴西玫瑰木等。通过研究西加云杉的特性，优化音梁排布的设计。运用钢琴音板及干燥技术，在最适宜木材干燥的北纬 35° 附近地区，进行天然干燥、人工处理，保证了木材的发声特性和耐候性。全PU漆手工喷涂，最大化发挥声音的传导，传递出更加自然和谐的声音。从经典全能D桶型到最适合SOLO的SJ桶型，囊括各种音乐风格款式。全面覆盖所有价格段，无论入门乐手还是专业乐手都能找到满意价位的产品。每把WST吉他都要经过1100多道工序的加工，才能完工出货。每把吉他都独一无二，拥有自己的个性。WST吉他，以德国严谨的乐器制作为标准，为全世界的吉他爱好者和专业乐手制作超高品质、音色丰富的吉他。

六、河北金音乐器集团吉他管乐精品系列

金音吉他海豚系列&蜂鸟系列

金音海豚系列　　金音蜂鸟系列

该系列产品是金音人以“以匠人之心，铸音乐之魂”为宗旨，集聚多年的生产经验和技术研发的成果。这两个系列的吉他,为了满足广大吉他爱好者对品质、声音、风格不断地追求，采用先进的恒温恒湿处理设备,板材斟选从湿度、外观、声音等多角度出发；完美的共鸣箱配以独特龙骨设计，增强声音共振延展性能、更宜于琴声的展现；精工细作，打造高端的品质。金音吉他您值得拥有！

金音中音萨克斯V40系列

该系列是金音人携多名演奏大师和消费者共同协力打造而成，能够满足客户对高品质的要求，由多年经验丰富的技术团队组装完成。符合人体力学的结构设计，间距合理，键型紧凑，稳定顺畅的操作性，音准好，吹奏通畅，按键运动灵敏，手感舒适，管体表面光亮、均匀、牢固、色泽一致。

金音立键上低音号V40系列

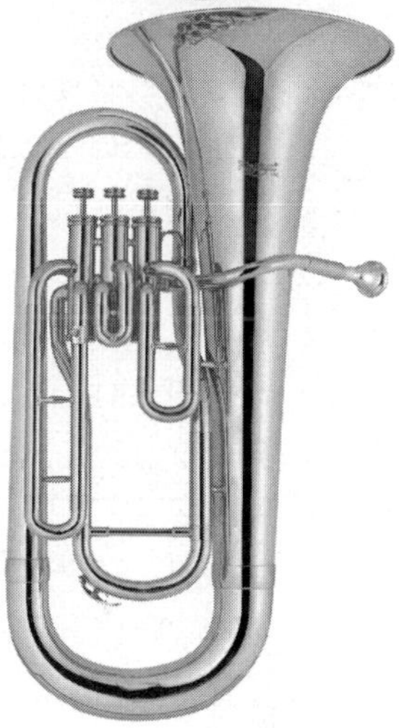

该系列是金音人对力学和美学完美追求的呈现，发音灵敏，吹奏通畅，演奏感强，气密性能好，按键运动灵敏，调音管、附管滑动流畅，各部件装配准确，吻合严密，拆卸方便，拉动自如，管体表面光滑无加工伤痕，漆层光亮均匀、牢固耐磨、色泽协调。球型接口设计，手感舒适顺滑。深受演奏者的青睐，市场竞争力极强！

七、天津津宝乐器管乐、行进精品系列

行进系列产品

津宝乐器公司自2005年以来投入很大的资金和技术力量致力于行进产品的制作与研发，经过这十几年的不断探索和创新，产品种类和品质方面相当的醇熟，根据不同的年龄层次研发出不同风格和特性的行进系列产品。其中由津宝乐器与美国蓝魔蓝色教育系统联合开发的木腔与碳纤维材质的行进打击乐系列，在保证专业乐团对音色要求的同时，减轻了演奏者的负重强度，整体设计可以更好地使声音清晰有力地传递，更有效地使音响效果具有投射性、指向性，根据人体工学设计的背架使行进表演中更贴合演奏者的身体，稳定而富有表现力，此系列的产品的荣获多项国家专利；同时针对小学生特别研发了便携系列产品，此系列产品是兼顾了丰富的声音效果与轻便性，使幼小的演奏者更加容易演奏，进一步实现了更轻，更薄，在产品结构设计方面更加适用于在成长中的小学生。行进管乐器系列产品有：行进小号、行进美音号、行进次中音、行进上低音、满足不同类型及年龄层次的需求，并完美的诠释乐曲所要表达的意境，展现行进管乐的魅力，多个键形设计，满足不同人群的需要，按键手感舒适符合人体工学性能，演奏时触键灵活，气密性良好，机械性能协调统一，外观处理均匀、工艺美观。

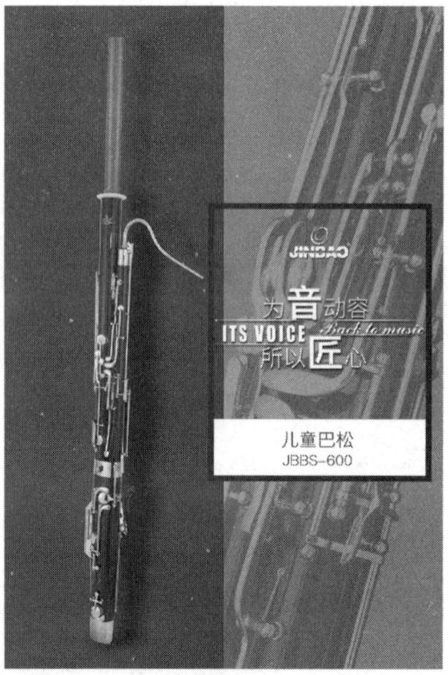

儿童款大管（巴松）

津宝儿童巴松，调性为C调，是一款非常适合于小学生使用的产品，设计理念是在标准巴松的基础上，注重发音的灵敏和缩小把位和重量，使学生演奏更加灵活自如，管体材质为精选色木加工而成，音键为白铜冲压件，管体外观喷漆处理，音键分为镀银和镀镍，喇叭口材质为有机玻璃，使乐器整体重量轻，小把位的音键设计，更加人性化，音准和音程关系稳定，发音灵敏，声音通畅，高低音音色统一，音色更加饱满和圆润，可满足演奏者的需求。

津宝 MASTER　61键五组马林巴

此款为津宝中国打击乐签约艺术家、旅德打击乐博士、打击乐演奏家胡胜男女士和西班牙打击乐演奏家托尼·费洛雷，劳尔·费洛雷共同代言和推荐的，此款马林巴采用了精心挑选的进口洪都拉斯玫瑰木所制成的敲击音板，由技术工程人员运用力学原理精心设计、制作、调试而成，富于高尚贵族色彩的金色音桶，外加便携式音桶调节装置，使音准、音色更加完美、丰富，音域更加宽广，全新款式的框架，金属与木材有机结合，外观设计美观、大方，便携式手摇式调节装置设计,更加人性化，可随意根据演出者的身高调整高度，带刹车的轮子使演出、搬运更加方便、快捷，整体色彩的搭配给人一种高端、大气的感觉，满足了专业演奏者对马林巴的高标准要求，明显的商标位置，更能体现“津宝”品牌作为中国驰名商标的综合实力的体现。

八、红棉乐器精品吉他系列

红棉DR-3吉他，拥有实用新型专利证书，专利号（ZL201220658943.X），银龙采用双面板工艺，既有温润音色，每一块都有独特的自然气息，包含生命肌理。G83型号精品吉他，只为小众的天然原声。世事纷扰，拨动琴弦和自己的初心对话；入骨相思，细品清醇与海阔天空的自由。C11型吉他选取天然原木，包含生命肌理。音色细腻而多变，丰富的和声，多声部的演奏能力，对不同情绪风格的音乐诠释自如。

九、乐海乐器弹拨乐器精品系列

“阮族”系列产品

阮是民族乐器中具有代表性的主要弹拨乐器之一。乐海乐器有限公司与中央音乐学院著名中阮演奏家、教育家徐阳教授，为了推动民族乐器的发

展、充分体现民族音乐文化特色，保持古典风格融入现代科技制作手段，经过双方的共同努力，研制开发了《徐阳牌·阮族》系列产品，并申请注册了《徐阳牌·阮族》商标以及国家专利。《徐阳牌·阮族》系列产品在外观、音色、音量上更加满足现代民族音乐审美及音乐表现的需要。其特点是：“造型优美典雅、音色甜美圆润”。产品在延续古制琴头的基础上加以设计，形似汉代官帽、以示尊贵，形成典雅独特的风格。根据民族乐器声部和组合演奏形式的需要，设计制作了高音阮、小阮、中阮、大阮系列《徐阳牌·阮族》产品。《徐阳牌·阮族》系列产品分为专业级、演奏级。专业系列挑选各种优质材料，名师制作，适材加工，为专业演奏用琴；演奏级系列精选各种名贵材料，由名家精制而成，并由徐阳教授亲自挑选外观、音色、音质。发音孔沿袭古制月牙形，与圆形腔体形成对比，意味阴阳合一，和而不同。在制作技术上，采用了齿形榫接工艺，避免北方气候干燥、南方潮湿所引起的腔体开裂、变形等诸多问题。针对有些阮指板过窄影响左手推、拉、吟、揉等技巧的发挥，以及有些指板过宽限制右手快速过弦与左手换弦按音的问题，阮族系列产品反复实验调整了指板宽度、弦距、琴杆角度，既方便了演奏，更体现了极佳的音乐效果。

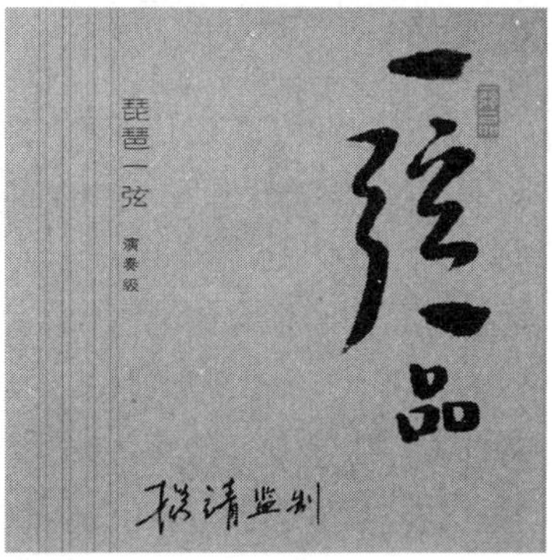

一弦一品

为乐海乐器高端琴弦品牌。当代乐器学认为：弦不再是

传统概念的配件，而是乐器核心技术的组成部分，从某种角度上讲，琴弦是乐器音色、音准的生命。目前传统的琴弦制作技艺均采用人工缠弦排列，很难控制单位密度均匀，从而导致音准偏差。为保证“一弦一品”琴弦的高品质，每一支琴弦都经过科学的数据设计，采用德国勒斯劳蓝牌音乐琴钢丝及定制外缠弦材料，并且乐海乐器引进、研发高精度自动缠弦机，在恒温条件下进行加工制作，使琴弦的泛音清晰准确、音准稳定。“一弦一品”首期推出扬琴、琵琶、二胡、阮系列高端品牌琴弦。其品牌理念和目标：做中国最好的弦品。

十、烟台博斯纳钢琴创新成果

博斯纳GBT127BB立式钢琴

博斯纳立式钢琴中的高端产品，采用了原德国博斯纳钢琴的设计理念和工艺技术，悬浮式音板是其中尤为独特的精品理念，极大地增强了钢琴音板振动的整理共鸣效果，减少了音板振动过程中的振动阻抗与声功率的衰减，从而造就了博斯纳立式钢琴独特的中低音效果。本款产品高音明亮通透，中低音浑厚雄壮，延音绵长震撼，媲美小型三角钢琴。

博斯纳GBT系列升级换代的三角钢琴

由当今德国著名设计大师精心设计，在音源加工、机械装配调整、音色音质、弹奏触感等方面，都采用了当今世界顶级的——德国贝希斯坦钢琴公司科学先进的制造技术、加工工艺，其声学品质和演奏性能无与伦比，完美地体现了德国钢琴圆润柔和、厚重绵长的音质音色特点。其键盘和击弦

机的加工装配与调整，均采用了德国的标准与专业要求；琴弦采用了德国露丝劳琴弦钢丝；榫击榔头采用了德国软纳或阿贝尔的产品，使键盘的弹奏触感更加灵敏舒适，从而进一步确保了烟台博斯纳钢琴纯正而独特的德国风格；弦轴板、中密板等其他重要部件均采用高品质进口材料；外观装饰采用的是传统的镶嵌贴花工艺，造型古朴典雅，尽显欧洲风范。

博斯纳GBT217型大三角钢琴

舞台演奏专业使用的大型钢琴，完全采用融合了欧洲德国的高品质专业三角钢琴的设计依据和理念，除了大量采用计算机数据计算和辅助设计外，在加工制造中采用了大量的德国的先进而严格的隐

形技术。其音量宏大、音色优美，既浑厚雄壮、圆润绵长又明快透彻；键盘触感舒适，弹奏自如，表现力丰富多彩。其声学品质和演奏性能均为专业演奏级大琴，获得了国内外众多钢琴大师演奏家的高度评价。博斯纳立式钢琴和三角钢琴，不仅做工精细、声学品质优良，而且具有非凡卓越的演奏性能，既可以充分精确地演奏古典音乐，也可以完美的表现现代音乐和爵士音乐的品位风格等。

十一、"吟飞"第二代全新系统电子管风琴——RINGWAY RS800 E—Organ

由吟飞科技（江苏）有限公司自主研发和生产的第二代全新系统电子管风琴RS800， 是一款延续和继承了RS1000E优秀基因，全新打造的具有弧形琴身设计、RWA第二代音源、中/ 英文UI界面、强大的音频文件支持、上/下双61键键盘、25键标准脚键盘、强大的双踏板、便捷的USB、超强的PAD等一系列强大功能的电子管风琴。另外，全面而又丰富的作品及配套教材资源，受到全国众多知名教授、专家及教师团队的青睐。"吟飞"RS800是一款适合全年龄段人士学习、教学和演奏的电子管风琴。愿它和我们一起，为中国电子管风琴事业的发展炫出自己的力量!

全新的音乐助力——Nektar T系列MIDI键盘控制器震撼上市

由吟飞科技（江苏）有限公司生产的全新高端主控键盘——T系列是目前市面少有的主流DAW无缝兼容并且支持快速插件控制的全能主控MIDI键盘。T系列MIDI键盘包含T4(49键)和T6(61键)两个版本型号，全面强化了音乐制作和插件控制等功能。

全新的Nektar T系列MIDI键盘针对编曲用户，强势加入了硬件的音符连奏和键盘和弦功能，并设计了相应的独立模式来丰富各个功能的创造性。现在，用户能够无须第三方软件，直接使用T系列MIDI键盘硬件的连奏模式和和弦模式进行音乐创作了。

在连奏模式中，用户可以实时调整T系列MIDI键盘的打击垫或琴键连奏的节拍、速度、力度摆幅和触发门限等参数，同时允许使用外部MIDI设备进行时钟同步，或是将T系列键盘的触发时钟同步至外部设备，非常适用于Hip-Hop等节奏类音乐的制作需求。

在和弦模式中，用户可以将自定义的和弦型录入琴键并保存，录入结束后，可以通过触发任意琴键，来直接根据用户录入的和弦型进行和弦演奏。

音符连奏和键盘和弦功能的加入，使T系列键盘控制器成为时下最高效的音乐创作工具。强大的软件控制功能和音符演奏功能结合，能够让用户在一台设备上得到多种设备协同创作的使用体验。

十二、江阴金杯JH高端手风琴系列

JH5050是由美国著名手风琴设计大师设计，江阴金杯安琪乐器有限公司最新研制开发的一款高档回声演奏琴，吸纳了国际最新手风琴设计理念，外观时尚新颖，采用烤漆工艺，加入七彩闪光点，色

彩绚丽，能有效增强舞台表现效果并可满足演奏者个性定制的需求。JH5050手风琴音域宽为e—f，50个有效音。回声结构采用了“2+2”音列组合结构模式，变音器设计在后背，采用往复模式使琴面更加简洁美观，操作更加便捷。内置风箱框的应用使外观简洁明快，增强气密性，使演奏更轻松。贝斯机采用了一体式结构，增强了推杆的强度，提高了工艺的精度，最大限度减少金属撞击声对演奏效果的影响。JH5050手风琴采用高等级原装进口意大利簧片，发音灵敏度高，音色纯厚。JH5050手风琴手感舒适自如，能充分满足演奏者对高档演奏用琴的需求。

JH2012HA 120BS四排簧手风琴是江阴金杯安琪乐器有限公司最新研制开发的新款演奏用琴。JH2021HA120BS手风琴在保持传统手风琴结构的前提下，键盘采用穿键结构增强键盘的稳定性和演奏的舒适度，对贝斯机、风箱框和下琴箱进行了改进，提升了该款手风琴的品质。JH2021HA 120BS手风琴采用独特的贝斯机结构，增强了贝斯机强度，缩小了零部件间的公差配合，精度提高，减轻贝斯机重量，降低金属撞击声对演奏效果的影响。风箱框采用内置形式，增强了美观和气密性。降低了下琴箱的高度，缩小了整琴的体积，更符合人体工学原理，演奏更加舒适。该款手风琴采用高等级意大利原装进口簧片，发音灵敏，高音明亮，低音浑厚，音色纯正。JH2021HA 120BS手风琴作为高档演奏用琴是演奏者和广大手风琴爱好者理想选择。

JH1641坤琴系列是针对长期困扰手风琴使用者的一大难题——体积大、分量重而专门研制开发新系列的手风琴，和传统手风琴相比，由于上盖采用了“插入式”设计，收窄了白键的尺寸，使整个琴的重量减轻了18%，整体尺寸缩小15%，给体型娇小者带来了福音，白键采用玛瑙制作，更显端庄大气。采用了国际最先进的“一体式”贝斯机，和传统的“分离式”贝斯机相比，间隙更小，灵敏度更好，零件表面光洁度更高，摩擦系数减小，金属撞击声明显减弱，从而提升演奏的质量。上盖键杆的固定方式由传统的鞍马悬挂式改为串键固定式，有效控制了键杆传动机构因间隙过大产生位移而发出的撞击噪音，使得手风琴音色更加纯净。

十三、三益钢琴精品系列

NSG158HS/SA—EBHP

享誉世界的三益钢琴，由克劳斯·芬纳、卡尼·本森和马尔乔·扎克尼等世界最卓越设计大师精心设计，凝聚了全世界天才艺术大师们卓越的才华和超群的技艺。三益钢琴通过内部乐器专业研究所和美国、日本、德国等世界优秀音箱研究所技术的紧密交流使三益钢琴的声音达到了晶莹浑厚的独特境界。NSG158HS/SA大到音板，小到昵毡都由经验丰富的技师严苛筛选，制造中的每一道工序都那么细致入微，展现完美的SAMICK。NSG158HS/SA钢琴中的极品，极具收藏价值。

SK300NSTD/SA—WAST

三益60周年纪念版立式钢琴，集三益60年的技术工艺于大成，音色浑厚圆润，传统钢琴设计与精巧的现代工艺结合，备受世界乐迷青睐。最尖端钢琴技术工艺和60年三益文化传统的巧妙融合，精湛的设计和技术的完美糅合创造而成。三益技术团队为了追求丰富多彩的琴声幅度、优美的音色和完美的音质，用热忱和真诚缔造了每一块精致的键盘和丝毫不差的音律，演奏者由指尖感觉到的真实触感，快节奏重复演奏法和颤音演奏法需要的弹力适度击弦机，以及采用目前最新设备，以真空铸造法生产的钢琴架等，精雕细刻制作而成。

ED168—PMHP

170年历史沉淀的赛乐尔钢琴，历经四代人的不懈努力，创造三项专利技术使赛乐尔钢琴拥有无懈可击的透明声线，完美无瑕、纯净清澈是每一台赛乐尔钢琴的共同特点。SEILER’s patented Membrator Systerm系统利用仿生学原理，模拟人耳鼓膜的机制，加大钢琴音板共振，从而优化了钢琴的音质。SEILER Tonal Volume Stabiliser专利技术是一种音量稳定系统，利用它来加强共振板弹性，增强共振频率，从而延长共振板使用寿命。保证赛乐尔钢琴数十年音质音色洪亮饱满。SEILER Super Magnet Repetition Action。

在造琴技术上更有突破意义的，当属赛乐尔SMR专利技术。利用同极磁铁相斥的机理，以磁石取代传统的音锤弹簧，大大地加快了音锤感应速度，为演绎快节奏钢琴作品提供技术保障。

十四、德国博兰斯勒限量版高端系列

165周年纪念版 德国博兰斯勒HIVE特别定制水晶未来之谜系列

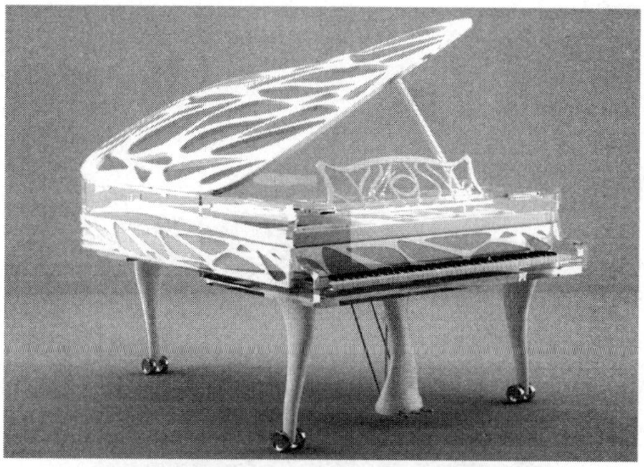

拥有最精湛的工艺、黄金般音色的内在，同时拥有精致奢华、与未来主义风格完美融合的外观，这个从蜂巢中得到的启示继而产生的充满未来感的钢琴设计，再次展现了博兰斯勒令人振奋的想象力与创造力！在这个历经5代家族传承、始终屹立在钢琴制造行业最尖端的品牌创立165年之际，它又一次克服了所有常规的“不可能”，这一设计也被誉为是现代钢琴制造和设计的巅峰！

德国欧米勒二百周年纪念版 德国欧米勒Art Design系列“Van Gogh”

德国欧米勒Art Design系列全新推出新款“Van Gogh”(梵高)，这一作为德国欧米勒钢琴200周年特别纪念版新款的外观及配置，都使它当之无愧地成为焦点中的焦点！巧夺天工的胡桃木瘤纹，经最原始的手工打磨，光滑入镜；高贵厚重质感的胡桃木瘤纹与优雅精致的亮光漆面完美拼接，天衣无缝。透露出庄重的王者之气！其采用的加大音板，面积甚至超过市面上的小型三角琴音板，板芯采用直拼结构，发声时振动达至最大值，使演奏者轻松获得最佳音质。

德国霍普菲德K5E

德国霍普菲德钢琴作为德国博兰斯勒集团旗下德国隆尼施钢琴产品线的重要品牌，定位为具有德国血统德国品质最高性价比的中高端产品。继2014年德国博兰斯勒集团于河北衡水投资24亿打造德国隆尼施钢琴产业园之后，2018年底德国隆尼施钢琴产业园已计划开始全面投产。今年全新推出的霍普菲德K5E高度为123cm；在常规123型号的设计与基础配置之上，其核心部分特别升级采用了博兰斯勒定制马克音源系统。使钢琴的音色更加出色，音准更加稳定。

十五、河北华声管乐精品系列

华声品牌儿童萨克斯

HSER-909是专门为儿童量身定做的迷你萨克斯，产品音色具有丰富的表现力，吹奏感极佳，产品音色圆润温暖。该萨克斯没有复杂的音程，极易吹奏，使儿童能挥洒自如易掌控，对于管径开口的特别设计增加了在演奏各音域乐曲时的灵活性。乐器配备优质垫片，淬火烤蓝针簧、彩色珍珠按键、漆金镀层、手工雕卡通图案喇叭口的完美结合更符合儿童的喜爱。

HSER-909儿童萨克斯拥有明亮精准的吹奏效果、操作自如及轻松舒适的演奏体验感。华声品牌萨克斯之所以具有极高的吹奏性和操作性，其关键在于华声拥有一批技艺精湛，经验丰富的专业技师，每支乐器组装完成后，又经过专业技师调试将每支乐器调整到最佳状态，确保每支乐器都能以最完美的样貌呈献给小朋友们。

华声品牌儿童长笛

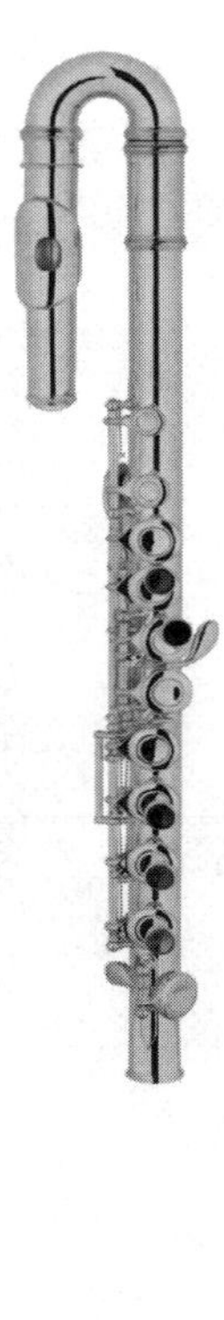

HSER-400是专门为儿童量身定做的，产品音色具有丰富的表现力，吹奏感极佳，产品音色圆润温暖。该产品更符合儿童的臂长等身体特征极易吹奏，对于唇片吹

口的特别设计增加了针对儿童口形元素，使儿童能挥洒自容易以掌控，在演奏各音域乐曲时更具有灵活性。贝姆式曲列设计、乐器配备优质垫片，淬火烤蓝针簧、彩色珍珠按键、亮银镀层的完美结合，深得小朋友的喜爱。HSER-400儿童长笛音色柔美清澈、音域宽广，操作自如及轻松舒适的演奏体验感。华声品牌长笛具有极高的吹奏性和操作性，40多年管乐器制造的丰富经验以及专业的技师，是每只每支乐器都能以最完美的样貌呈献给小朋友们的保障。

华声品牌系列行进号

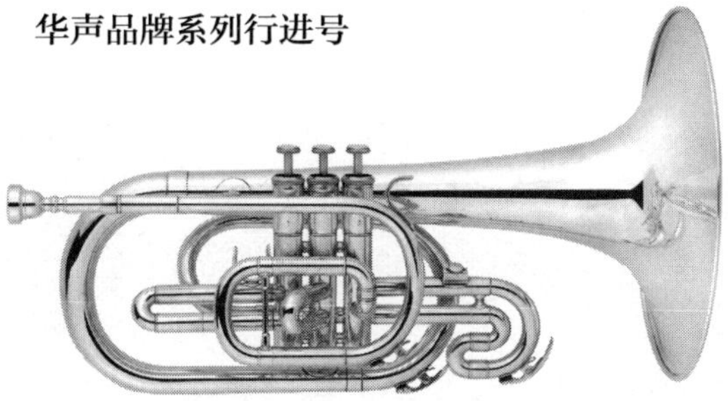

HSY-6351美乐风号配备专业立键活塞系统使演奏能更快速，顺畅和准确的运作。同时更为细致地关注了行进乐器支撑物的牢固定位，以及活塞系统和人体工程学角度安排。行进美乐风号HSY-6351针对室外演奏的特殊性，是更适合在队形变换的同时进行音乐演奏的乐器。该乐器音乐演出效果极佳，适合快速响应，它能为那些极其轻柔、甚至断章的部分提供所需的保证。HSY-6351提供一个非常轻柔和精益品质的音色，他具有铜管乐器的特色，但又温和高雅，在铜管乐器和木管乐器之间起到媒介作用。HSY-6351美乐风具有小号跟圆号的双重吹嘴管设计，不但能吹出铜管乐器嘹亮的声音，还能吹出木管乐器的柔美之音，适合不同场景音色的需求，并达到美育和体育的完美结合！

十六、英昌乐器精品系列

英昌钢琴：YP125F BDRCP-S 源承英昌60周年创新音源设计

英昌60周年经典纪念款，集合英昌人对艺术作品一丝不苟的创作精神，产品外观雕工精湛细腻，细节处理栩栩如生，精细打磨、多道喷漆， 使得产

品光泽亮丽质感强烈。内部精选上等进口资材，从产品的内在工艺到创意外观设计一丝不苟，彰显欧洲雍容华贵生活的设计风格，并拥有高雅纯净的皇室音色， 堪称英昌乐器60周年典藏之作。

Kurzweil数码钢琴MP320 产品媲美真实的钢琴体验，2GB超多音源！

精选88 种触动人心的音源组合作为出厂设置。Kurzweil独有的“KSR”(键盘发送收系统) 产生的琴弦共鸣效果和半踏设计，使爱乐人倾听最新高清音质Japanese Grand (特别优化后的MP310/320) 和German DGrand 。还包括从Forte SE款广泛地选

择了大量定制音源，如Harpsichord，73 Rhodes and Celeste。

琴体设计简约时尚，配置缓降钢琴琴盖，可以满足任何家庭、学校和正式音乐场合的需要。内置节拍伴奏模式&节拍器，在演奏中可享受69种多样化的预录鼓点音轨和传统节拍器模式带来的体验。配有标准持音踏板（有半阻尼器效应）、延音踏板与柔音踏板。两种琴键可供选择：全配重分级锤感键盘（MP310），或是具有真实钢琴的演奏效果的木质全配重分级锤感键盘（MP320）。两款琴体都配有3点速度传感器。配备一个操作简易的、带有录音插入功能的单轨歌曲录音机，可以录音、完善和存储多达10首自己弹奏的乐曲。拥有简单、清晰的控制面板和单镀铬的LCD显示屏，包括声音/节奏/歌曲选择，变调功能、音色分割/音色叠加/双钢琴演奏模式等，让所有功能的使用都变得简单。这款数码钢琴有红木纹理和白色两款琴身设计，都配有固定的乐谱架、滑动式键盘琴盖、双25瓦、4—扬声器立体音响系统。

2018 中国乐器年鉴

CHINA MUSICAL INSTRUMENT YEARBOOK

海外资讯篇之一：全球乐器与音响制品行业225强

2016年全球乐器与音响制品行业225强综述

【编者按：近日，美国《音乐贸易》2017第12期发布《2016全球乐器音响225强榜单》。2016年，随着美国和世界经济持续复苏，乐器音响225强总营业收入达210亿美元，再次创下十年新高，较2015年206亿美元略有增长。】

225强公司涵盖世界五大洲，来自27个国家和地区，员工总数120,744名。既有雅马哈、施坦威、珠江、布菲和芬达等国际品牌公司，也有众多快速崛起的新兴成长型公司。2016榜单前三位分别是日本雅马哈（营收38亿美元），美国吉普森（营收16.6亿美元），美国哈曼音响（营收10.1亿美元）。2016年全球乐器音响225强上榜公司来源国家和地区依次为：美国75家，中国32家，日本26家，德国18家，意大利10家，英国9家，加拿大7家。入围的中国公司数量列世界第二，2016年列入225强榜单的中国公司共42家，2016年新增上榜公司包括上海知音音乐文化股份有限公司、江阴金杯安琪乐器有限公司、烟台博斯纳钢琴制造有限公司、杭州沃尔特数码钢琴有限公司、东莞市龙健电子有限公司、广东龙声乐器制造有限公司等。

不少上榜的225强公司的业务经营范围并非仅仅局限于音乐制品行业。森海塞尔公司制造的集成电路传感器广泛用于通信产品、音响、广播设备；QSC生产功放产品用于影剧院音响系统；吉普森营业范围也不仅仅是吉他，在消费电子产品市场也很活跃。如何定义音乐制品公司？乐器制造公司，麦克风生产商，音乐软件开发公司，乐器批发商或专业经销商这个问题本刊在编撰全球音乐制品公司榜单时常会遇到。流媒体数据库有4000万首歌曲，涵盖莫扎特、金属、朋克、民谣等各类音乐风格，各类音乐风格需要相应的乐器才能创作出来，因此，与音乐相关的音乐制品和音响均在统计范围之列。本刊尽可能剔除各大上榜公司的非乐器类营收金额。如无法确定，我们只能将该公司全部营业收入计算在内，因此可以发现，2015年全球音乐制品行业总产值为160亿美元，如将2016年度全球乐器和音响225强公司的所有营收收入计算在内总额达210亿美元，已超过2015年全球音乐制品行业总产值。

榜单中收录的50家大型音乐制品经销商也提升了总体销售数字。例如Ibanez吉他向细川公司销售首次交易，但其产品又被其他国际经销商转销，则被计算一次。因缺乏确切数据去除重复计算，我们只能将其计入销售总值，预计重复收入金额约占销售总值的45%。

表面上，榜单反映的只是数字金额，并不能完全体现出225强公司为社会做出的卓越音乐贡献，榜单的背后，实际反映出各大公司领导团队的知识、能力和智慧。大多数公司管理者认为，乐器产品和音乐服务促进了艺术发展，为更加美好的日常生活增添了亮色。

各种类型公司集聚在一起，像一条复杂的全球生态系统链，反映出不断变化的市场图景，榜单公司的排名也在变化。随着时代发展，社会消费偏好不断转移，乐器和音响行业也像达尔文自然进化规律，向更高层级演化升级，入围名单也在发生动态变化。总体而言，作为全球乐器音响行业领军的225家骨干公司可谓全球乐器音响产业上中下游全产业链的浓缩精华。榜单各公司名次变化，反映出该年度一家公司经管团队和产品研发的水平和能力，体现出人性追求卓越的内在动力。

本表数据源自多种渠道。本次榜单销售收入的统计数据系2016年度企业自行上报或预测估算。数据既有上市公司公开的数据来源，如上榜的18家上市公司财务数据需向社会公开。在法国、英国、德国、荷兰、瑞典、意大利等部分欧洲国家，可从上市公司报表中获取精准数据。另一些公司数据如无法获取，本刊主要靠企业自报、估计、世贸组织编纂的进出口数据以及协会报送数据等。为便于各国数字对比，金额数据单位均以2016年12月31日汇率换算为美元。 **（编译自美国《音乐贸易》2017年第12期）**

中国大陆乐器企业进入2016年全球乐器与音响制品225强基本情况

排名	公司名称	销售收入（美元）	员工数	负责人
17	广州珠江钢琴集团股份有限公司	233,790,000	1800	李建宁
21	东莞市龙健电子有限公司	184,000,000	2000	陈　逸
24	广东龙声乐器制造有限公司	153,846,153	2200	李庆炎
30	宁波音王电声股份有限公司	118,000,000	2400	王祥贵
36	北京星海钢琴集团有限公司	98,000,000	2800	祝宁伟
56	上海知音音乐文化股份有限公司	61,538,461	375	朱文玉
59	森鹤乐器股份有限公司	58,100,000	890	罗森鹤
72	海伦钢琴股份有限公司	50,769,230	1100	陈海伦
72	吟飞科技(江苏)有限公司	50,500,000	1000	范廷国
76	天津市津宝乐器有限公司	47,500,000	2600	刘运斌
80	河北金音乐器集团有限公司	45,500,000	2200	陈学孔
106	杭州沃尔特数码钢琴有限公司	34,500,000	500	N/A
113	ELEDER AUDIO	33,000,000	700	Yao Rui
118	深圳市蔚科电子科技开发有限公司	27,250,000	400	赵　哲
119	广东红棉乐器股份有限公司	27,000,000	800	何志强
122	揭阳市长城乐器有限公司	26,500,000	38	Ye Jin Bin
130	深圳市帕思高电子有限公司	25,150,000	150	林俊杰
136	江阴金杯安琪乐器有限公司	24,700,000	1200	时建明
153	江苏凤灵乐器集团	19,900,000	1320	李　书
154	上海华新乐器有限公司	19,800,000	1200	林伯龙
156	浙江友谊电子有限公司	19,700,000	280	陈天浩
160	深圳伏荣科技有限公司	19,300,000	900	N/A
170	深圳卓乐科技有限公司	17,750,000	900	李国飞
193	乐盟国际股份有限公司	12,500,000	35	蔡志强
196	烟台博斯纳钢琴制造有限公司	12,100,000	275	孙　强
200	惠州全丰育乐用品有限公司	11,900,000	500	蔡经纬
203	广州保嘉乐器制造厂有限公司	11,700,000	625	邢宝嘉
209	聊城山石麦尔乐器有限公司	11,000,000	180	刘树广
214	武汉艾立卡电子有限公司	10,252,459	166	张　琳
224	天津金雅佳乐器有限公司	9,000,000	51	侯新宇
194	广州市大铃乐器制造有限公司	11,900,000	300	N/A

中国香港乐器企业进入2016年全球乐器与音响制品225强基本情况

排名	公司名称	销售收入（美元）	员工数	负责人
14	柏斯音乐集团	356,000,000	4500	吴天延
25	通利琴行有限公司	135,000,000	450	李敬章
42	得理电子有限公司	87,350,000	1200	郑荃文

续表

排名	公司名称	销售收入（美元）	员工数	负责人
13	功学社乐器股份有限公司	380,000,000	3300	梁钦贵
75	宏寰贸易股份有限公司	47,800,000	60	陈少宏
99	高琳乐器制造有限公司	36,500,000	75	吴懋仁
120	全域股份有限公司	26,781,150	225	王敏烈
150	GRAND GLOBE鼓厂	20,100,000	350	Tony Huang
187	ANGEL实业公司	13,600,000	135	Frank Yang
205	国巧乐器木器厂	11,200,000	250	蔡经茂

2016年全球乐器与音响制品225强概况

排名		国家和地区	公司数量		员工数			销售收入（美元）		
2016年	2015年		2016年	2015年	2016年	2015年	同比%	2016年	2015年	同比%
1	1	美国	77	82	26,940	26,882	0.22	7,455,166,000	7,513,851,281	−0.78
2	2	日本	27	27	28,056	28,000	0.20	6,794,377,000	6,823,976,119	−0.43
3	3	德国	18	19	9740	9119	6.81	1,940,603,000	1,715,592,208	13.12
4	4	中国	31	21	29,865	20,343	46.81	1,484,446,303	930,089,925	59.60
5	12	巴西	4	4	632	776	−18.56	17,674,592,303	146,600,000	11956.34
6	6	加拿大	7	7	1698	1672	1.56	718,884,000	672,304,115	6.93
7	5	中国香港	3	4	6150	7600	−19.08	578,350,000	820,070,000	−29.48
8	7	中国台湾	7	8	4395	5130	−14.33	535,981,150	548,180,888	−2.23
9	8	韩国	5	6	6790	8681	−21.78	465,900,000	454,905,000	2.42
10	10	英国	9	8	705	652	8.13	285,539,000	188,500,725	51.48
11	9	法国	4	3	1557	1520	2.43	265,108,000	248,590,000	6.64
12	13	意大利	9	8	945	785	20.38	192,550,000	163,799,819	17.55
13	11	瑞典	3	3	433	511	−15.26	174,525,000	202,000,000	−13.60
14	25	阿根廷	2	2	133	130	2.31	71,515,000	71,500,000	0.02
15	16	瑞士	1	1	280	288	−2.78	70,500,000	77,000,000	−8.44
16	15	澳大利亚	3	3	131	131	0.00	67,550,000	60,700,000	11.29
17	17	俄罗斯	2	3	355	405	−12.35	50,900,000	42,300,000	20.33
18	18	比利时	2	1	142	130	9.23	48,900,000	35,600,000	37.36
19	21	墨西哥	1	1	135	135	0.00	36,250,000	35,000,000	3.57
20	22	菲律宾	1	1	295	280	5.36	36,000,000	33,200,000	8.43
21	19	西班牙	2	4	177	233	−24.03	28,925,000	50,050,000	−42.21
22	20	以色列	1	2	120	155	−22.58	25,500,000	42,915,000	−40.58
23	26	奥地利	1	1	200	200	0.00	17,000,000	16,800,000	1.19

续表

排名		国家和地区	公司数量		员工数			销售收入（美元）		
2016年	2015年		2016年	2015年	2016年	2015年	同比%	2016年	2015年	同比%
24	27	泰国	1	1	160	175	−8.57	15,450,000	15,300,000	0.98
25	24	印度	1	1	600	145	313.79	14,666,000	12,421,000	18.07
26	14	荷兰	1	1	55	57	/	13,500,000	10,000,000	/
27	29	挪威	1	1	35	25	40.00	11,900,000	11,400,000	4.39
28	28	波兰	1	1	35	35	0.00	11,050,000	10,500,000	5.24
合计					120,759	114,195	5.75	39,085,627,756	20,953,146,080	86.54

2016年全球乐器与音响制品225强榜单

排名		公司名称	销售收入（美元）	员工数	负责人	国家和地区
2016年	2015年					
1	1	YAMAHA CORPORATION	3,820,000,000	20,400	Takuya Nakata	JAPAN
2	2	GIBSON BRANDS	1,660,000,000	5000	Henry E. Juskiewicz	USA
3	3	HARMAN PROFESSIONAL(div. of Harman International)	1,014,463,000	3700	Mohit Parasher	USA
4	4	SENNHEISER ELECTRONIC	778,000,000	2375	Jorg Sennheiser	GERMANY
5	5	KAWAI MUSICAL INSTRUMENTS MFG. Co.,LTD.	608,000,000	2868	Hirotaka Kawai	JAPAN
6	7	SHURE INC.	565,000,000	2400	Sandy LaMantia	USA
7	N	PIONEER DJ	550,000,000	280	Akio Moriwaki	JAPAN
8	6	FENDER MUSICAL INSTRUMENTS	545,000,000	1800	Andy Mooney	USA
9	8	MUSIC GROUP	480,000,000	4000	Uli Behringer	GERMANY
10	9	JAM INDUSTRIES	435,000,000	690	Martin Szpiro	CANADA
11	11	ROLAND CORPORATION	400,000,000	1200	Junichi Miki	JAPAN
12	10	STEINWAY MUSICAL INSTRUMENTS	385,700,000	1839	Ron Losby	USA
13	[redacted]	功学社乐器股份有限公司	380,000,000	3300	梁钦贵	中国台湾
14	[redacted]	柏斯音乐集团	356,000,000	4500	吴天延	中国香港
15	14	INMUSIC BRANDS(Akai,Alesis,Numark,M−Audio)	340,000,000	450	Jack O'Donnell	USA
16	15	AUDIO−TECHNICA CORPORATION	281,930,000	550	Kazuo Matsushita	JAPAN
17	17	广州珠江钢琴集团股份有限公司	233,790,000	1800	李建宁	中国大陆
18	19	QSC AUDIO	220,000,000	455	Joe Pham	USA
19	18	CASIO COMPUTER CO.,LTD.	210,000,000	N/A	Kazuo Kashio	JAPAN

续表

排名		公司名称	销售收入（美元）	员工数	负责人	国家和地区
2016年	2015年					
20	22	SAMICK MUSICAL INSTRUMENTS CO., LTD.	190,000,000	2900	Jong Sup Kim	SOUTH KOREA
21	N	东莞市龙健电子有限公司	184,000,000	2000	陈　逸	中国大陆
22	21	D'ADDARIO & COMPANY	177,000,000	1100	James D'Addario	USA
23	20	HAL LEONARD CORPORATION	175,487,000	406	Keith Mardak	USA
24	N	广东龙声乐器制造有限公司	153,846,153	2200	李庆炎	中国大陆
25	25	通利琴行有限公司	135,000,000	450	李敬章	中国香港
26	24	KORG, INC.	132,000,000	280	Seiki Kato	JAPAN
27	28	AVID AUDIO(division of Avid Technology)	130,000,000	400	Louis Hernandez Jr.	USA
28	30	宁波音王电声股份有限公司	118,000,000	2400	王祥贵	中国大陆
29	23	MRH/LUTHMAN/4SOUND	115,750,000	300	Anders Endertorp	SWEDEN
30	31	BUFFET GROUP	115,500,000	900	Jerome Perrod	FRANCE
31	27	LOUD TECHNOLOGIES	115,000,000	180	Mark Graham	USA
32	29	PEAVEY ELECTRONICS CORP.	110,000,000	233	Hartley Peavey	USA
33	26	MARTIN GUITAR COMPANY	109,096,000	968	Christian F.Martin IV	USA
34	37	HOSHINO GAKKI CO., LTD.	103,500,000	130	Kimihide Hoshino	JAPAN
35	32	TAYLOR GUITAR	101,500,000	870	Kurt Listug	USA
36	33	YOUNG CHANG AKKI LTD.	100,000,000	850	KeyHeung Hyun	SOUTH KOREA
37	36	北京星海钢琴集团有限公司	98,000,000	2800	祝宁伟	中国大陆
38	35	ALGAM	97,000,000	215	Gerard Garneier	FRANCE
39	34	CORT MUSICAL INSTRUMENT CO., LTD.	95,000,000	2900	Young H. Park	SOUTH KOREA
40	38	SAMSON TECHNOLOGIES CORP.	89,000,000	54	Jack Knight	USA
41	N	THE MUSIC SALES GROUP	87,910,000	N/A	Robert Wise	UK
42	39	得理电子有限公司	87,350,000	1200	郑荃文	中国香港
43	43	NATIVE INSTRUMENTS GMBH	81,813,000	400	Daniel Haver	JAPAN
44	44	ADAM HALL GMBH	79,500,000	200	Alexander Pietschmann	GERMANY
45	41	YORKVILLE SOUND	75,000,000	255	Steve Long	CANADA
46	52	FOCUSRITE AUDIO ENGINEERING LTD.	72,242,000	200	Tim Carroll	U.K.
47	47	AMERICAN D.J.	72,000,000	85	Charles Davies	USA
48	42	MUSIK HUG AG	70,500,000	280	Erica Hug	SWITZERLAND
49	40	DRUM WORKSHOP, INC.	70,000,000	200	Chris Lombardi	USA
50	54	GEWA MUSIC GMBH	69,356,000	260	Hans Peter Messener	GERMANY
51	51	HERMES	68,250,000	245	Alberto Kreimerman	USA

续表

排名		公司名称	销售收入（美元）	员工数	负责人	国家和地区
2016年	2015年					
52	46	ERNIE BALL / MUSIC MAN	68,000,000	395	Sterling Ball	USA
53	50	SFM	64,000,000	120	Randal Tucker	CANADA
54	53	GODIN GUITAR COMPANY	63,000,000	410	Robert Godin	CANADA
55	49	ALFRED MUSIC	62,000,000	165	Gear Fisher	USA
56	N	上海知音音乐文化股份有限公司	61,538,461	375	朱文玉	中国大陆
57	48	MUSIK MEYER GROUP	60,782,000	175	Matthias Meyer	GERMANY
58	45	PRO SHOWS BRASIL	60,000,000	72	H.Martellotta&V.de Souza	BRAZIL
59	65	森鹤乐器股份有限公司	58,100,000	890	罗森鹤	中国大陆
60	61	COSMOS CORP.	57,000,000	90	Kwankil Min	SOUTH KOREA
61	71	BLUE MICORPHONES	56,250,000	61	John Maier	USA
62	60	THE RAPCO HORIZON COMPANY	56,000,000	628	Dale Williams	USA
63	62	ROLAND MEINL MUSIKINSTRUMENTE GMBH	55,500,000	190	Reinhold Meinl	GERMANY
64	55	ZOOM CORPORATION	55,074,000	82	Masahiro Lijima	JAPAN
65	63	SKB CORPORATION	55,000,000	250	Dave Sanderson	USA
66	56	PEARL MUSICAL INSTRUMENTS CO., LTD.	52,720,000	145	M. Yanagisawa	JAPAN
67	64	NONAKA BOEKI CO., LTD.	52,000,000	58	John Nonaka	JAPAN
68	69	BEYERDYNAMIC	51,417,000	200	Fred R. Beyer	GERMANY
69	59	ESP CO., LTD.	51,250,000	420	Hisatake Shibuva	JAPAN
70	58	KYORITSU CORP.	51,000,000	140	Shinichi Suzuki	JAPAN
71	57	海伦钢琴股份有限公司	50,769,230	1100	陈海伦	中国大陆
72	72	吟飞电子（上海）有限公司	50,500,000	1000	范廷国	中国大陆
73	81	EASTMAN MUSIC COMPANY	49,000,000	1000	Qian Ni	USA
74	83	SINGING MACHINE COMPANY	48,856,000	29	Yi Ping Chang	USA
75	73	宏寰贸易股份有限公司	47,800,000	60	陈少宏	中国台湾
76	68	天津津宝乐器有限公司	47,500,000	2600	刘运斌	中国大陆
77	66	PRESONUS AUDIO ELECTRONICS	47,000,000	92	Sephen Fraser	USA
78	74	AVEDIS ZILDJIAN COMPANY	46,580,000	105	Craigie Zildjian	USA
79	77	THE MUSIC PEOPLE	46,100,000	65	Sharon&John Hennessey	USA
80	75	河北金音乐器制造有限公司	45,500,000	2200	陈学孔	中国大陆
81	164	IK MULTIMEDIA PRODUCTION	45,000,000	90	Enrico Iori	USA
82	124	KONIG & MEYER	45,000,000	270	Gabriela Konig	GERMANY

续表

排名		公司名称	销售收入（美元）	员工数	负责人	国家和地区
2016年	2015年					
83	80	DUNLOP MFG.	44,000,000	232	James Dunlop	USA
84	67	TAKEMOTO PIANO CO.,LTD.	43,900,000	95	Koichi Takemoto	JAPAN
85	78	TEVELAM S.R.L,	43,015,000	65	Hugo Martellotta	ARGENTINA
86	N	MATTH.HOHNER GMBH	43,000,000	217	Stefan Althoff	GERMANY
87	70	PRIMA GAKKI CO., LTD.	42,200,000	100	Hitoshi Ohashi	JAPAN
88	91	HENRI SELMER, ET CIE	40,367,000	400	Brigitte Selmer	FRANCE
89	76	ZEN—ON MUSIC CO., LTD.	40,000,000	115	Noriyuki Honma	JAPAN
90	85	STAMER GROUP	39,850,000	170	Hans & Lothar Stamer	GERMANY
91	84	PAUL REED SMITH GUITARS	39,500,000	250	Paul Reed Smith	USA
92	192	JULIUS BLUTHNER PIANO GMBH	39,000,000	352	C.Bluther-Hasessler	GERMANY
93	142	A&T TRADE	38,000,000	325	Aleksey Kurochkin	RUSSIA
94	177	PIRASTRO GMBH	37,913,000	166	Annette Muller-Zierach	GERMANY
95	82	FUJIGEN INC.	37,740,000	240	Yuichiro Yokouchi	JAPAN
96	93	EKO MUSIC GROUP SPA	37,500,000	62	Stelvio Lorenzetti	ITALY
97	140	INTELLIMIX CORP.	37,250,000	30	Stephen Kosters	CANADA
98	87	REM0, INC.	37,000,000	150	Brock Kaericher	USA
99	86	高琳乐器制造有限公司	36,500,000	75	吴懋仁	中国台湾
100	92	CASA VEERKAMP S.A. DE C.V.	36,250,000	135	Thomas Veerkamp	MEXICO
101	96	MARSHALL AMPLIFICATION PLC	36,232,000	190	Jonathan Ellery	U.K
102	97	G.A. YUPANGCO & CO.	36,000,000	295	Philip Yupangco	PHILIPPINES
103	111	C.BECHSTEIN PIANO FOR TEFABRIK AG	35,670,000	300	Karl Schulze	GERMANY
104	114	ABLETON	35,015,000	170	Gerhard Behles	GERMANY
105	90	EMD MUSIC GROUP	35,000,000	125	Leonardo Baldocci	BELGIUM
106	N	杭州沃尔特数码钢琴有限公司	34,500,000	500	N/A	中国大陆
107	94	EM NORDIC AB	34,000,000	100	Benny Englund	SWEDEN
108	95	VIC FIRTH, INC.	33,960,000	155	Craigie Zildjian	USA
109	79	SUZUKI MUSICAL INSTRUMENT MFG. CO.,LTD.	33,000,000	180	Manji Suzuki	JAPAN
110	99	WARWICK GMBH & CO.—MUSIC EQUIPMENT	32,000,000	65	Hans—Peter Wilfer	GERMANY
111	104	ST.LOUIS MUSIC	31,500,000	60	Mark Ragin	USA
112	88	TROPICAL MUSIC GROUP	31,250,000	17	Oscar Mederos	USA
113	98	ELEDER AUDIO	31,000,000	680	Yao Rui	中国台湾

续表

排名		公司名称	销售收入（美元）	员工数	负责人	国家和地区
2016年	2015年					
114	100	ELECTRO—HARMONIX	30,500,000	125	Mike Matthews	USA
115	105	HARRIS TELLER INC.	29,035,000	53	Mike Harris	USA
116	89	GIANNINI S/A	29,000,000	400	Roberto Giannini	BRAZIL
117	106	TODOMUSICA S.A.	28,500,000	68	Rafael Pedace	ARGENTINA
118	121	深圳市蔚科电子科技开发有限公司	27,250,000	400	赵　哲	中国大陆
119	108	广东红棉乐器股份有限公司	27,000,000	800	何志强	中国大陆
120	219	全域股份有限公司	26,781,150	225	王敏烈	中国台湾
121	117	HHB COMMUNICATIONS LTD.	26,569,000	60	lan Jones	U.K.
122	116	GREAT WALL MUSICAL INSTRUMENTS	26,500,000	38	Ye Jin Bin	中国大陆
123	103	ARAI & CO., INC.	26,400,000	50	Kazuyuki Matsuda	JAPAN
124	132	LOUIS RENNER GMBH	26,200,000	255	Clemens von Arnim	GERMANY
125	107	PROEL SPA	26,000,000	119	Fabrizio Sorbi	ITALY
126	119	CORDOBA MUSIC GROUP	25,900,000	80	Tim Miklaucic	USA
127	113	RBX INTERNATIONAL CO.LTD.	25,500,000	120	Yoel Brand	ISRAEL
128	109	FISHMAN TRANDUCERS	25,270,000	64	Larry Fishman	USA
129	112	TKL PRODUCTS CORPORATION	25,250,000	80	Thomas Dougherty	USA
130	120	深圳市帕思高电子有限公司	25,150,000	150	林俊杰	中国大陆
131	118	KANDA SHOKAI CORPORATION	25,100,000	70	Tsutomu Yokoyama	JAPAN
132	115	ELIXIR STRINGS(W.L. Gore and Associates)	25,000,000	N/A	Terri L.Kelly	USA
133	110	SABIAN LTD.	24,900,000	98	Andy Zildjian	CANADA
134	141	KALA BRAND MUSIC CO.	24,800,000	60	Mike Upton	USA
135	128	CLAVIA DIGITAL MUSIC INSTRUMENTS	24,775,000	33	Hans Nordellus	SWEDEN
136	N	江阴金杯安琪乐器有限公司	24,700,000	1200	时建明	中国大陆
137	146	CMI MUSIC&AUDIO	24,350,000	42	Peter Trojkovic	AUSTRALIA
138	135	ARMADILLO ENTERPRISES	24,000,000	46	Evan Rubinson	USA
139	129	SHIMRO	23,900,000	50	Won Jung Kim	SOUTH KOREA
140	130	AUSTRALIS MUSIC GROUP PTY. LTD.	23,800,000	38	Trevor Morrow	AUSTRALIA
141	138	WHIRLWIND	23,100,000	137	Michael Laiacona	USA
142	127	UNIVERSAL AUDIO	23,000,000	108	Bill Putnam Jr.	USA
143	N	SALVI/LYON & HEALY HARPS	22,000,000	160	Victor Salvi	ITALY
144	133	GHS / R0CKTRON	22,000,000	80	Russell S. McFee	USA
145	143	DANSR INC.(U.S. Vandoren distributor)	21,500,000	28	Michael Skinner	USA

续表

排名		公司名称	销售收入（美元）	员工数	负责人	国家和地区
2016年	2015年					
146	136	MORIDAIRA MUSICAL INSTRUMENTS CO., LTD.	21,250,000	48	Tamio Minagawa	JAPAN
147	131	MOGAR MUSIC S.P.A.	21,000,000	95	Antonio Monzino	ITALY
148	125	GLOBAL & CO.,INC.	20,900,000	42	Shinichi Fukuda	JAPAN
149	139	EMINENCE SPEAKER LLC.	20,200,000	110	Chris Rose	USA
150	134	GRAND GLOBE鼓厂	20,100,000	350	Tony Huang	中国台湾
151	123	SCHIMMEL PIANOFORTEFABRIK	20,000,000	250	H. Schimmel Vogel	GERMANY
152	144	MAPES PLANO STRING COMPANY	19,996,000	128	William L. Schaff	USA
153	145	江苏凤灵乐器集团	19,900,000	1320	李 书	中国大陆
154	N	上海华新乐器有限公司	19,800,000	1200	林伯龙	中国大陆
155	154	RADIAL ENFINEERING	19,734,000	95	Peter Janis	CANADA
156	N	浙江友谊电子有限公司	19,700,000	280	陈天浩	中国大陆
157	165	MOOG MUSIC	19,600,000	100	Mike Adams	USA
158	126	M & M MERCHANDISERS, INC.	19,500,000	65	Craig Harrison	USA
159	147	AUSTRALASIAN MUSIC SUPPLIES PTY, LTD	19,400,000	54	Kevin Hague	AUSTRALIA
160	N	深圳伏荣科技有限公司	19,300,000	900	N/A	中国大陆
161	122	ROYAL INSTRUMENTS	19,000,000	110	Rene Moura	BRAZIL
162	148	SOUND TECHNOLOGY PLC	18,789,000	50	David Marshall	U.K.
163	152	CONNOLLY MUSIC COMPANY	18,500,000	26	John M. Connolly III	USA
164	137	THE MUSIC LINK	18,500,000	48	Steve Patrino	USA
165	178	FATAR S.R.L.	18,100,000	70	L.Ragoni	ITALY
166	151	TWO OLD HIPPIES	18,000,000	125	Tom Bedell	USA
167	149	DAS AUDIO S.A.	17,900,000	55	Jose Vila Ortiz	SPAIN
168	150	F.B.T. ELECTRONICA SPA	17,850,000	149	Bruno Tanoni	ITALY
169	180	M. CASALE BAUER SPA	17,800,000	20	Patrizia Bauer	ITALY
170	N	深圳卓乐科技有限公司	17,750,000	900	李国飞	中国大陆
171	153	VISCOUNT INTERNATIONAL	17,500,000	120	Loriana Galanti	ITALY
172	157	THOMASTIK—INFELD GMBH	17,000,000	200	Peter Infeld	AUSTRIA
173	156	ALLEN ORGAN COMPANY,LLC	16,500,000	140	Steve Markowitz	USA
174	174	DAVE SMITH INSTRUMENTS LLC	16,250,000	15	Dave Smith	USA
175	160	TAKAMINE GUITARS, LTD.	16,000,000	70	Hayami Tate	JAPAN
176	158	UNIVERSAL PERCUSSION,INC.	15,773,000	55	Thomas W. Shelley	USA

续表

排名		公司名称	销售收入（美元）	员工数	负责人	国家和地区
2016年	2015年					
177	163	SCHECTER GUITAR RESEARCH	15,750,000	35	Michael Ciravolo	USA
178	169	TYCOON MUSIC CO.,LTD.	15,450,000	160	Stephen Yu	THAILAND
179	167	CARVIN CORP.	15,250,000	98	Carson Kieset	USA
180	172	PRIDE MUSIC	15,000,000	50	Lucio Grossman	BRAZIL
181	166	PRASE ENGINEERING	14,800,000	150	Ennio Prase	ITALY
182	187	SARA—TRANS GROUP	14,666,000	600	Jasbeer Singh	INDIA
183	168	MURAMATSU INC.	14,300,000	46	Akio Muramatsu	JAPAN
184	161	PIANODISC	14,000,000	129	Kirk Burgett	USA
185	N	ALGAM BENELUX	13,900,000	17	Alain Bokken	BELGIUM
186	176	SEYMOUR DUNCAN	13,750,000	82	Cathy Carter Duncan	USA
187	188	ANGEL实业公司	13,600,000	135	Frank Yang	中国台湾
188	179	APOGEE ELECTRONICS CORPORATION	13,500,000	42	Betty Bennett	USA
189	213	JOHANNUS ORGELBOUW BV	13,500,000	55	Marco VaNDEWEERD	NETHERLANDS
190	175	TATSUNOYA CO.,LTD.	13,200,000	23	Munehiro Okada	JAPAN
191	196	LUTNER SPB LTD.	12,900,000	30	Sergey Antonov	RUSSIA
192	181	NEIL A. KJOS MUSIC COMPANY	12,750,000	75	Neil A. Kjos. Jr.	USA
193	186	乐盟国际股份有限公司	12,500,000	35	蔡志强	中国大陆
194	184	SHADOW ELEKTROAKUSTIK	12,400,000	125	Joe Marinic	GERMANY
195	N	ARTURIA	12,241,000	42	Frederic Brun	FRANCE
196	N	烟台博斯纳钢琴制造有限公司	12,100,000	275	孙　强	中国大陆
197	190	WAVES, INC.	12,000,000	20	Gilad Keren	USA
198	162	ORANCE MUSIC ELECTRONIC COMPANY	11,961,000	70	Clifford Cooper	U.K.
199	202	LYDROMMET AS	11,900,000	35	Christian Wille	NORWAY
200	191	惠州全丰育乐用品有限公司	11,900,000	500	蔡经纬	中国大陆
201	206	HANSER MUSIC GROUP	11,850,000	17	Gary Hanser	USA
202	197	JOHN HORNBY SKEWES & COMPANY LTD.	11,845,000	55	Dennis Drumm	U.K.
203	185	广州保嘉乐器制造厂有限公司	11,700,000	625	邢宝嘉	中国大陆
204	199	RENKUS—HEINZ,INC.	11,500,000	77	Roscoe Anthony	USA
205	198	国巧乐器木器厂	11,200,000	250	蔡经茂	中国台湾
206	193	KIKUTANI MUSIC CO., LTD.	11,100,000	24	Toshi Kikutani	JAPAN
207	209	MEGA MUSIC SP. Z.O.O.	11,050,000	35	Dariusz Adamowicz	POLAND
208	200	MANUFACTURAS ALHAMBRA, S.L.	11,025,000	122	Juan Adamowicz	SPAIN

续表

排名		公司名称	销售收入（美元）	员工数	负责人	国家和地区
2016年	2015年					
209	171	聊城山石麦尔乐器有限公司	11,000,000	180	刘树广	中国大陆
210	189	NADY SYSTEMS	11,000,000	49	John Nady	USA
211	203	BLACKSTAR AMPLIFICATION LTD.	10,792,000	50	Ian Robinson	U.K.
212	195	MESA BOOGIE	10,750,000	95	Randall Smith	USA
213	204	EMG	10,500,000	60	Robert A. Turner	USA
214	182	武汉艾立卡电子有限公司	10,252,459	166	张　琳	中国大陆
215	201	COLLINGS GUITARS	10,100,000	100	Bill Collings	USA
216	207	CHARLES DUMONT & SON	9,900,000	30	Charles J. Dumont	USA
217	215	CAE,INC.	9,750,000	40	Jim Fackert	USA
218	216	CHESBRO MUSIC	9,700,000	48	Tana Jane Stahn	USA
219	218	EVENTIDE INC.	9,200,000	54	C.J.Scioscia	USA
220	222	STENTOR MUSIC CO., LTD.	9,199,000	30	Michael C. Doughty	U.K.
221	217	PETERSON ELECTRO—MUSICAL PRODUCTS	9,150,000	32	Scott Peterson	USA
222	223	MARK OF THE UNICORN	9,100,000	30	Robert Nathaniel	USA
223	220	CARL FISCHER	9,000,000	25	Sonya Kim	USA
224	183	天津金雅佳乐器有限公司	9,000,000	51	侯新宇	中国大陆
225	194	广州市大铃乐器制造有限公司	11,900,000	300	N/A	中国大陆
总计			21,534,035,453	120,762		

2016年全球乐器市场评估报告

【编者按： 2016年度，世界经济发展不平衡，全球乐器市场表现无法一概而论：2016年委内瑞拉经济面临不小挑战，而印度乐器市场实现两位数的增速。从需求侧来看，2016年全球市场需求与上年并无重要变化。各国经济发展程度不一，内部治理模式以及社会整体发展趋势不尽相同。2016年，世界43个最主要国家和地区的乐器和音响制品销售估算总额为159亿美元，与2015年的160亿美元相差无几。总体而言，2016年全球乐器、音响市场总额与上年同比基本持平。】

音乐是国际通用语言，广泛植根于各国家、各种群文化中。本报告对各类乐器、音响、录音制品和相关配件等销售额进行了估算，所列43个国家和地区的人口数量占全球总人数的70%。美国和全球各大经济体均已公布了整体经济发展水平和人口数据，并对应音乐制品市场进行比照分析。本次统计的43个国家和地区中，音乐制品市场增长的国家有23个，下降的国家18个，另有2个国家同比无变化。那么，销售额上升或下降的因素有哪些？具体而言，GDP是一国经济总量的衡量指标，而人均GDP是反映一国经济繁荣程度的指标，二者均为衡量市场潜力的晴雨指标。此外，人口平均年龄也是影响一国音乐制品市场的重要因素，因此本报告也将人口指标变化纳入分析。

整体经济繁荣程度或为某国音乐制品市场最重要的决定因素。在满足日常衣食住行等基本生活需求后，乐器自然成为人们下一步消费选择。以委内瑞拉为例，拥有3100万人口的委内瑞拉曾是南美洲最富有的国家，上年经济活动几近停滞，经济大幅放缓致使该国音乐制品销售额降至400万美元，降幅达66%。委内瑞拉音乐制品业务绝大部分集中于军用乐器。与此类似，巴西经济同样不景气，也给该国音乐制品行业造成影响，2016年销售总额1.42亿美元，同比下降25%。

经济下滑会对行业带来不利影响，反过来，经济增长也会带动行业发展繁荣。去年印度经济持续改善，乐器销售可观，备受业界瞩目。2016年，印度GDP增长6.8%，音乐制品销售额同比增长20%，约1.5亿美元（1.5亿美元销售额在印度经济整体布局中占比极小，考虑到印度拥有13亿人口，人口数量最多的印度，人均GDP并不高，与中国情况类似）；2016年，墨西哥市场是另一大亮点，该国GDP不断增长，国民收入增加，乐器销售额2.1亿美元，实现两位数增长，同比增长12.3%。

一般情况下，越富的国家人均GDP越高，人均乐器消费也越高，本报告所列43个国家和地区中，经济发展水平和市场销售表现总体呈正相关，但并非绝对。音乐制品行业发展很大程度上有赖于12—28岁年轻人口。人口数量和结构是一大制约因素。无论一国经济发展如何，人口老龄化也会拖曳市场。在西欧，德国经济最强，但德国国民平均年龄46.8岁，且出生率不高，年轻人群体较少，德国音乐制品销售额仅微增0.5%。与此相似，日本国民平均年龄46.9岁，意大利45.1岁，人口老龄化特点较为明显，2016年，日本和意大利乐器市场同比双双下降。

除人口因素外，地理、文化和习俗传统等非透明因素也会影响音乐制品销售。例如，新加坡作为岛国，自然资源尽管匮乏，但人均音乐制品消费额达10.53美元，甚至超过法国和英国。美国和加拿大两国经济发达，民间乐器演奏活跃，在人均乐器消费额指标方面名列前茅，在一定程度上带动了乐器市场销售。两国商品流通体系健全，产品配送效率比欧洲国家高出20%—30%。美国和加拿大还有一个特点，公立学校音乐项目较为普及，参与器乐演奏的学生人数约占入学人数的5%—10%，北美市场的这一特点扩大了音乐人口，有力促进了乐器市场发展。

在全球多元化市场中，各国国民偏好的乐器也不尽相同。2016年中国钢琴销量高达30万架，成为名副其实的世界钢琴大国，世界钢琴买家八成在中国。而德国和法国消费者更倾向于电子键盘和电声乐器；在以英语为主的美国、英国和澳大利亚，吉他成为市场主流乐器。

2016年，扩音器、麦克风、耳机，以及配件等音响制品销售高于乐器。音响销售增长7%，而乐器销售下降3%。原因很简单：音响制品换手率较高，而乐器使用寿命较长。全球音乐制品市场整体销售平稳，也从侧面反映出全球经济增速放缓。

技术不断进步，使电子消费类制品价格不断降低，消费者对价格的接受程度也越来越大，让人们增强了购买意愿。但这种“弹性定律”并不适用于音乐制品。如果不想学琴，就不会购买。在技术水平不断提升背景下，尽管合成器和录音制品等电声乐器制品价格降幅大于智能手机、平板电视和平板电脑，但价格高低这样的弹性因素，对市场的实际影响并不突出。

本报告数据来源于世界贸易组织、世界银行及近70家上市音乐制品公司报表。50年来，大到飞机、小到X光医疗检查机，WTO技术专家开发了一整套可溯源商品标准编码。商品来源和流向有了翔实轨迹，为分析世界贸易形势提供了参照依据。目前，乐器制造主要集中于20个国家和地区，主要是中国大陆、中国台湾、日本、韩国、越南、美国，以及欧盟。运用WTO数据，可较为便利地跟踪乐器出口数量和金额，以此进一步评估各国乐器市场规模。

2016年，全球音乐制品市场销售额总额160亿美元，在世界经济总量中似乎是个可忽略的“小数点”。按当前可比价格计算，160亿美元相当于世界石油产量一天的产值，或智能手机10天的销额。金额虽小，但音乐制品行业产业链的国际化程度很高。日本制造的电子键盘可出口到南美洲的苏里南，美国制造的吉他也能在黎巴嫩找到买家。

技术变革进步，乐器出口、分销、零售等环环相扣，加之跨国境乐器供应链日渐完善，国际音乐制品行业融合度越来越高，附表各国数据也表明，各国市场不尽相同，乐器厂商仍需根据当地市场特点，下功夫研究产品和服务如何让市场和消费者认可和满意。音乐制品行业的主打品牌遍布世界195个国家和地区，充分反映出乐器厂商开发市场的信心动力十足，人类追求美好音乐生活的脚步从未停歇！

（编译自美国《音乐贸易》2017年第12期）

海外资讯篇之二：美国乐器市场

2017年美国乐器市场调查报告

【编者按：2017年，美国经济总体呈现复苏态势，人均国内生产总值不断增长，失业率下降，消费者信心逐步增强。2017年美国音乐制品市场零售总额74亿美元，较上年同比增长4.1%，已恢复至十年前2008年金融危机之前的水平。】

多年来易受忽略的通货膨胀因素，也间接带动了市场销售收入增长，使音乐制品价格上涨。而电子乐器或音响产品中，带微处理器、芯片、电子元件的产品售价基本稳定或略有下降。但是，以木材、金属、劳动要素为主的传统乐器价格则出现微小涨幅，影响不容忽视。此外，美元贬值、中国劳动力成本逐渐高起，加上国际濒危物种保护公约对含有玫瑰木的乐器做出进出口限制等，均造成产品价格上涨，不过涨幅不大，尚未对消费结构造成实质影响。

从负面因素看，2017年，音乐制品行业面临人口结构变化带来的影响。据美国人口统计数据，年龄10—24岁的青少年是音乐制品消费的主力，近四年来，该年龄段人口总数为6410万。晚婚晚育、生育率降低表明，未来十年这一群体的数量还将持续下降；此外，由于乐器具有长久价值储藏属性，二手乐器市场需求刚性日强劲。过去一年，电商交易发展势头迅猛，二手市场规模借助网络平台交易，为消费者提供广泛选择，规模得以成倍扩展。不少音乐制品收入受到二手乐器，特别是二手钢琴和吉他影响，这一现象已持续多年。

“音乐制品”一词内容丰富，旗下既涵盖高科技录音软件，又有传统和手工乐器。2017年，音乐制品行业涵盖的13个主要产品门类市场表现不尽相同，例如，便携式键盘销售增长11%，而打击乐器下降1%。音乐制品行业绝大多数为私有化公司，公开数据的统计渠道不多，要想获取行业销售数据，就要不断下功夫搜集、提炼、总结。分类报告中，乐器销售数据来源广泛，进出口数据源自世界贸易组织、业内15家大型公司发布的报表、行业协会数据、市场调查数据及估算数字。以下音乐制品分类报告仅反映美国批发金额，根据批发金额，我们从中推断零售额。虽不甚完美，但总体还是能够从比对中梳理出年度美国音乐制品市场基本脉络。

弦乐器（含吉他、贝斯、功放、琴弦及相关制品）

2017年，弦乐器经历了“艰难模式”——国际濒危物种保护公约就红木做出严格政策限制，大大降低了全球吉他进出口交易。政策限制出台后，2017年上半年，行政手续造成的许可证办理时间拉长，满载乐器的集装箱只能滞留港口，造成市场供应短缺。为应对市场形势新变化，制造商一方面减少红木材质使用，另一方面强化政策学习力度，新增人员及时了解掌握进出口操作流程。2017年底，吉他市场又企稳回弹，恢复至2008年金融危机前的最好水平。2017年，吉他销量260万把，同比增长7%，销售金额13亿美元，同比增长8.8%。

吉他种类多样，易于携带，价位适中，外形美观，受到市场消费群体广泛关注，成为乐器市场主打产品。2017年，声学类吉他销售金额7.39亿美元，销量150万把，同比增长8.5%，延续了近五年持续上升势头。声学吉他市场潜力较大，尤其受女性青睐；2017年电吉他销量反弹，但不确定性增加。电吉他销量110万把，较上年同比增加5%，销售金额5.89亿美元，同比增长9.1%。在4季度市场调查中，不少琴行反馈，电吉他需求超出预期。

效果器销售金额1.5亿美元，同比增长4.2%。效果器的市场表现反映出吉他爱好者不懈追求高质声学品质。功放表现一般。零售金额1.48亿美元，降幅2.9%。功放销售金额近十年来也在不断降低，说明“大块儿头”功放不受看好，演奏者更偏好体积小、价格低的功放。此外，数字信号处理设备带有录音、演奏功能，在一定程度上替代了功放的作用。

尤克里里需求持续增长，2017年，这类四弦乐器销量175万把，同比增长25%，销售金额1.19亿美元，同比增长16.4%。

管乐器（含木管乐器、铜管乐器）

近二十年来，管乐一直是业内销售最稳定的乐器门类。即使在经济最困难时期，其市场表现也基本稳定。2017年联邦和州立财政均加强了校园乐器预算投入，管乐器销量101万支，销售金额7.37亿美元。

2017年全美中小学生在校人数5570万人，与上年基本持平，学生总数未出现增长限制了乐器消费。据美国调查数据显示，早在20世纪70年代，新购管乐的学生比重占总数的比例为1.6%—1.8%。

2017年管乐销量约100万支，按人均一支计算，购买管乐学生总数为100万人，占总数5570万的比重1.8%，基本处在历史区间，与历史规律吻合。

在其他乐器门类领域，新品批发量可精确反映市场需求，而管乐领域则不尽然：大部分新乐器与二手乐器混在一起，广泛用于校园乐器租赁活动。调查显示，校园乐器活动项目中，存量市场中，管乐共400万支，其中新购管乐101万支，比重约为25%。5570万名学生中有400万人学习管乐，由此估算，每年参与校园乐器活动项目的学生约占学生总数的7%。

键盘乐器（含声学、数码钢琴及自动演奏钢琴）

2017年初，道琼斯工业指数为19864点，到年末为26149点。钢琴销售金额增长24%，表明钢琴市场摆脱了十年来的下降态势。2017年销售总额5.5亿美元，同比增长6.8%。尚未发现整体经济表现和钢琴市场存在正相关性，过去一年，美国股市繁荣还是有助于类似钢琴这样的大宗乐器消费。

钢琴销量分布并不均匀。三角钢琴销量8893架，同比增长3%，零售金额1.77亿美元，同比增长7.3%。其中自动演奏钢琴销量3716架，同比增长5.9%，销售金额7910万美元，同比增长7.4%。过去一个世纪以来，三角钢琴销售变化很小，但电子钢琴有着丰富的网络曲库和兼容配套的音效工具，销量持续增长，这些辅助功能无疑极大助推了销售增长。

立式钢琴销售额1亿美元，销量18921台，同比增长1.4%。以琴槌和琴弦为主的传统钢琴，逐步被数码钢琴超越。数码钢琴销售金额1.93亿美元，销量16.1万台，同比增长7.3%。数码钢琴自带耳机、USB接口、教育和娱乐软件等辅助功能，有助于提升数码钢琴销售效应。

打击乐器

打击乐器种类较多，含套鼓、行进打击乐及乐器配件。打击乐器一直受电声乐器和软件类产品影响。2017年打击乐器销售额3.73亿美元，同比下降1%。

套鼓或成受电声乐器影响最大的门类，2017年销量13万套，同比下降3%，销售金额9300万美元。对入门级产品而言，低于500美元的电子套鼓高于入门级声学套鼓。此外，电声产品更容易录制，因此高价套鼓也受到一定程度影响。鼓类产品销售下滑，鼓皮、鼓槌、鼓头等附件品销售随之下降。

2017年打击乐器销售亮点是，教育类乐器销售增长2%，包括行进鼓、定音鼓、鼓锤，联邦和地方各州财政教育资金投入在一定程度上提振了校园乐器销售。

管风琴

2017年美国管风琴市场销售总额3800万美元，同比下降5.8%。由于产品种类日趋多元，市场出现不少新型数字替代品，高价购置家用管风琴的消费者有所减少。琴行采购、推销管风琴意愿也在降低；机构用户主要以教堂为主，演奏特点在向现代音乐风格演变，机构管风琴市场也面临类似压力。

电声乐器（含键盘合成器，电声打击乐器、鼓机）

2017年电声乐器零售额2.6亿美元，同比增长4.4%。创新驱动数字产品助推市场销售，但产品价位却不断降低。随着技术不断发展，软件内存扩大，处理速度加快，合成器和键盘乐器功能齐全，价格适中。键盘合成器、控制器和舞台钢琴平均售价不断降低就体现出这一趋势。电声打击乐器易于录音和搬运，声色齐全，效果明显，被不少人视为传统乐器的实用替代产品。2017年，电声打击乐器销售总额5900万美元，同比增长5.4%。

（编译自美国《音乐贸易》2018年第4期）

2017年美国乐器市场零售概览

（金额单位：美元）

年份	销量	同比 (%)	批发额	零售额	同比 (%)	平均单价
吉 他						
声学吉他						
2017 年	1,510,000	8.60%	495,733,000	739,900,000	8.60%	490
2016 年	1,390,000	−4.10%	456,337,000	681,100,000	−2.10%	490
2015 年	1,450,000	−2.20%	466,320,000	696,000,000	2.60%	480
2014 年	1,498,700	10.00%	454,506,000	678,368,000	12.40%	453
2013 年	1,362,900	2.70%	404,141,000	603,195,000	13.30%	443
2012 年	1,326,500	1.10%	356,606,194	532,248,050	10.10%	401
2011 年	1,311,585	9.20%	323,856,694	483,368,200	15.50%	369
2010 年	1,200,831	8.20%	280,455,000	418,589,000	6.90%	349
2009 年	1,109,000	−15.77%	262,253,000	391,423,000	−17.21%	353
2008 年	1,317,550	−2.30%	312,042,390	472,791,500	−8.20%	359
电吉他						
2017 年	1,123,000	5.00%	395,015,000	589,575,000	9.10%	525
2016 年	1,070,000	6.50%	362,035,000	540,350,000	8.60%	505
2015 年	1,005,000	−11.20%	333,308,000	497,475,000	−1.70%	495
2014 年	1,132,250	2.00%	338,972,000	505,929,000	8.30%	447
2013 年	1,109,800	−4.60%	312,930,000	467,059,000	−0.30%	421
2012 年	1,162,890	−3.20%	313,846,814	468,428,080	3.70%	403
2011 年	1,200,831	2.10%	302,574,178	451,603,250	7.40%	381
2010 年	1,176,479	1.10%	281,675,000	420,411,000	−2.10%	357
2009 年	1,163,000	−19.85%	287,646,000	429,323,000	−24.20%	369
2008 年	1,452,100	−4.50%	376,630,464	566,361,600	−5.90%	390
吉他总计						
2017 年	2,633,000	7.00%	890,748,000	1,329,000,000	8.80%	505
2016 年	2,460,000	0.20%	818,372,000	1,221,450,000	2.30%	497
2015 年	2,455,000	−6.70%	799,628,000	1,193,475,000	0.80%	486
2014 年	2,630,950	6.40%	793,479,000	1,184,298,000	10.60%	450
2013 年	2,472,000	−0.70%	717,071,000	1,070,254,000	7.00%	433
2012 年	2,489,390	−0.90%	670,453,007	1,000,676,130	7.00%	402
2011 年	2,512,416	5.70%	626,430,872	934,971,450	11.40%	372

续表

年份	销量	同比 (%)	批发额	零售额	同比 (%)	平均单价
2010 年	2,377,310	4.60%	562,130,000	839,000,000	0.022	353
2009 年	2,273,000	−17.91%	549,900,000	820,746,000	−0.210	361
2008 年	2,769,650	−3.40%	691,036,812	1,039,153,100	−7.00%	375
注 1：声学吉他类含班卓琴、曼陀林、冬不拉及其他声学弦乐器，不含夏威夷四弦琴						
注 2：电吉他类含电贝斯						
功放						
2017 年	675,000	−0.70%	96,525,000	148,500,000	−2.90%	220
2016 年	680,000	−5.60%	99,450,000	153,000,000	−5.60%	225
2015 年	720,000	−7.10%	105,300,000	162,000,000	−12.90%	225
2014 年	775,000	−1.60%	120,900,000	186,000,000	−1.60%	240
2013 年	788,000	−6.60%	122,920,000	189,120,000	−1.70%	240
2012 年	8,444,000	−5.20%	125,080,800	192,432,000	−11.70%	228
2011 年	890,000	−1.30%	141,732,500	218,050,000	−5.10%	245
2010 年	901,400	3.20%	149,407,000	229,857,000	−9.20%	255
2009 年	873,200	−20.33%	164,598,200	253,228,000	−25.47%	290
2008 年	1,096,000	−1.40%	220,844,000	339,760,000	−9.90%	310
钢　琴						
三角钢琴						
2017 年	8893	3%	99,601,000	177,860,000	7.30%	20,000
2016 年	8630	−15.80%	92,790,000	165,696,000	−10.30%	19,200
2015 年	10,253	−9.00%	103,407,000	184,656,000	−5.00%	18,010
2014 年	11,268	−5.10%	108,817,000	194,316,000	−0.30%	17,245
2013 年	11,870	4.60%	109,180,000	194,964,000	8.90%	16,425
2012 年	11,350	−1.80%	100,297,680	179,103,000	2.10%	15,780
2011 年	11,554	−8.20%	98,035,000	175,375,000	0.20%	15,179
2010 年	12,587	25.50%	97,977,000	174,959,000	36.20%	13,900
2009 年	10,033	−45.17%	71,916,000	128,422,000	−48.18%	12,800
2008 年	18,299	−17.50%	138,789,924	247,839,150	18.50%	13,544
立式钢琴						
2017 年	18,921	1.40%	56,157,000	100,281,000	3.70%	5300
2016 年	18,655	−5.70%	54,166,000	96,726,000	−2.50%	5185
2015 年	19,780	−10.40%	55,550,000	99,196,000	−9.90%	5015
2014 年	22,083	9.10%	61,646,000	110,083,000	12.50%	4985
2013 年	20,242	−8.30%	54,796,000	97,849,000	−4.70%	4834

续表

年份	销量	同比 (%)	批发额	零售额	同比 (%)	平均单价
2012 年	22,070	−13.30%	57,470,280	102,625,500	−11.00%	4650
2011 年	25,450	−7.00%	65,408,000	115,358,000	2.80%	4533
2010 年	27,379	37.40%	63,984,000	112,253,000	54.80%	4100
2009 年	19,927	−33.63%	41,344,000	72,534,000	−37.49%	3640
2008 年	30,022	−5.20%	66,140,121	116,035,300	−3.10%	3865
自动演奏钢琴						
2017 年	3716	5.90%	44,324,448	79,150,800	7.40%	21,300
2016 年	3510	−7.10%	41,277,000	73,710,000	2.40%	21,000
2015 年	3780	−3.10%	40,325,000	72,009,000	7.60%	19,050
2014 年	3902	−3.20%	37,461,000	66,895,000	−0.90%	17,144
2013 年	4032	6.70%	37,820,000	67,536,000	12.40%	16,750
2012 年	3780	−6.70%	33,657,120	60,102,000	−6.90%	15,900
2011 年	4050	6.20%	36,089,000	64,559,000	16.00%	15,940
2010 年	3812	23.00%	31,166,000	55,655,000	32.90%	14,600
2009 年	3100	−47.11%	23,436,000	41,850,000	−48.26%	13,500
2008 年	5861	−32.40%	45,293,808	80,881,800	−33.20%	13,800
钢琴销售总计						
2017 年	31,530	2.40%	200,083,000	357,292,000	6.30%	11,332
2016 年	30,795	−8.90%	188,234,000	336,132,000	−5.50%	10,915
2015 年	33,813	−9.20%	199,282,000	355,861,000	−4.20%	10,524
2014 年	37,253	3.10%	207,924,000	371,294,000	3.00%	9967
2013 年	36,144	−2.80%	201,796,000	360,350,578	5.40%	9970
2012 年	37,200	−9.40%	191,425,080	341,830,500	−3.80%	9189
2011 年	41,054	−6.20%	199,532,000	355,292,000	3.60%	8654
2010 年	43,778	32.40%	193,128,000	342,868,000	41%	7832
2009 年	33,060	−38.98%	136,697,000	242,806,680	−45.41%	7344
2008 年	54,182	−13.40%	250,223,853	444,756,250	18.40%	8209
数码钢琴						
2017 年	161,000	7.30%	108,192,000	193,200,000	7.80%	1200
2016 年	150,000	6.10%	100,380,000	179,250,000	0.30%	1195
2015 年	141,343	4.50%	100,127,000	178,798,000	8.40%	1265
2014 年	135,257	3.70%	99,008,000	165,013,000	1.20%	1220
2013 年	130,432	1.90%	97,824,000	163,040,000	2.70%	1250
2012 年	128,000	6.50%	95,232,000	158,720,000	6.20%	1240
2011 年	120,200	1.90%	87,986,400	146,644,000	13.00%	1220

续表

年份	销量	同比 (%)	批发额	零售额	同比 (%)	平均单价
2010 年	118,000	15.70%	77,880,000	129,800,000	29.90%	1100
2009 年	102,000	−16.97%	59,976,000	99,960,000	−17.64%	980
2008 年	122,850	1.80%	728,254,800	121,375,800	−1.30%	988
校园乐器						
铜管乐器						
2017 年	275,000	1%	163,350,000	297,000,000	6.50%	1080
2016 年	272,200	3.50%	153,450,000	279,000,000	4.60%	1025
2015 年	263,000	9.10%	146,712,000	266,750,000	10.50%	1014
2014 年	241,000	2.80%	132,815,000	241,482,000	3.20%	1002
2013 年	234,000	−5.70%	128,645,000	233,900,000	3.50%	1000
2012 年	248,055	9.90%	124,294,500	225,990,000	15.10%	911
2011 年	225,741	4.40%	108,027,000	196,394,000	5.10%	870
2010 年	216,315	3.30%	102,787,000	186,886,000	−1.10%	864
2009 年	209,500	−11.90%	103,957,000	189,012,000	−15.89%	902
2008 年	237,800	−0.40%	123,596,550	224,721,000	−4.00%	945
木管乐器						
2017 年	347,000	2.40%	169,856,000	308,830,000	3.60%	890
2016 年	339,000	−0.60%	163,900,000	298,000,000	−0.80%	879
2015 年	341,066	−0.90%	165,263,000	300,479,000	−0.20%	881
2014 年	344,000	3.00%	165,550,000	301,000,000	4.60%	875
2013 年	334,000	−2.50%	158,345,000	287,900,000	2.40%	862
2012 年	342,500	−2.80%	154,695,750	281,265,000	5.00%	821
2011 年	352,462	1.30%	147,343,000	267,871,000	2.80%	760
2010 年	348,022	−3.10%	143,312,000	260,567,000	−1.90%	749
2009 年	359,300	−8.19%	146,162,000	265,749,000	−7.61%	740
2008 年	391,347	4.70%	158,202,025	287,640,045	1.90%	735
弦乐器						
2017 年	388,000	2.10%	72,556,000	131,920,000	5.50%	340
2016 年	380,000	0.50%	68,750,000	125,000,000	0.80%	329
2015 年	378,000	13.90%	68,191,000	123,985,000	14.90%	328
2014 年	332,000	−3.20%	59,345,000	107,900,000	−1.00%	325
2013 年	343,000	−9.20%	59,950,000	109,000,000	−3.50%	318
2012 年	377,960	2.10%	62,120,300	112,946,000	5.20%	299
2011 年	370,200	24.80%	59,046,000	107,358,000	27.40%	290

续表

年份	销量	同比 (%)	批发额	零售额	同比 (%)	平均单价
2010 年	296610	1.90%	46,330,000	84,237,000	3.60%	284
2009 年	290,845	−16.70%	44,714,000	81,299,000	−16.70%	280
2008 年	350,850	−16.70%	36,277,890	65,959,800	−19.70%	188
校园乐器总计						
2017 年	1,010,000	1.90%	405,762,000	737,750,000	5.10%	730
2016 年	991,200	0.90%	386,100,000	702,000,000	1.60%	708
2015 年	982,066	7.10%	380,166,000	691,214,000	6.30%	704
2014 年	917,000	0.60%	357,710,000	650,382,000	3.10%	709
2013 年	911,400	−5.90%	346,940,000	630,800,000	1.70%	692
2012 年	968,515	2.10%	341,110,550	620,201,000	8.50%	640
2011 年	948,403	10.20%	314,416,000	571,623,000	7.50%	603
2010 年	860,947	0.20%	292,430,000	531,691,000	−0.80%	618
2009 年	859,645	−12.28%	294,833,625	536,061,137	−12.12%	624
2008 年	979,997	−5.20%	318,076,465	578,320,845	−3.30%	590
电声乐器						
键盘合成器						
2017 年	110,000	13.70%	97,526,000	143,000,000	5.70%	1300
2016 年	96,750	2.90%	92,267,000	135,290,000	9.00%	1398
2015 年	94,000	15.80%	84,622,000	124,080,000	18.90%	1320
2014 年	81,200	−6.10%	71,161,000	104,342,000	−7.60%	1285
2013 年	86,500	6.10%	76,986,000	112,882,500	13.50%	1305
2012 年	81,500	−3.60%	67,811,260	99,430,000	−3.90%	1220
2011 年	84,500	−4.20%	70,595,525	103,512,500	−2.20%	1225
2010 年	88,200	19.50%	72,182,000	105,840,000	8.70%	1200
2009 年	73,779	−7.27%	66,418,807	97,388,280	−17.29%	1320
2008 年	79,560	4.00%	80,304,682	117,748,800	−3.20%	1480
电钢琴、专业管风琴						
2017 年	8900	−2.20%	12,139,000	17,800,000	−6.90%	2000
2016 年	9100	−5.20%	13,033,000	19,110,000	3.40%	2100
2015 年	9600	−1.00%	12,603,000	18,480,000	0.30%	1925
2014 年	9700	−15.70%	12,569,000	18,430,000	−12.20%	1900
2013 年	11,500	−5.70%	14,313,000	20,987,000	−4.40%	1825
2012 年	12,200	−23.30%	14,976,720	21,960,000	−22.80%	1800
2011 年	15,900	3.20%	19,410,402	28,461,000	7.10%	1790

续表

年份	销量	同比 (%)	批发额	零售额	同比 (%)	平均单价
2010 年	15,400	−4.90%	18,117,000	26,565,000	−7.90%	1725
2009 年	16,200	−18.18%	19,666,152	28,836,000	−19.09%	1780
2008 年	19,800	−8.40%	24,306,480	35,640,000	−12.80%	1800
电子鼓						
2017 年	n/a	n/a	40,238,000	59,000,000	5.40%	n/a
2016 年	n/a	n/a	38,192,000	56,000,000	0.50%	n/a
2015 年	n/a	n/a	37,987,000	55,700,000	6.1%%	n/a
2014 年	n/a	n/a	35,805,000	52,500,000	2.50%	n/a
2013 年	n/a	n/a	34,918,000	51,200,000	5.60%	n/a
2012 年	n/a	n/a	33,077,000	48,500,000	4.10%	n/a
2011 年	n/a	n/a	31,781,200	46,600,000	−3.90%	n/a
2010 年	n/a	n/a	33,077,000	48,500,000	3.60%	n/a
2009 年	n/a	n/a	31,938,060	46,830,000	−16.00%	n/a
2008 年	n/a	n/a	38,022,741	55,751,819	2.10%	n/a
电声乐器销售总计						
2017 年	n/a	n/a	298,425,000	609,031,000	5.20%	n/a
2016 年	n/a	n/a	170,444,000	250,035,000	4.90%	n/a
2015 年	n/a	n/a	163,437,000	238,290,000	9.90%	n/a
2014 年	n/a	n/a	147,819,000	216,771,000	−1.00%	n/a
2013 年	n/a	n/a	155,249,484	227,806,000	5.60%	n/a
2012 年	n/a	n/a	147,112,740	215,730,000	−2.70%	n/a
2011 年	n/a	n/a	151,244,763	221,791,500	−1.90%	n/a
2010 年	n/a	n/a	154,177,000	226,070,000	14.10%	n/a
2009 年	n/a	n/a	135,073,292	198,054,680	−16.82%	n/a
2008 年	n/a	n/a	162,385,066	238,101,269	−3.10%	n/a
打击乐器						
套鼓						
2017 年	131,000	−3%	61,386,000	93,010,000	−1.60%	710
2016 年	135,000	−1.50%	62,370,000	94,500,000	0.00%	700
2015 年	137,000	−1.40%	62,389,000	94,530,000	5.40%	690
2014 年	139,000	−1.10%	59,172,000	89,655,000	0.40%	645
2013 年	140,600	−11.20%	58,925,000	89,281,000	−6.00%	635
2012 年	158,300	−9.00%	62,686,800	94,980,000	−7.50%	600
2011 年	174,000	−3.20%	67,755,600	102,660,000	−2.40%	590

续表

年份	销量	同比 (%)	批发额	零售额	同比 (%)	平均单价
2010 年	179,800	7.00%	69,420,000	105,183,000	6.10%	585
2009 年	168,000	−15.80%	65,419,200	99,120,000	−19.74%	590
2008 年	199,520	−10.20%	81,511,901	123,502,880	18.30%	619
鼓（含支架、踏板、相关零件等）						
2017 年	n/a	n/a	34,980,000	53,000,000	−1.90%	n/a
2016 年	n/a	n/a	35,640,000	54,000,000	−3.30%	n/a
2015 年	n/a	n/a	36,828,000	55,800,000	2.00%	n/a
2014 年	n/a	n/a	36,089,000	54,680,000	−1.10%	n/a
2013 年	n/a	n/a	36,490,500	55,288,000	−5.50%	n/a
2012 年	n/a	n/a	38,614,286	58,506,494	−7.80%	n/a
2011 年	n/a	n/a	41,881,004	63,456,067	2.50%	n/a
2010 年	n/a	n/a	40,859,000	61,908,000	6.00%	n/a
2009 年	n/a	n/a	38,546,713	58,404,111	−12.70%	n/a
2008 年	n/a	n/a	44,154,311	66,900,471	−6.00%	n/a
教学用打击乐器（含行进打击乐器、槌棒、工具等）						
2017 年	n/a	n/a	39,600,000	60,000,000	2%	n/a
2016 年	n/a	n/a	38,808,000	58,800,000	3.30%	n/a
2015 年	n/a	n/a	37,554,000	56,900,000	5.50%	n/a
2014 年	n/a	n/a	35,581,000	53,911,000	3.50%	n/a
2013 年	n/a	n/a	36,141,000	54,759,000	2.50%	n/a
2012 年	n/a	n/a	35,260,013	53,424,262	1.50%	n/a
2011 年	n/a	n/a	35,796,968	54,237,830	1.50%	n/a
2010 年	n/a	n/a	36,342,000	55,063,000	−1.00%	n/a
2009 年	n/a	n/a	36,709,191	55,619,986	−7.00%	n/a
2008 年	n/a	n/a	39,472,248	59,806,437	−1.00%	n/a
镲片						
2017 年	n/a	n/a	36,333,000	55,050,000	2.90%	n/a
2016 年	n/a	n/a	35,310,000	53,500,000	−2.40%	n/a
2015 年	n/a	n/a	36,168,000	54,800,000	−5.60%	n/a
2014 年	n/a	n/a	38,314,000	58,052,000	−2.00%	n/a
2013 年	n/a	n/a	39,097,000	59,237,000	−8.50%	n/a
2012 年	n/a	n/a	42,728,850	64,740,682	−9.50%	n/a
2011 年	n/a	n/a	47,214,199	71,536,665	2.00%	n/a
2010 年	n/a	n/a	46,288,000	70,133,000	3.50%	n/a
2009 年	n/a	n/a	44,723,121	67,762,305	−9.50%	n/a

续表

年份	销量	同比 (%)	批发额	零售额	同比 (%)	平均单价
2008 年	n/a	n/a	49,417,814	74,875,475	−6.00%	n/a
鼓槌和槌棒						
2017 年	n/a	n/a	27,720,000	42,000,000	−4.50%	n/a
2016 年	n/a	n/a	29,040,000	44,000,000	−3.70%	n/a
2015 年	n/a	n/a	30,162,000	45,700,000	−2.30%	n/a
2014 年	n/a	n/a	30,879,000	46,787,000	−1.50%	n/a
2013 年	n/a	n/a	31,350,000	47,500,000	−4.50%	n/a
2012 年	n/a	n/a	58,680,715	88,910,174	−4.00%	n/a
2011 年	n/a	n/a	61,125,744	92,614,764	3.00%	n/a
2010 年	n/a	n/a	59,345,000	89,917,000	1.00%	n/a
2009 年	n/a	n/a	58,757,805	89,026,977	−4.50%	n/a
2008 年	n/a	n/a	61,526,497	93,221,966	1.10%	n/a
手鼓						
2017 年	n/a	n/a	22,680,000	36,000,000	−2.70%	n/a
2016 年	n/a	n/a	23,310,000	37,000,000	−2.90%	n/a
2015 年	n/a	n/a	24,003,000	36,100,000	1.90%	n/a
2014 年	n/a	n/a	23,562,000	37,400,000	−2.00%	n/a
2013 年	n/a	n/a	24,043,000	38,163,000	1.10%	n/a
2012 年	n/a	n/a	23,781,289	37,748,078	2.50%	n/a
2011 年	n/a	n/a	23,201,258	36,827,393	4.00%	n/a
2010 年	n/a	n/a	22,308,000	35,410,000	9.00%	n/a
2009 年	n/a	n/a	20,466,882	32,487,115	−12.00%	n/a
2008 年	n/a	n/a	23,257,821	36,917,176	−5.00%	n/a
鼓皮						
2017 年	n/a	n/a	21,420,000	34,000,000	−2.90%	n/a
2016 年	n/a	n/a	22,050,000	35,000,000	−1.40%	n/a
2015 年	n/a	n/a	22,365,000	35,500,000	−2.00%	n/a
2014 年	n/a	n/a	22,818,000	36,220,000	−3.00%	n/a
2013 年	n/a	n/a	23,500,000	37,340,000	−4.50%	n/a
2012 年	n/a	n/a	24,200,000	39,100,000	−7.00%	n/a
2011 年	n/a	n/a	26,000,000	42,000,000	4.00%	n/a
2010 年	n/a	n/a	25,000,000	40,400,000	5.00%	n/a
2009 年	n/a	n/a	23,800,000	38,500,000	−8.00%	n/a
2008 年	n/a	n/a	25,900,000	41,800,000	−5.00%	n/a

续表

年份	销量	同比 (%)	批发额	零售额	同比 (%)	平均单价
打击乐器总计						
2017 年	n/a	n/a	244,119,000	373,060,000	−1%	n/a
2016 年	n/a	n/a	246,528,000	376,800,000	−1.20%	n/a
2015 年	n/a	n/a	249,469,000	381,330,000	1.20%	n/a
2014 年	n/a	n/a	246,418,000	376,708,000	−0.60%	n/a
2013 年	n/a	n/a	249,571,000	381,568,000	−4.80%	n/a
2012 年	n/a	n/a	258,171,000	397,289,000	−5.70%	n/a
2011 年	n/a	n/a	274,049,000	422,617,000	1.30%	n/a
2010 年	n/a	n/a	271,419,000	418,400,000	3.90%	n/a
2009 年	n/a	n/a	260,565,000	401,693,000	−11.16%	n/a
2008 年	n/a	n/a	296,114,000	456,029,000	−7.40%	n/a
注："n/a"表示数据不适用、无统计						

2012—2017年美国声学钢琴市场概况

	2017 年销量	同比 (%)	2016 年销量	同比 (%)	2015 年销量	同比 (%)	2014 年销量	同比 (%)	2013 年销量
按型号划分									
立式钢琴									
44″ 以下′	4057	22%	3326	−4.30%	3477	−11.60%	3932	−0.50%	3952
44″—47″	10,168	−9.80%	11,275	−5.10%	11,875	−8.90%	13,042	13.80%	11,868
工作室用琴	4698	15.90%	4055	−8.80%	4448	−12.90%	5109	15.50%	4422
自动演奏钢琴	350	14.80%	305	−8.40%	333	−3.50%	345	−15.90%	410
立式钢琴总计	19,271	1.60%	18,961	−5.80%	20,133	−10.20%	22,428	10.80%	20,652
三角钢琴									
5′ 以下	1406	0.80%	1395	−8.60%	1527	−9.20%	1681	−15.40%	1987
5′—5′ 5″	3068	1.80%	3015	−19.70%	3755	−6.10%	3998	−6.50%	4277
5′ 6″—5′ 10″	1507	1.50%	1485	−15.40%	1755	−5.90%	1867	−2.00%	1905
5′ 11″—6′ 4″	1522	7.60%	1415	−16.50%	1695	−11.90%	1923	11.30%	1727
6′ 5″—7′ 10″	645	8.40%	595	−33.50%	895	−16.70%	1075	−3.60%	1115
7′ 11″及以上	745	2.80%	725	16%	625	−13.70%	724	−15.70%	859
自动演奏钢琴	3366	4.70%	3215	−6.70%	3447	−3.10%	3557	−1.80%	3622
三角钢琴总计	12,259	3.50%	11,845	−13.50%	13,700	−7.60%	14,825	−4.30%	15,492
声学钢琴总计	31,530	2.40%	30,806	−8.90%	33,833	−9.20%	37,253	4.30%	36,144

续表

	2017年销量	同比(%)	2016年销量	同比(%)	2015年销量	同比(%)	2014年销量	同比(%)	2013年销量
按单价划分									
三角钢琴									
10000美元以下	2020	−6.70%	2166	−17.80%	2634	−4.40%	2755	−3.10%	2844
10000美元以上	10,239	5.80%	9679	−12.50%	11,066	−8.30%	12,070	−4.60%	12,648
立式钢琴									
4000美元以下	8215	−6.20%	8755	−7.60%	9477	−13.30%	10,933	−7.10%	11,766
4000美元以上	11,056	8.30%	10,206	−4.20%	10656	−7.30%	11,495	35.60%	8886

2012—2017年美国声学钢琴主要进口来源国

	2017年销量	同比(%)	2016年销量	同比(%)	2015年销量	同比(%)	2014年销量	同比(%)	2013年销量
立式钢琴									
中国	3357	−42.60%	5845	−15.10%	6885	−4.20%	7188	15.70%	6215
印度尼西亚	6495	−1.20%	6575	−4.30%	6870	−5.30%	7257	−3.00%	7482
日本	6929	38.20%	5015	2.80%	4877	−1.40%	4948	16.00%	4266
三角钢琴									
中国	2722	2.50%	2655	−8.10%	2890	−8.80%	3170	−16.90%	3815
印度尼西亚	3655	−4.20%	3815	3.20%	3695	−19.20%	4571	−1.10%	4622
日本	3998	7.40%	3722	3.40%	3601	0.90%	3570	−0.70%	3595
美国	1100	−4.30%	1150	−11.50%	1300	−10.30%	1450	20.80%	1200

2017年美国音乐制品行业概览

【编者按：2017年，美国音乐制品行业经历了内外环境重要变化，国际濒危物种保护公约发布政策，美国新政府换届，围绕经济增长率、就业率等要素环境逐渐向好发展。2018年第1期美国《音乐贸易》杂志从2017年美国音乐制品行业面临的政策影响、市场表现、资本运营、人事更迭等诸多方面勾勒出乐器行业过去一年综合表现。】

政策

2017年美国经济形势明显利好行业发展，失业率低于4.1%。消费指数创下近十年新高，年经济增长率3%，持续改善。加之股市表现良好，更加助力经济良好运行态势。但是，整体经济环境的改善，并未直接助推行业发展。吉他和管乐制造商的主要原材料玫瑰木，在2017年开年即遭遇玫瑰木跨境流动的政策限制。由国际濒危物种保护组织主导制订的公约，不仅让行业备感突然，同时也给196个签约国家和地区的海关、边境部门实际执行带来困扰。政策出台后，鲜有专业人员能够明确界定究竟哪类红木属合法流动，2017年第1季度和第2季度，乐器对外贸易显著降低。美国吉他进口下滑幅度超过20%。面对严峻形势，在1月NAMM乐器展美国渔业和野生动植物保护局举办的专题讲座上，数百人将会场围得水泄不通，质询政策如何具体执行。随着时间推移，政策逐渐普及，各大公司和机构慢慢熟悉了解了申请过程，乐器国际贸易逐步恢复正常。不少大公司新增专门人员专项应对，而中小公司则暂缓出口业务。10月召开的国际濒危物种保护组织执委会上，主管官员承认条约规定较为粗糙，仍需再次重新修改予以明确，但是，因受制于内部流程和官方协调，要等到2019年11月才能出台修改后的规定。

市场

抛开错综复杂的行政流程，二手乐器已然成为业内的老话题。我们将目光转向二手乐器方面。乐器制造商往往认为二手乐器是个问题，而大多经销商则将其视为一大利润增长点。乐器和其他易耗工业品不同，有的高端手工乐器反而是随着时间的推移才能愈发体现出价值。从这一层面来看，过去二十年来生产的吉他、套鼓和键盘等二手乐器已对新品乐器形成严重竞争。近年来，网上乐器销售呈现增长态势，像Reverb.com这样的二手乐器专门网站为客户提供了海量的二手乐器种类、型号、价格选择，已对新品乐器构成严重竞争。2017年，Reverb网站业务交易量以两位数速度增长。

和其他行业市场零售环境一样，乐器零售商外部环境面临着相似的挑战：网络乐器竞争加剧，实体网店过多，2017年美国甜水琴行销售收入创下新高达到5亿美元，管理层对未来发展仍报有信心；在欧洲，据托曼琴行2017年8月公布的数据，2016年其销售收入7.65亿美元，同比增长9.6%。与此同时，托曼琴行斥资7000万美元改进、扩大库存批发处理设施。以上两家乐器零售商的销售业绩让美国龙头乐器琴行吉他中心的市场表现相形见绌。近三年来，吉他中心的连锁琴行扩展过快，资产负债率高，其债务不断被低评，管理层也在考虑重组。在此背景下，吉他中心曾风光一时的几家实体旗舰店被迫关张。正如10万次安全飞行不会引起媒体关注，而一次坠落事故却足以吸引媒体注意。个别几家琴行关张不可能掩盖实体乐器零售的真实面貌。

2017年，不少琴行开设了新店，受到业内广泛关注。亚特兰大郊区新开1.5万平方英尺(相当于1393.5456平方米)展示店，萨马什琴行在休斯敦新开琴行，吉他中心继续在休斯敦和巴尔的摩新开琴行，西雅图、新罕布什尔、克利夫兰等地区的琴行销售均实现两位数增长，用事实反击了“实体琴行处于消失边缘”的论调。

资本

业外看待音乐制品行业往往带着敬意。吉他中心深陷沉重债务，吉普森公司的情况也类似，三年前负债巨资收购消费电子制造商飞利浦电子公司，使面上让外来投资者感觉投资效果一般。但是业内商业经营模式持续创新，依旧吸引那些期冀得到高于市场平均收益的精明投资机构不断加入。2017

年，塞得勒投资合伙公司收购Hal Leonard出版公司，减轻了原公司出版债务，同时收购在线零售商Sheet Music Plus; 瑞典私募公司韦登资本收购嵌入式软件模块制造商Propellerhead；日本投资者看好录音效果器制造商Zoom公司发展前景，纷纷斥资持有该公司股份；福赛特风投资本力挺英国功放制造商黑星公司，取得公司控股权；美国音乐制品龙头在线销售公司Reverb斩获1500万美元投资，以促进公司持续发展；特兰森资本收购Loud技术公司。EMH私募合作公司投资5900万美元收购Native部分股权。

与此同时，不少业界内音乐制品公司不断优化自身资本布局。Fishman在马萨诸塞州的占地规模和生产面积再次扩大，以不断满足市场音响制品需求；Guild吉他公司在加州奥克斯纳德的工厂继续扩容，不断提升产品产量；2017年，珠江钢琴集团新建厂房迎接60周年庆典；KMC进军音响领域，加大该业务板块投资力度；达达里奥公司加强内部资源整合，着力提升古典吉他琴弦品质；为巩固在专业钢琴市场的全球领导地位，2017年施坦威钢琴公司在巴黎和上海又增开旗舰店，并在上海设置亚太地区营销中心。

人事

业内有人将音乐制品行业从业经历比喻为“从一而终”：一旦进入乐器生涯，就很少转行离开。即使变动，更好的前程也是在业内跳槽，换个更好的岗位。业界主要负责人的调整往往也会引起业内兴趣和关注。2017年美国音乐制品行业重要的人事更迭有：美国韦斯特琴行总裁罗宾·瓦伦塔女士担任美国国际音乐制品协会（NAMM）轮值主席，系该协会成立以来主席一职首次由女士担任；胡斯汀新任美国芬达乐器集团常务副总；Zildjian公司任命约翰·斯蒂芬思担任新任董事长；在雅马哈工作30年后，雅马哈美国高级副总Rick Young正式退休。

庆典

2017年，不少公司见证了自身发展的“里程碑时刻”，其纪念意义同时彰显其行业地位。河合乐器庆祝90周年庆典；扩音器制造商JBL度过70周年生日；雅马哈管乐器和鼓乐公司庆祝50周年；Larrivee吉他公司度过50周年；德国沃威乐器成立35周年；柏斯集团从发展到壮大，庆祝30岁生日。密歇根州McCourt度过25岁生日；高端萨克斯品牌Cannonball以及弦乐器制造商Music Link都举办了20周年庆典。

展览

2017年，为进一步增强展会国际影响力，由美国国际音乐制品协会主办的NAMM国际乐器展览会再次扩容。新增区域位于阿纳海姆会展中心侧翼，占地20万平方英尺(相当于18580.608平方米)，主要专业灯光和音响供应商。协会与美国音响工程学会（AES）、娱乐技术服务协会（ESTA）共同合作，举办音响类专题讲座，不断吸引业内人士参与，全方位拓展音乐制品市场。

（常杰编译自美国《音乐贸易》2018年第1期）

海外资讯篇之三：日本乐器市场

2008—2017年日本国产乐器销售实绩

类别 年份	声学钢琴总计		立式钢琴		三角钢琴	
	数量	金额（千日元）	数量	金额（千日元）	数量	金额（千日元）
2008	131,900	36,547,000	103,945	15,991,000	27,955	20,556,000
2009	97,799	24,781,000	82,962	12,433,000	14,837	12,348,000
2010	119,276	26,515,000	100,315	12,402,000	18,961	14,113,000
2011	44,159	23,555,000				
2012	40,308	23,010,000				
2013	38,595	26,020,000				
2014	41,139	27,144,000				
2015	38,273	25,004,000				
2016	39,408	24,395,000				
2017	38,706	24,263,000				

类别 年份	电钢琴和电风琴总计		电钢琴		电风琴	
	数量	金额（千日元）	数量	金额（千日元）	数量	金额（千日元）
2008	205,851	21,127,000	189,251	16,302,000	16,600	4,825,000
2009	170,837	16,882,000	156,657	13,022,000	14,180	3,860,000
2010	194,651	18,020,000	180,021	14,423,000	14,630	3,597,000
2011	160,204	15,568,000				
2012	155,504	15,184,000				
2013	175,403	18,946,000				
2014	208,059	21,157,000				
2015	196,780	17,997,000				
2016	215,862	18,381,000				
2017	170,038	15,787,000				

类别 / 年份	各类电子键盘总计		电子键盘		键盘集音器	
	数量	金额（千日元）	数量	金额（千日元）	数量	金额（千日元）
2008	224,284	11,965,000				
2009	218,156	7,079,000				
2010	197,125	7,723,000				
2011	127,331	6,737,000				
2012	129,178	5,405,000				
2013	125,644	6,666,000				
2014	135,143	7,555,000				
2015	149,868	7,177,000				
2016	105,196	5,912,000				
2017	87,461	4,439,000				

类别 / 年份	管乐器合计		吉他总计	
	数量	金额（千日元）	数量	金额（千日元）
2008	235,229	22,372,000	309,427	9,291,000
2009	212,679	18,183,000	216,998	6,571,000
2010	204,098	18,278,000	215,621	6,091,000
2011	169,874	17,050,000	254,794	6,684,000
2012	163,706	15,922,000	211,400	5,766,000
2013	179,576	19,161,000	184,029	6,006,000
2014	203,005	20,588,000	187,739	5,487,000
2015	189,804	20,521,000	135,022	5,027,000
2016	154,775	18,473,000	151,838	5,284,000
2017	151,479	20,288,000	139,477	5,221,000

注：自2011年1月起，立式钢琴，三角钢琴和电钢琴不再列入统计，新增“电钢琴、电风琴合计”一栏。此外，自2011年以来，静冈县乐器制造协会不再报送“KD生产”数据，因此2011年与之前数据相比，钢琴产销数据大幅减少。

2017年日本乐器出口前10位

(金额单位：千日元 重量单位：公斤)

国家及地区	立式钢琴	
	数量	金额
中国大陆	68,576	8,849,150
美国	6169	2,242,440
越南	14,046	1,553,445
澳大利亚	3238	921,296
加拿大	2416	713,417
中国香港	1799	642,577
德国	1188	567,854
新加坡	1398	472,177
韩国	1994	390,373
英国	1391	383,361

国家及地区	三角钢琴	
	数量	金额
美国	3057	3,493,628
中国大陆	4243	2,587,775
德国	1062	1,438,273
澳大利亚	733	734,986
加拿大	609	635,945
韩国	842	603,101
法国	438	541,515
英国	301	342,436
中国台湾	315	265,676
越南	497	244,899

国家及地区	键盘弦乐器	
	数量	金额
中国台湾	2	3300
中国香港	8	3048
越南	361	607
美国	1	449
中国大陆	1	378

国家及地区	弓弦乐器	
	数量	金额
中国香港	23	6977
法国	5	2691
越南	170	1404
美国	3	1088
沙特阿拉伯	2	758
新加坡	5	600
萨尔瓦多	6	436
英国	1	427
阿拉伯酋长国	1	314
荷兰	1	312

国家及地区	吉他和其他弦乐器	
	数量	金额
美国	3813	245,829
德国	1619	130,719
法国	1224	83,126
韩国	822	60,287
中国大陆	312	57,462
泰国	2133	50,965
中国香港	462	47,277
英国	257	25,995
柬埔寨	2639	25,933
意大利	333	24,241

国家及地区	铜管乐器	
	数量	金额
美国	17,636	3,113,729
德国	4792	648,179
法国	1781	270,140
加拿大	1060	153,242
澳大利亚	1016	143,454
英国	735	115,868
中国大陆	739	94,770
中国香港	483	79,397
新加坡	307	72,026
泰国	394	71,024

国家及地区	其他管乐器	
	数量	金额
美国	121,549	2,567,940
德国	69,248	1,588,194
韩国	66,745	958,086
法国	29,513	482,419
中国大陆	27,389	433,135
中国香港	15,078	333,559
英国	56,632	318,735
中国台湾	57,889	270,445
澳大利亚	8634	234,705
加拿大	51,236	185,887

国家及地区	鼓	
	数量	金额
美国	2642	275,812
中国大陆	554	45,799
德国	755	32,629
澳大利亚	240	25,797
加拿大	152	18,072
中国香港	342	13,702
韩国	186	13,580
法国	88	11,439
新加坡	91	11,345
荷兰	295	10,905

国家及地区	其他打击乐器	
	数量	金额
美国	14,413	522,434
德国	457	112,504
中国台湾	251	65,372
中国大陆	1665	56,711
法国	257	49,079
澳大利亚	626	41,761
加拿大	2677	38,757
韩国	2233	25,100
中国香港	1650	19,306
新加坡	363	12,932

国家及地区	电子键盘乐器	
	数量	金额
美国	12,250	1,430,624
德国	6821	810,999
越南	26,357	398,756
中国大陆	2047	335,262
法国	3076	277,617
韩国	2095	200,666
英国	1616	192,480
阿拉伯酋长国	2383	165,880
加拿大	1347	125,757
澳大利亚	872	97,526

国家及地区	电吉他	
	数量	金额
美国	10,285	870,530
德国	2087	174,058
中国香港	1046	106,193
荷兰	2020	100,592
中国大陆	1066	89,337
法国	820	76,715
澳大利亚	1079	73,784
英国	841	72,459
俄罗斯	3056	64,446
泰国	1186	50,512

国家及地区	其他电子乐器	
	数量	金额
美国	6530	347,919
比利时	3670	159,167
德国	823	60,550
澳大利亚	459	29,008
法国	203	17,292
马来西亚	666	15,927
英国	154	15,589
中国香港	193	15,560
俄罗斯	745	12,434
葡萄牙	155	12,400

国家及地区	八音盒	
	数量	金额
中国台湾	365	4957
韩国	3232	3976
中国香港	837	2575
德国	2773	2339
美国	506	1613
中国大陆	92	1167
马来西亚	6600	1070
泰国	60	468
澳大利亚	1	433
英国	24	215

国家及地区	乐器用弦	
	重量	金额
印度尼西亚	7831	13,389
中国香港	103	9776
美国	473	9667
中国大陆	138	3632
阿拉伯酋长国	228	3524
韩国	35	1548
德国	8	590
西班牙	14	534
菲律宾	22	474
新加坡	15	359

国家及地区	钢琴零配件	
	重量	金额
印度尼西亚	3,639,250	2,046,352
中国大陆	5,599,371	1,851,605
美国	20,831	102,450
德国	8854	61,450
中国台湾	7722	27,788
奥地利	1615	8265
马来西亚	455	5214
捷克	410	4537
越南	1126	3900
韩国	857	3548

国家及地区	弦乐器零配件	
	重量	金额
美国	7410	71,132
中国大陆	8732	58,111
印度尼西亚	8123	37,132
墨西哥	1251	21,329
中国香港	686	13,077
澳大利亚	509	11,074
法国	785	10,541
韩国	515	10,232
英国	494	7682
西班牙	273	6333

国家及地区	电子乐器零配件	
	重量	金额
印度尼西亚	149,175	728,218
美国	65,734	591,926
中国大陆	73,604	292,444
马来西亚	25,664	150,462
德国	25,658	87,897
中国香港	36,686	79,833
英国	6660	39,238
越南	4905	32,769
意大利	2451	32,383
荷兰	5952	28,904

国家及地区	其他零配件	
	重量	金额
中国大陆	114,625	1,087,855
印度尼西亚	102,168	580,350
美国	44,988	379,686
德国	5891	129,408
中国香港	9943	81,178
中国台湾	5195	55,437
韩国	3132	44,842
新加坡	2127	29,118
法国	861	22,868
英国	430	15,939

2017年日本乐器进口前10位

(金额单位：千日元 重量单位：公斤)

国家及地区	立式钢琴	
	数量	金额
印度尼西亚	3566	758,412
德国	186	191,808
中国大陆	512	95,959
捷克	63	39,391
韩国	88	15,269
美国	16	7720
越南	34	3797
奥地利	1	2521
波兰	4	2148
意大利	1	1228

国家及地区	三角钢琴	
	数量	金额
德国	278	1,113,802
美国	71	110,103
意大利	11	80,068
捷克	45	68,430
奥地利	10	50,339
印度尼西亚	77	33,294
法国	10	17,974
中国大陆	33	14,855
波兰	2	6224
韩国	12	6157

国家及地区	键盘弦乐器	
	数量	金额
法国	9	15,151
德国	3	5065
意大利	2	4423
美国	1	1737
捷克	2	1554
英国	3	450
比利时	1	350
荷兰	1	339

国家及地区	弓弦乐器	
	数量	金额
意大利	505	1,157,715
中国大陆	22,438	337,302
德国	2606	337,114
罗马尼亚	2209	89,076
捷克	1112	73,341
美国	105	32,786
英国	81	31,488
保加利亚	313	31,356
比利时	239	30,488
匈牙利	142	20,260

国家及地区	吉他	
	数量	金额
美国	10,925	2,014,276
中国大陆	135,204	1,148,317
印度尼西亚	39,099	379,981
墨西哥	8227	321,976
西班牙	1563	115,872
澳大利亚	323	46,354
德国	103	33,973
捷克	259	27,769
英国	68	23,270
韩国	388	18,937

国家及地区	其他弦乐器	
	数量	金额
美国	2978	285,972
中国大陆	84,136	278,455
意大利	329	109,844
德国	340	46,910
印度尼西亚	24,235	34,644
越南	3698	21,556
墨西哥	646	19,934
法国	78	18,754
泰国	144	3923
英国	14	3768

国家及地区	铜管乐器	
	数量	金额
美国	5198	940,012
德国	2084	705,897
中国大陆	17,449	232,642
中国台湾	3413	139,994
瑞士	151	73,077
西班牙	171	20,713
韩国	40	19,073
俄罗斯	68	17,185
荷兰	55	16,743
英国	53	15,195

国家及地区	风琴	
	数量	金额
德国	2	72,187
意大利	6	61,387
瑞士	1	25,922
荷兰	1	23,794
中国大陆	15,039	16,656
法国	1	1391
英国	2	956
印度	15	661

国家及地区	手风琴	
	数量	金额
印度尼西亚	314,540	411,074
中国大陆	182,737	323,683
意大利	502	76,426
捷克	61	5732
德国	282	3283
美国	3	845
英国	2	722
法国	2	405
瑞士	1	262

国家及地区	口琴	
	数量	金额
中国大陆	182,557	90,337
德国	12,542	40,664
巴拉圭	226	1071

国家及地区	其他管乐器	
	数量	金额
法国	8,183	2,063,636
印度尼西亚	866,815	889,449
美国	18,838	515,369
德国	4,933	440,639
中国大陆	148,602	362,110
中国台湾	8920	306,561
加拿大	170	48,476
韩国	13,625	42,822
越南	349	23,508
瑞士	799	14,772

国家及地区	鼓	
	数量	金额
中国大陆	1,398,473	565,726
美国	49,823	551,588
中国台湾	235,547	412,366
加拿大	13,949	124,548
泰国	38,547	121,386
德国	16,154	105,804
瑞士	6170	60,984
土耳其	5052	56,654
印度	47,713	25,097
荷兰	162	23,840

国家及地区	电子键盘乐器	
	数量	金额
印度尼西亚	93,400	5,027,333
中国大陆	429,524	4,965,093
马来西亚	40,946	983,416
美国	2470	116,065
瑞典	953	114,762
意大利	373	42,059
越南	3648	36,538
德国	247	17,854
荷兰	20	9507
英国	46	2006

国家及地区	电吉他	
	数量	金额
美国	29,116	4,756,621
中国大陆	118,164	1,386,295
印度尼西亚	34,863	583,476
韩国	8174	342,330
墨西哥	2903	156,807
德国	676	132,531
菲律宾	3472	85,111
加拿大	751	63,673
波兰	283	50,860
瑞士	89	19,065

国家及地区	其他电子乐器	
	数量	金额
中国大陆	51,270	823,246
马来西亚	3651	164,059
美国	2630	89,204
印度尼西亚	3700	83,407
中国台湾	2570	58,183
越南	11,490	34,264
捷克	223	15,879
瑞典	335	15,822
德国	105	5582
芬兰	168	4610

国家及地区	八音盒	
	数量	金额
中国大陆	235,351	135,962
瑞士	2511	133,241
德国	813	18,091
美国	15	9448
法国	1380	3406
中国台湾	1686	896
英国	1	819
芬兰	93	534
泰国	300	295

国家及地区	乐器用弦	
	重量	金额
美国	164,094	1,283,838
奥地利	2891	408,080
德国	5266	339,294
墨西哥	10,778	135,557
中国大陆	25,614	82,709
丹麦	427	60,380
意大利	3263	50,855
英国	1721	38,578
法国	1956	35,379
韩国	2508	9371

国家及地区	钢琴零配件	
	重量	金额
印度尼西亚	2,575,945	2,182,254
中国大陆	269,205	307,015
德国	3582	54,735
韩国	4223	43,443
美国	32,075	31,444
中国台湾	3300	6509
奥地利	51	1709
马来西亚	849	1647
法国	95	659
瑞典	82	476

国家及地区	弦乐器零配件	
	重量	金额
中国大陆	230,060	291,397
美国	12,886	217,104
德国	2788	199,455
法国	508	194,422
越南	31,705	86,155
加拿大	2873	58,787
中国台湾	39,519	45,865
意大利	291	37,546
巴西	81	33,680
瑞士	31	31,185

国家及地区	电子乐器零配件	
	重量	金额
中国大陆	430,948	796,080
美国	72,753	753,076
印度尼西亚	453,589	395,046
韩国	19,776	111,469
德国	3892	71,866
马来西亚	99,989	71,314
越南	11,573	53,285
中国台湾	21,481	45,065
加拿大	3,126	34,483
意大利	11,487	29,501

国家及地区	其他零配件	
	重量	金额
法国	47,606	1,714,010
美国	116,389	1,167,636
中国大陆	353,882	897,952
中国台湾	156,292	538,583
印度尼西亚	73,282	438,162
德国	15,263	190,807
意大利	1444	190,421
越南	30,469	181,537
泰国	48,501	111,792
加拿大	1654	94,527

海外资讯篇之四：各国乐器市场概述

日　本

过去36年，日本乐器生产和销售统计数据一直由日本乐器制造商协会（JMIMA）编制。日本乐器协会（JMIA）于2016年重组，整合了旗下三家协会，其中包括日本乐器制造商协会。因此，日本乐器协会已接手日本乐器制造商协会的全部工作。新改组的日本乐器协会首项工作就是搜集2016年日本乐器生产和销售数据，对数据收集和产品分类方法做了较大调整。例如，年度统计数据起止时间有所调整，过去全年时间范围是2016年1月至12月从2016年开始，年度调整为2016年4月到2017年3月。2017年数据要到8月才能公布。基于统计方式变化，2016年数据可能与2015年及其之前的数据不一样。日本乐器协会向46家制造商和70家琴行收集销售数据，并将调查工作委托给第三方进行分析整理。

日本乐器产销数据

2017年，日本乐器市场充满挑战。乐器销量如下：立式钢琴（11,482架，+5%）、萨克斯（14,658件，+15%）、其他木管乐器（781件，+17%）、其他铜管乐器（5134件，+7%）、电子琴（19,785件，+63%）及电钢琴（21,787件，+9%）。

2017年日本乐器出口额

根据日本财务省于2017年编制的进出口统计数据，2017年日本出口额647亿日元（5.9亿美元），同比增长5%。三角钢琴出口1.4万架，增长8%，立式钢琴出口11.6万架，同比增长5%。静冈县乐器协会表示，2017年新钢琴和二手钢琴的出口均在有所增长。

2017年，总计77,000架电子琴和电子键盘类乐器出口到世界各个国家和地区，出口数量连续三年呈7%到10%的增长态势，但出口金额下降4%。簧片、其他管乐器以及铜管乐器出口额有小幅增长。

2016年乐器零售商市场调查

预计2018年后，日本生育率进一步下降，18岁以下人口数量逐渐减少。过去两次生育高峰期，日本出生人口超过200万，但2016年却不足100万。日本社会老龄化背景下，各乐器门类的年轻乐手数量均有所下降。中老年数量上升。日本乐器销售反映出清晰的市场结构：成年人会购买高品质、昂贵的品牌乐器，但初级用户则会购买价格优惠的乐器。中等价位乐器销售滞销。

钢琴（声学钢琴、数码钢琴、自动钢琴、二手钢琴）

日本乐器协会生产数据表明，日本每年销售1.5万架声学钢琴和20万架数码钢琴。三角钢琴和立式钢琴销售滑坡。未来钢琴演奏者很有可能对原有乐器升级换代，行业专家预料市场对三角钢琴的需求将会上升。

日本每年数码钢琴销量18万架，销售净额120亿日元（约合1亿美元），消费者十分关心乐器音质和琴键触感。针对消费者的调查显示， 50%的数码钢琴通过琴行销售，30%通过百货市场，20%通过亚马逊等网络零售商。此外，零售市场调查也包括二手钢琴销售数据。粗略计算后，我们测算日本二手钢琴出口量约10万架。国内市场，按照经销商和零售商反馈，二手钢琴销量约为10万架到20万架之间。

管乐器和弦乐器（铜管乐器、木管乐器、提琴等）

2016年，此类别产品销售保持稳定。校园乐器市场表现积极，学生更愿自购乐器，反映在市场上，平均单价已有所增长。

日本的小学和初中鼓励学生多参与弦乐乐团和管弦乐队等音乐活动，所以弦乐器销售呈上升态势。此外，成年音乐爱好者报名参加地方音乐学校的学习，越来越多成年乐器爱好者积极参与社会音乐社团，市场对萨克斯管的需求尤为迅猛。上述因素均促进了市场增长。小提琴的平均单价有所上涨，预计这一趋势还将持续。

打击乐器（架子鼓、鼓号队用鼓、教学用打击乐器、木琴、钟琴、数字鼓、木箱鼓、鼓槌、鼓硬件）

日本国内流行乐用鼓市场销售净额约40亿日元（3610万美元）；其中学校、管弦乐队和交响乐队用乐器类20亿日元（1800万美元）。市场对声学架子鼓的需求停滞不前，鼓槌等乐器配件滞销说明打击乐器客户群在缩小。2016年，日本电子套鼓销量10,097套，主要以机构用户居多。由于学校预算削减，低音鼓、定音鼓和其他音乐会用打击乐器采购有所减少，音乐老师更倾向用木琴和钟琴进行教学。

吉他类（木吉他和电吉他、扩音器、效果处理器、尤克里里）

木吉他和电吉他均持续呈下降态势。两年前市场对木吉他的需求还很大，但时至今日已呈停滞状态。曾经有档电视节目热播，因带电吉他表演而备受欢迎，由此还引发一波新手学习乐器的热潮。在该节目带动下，乐器销售一直到2012年都持续向好，但现在那股狂热已经过去。中老年吉他演奏者是高端吉他的潜在顾客，初级用户数量在下降，这对乐器行业未来发展构成严峻挑战。

对年轻一代而言，乐队已不再是他们最感兴趣的事情。吉他销售对配件也会造成很大影响，乐器行业应向年轻人和整个社会提倡吉他演奏的乐趣，这样才能不断刺激市场发展。尤克里里受到所有年龄段人群欢迎。尤克里里曾引领夏日时尚潮流，时至今日已成为一种喜闻乐见的乐器，一年到头都会有客户购买这种琴，有些弹奏尤克里里的人甚至还会买第二把甚至第三把琴。

其他乐器（口琴、手风琴、陶笛等）

随着日本幼儿园和小学学生数量减少，这些乐器所占市场份额也在不断减少。口琴主要在学校使用。作为日本人在少年时期使用的主要乐器，这些乐器的声音很美妙，大学生、成年音乐制作人会在业余乐队演奏。最近几年，年轻的口琴演奏明星越来越多，吸引来了很多初学者。与以往相比，口琴现在更受中老年人的喜爱；陶笛受到中老年女士欢迎，她们是高价款式的潜在顾客。制造商们期盼，未来几年这种乐器能够稳健增长。(评论：Masaru Sawano，《日本音乐贸易》杂志社社长；Shuncho Mori，《日本音乐贸易》杂志董事)

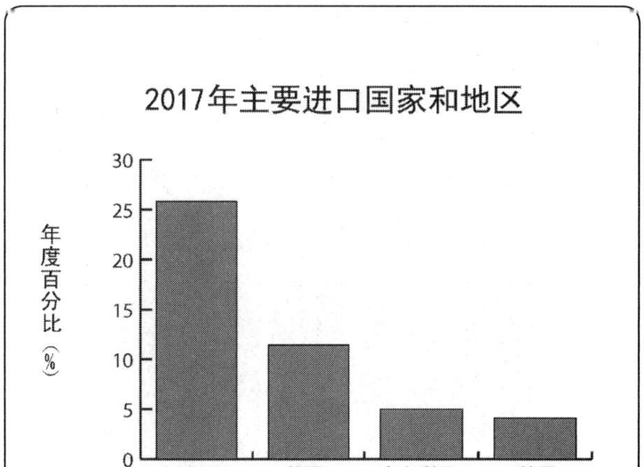

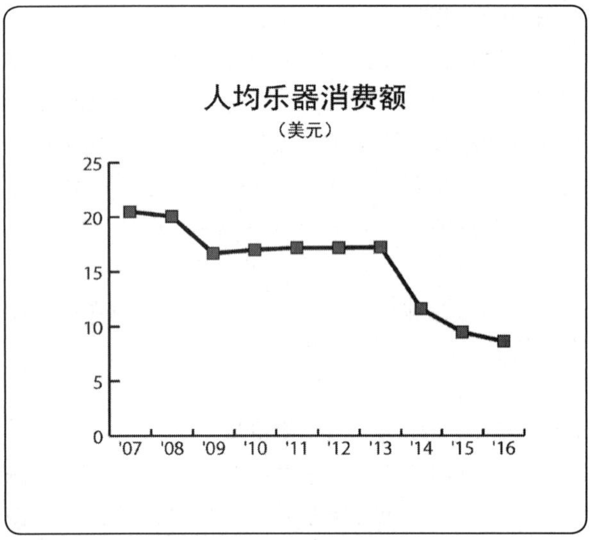
人均乐器消费额
（美元）
25
20
15
10
5
0
'07 '08 '09 '10 '11 '12 '13 '14 '15 '16

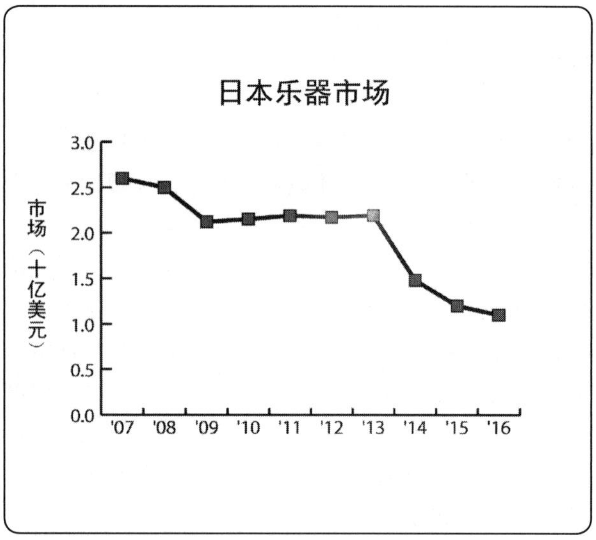
日本乐器市场
市场（十亿美元）
3.0
2.5
2.0
1.5
1.0
0.5
0.0
'07 '08 '09 '10 '11 '12 '13 '14 '15 '16

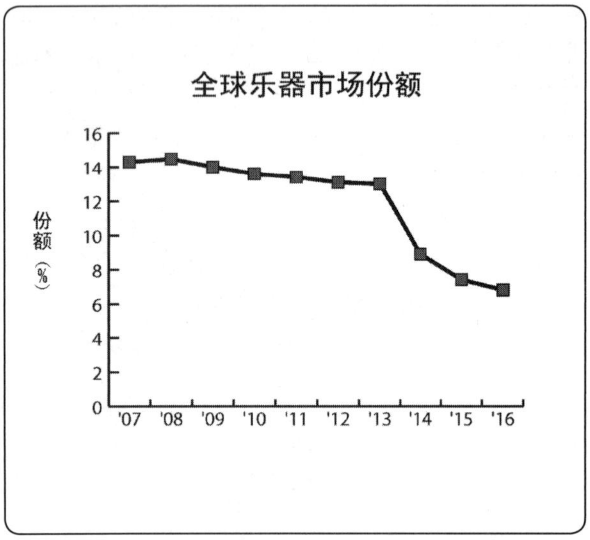
全球乐器市场份额
份额（%）
16
14
12
10
8
6
4
2
0
'07 '08 '09 '10 '11 '12 '13 '14 '15 '16

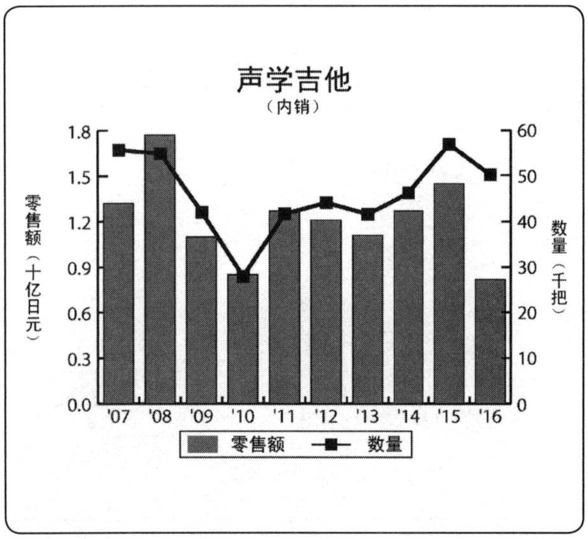
声学吉他
（内销）
零售额（十亿日元）
数量（千把）
1.8 1.5 1.2 0.9 0.6 0.3 0.0
60 50 40 30 20 10 0
'07 '08 '09 '10 '11 '12 '13 '14 '15 '16
零售额 数量

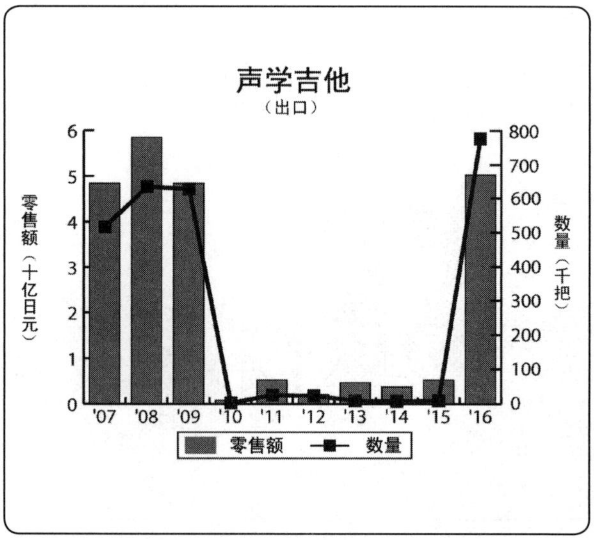
声学吉他
（出口）
零售额（十亿日元）
数量（千把）
6 5 4 3 2 1 0
800 700 600 500 400 300 200 100 0
'07 '08 '09 '10 '11 '12 '13 '14 '15 '16
零售额 数量

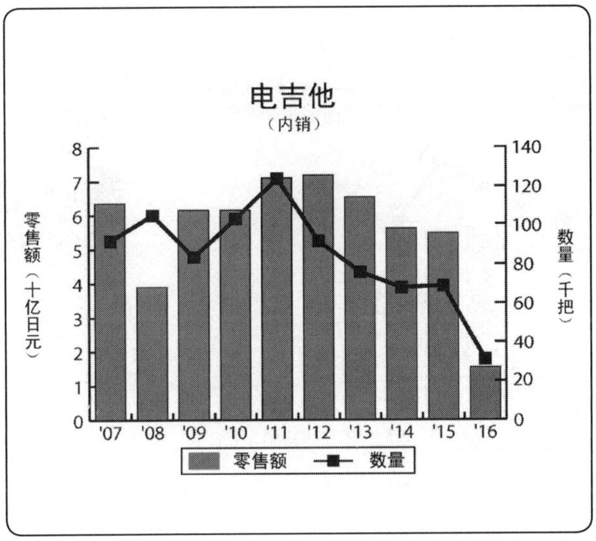
电吉他
（内销）
零售额（十亿日元）
数量（千把）
'07 '08 '09 '10 '11 '12 '13 '14 '15 '16
零售额
数量

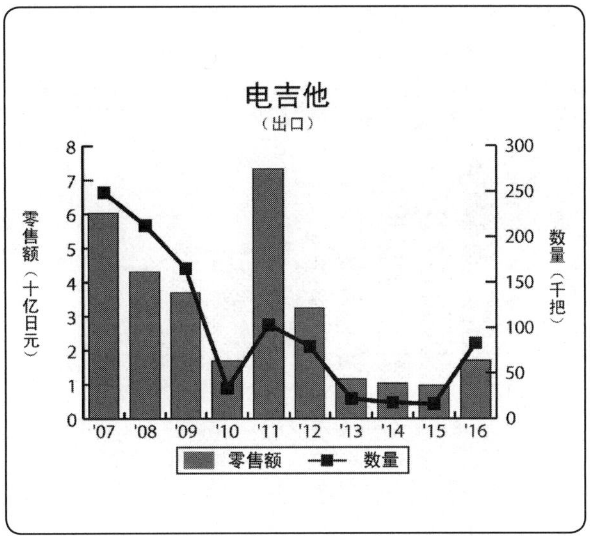
电吉他
（出口）
零售额（十亿日元）
数量（千把）
'07 '08 '09 '10 '11 '12 '13 '14 '15 '16
零售额
数量

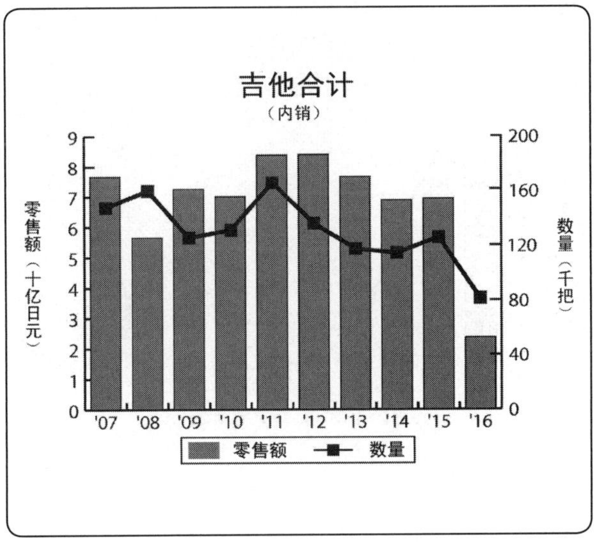
吉他合计
（内销）
零售额（十亿日元）
数量（千把）
'07 '08 '09 '10 '11 '12 '13 '14 '15 '16
零售额
数量

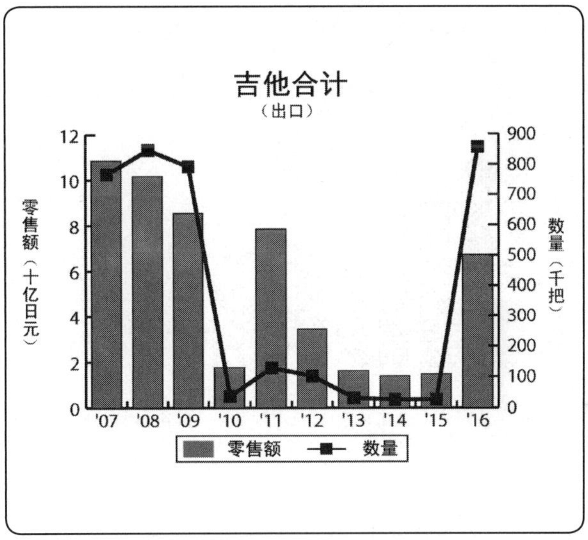
吉他合计
（出口）
零售额（十亿日元）
数量（千把）
'07 '08 '09 '10 '11 '12 '13 '14 '15 '16
零售额
数量

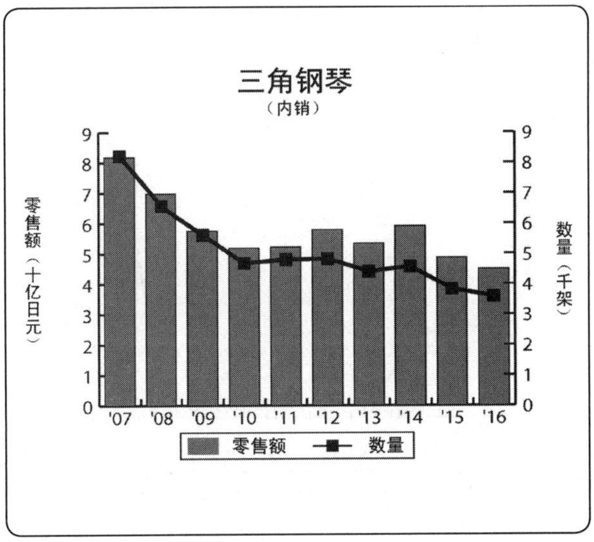
三角钢琴
（内销）
零售额（十亿日元）
数量（千架）
'07 '08 '09 '10 '11 '12 '13 '14 '15 '16
零售额
数量

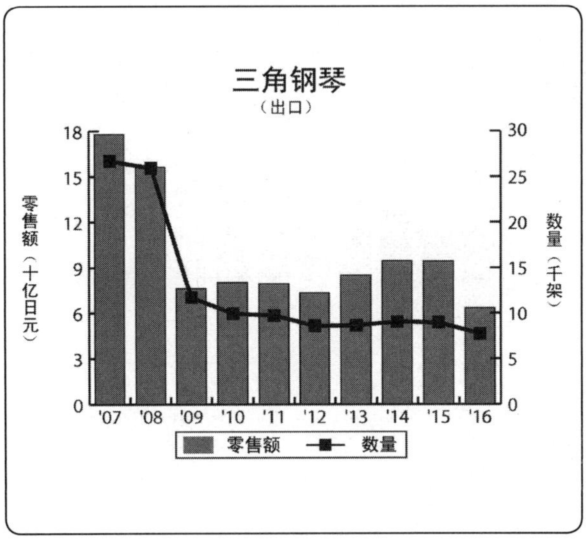
三角钢琴
（出口）
零售额（十亿日元）
数量（千架）
'07 '08 '09 '10 '11 '12 '13 '14 '15 '16
零售额
数量

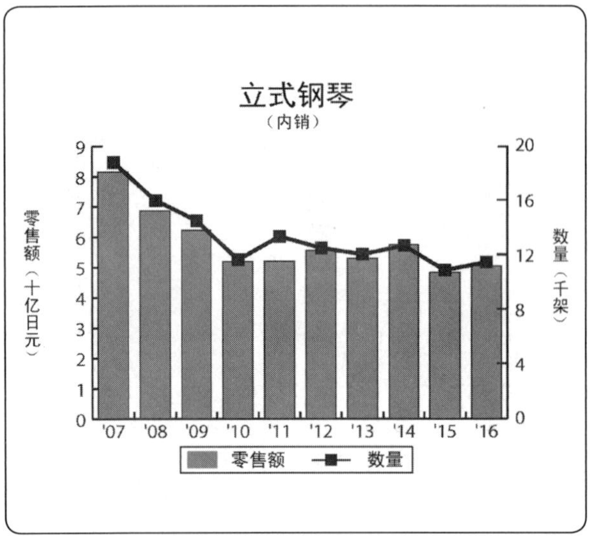
立式钢琴
（内销）
零售额（十亿日元）
数量（千架）
0 1 2 3 4 5 6 7 8 9
0 4 8 12 16 20
'07 '08 '09 '10 '11 '12 '13 '14 '15 '16
零售额
数量

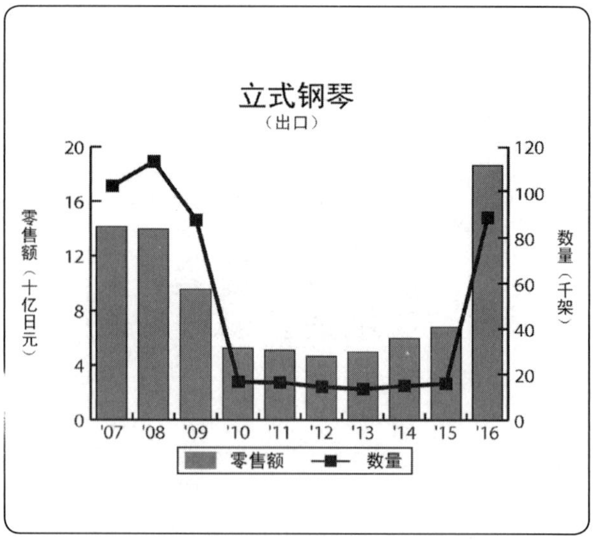
立式钢琴
（出口）
零售额（十亿日元）
数量（千架）
0 4 8 12 16 20
0 20 40 60 80 100 120
'07 '08 '09 '10 '11 '12 '13 '14 '15 '16
零售额
数量

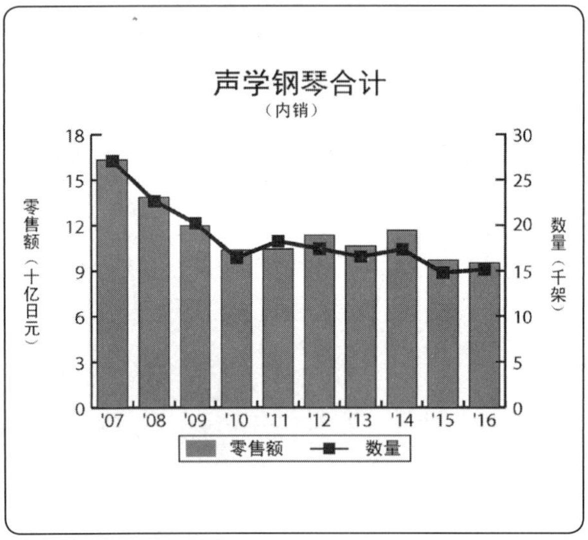
声学钢琴合计
（内销）
零售额（十亿日元）
数量（千架）
0 3 6 9 12 15 18
0 5 10 15 20 25 30
'07 '08 '09 '10 '11 '12 '13 '14 '15 '16
零售额
数量

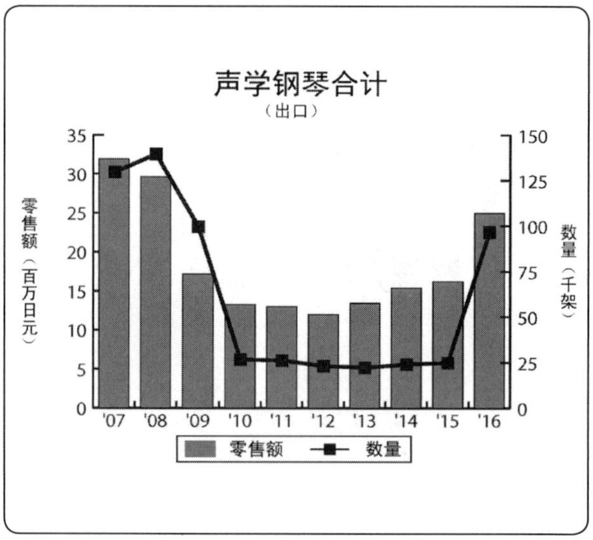
声学钢琴合计
（出口）
零售额（百万日元）
数量（千架）
0 5 10 15 20 25 30 35
0 25 50 75 100 125 150
'07 '08 '09 '10 '11 '12 '13 '14 '15 '16
零售额
数量

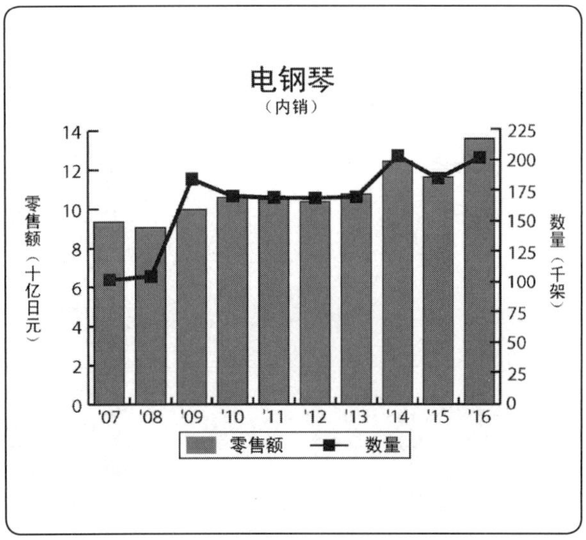
电钢琴
（内销）
零售额（十亿日元）
数量（千架）
0 2 4 6 8 10 12 14
0 25 50 75 100 125 150 175 200 225
'07 '08 '09 '10 '11 '12 '13 '14 '15 '16
零售额
数量

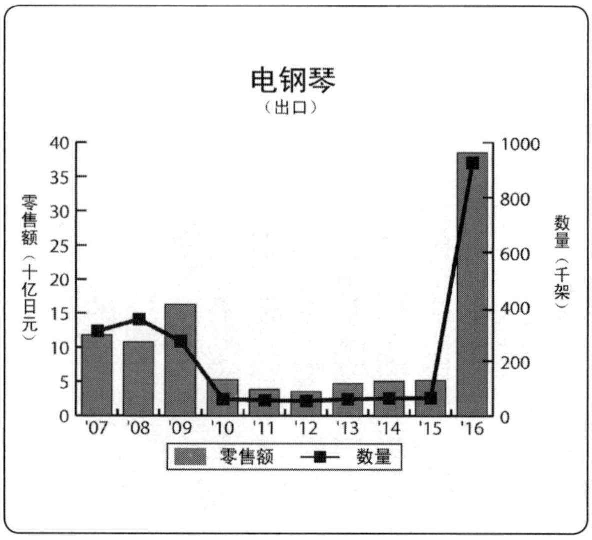
电钢琴
（出口）
零售额（十亿日元）
数量（千架）
0 5 10 15 20 25 30 35 40
0 200 400 600 800 1000
'07 '08 '09 '10 '11 '12 '13 '14 '15 '16
零售额
数量

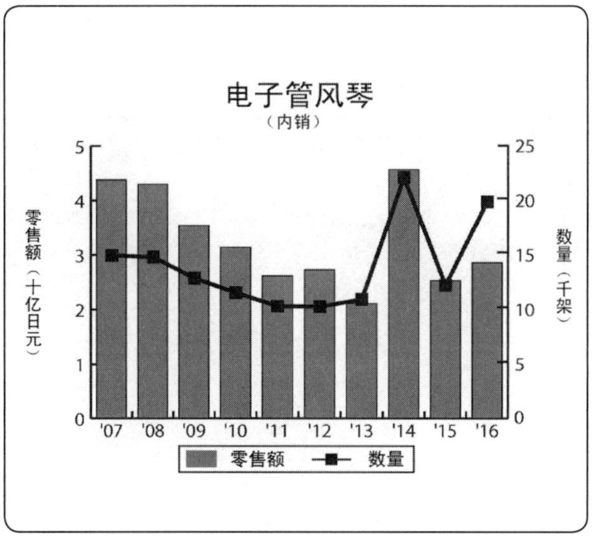
电子管风琴
（内销）
零售额（十亿日元）
数量（千架）
'07 '08 '09 '10 '11 '12 '13 '14 '15 '16
零售额 数量

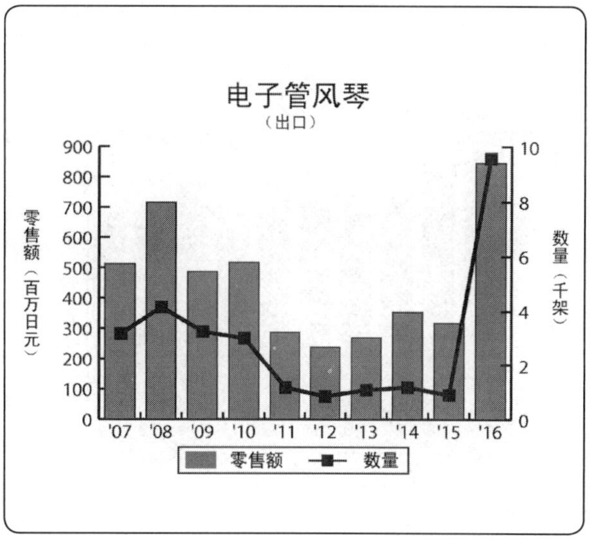
电子管风琴
（出口）
零售额（百万日元）
数量（千架）
'07 '08 '09 '10 '11 '12 '13 '14 '15 '16
零售额 数量

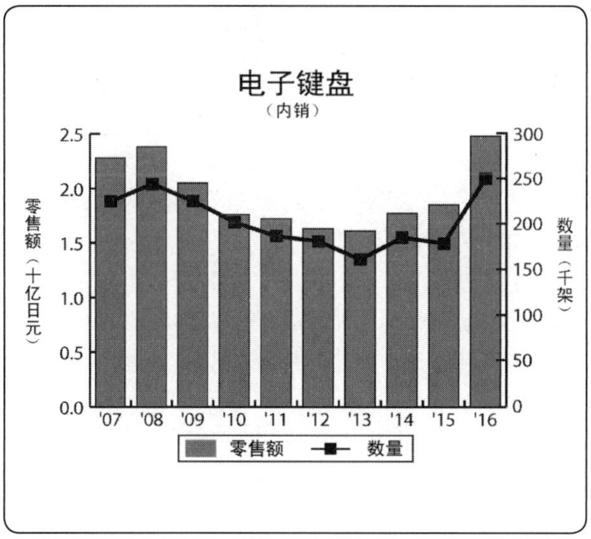
电子键盘
（内销）
零售额（十亿日元）
数量（千架）
'07 '08 '09 '10 '11 '12 '13 '14 '15 '16
零售额 数量

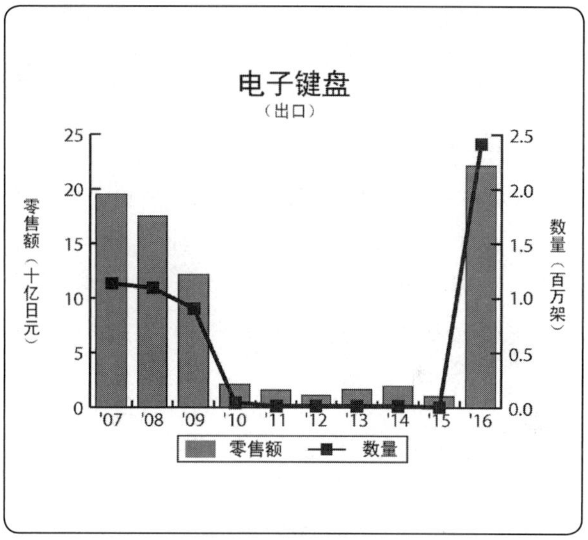
电子键盘
（出口）
零售额（十亿日元）
数量（百万架）
'07 '08 '09 '10 '11 '12 '13 '14 '15 '16
零售额 数量

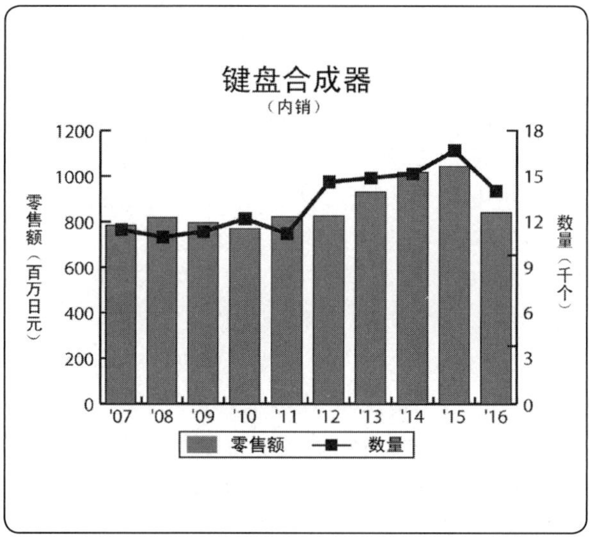
键盘合成器
（内销）
零售额（百万日元）
数量（千个）
'07 '08 '09 '10 '11 '12 '13 '14 '15 '16
零售额 数量

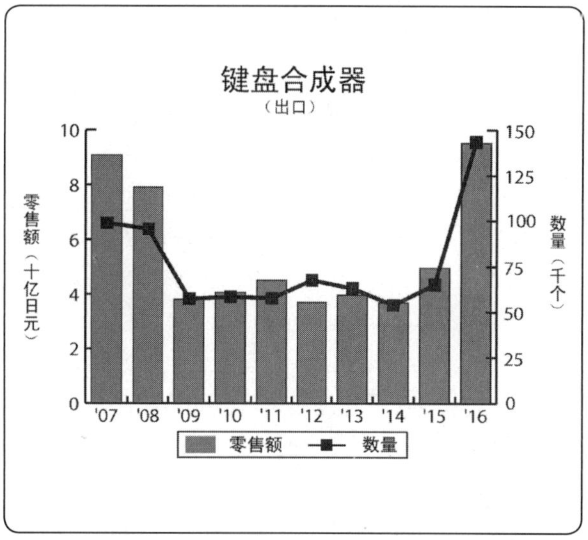
键盘合成器
（出口）
零售额（十亿日元）
数量（千个）
'07 '08 '09 '10 '11 '12 '13 '14 '15 '16
零售额 数量

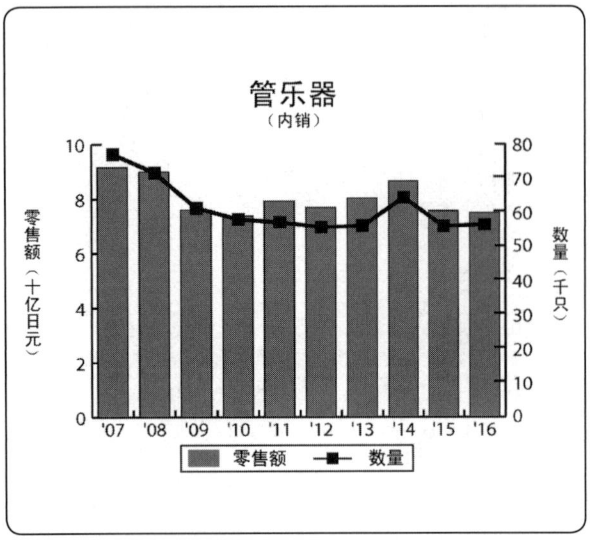

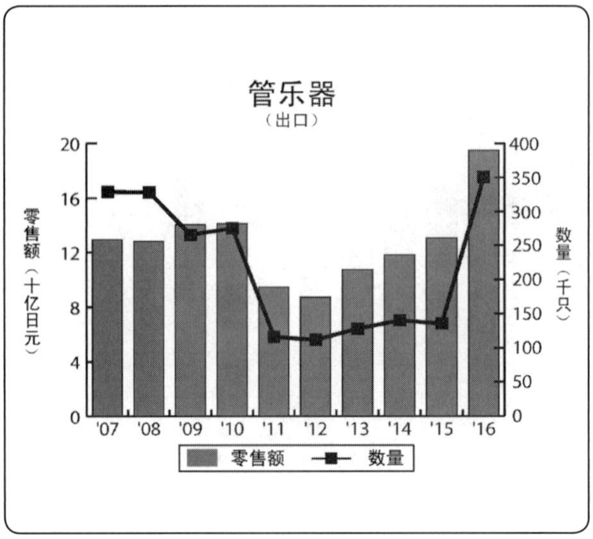

德 国

2017年德国乐器交易额稳定，国内交易额严重下滑，海外贸易额增长。2016年营业税的统计数据表明，1291家乐器制造商的交易额达到了6.4亿欧元，1741家乐器和产品经销商的部门营业额达到了13.4亿欧元。

2017年，德国20名员工以上的乐器公司数量55家，员工总人数为3788名，同比略增1.4%。以上公司交易总额达4.1亿欧元，同比微增0.2%。德国国内交易额1.5亿欧元，同比2016年下降6.2%。德国海外贸易额达2.5亿欧元，比2016年增长4.4%。

德国乐器外贸出口呈顺差态势。2017年进口增长0.2%，进口总额5.87亿欧元，但出口增长9%，达6.067亿欧元，德国外贸顺差近2000万欧元。

小型乐器出口方面，口琴显示出强劲增长态势，增长率为10%；其次是铜管乐器，增长率为8%；其他弦乐器增长9.1%，打击乐增长6.3%。手风琴缩水了0.4%，木管乐器下滑0.7%，弦乐器降低2.9%，小提琴减少4.6%，吉他6%。

乐器配件类产品中，弦乐制品领涨，同比增长了11.7%，紧跟其后的是其他乐器的零部件和配件，增长率9.2%，管乐器的零配件增长2%，钢琴的零配件增长0.5%。

弦乐器的零配件下降了3.2%。三角钢琴零配件增长16.1%，立式钢琴的零部件增长8.6%，这以上两类乐器的零部件出口增长率合计约为30%。

吉他进口下降五分之一。铜管乐器进口减少8.6%，木管乐器3%，但进口打击乐器增长2.4%。

德国最重要的出口国为法国、美国、中国、奥地利、英国、日本、荷兰、波兰和瑞士。对这些国家出口约占总出口60%。欧盟区内，对西班牙出口增长17.8%；对捷克出口增长25.5%；对意大利出口增加11.4%。从出口增幅来看，对波兰出口增长13.8%，之后依次是奥地利（+9.8%）、英国（+7.6%）、荷兰（+4.5%）和法国（+4%）。

对日本和美国的出口表现平平，仅略增0.9%和0.2%，对瑞士出口下降2.1%。对中国出口经历若干年增长以后，2017年下降4.2%。总出口中，四分之三来自中国、印度尼西亚、美国、日本和荷兰等五个国家。对市场造成影响的负面因素，主要是贸易壁垒，以及《濒临绝种野生动植物国际贸易公约》（CITES）；按规定，不得使用相关木材品种，这对乐器制造构成限制。德国乐器行业期望2018年市场强势增长。除了出口持续增长之外，业界人士期待德国国内交易额能扭转颓势，重整旗鼓力争恢复到金融危机之前水平。（评论：德国乐器制造商协会会长 温弗莱德）

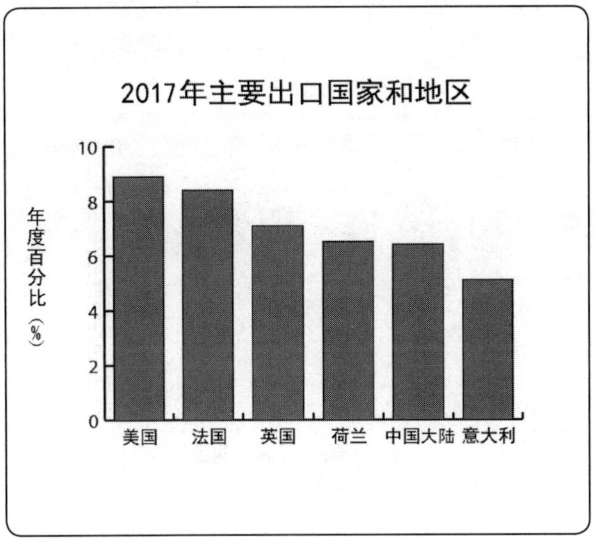
2017年主要出口国家和地区
年度百分比（%）
0
2
4
6
8
10
美国
法国
英国
荷兰
中国大陆
意大利

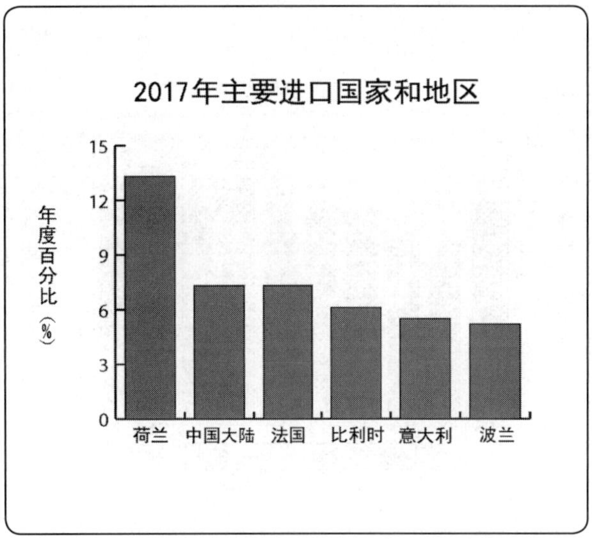
2017年主要进口国家和地区
年度百分比（%）
0
3
6
9
12
15
荷兰
中国大陆
法国
比利时
意大利
波兰

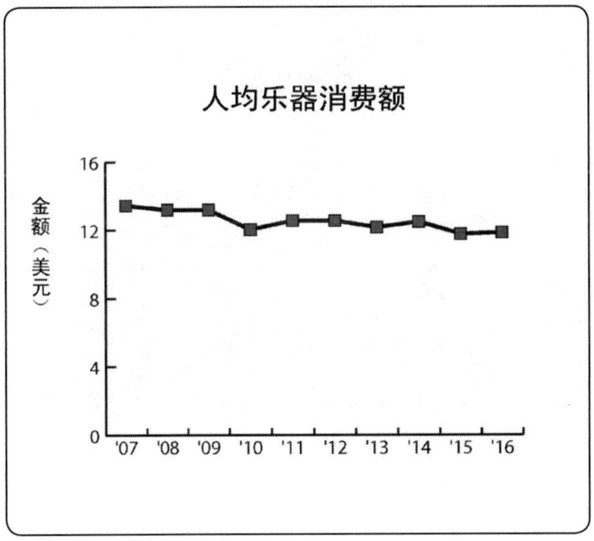
人均乐器消费额
金额（美元）
0
4
8
12
16
'07 '08 '09 '10 '11 '12 '13 '14 '15 '16

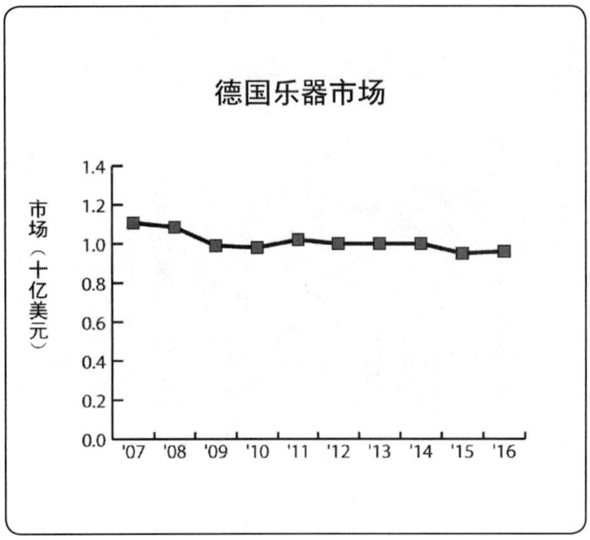
德国乐器市场
市场（十亿美元）
0.0
0.2
0.4
0.6
0.8
1.0
1.2
1.4
'07 '08 '09 '10 '11 '12 '13 '14 '15 '16

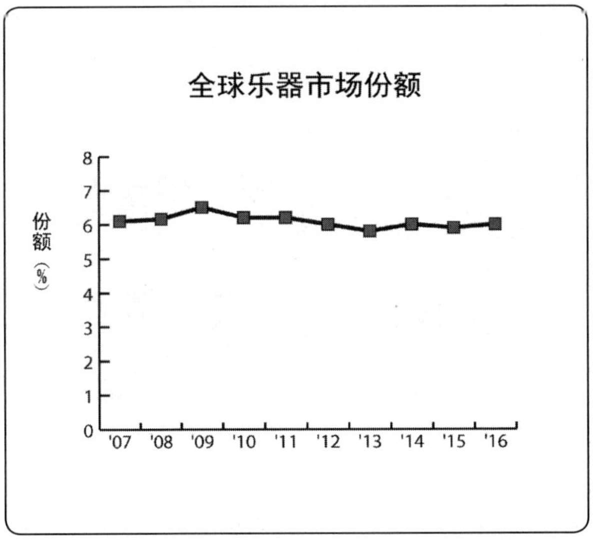
全球乐器市场份额
份额（%）
0
1
2
3
4
5
6
7
8
'07 '08 '09 '10 '11 '12 '13 '14 '15 '16

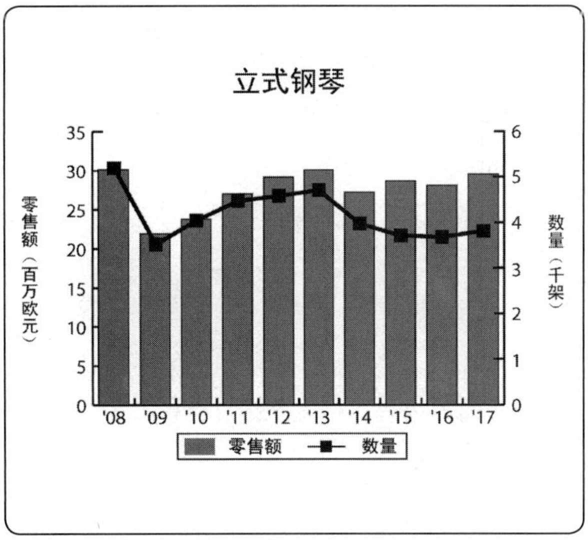
立式钢琴
零售额（百万欧元）
数量（千架）
0
5
10
15
20
25
30
35
0
1
2
3
4
5
6
'08 '09 '10 '11 '12 '13 '14 '15 '16 '17
零售额
数量

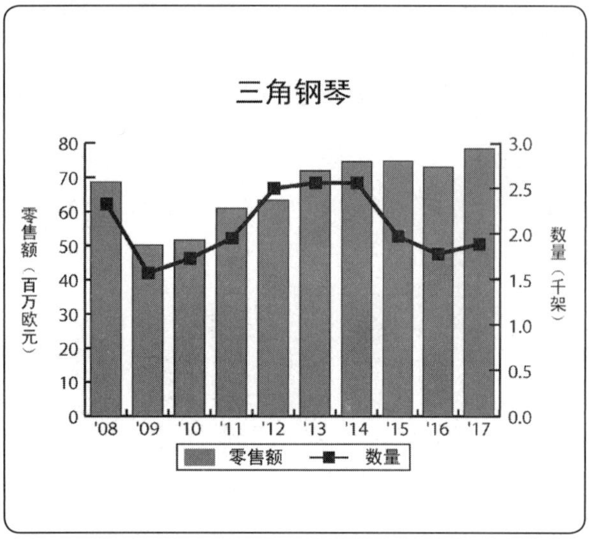
三角钢琴
零售额（百万欧元）
数量（千架）
0 10 20 30 40 50 60 70 80
0.0 0.5 1.0 1.5 2.0 2.5 3.0
'08 '09 '10 '11 '12 '13 '14 '15 '16 '17
零售额 数量

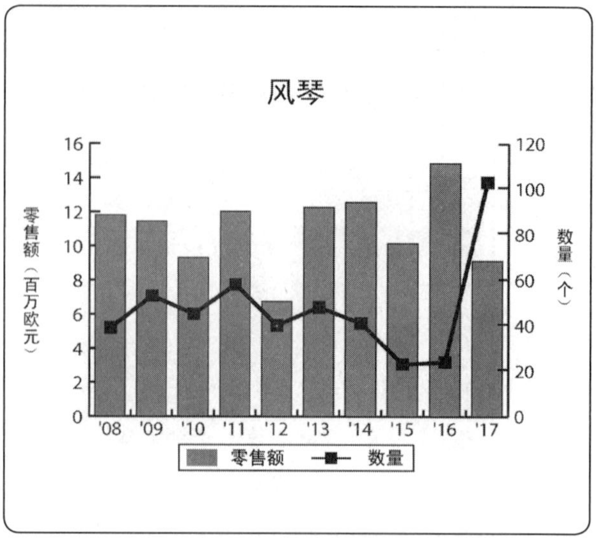
风琴
零售额（百万欧元）
数量（个）
0 2 4 6 8 10 12 14 16
0 20 40 60 80 100 120
'08 '09 '10 '11 '12 '13 '14 '15 '16 '17
零售额 数量

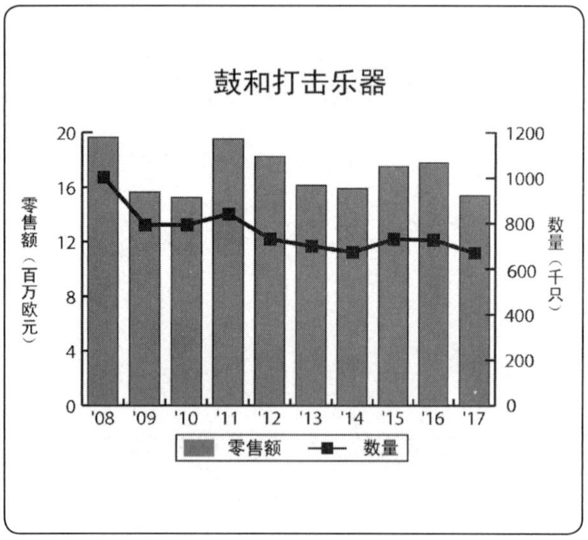
鼓和打击乐器
零售额（百万欧元）
数量（千只）
0 4 8 12 16 20
0 200 400 600 800 1000 1200
'08 '09 '10 '11 '12 '13 '14 '15 '16 '17
零售额 数量

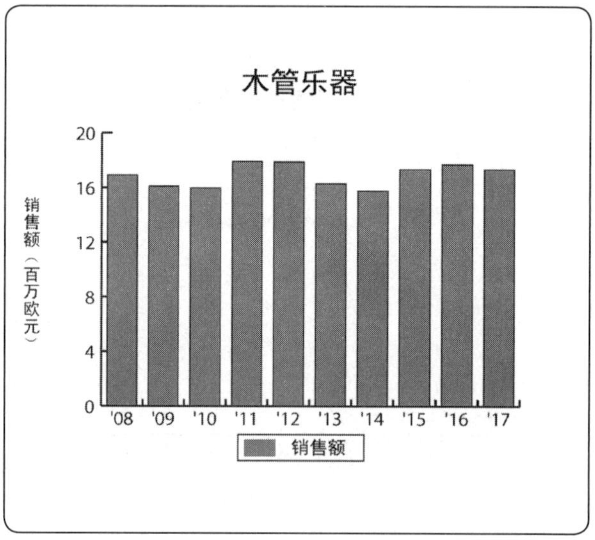
木管乐器
销售额（百万欧元）
0 4 8 12 16 20
'08 '09 '10 '11 '12 '13 '14 '15 '16 '17
销售额

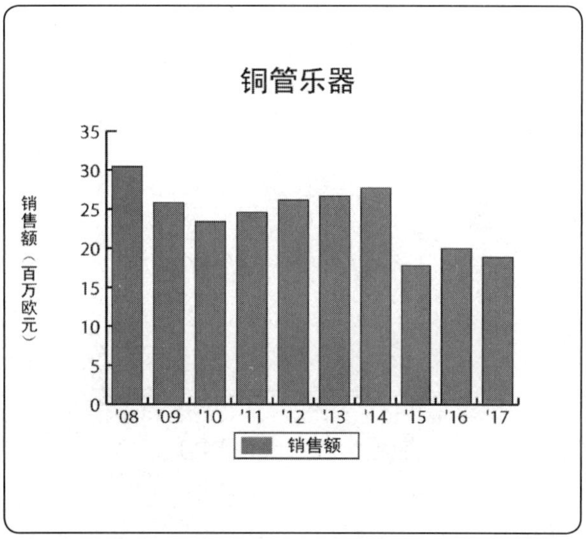
铜管乐器
销售额（百万欧元）
0 5 10 15 20 25 30 35
'08 '09 '10 '11 '12 '13 '14 '15 '16 '17
销售额

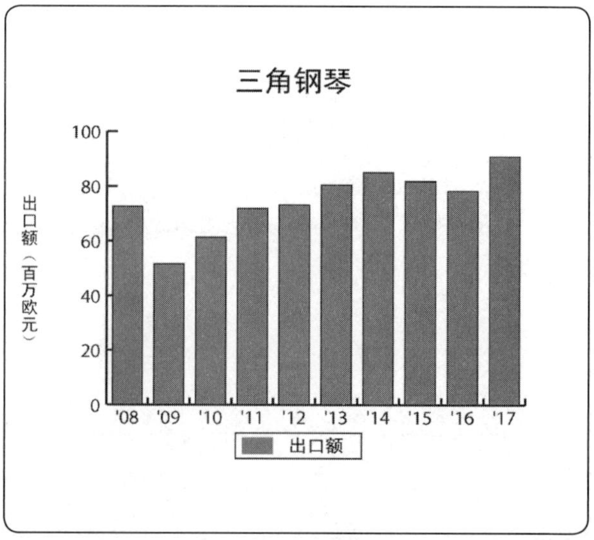
三角钢琴
出口额（百万欧元）
0 20 40 60 80 100
'08 '09 '10 '11 '12 '13 '14 '15 '16 '17
出口额

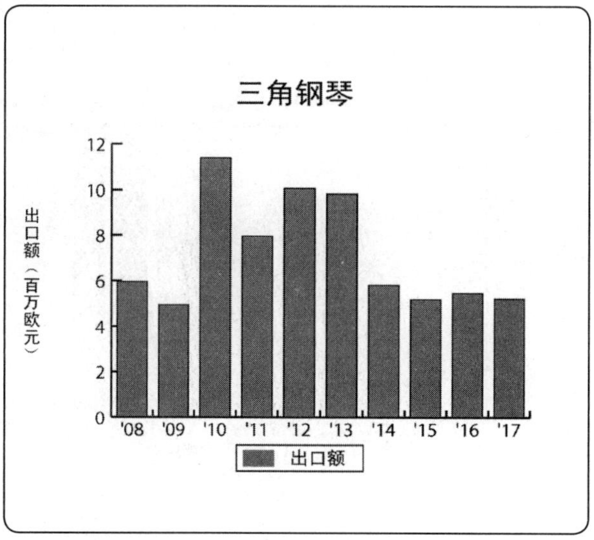
三角钢琴
出口额（百万欧元）
0
2
4
6
8
10
12
'08
'09
'10
'11
'12
'13
'14
'15
'16
'17
出口额

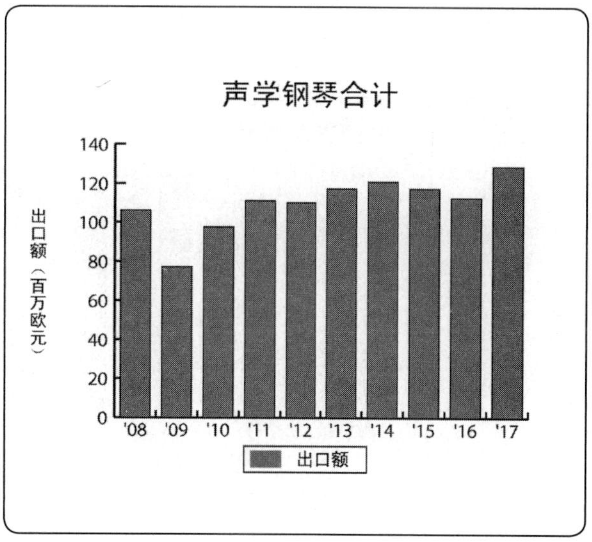
声学钢琴合计
出口额（百万欧元）
0
20
40
60
80
100
120
140
'08
'09
'10
'11
'12
'13
'14
'15
'16
'17
出口额

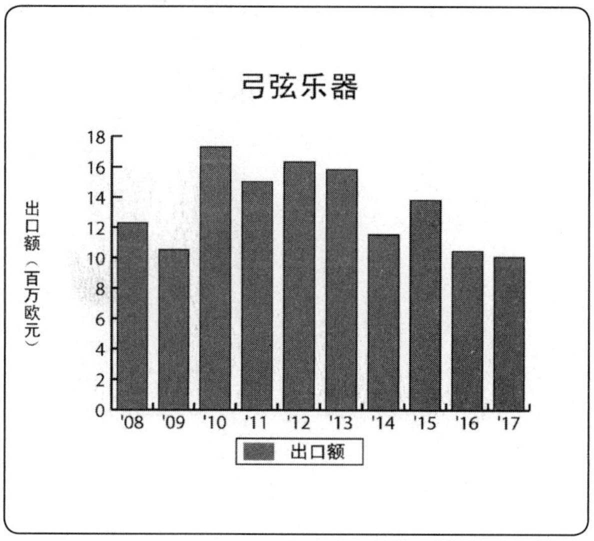
弓弦乐器
出口额（百万欧元）
0
2
4
6
8
10
12
14
16
18
'08
'09
'10
'11
'12
'13
'14
'15
'16
'17
出口额

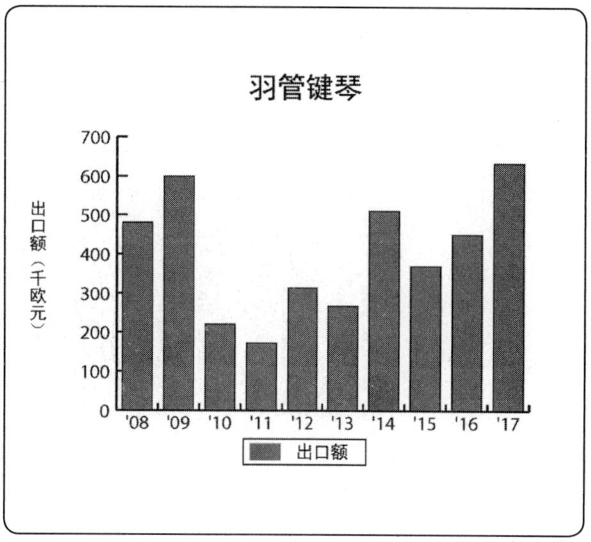
羽管键琴
出口额（千欧元）
0
100
200
300
400
500
600
700
'08
'09
'10
'11
'12
'13
'14
'15
'16
'17
出口额

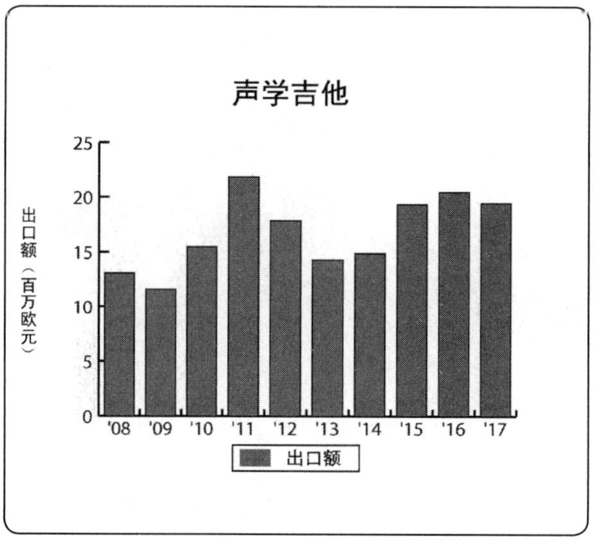
声学吉他
出口额（百万欧元）
0
5
10
15
20
25
'08
'09
'10
'11
'12
'13
'14
'15
'16
'17
出口额

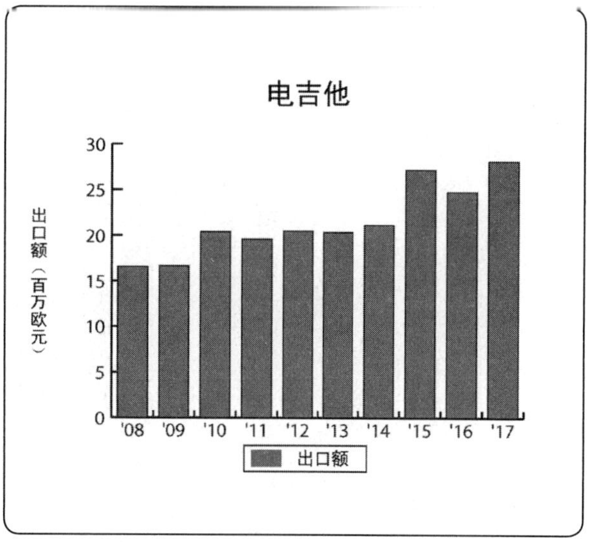
电吉他
出口额（百万欧元）
0
5
10
15
20
25
30
'08
'09
'10
'11
'12
'13
'14
'15
'16
'17
出口额

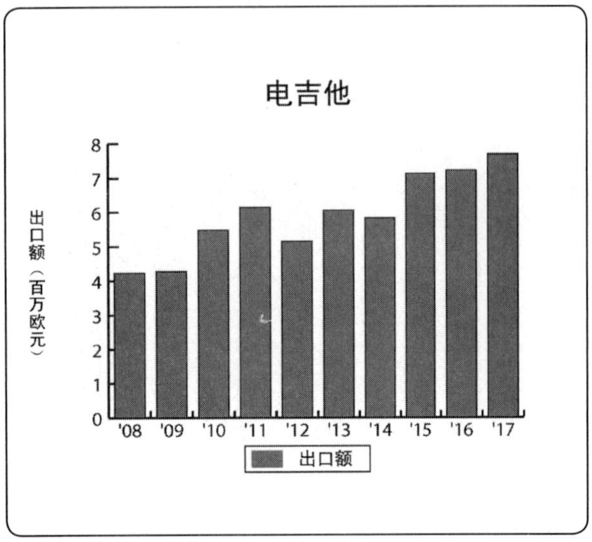

电吉他
出口额（百万欧元）
0 1 2 3 4 5 6 7 8
'08 '09 '10 '11 '12 '13 '14 '15 '16 '17
出口额

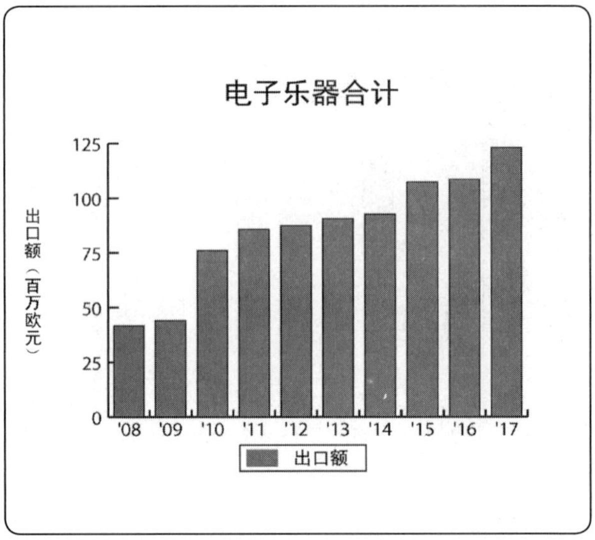

电子乐器合计
出口额（百万欧元）
0 25 50 75 100 125
'08 '09 '10 '11 '12 '13 '14 '15 '16 '17
出口额

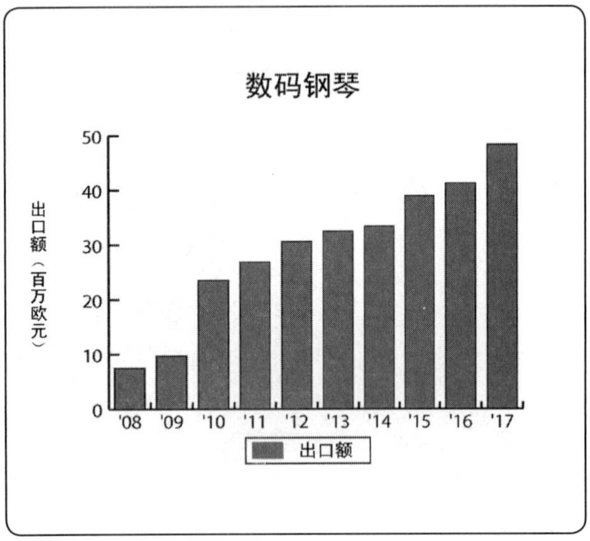

数码钢琴
出口额（百万欧元）
0 10 20 30 40 50
'08 '09 '10 '11 '12 '13 '14 '15 '16 '17
出口额

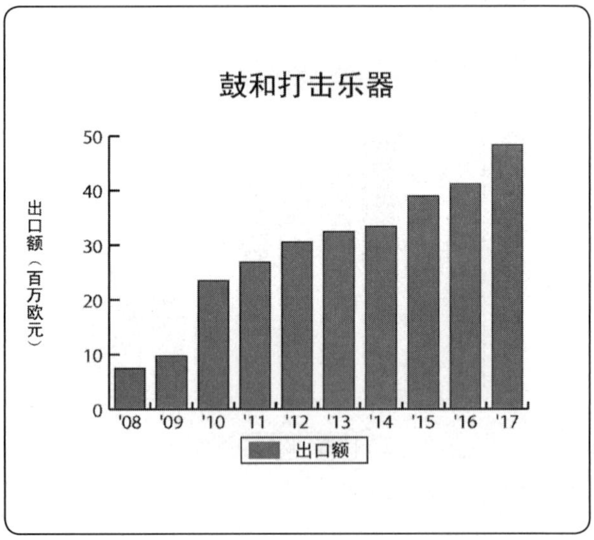

鼓和打击乐器
出口额（百万欧元）
0 10 20 30 40 50
'08 '09 '10 '11 '12 '13 '14 '15 '16 '17
出口额

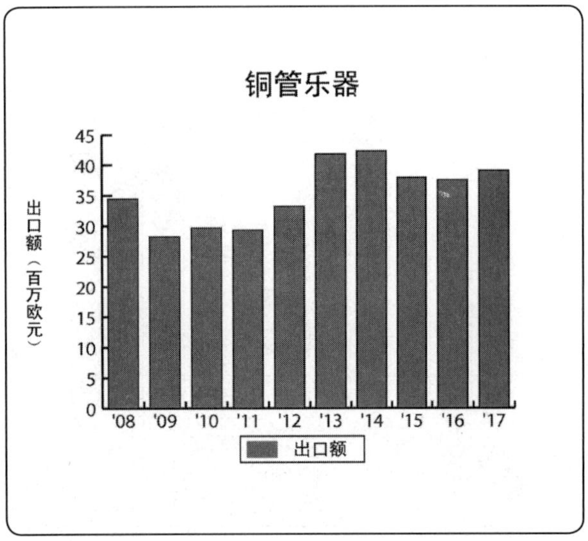

铜管乐器
出口额（百万欧元）
0 5 10 15 20 25 30 35 40 45
'08 '09 '10 '11 '12 '13 '14 '15 '16 '17
出口额

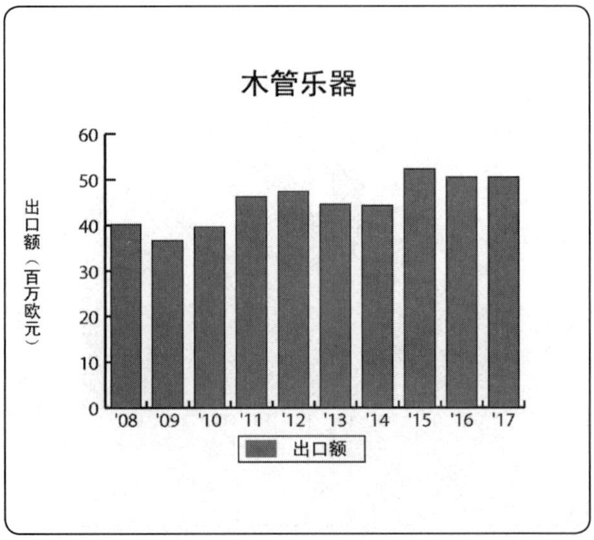

木管乐器
出口额（百万欧元）
0 10 20 30 40 50 60
'08 '09 '10 '11 '12 '13 '14 '15 '16 '17
出口额

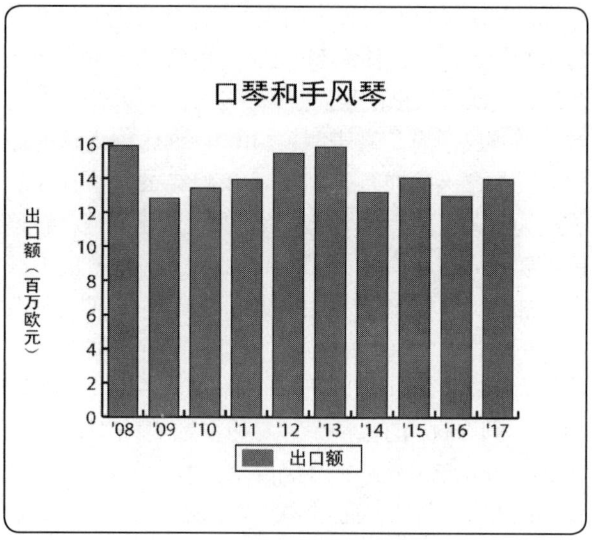

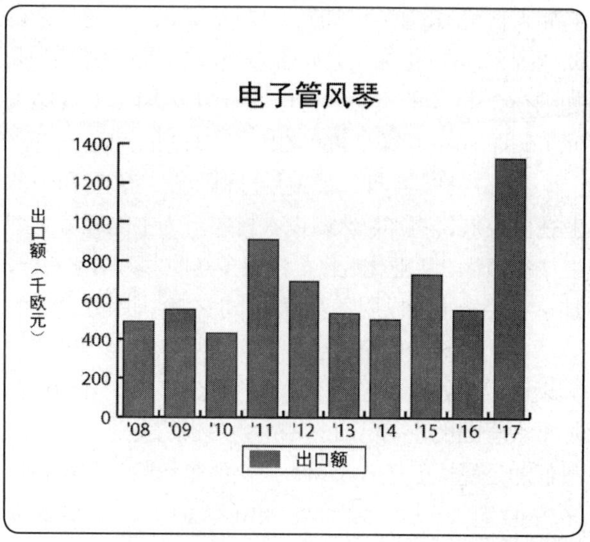

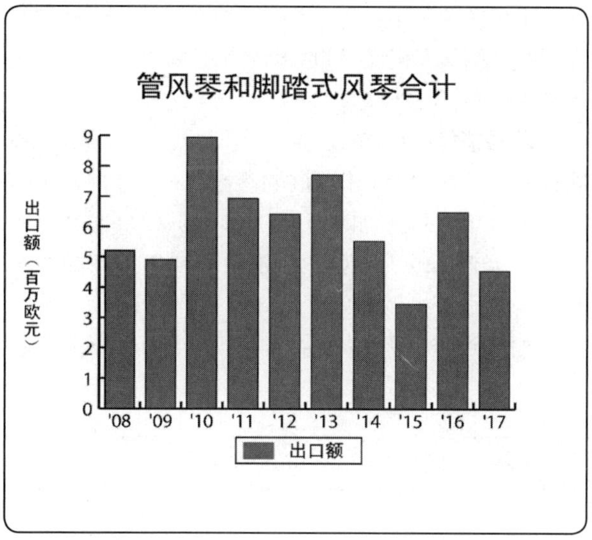

加拿大

加拿大位于北美洲北半部，国土面积 998 万平方公里，国土总面积全球排名第二，陆地面积在全球排名第四，其十个省和三个地区从大西洋延伸至太平洋，并北上进入北冰洋，美加边境是全世界最长的陆地边界。

经济：到 2015 年，加拿大已是世界第 11 大经济体，名义国内生产总值高达 1.79 万亿美元左右。加拿大是经济合作和发展组织（OECD）和八国集团的成员国之一，同时位列世界十大贸易国家，经济高度全球化。加拿大经济自由度指数远高于美国和大多数西欧国家，而且其国内收入差距相对较小。加拿大的人均家庭可支配收入超过了 36,138 美元，远高于经济合作和发展组织的平均数。

贸易：2014 年，加拿大出口总量超过 5280 亿加元（3970 亿美元），进口商品价值超过 5230 亿加元（3930 亿美元），其中大约 3490 亿加元（2620 亿美元）的商品来自美国，490 亿加元（370 亿美元）的商品来自欧盟国家，350 亿加元（260 亿美元）的商品来自中国。加国在 2014 年的贸易顺差总数为 51 亿加元（38 亿美元），而 2008 年却是 469 亿加元（352 亿美元）。

自 20 世纪早期，加拿大的制造业、矿业和服务业蓬勃发展，将加拿大从以农村经济为主的经济类型变成城镇化、工业化经济。像很多其他发达国家一样，加拿大经济主要以服务业为主，拥有全国四分之三的劳动力。2008 年的全球金融危机给加拿大经济带来了大衰退，导致加拿大失业率的严重上升。2009 年 10 月，加拿大全国失业率已高达 8.6%，各省的失业率不等。最低的是曼尼巴托占 5.8%；最高的是纽芬兰和拉布拉多占 17%。2008 年 10 月到 2010 年 10 月间，加拿大的劳动力市场损失了 16 万个全职岗位，固定岗位总共少了 22.4 万个。2010 至 2011 财年，加拿大的联邦债务估计总数高达 5667 亿加元（4259 亿美元），比 2008 至 2009 财年的 4637 亿加元（3485 亿美元）有所上升。

人口：2015 年，加拿大人口普查计算出全国总人口数是 33,476,688，比 2006 年的数据上涨了大约 5.9%。到 2012 年 12 月，加拿大统计局报告的人口数超过 3500 万。1990 年到 2008 年间，人口增长了 560 万，相当于 20.4% 的总增长率。人口增长的主要因素就是移民，其次是自然增长。加拿大是全世界人均移民率最高的国家之一，移民率这么高的主要原因就是经济政策，其次是家庭团聚。加拿大公众，以及主要政党都支持移民。有记录表明，2010 年 280,636 人移民加拿大。加拿大政府预计到 2016 年将有 28 万—30.5 万人成为永久居民，这与近年来的移民数量相当。新移民主要定居在多伦多、蒙特利尔、温哥华这样的大城市。加拿大同样接受大量的难民，年度全球难民总数的比重超过了 10%。2006 年，最大的有色人种少数裔群体为南亚人（4.0%）、中国人（3.9%）和黑人（2.5%）。2001 年到 2006 年间，有色人种少数裔的人口增长 27.2%。1961 年，不到 2% 的加拿大人（大约 300,000 人）是有色人种少数裔，而到 2007 年，几乎每五个人里就有一人（19.8%）在国外出生，近 60% 的新移民来自亚洲（包括中东地区）。移民主要来自中国、菲律宾和印度。加拿大统计局的数据显示，到 2031 年，有色人种少数裔将占加拿大总人口的三分之一。

乐器销售：自加拿大乐器展取消后，加拿大乐器同行赴美国 NAMM 乐器展的参与度有所下降。据统计，2016 年，54 家加拿大展商参展，观众 2521 名；2017 年展商 64 家，观众 2868 名 2018 年展商减少至 45 家，观众 2873 名。

加拿大音乐爱好者可在实体乐器琴行、音乐学院、

类别	2012	2013	2014	2015	2016	2017
声学弦类乐器	14.2%	0.9%	1.0%	19.6%	−8.9%	0.7%
弓弦乐器	2.6%	5.1%	−13.7%	24.7%	15.6%	1.9%
铜管乐器	−1.0%	−2.8%	−13.0%	28.4%	14.6%	1.4%
电子乐器（电吉他 / 架子鼓）	−2.1%	−7.3%	−0.9%	6.0%	−2.2%	−8.0%
电子琴	5.1%	0.2%	−3.4%	12.9%	−2.2%	11.2%
打击乐音响 / 录制	10.3%	10.8%	−0.5%	24.5%	2.1%	5.8%
打击乐产品	0.2%	−9.2%	−14.4%	30.1%	−1.2%	1.4%
钢琴	−7.3%	−0.6%	−5.2%	26.8%	2.0%	−6.1%
印刷乐谱	2.3%	−2.2%	8.0%	12.3%	−8.9%	−11.0%
弦乐和配件	15.0%	−5.8%	−22.1%	23.6%	−4.1%	5.9%
木管乐器 / 口琴 / 手风琴	9.9%	1.0%	−7.2%	17.4%	5.1%	6.9%
总计	8.6%	7.3%	−1.9%	23.1%	1.4%	4.6%

百货商场、电子产品零售商、礼品店和电商网站上买到乐器。电商网站主要在加拿大和美国，均独立经营或由线下实体琴行代为经营。加拿大大部分产品从美国、中国和欧洲进口。

加拿大最大的琴行是科斯莫琴行，位于多伦多市北部，是北美地区最大的乐器店。该琴行音乐项目很有活力，吸引了成千上万学生。科斯莫琴行总裁马克·赫伯特同时担任NAMM董事会的成员。赫伯特表示：乐器网络销售在加拿大乐器零售领域持续增长，但电商营销技术严重落后于邻国美国。乐器商家在努力提供店内增值服务，如音乐课、音乐诊疗室、乐器维修、社区音乐建设及拓展项目等，这些服务对那些没有线上业务的乐器零售商而言至关重要。在今天这个时代，要想在零售业取得成功，商家必须要同时关注线上和店内的“客户体验”。

加拿大统计局对所有进入加拿大，以及通过加拿大海关报税而进入加拿大的产品进行了追踪。加拿大乐器进口同比变化：

值得一提的是，加拿大对国内音乐产品制造基地给予大力支持，世界领先品牌的打击乐、弦类乐器在加拿大国内生产后进入加拿大本国和全球市场。上述统计不包括未通过加拿大海关报税而进入加拿大的产品。（评论：诺里斯－惠特尼电讯公司董事长 吉姆·诺里斯；意见来源：诺里斯－惠特尼电讯公司总编安德鲁·金和资深编辑麦克·雷恩。）

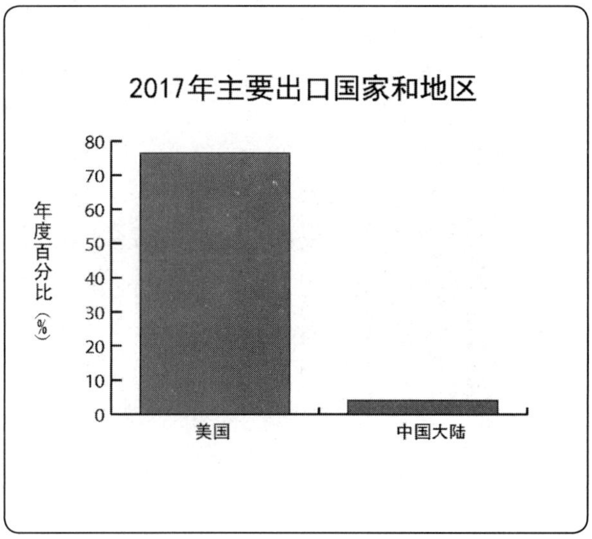

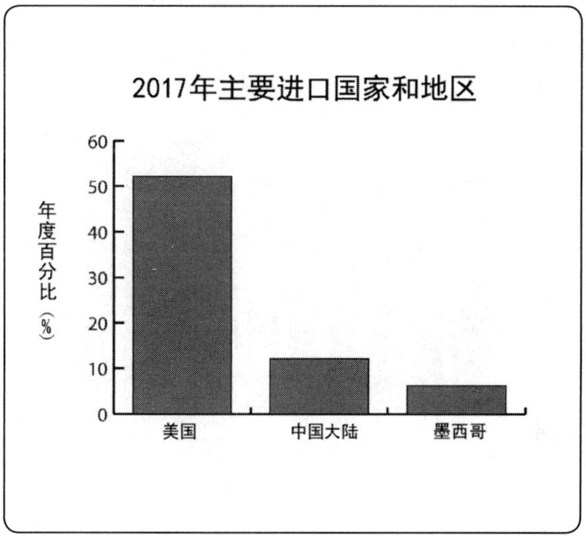

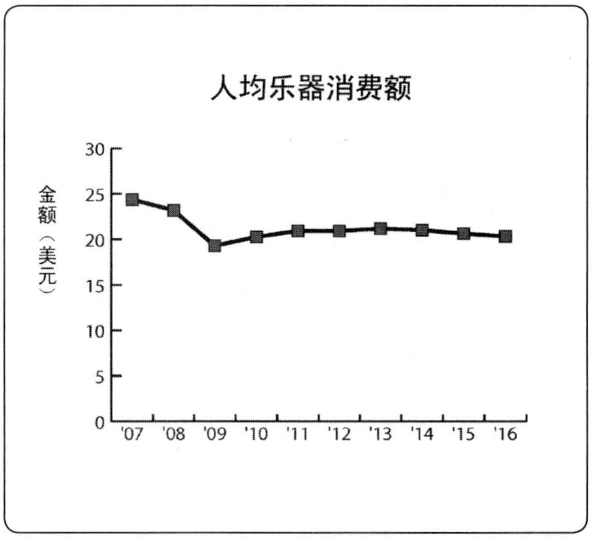

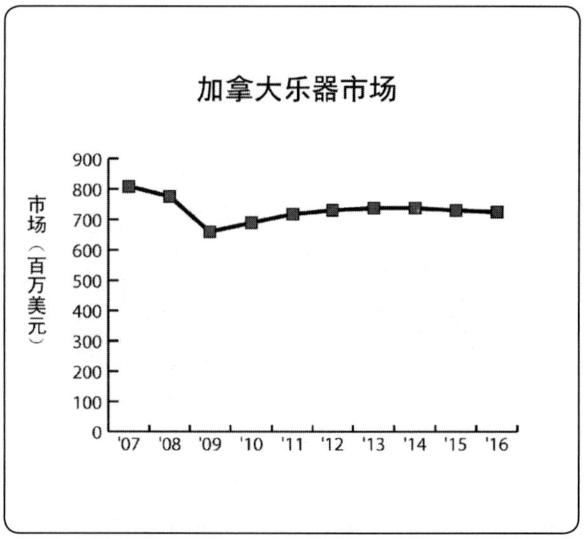

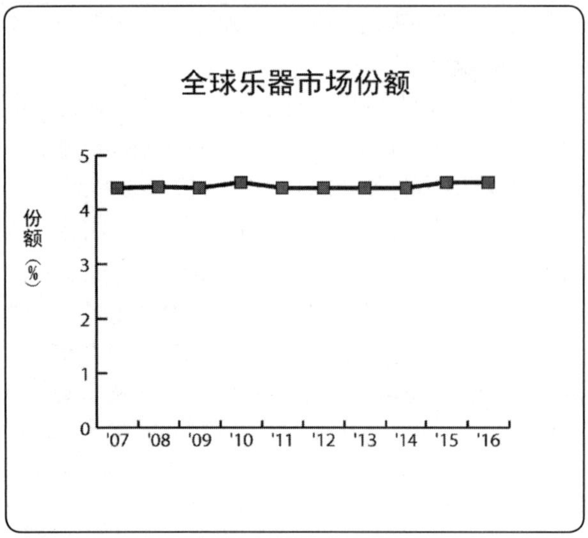
全球乐器市场份额
份额（%）
5
4
3
2
1
0
'07 '08 '09 '10 '11 '12 '13 '14 '15 '16

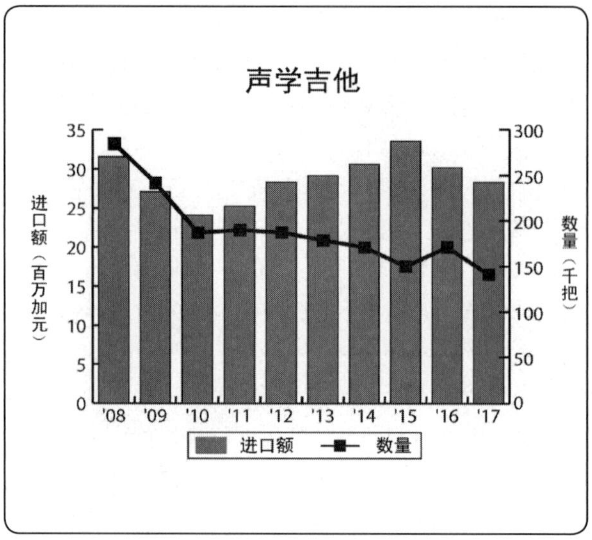
声学吉他
进口额（百万加元）
数量（千把）
35 30 25 20 15 10 5 0
300 250 200 150 100 50 0
'08 '09 '10 '11 '12 '13 '14 '15 '16 '17
进口额
数量

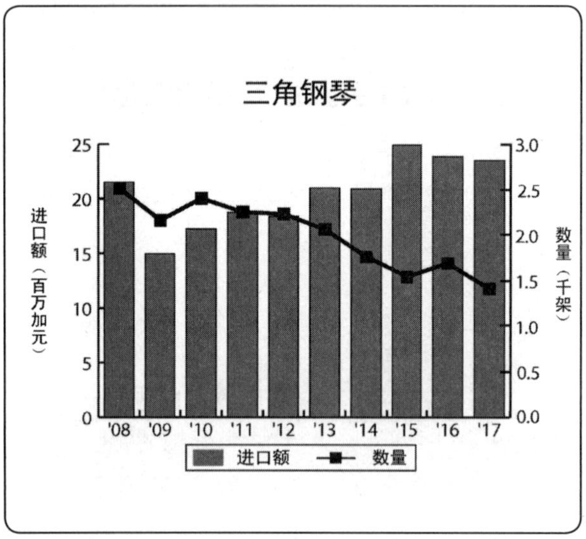
三角钢琴
进口额（百万加元）
数量（千架）
25 20 15 10 5 0
3.0 2.5 2.0 1.5 1.0 0.5 0.0
'08 '09 '10 '11 '12 '13 '14 '15 '16 '17
进口额
数量

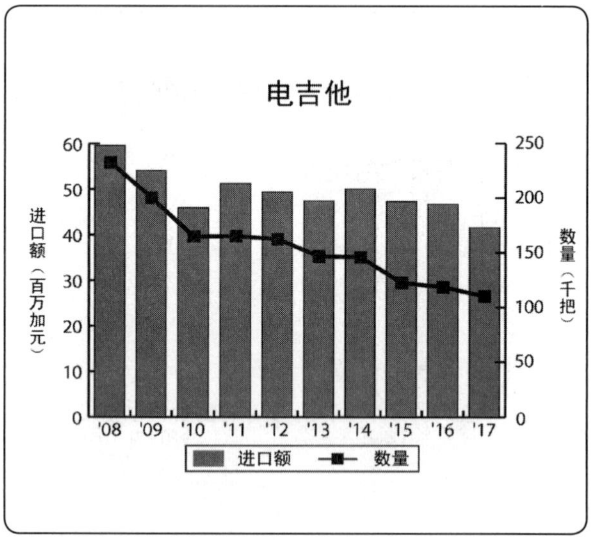
电吉他
进口额（百万加元）
数量（千把）
60 50 40 30 20 10 0
250 200 150 100 50 0
'08 '09 '10 '11 '12 '13 '14 '15 '16 '17
进口额
数量

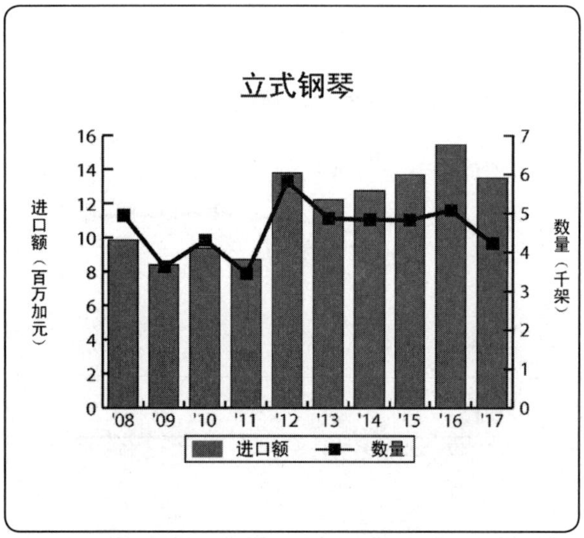
立式钢琴
进口额（百万加元）
数量（千架）
16 14 12 10 8 6 4 2 0
7 6 5 4 3 2 1 0
'08 '09 '10 '11 '12 '13 '14 '15 '16 '17
进口额
数量

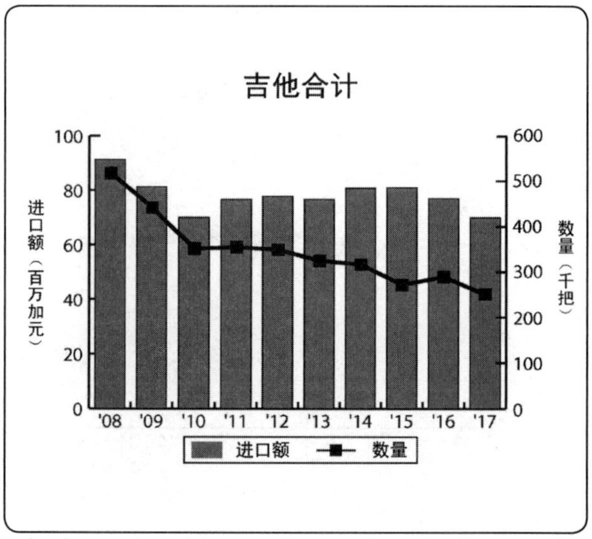
吉他合计
进口额（百万加元）
数量（千把）
100 80 60 40 20 0
600 500 400 300 200 100 0
'08 '09 '10 '11 '12 '13 '14 '15 '16 '17
进口额
数量

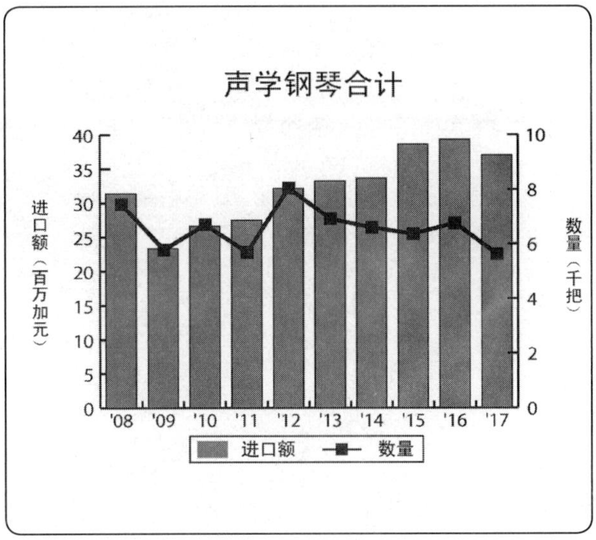
声学钢琴合计
进口额（百万加元）
数量（千把）
进口额 数量

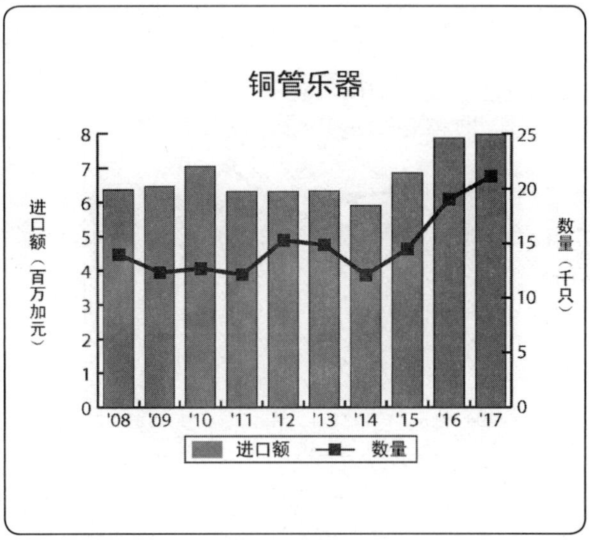
铜管乐器
进口额（百万加元）
数量（千只）
进口额 数量

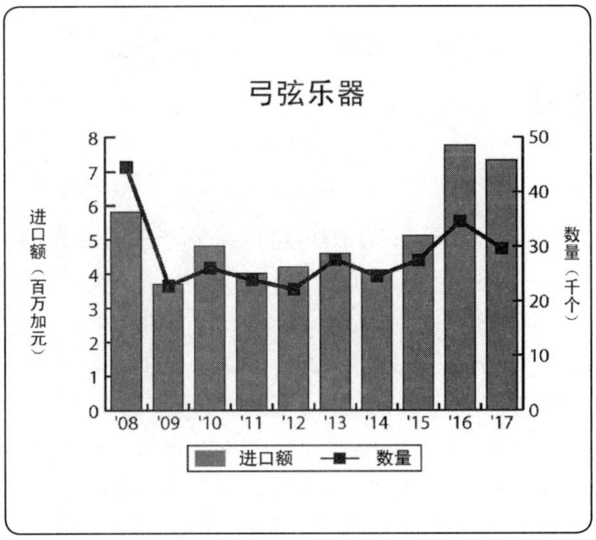
弓弦乐器
进口额（百万加元）
数量（千个）
进口额 数量

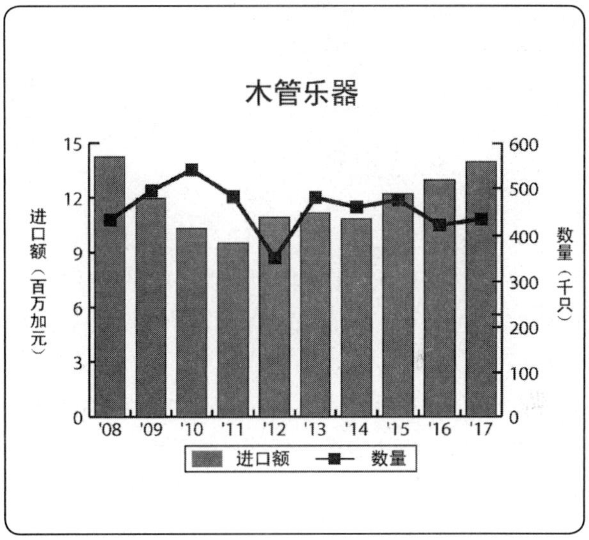
木管乐器
进口额（百万加元）
数量（千只）
进口额 数量

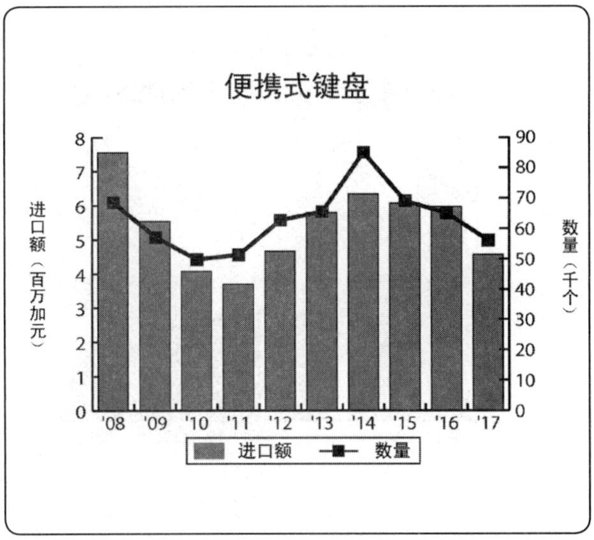
便携式键盘
进口额（百万加元）
数量（千个）
进口额 数量

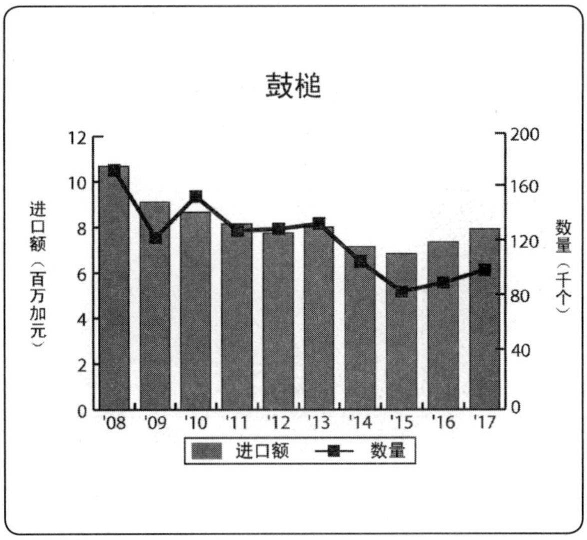
鼓槌
进口额（百万加元）
数量（千个）
进口额 数量

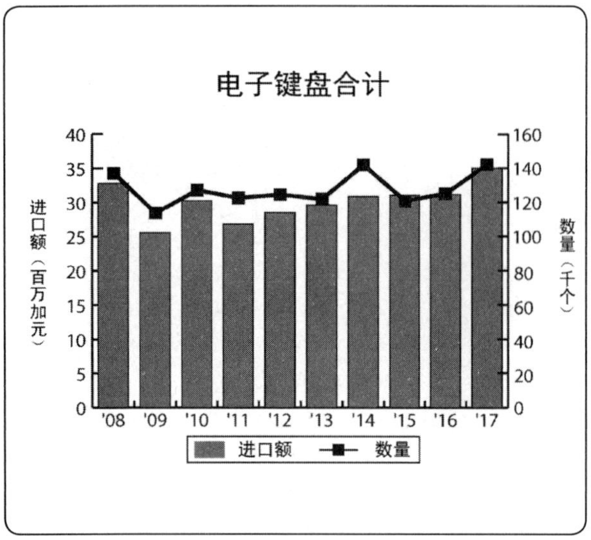

法 国

法国文化部近期宣布，将加大力度发展音乐教育。法国进行音乐推广的两大机构DEMOS和OAE将加大资金投入，争取法国青年管弦乐队的数量翻一番。

近日，法国经济部与法国乐器协会（CSFI）合作开展了一项针对全球市场的研究。数据显示，法国乐器市场总额介于3.75亿欧元到4.17亿欧元之间，音乐制品配件总额约1亿欧元。

从数量上讲，法国每年销售新老乐器总量160万件。依照产品类别看，销售产品中，弦类乐器及相关产品是主流，比重占到45%，管乐器17%，电子琴23%，鼓类和打击乐12%。此外，乐器市场有22%为租赁需求。研究结果将在法国乐器协会网站公布。网址：www.csfi-musique.fr。（*评论：Vandoren S.A.S.总经理 伊曼纽尔·多纳里耶，欧洲音乐产业联盟副主席*）

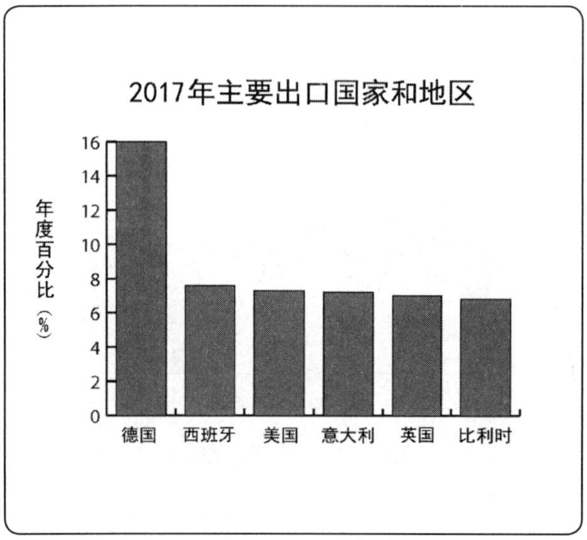

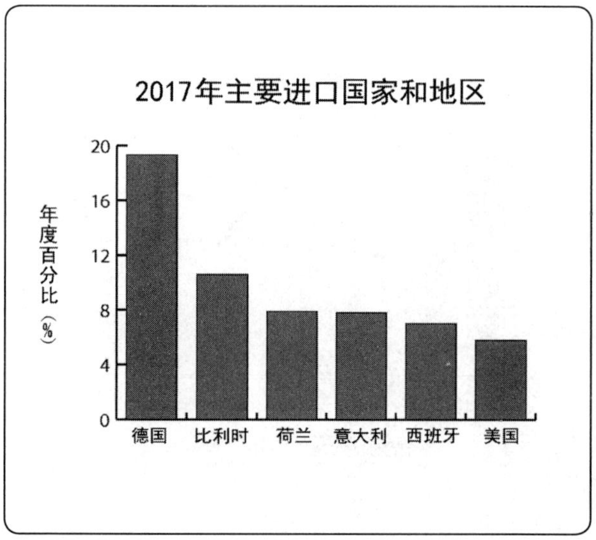

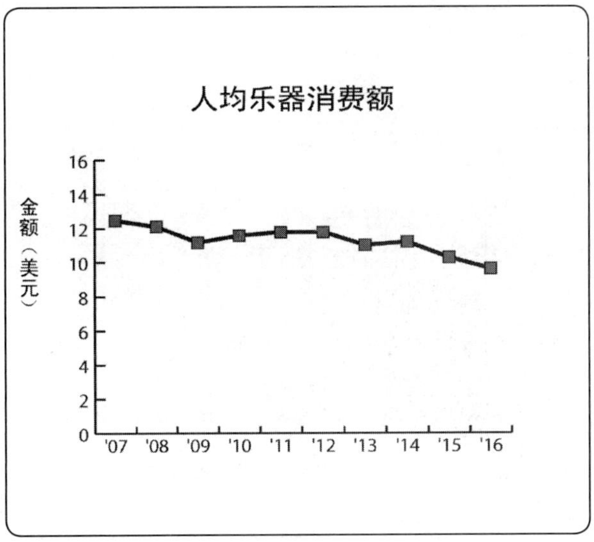
人均乐器消费额
金额（美元）
16
14
12
10
8
6
4
2
0
'07 '08 '09 '10 '11 '12 '13 '14 '15 '16

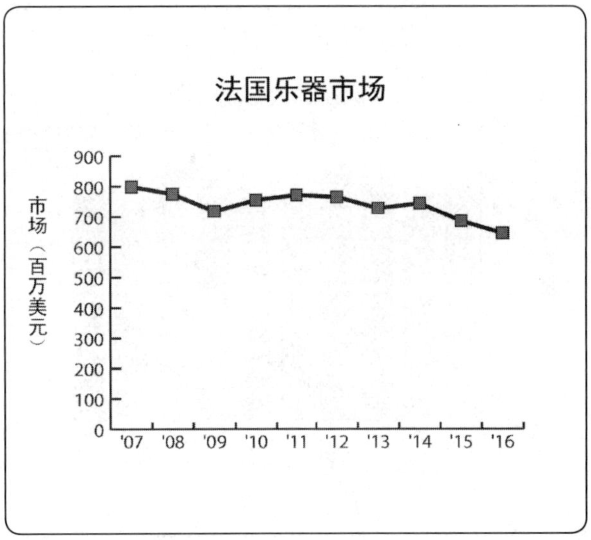
法国乐器市场
市场（百万美元）
900
800
700
600
500
400
300
200
100
0
'07 '08 '09 '10 '11 '12 '13 '14 '15 '16

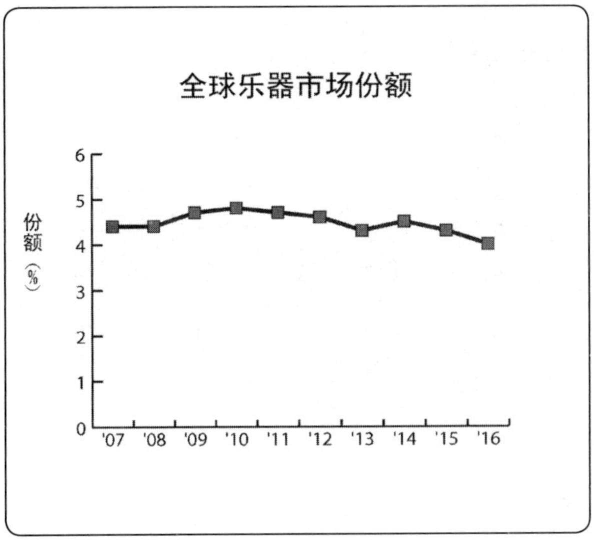
全球乐器市场份额
份额（%）
6
5
4
3
2
1
0
'07 '08 '09 '10 '11 '12 '13 '14 '15 '16

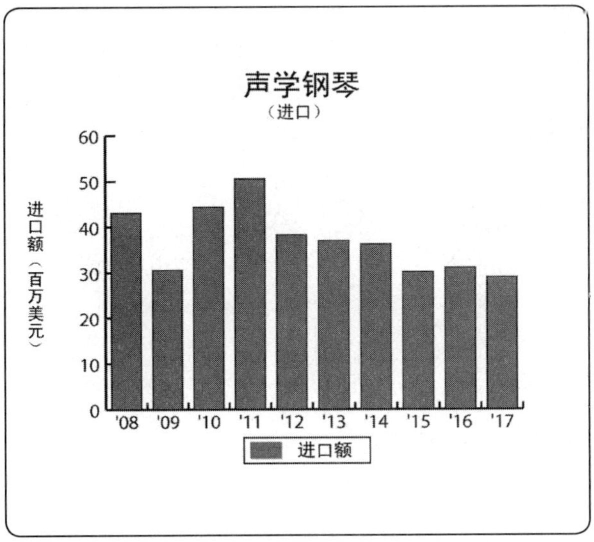
声学钢琴
（进口）
进口额（百万美元）
60
50
40
30
20
10
0
'08 '09 '10 '11 '12 '13 '14 '15 '16 '17
进口额

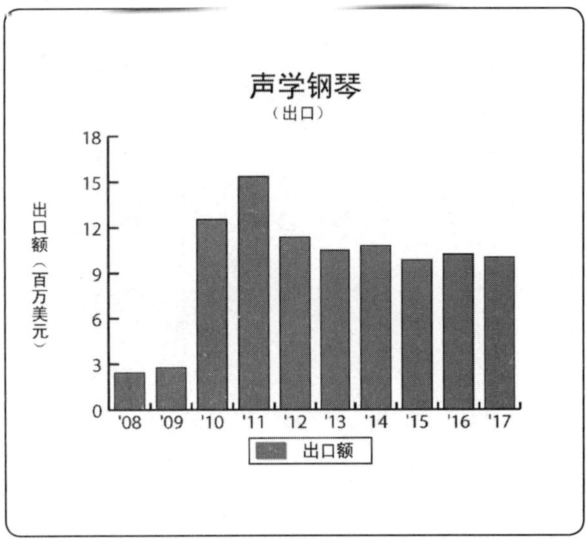
声学钢琴
（出口）
出口额（百万美元）
18
15
12
9
6
3
0
'08 '09 '10 '11 '12 '13 '14 '15 '16 '17
出口额

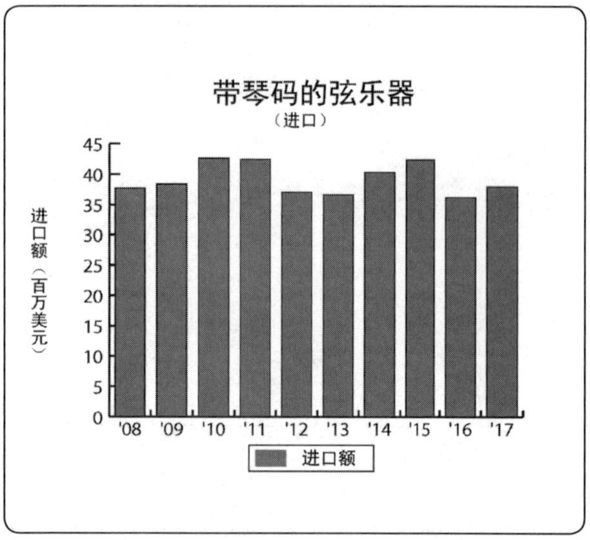
带琴码的弦乐器
（进口）
进口额（百万美元）
45
40
35
30
25
20
15
10
5
0
'08 '09 '10 '11 '12 '13 '14 '15 '16 '17
进口额

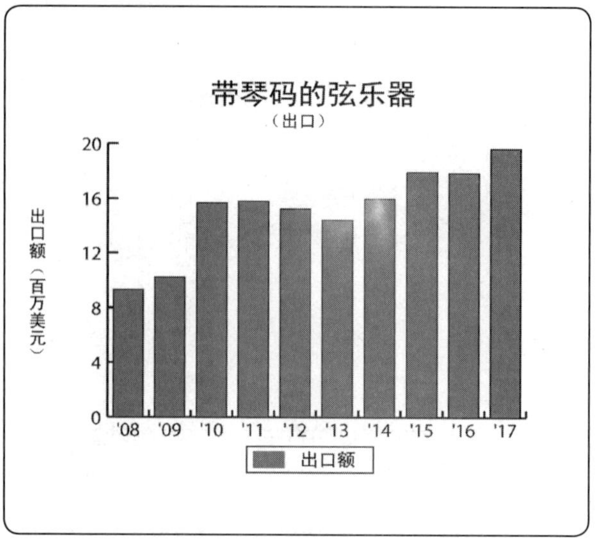
带琴码的弦乐器
（出口）
出口额（百万美元）
20
16
12
8
4
0
'08 '09 '10 '11 '12 '13 '14 '15 '16 '17
出口额

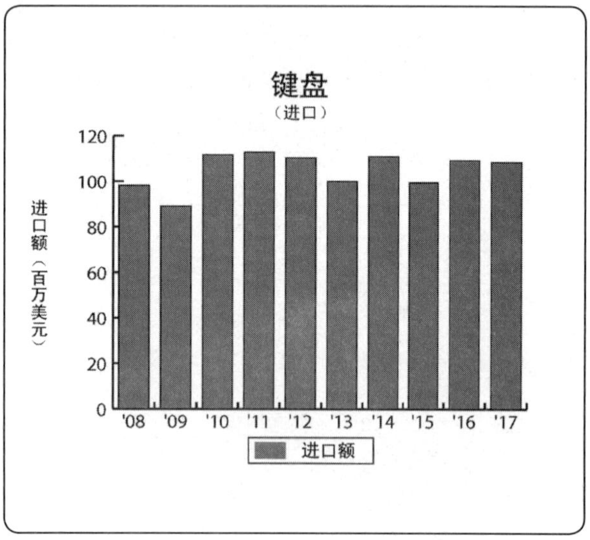
键盘
（进口）
进口额（百万美元）
120
100
80
60
40
20
0
'08 '09 '10 '11 '12 '13 '14 '15 '16 '17
进口额

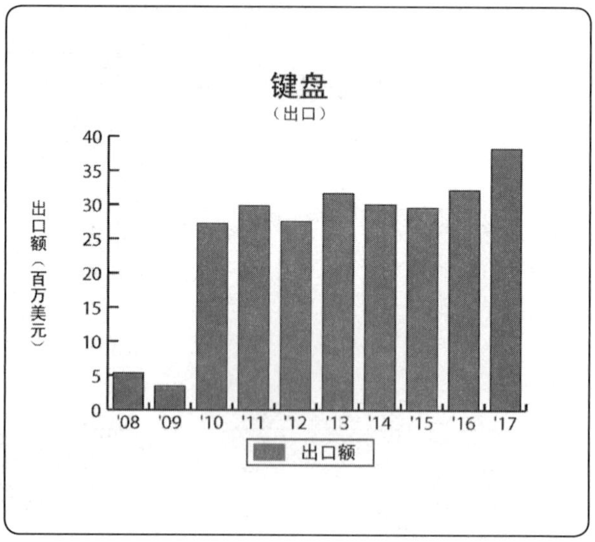
键盘
（出口）
出口额（百万美元）
40
35
30
25
20
15
10
5
0
'08 '09 '10 '11 '12 '13 '14 '15 '16 '17
出口额

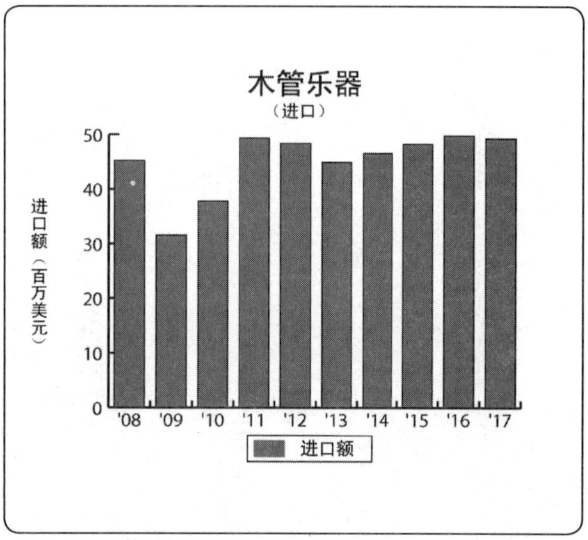
木管乐器
（进口）
进口额（百万美元）
50
40
30
20
10
0
'08 '09 '10 '11 '12 '13 '14 '15 '16 '17
进口额

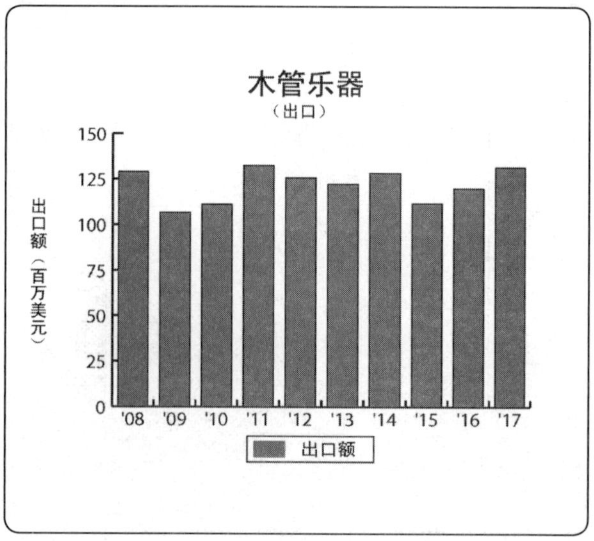
木管乐器
（出口）
出口额（百万美元）
150
125
100
75
50
25
0
'08 '09 '10 '11 '12 '13 '14 '15 '16 '17
出口额

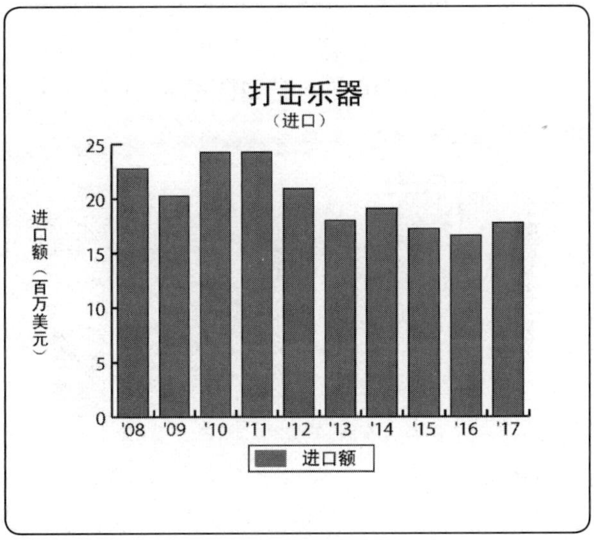

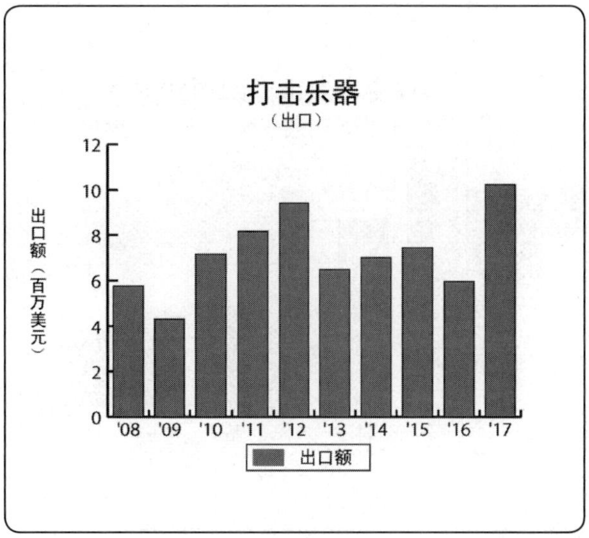

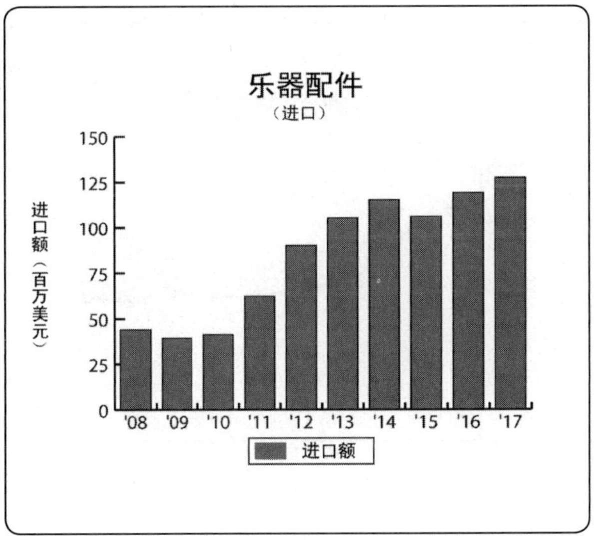

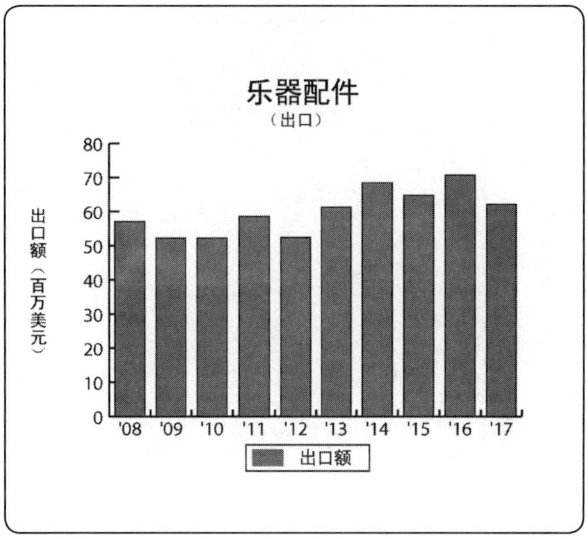

英 国

英国经济呈现疲软态势，乐器市场自然受到影响：英国作为网上购物消费最多的国家之一，网络销售热度不减。商业街和购物中心客流量越来越少，实体零售商为抵消不利影响付出种种努力。随着时间推移，“二战”后婴儿潮出生的琴行老板逐年退休，传统乐器琴行的零售业务有萎缩的趋势，预计今后这种现象还会继续。不同乐器门类表现各异，但英国乐器行业整体处于艰难状态。英国政府也削减了教育经费预算，教育市场的乐器供应受到较大影响，家长们担心政府能否为新生音乐人口培养提供长远支持。在内外困扰背景下，市场上表现优异的零售商仍在精心拓展乐器业务，适应新的时代特点，力求通过优质服务来满足苛刻、精明的消费者。研究显示，越来越多英国家庭拥有乐器，会演奏一种乐器的国民日渐增多。还有数百万社会音乐人口虽从未接触过乐器，但希望能入门学习。如果能通过适当方式面向此类人群营销，将其对音乐的兴趣转变为实际的乐器行动，那就可以大幅扩大乐器市场规模！这是今后行业面临的机遇。（评注：英国乐器协会会长保罗）

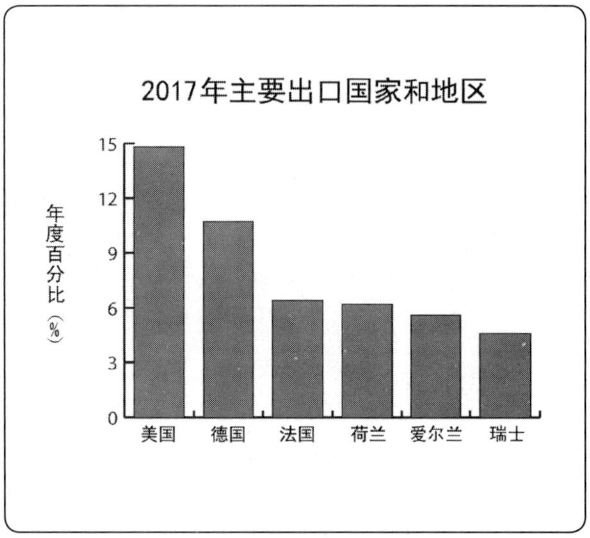
2017年主要出口国家和地区
年度百分比（%）
15
12
9
6
3
0
美国
德国
法国
荷兰
爱尔兰
瑞士

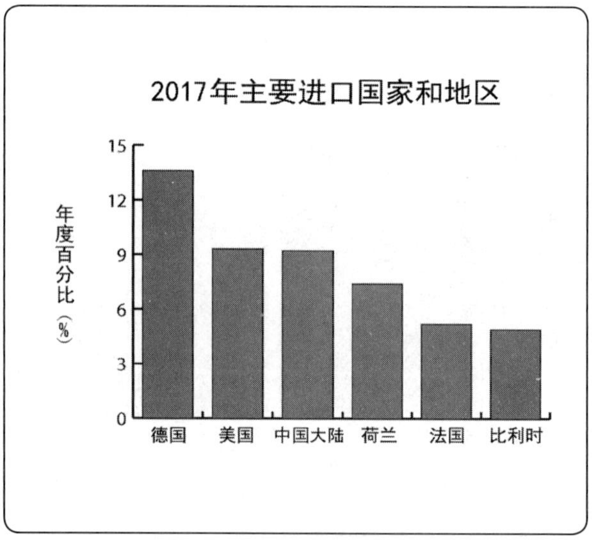
2017年主要进口国家和地区
年度百分比（%）
15
12
9
6
3
0
德国
美国
中国大陆
荷兰
法国
比利时

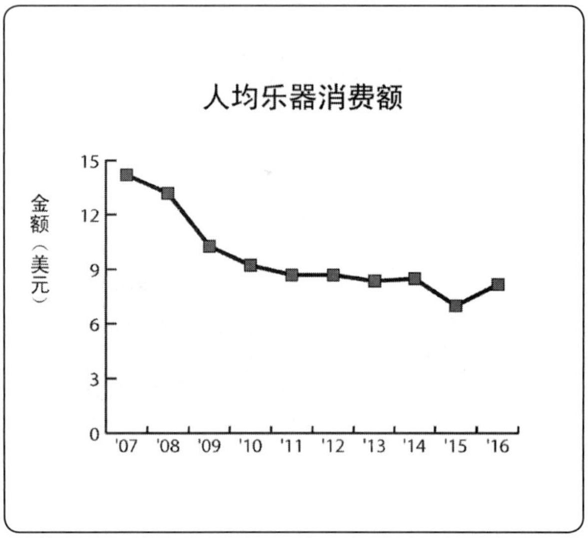
人均乐器消费额
金额（美元）
15
12
9
6
3
0
'07
'08
'09
'10
'11
'12
'13
'14
'15
'16

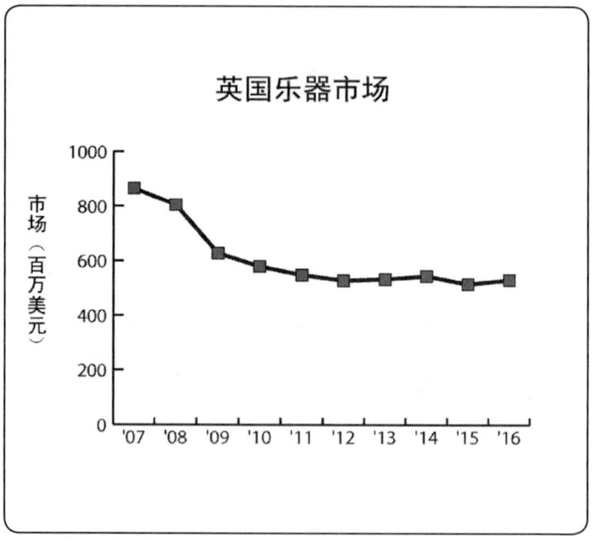
英国乐器市场
市场（百万美元）
1000
800
600
400
200
0
'07
'08
'09
'10
'11
'12
'13
'14
'15
'16

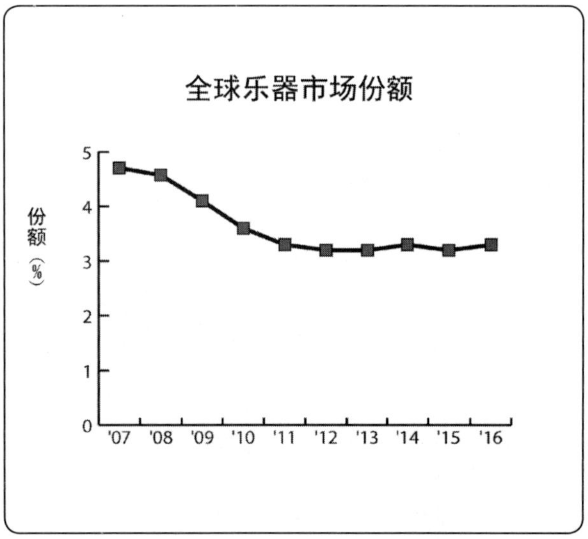
全球乐器市场份额
份额（%）
5
4
3
2
1
0
'07
'08
'09
'10
'11
'12
'13
'14
'15
'16

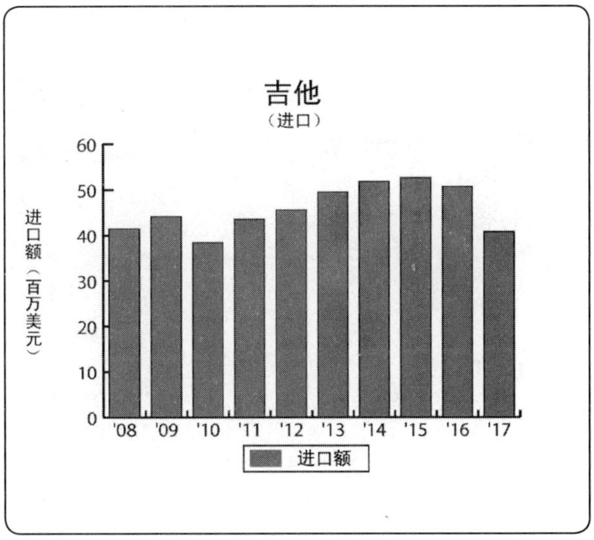
吉他
（进口）
进口额（百万美元）
0
10
20
30
40
50
60
'08 '09 '10 '11 '12 '13 '14 '15 '16 '17
进口额

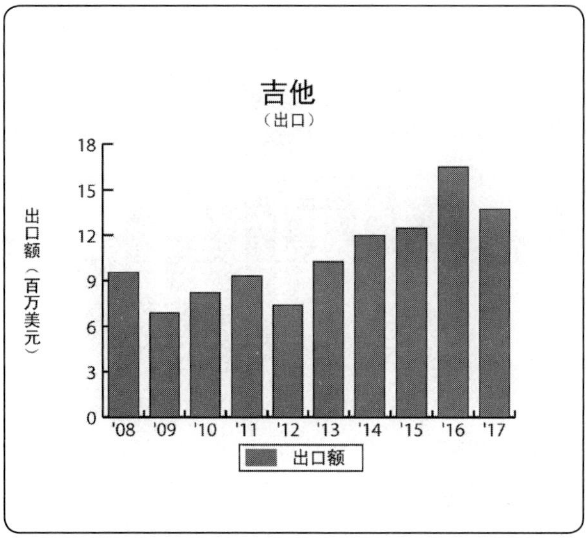
吉他
（出口）
出口额（百万美元）
0
3
6
9
12
15
18
'08 '09 '10 '11 '12 '13 '14 '15 '16 '17
出口额

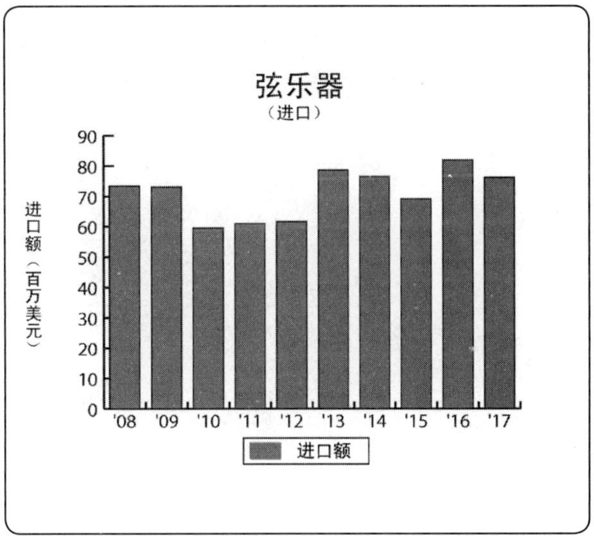
弦乐器
（进口）
进口额（百万美元）
0
10
20
30
40
50
60
70
80
90
'08 '09 '10 '11 '12 '13 '14 '15 '16 '17
进口额

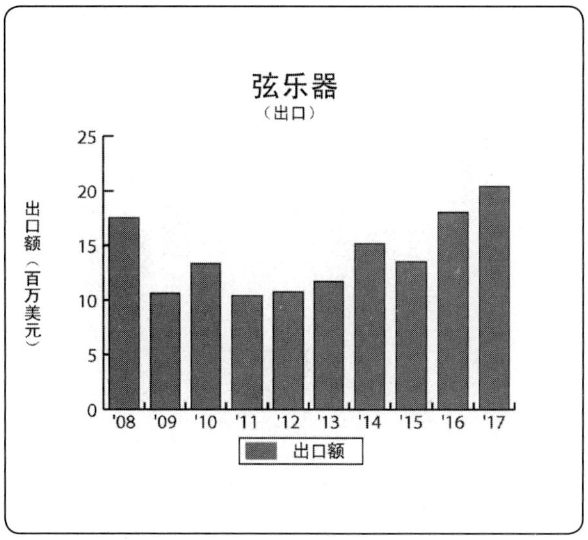
弦乐器
（出口）
出口额（百万美元）
0
5
10
15
20
25
'08 '09 '10 '11 '12 '13 '14 '15 '16 '17
出口额

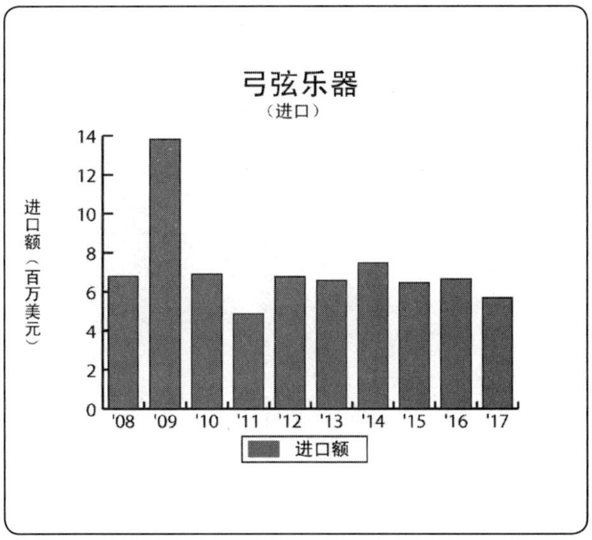
弓弦乐器
（进口）
进口额（百万美元）
0
2
4
6
8
10
12
14
'08 '09 '10 '11 '12 '13 '14 '15 '16 '17
进口额

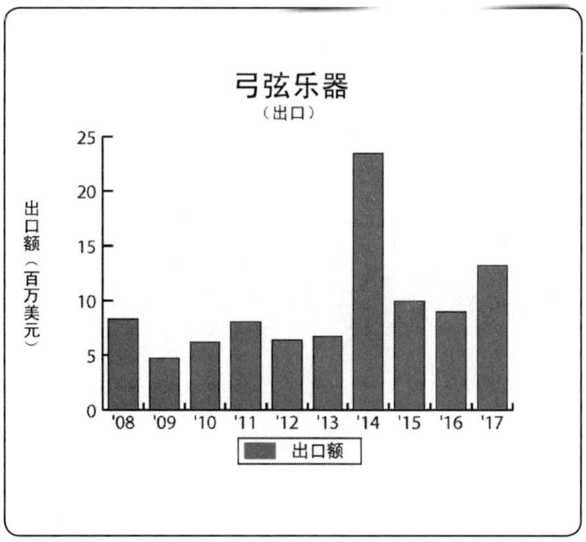
弓弦乐器
（出口）
出口额（百万美元）
0
5
10
15
20
25
'08 '09 '10 '11 '12 '13 '14 '15 '16 '17
出口额

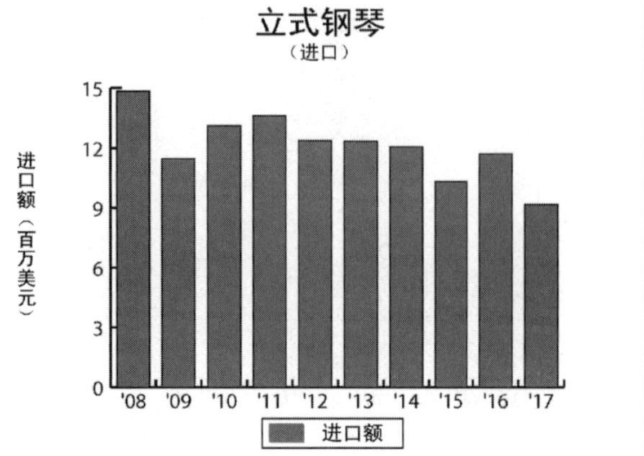
立式钢琴
（进口）
进口额（百万美元）
15
12
9
6
3
0
'08 '09 '10 '11 '12 '13 '14 '15 '16 '17
进口额

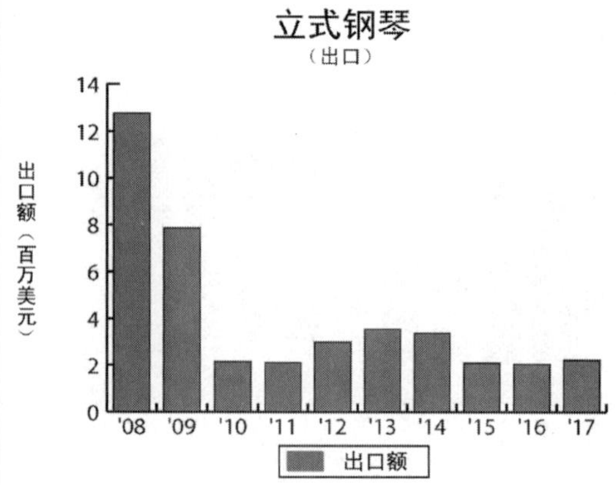
立式钢琴
（出口）
出口额（百万美元）
14
12
10
8
6
4
2
0
'08 '09 '10 '11 '12 '13 '14 '15 '16 '17
出口额

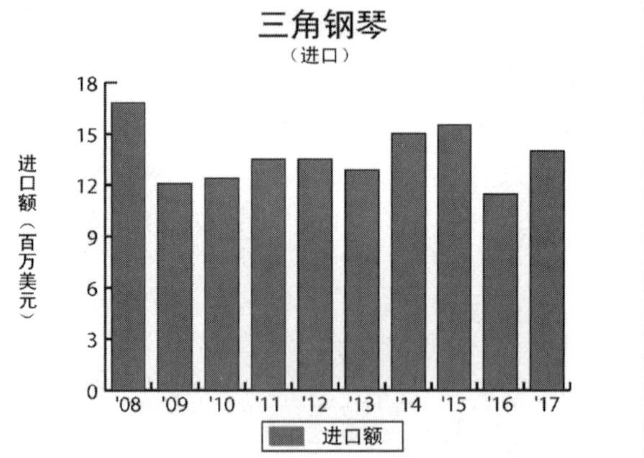
三角钢琴
（进口）
进口额（百万美元）
18
15
12
9
6
3
0
'08 '09 '10 '11 '12 '13 '14 '15 '16 '17
进口额

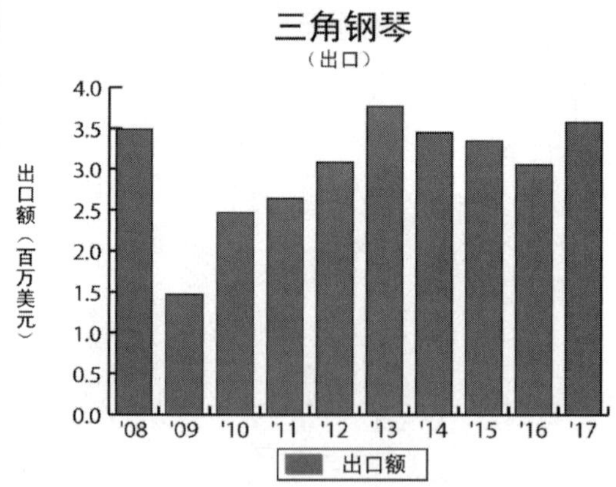
三角钢琴
（出口）
出口额（百万美元）
4.0
3.5
3.0
2.5
2.0
1.5
1.0
0.5
0.0
'08 '09 '10 '11 '12 '13 '14 '15 '16 '17
出口额

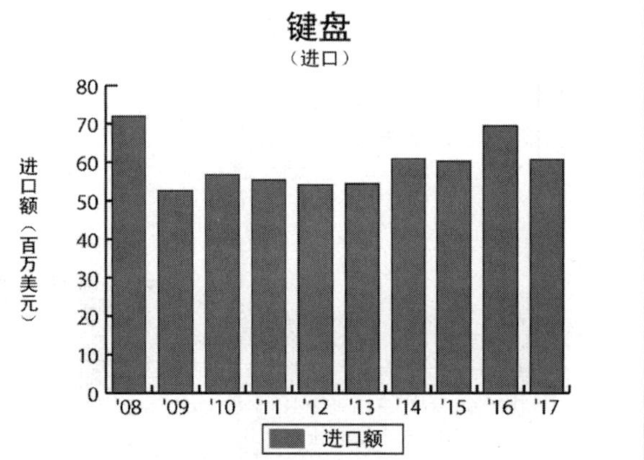
键盘
（进口）
进口额（百万美元）
80
70
60
50
40
30
20
10
0
'08 '09 '10 '11 '12 '13 '14 '15 '16 '17
进口额

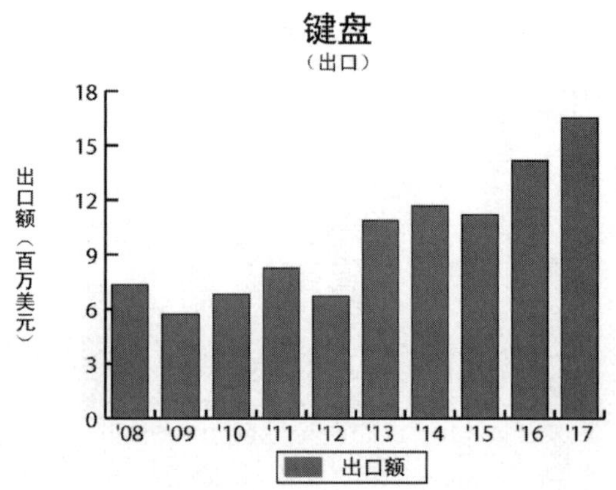
键盘
（出口）
出口额（百万美元）
18
15
12
9
6
3
0
'08 '09 '10 '11 '12 '13 '14 '15 '16 '17
出口额

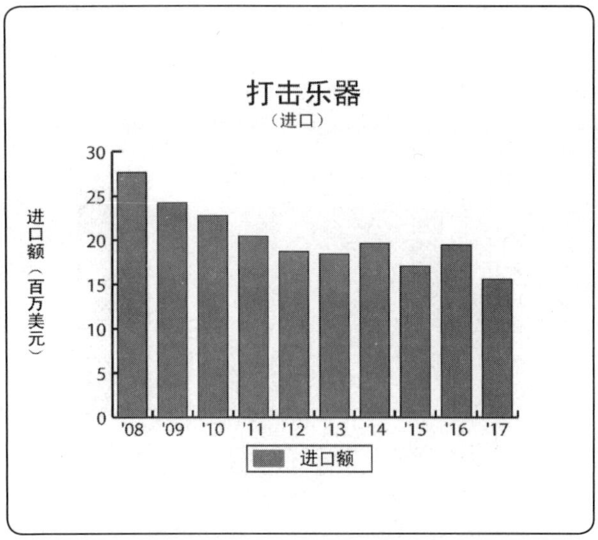
打击乐器
（进口）
进口额（百万美元）
30
25
20
15
10
5
0
'08 '09 '10 '11 '12 '13 '14 '15 '16 '17
进口额

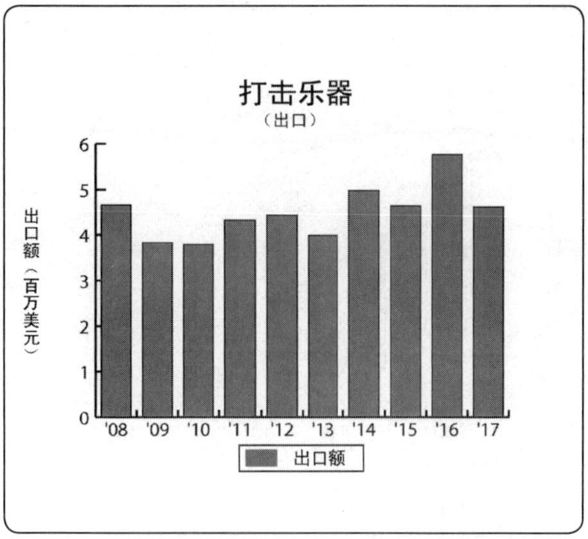
打击乐器
（出口）
出口额（百万美元）
6
5
4
3
2
1
0
'08 '09 '10 '11 '12 '13 '14 '15 '16 '17
出口额

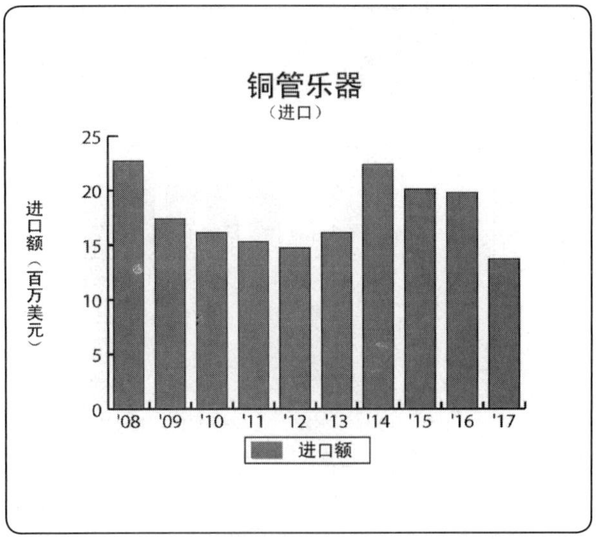
铜管乐器
（进口）
进口额（百万美元）
25
20
15
10
5
0
'08 '09 '10 '11 '12 '13 '14 '15 '16 '17
进口额

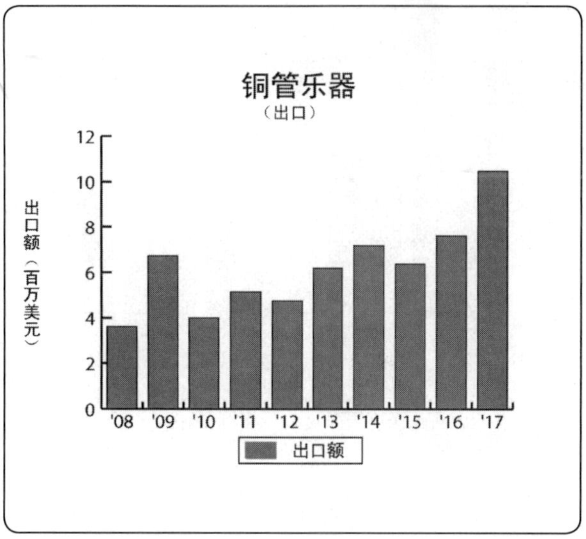
铜管乐器
（出口）
出口额（百万美元）
12
10
8
6
4
2
0
'08 '09 '10 '11 '12 '13 '14 '15 '16 '17
出口额

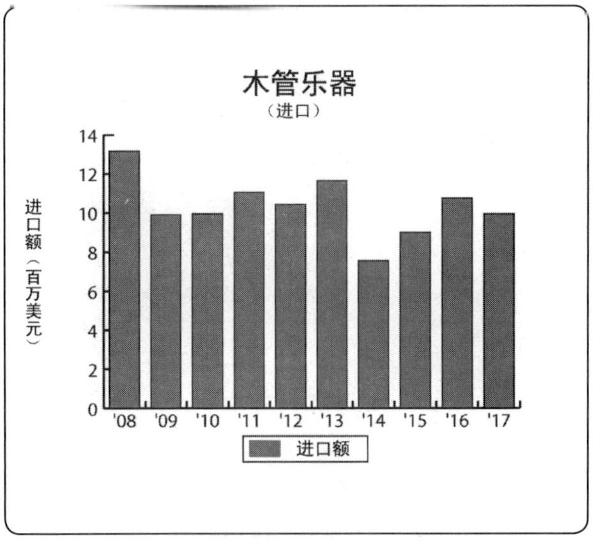
木管乐器
（进口）
进口额（百万美元）
14
12
10
8
6
4
2
0
'08 '09 '10 '11 '12 '13 '14 '15 '16 '17
进口额

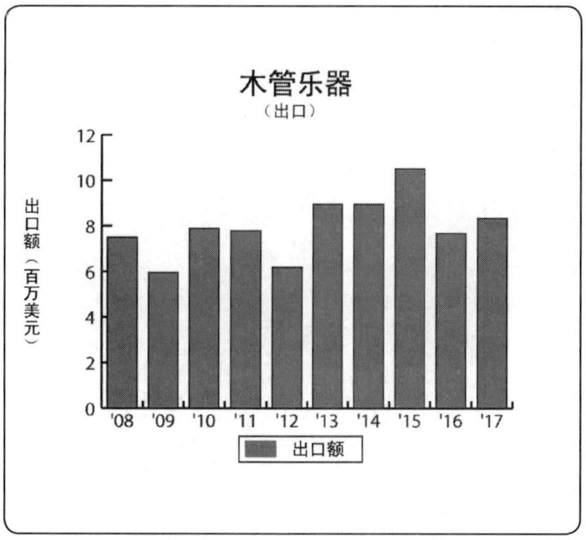
木管乐器
（出口）
出口额（百万美元）
12
10
8
6
4
2
0
'08 '09 '10 '11 '12 '13 '14 '15 '16 '17
出口额

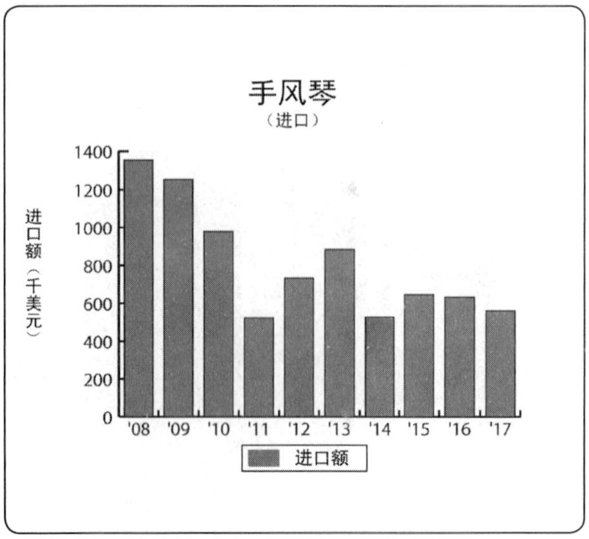
手风琴
（进口）
进口额（千美元）
1400
1200
1000
800
600
400
200
0
'08 '09 '10 '11 '12 '13 '14 '15 '16 '17
进口额

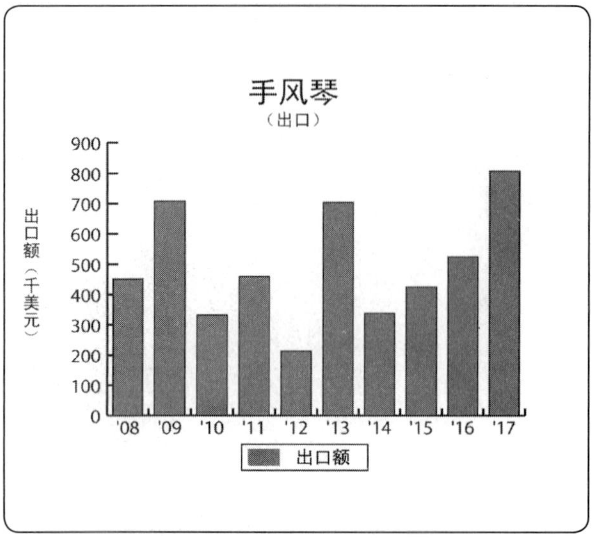
手风琴
（出口）
出口额（千美元）
900
800
700
600
500
400
300
200
100
0
'08 '09 '10 '11 '12 '13 '14 '15 '16 '17
出口额

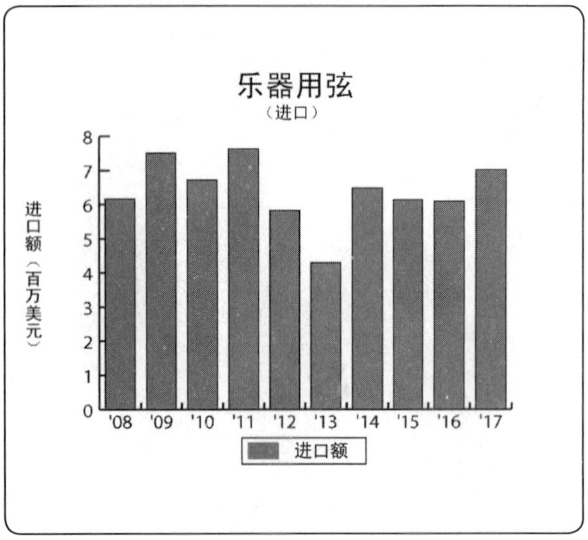
乐器用弦
（进口）
进口额（百万美元）
8
7
6
5
4
3
2
1
0
'08 '09 '10 '11 '12 '13 '14 '15 '16 '17
进口额

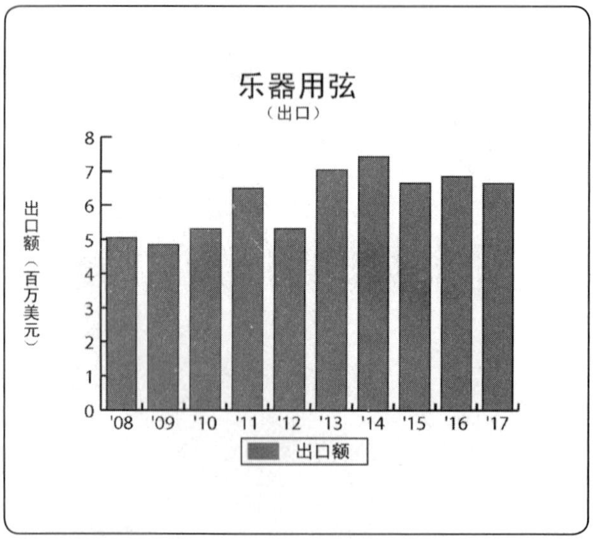
乐器用弦
（出口）
出口额（百万美元）
8
7
6
5
4
3
2
1
0
'08 '09 '10 '11 '12 '13 '14 '15 '16 '17
出口额

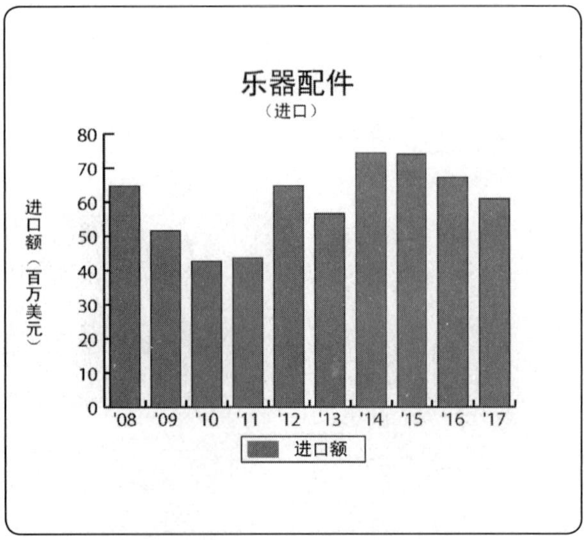
乐器配件
（进口）
进口额（百万美元）
80
70
60
50
40
30
20
10
0
'08 '09 '10 '11 '12 '13 '14 '15 '16 '17
进口额

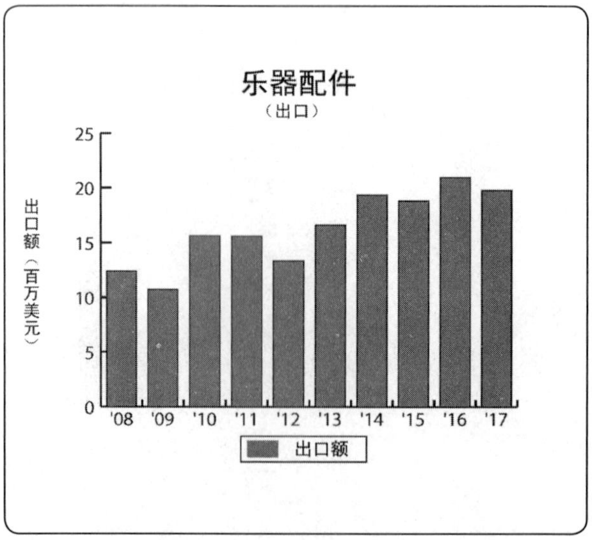
乐器配件
（出口）
出口额（百万美元）
25
20
15
10
5
0
'08 '09 '10 '11 '12 '13 '14 '15 '16 '17
出口额

澳大利亚

2017年，澳大利亚乐器市场整体销售额有所提升，同比2016年增长5%。2017年澳大利亚进口总额2.88亿澳元，远远超过2016年。澳大利亚市场对国际货币变化趋势尤为敏感，澳元汇率平稳，币值稳定（对美元仍保持在20世纪70年代中期水平）。

电子琴和钢琴进口总量超过10万架，铜管乐器和管乐器进口量有所增长，打击乐和音响类产品表现也不错。吉他和鼓呈全速增长态势。例如，电吉他进口量超过10.5万件，音箱进口量8.7万件，架子鼓近1.6万件。这是自2009年以来业界取得的最佳成绩。

2008年肇始于美国的金融危机席卷全球，2010年11月之前危机并未真正影响澳大利亚。到2012年，危机影响开始显现。2012年，澳大利亚乐器市场表现最差。乐器进口量从巅峰时期剧降10%，进口额下滑幅度超过12%。

过去十年数据显示，澳大利亚物价指数和国内生产总值的年增长率大致为2.4%，经济整体增速为25%左右。然而乐器行业增速约为15%，年增幅远低于社会整体经济增速。

2017年，澳大利亚吉他和架子鼓未现回暖态势。电子琴类产品整体表现不错，继续保持上行态势，其进口量值同比稳增5%。

相对来说，三角钢琴进口量不大，但进口金额增长5%。

铜管乐器呈稳定态势，主要几种木管乐器自2016年12月飞速提升后就呈下降趋势。弦乐器自2016年的疲软态势后，进口额快速上涨。

2017年打击乐器相对来说表现一般，进口金额与上年持平。架子鼓、管弦乐、打击乐降幅最大。

2017年，麦克风进口量下降到14.7万件，降幅5%。2018年7月1日，澳大利亚商品及服务税（GST）取消，买家从海外进口的意愿受到影响，与此同时澳国内竞争日益激烈。澳大利亚乐器协会鼓励乐器零售商积极发挥作用，特别是在线上网络销售方面取得更好成绩。《音乐贸易》杂志报道，2017年美国音乐制品市场零售额同比增长4.1%，恢复至十年前金融危机之前的水平。（**评论：澳大利亚乐器协会会长 罗伯·沃克**）

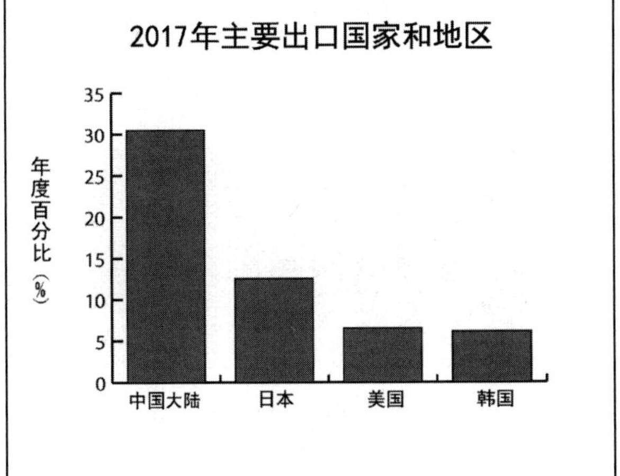

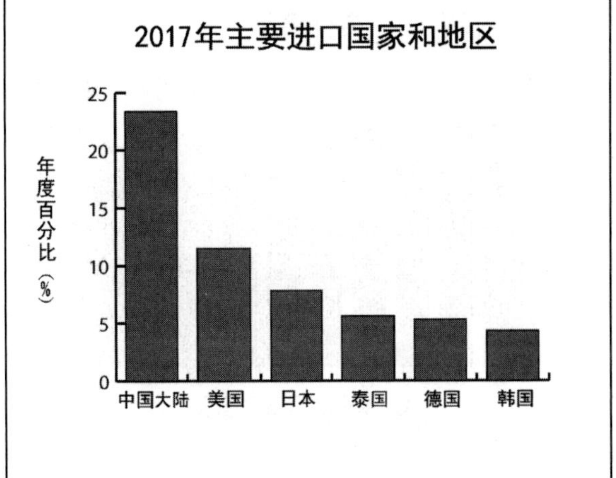

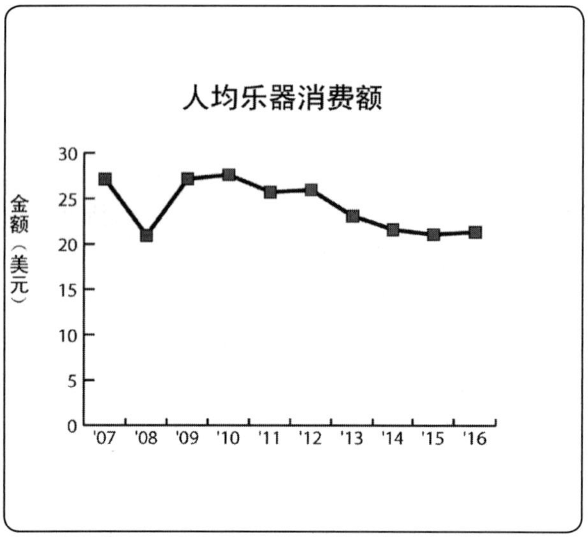
人均乐器消费额
金额（美元）
0
5
10
15
20
25
30
'07 '08 '09 '10 '11 '12 '13 '14 '15 '16

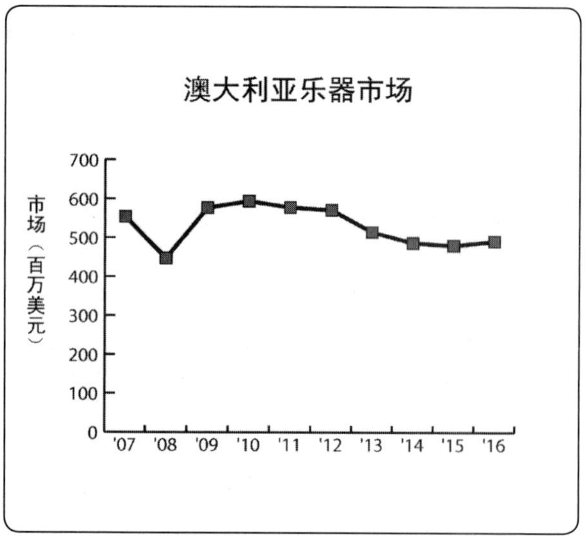
澳大利亚乐器市场
市场（百万美元）
0
100
200
300
400
500
600
700
'07 '08 '09 '10 '11 '12 '13 '14 '15 '16

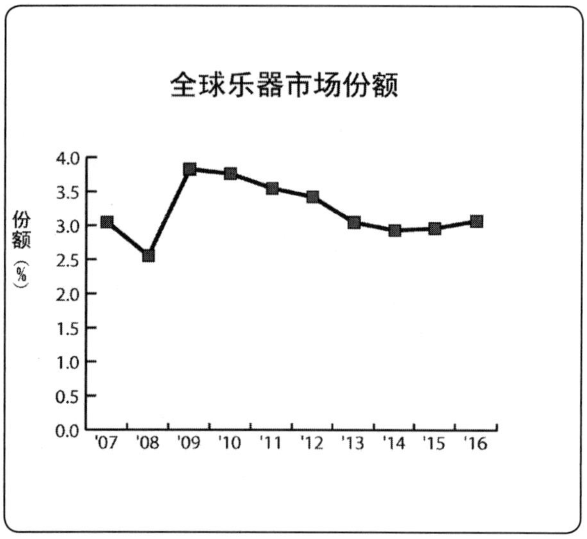
全球乐器市场份额
份额（%）
0.0
0.5
1.0
1.5
2.0
2.5
3.0
3.5
4.0
'07 '08 '09 '10 '11 '12 '13 '14 '15 '16

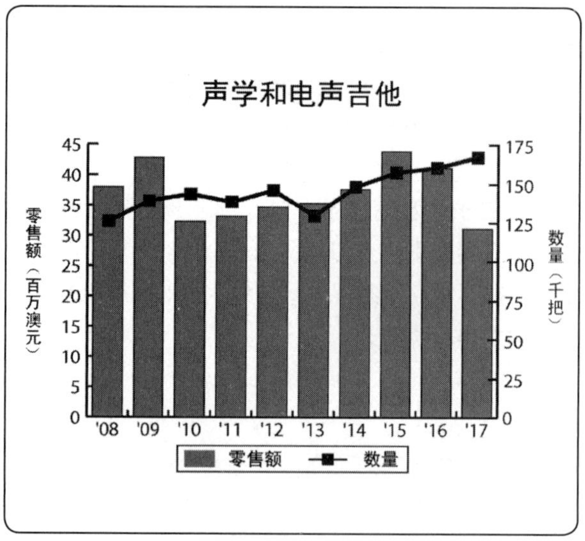
声学和电声吉他
零售额（百万澳元）
数量（千把）
0
5
10
15
20
25
30
35
40
45
0
25
50
75
100
125
150
175
'08 '09 '10 '11 '12 '13 '14 '15 '16 '17
零售额
数量

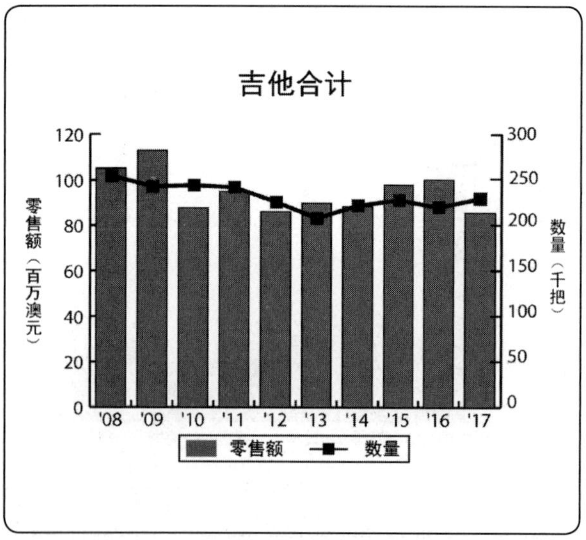
吉他合计
零售额（百万澳元）
数量（千把）
0
20
40
60
80
100
120
0
50
100
150
200
250
300
'08 '09 '10 '11 '12 '13 '14 '15 '16 '17
零售额
数量

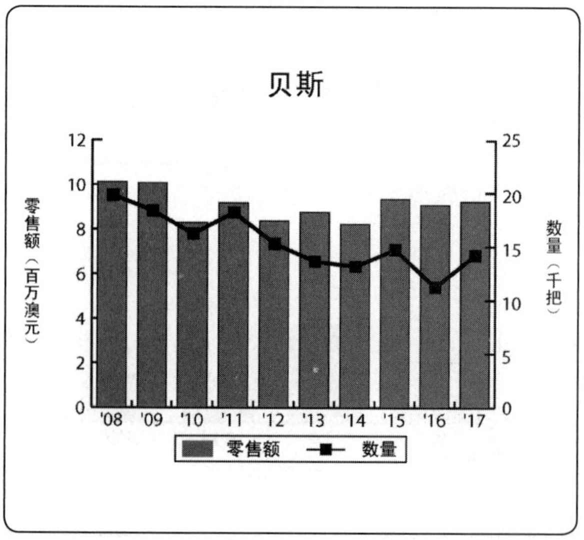
贝斯
零售额（百万澳元）
数量（千把）
0
2
4
6
8
10
12
0
5
10
15
20
25
'08 '09 '10 '11 '12 '13 '14 '15 '16 '17
零售额
数量

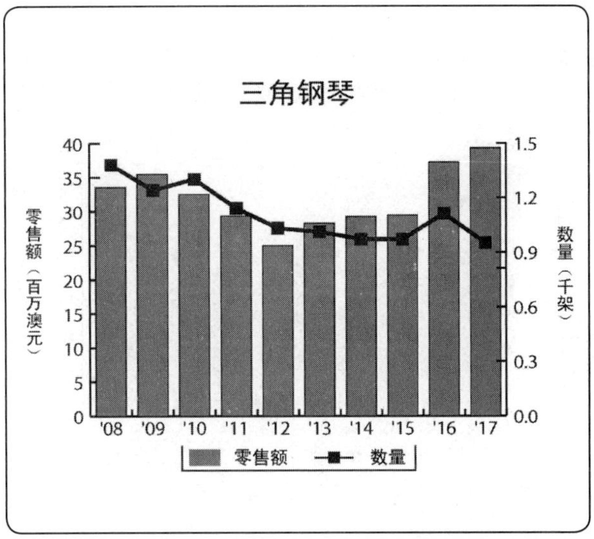
三角钢琴
零售额（百万澳元）
数量（千架）
'08 '09 '10 '11 '12 '13 '14 '15 '16 '17
零售额
数量

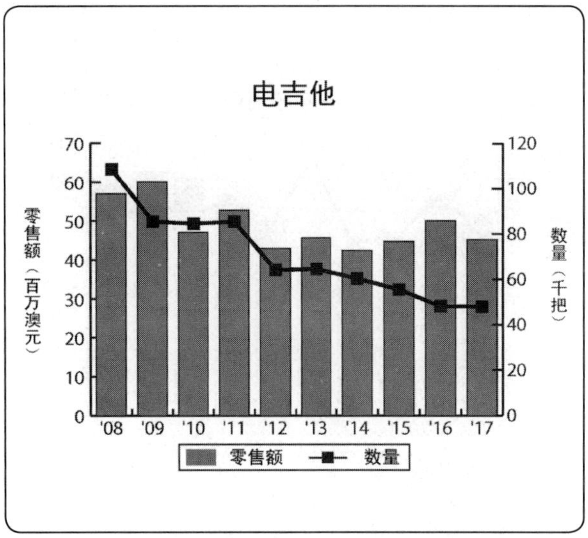
电吉他
零售额（百万澳元）
数量（千把）
'08 '09 '10 '11 '12 '13 '14 '15 '16 '17
零售额
数量

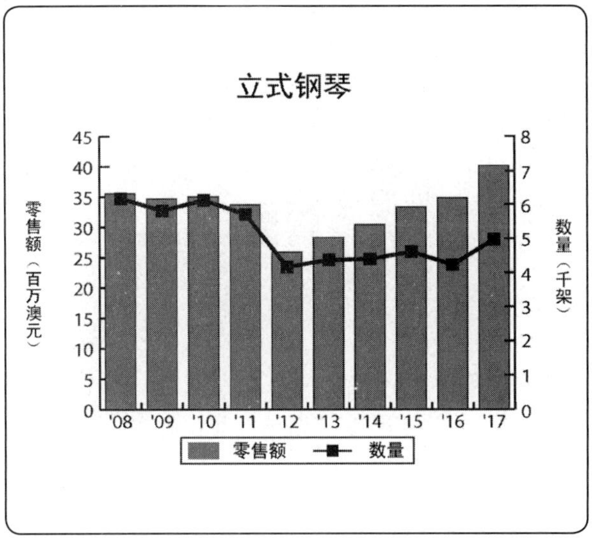
立式钢琴
零售额（百万澳元）
数量（千架）
'08 '09 '10 '11 '12 '13 '14 '15 '16 '17
零售额
数量

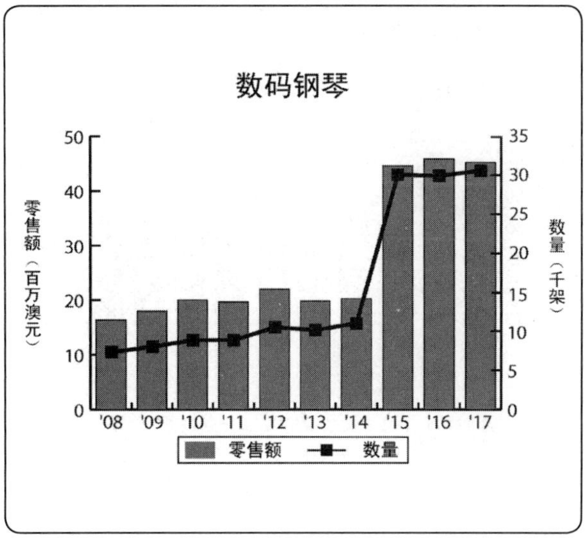
数码钢琴
零售额（百万澳元）
数量（千架）
'08 '09 '10 '11 '12 '13 '14 '15 '16 '17
零售额
数量

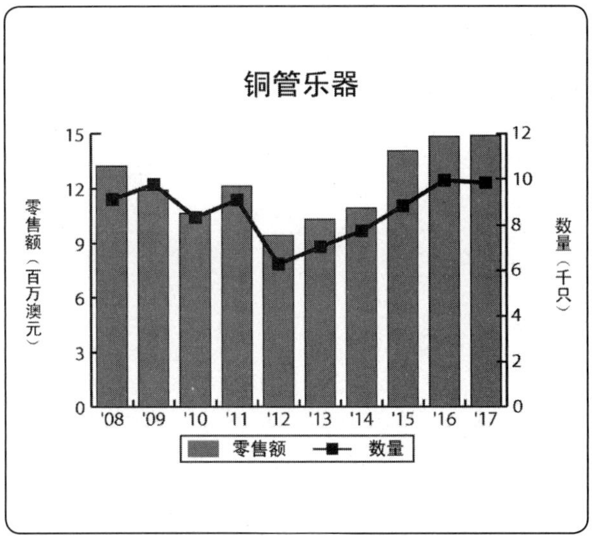
铜管乐器
零售额（百万澳元）
数量（千只）
'08 '09 '10 '11 '12 '13 '14 '15 '16 '17
零售额
数量

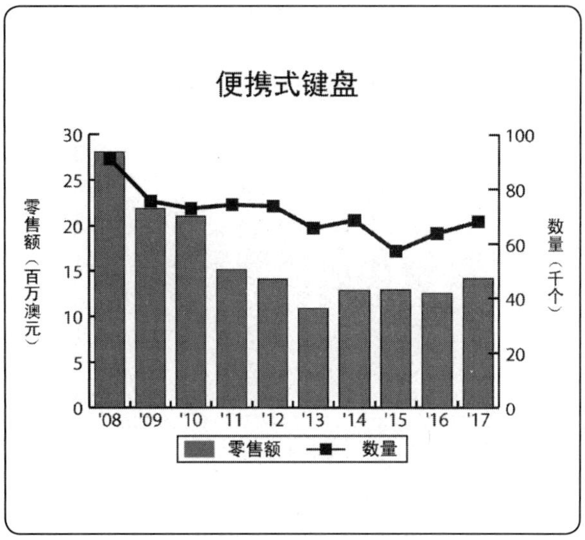
便携式键盘
零售额（百万澳元）
数量（千个）
'08 '09 '10 '11 '12 '13 '14 '15 '16 '17
零售额
数量

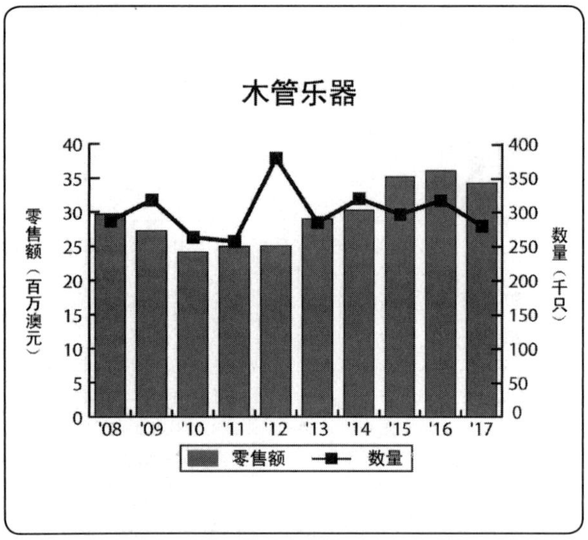
木管乐器
零售额（百万澳元）
数量（千只）
'08 '09 '10 '11 '12 '13 '14 '15 '16 '17
零售额
数量

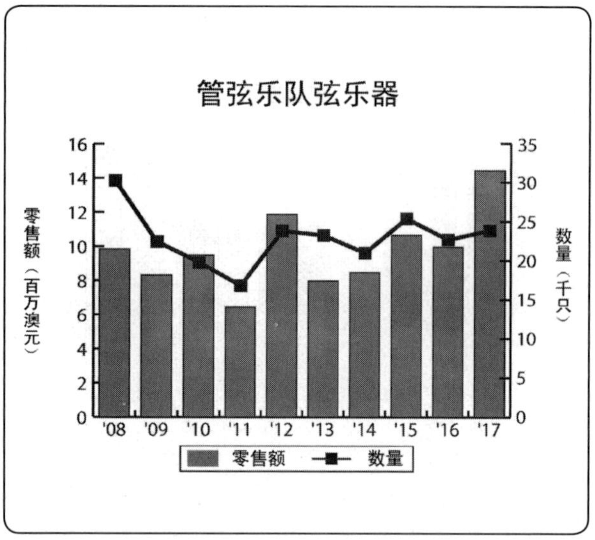
管弦乐队弦乐器
零售额（百万澳元）
数量（千只）
'08 '09 '10 '11 '12 '13 '14 '15 '16 '17
零售额
数量

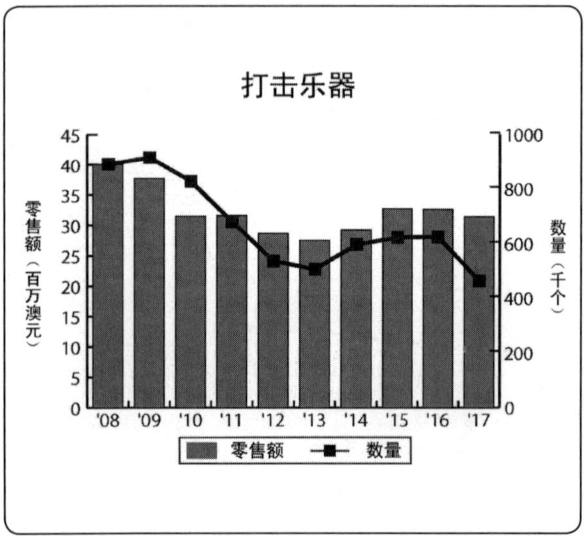
打击乐器
零售额（百万澳元）
数量（千个）
'08 '09 '10 '11 '12 '13 '14 '15 '16 '17
零售额
数量

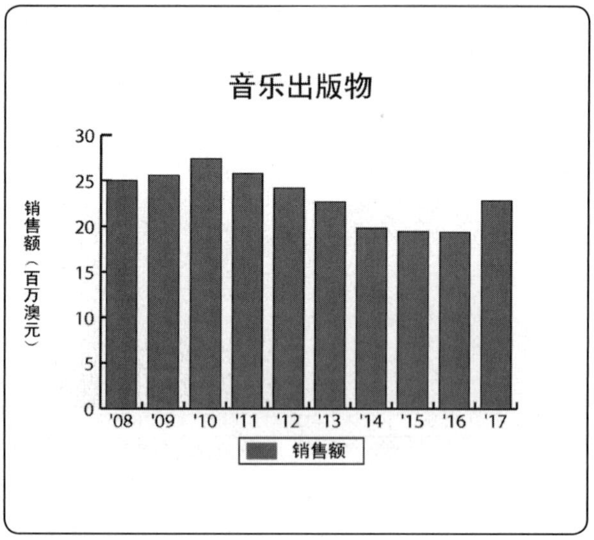
音乐出版物
销售额（百万澳元）
'08 '09 '10 '11 '12 '13 '14 '15 '16 '17
销售额

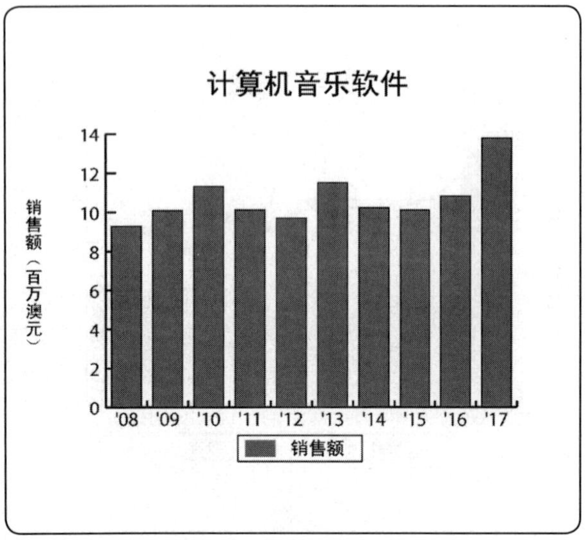
计算机音乐软件
销售额（百万澳元）
'08 '09 '10 '11 '12 '13 '14 '15 '16 '17
销售额

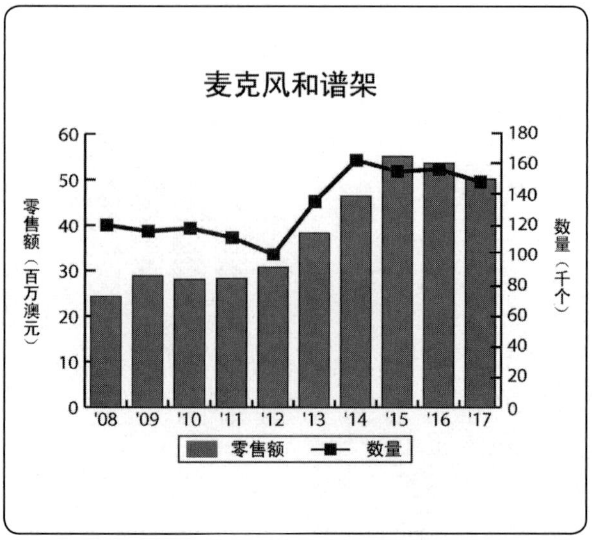
麦克风和谱架
零售额（百万澳元）
数量（千个）
'08 '09 '10 '11 '12 '13 '14 '15 '16 '17
零售额
数量

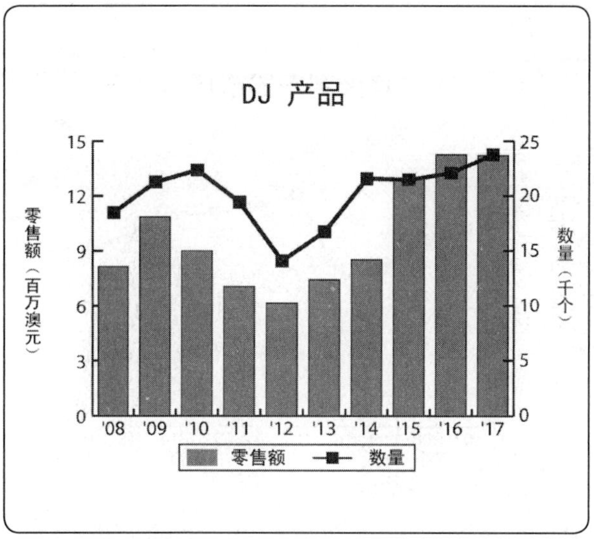
DJ 产品
零售额（百万澳元）
数量（千个）
'08 '09 '10 '11 '12 '13 '14 '15 '16 '17
零售额 数量

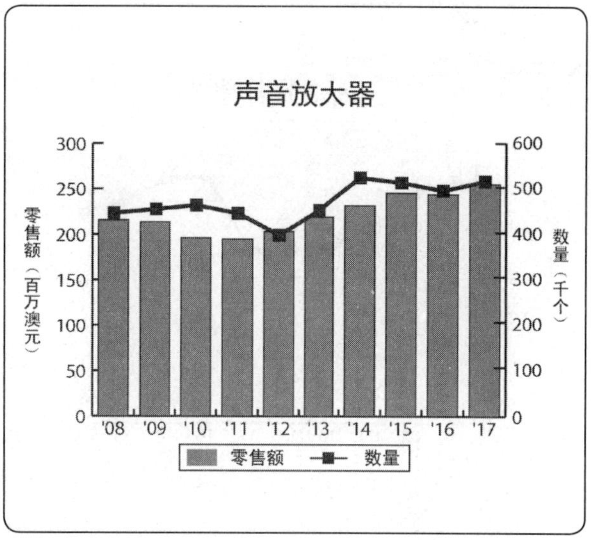
声音放大器
零售额（百万澳元）
数量（千个）
'08 '09 '10 '11 '12 '13 '14 '15 '16 '17
零售额 数量

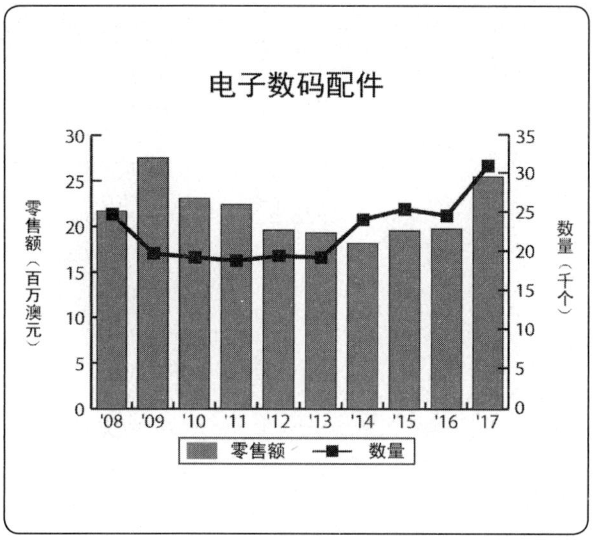
电子数码配件
零售额（百万澳元）
数量（千个）
'08 '09 '10 '11 '12 '13 '14 '15 '16 '17
零售额 数量

意大利

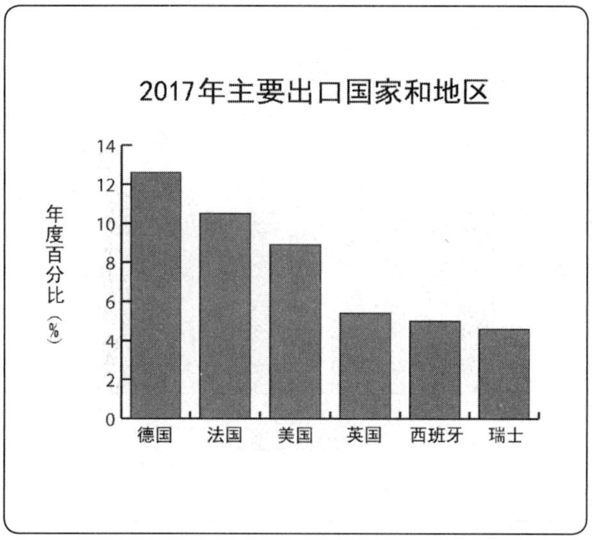
2017年主要出口国家和地区
年度百分比（%）
德国 法国 美国 英国 西班牙 瑞士

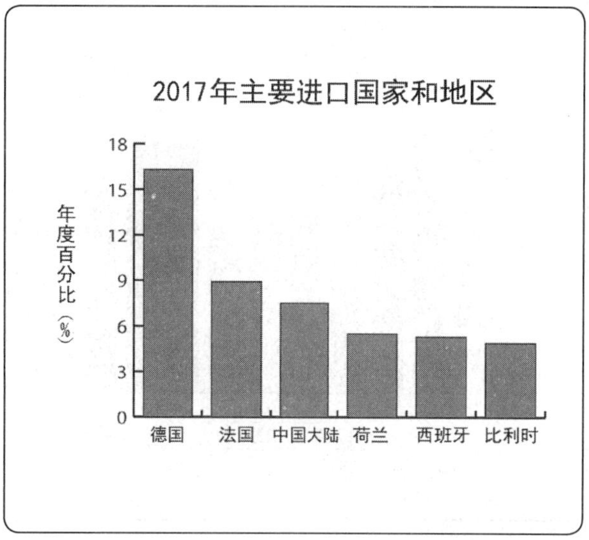
2017年主要进口国家和地区
年度百分比（%）
德国 法国 中国大陆 荷兰 西班牙 比利时

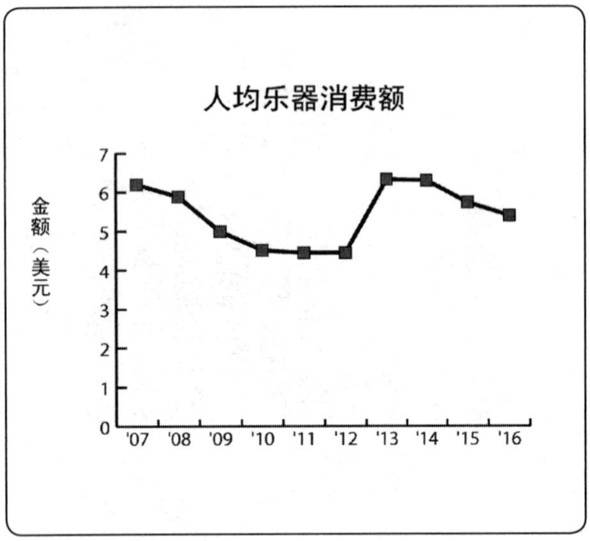
人均乐器消费额
金额（美元）
7
6
5
4
3
2
1
0
'07 '08 '09 '10 '11 '12 '13 '14 '15 '16

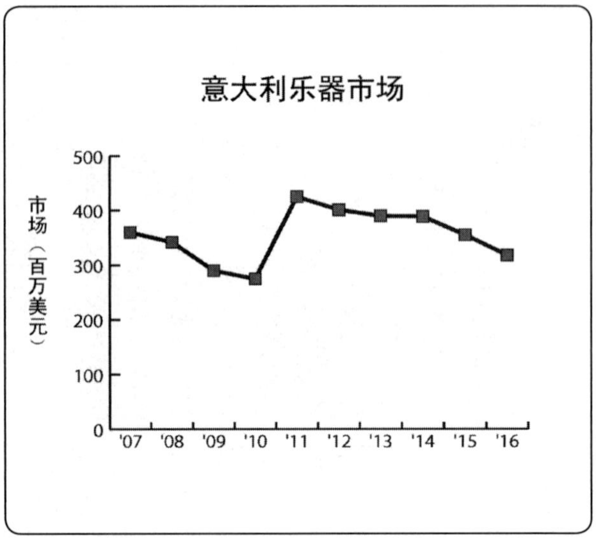
意大利乐器市场
市场（百万美元）
500
400
300
200
100
0
'07 '08 '09 '10 '11 '12 '13 '14 '15 '16

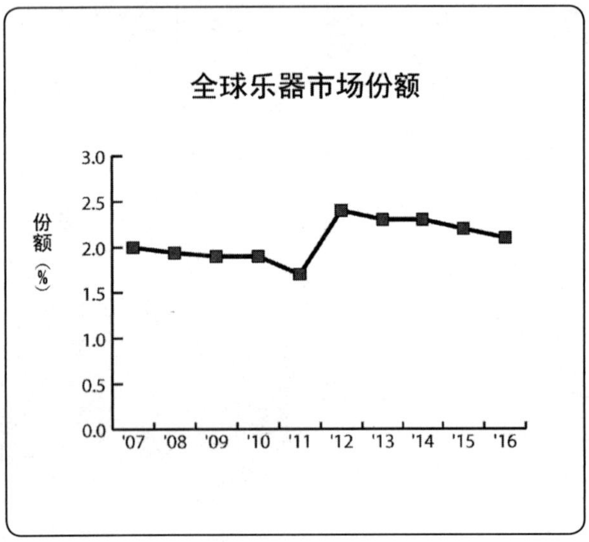
全球乐器市场份额
份额（%）
3.0
2.5
2.0
1.5
1.0
0.5
0.0
'07 '08 '09 '10 '11 '12 '13 '14 '15 '16

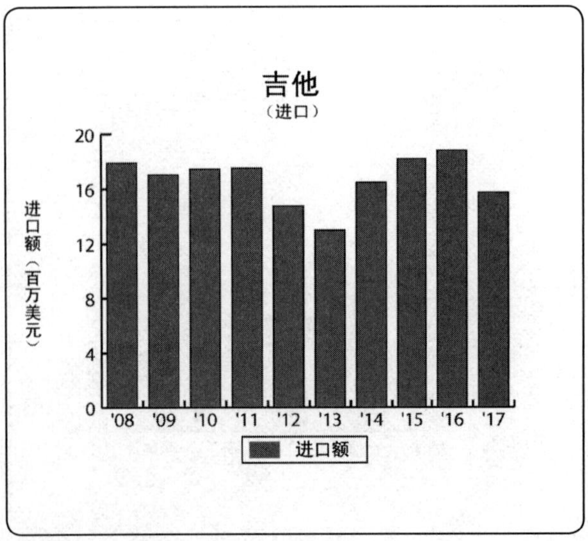
吉他
（进口）
进口额（百万美元）
20
16
12
8
4
0
'08 '09 '10 '11 '12 '13 '14 '15 '16 '17
进口额

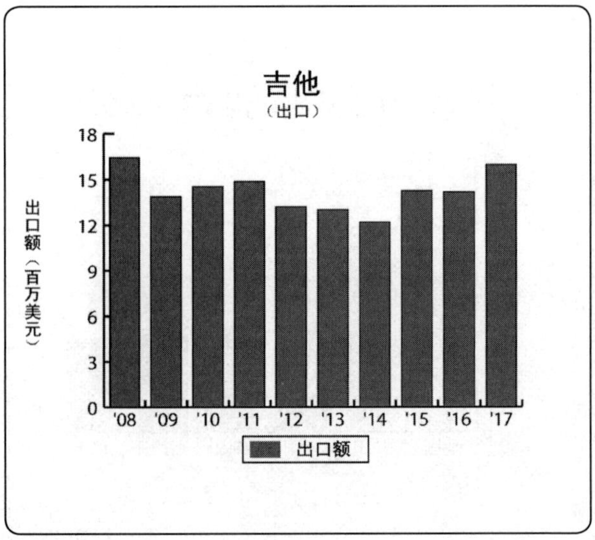
吉他
（出口）
出口额（百万美元）
18
15
12
9
6
3
0
'08 '09 '10 '11 '12 '13 '14 '15 '16 '17
出口额

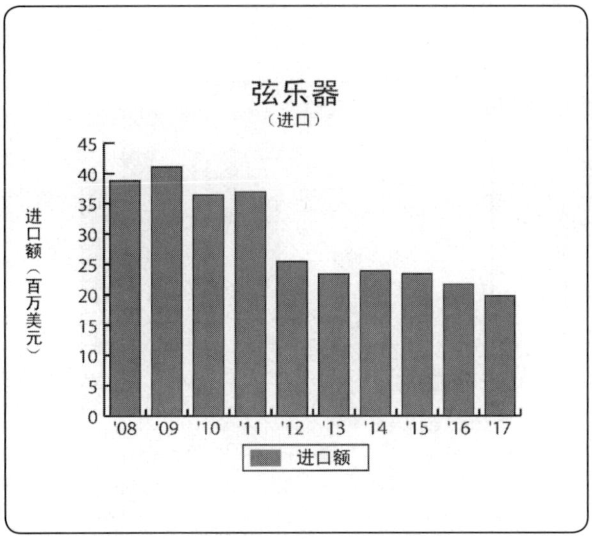
弦乐器
（进口）
进口额（百万美元）
45
40
35
30
25
20
15
10
5
0
'08 '09 '10 '11 '12 '13 '14 '15 '16 '17
进口额

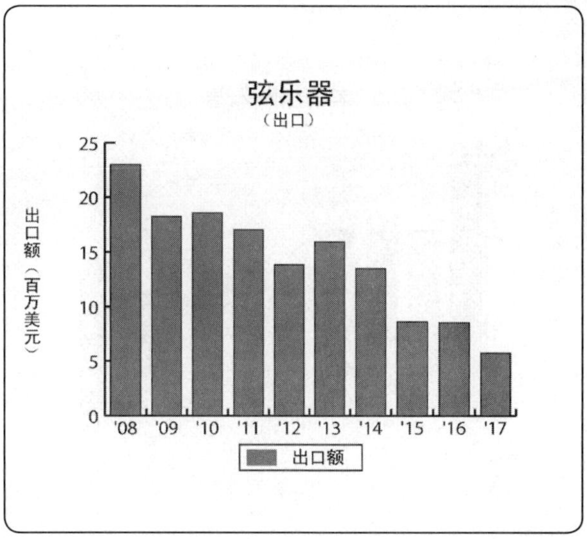
弦乐器
（出口）
出口额（百万美元）
25
20
15
10
5
0
'08 '09 '10 '11 '12 '13 '14 '15 '16 '17
出口额

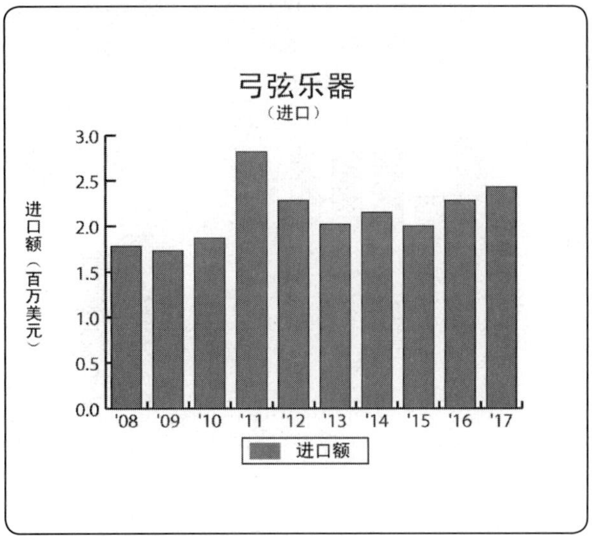
弓弦乐器
（进口）
进口额（百万美元）
3.0
2.5
2.0
1.5
1.0
0.5
0.0
'08 '09 '10 '11 '12 '13 '14 '15 '16 '17
进口额

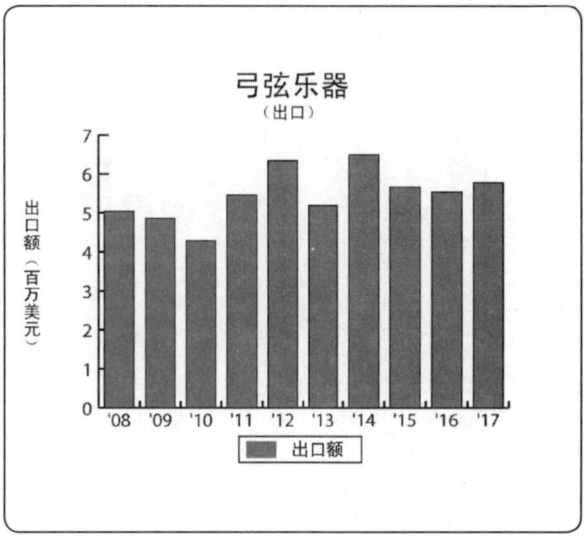
弓弦乐器
（出口）
出口额（百万美元）
7
6
5
4
3
2
1
0
'08 '09 '10 '11 '12 '13 '14 '15 '16 '17
出口额

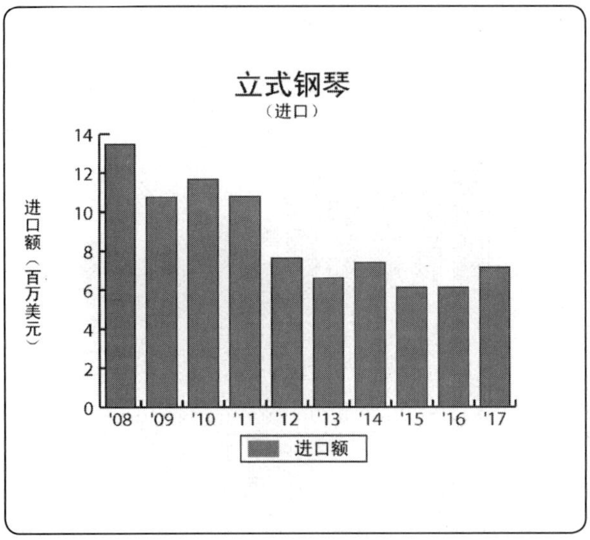
立式钢琴
（进口）
进口额（百万美元）
14
12
10
8
6
4
2
0
'08 '09 '10 '11 '12 '13 '14 '15 '16 '17
进口额

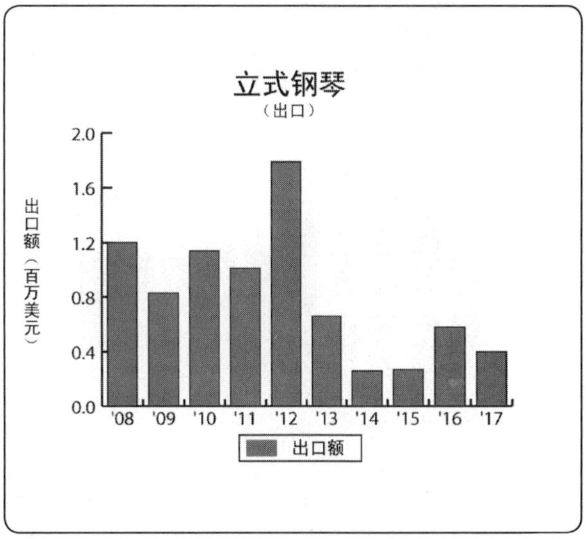
立式钢琴
（出口）
出口额（百万美元）
2.0
1.6
1.2
0.8
0.4
0.0
'08 '09 '10 '11 '12 '13 '14 '15 '16 '17
出口额

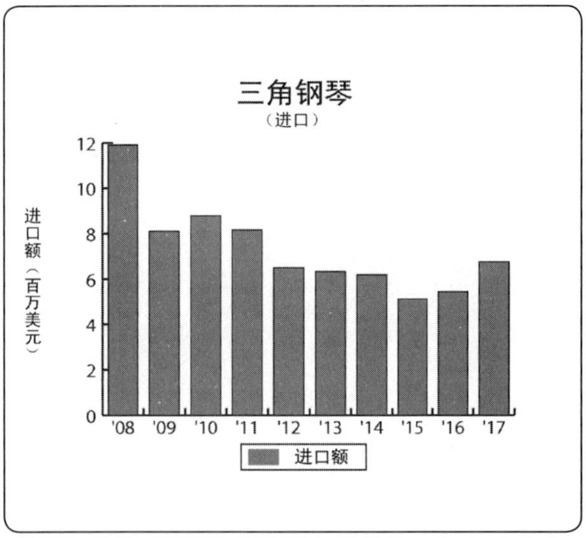
三角钢琴
（进口）
进口额（百万美元）
12
10
8
6
4
2
0
'08 '09 '10 '11 '12 '13 '14 '15 '16 '17
进口额

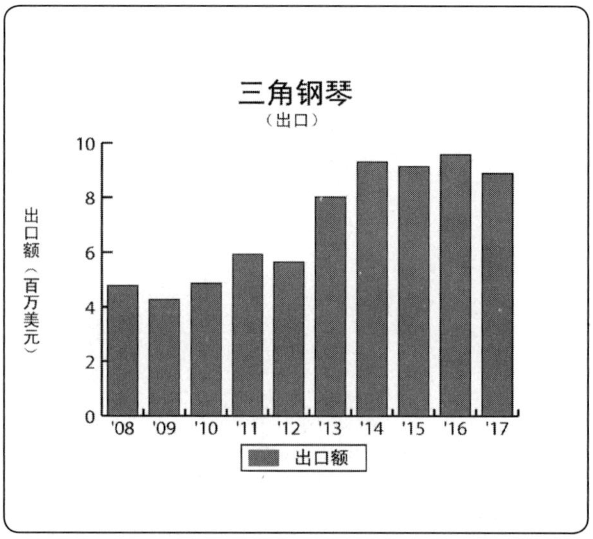
三角钢琴
（出口）
出口额（百万美元）
10
8
6
4
2
0
'08 '09 '10 '11 '12 '13 '14 '15 '16 '17
出口额

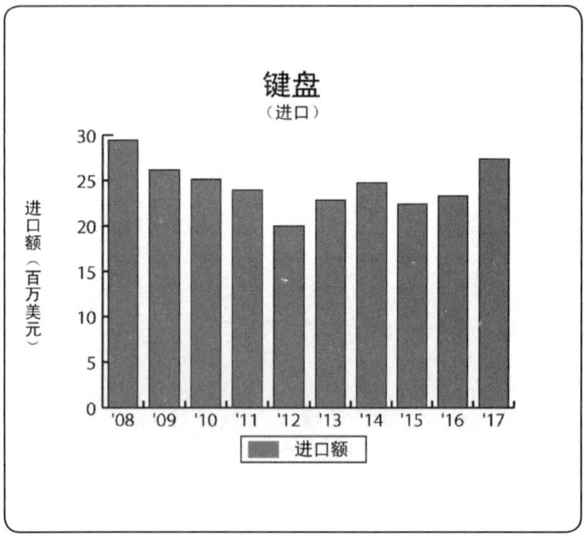
键盘
（进口）
进口额（百万美元）
30
25
20
15
10
5
0
'08 '09 '10 '11 '12 '13 '14 '15 '16 '17
进口额

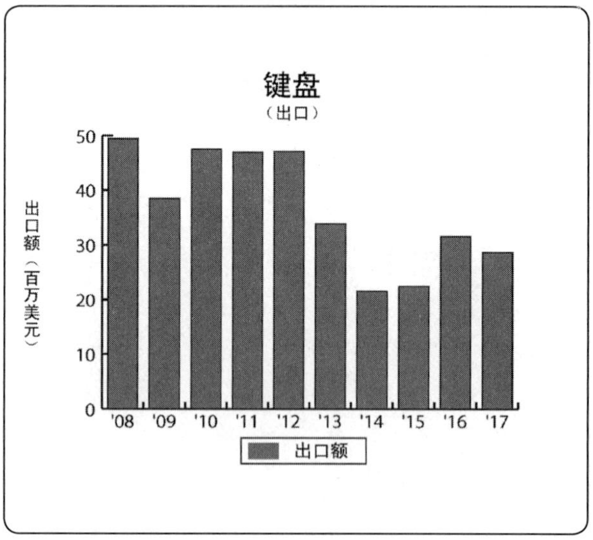
键盘
（出口）
出口额（百万美元）
50
40
30
20
10
0
'08 '09 '10 '11 '12 '13 '14 '15 '16 '17
出口额

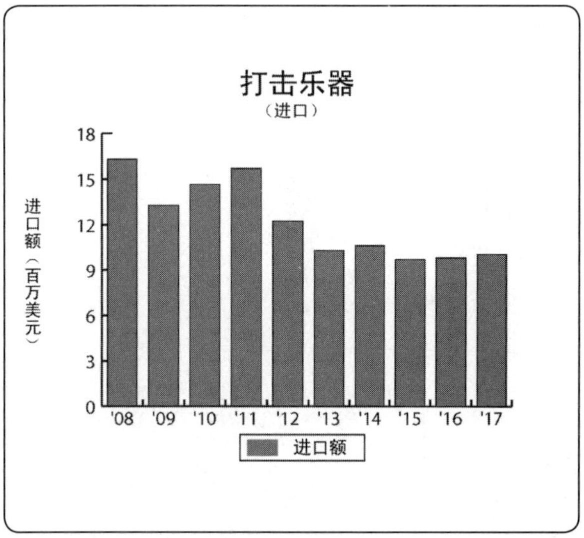
打击乐器
（进口）
进口额（百万美元）
18
15
12
9
6
3
0
'08 '09 '10 '11 '12 '13 '14 '15 '16 '17
进口额

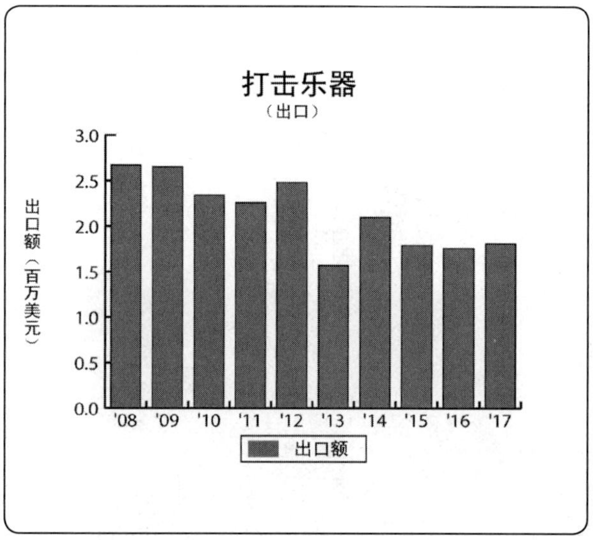
打击乐器
（出口）
出口额（百万美元）
3.0
2.5
2.0
1.5
1.0
0.5
0.0
'08 '09 '10 '11 '12 '13 '14 '15 '16 '17
出口额

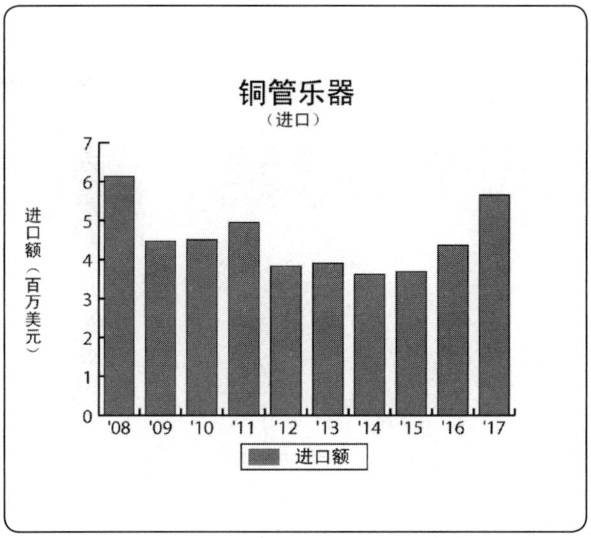
铜管乐器
（进口）
进口额（百万美元）
0
1
2
3
4
5
6
7
'08
'09
'10
'11
'12
'13
'14
'15
'16
'17
进口额

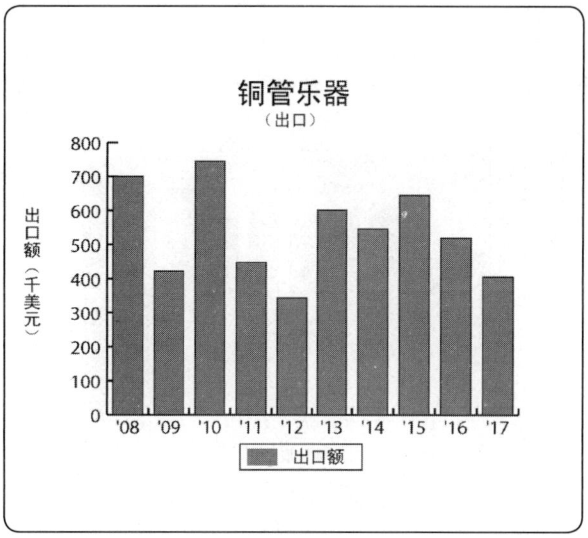
铜管乐器
（出口）
出口额（千美元）
0
100
200
300
400
500
600
700
800
'08
'09
'10
'11
'12
'13
'14
'15
'16
'17
出口额

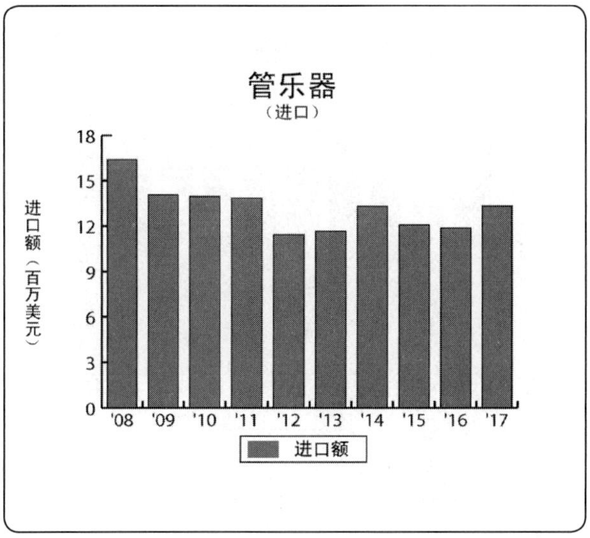
管乐器
（进口）
进口额（百万美元）
0
3
6
9
12
15
18
'08
'09
'10
'11
'12
'13
'14
'15
'16
'17
进口额

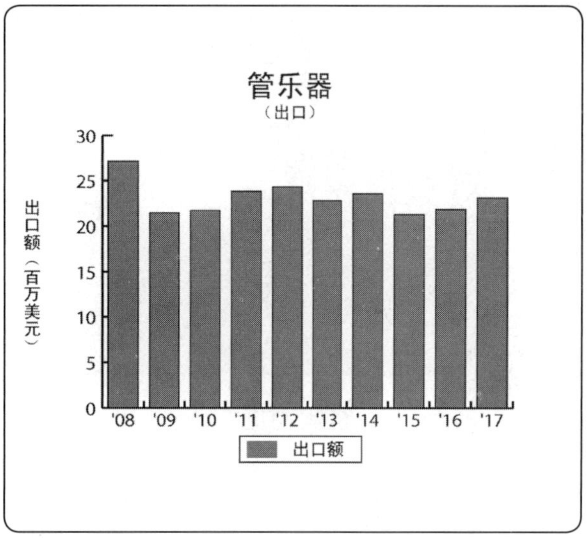
管乐器
（出口）
出口额（百万美元）
0
5
10
15
20
25
30
'08
'09
'10
'11
'12
'13
'14
'15
'16
'17
出口额

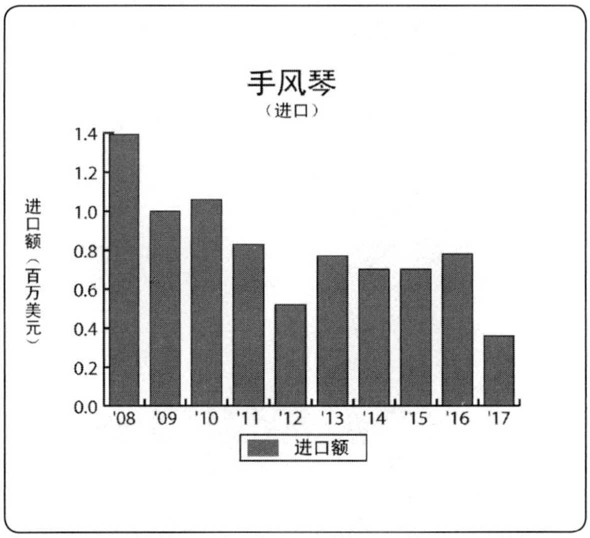
手风琴
（进口）
进口额（百万美元）
0.0
0.2
0.4
0.6
0.8
1.0
1.2
1.4
'08
'09
'10
'11
'12
'13
'14
'15
'16
'17
进口额

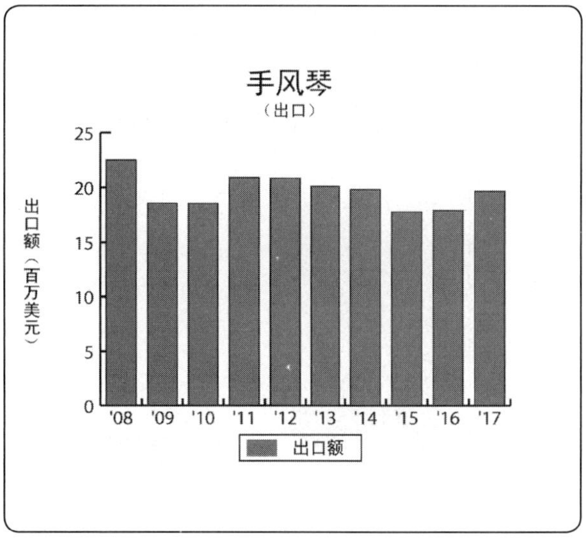
手风琴
（出口）
出口额（百万美元）
0
5
10
15
20
25
'08
'09
'10
'11
'12
'13
'14
'15
'16
'17
出口额

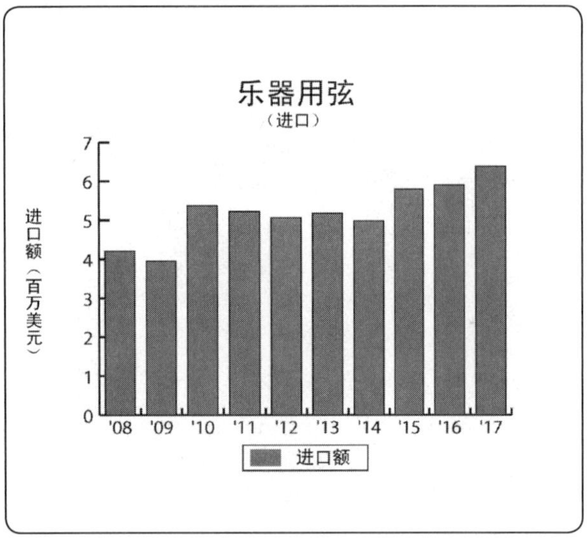
乐器用弦
（进口）
进口额（百万美元）
7
6
5
4
3
2
1
0
'08 '09 '10 '11 '12 '13 '14 '15 '16 '17
进口额

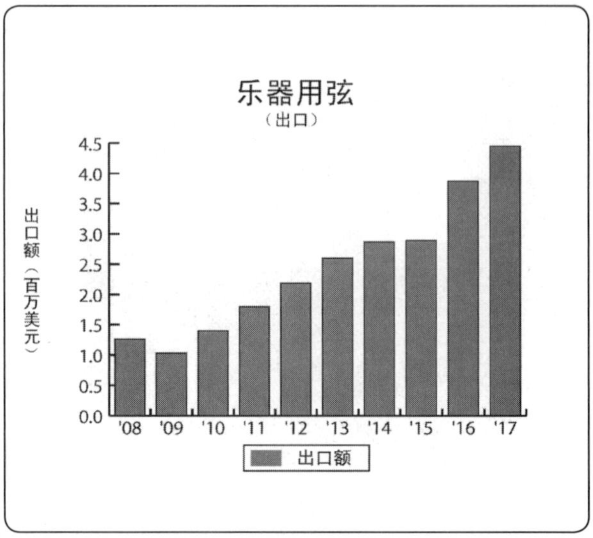
乐器用弦
（出口）
出口额（百万美元）
4.5
4.0
3.5
3.0
2.5
2.0
1.5
1.0
0.5
0.0
'08 '09 '10 '11 '12 '13 '14 '15 '16 '17
出口额

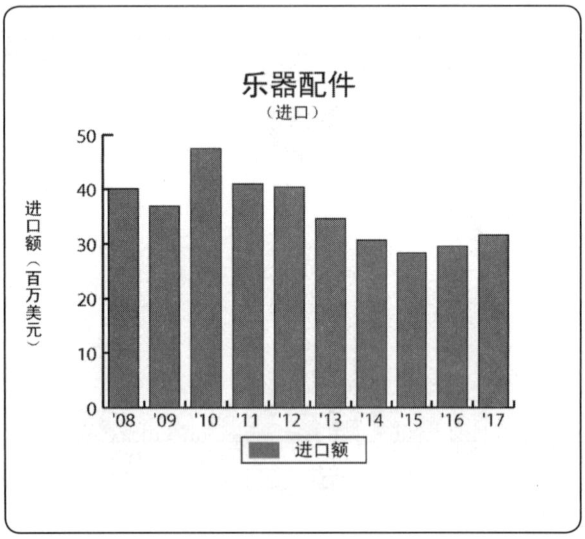
乐器配件
（进口）
进口额（百万美元）
50
40
30
20
10
0
'08 '09 '10 '11 '12 '13 '14 '15 '16 '17
进口额

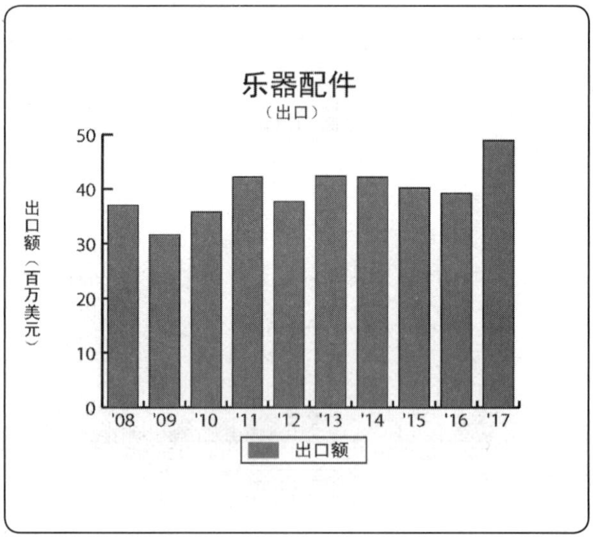
乐器配件
（出口）
出口额（百万美元）
50
40
30
20
10
0
'08 '09 '10 '11 '12 '13 '14 '15 '16 '17
出口额

墨西哥

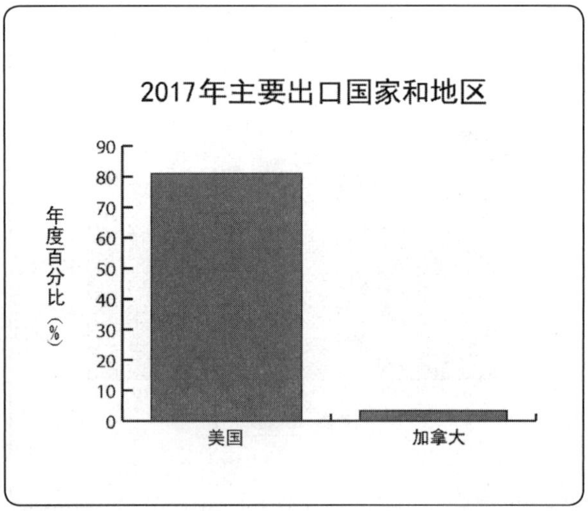
2017年主要出口国家和地区
年度百分比（%）
90
80
70
60
50
40
30
20
10
0
美国
加拿大

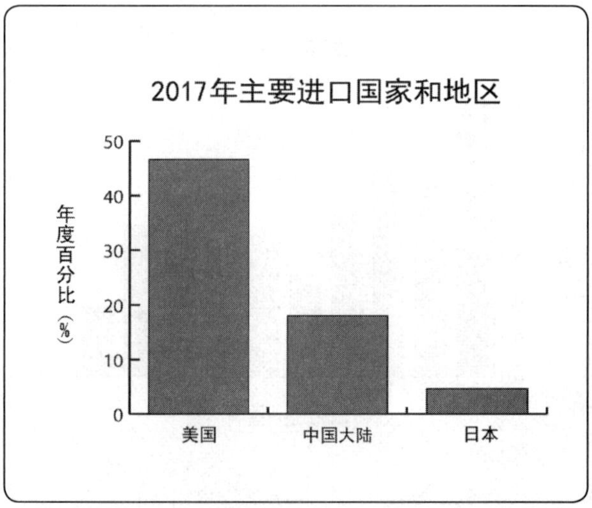
2017年主要进口国家和地区
年度百分比（%）
50
40
30
20
10
0
美国
中国大陆
日本

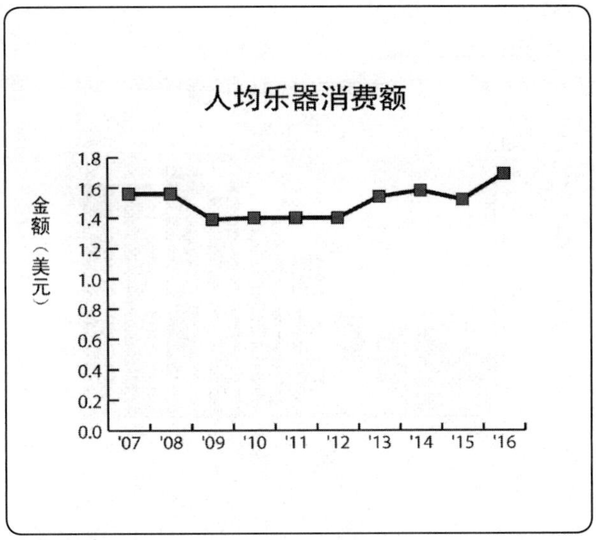
人均乐器消费额
金额（美元）
1.8
1.6
1.4
1.2
1.0
0.8
0.6
0.4
0.2
0.0
'07 '08 '09 '10 '11 '12 '13 '14 '15 '16

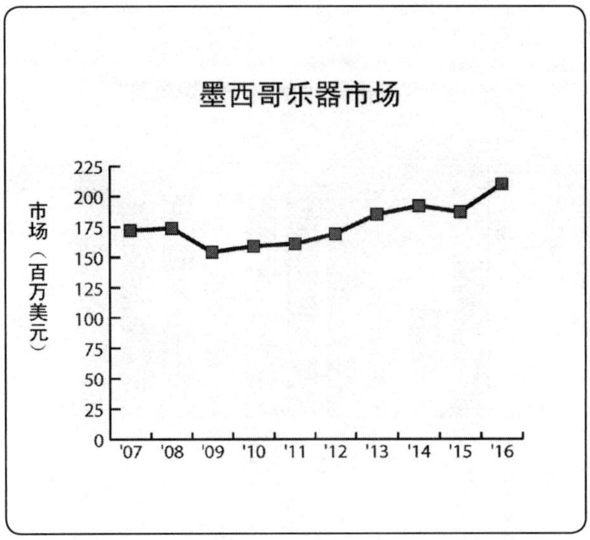
墨西哥乐器市场
市场（百万美元）
225
200
175
150
125
100
75
50
25
0
'07 '08 '09 '10 '11 '12 '13 '14 '15 '16

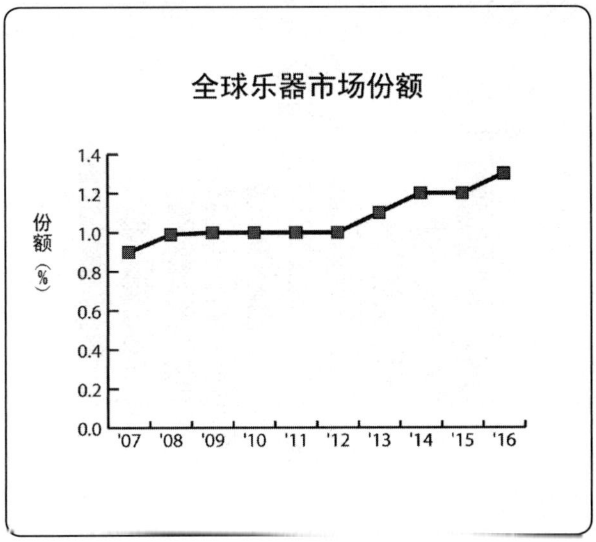
全球乐器市场份额
份额（%）
1.4
1.2
1.0
0.8
0.6
0.4
0.2
0.0
'07 '08 '09 '10 '11 '12 '13 '14 '15 '16

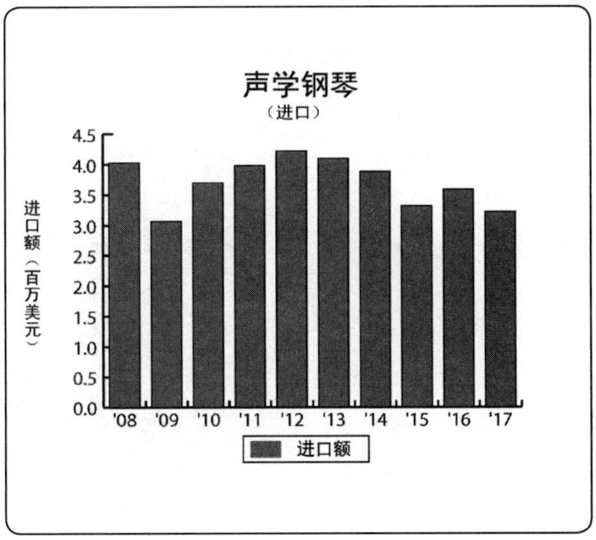
声学钢琴
（进口）
进口额（百万美元）
4.5
4.0
3.5
3.0
2.5
2.0
1.5
1.0
0.5
0.0
'08 '09 '10 '11 '12 '13 '14 '15 '16 '17
进口额

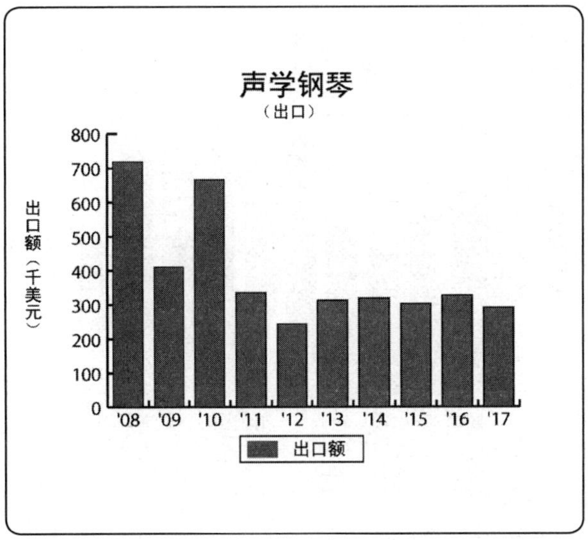
声学钢琴
（出口）
出口额（千美元）
800
700
600
500
400
300
200
100
0
'08 '09 '10 '11 '12 '13 '14 '15 '16 '17
出口额

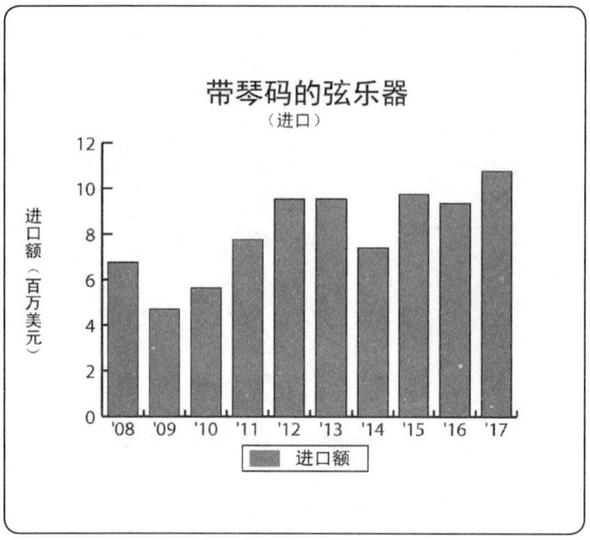
带琴码的弦乐器
（进口）
进口额（百万美元）
0
2
4
6
8
10
12
'08 '09 '10 '11 '12 '13 '14 '15 '16 '17
进口额

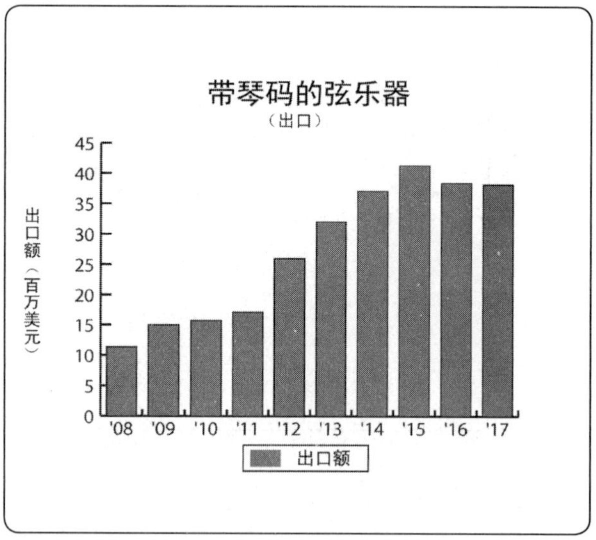
带琴码的弦乐器
（出口）
出口额（百万美元）
0
5
10
15
20
25
30
35
40
45
'08 '09 '10 '11 '12 '13 '14 '15 '16 '17
出口额

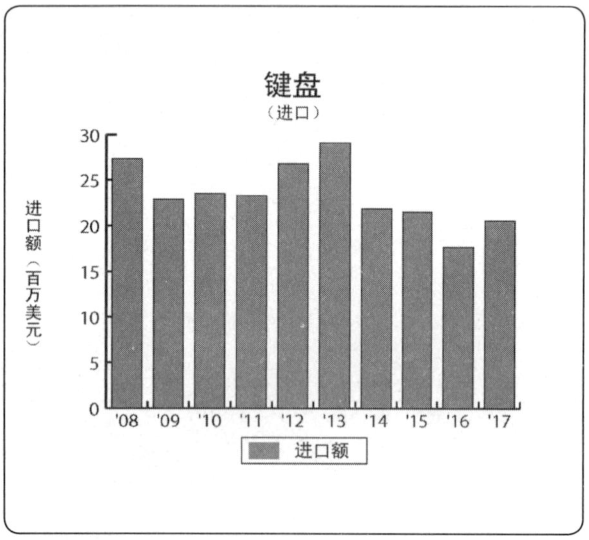
键盘
（进口）
进口额（百万美元）
0
5
10
15
20
25
30
'08 '09 '10 '11 '12 '13 '14 '15 '16 '17
进口额

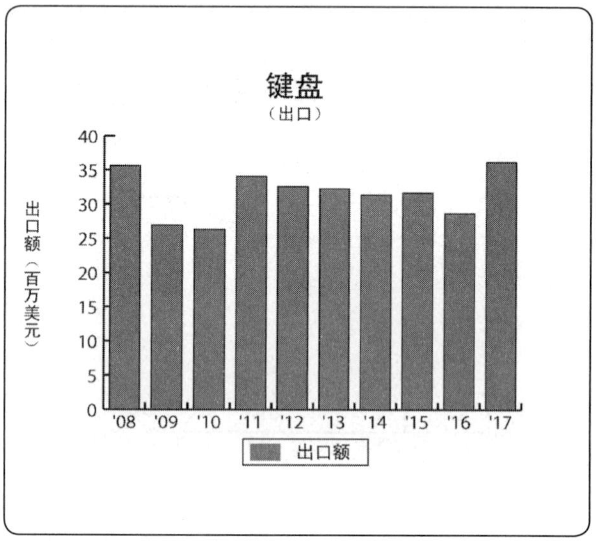
键盘
（出口）
出口额（百万美元）
0
5
10
15
20
25
30
35
40
'08 '09 '10 '11 '12 '13 '14 '15 '16 '17
出口额

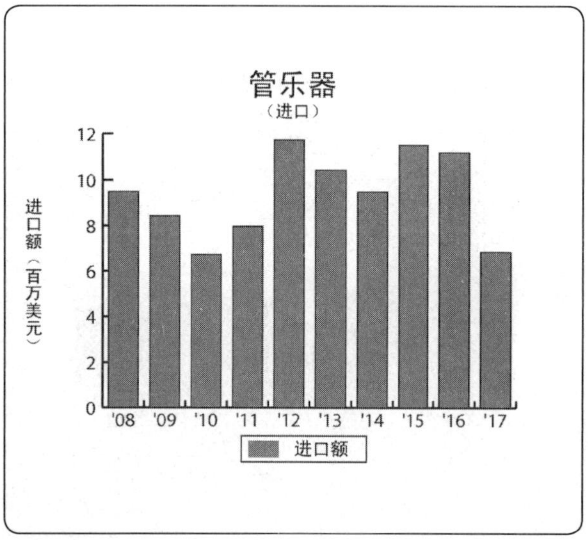
管乐器
（进口）
进口额（百万美元）
0
2
4
6
8
10
12
'08 '09 '10 '11 '12 '13 '14 '15 '16 '17
进口额

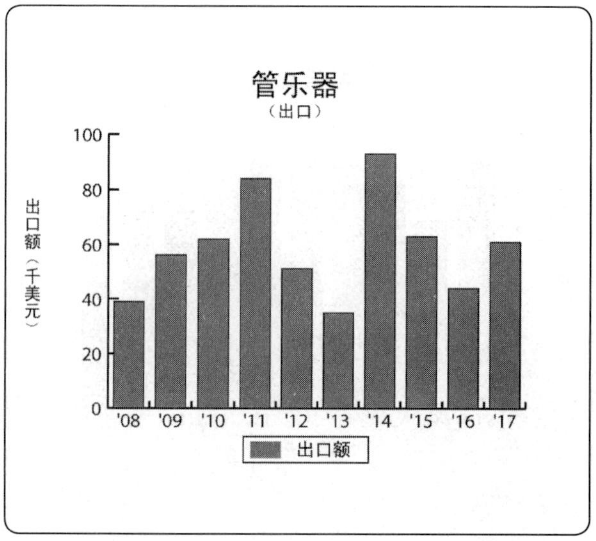
管乐器
（出口）
出口额（千美元）
0
20
40
60
80
100
'08 '09 '10 '11 '12 '13 '14 '15 '16 '17
出口额

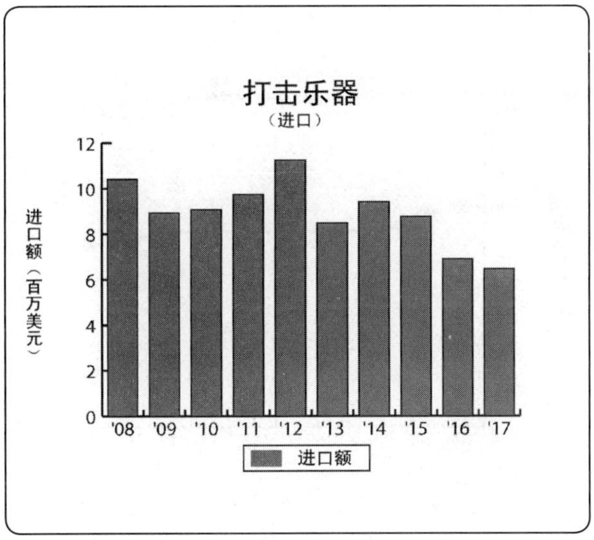
打击乐器
（进口）
进口额（百万美元）
0
2
4
6
8
10
12
'08 '09 '10 '11 '12 '13 '14 '15 '16 '17
进口额

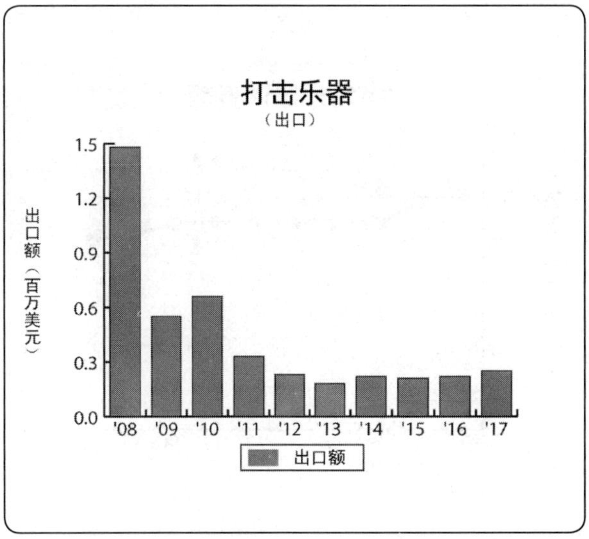
打击乐器
（出口）
出口额（百万美元）
0.0
0.3
0.6
0.9
1.2
1.5
'08 '09 '10 '11 '12 '13 '14 '15 '16 '17
出口额

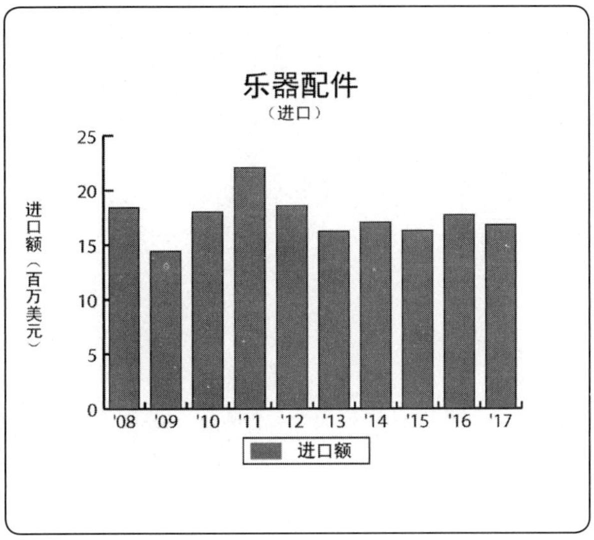
乐器配件
（进口）
进口额（百万美元）
0
5
10
15
20
25
'08 '09 '10 '11 '12 '13 '14 '15 '16 '17
进口额

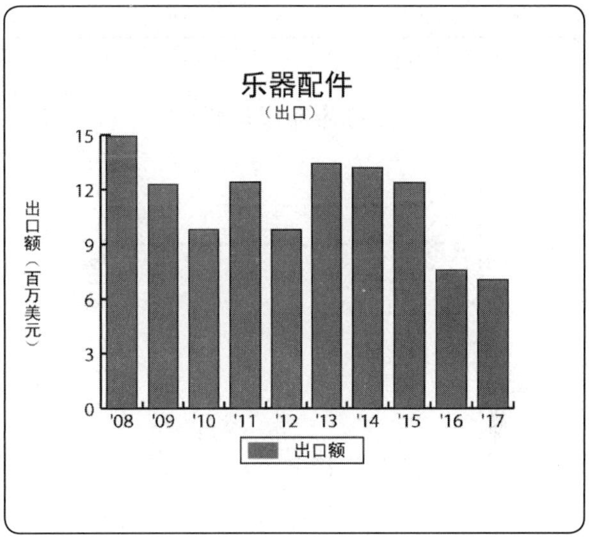
乐器配件
（出口）
出口额（百万美元）
0
3
6
9
12
15
'08 '09 '10 '11 '12 '13 '14 '15 '16 '17
出口额

荷　兰

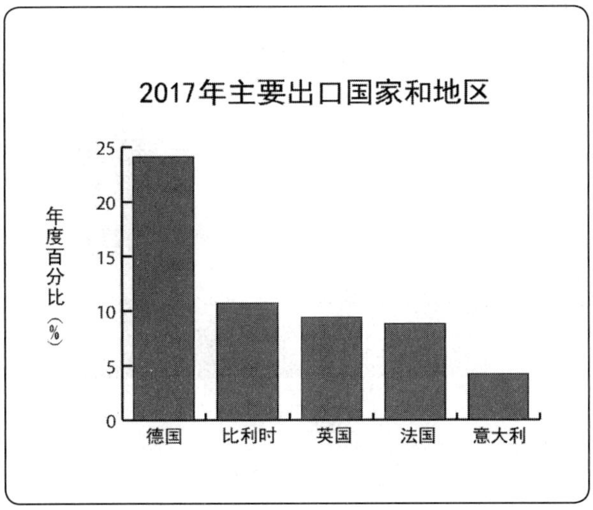
2017年主要出口国家和地区
年度百分比（%）
0
5
10
15
20
25
德国
比利时
英国
法国
意大利

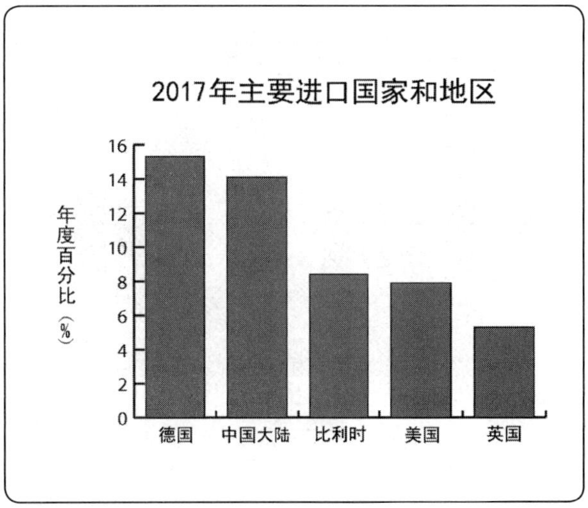
2017年主要进口国家和地区
年度百分比（%）
0
2
4
6
8
10
12
14
16
德国
中国大陆
比利时
美国
英国

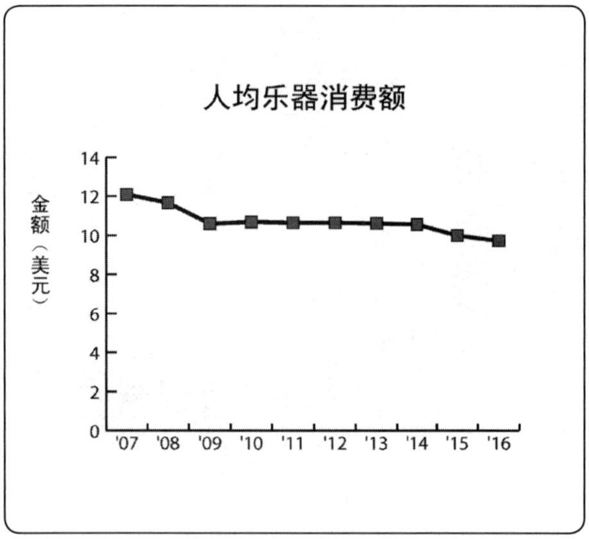
人均乐器消费额
金额（美元）
14
12
10
8
6
4
2
0
'07 '08 '09 '10 '11 '12 '13 '14 '15 '16

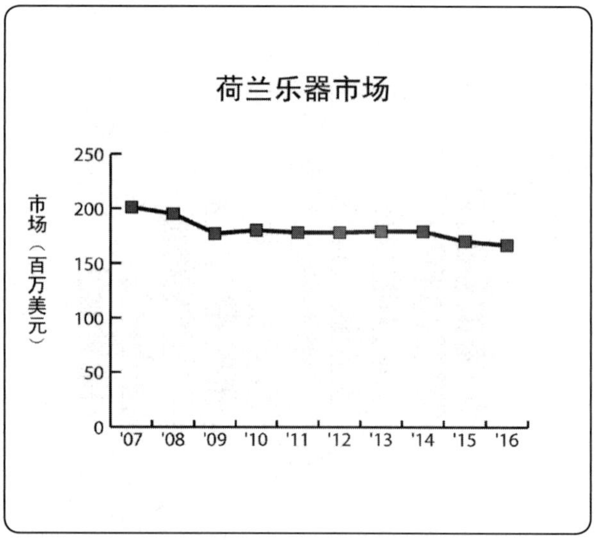
荷兰乐器市场
市场（百万美元）
250
200
150
100
50
0
'07 '08 '09 '10 '11 '12 '13 '14 '15 '16

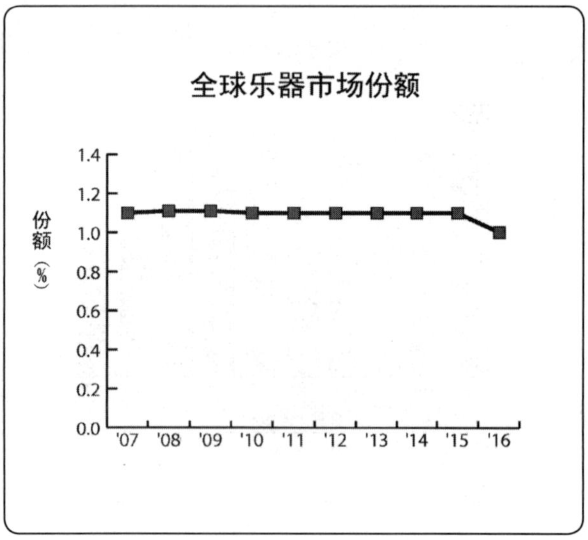
全球乐器市场份额
份额（%）
1.4
1.2
1.0
0.8
0.6
0.4
0.2
0.0
'07 '08 '09 '10 '11 '12 '13 '14 '15 '16

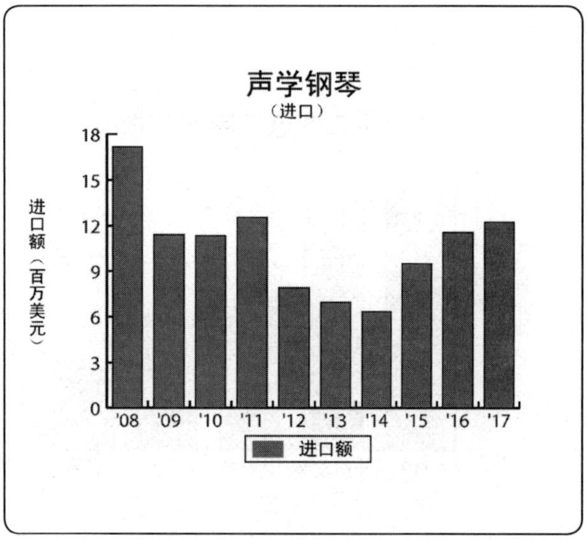
声学钢琴
（进口）
进口额（百万美元）
18
15
12
9
6
3
0
'08 '09 '10 '11 '12 '13 '14 '15 '16 '17
进口额

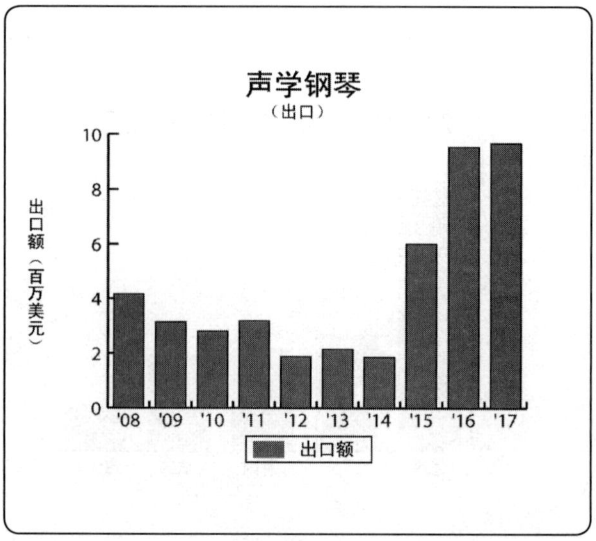
声学钢琴
（出口）
出口额（百万美元）
10
8
6
4
2
0
'08 '09 '10 '11 '12 '13 '14 '15 '16 '17
出口额

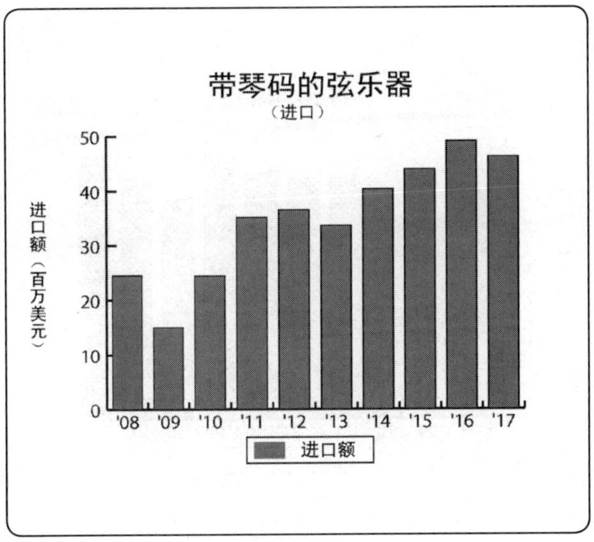
带琴码的弦乐器
（进口）
进口额（百万美元）
0
10
20
30
40
50
'08
'09
'10
'11
'12
'13
'14
'15
'16
'17
进口额

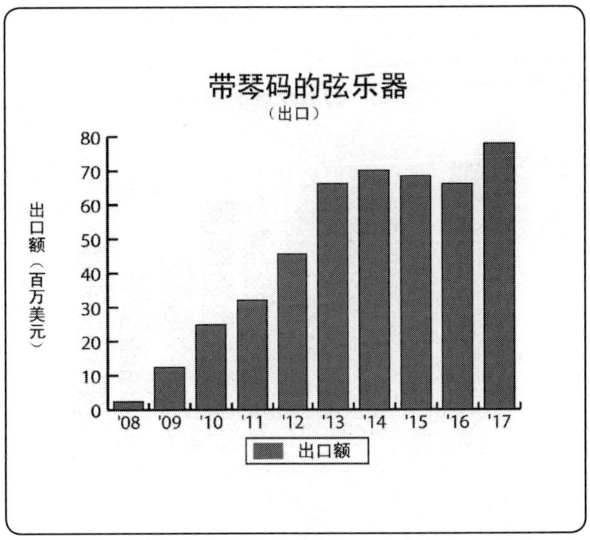
带琴码的弦乐器
（出口）
出口额（百万美元）
0
10
20
30
40
50
60
70
80
'08
'09
'10
'11
'12
'13
'14
'15
'16
'17
出口额

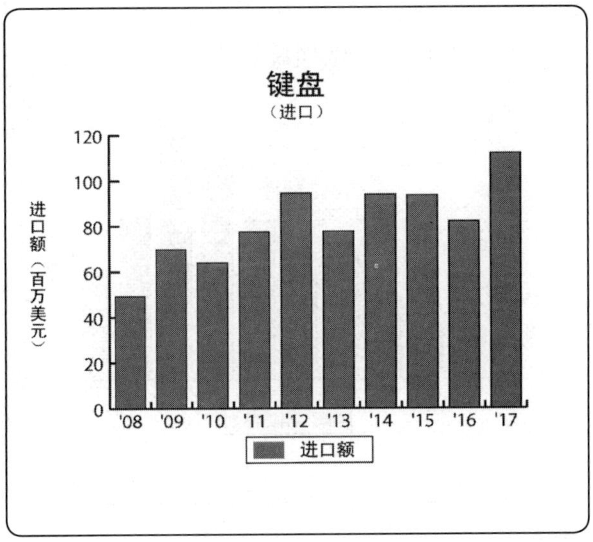
键盘
（进口）
进口额（百万美元）
0
20
40
60
80
100
120
'08
'09
'10
'11
'12
'13
'14
'15
'16
'17
进口额

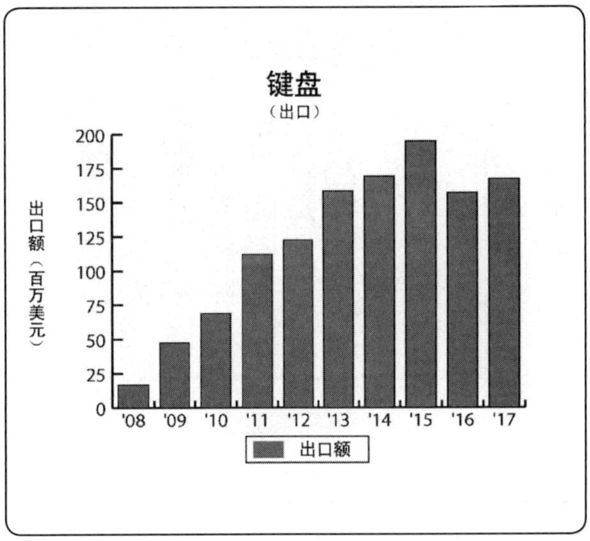
键盘
（出口）
出口额（百万美元）
0
25
50
75
100
125
150
175
200
'08
'09
'10
'11
'12
'13
'14
'15
'16
'17
出口额

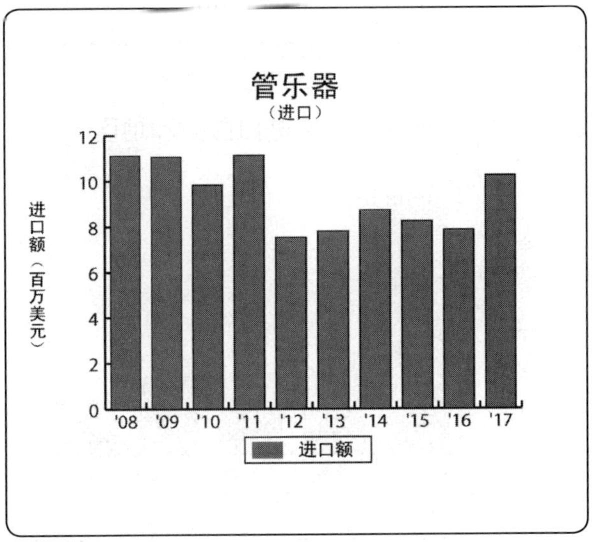
管乐器
（进口）
进口额（百万美元）
0
2
4
6
8
10
12
'08
'09
'10
'11
'12
'13
'14
'15
'16
'17
进口额

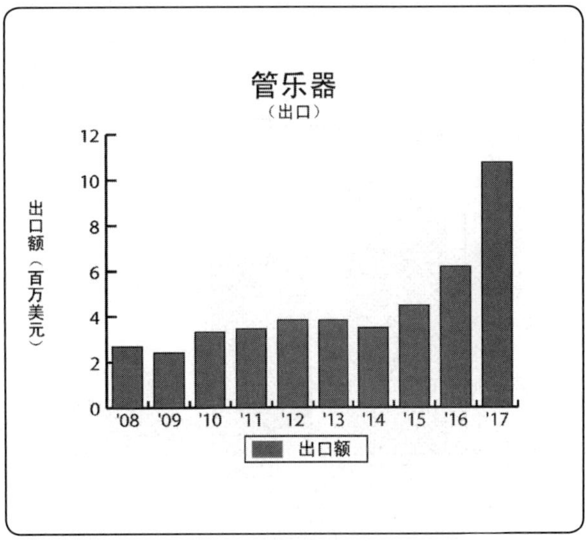
管乐器
（出口）
出口额（百万美元）
0
2
4
6
8
10
12
'08
'09
'10
'11
'12
'13
'14
'15
'16
'17
出口额

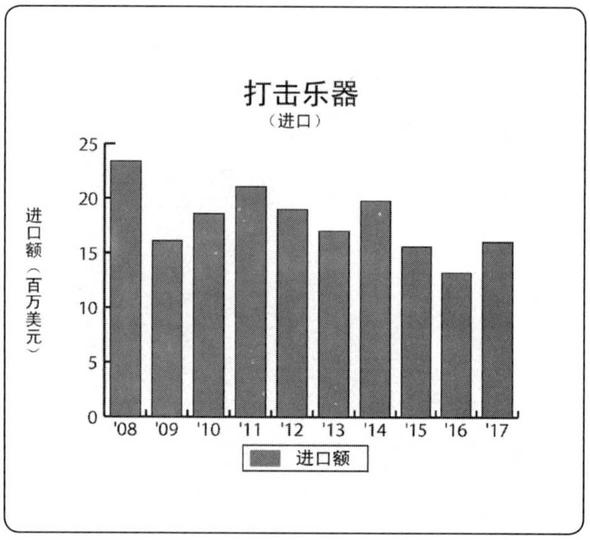
打击乐器
（进口）
进口额（百万美元）
25
20
15
10
5
0
'08 '09 '10 '11 '12 '13 '14 '15 '16 '17
进口额

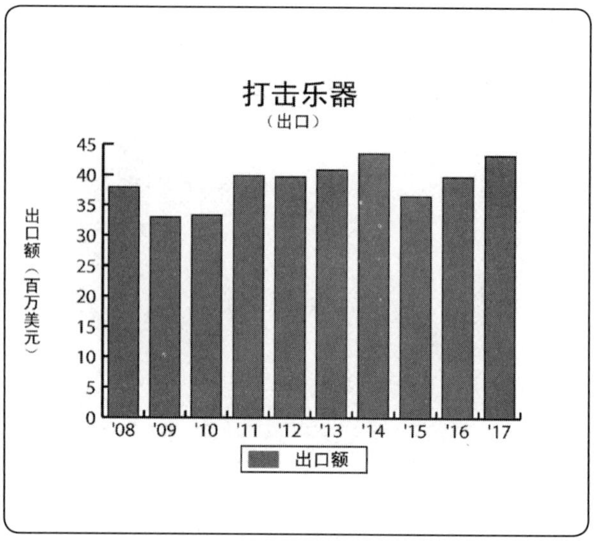
打击乐器
（出口）
出口额（百万美元）
45
40
35
30
25
20
15
10
5
0
'08 '09 '10 '11 '12 '13 '14 '15 '16 '17
出口额

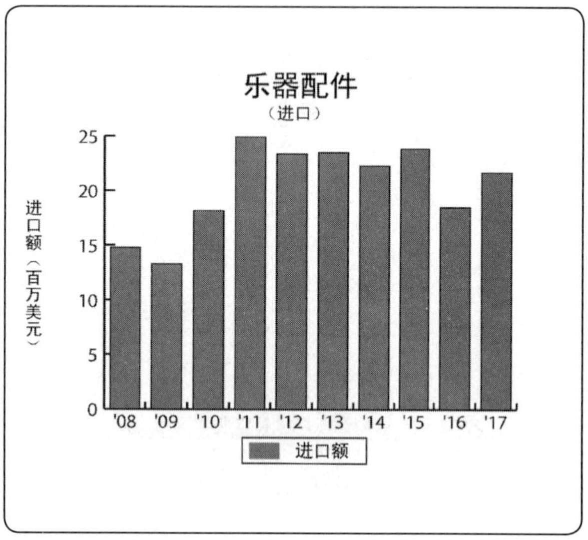
乐器配件
（进口）
进口额（百万美元）
25
20
15
10
5
0
'08 '09 '10 '11 '12 '13 '14 '15 '16 '17
进口额

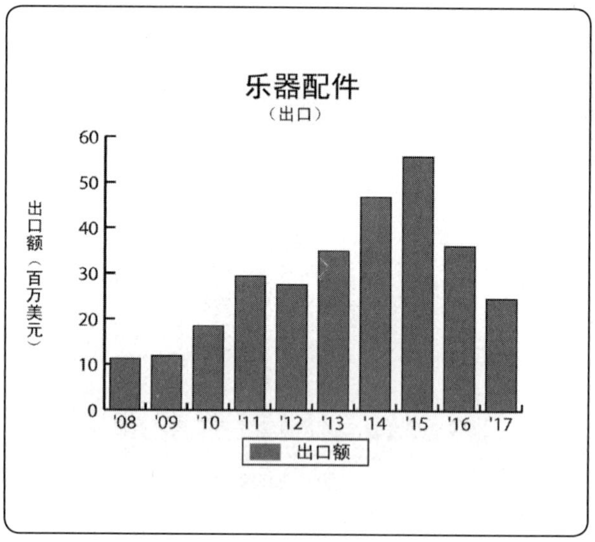
乐器配件
（出口）
出口额（百万美元）
60
50
40
30
20
10
0
'08 '09 '10 '11 '12 '13 '14 '15 '16 '17
出口额

印　度

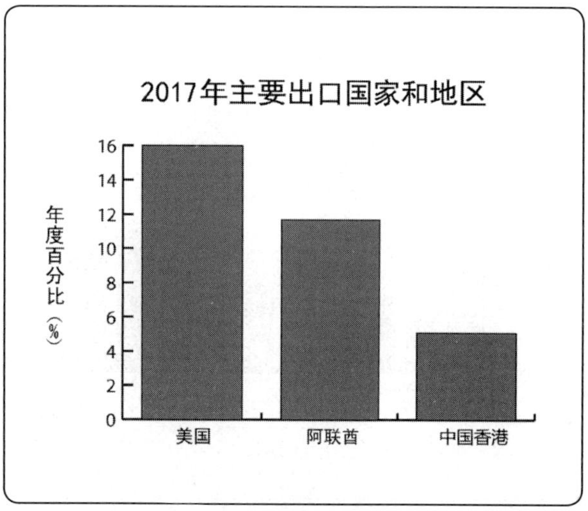
2017年主要出口国家和地区
年度百分比（%）
16
14
12
10
8
6
4
2
0
美国
阿联酋
中国香港

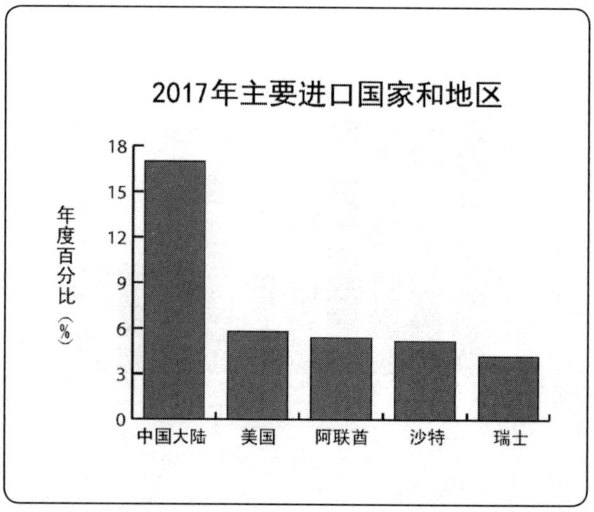
2017年主要进口国家和地区
年度百分比（%）
18
15
12
9
6
3
0
中国大陆
美国
阿联酋
沙特
瑞士

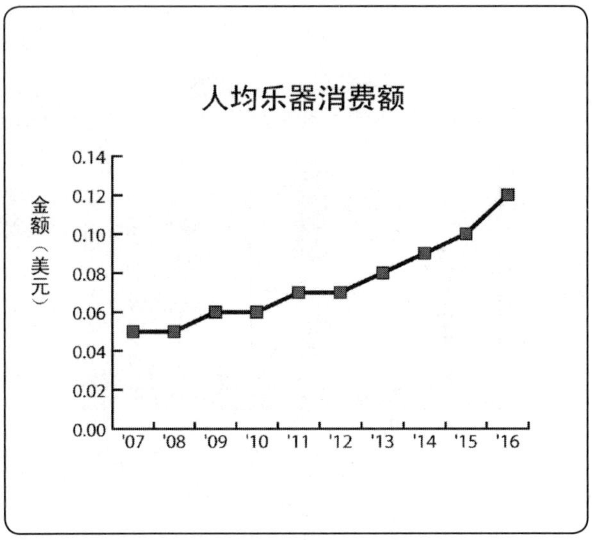
人均乐器消费额
金额（美元）
0.14
0.12
0.10
0.08
0.06
0.04
0.02
0.00
'07 '08 '09 '10 '11 '12 '13 '14 '15 '16

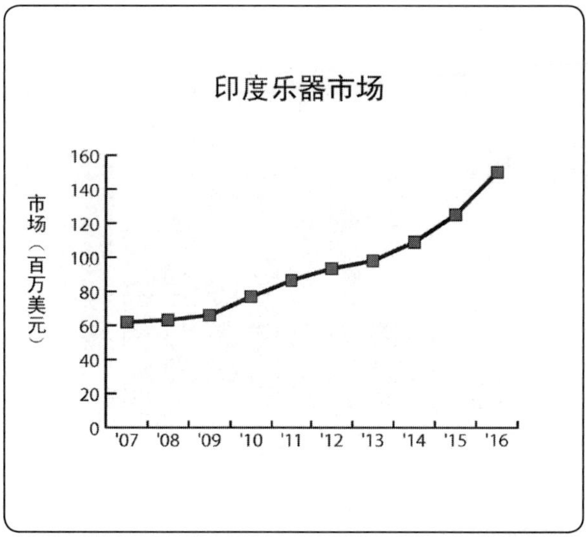
印度乐器市场
市场（百万美元）
160
140
120
100
80
60
40
20
0
'07 '08 '09 '10 '11 '12 '13 '14 '15 '16

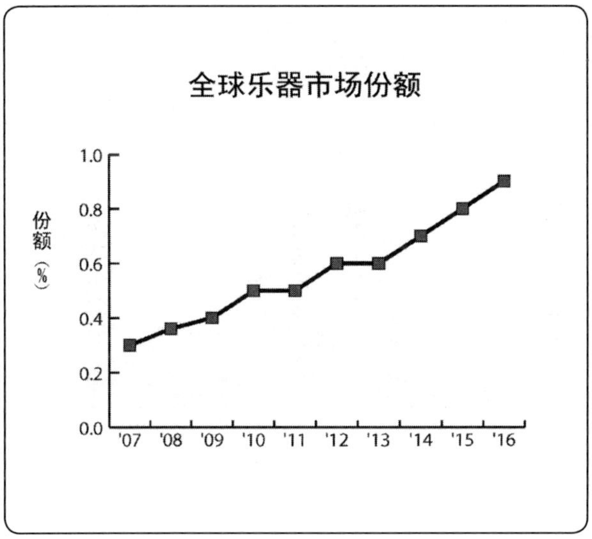
全球乐器市场份额
份额（%）
1.0
0.8
0.6
0.4
0.2
0.0
'07 '08 '09 '10 '11 '12 '13 '14 '15 '16

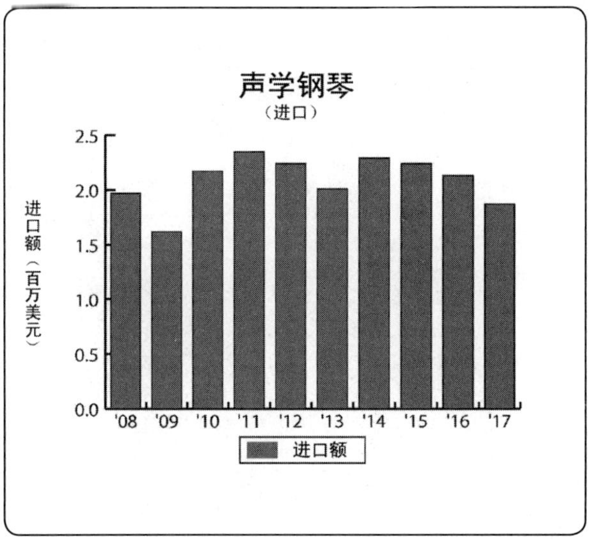
声学钢琴
（进口）
进口额（百万美元）
2.5
2.0
1.5
1.0
0.5
0.0
'08 '09 '10 '11 '12 '13 '14 '15 '16 '17
进口额

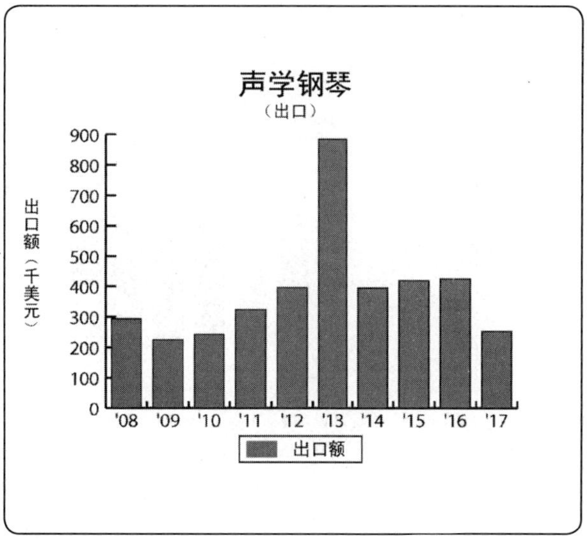
声学钢琴
（出口）
出口额（千美元）
900
800
700
600
500
400
300
200
100
0
'08 '09 '10 '11 '12 '13 '14 '15 '16 '17
出口额

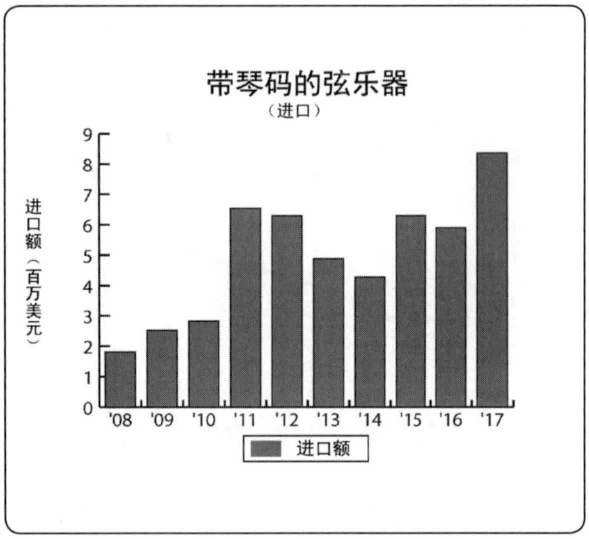
带琴码的弦乐器
（进口）
进口额（百万美元）
0
1
2
3
4
5
6
7
8
9
'08 '09 '10 '11 '12 '13 '14 '15 '16 '17
进口额

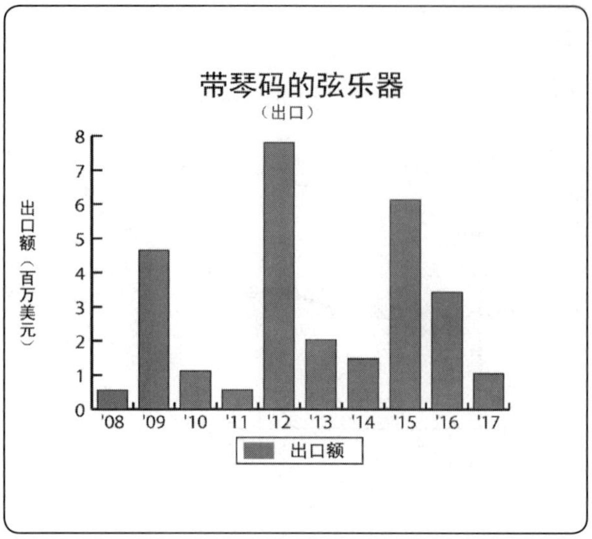
带琴码的弦乐器
（出口）
出口额（百万美元）
0
1
2
3
4
5
6
7
8
'08 '09 '10 '11 '12 '13 '14 '15 '16 '17
出口额

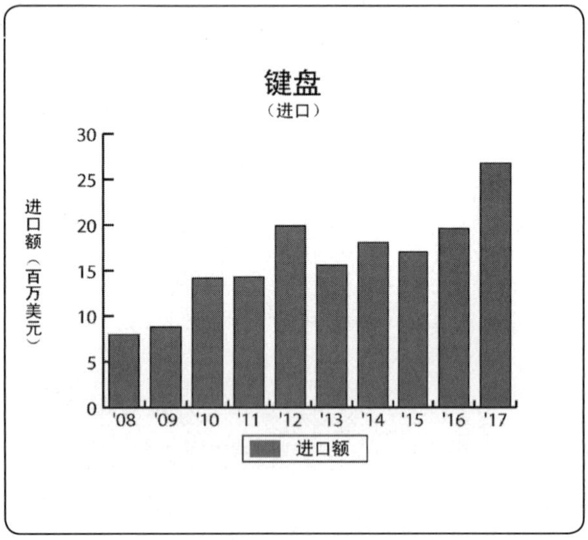
键盘
（进口）
进口额（百万美元）
0
5
10
15
20
25
30
'08 '09 '10 '11 '12 '13 '14 '15 '16 '17
进口额

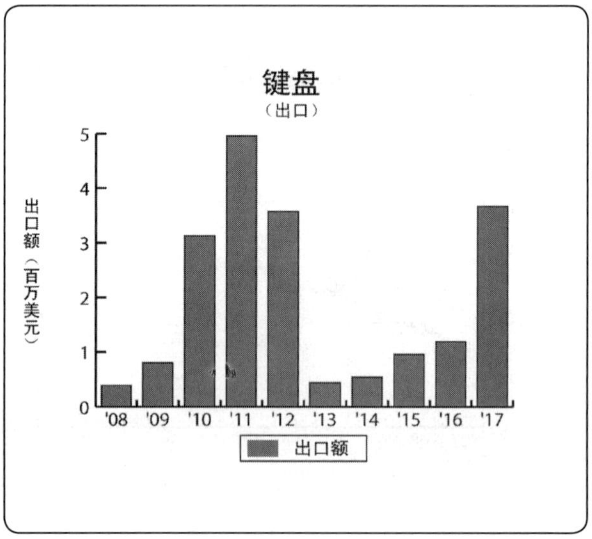
键盘
（出口）
出口额（百万美元）
0
1
2
3
4
5
'08 '09 '10 '11 '12 '13 '14 '15 '16 '17
出口额

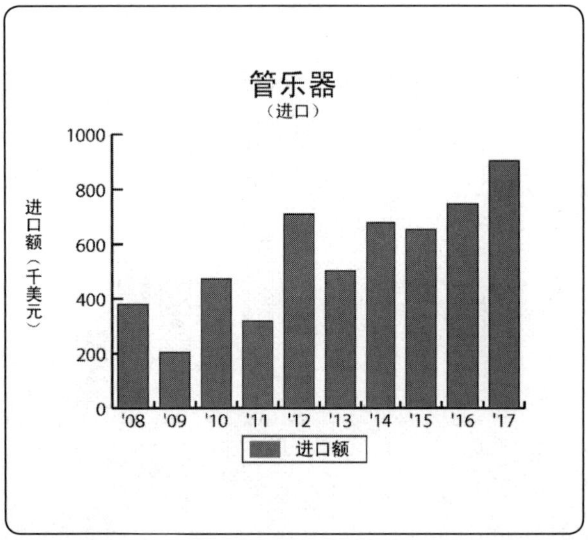
管乐器
（进口）
进口额（千美元）
0
200
400
600
800
1000
'08 '09 '10 '11 '12 '13 '14 '15 '16 '17
进口额

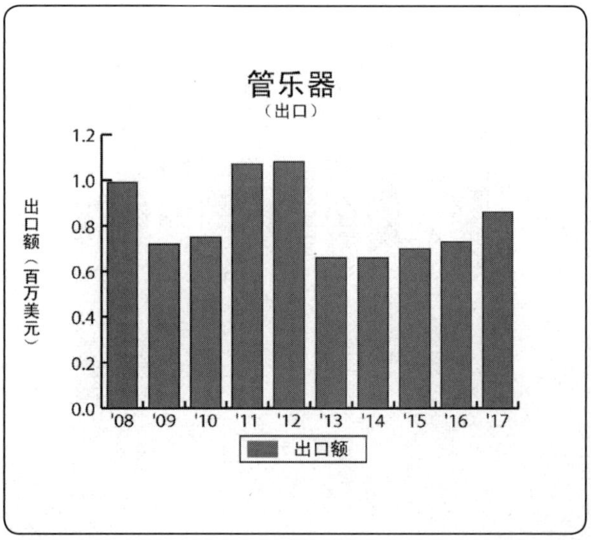
管乐器
（出口）
出口额（百万美元）
0.0
0.2
0.4
0.6
0.8
1.0
1.2
'08 '09 '10 '11 '12 '13 '14 '15 '16 '17
出口额

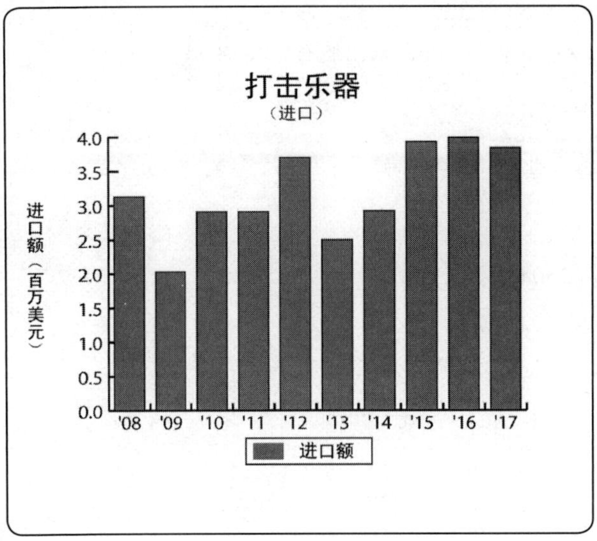
打击乐器
（进口）
进口额（百万美元）
4.0
3.5
3.0
2.5
2.0
1.5
1.0
0.5
0.0
'08 '09 '10 '11 '12 '13 '14 '15 '16 '17
进口额

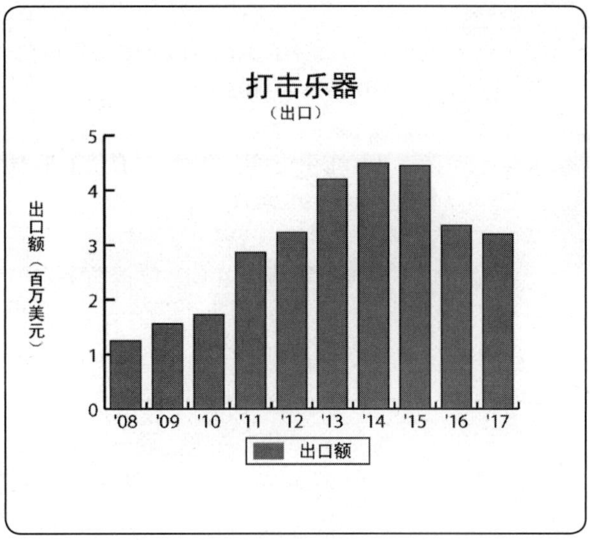
打击乐器
（出口）
出口额（百万美元）
5
4
3
2
1
0
'08 '09 '10 '11 '12 '13 '14 '15 '16 '17
出口额

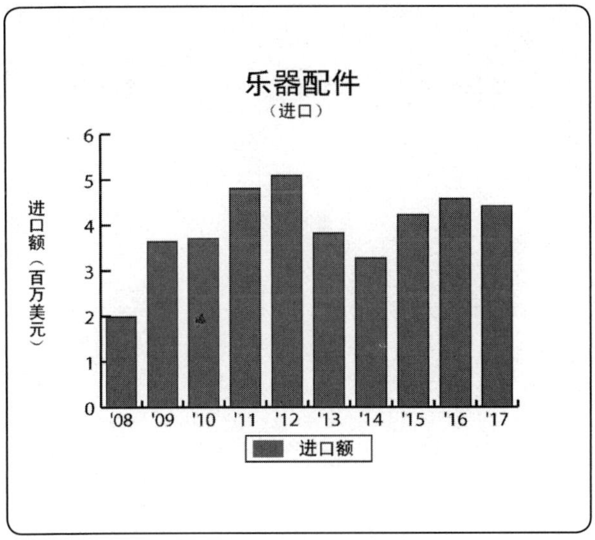
乐器配件
（进口）
进口额（百万美元）
6
5
4
3
2
1
0
'08 '09 '10 '11 '12 '13 '14 '15 '16 '17
进口额

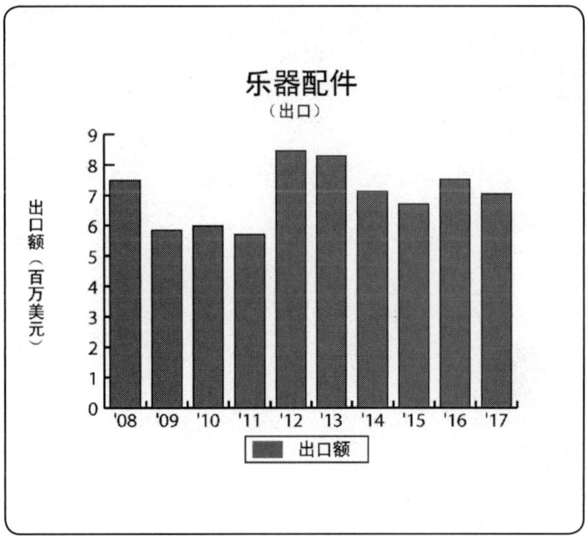
乐器配件
（出口）
出口额（百万美元）
9
8
7
6
5
4
3
2
1
0
'08 '09 '10 '11 '12 '13 '14 '15 '16 '17
出口额

ZHONGGUO YUEQI NIANJIAN 2018

图书在版编目（CIP）数据

中国乐器年鉴．2018 / 中国乐器协会编．-- 北京：人民音乐出版社，2018.11
ISBN 978-7-103-05594-6

Ⅰ．①中… Ⅱ．①中… Ⅲ．①乐器 - 制造工业 - 中国 - 2018 - 年鉴
Ⅳ．① TS953-54

中国版本图书馆 CIP 数据核字 (2018) 第 255048 号

责任编辑：徐巍巍、高 萍
责任校对：杜 岩、潘 藤

人民音乐出版社出版发行
（北京市东城区朝阳门内大街甲 55 号 邮政编码：100010）
Http://www.rymusic.com.cn
E-mail: rmyy@rymusic.com.cn
新华书店北京发行所经销
北京新华印刷有限公司印刷
880×1230毫米 16开 28插页 22.25印张
2018年11月北京第1版 2018年11月北京第1次印刷
印数：1－1,500册 定价：300.00元